普通高等学校“十三五”规划教材

理论力学

主　编　王慧萍　李一帆
参　编　张耀强　侯中华　魏豪杰　宁惠君
　　　　杜　翠　韩彦伟　辛士红

西安电子科技大学出版社

内 容 简 介

本书是根据教育部最新颁布的高等学校本科理论力学教学的基本要求，并根据作者多年来的教学实践及教学改革成果编写而成的。全书共三篇15章，内容涵盖了理论力学中最基本的知识。第一篇为静力学，内容包括静力学公理和物体的受力分析、平面力系、空间力系及摩擦；第二篇为运动学，内容包括点的运动学、刚体的简单运动、点的合成运动及刚体的平面运动；第三篇为动力学，内容包括质点动力学的基本方程、动量定理、动量矩定理、动能定理、达朗贝尔原理、虚位移原理及拉格朗日方程。每章都有丰富的例题、思考题及习题，书末附有习题参考答案。

本书可作为普通高等院校土木工程、机械工程、材料工程等专业的教材，也可供相关工程专业技术人员学习参考。

图书在版编目(CIP)数据

理论力学/王慧萍，李一帆主编. —西安：西安电子科技大学出版社，2018.1
ISBN 978-7-5606-4722-7

Ⅰ. ① 理… Ⅱ. ① 王… ② 李… Ⅲ. ① 理论力学 Ⅳ. O31

中国版本图书馆CIP数据核字(2017)第268304号

策　　划　刘小莉
责任编辑　武翠琴
出版发行　西安电子科技大学出版社(西安市太白南路2号)
电　　话　(029)88242885　88201467　　邮　　编　710071
网　　址　www.xduph.com　　电子邮箱　xdupfxb001@163.com
经　　销　新华书店
印刷单位　陕西天意印务有限责任公司
版　　次　2018年1月第1版　2018年1月第1次印刷
开　　本　787毫米×1092毫米　1/16　印张　23.5
字　　数　557千字
印　　数　1-3000
定　　价　48.00元
ISBN 978-7-5606-4722-7/O

XDUP　5014001-1

前　言

本书是根据教育部最新颁布的高等学校本科理论力学教学的基本要求，并根据作者多年来的教学实践及教学成果编写而成的。由于总学时的限制，理论力学的课时被压缩，但教学内容又相对稳定，因此使理论力学的课程教学面临新的挑战。在编写本书时，力求做到基本概念清楚，重点内容突出，叙述简明，不仅重视基础理论，而且遵循学习的心理活动规律，重点培养学生分析问题和解决问题的能力，所编内容以必需、够用为度，同时又兼顾到各专业不同的教学要求，留有一定的余地。书中附有思考题和丰富的习题，以供不同专业和不同要求的读者选用，书末附有习题参考答案。

全书分为三篇，共 15 章。第 1、2 章由宁惠君编写，第 3、4 章由韩彦伟编写，第 5、6、7 章由魏豪杰编写，第 8、9 章由辛士红编写，第 10、11 章由张耀强编写，第 12、13 章由侯中华编写，第 14、15 章由杜翠编写。全书由王慧萍、李一帆担任主编并统稿。

在编写过程中，多位长期从事理论力学教学的老师对本书提出了很多指导性的意见，河南科技大学教务处及土木工程学院的领导和力学系的全体教师也给予了大力支持。此外，本书也参考了国内外一些优秀的教材，在此一并表示衷心感谢！

由于编者水平所限，书中不足之处在所难免，敬请广大读者批评指正。

编　者

2017 年 9 月

前 言

主要符号表

$\boldsymbol{a}$	加速度
$\boldsymbol{a}_{\mathrm{N}}$	法向加速度
$\boldsymbol{a}_{\tau}$	切向加速度
$\boldsymbol{a}_{\mathrm{a}}$	绝对加速度
$\boldsymbol{a}_{\mathrm{e}}$	牵连加速度
$\boldsymbol{a}_{\mathrm{C}}$	科氏加速度
A	面积，自由振动振幅
f_{d}	动摩擦因数
f_{s}	静摩擦因数
$\boldsymbol{F}$	力
$\boldsymbol{F}_{\mathrm{R}}$	主矢
$\boldsymbol{F}_{\mathrm{s}}$	静滑动摩擦力
$\boldsymbol{F}_{\mathrm{N}}$	法向约束力
$\boldsymbol{F}_{\mathrm{Ie}}$	牵连惯性力
$\boldsymbol{F}_{\mathrm{IC}}$	科氏惯性力
$\boldsymbol{F}_{\mathrm{I}}$	惯性力
$\boldsymbol{g}$	重力加速度
h	高度
$\boldsymbol{i}$	x 轴的基矢量
$\boldsymbol{I}$	冲量
$\boldsymbol{j}$	y 轴的基矢量
J_z	刚体对 z 轴的转动惯量
J_{xy}	刚体对 x、y 轴的惯性积
J_C	刚体对质心的转动惯量
k	弹簧的刚度系数
$\boldsymbol{k}$	z 轴的基矢量
l	长度
L	拉格朗日函数
$\boldsymbol{L}_O$	刚体对点 O 的动量
$\boldsymbol{L}_C$	刚体对质心的动量矩
m	质量
M_z	对 z 轴的矩
$\boldsymbol{M}$	力偶矩，主矩
$\boldsymbol{M}_O(\boldsymbol{F})$	力 F 对点 O 的矩
$\boldsymbol{M}_{\mathrm{I}}$	惯性力的主矩
n	质点数目
O	参考坐标系的原点
$\boldsymbol{p}$	动量
P	重量，功率
q	载荷集度，广义坐标
$\boldsymbol{Q}$	广义力
r	半径
$\boldsymbol{r}$	矢径
$\boldsymbol{r}_O$	点 O 的矢径
$\boldsymbol{r}_C$	质心的矢径
R	半径
s	弧坐标，频率比
t	时间
T	动能，周期
$\boldsymbol{v}$	速度
$\boldsymbol{v}_{\mathrm{a}}$	绝对速度
$\boldsymbol{v}_{\mathrm{e}}$	牵连速度
$\boldsymbol{v}_{\mathrm{r}}$	相对速度
$\boldsymbol{v}_C$	质心速度
V	势能，体积

目　录

第二篇 运 动 学

第三篇　动　力　学

绪　论

1. 理论力学的研究对象和内容

理论力学是研究物体机械运动一般规律的科学。

物体在空间的位置随时间的改变，称为机械运动。机械运动是人们生活和生产实践中最常见的一种运动。平衡是机械运动的特殊情况。在客观世界中，存在各种各样的物质运动，例如发热、发光和产生电磁场等物理现象，化合和分解等化学变化，以及人的思维活动等。在物质的各种运动形式中，机械运动是最简单的一种。物质的各种运动形式在一定的条件下可以相互转化，而且在高级和复杂的运动中，往往存在着简单的机械运动。

本课程研究的内容是速度远小于光速的宏观物体的机械运动，它以伽利略和牛顿总结的基本定律为基础，属于古典力学的范畴。至于速度接近于光速的物体和基本粒子的运动，则必须用相对论和量子力学的观点才能完善地予以解释。宏观物体远小于光速的运动是日常生活及一般工程中最常遇到的，古典力学有着最广泛的应用。理论力学所研究的则是这种运动中最一般、最普遍的规律，是各门力学分支的基础。

本课程的内容包括以下三个部分：

静力学——主要研究受力物体平衡时作用力所应满足的条件；同时也研究物体受力的分析方法，以及力系简化的方法等。

运动学——只从几何的角度来研究物体的运动(如轨迹、速度和加速度等)，而不研究引起物体运动的物理原因。

动力学——研究受力物体的运动与作用力之间的关系。

2. 理论力学的研究方法

科学研究的过程，就是认识客观世界的过程，任何正确的科学研究方法，一定要符合辩证唯物主义的认识论。理论力学也必须遵循这个正确的认识规律进行研究和发展。

(1) 通过观察生活和生产实践中的各种现象，进行多次的科学实验，经过分析、综合和归纳，总结出力学的最基本的规律。

远在古代，人们为了提水，制造了辘轳；为了搬运重物，使用了杠杆、斜面和滑轮；为了利用风力和水力，制造了风车和水车，等等。制造和使用这些生活和生产工具，使人类对于机械运动有了初步的认识，并积累了大量的经验，经过分析、综合和归纳，逐渐形成了如“力”和“力矩”等基本概念，以及如“二力平衡”、“杠杆原理”、“力的平行四边形法则”和“万有引力定律”等力学的基本规律，并总结于科学著作中。我国的墨翟(公元前 468—前 382 年)所著的《墨经》，是一部最早记述有关力学理论的著作。人们为了认识客观规律，不仅在生活和生产实践中进行观察与分析，还要主动地进行实验，定量地测定机械运动中各因素之间的关系，找出其内在规律性。例如，伽利略(公元 1564—1642 年)对自由落体和物体在斜面上的运动做了多次实验，从而推翻了统治多年的错误观点，并引出“加速度”的概念。此外，如摩擦定律、动力学三定律等，都是建立在大量实验基础之上的。实验是形成理论的重要基础。

(2) 在对事物观察和实验的基础上，经过抽象化建立力学模型，形成概念，在基本规律的基础上，经过逻辑推理和数学演绎，建立理论体系。

客观事物都是具体的、复杂的，为找出其共同规律性，必须抓住主要因素，舍弃次要因素，建立抽象化的力学模型。例如：忽略一般物体的微小变形，建立在受力作用下物体大小和形状均不改变的刚体模型；抓住不同物体间机械运动的相互限制的主要方面，建立一些典型的理想约束模型；为分析复杂的振动现象，建立弹簧质点的力学模型等。这种抽象化、理想化的方法，一方面简化了所研究的问题，另一方面也更深刻地反映出事物的本质。当然，任何抽象化的模型都是相对的。当条件改变时，必须再考虑到影响事物的新的因素，建立新的模型。例如，在研究物体受外力作用而平衡时，可以忽略物体形状的改变，采用刚体模型；但要分析物体内部的受力状态或解决一些复杂物体系的平衡问题时，必须考虑到物体的变形，建立弹性体的模型。生产实践中的问题是复杂的，不是一些零散的感性知识所能解决的。理论力学成功地运用逻辑推理和数学演绎的方法，由少量最基本的规律出发，得到了从多方面揭示机械运动规律的定律、定理和公式，建立了严密而完整的理论体系。这对于理解、掌握以及应用理论力学都是极为有利的。数学方法在理论力学的发展中起了重大的作用。近代计算机的发展和普及，不仅能完成力学问题中大量的繁杂的数值计算，而且在逻辑推演、公式推导等方面也是极有效的工具。

(3) 将理论力学的理论用于实践，在解释世界、改造世界中不断得到验证和发展。

实践是检验真理的唯一标准，实践中遇到的问题又是促进理论发展的源泉。古典力学理论在现实生活和工程中被大量实践验证为正确，并在不同领域的实践中得到发展，形成了许多分支，如刚体力学、弹塑性力学、流体力学、生物力学等。大到天体运动，小到基本粒子的运动，古典力学理论在实践中又都出现了矛盾，表现出真理的相对性。在新条件下，必须修正原有的理论，建立新的概念，才能正确指导实践，改造世界，并进一步地发展力学理论，形成新的力学分支。

3. 学习理论力学的目的

理论力学是一门理论性较强的技术基础课。学习理论力学的目的主要有以下三个方面：

(1) 工程专业一般都要接触机械运动的问题。有些工程问题可以直接应用理论力学的基本理论去解决，有些比较复杂的问题，则需要用理论力学和其他专门知识共同来解决。所以学习理论力学可为解决工程问题打下一定的基础。

(2) 理论力学是研究力学中最普遍、最基本的规律。很多工程专业的课程，例如材料力学、机械原理、机械设计、结构力学、弹塑性力学、流体力学、飞行力学、振动理论、断裂力学等，都要以理论力学为基础。随着现代科学技术的发展，力学的研究内容已渗入到其他科学领域。例如：固体力学和流体力学的理论被用来研究人体内骨骼的强度，血液流动的规律，以及植物中营养的输送问题等，形成了生物力学；流体力学的理论被用来研究等离子体在磁场中的运动，形成了电磁流体力学；还有爆炸力学、物理力学等都是力学和其他学科结合而形成的边缘科学。这些新兴学科的建立都必须以坚实的理论力学知识为基础。

(3) 理论力学的研究方法，与其他学科的研究方法有不少相同之处，因此充分理解理论力学的研究方法，不仅可以深入地掌握这门学科，而且有助于学习其他科学技术理论，有助于培养辩证唯物主义世界观，培养正确的分析问题和解决问题的能力，为今后解决生产实际问题，从事科学研究工作打下基础。

第一篇 静 力 学

物体在空间的位置随时间的改变，称为机械运动。这是人们在日常生活和生产实践中最常见到的一种运动形式。静力学是研究物体机械运动的特殊情况——物体的平衡问题的科学。所谓**物体的平衡，是指物体相对于地面保持静止或做匀速直线运动的状态**。但是，在宇宙中没有绝对的平衡，一切平衡都只是相对的和暂时的。

如果物体处于平衡状态，那么作用于物体的一群力(称为力系)必须满足一定的条件，这些条件称为力系的**平衡条件**。研究物体的平衡问题，实际上就是研究作用于物体上的力系的平衡条件，并应用这些条件解决工程实际问题。

在研究物体的平衡条件或计算工程实际问题时，须将一些比较复杂的力系进行简化，就是将一个复杂的力系简化为一个简单的力系，使其作用效应相同。这种简化力系的方法称为力系的简化。另一方面，力系简化的结果也是建立平衡条件的依据。因此，在静力学中研究下面两个基本问题：

(1) 物体的受力和力系的简化；

(2) 物体在力系作用下的平衡。

静力学在工程技术中有着广泛的应用。例如桥式吊车，它是由桥架、吊钩和钢丝绳等构件所组成的。为了保证吊车能正常地工作，设计时首先必须分析各构件所受的力，并根据平衡条件算出这些力的大小，然后才能进一步考虑选择什么样的材料，并设计构件的尺寸。

力在物体平衡时所表现出来的基本性质，也同样表现于物体做变速运动的情形中。在静力学里关于力的合成、分解与力系简化的研究结果，可以直接应用于动力学。以后还将看到，动力学问题还可以化为具有静力学问题的形式来解。

由此可见，静力学是设计结构、构件和机械零件时静力计算的基础，在工程中具有广泛的应用，同时也为动力学的学习奠定基础。

第1章 静力学公理和物体的受力分析

本章将介绍静力学中的一些基本概念和几个公理，这些概念和公理是静力学的基础。同时介绍工程中常见的约束和约束力的分析及物体的受力图。

1.1 刚体和力的概念

1.1.1 刚体的概念

任何物体在力的作用下，或多或少都要产生变形。而工程实际中构件的变形，通常都非常微小，在许多情形下，可以忽略不计。例如图1.1所示的桥式起重机，工作时由于起重物体与它自身的重量，使桥架产生微小的变形，该变形对于应用平衡条件求支座约束力，几乎毫无影响。因此，就可把起重机桥架看成是不变形的刚体。

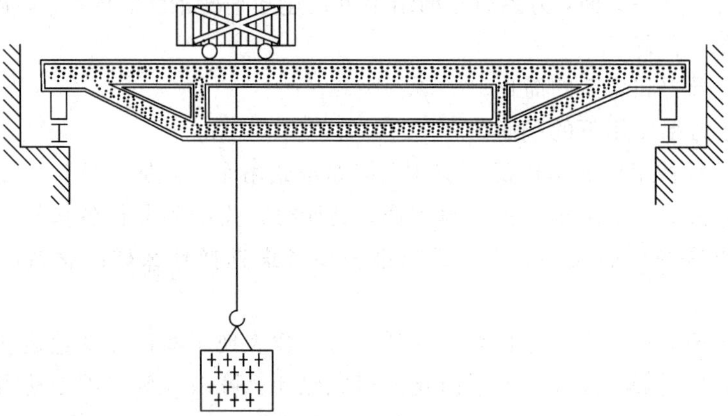

图1.1

刚体是指在力的作用下不发生变形的物体。或者说，不管物体的受力如何，其内部任意两点之间的距离都保持不变。显然，这是一个抽象化的模型，实际上并不存在这样的物体。这种抽象化的方法，在研究问题时是非常必要的。把实际物体视为刚体来研究，可使问题大为简化。因为只有忽略一些次要的、非本质的因素，才能充分揭露事物的本质。

将物体抽象为刚体是有条件的，这与所研究问题的性质有关。如果在所研究的问题中，物体的变形成为主要因素时，就不能再把物体看成是刚体，而要看成变形体。

在静力学中，所研究的物体只限于刚体。因此，静力学又称为**刚体静力学**。以后，当进一步研究一切变形体问题时，都是以刚体静力学的理论为基础的，不过再加上某些补充条件而已。

1.1.2　力的概念

力的概念是人们在日常生产实践中，通过长期观察和分析而形成的。例如：抬物体的时候，物体压在肩上，由于肌肉紧张而感受到力的作用；用手推小车，小车就由静止开始运动；受地球引力作用自高空落下的物体，速度越来越大；挑担时扁担发生弯曲；落锤锻压工件时，工件就产生变形；等等。人们就是这样从感性到理性，逐步建立起了力的概念。所以，**力是物体间相互的机械作用，这种作用使物体的机械运动状态发生变化，或者使物体发生变形**。

力使物体的运动状态发生变化的效应，叫做力的外效应。而力使物体发生变形的效应，叫做力的内效应，如弯曲、弹簧伸长等。需要指出，力对物体产生的两种效应是同时出现的，由于本课程所研究的主要对象为刚体，因此主要研究力的外效应。而变形效应与物体在力作用下的变形有关，属于非刚体力学研究范畴，如材料力学、弹性力学等。静力学研究力的外效应。

由实践可知，力对物体的作用效应，取决于力的大小、力的方向和力的作用点，通常称为**力的三要素**。这三个要素中任意一个改变时，力的作用效应也就不同。

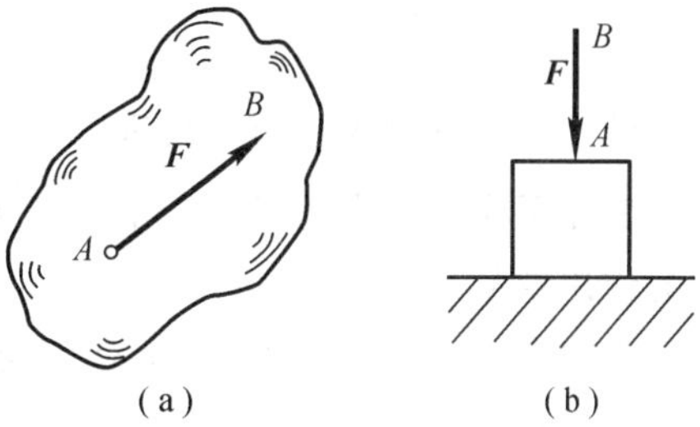

图 1.2

力是一个既有大小又有方向的量，因此，力是矢量。在力学中，矢量可用一个有方向的线段来表示，如图 1.2 所示。用有向线段的起点(或终点)表示力的作用点；用线段的方位和箭头的指向表示力的方向；用线段的长度(按一定的比例尺)表示力的大小。通过力的作用点沿力的方向的直线，称为力的作用线。本书中，力的矢量用黑斜体字母(例如 $\boldsymbol{F}$)表示，而力的大小则用普通字母(例如 F)表示。力的单位是 N 或 kN，$1\ \text{N}=1\ \text{kg}\cdot\text{m/s}^2$。

1.2　静力学公理

静力学公理是人们在长期生活和实践中总结概括出来的，它的正确性为大量的实践所证实，也无需证明而为大家所公认。它们是静力学的基础。

公理一　二力平衡公理

作用在刚体上的两个力平衡的必要和充分条件是：这两个力大小相等，方向相反，且作用在同一直线上，简称等值、反向、共线，如图 1.3 所示。

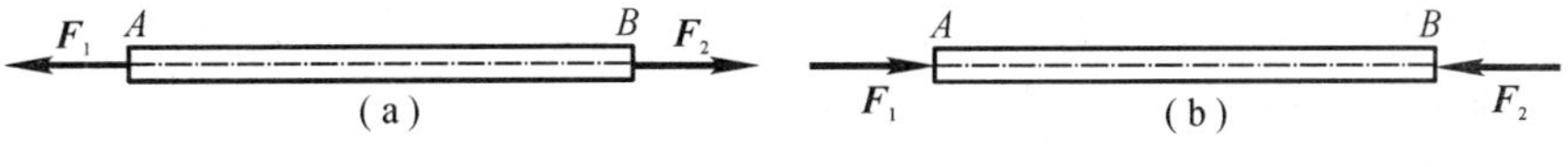

图 1.3

这个公理揭示了作用于物体上的最简单的力系平衡时所必须满足的条件。对刚体来说，这个条件是必要与充分的。但是，对于变形体，这个条件是不充分的。如图 1.4 所示，软绳受两个等值反向的拉力可以平衡，当受两个等值反向的压力时，就不能平衡了。

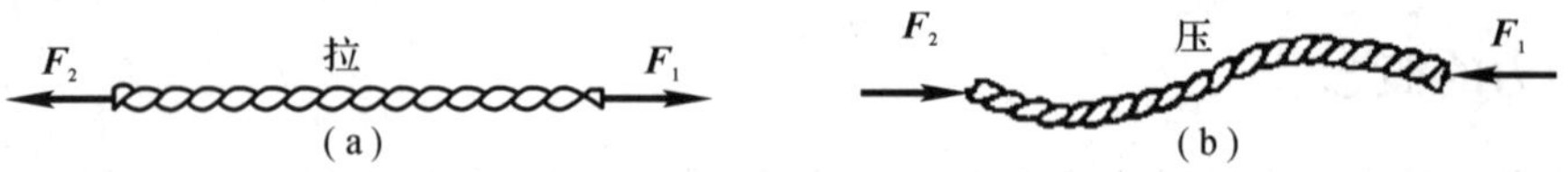

图 1.4

只在两个力作用下处于平衡的构件，称为**二力构件**(或**二力杆**)。二力构件的受力特点是，两个力必沿其作用点的连线。工程上存在着许多二力构件，例如，矿井巷道支护的三铰拱(见图 1.5)，其中 BC 杆质量不计，就可以看成是二力构件。

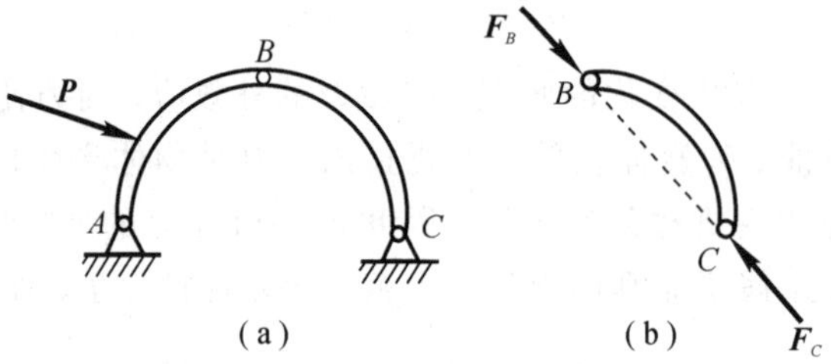

图 1.5

公理二　加减平衡力系公理

在作用于刚体上的任何一个力系上，加上或减去任一平衡力系，并不改变原力系对刚体的作用效应。

必须注意，对于实际物体，在它所受的力系上加减一个平衡力系后，力系对物体的外效应不变，但内效应一般将有所改变。因此，此公理不适用于变形体。

推论一　力的可传性原理

作用于刚体上的力，可以沿其作用线移至刚体内任意一点，而不改变它对物体的作用。

这个原理是我们所熟知的。如图 1.6 所示，人们在车后 A 点推车，与在车前 B 点拉车，效果是一样的。这个原理可从公理二来推证。

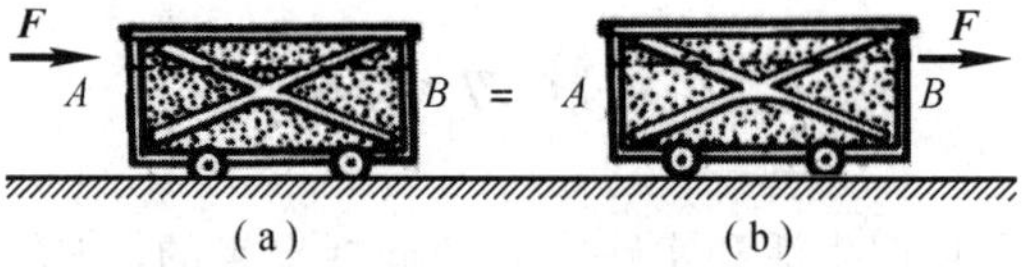

图 1.6

由此可知，对于刚体来说，力作用点已不是决定力作用效果的要素，而是其作用线。因此，**作用于刚体上的力的三要素是：力的大小、方向和作用线**。

应注意，力的可传性原理只适用于刚体，而不适用于变形体。例如，图 1.7(a)所示的变形杆，受到等值共线反向的拉力作用，杆被拉长；如果把这两个力沿作用线分别移到杆的另一端，如图 1.7(b)所示，此时杆就被压短。

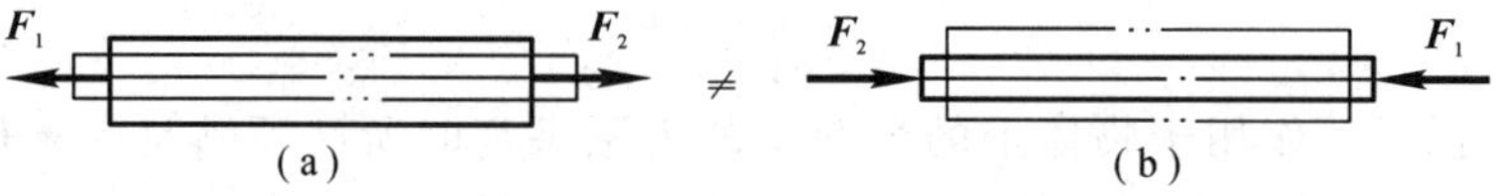

图 1.7

公理三　力的平行四边形法则

作用于物体上同一点的两个力，可以合成为一个合力。合力的作用点仍在该点，合力的大小和方向由这两个力为邻边所作的平行四边形的对角线来确定。如图 1.8 所示。

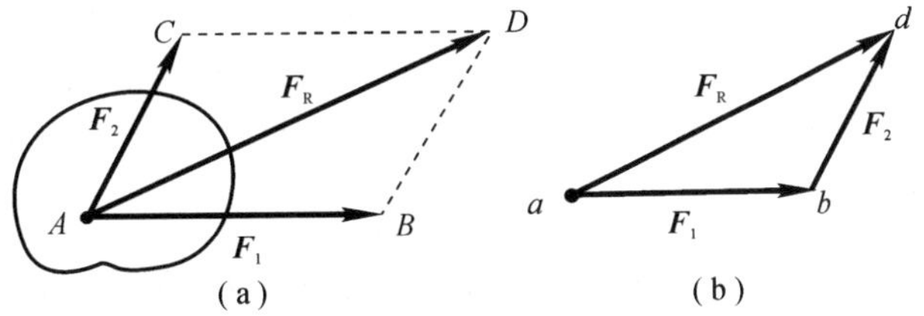

图 1.8

这种合成力的方法，称为矢量加法，合力称为这两力的矢量和(或几何和)。

如图 1.8(a)中，力 $\boldsymbol{F}_R$ 为 $\boldsymbol{F}_1$ 和 $\boldsymbol{F}_2$ 的合力，力 $\boldsymbol{F}_1$，$\boldsymbol{F}_2$ 为 $\boldsymbol{F}_R$ 的分力。合力与分力间的关系可用如下的矢量等式表示：

$$\boldsymbol{F}_R=\boldsymbol{F}_1+\boldsymbol{F}_2 \tag{1-1}$$

为了方便，在用矢量法求合力时，往往不需要画出整个的平行四边形，如图 1.8(b)所示，可从任一点 A 作一个与力 $\boldsymbol{F}_1$ 大小相等、方向相同的矢量 $\overline{AB}$，再过 B 点作一个与力 $\boldsymbol{F}_2$ 大小相等、方向相同的矢量 $\overline{BC}$，则 $\overline{AC}$ 即表示合力 $\boldsymbol{F}_R$ 的大小和方向。这种求合力的方法称为力的三角形法则。

推论二　力的三角形法则

确定两个共点力的合力的大小、方向时，可任选一点将这两个力矢首尾相接，合力矢从先画力矢的起点指到后画力矢的终点。

在应用该推论时，需注意力三角形的矢序规则：合力应从先画分力矢的起点指向后画分力矢的终点。作图时分力矢的先后顺序可以改变，但合力矢不变，读者可自行验证。力的三角形只表明力的大小和方向，它不表示力的作用点或作用线。应用力的三角形法则求解力的大小和方向时，可应用数学中的三角公式求出或在图上量测。

推论三　三力平衡汇交定理

若刚体受不平行的三力作用而平衡，则三力作用线必汇交于一点且位于同一平面内。

证明：如图 1.9 所示，设有不平行的三个力 $\boldsymbol{F}_1$，$\boldsymbol{F}_2$ 和 $\boldsymbol{F}_3$，分别作用于刚体上的 A，B，C 三点，使刚体处于平衡。

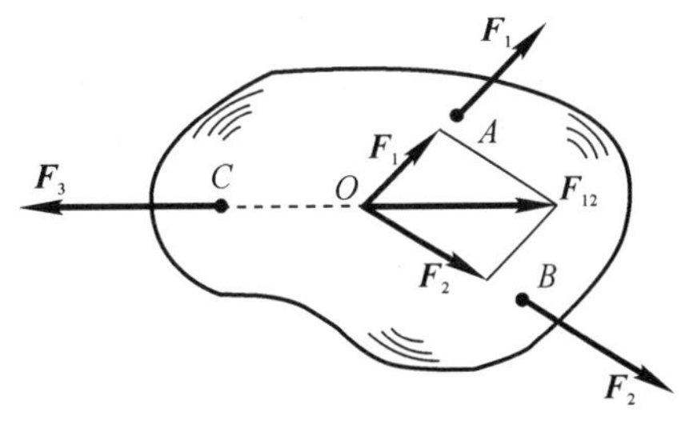

图 1.9

根据力的可传性原理，将力 $\boldsymbol{F}_1$，$\boldsymbol{F}_2$ 沿其作用线移到 O 点，并按力的平行四边形法则，合成一合力 $\boldsymbol{F}_{12}$，则 $\boldsymbol{F}_3$ 应与 $\boldsymbol{F}_{12}$ 平衡。根据二力平衡条件，力 $\boldsymbol{F}_3$ 必定与 $\boldsymbol{F}_{12}$ 共线，所以力 $\boldsymbol{F}_3$ 必通过 $\boldsymbol{F}_1$ 与 $\boldsymbol{F}_2$ 的交点 O，且 $\boldsymbol{F}_3$ 必与 $\boldsymbol{F}_1$ 和 $\boldsymbol{F}_2$ 在同一平面内。

必须注意，此定理只是不平行三力平衡的必要条件，而非充分条件。刚体受不平行力作用而平衡时，只要知道其中两力的作用线的交点，第三力的方位便可由此定理推知。

公理四　作用与反作用定律

两物体间相互作用的力，总是大小相等、方向相反，沿着同一直线，分别作用在这两个物体上。

这个定律指出：甲物体给乙物体一作用力的同时，乙物体也给甲物体一反向作用力。虽然这一对力满足等值、反向、共线的条件，但它们是分别作用于两个不同的物体上。因此，决不可认为这两个力互成平衡。这与公理一有本质的区别，不能混同。

公理五　刚化公理

变形体在某一力系作用下处于平衡，若将此变形体看做(刚化)为刚体，则其平衡状态保持不变。

如图 1.10 所示，一根软绳在一对等值、反向、共线的力作用下变形后平衡，若将此软绳刚化为一刚性杆，则这根杆在原力系的作用下处于平衡。而若刚性杆受压力处于平衡，则变为绳子时将不平衡。由此可知，作用于刚体上的平衡力系所满足的条件，只是使变形体平衡的必要条件而非充分条件。

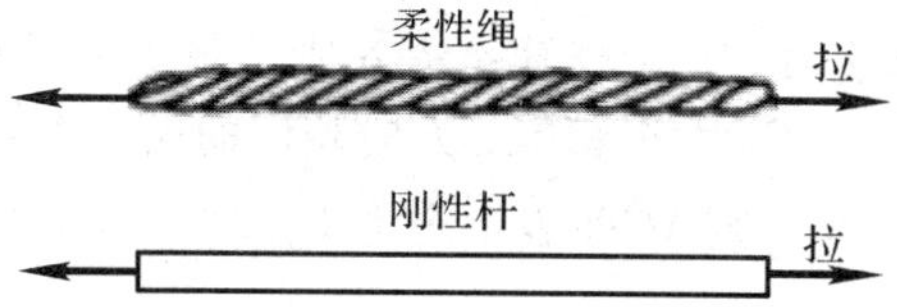

图 1.10

1.3　约束和约束力

能在空间做任意位移的物体称为**自由体**，例如，飞行的飞机、炮弹和火箭等。位移受到某些限制的物体称为**非自由体**，例如，悬挂着的灯就是非自由体，如图 1.11(a)所示。在重力 $\boldsymbol{P}$ 的作用下，灯就不能沿着绳索向下运动。

阻碍非自由体运动的限制条件称为非自由体的**约束**。这些限制条件总是由被约束物体周围的其他物体构成的，因此，为方便起见，通常把**与被约束物体相接触的周围其他物体称为约束**。所以，对灯而言，绳索就是灯的约束。又如，在钢轨上行驶的火车，钢轨是火车的约束；轴承中的轴，轴承是轴的约束；支撑在柱子上的屋架，柱子是屋架的约束等。既然约束能限制物体的运动，也就能改变物体的运动状态，约束对物体的作用，实际上是力，这种力称为**约束力**。例如，图 1.11(b)中的力 $\boldsymbol{T}$ 就是绳索对灯的约束力。

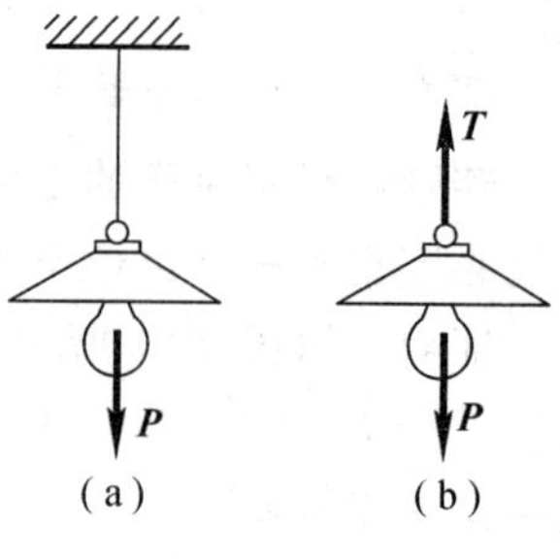

图 1.11

能使物体运动或有运动趋势的力称为**主动力**，如重力、电磁力、流体压力、结构承受的风力、机械中的弹簧力等。

一般情况下，约束力是由主动力的作用引起的，所以约束力也称为被动力，它随主动力的改变而变化。

在静力学中，主动力往往是给定的，而约束力是未知的，因此，对约束力的分析，就成为受力分析的重点。

因为约束力是限制物体运动的，所以它的大小与被约束物体的运动状态和主动力有关，应当通过力学规律才能确定，它的作用点和方向取决于约束和被约束物体接触面的物理性质和连接方式。接触面的物理性质分为绝对光滑(理想约束)和存在摩擦两种。物体间的连接方式也是多种多样的。因此，只有将物体间多样复杂的连接抽象为典型的约束类型，人们才能分析物体所受到的约束力。

工程中约束的种类很多，对于一些常见的约束，按其所具有的特性，可以归纳成下列几种基本类型。

1. 柔性体约束

属于这类约束的有绳索、链条和胶带等。绳索如图 1.12 所示，由于柔软的绳索只能承受拉力，所以它给物体的约束力也只能是拉力。即它只能限制物体沿绳索伸长的方向运动，而不能限制其他方向的运动。因此，**绳索对物体的约束力，作用在接触点，方向沿着绳索背离物体**。

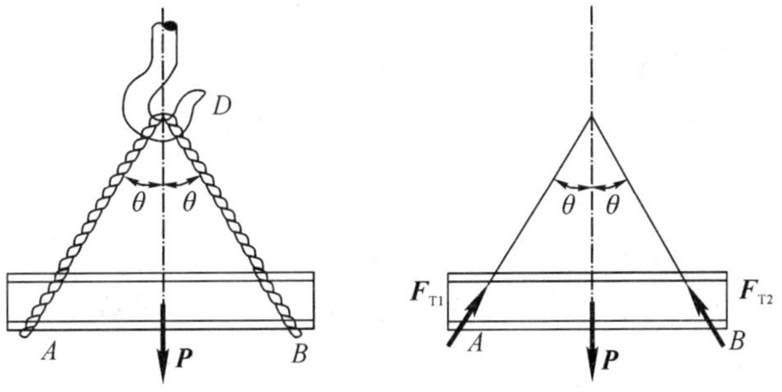

图 1.12

2. 光滑接触面约束

当两物体间的接触面上的摩擦力比其他作用力小很多时，摩擦力就成了次要因素，可以忽略不计。这样的接触面可认为是光滑的。此时，不论接触面是平面还是曲面，都不能限制物体沿接触面的切线方向运动，而只能限制物体沿接触面的公法线方向并向着接触面运动。因此，**光滑接触面约束力必过接触点，方向应沿接触面公法线，并指向被约束物体**，如图 1.13 所示。这种约束力也称为**法向约束力**。

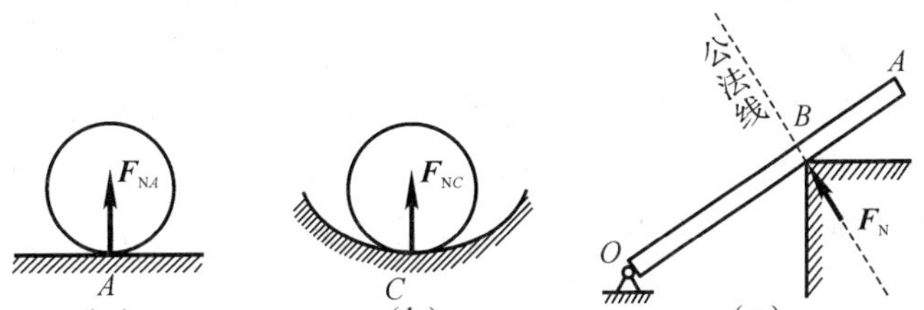

图 1.13

光滑面约束在工程上是常见的，如啮齿齿轮的齿面约束(图 1.14)、凸轮曲面对顶杆的约束(图 1.15)等。

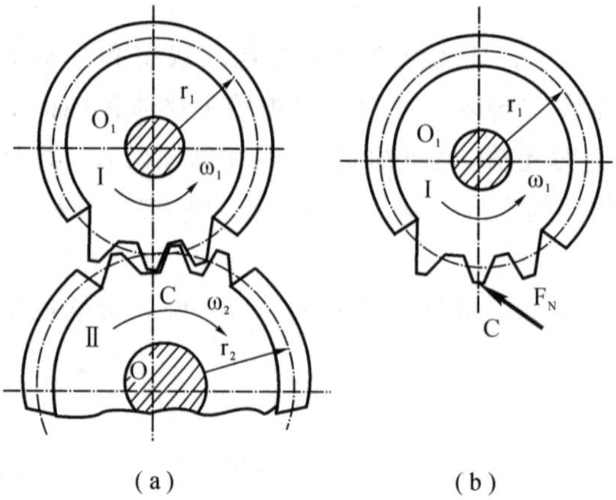

图 1.14

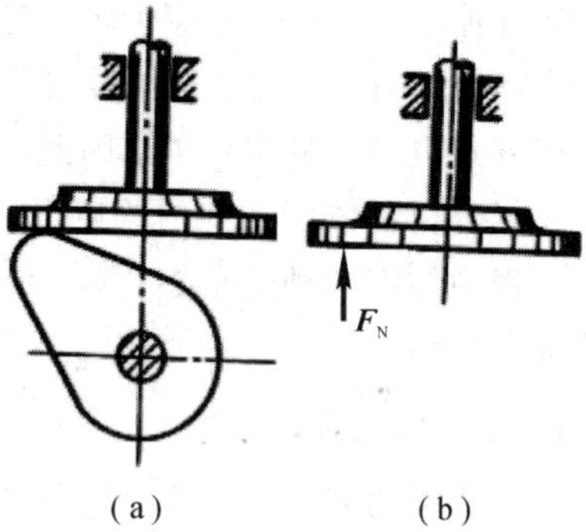

图 1.15

3. 固定铰链约束

铰链是工程中常见的一种约束。铰链约束的典型构造是将构件和固定支座在连接处钻上圆孔，再用圆柱形销子(又称销钉)串联起来，使构件只能绕销钉的轴线转动。这种约束称为**固定铰链约束**，或称**固定铰支座**，如图 1.16(a)、(b)所示。

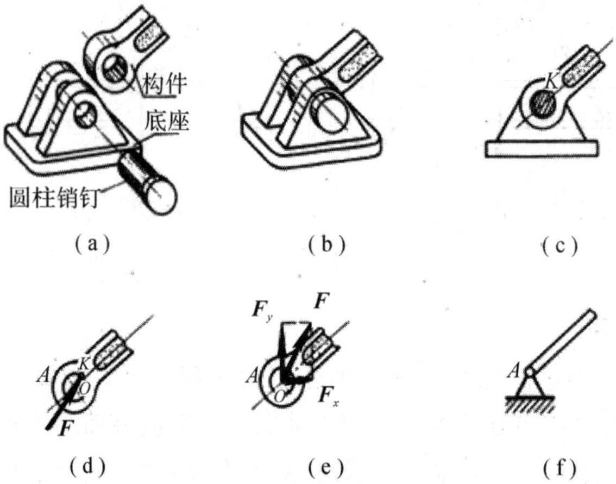

图 1.16

当接触面的摩擦可略去不计时，销钉与构件圆孔件的接触是两个光滑圆柱面的接触，如图 1.16(c)所示。按照光滑面约束力的性质，可知销钉给构件的约束力 $\boldsymbol{F}$ 应沿圆柱面在接触点 K 的公法线，即通过并垂直于销钉轴线 O，如图 1.16(d)所示。但因接触点 K 的位置往往不能预先确定，所以约束力 $\boldsymbol{F}$ 的方向也就不能预先确定，它们与作用于物体的主动力有关。因此，通常用通过铰链中心的两个正交分力 $\boldsymbol{F}_x$ 和 $\boldsymbol{F}_y$ 来表示，如图 1.16(e)所示。而图 1.16(f)是常用的固定铰支座示意简图。

如果两个构件用圆柱形光滑销钉连接，则称**中间铰**，如图 1.17(a)、(b)所示。中间铰的销钉对构件的约束，与固定铰支座的销钉对构件的约束相同，其约束力通常也表示为两个正交分力，如图 1.17(c)所示。

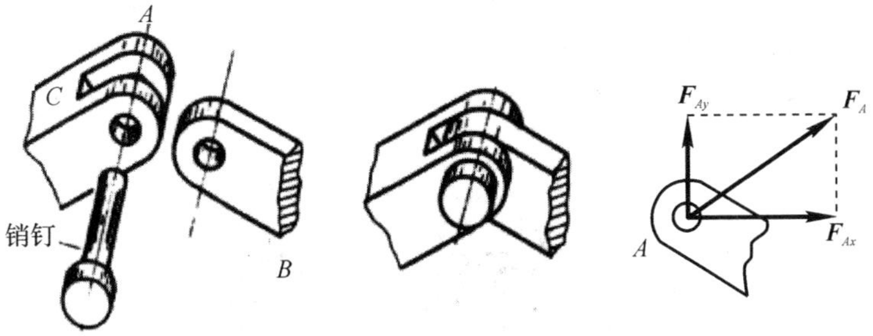

(a)　　(b)　　(c)

图 1.17

4. 辊轴约束

将构件的铰链支座与光滑支承面之间放上几个辊轴子，就成为辊轴支座，如图 1.18(a)所示，也称活动铰支座或滚动支座。

这种约束只能限制物体垂直于支承面的运动，而不能阻止物体沿着支承面的运动或绕着销钉的转动。实际的结构可以防止被支承构件脱离支承面，因此，**辊轴约束的约束力通过销钉中心，垂直于支承面，它的指向取决于构件的受力**。图 1.18(b)是辊轴支座的简化表示法，图 1.18(c)表示辊轴支座的约束力。

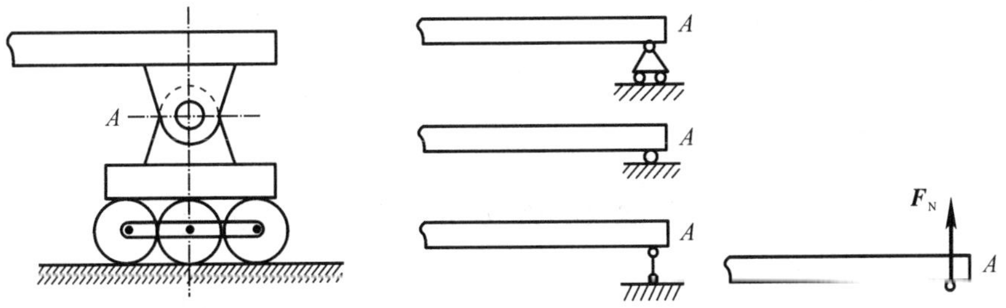

(a)　　(b)　　(c)

图 1.18

5. 轴承约束

轴承约束是工程中常见的支承形式。这类约束的约束力的分析方法与铰链约束相同。常用的有滑动轴承、滚动轴承。图 1.19(a)表示滑动轴承的示意图，图 1.19(b)表示轴承的约束力。因为滑动轴承不能限制轴沿轴线方向的运动，所以**滑动轴承约束力的方向在垂直于轴线的径向平面内，通常用两个正交分力 F_{Ax} 和 F_{Az} 来表示**。图 1.20(a)为滚动轴承最常

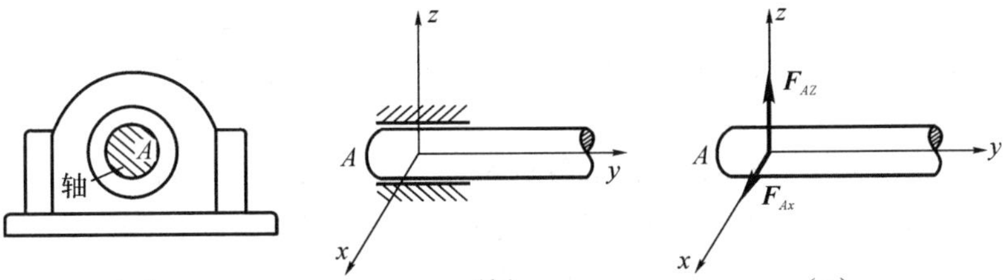

(a)　　(b)　　(c)

图 1.19

见的两种形式，其简化画法如图 1.20(b)所示。A 端为向心轴承(或径向轴承)，因向心轴承和滑动轴承一样不起止推的作用，所以向心轴承只有 $\boldsymbol{F}_{Ax}$ 和 $\boldsymbol{F}_{Az}$ 两个分力，B 端为向心推力轴承(或径向止推轴承)对轴向起到止推的作用，所以 B 端的约束力有 $\boldsymbol{F}_{Bx}$，$\boldsymbol{F}_{By}$ 和 $\boldsymbol{F}_{Bz}$ 三个分力，如图 1.20(c)所示。

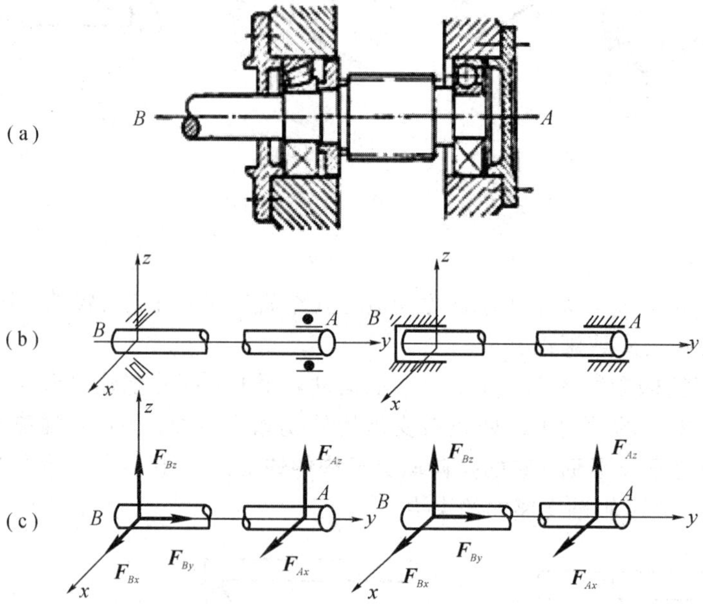

图 1.20

1.4 物体的受力分析和受力图

在工程实际中，为了求出未知的约束力，需要根据已知力，应用平衡条件求解。为此，首先要确定构件受了几个力，每个力的作用位置和力的作用方向，这种分析过程称为**物体的受力分析**。

作用在物体上的力可分为两类：一类是主动力，例如物体的重力、风力、气体压力等，一般是已知的；另一类是约束对于物体的约束力，为未知的被动力。

为了清晰地表示物体的受力情况，我们把需要研究的物体(称为受力体)从周围的物体(称为施力体)中分离出来，单独画出它的简图，这个步骤叫做**取研究对象**或**取分离体**。然后把施力物体对研究对象的作用力(包括主动力和约束力)全部画出来。这种表示物体受力的简明图形，称为**受力图**。画物体受力图是解决静力学问题的一个重要步骤。下面举例说明。

【例 1-1】 用力 $\boldsymbol{F}$ 拉动碾子以压平路面，重为 P 的碾子受到一石块的阻碍，如图 1.21(a)所示。试画出碾子的受力图。

【解】 (1) 取碾子为研究对象(即取分离体)，并单独画出其简图。

(2) 画主动力。有地球的引力 $\boldsymbol{P}$ 和杆对碾子中心的拉力 $\boldsymbol{F}$。

(3) 画约束力。因碾子在 A 和 B 两处受到石块和地面的约束，若不计摩擦，则均为光滑表面接触，故在 A 处受石块的法向力 $\boldsymbol{F}_{NA}$ 的作用，在 B 处受地面的法向力 $\boldsymbol{F}_{NB}$ 的作用，它们都沿着碾子上接触点的公法线而指向圆心。

碾子的受力图如图 1.21(b)所示。

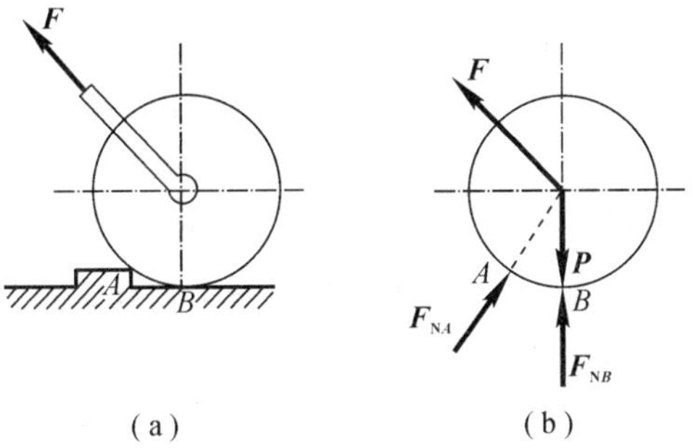

图 1.21

【例 1-2】　屋架如图 1.22(a)所示。A 处为固定铰链支座，B 处为滚动支座，搁在光滑的水平面上。已知屋架自重 $\boldsymbol{P}$，在屋架的 AC 边上承受了垂直于它的均匀分布的风力，单位长度上承受的力为 q(N/m)。试画出屋架的受力图。

【解】　(1) 取屋架为研究对象，除去约束并画出其简图。

(2) 画主动力。有屋架的重力 $\boldsymbol{P}$ 和均布的风力 q。

(3) 画约束力。因 A 处为固定铰支，其约束力通过铰链中心 A，但方向不能确定，可用两个大小未知的正交分力 $\boldsymbol{F}_{Ax}$ 和 $\boldsymbol{F}_{Ay}$ 表示。B 处为滚动支座，约束力垂直向上，用 $\boldsymbol{F}_{NB}$ 表示。

屋架的受力图如图 1.22(b)所示。

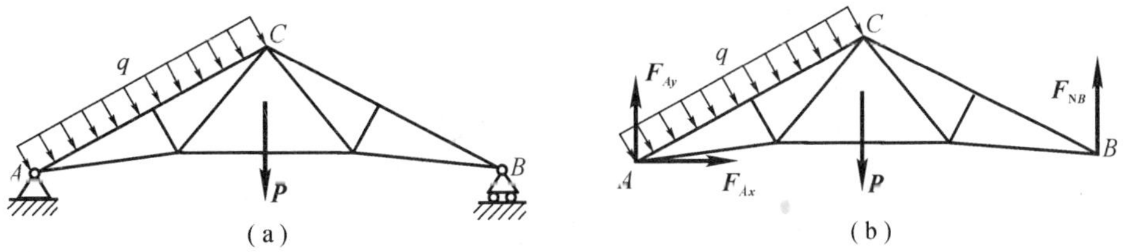

图 1.22

【例 1-3】　如图 1.23(a)所示，水平梁 AB 用斜杆 CD 支撑，A，C，D 三处均为光滑铰链连接。均质梁重 $\boldsymbol{P}_1$，其上放置一重为 $\boldsymbol{P}_2$ 的电动机。如不计杆 CD 的自重，试分别画出杆 CD 和梁 AB(包括电动机)的受力图。

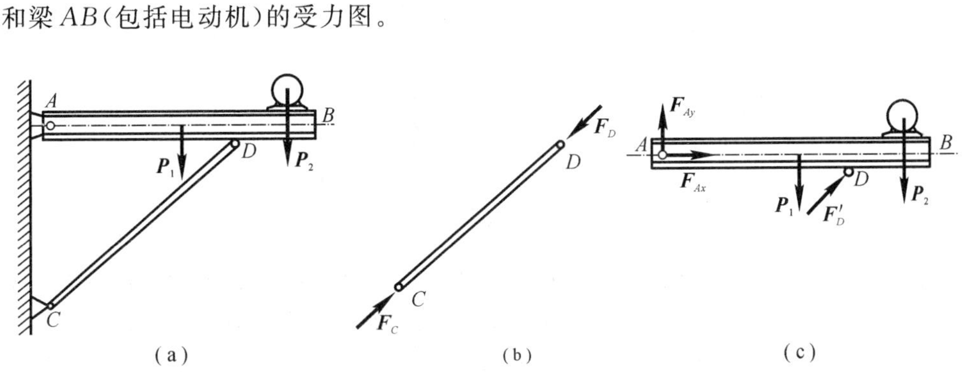

图 1.23

【解】 (1) 先分析斜杆 CD 的受力。由于斜杆的自重不计，因此杆只在铰链 C，D 处受有两个约束力$\boldsymbol{F}_C$和$\boldsymbol{F}_D$。根据光滑铰链的特性，这两个约束力必定通过铰链 C，D 的中心，方向暂不确定。考虑到杆 CD 只在$\boldsymbol{F}_C$，$\boldsymbol{F}_D$二力作用下平衡，为二力杆，根据二力平衡公理，这两个力必定沿同一直线，且等值、反向。由此可确定$\boldsymbol{F}_C$和$\boldsymbol{F}_D$的作用线应沿铰链中心 C 与 D 的连线，由经验判断，此处杆 CD 受压力，其受力图如图 1.23(b)所示。一般情况下，$\boldsymbol{F}_C$与$\boldsymbol{F}_D$的指向不能预先判定，可先任意假设杆受拉力或压力。若根据平衡方程求得的力为正值，则说明原假设力的指向正确；若为负值，则说明实际杆受力与原假设指向相反。

(2) 取梁 AB(包括电动机)为研究对象。它受有$\boldsymbol{P}_1$，$\boldsymbol{P}_2$两个主动力的作用。梁在铰链 D 处受有二力杆 CD 的作用。根据作用与反作用定律，$\boldsymbol{F}'_D=-\boldsymbol{F}_D$。梁在 A 处受固定铰支给它的约束力的作用，由于方向未知，可用两个大小未定的正交分力$\boldsymbol{F}_{Ax}$和$\boldsymbol{F}_{Ay}$表示。

梁 AB 的受力图如图 1.23(c)所示。

【例 1-4】 如图 1.24(a)所示的三铰拱桥，由左、右两拱铰接而成。设各拱自重不计，在 AC 上作用有载荷 $\boldsymbol{P}$。试分别画出拱 AC 和 BC 的受力图。

【解】 (1) 先分析拱 BC 的受力。由于拱 BC 自重不计，且只在 B，C 两处受到铰链约束，因此拱 BC 为二力构件。在铰链中心 B，C 处分别受$\boldsymbol{F}_B$，$\boldsymbol{F}_C$两力的作用，且$\boldsymbol{F}_B=-\boldsymbol{F}_C$，这两个力的方向如图 1.24(b)所示。

(2) 取拱 AC 为研究对象。由于自重不计，因此主动力只有载荷 $\boldsymbol{P}$。拱在铰链 C 处受有拱 BC 给它的约束力$\boldsymbol{F}'_C$的作用，根据作用与反作用定律，$\boldsymbol{F}'_C=-\boldsymbol{F}_C$。拱在 A 处受有固定铰支给它的约束力$\boldsymbol{F}_A$的作用，由于方向未定，可用两个大小未知的正交分力$\boldsymbol{F}_{Ax}$和$\boldsymbol{F}_{Ay}$代替。拱 AC 的受力图如图 1.24(c)所示。

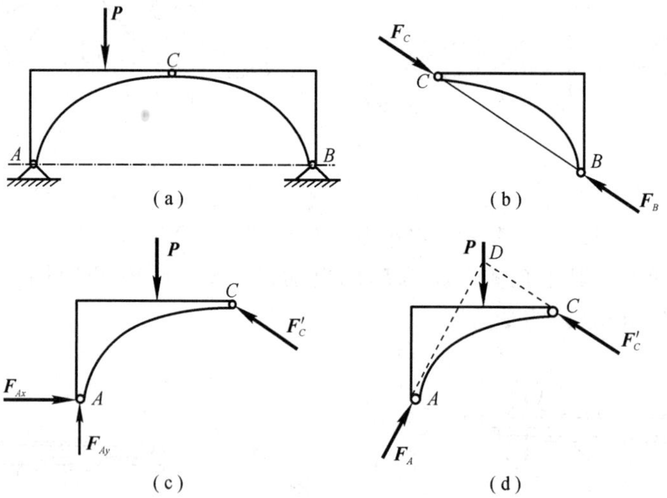

图 1.24

再进一步分析可知，由于拱 AC 在 $\boldsymbol{P}$，$\boldsymbol{F}'_C$和$\boldsymbol{F}_A$三个力作用下平衡，故可根据三力平衡汇交定理，确定铰链 A 处约束力$\boldsymbol{F}_A$的方向。点 D 为力 $\boldsymbol{P}$ 和$\boldsymbol{F}'_C$作用线的交点，当拱 AC 平衡时，约束力$\boldsymbol{F}_A$的作用线必通过点 D，如图 1.24(d)所示；至于$\boldsymbol{F}_A$的指向，暂且假定如图，以后由平衡条件确定。

请读者考虑：当左右两拱都计入自重时，各受力图有何不同？

【例 1 - 5】 如图 1.25(a)所示，梯子的两部分 AB 和 AC 在点 A 铰接，又在 D，E 两点用水平绳连接。梯子放在光滑水平面上，若其自重不计，但在 AB 的中点 H 处作用一铅直载荷 $\boldsymbol{P}$。试分别画出绳子 DE 和梯子的 AB，AC 部分以及整个系统的受力图。

【解】 (1) 绳子 DE 的受力分析。绳子两端 D，E 分别受到梯子对它的拉力 $\boldsymbol{F}_D$，$\boldsymbol{F}_E$ 的作用，如图 1.25(b)所示。

(2) 梯子 AB 部分的受力分析。它在 H 处受载荷 $\boldsymbol{P}$ 的作用，在铰链 A 处受 AC 部分给它的约束力 $\boldsymbol{F}_{Ax}$ 和 $\boldsymbol{F}_{Ay}$ 的作用，在点 D 受绳子对它的拉力 $\boldsymbol{F}'_D$(与 $\boldsymbol{F}_D$ 互为作用力和反作用力)，在点 B 受光滑地面对它的法向力 $\boldsymbol{F}_B$ 的作用。梯子 AB 部分的受力图如图 1.25(c)所示。

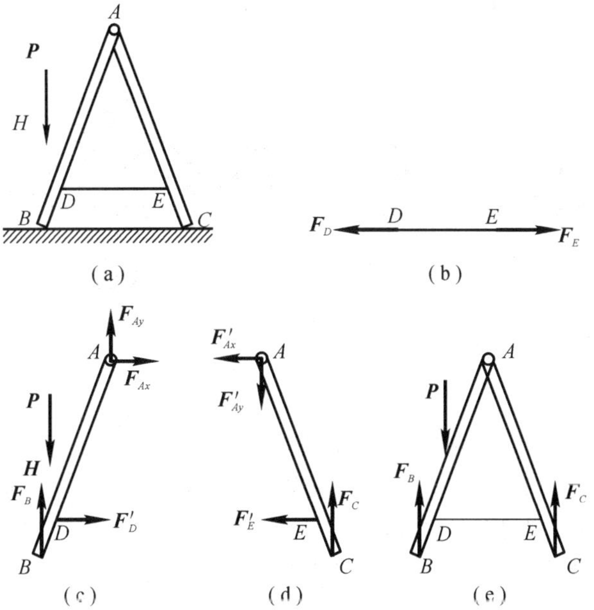

图 1.25

(3) 梯子 AC 部分的受力分析。在铰链 A 处受 AB 部分对它的作用力 $\boldsymbol{F}'_{Ax}$ 和 $\boldsymbol{F}'_{Ay}$(分别与 $\boldsymbol{F}_{Ax}$ 和 $\boldsymbol{F}_{Ay}$ 互为作用力和反作用力)，在点 E 受绳子对它的拉力 $\boldsymbol{F}'_E$(与 $\boldsymbol{F}_E$ 互为作用力和反作用力)，在点 C 受光滑地面对它的法向力 $\boldsymbol{F}_C$。梯子 AC 部分的受力图如图 1.25(d)所示。

(4) 整个系统的受力分析。当选整个系统为研究对象时，可把平衡的整个结构刚化为刚体。由于铰链 A 处所受的力互为作用力与反作用力关系，即 $\boldsymbol{F}_{Ax}=-\boldsymbol{F}'_{Ax}$，$\boldsymbol{F}_{Ay}=-\boldsymbol{F}'_{Ay}$；绳子与梯子连接点 D 和 E 所受的力也分别互为作用力与反作用力关系，即 $\boldsymbol{F}_D=-\boldsymbol{F}'_D$，$\boldsymbol{F}_E=-\boldsymbol{F}'_E$，这些力都成对地作用在整个系统内，称为内力。内力对系统的作用效应相互抵消，因此可以除去，并不影响整个系统的平衡。故内力在受力图上不必画出。在受力图上只需画出系统以外的物体给系统的作用力，这种力称为外力。这里，载荷 $\boldsymbol{P}$ 和约束力 $\boldsymbol{F}_B$，$\boldsymbol{F}_C$ 都是作用于整个系统的外力。

整个系统的受力图如图 1.25(e)所示。应该指出，内力与外力的区分不是绝对的。例如，当我们把梯子的 AC 部分作为研究对象时，$\boldsymbol{F}'_{Ax}$，$\boldsymbol{F}'_{Ay}$ 和 $\boldsymbol{F}'_E$ 均属外力，但取整体为研究对象时，$\boldsymbol{F}'_{Ax}$，$\boldsymbol{F}'_{Ay}$ 和 $\boldsymbol{F}'_E$ 又成为内力。可见，内力与外力的区分，只有相对于某一确定的研究对象才有意义。

【例 1-6】 如图 1.26(a)所示的结构，由杆 AC，CD 与滑轮 B 铰接而成，物体 K 重量为 G，用绳子挂在滑轮上，如杆、滑轮及绳子的重量忽略不计，并不考虑各处的摩擦，试分别画出滑轮 B，重物 K，杆 AC，CD 及整体的受力图。

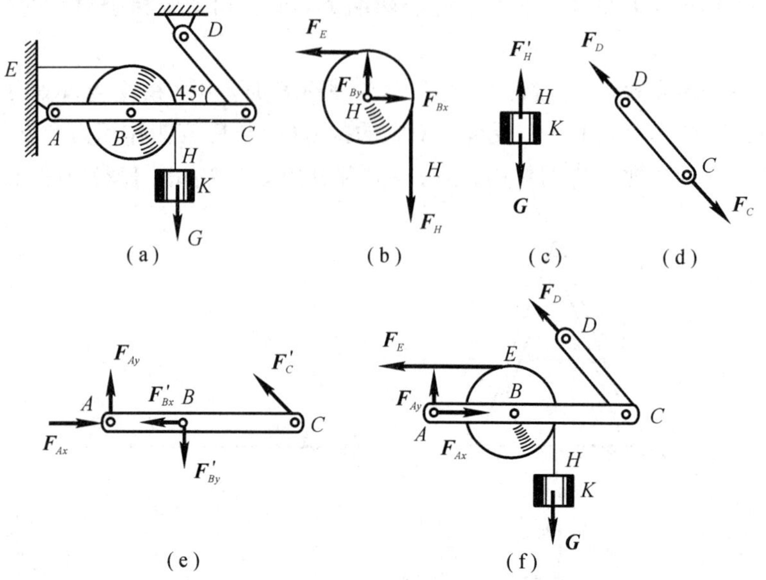

图 1.26

【解】 (1) 取滑轮 B 为研究对象，画出分离体。在 B 处为光滑铰链约束，画上铰链销钉对轮孔的约束力 $\boldsymbol{F}_{Bx}$ 和 $\boldsymbol{F}_{By}$；在轮缘有绳索的拉力 $\boldsymbol{F}_E$，$\boldsymbol{F}_H$。其受力如图 1.26(b)所示。

(2) 取物体 K 为研究对象，取分离体。其上受有重力 $\boldsymbol{G}$，在 H 处受绳索的拉力 $\boldsymbol{F}'_H$，它与 $\boldsymbol{F}_H$ 是作用力与反作用力的关系。其受力如图 1.26(c)所示。

(3) 在系统问题中，先找出二力杆将有助于确定某些未知力的方向。故先以二力杆 CD 为研究对象，取分离体。假设 CD 杆受拉力，在力作用点 C，D 处画上等值反向的一对拉力 $\boldsymbol{F}_C$ 和 $\boldsymbol{F}_D$，如图 1.26(d)所示。

(4) 以杆 AC(包括销钉)为研究对象，取分离体。固定铰链 A 处的约束力可以用一对正交力 $\boldsymbol{F}_{Ax}$，$\boldsymbol{F}_{Ay}$ 表示，指向可以任意假定；铰链 B 处为一对力 $\boldsymbol{F}'_{Bx}$，$\boldsymbol{F}'_{By}$，它们与力 $\boldsymbol{F}_{Bx}$，$\boldsymbol{F}_{By}$ 互为作用力与反作用力。在铰链 C 处约束力 $\boldsymbol{F}'_C$ 的方向，与其反作用力 $\boldsymbol{F}_C$ 的反向相反，其受力如图 1.26(e)所示。

(5) 取整体为研究对象，取分离体。系统所受的外力有：主动力 $\boldsymbol{G}$，约束力 $\boldsymbol{F}_D$，$\boldsymbol{F}_E$，$\boldsymbol{F}_{Ax}$ 和 $\boldsymbol{F}_{Ay}$，对于整个系统而言，B，C，H 三处均受到内力作用，不必画出。整体的受力如图 1.26(f)所示。

【例 1-7】 图 1.27(a)所示的平面构架，由杆 AB，DE 及 DB 铰接而成。A 为滚动支座，E 为固定铰链。钢绳一端拴在 K 处，另一端绕过定滑轮Ⅰ和动滑轮Ⅱ后拴在销钉 B 上。物重为 P，各杆及滑轮的自重不计。

(1) 试分别画出各杆、各滑轮、销钉 B 以及整个系统的受力图；

(2) 画出销钉 B 与滑轮Ⅰ一起的受力图；

(3) 画出杆 AB，滑轮Ⅰ，Ⅱ，钢绳和重物作为一个系统时的受力图。

【解】 (1) 取杆 BD 为研究对象(B 处为没有销钉的孔)。由于杆 BD 为二力杆，故在铰链中心 D，B 处分别受$\boldsymbol{F}_{DB}$，$\boldsymbol{F}_{BD}$两力的作用，其中$\boldsymbol{F}_{BD}$为销钉给孔 B 的约束力，其受力图如图 1.27(b)所示。

(2) 取杆 AB 为研究对象(B 处仍为没有销钉的孔)。A 处受有滚动支座的约束力$\boldsymbol{F}_A$的作用；C 为铰链约束，其约束力可用两个正交分力$\boldsymbol{F}_{Cx}$，$\boldsymbol{F}_{Cy}$表示；B 处受有销钉给孔 B 的约束力，亦可用两个正交分力$\boldsymbol{F}_{Bx}$，$\boldsymbol{F}_{By}$表示，方向暂先假设如图。杆 AB 的受力图如图 1.27(c)所示。

(3) 取杆 DE 为研究对象。其上共有 D，K，C，E 四处受力，D 处受二力杆给它的约束力$\boldsymbol{F}'_{DB}$($\boldsymbol{F}'_{DB}=-\boldsymbol{F}_{DB}$)；$K$ 处受钢绳的拉力$\boldsymbol{F}_K$；铰链 C 受到反作用力$\boldsymbol{F}'_{Cx}$与$\boldsymbol{F}'_{Cy}$($\boldsymbol{F}'_{Cx}=-\boldsymbol{F}_{Cx}$，$\boldsymbol{F}'_{Cy}=-\boldsymbol{F}_{Cy}$)；$E$ 为固定铰链，其约束力可用两个正交分力$\boldsymbol{F}_{Ex}$与$\boldsymbol{F}_{Ey}$表示。杆 DE 的受力图如图 1.27(d)所示。

(4) 取滑轮Ⅰ为研究对象(B 处为没有销钉的孔)。其上除受有两段钢绳的拉力$\boldsymbol{F}'_1$，$\boldsymbol{F}'_K$($\boldsymbol{F}'_K=-\boldsymbol{F}_K$)外，还有销钉 B 对孔 B 的约束力$\boldsymbol{F}_{B1x}$及$\boldsymbol{F}_{B1y}$，其受力图如图 1.27(e)所示(亦

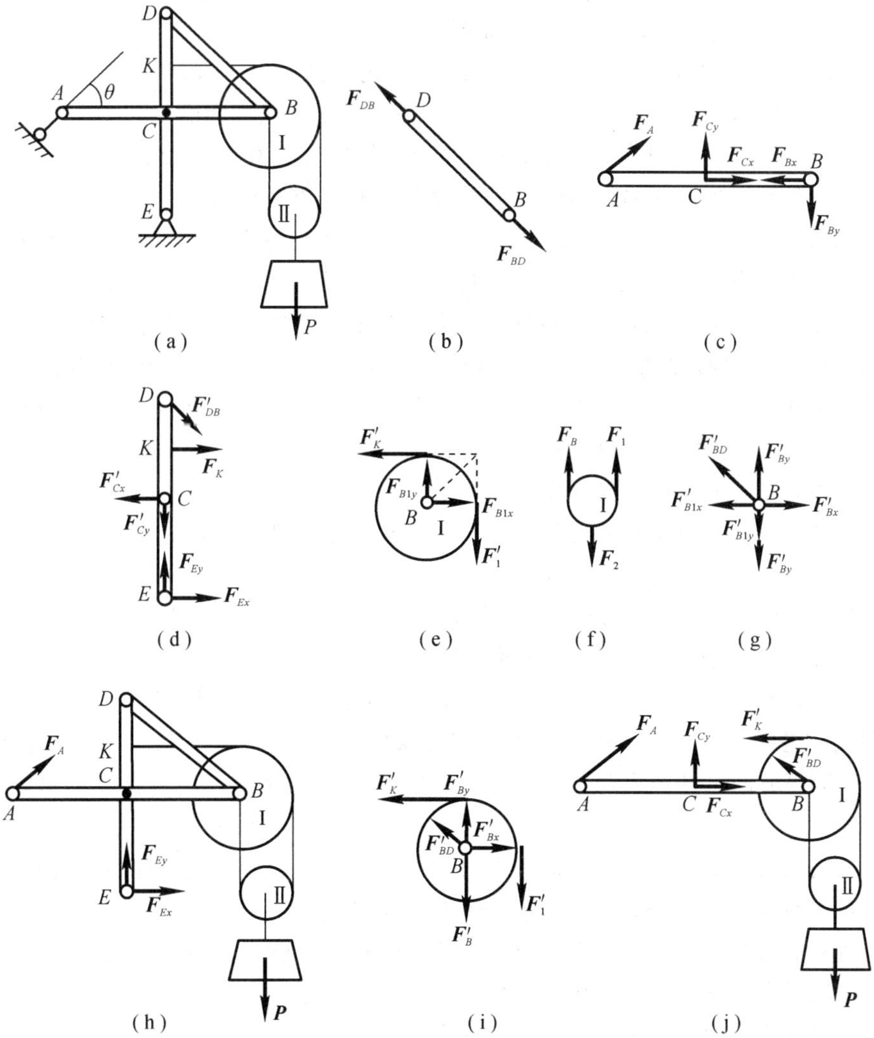

图 1.27

可根据三力平衡汇交定理，确定铰链 B 处约束力的方向，如图中虚线所示)。

(5) 取滑轮Ⅱ为研究对象，其上受三段钢绳拉力$\boldsymbol{F}_1$，$\boldsymbol{F}_B$及$\boldsymbol{F}_2$，其中$\boldsymbol{F}_1'=-\boldsymbol{F}_1$。滑轮Ⅱ的受力图如图 1-27(f)所示。

(6) 单独取销钉 B 为研究对象，它与杆 DB，AB，滑轮Ⅰ及钢绳等四个物体连接，因此这四个物体对销钉都有力作用。二力杆 DB 对它的约束力为$\boldsymbol{F}'_{BD}$($\boldsymbol{F}'_{BD}=-\boldsymbol{F}_{BD}$)；杆 AB 对它的约束力为$\boldsymbol{F}'_{Bx}$，$\boldsymbol{F}'_{By}$($\boldsymbol{F}'_{Bx}=-\boldsymbol{F}_{Bx}$，$\boldsymbol{F}'_{By}=-\boldsymbol{F}_{By}$)；滑轮Ⅰ给销钉 B 的约束力为$\boldsymbol{F}'_{B1x}$与$\boldsymbol{F}'_{B1y}$($\boldsymbol{F}'_{B1x}=-\boldsymbol{F}_{B1x}$，$\boldsymbol{F}'_{B1y}=-\boldsymbol{F}_{B1y}$)；另外还受到钢绳对销钉 B 的拉力$\boldsymbol{F}'_B$($\boldsymbol{F}'_B=-\boldsymbol{F}_B$)。其受力图如图 1.27(g)所示。

(7) 当取整体为研究对象时，可把整个系统刚化为刚体，其上铰链 B，C，D 及钢绳各处均受到成对的内力，故可不画。系统的外力除主动力 $\boldsymbol{P}$ 外，还有约束力$\boldsymbol{F}_A$与$\boldsymbol{F}_{Ex}$，$\boldsymbol{F}_{Ey}$。其受力图如图 1.26(h)所示。

(8) 当取销钉 B 与滑轮Ⅰ一起为研究对象时，销钉 B 与滑轮Ⅰ之间的作用力与反作用力为内力，可不画。其上除受三绳拉力$\boldsymbol{F}'_B$，$\boldsymbol{F}'_1$及$\boldsymbol{F}'_K$外，还受到二力杆 BD 及杆 AB 在 B 处对它的约束力$\boldsymbol{F}'_{BD}$及$\boldsymbol{F}'_{Bx}$，$\boldsymbol{F}'_{By}$。其受力图如图 1.26(i)所示。

(9) 当取杆 AB，滑轮Ⅰ，Ⅱ以及重物、钢绳(包括销钉 B)一起为研究对象时，可将此系统刚化为一个刚体。这样，销钉 B 与滑轮Ⅰ、杆 AB、钢绳之间的作用力与反作用力，都是作用在同一刚体上的成对内力，可不画。系统上的外力除有主动力 $\boldsymbol{P}$，约束力$\boldsymbol{F}_A$，$\boldsymbol{F}'_{BD}$及$\boldsymbol{F}_{Cx}$，$\boldsymbol{F}_{Cy}$外，还有 K 处的钢绳拉力$\boldsymbol{F}'_K$。其受力图如图 1.26(j)所示。

此题较难，是由于销钉 B 与四个物体连接，销钉 B 与每个连接物体之间都有作用与反作用关系，故销钉 B 上受到的力较多，因此必须明确其上每一个力的施力物体。必须注意：当分析各物体在 B 处的受力时，应根据求解需要，将销钉单独画出或将它属于某一个物体。因为各研究对象在 B 处是否包括销钉，其受力图是不同的，如图 1.26(e)与图 1.26(i)所示。以后凡遇到销钉与三个以上物体连接时，都应注意上述问题。读者还可以分析当杆 DB 包括销钉 B 或杆 AB 包括销钉 B 为研究对象时的受力图，并与图 1.26(b)或图 1.26(c)比较，且说明各力之间的作用力与反作用力关系。

正确地画出物体的受力图，是分析、解决力学问题的基础。画受力图时必须注意如下几点：

(1) 必须明确研究对象。根据求解需要，可以取单个物体为研究对象，也可以取由几个物体组成的系统为研究对象。不同的研究对象的受力图是不同的。

(2) 正确确定研究对象受力的数目。由于力是物体间相互的机械作用，因此，对每一个力都应明确它是哪一个施力物体施加给研究对象的，决不能凭空产生。同时，也不可漏掉一个力。一般可先画已知的主动力，再画约束力。凡是研究对象与外界接触的地方，都一定存在约束力。

(3) 正确画出约束力。一个物体往往同时受到几个约束的作用，这时应分别根据每个约束本身的特性来确定其约束力的方向，而不能凭主观臆测。

(4) 当分析两物体间相互的作用力时，应遵循作用、反作用关系。若作用力的方向一经假定，则反作用力的方向应与之相反。当画整个系统的受力图时，由于内力成对出现，组成平衡力系，因此不必画出，只需画出全部外力。

小　　结

1. 静力学研究的问题

静力学研究作用于物体上的力系的平衡。具体研究以下三个问题：物体的受力分析；力系的等效变换；力系的平衡条件。

2. 力的三要素

力是物体间相互的机械作用，这种作用使物体的机械运动状态发生变化(包括变形)。力的作用效应由力的大小、方向和作用点决定，称为力的三要素。力是矢量。作用在刚体上的力可以沿着作用线移动，这种力矢量是滑动矢量。

3. 静力学公理

静力学公理是力学的最基本、最普遍的客观规律。

公理 1　二力平衡公理。这个公理阐明了作用在一个物体上最简单的力系的平衡条件。

公理 2　加减平衡力系公理。这个公理是研究力系等效变换的依据。

公理 3　力的平行四边形法则。这个公理阐明了作用于一个物体上的最简单的力系的合成法则。

公理 4　作用与反作用定律。这个公理阐明了两个物体相互作用的关系。

公理 5　刚化公理。这个公理阐明了变形体抽象成刚体模型的条件，并指出刚体平衡的必要和充分条件只是变形体平衡的必要条件。

4. 约束和约束力

限制非自由体某些位移的周围物体，称为约束，如绳索、光滑铰链、滚动支座、二力构件、球铰链及止推轴承等。约束对非自由体施加的力称为约束力。约束力的方向与该约束所能阻碍的位移方向相反。画约束力时，应分别根据每个约束本身的特性确定其约束力的方向。

5. 物体的受力分析和受力图

物体的受力分析和受力图是研究物体平衡和运动的前提。画物体受力图时，首先要明确研究对象(即取分离体)。物体受的力分为主动力和约束力。当分析多个物体组成的系统受力时，要注意分清内力与外力，内力成对可不画，还要注意作用力与反作用力之间的相互关系。

思　考　题

1-1　说明下列式子与文字的意义和区别：

(1) $\boldsymbol{F}_1=\boldsymbol{F}_2$；

(2) $F_1=F_2$；

(3) 力$\boldsymbol{F}_1$等效于力$\boldsymbol{F}_2$。

1-2 为什么说二力平衡公理、加减平衡力系公理和力的可传递性原理等都只能适用于刚体？

1-3 试区别$\boldsymbol{F}_R=\boldsymbol{F}_1+\boldsymbol{F}_2$和$F_R=F_1+F_2$两个等式代表的意义。

1-4 什么叫二力构件？分析二力构件受力时与构件的形状有无关系。

1-5 图 1.28～图 1.32 中各物体的受力图是否有错误？如何改正？

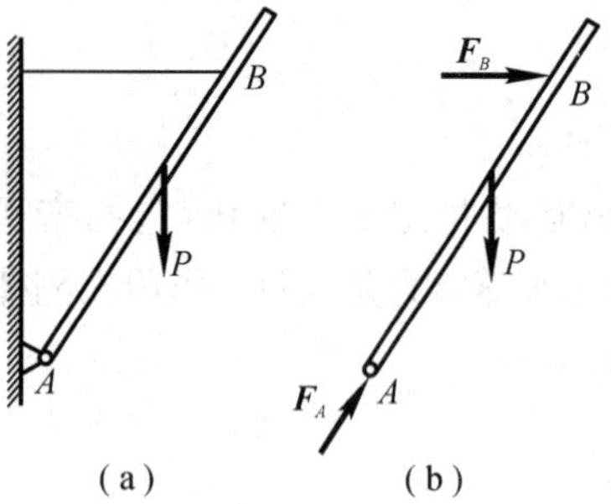

图 1.28

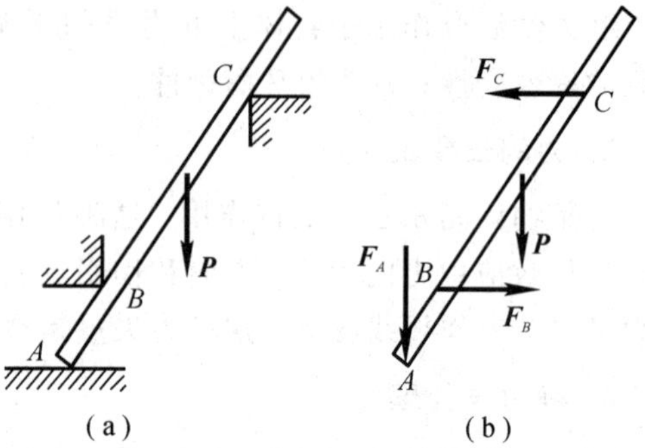

图 1.29

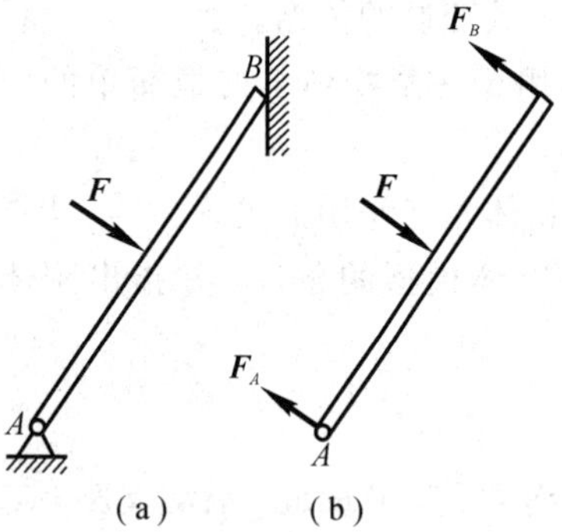

图 1.30

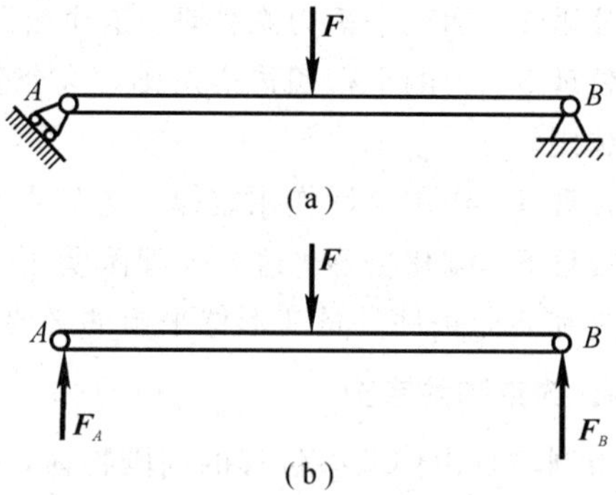

图 1.31

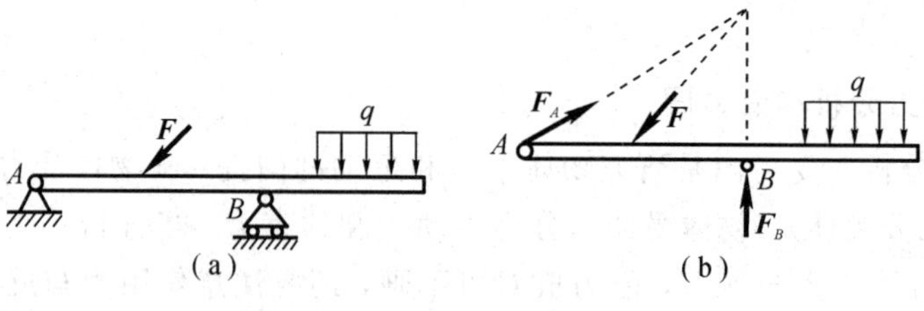

图 1.32

习　题

1-1 画出下列各图中物体 A，ABC 或构件 AB，AC 的受力图。未画重力的各物体的自重不计，所有接触处均为光滑接触。

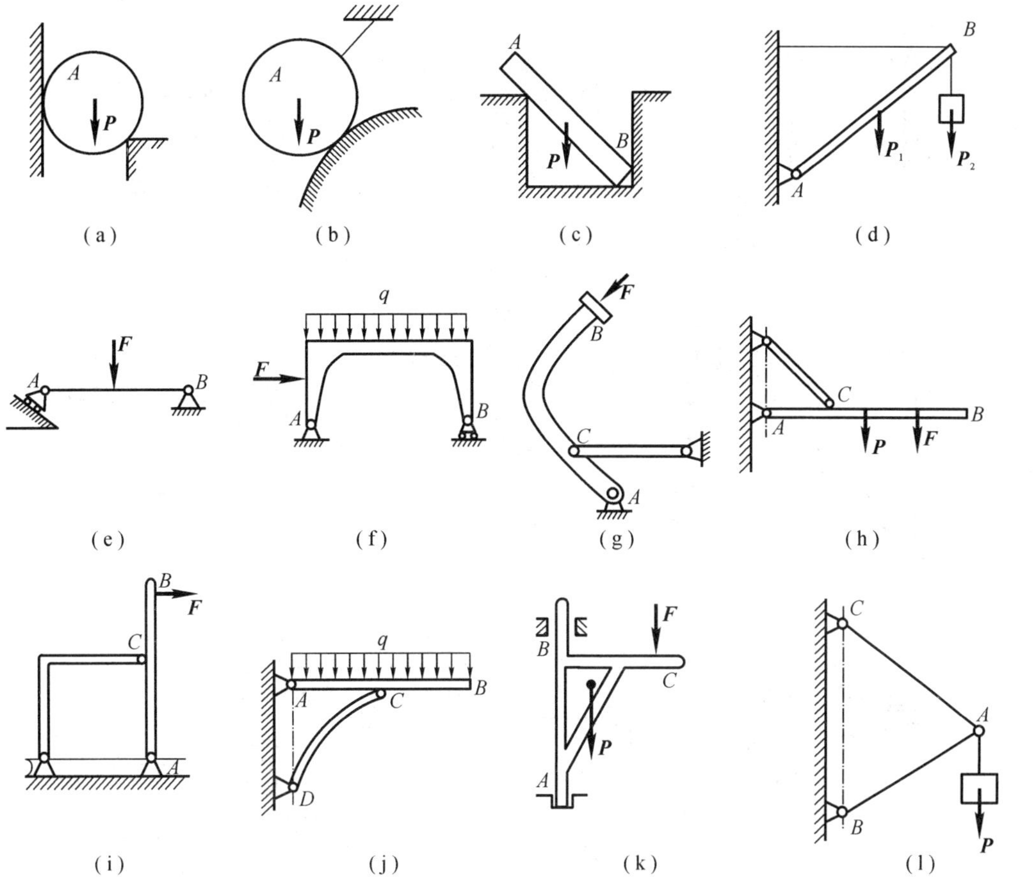

题 1-1 图

1-2　画出下列每个标注字符的物体(不包含销钉和支座)的受力图。题图中未画重力的各物体的自重不计，所有接触处均为光滑接触。

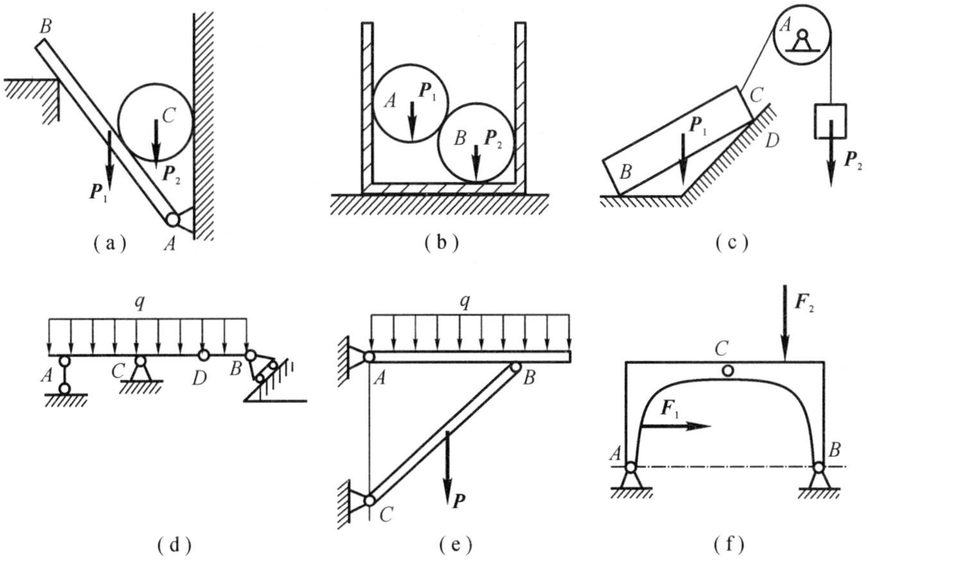

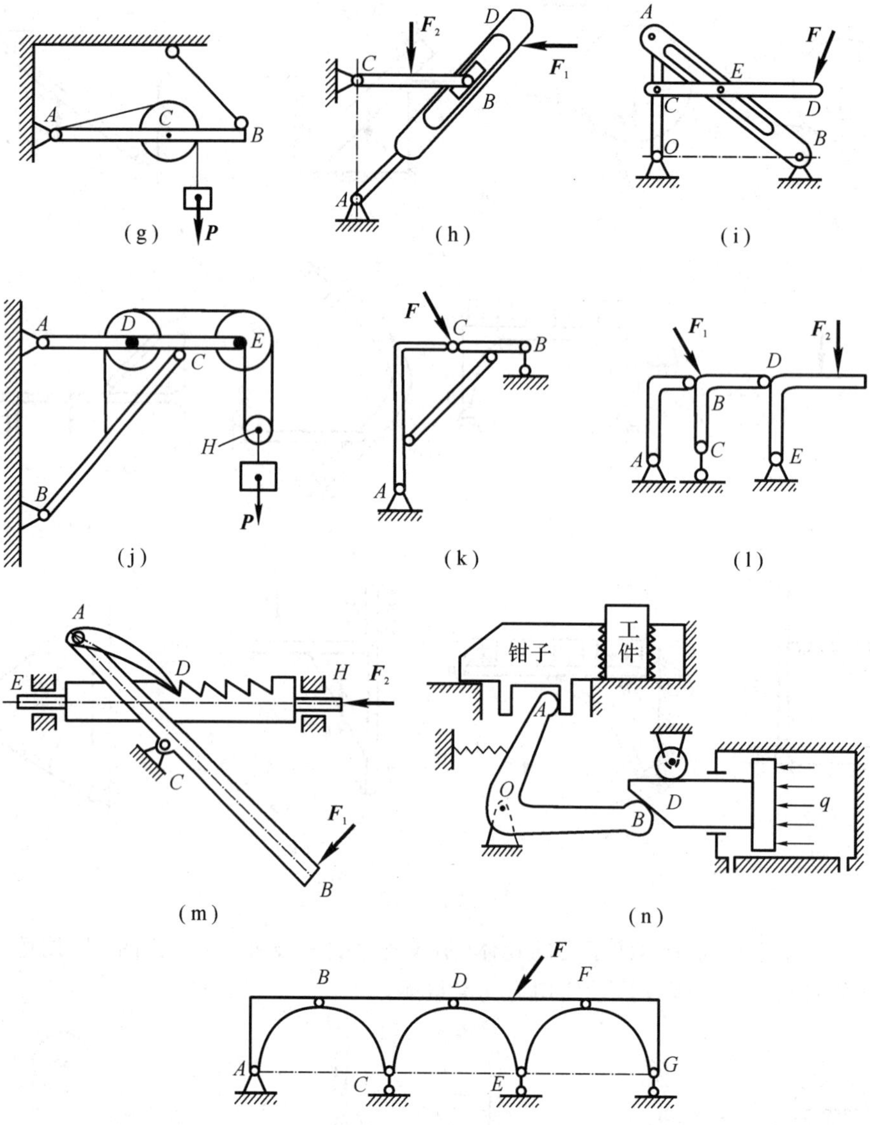
A
C
B
P
(g)
F2
D
C
F1
B
A
(h)
A
F
E
C
D
O
B
(i)
A
D
E
C
H
B
P
(j)
F
C
B
A
(k)
F1
F2
D
B
C
A
E
(l)
A
D
E
H
F2
C
F1
B
(m)
钳子
工件
A
O
D
B
q
(n)
F
B
D
F
A
C
E
G
(o)

题 1-2 图

第 2 章　平 面 力 系

工程中经常遇到平面任意力系的问题，即作用于物体上的力的作用线在同一平面内，且呈任意分布。而平面汇交力系与平面力偶系是两种平面简单力系，是研究复杂力系的基础。本章将分别用几何法与解析法研究平面汇交力系的合成与平衡问题，同时介绍平面力偶的基本特性及平面力偶系的合成与平衡问题。在此基础上，详述平面任意力系的简化和平衡问题，并介绍平面简单桁架的内力计算。

2.1　平面汇交力系

平面汇交力系是指各力的作用线都在同一平面内且汇交于一点的力系。

2.1.1　平面汇交力系合成与平衡的几何法

1. 平面汇交力系合成的几何法及力多边形规则

设一刚体受到平面汇交力系的作用，各力作用线汇交于点 A。根据刚体内部力的可传性，可将各力沿其作用线移至汇交点 A，如图 2.1(a)所示。

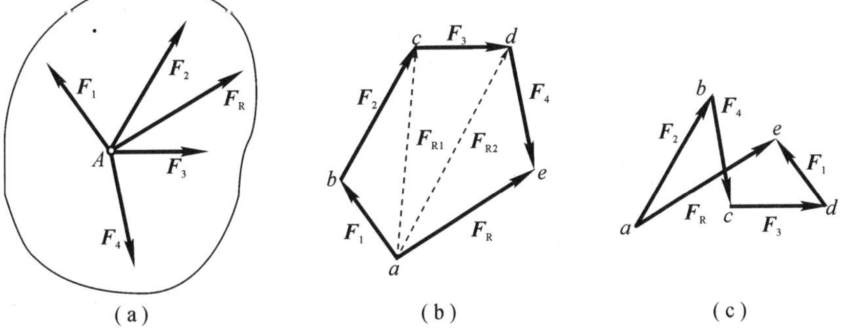

图 2.1

为求其合力的大小和方向(合力矢)，只要连续应用力的三角形法则，将这些力矢依次相加，即可得到它们的矢量和，这些力系的矢量和称为力系的主矢量，简称主矢 $\boldsymbol{F}_R$，其求解过程如图 2.1(b)所示。由该图不难看出，各力矢和主矢一起构成了一个多边形 $abcde$，该多边形称为力多边形，其中各个分力矢首尾相接，而主矢 $\boldsymbol{F}_R$ 是封闭边，它从第一个分力矢的起点指向最后一个分力矢的终点。此主矢即表示此平面汇交力系合力的大小与方向(即合力矢)，而合力的作用线仍应通过原汇交点 A，如图 2.1(a)所示的 $\boldsymbol{F}_R$。图 2.1(b)中的虚线部分表示的矢量属于几何运算的中间结果，可不必作出。根据矢量相加的交换律，任意变换各分力矢的作图次序，可得形状不同的力多边形，但其合力矢仍然不变，如图 2.1(c)所示。必须注意的是，主矢和合力在概念上是不同的，因为力系的主矢概念中并不包含作用点的因素，而合力则明确表明其大小、方向和作用点三个要素。

总之，**平面汇交力系可简化为一合力，其合力的大小与方向等于各分力的矢量和(几何和)，合力的作用线通过汇交点**。设平面汇交力系包含 n 个力，以 $\boldsymbol{F}_R$表示它们的合力矢，则有

$$\boldsymbol{F}_R = \boldsymbol{F}_1 + \boldsymbol{F}_2 + \cdots + \boldsymbol{F}_n = \sum_{i=1}^{n} \boldsymbol{F}_i \tag{2-1}$$

合力对刚体的作用与原力系对该刚体的作用等效。如果一力与某一力系等效，则此力称为该力系的合力。

如力系中各力的作用线都沿同一直线，则此力系称为共线力系，它是平面汇交力系的特殊情况，它的力多边形在同一直线上。若沿直线的某一指向为正，相反为负，则力系合力的大小与方向取决于各分力的代数和，即

$$\boldsymbol{F}_R = \sum \boldsymbol{F}_i \tag{2-2}$$

2. 平面汇交力系平衡的几何条件

由于平面汇交力系可用其合力来代替，因此，**平面汇交力系平衡的必要和充分条件是：该力系的合力等于零**。如用矢量等式表示，即

$$\sum \boldsymbol{F}_i = \boldsymbol{0} \tag{2-3}$$

在平衡情形下，力多边形中最后一力的终点与第一力的起点重合，此时的力多边形称为自行封闭的力多边形。于是，可得出**平面汇交力系平衡的必要和充分条件是：该力系的力多边形自行封闭**，这是平面汇交力系平衡的几何条件。

求解平面汇交力系的平衡问题时可用图解法，即先按比例画出封闭的力多边形，然后，用尺和量角器在图上量得所要求的未知量；也可根据图形的几何关系，用三角公式计算出所要求的未知量，这种解题方法称为几何法。

【例 2-1】 支架的横梁 AB 与斜杆 DC 彼此以铰链 C 相连接，并各以铰链 A，D 连接于铅直墙上，如图 2.2(a)所示。已知 $AC=CB$；杆 DC 与水平线成 45°角；载荷 $F=10$ kN，作用于 B 处。设梁和杆的重量忽略不计，求铰链 A 的约束力和杆 DC 所受的力。

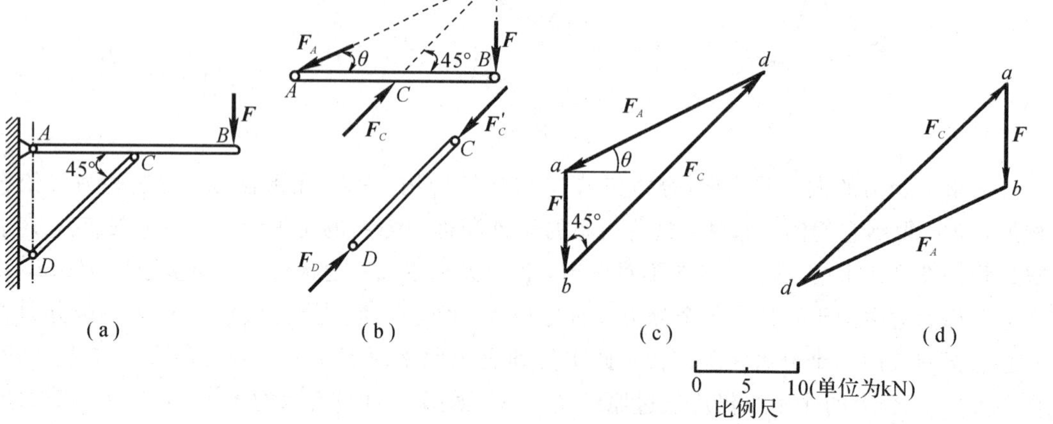

图 2.2

【解】 选取横梁 AB 为研究对象。横梁在 B 处受载荷 $\boldsymbol{F}$ 作用。DC 为二力杆，它对横梁 C 处的约束力的作用线必沿两铰链 D，C 中心的连线。铰链 A 的约束力的作用线可根据三力平衡汇交定理确定，即通过另两力的交点 E，如图 2.2(b)所示。

根据平面汇交力系平衡的几何条件，这三个力应组成一封闭的力三角形。按照图中力的比例尺，先画出已知力$\overrightarrow{ab}=\boldsymbol{F}$，再由点 a 作直线平行于 AE，由点 b 作直线平行 CE，这两直线相交于点 d，如图 2.2(c)所示。由力三角形 abd 封闭，可确定 $\boldsymbol{F}_C$ 和 $\boldsymbol{F}_A$ 的指向。

在力三角形中，线段 bd 和 da 分别表示力 $\boldsymbol{F}_C$ 和 $\boldsymbol{F}_A$ 的大小，量出它们的长度，按比例换算即可求得 $\boldsymbol{F}_C$和 $\boldsymbol{F}_A$的大小。但一般都是利用三角形公式计算，在图 2.2(b)，(c)中，通过简单的三角计算可得

$$F_C=28.3\ \text{kN},\quad F_A=22.4\ \text{kN}$$

根据作用力和反作用力的关系，作用于杆 DC 的 C 端的力 $\boldsymbol{F}_C'$ 与 $\boldsymbol{F}_C$的大小相等，方向相反。由此可知杆 DC 受压力，如图 2.2(b)所示。

应该指出，封闭力三角形也可以如图 2.2(d)所示，同样可求得力 $\boldsymbol{F}_C$ 和 $\boldsymbol{F}_A$，且结果相同。

通过以上例题，可总结几何法解题的主要步骤如下：

(1) 选取研究对象。根据题意，选取适当的平衡物体作为研究对象，并画出简图。

(2) 分析受力，画受力图。在研究对象上，画出它所受的全部已知力和未知力(包括约束力)。若某个约束力的作用线不能根据约束特性直接确定(如铰链)，而物体又只受三个力作用，则可根据三力平衡必须汇交的条件确定该力的作用线。

(3) 作力多边形或力三角形。选择适当的比例尺，作出该力系的封闭力多边形或封闭力三角形。必须注意，作图时总是从已知力开始。根据矢序规则和封闭特点，就可以确定未知力的指向。

(4) 求出未知量。用比例尺和量角器在图上量出未知量，或者用三角公式计算出来。

2.1.2 平面汇交力系合成与平衡的解析法

解析法是通过力矢在坐标轴上的投影来分析力系的合成及其平衡条件。

1. 力在正交坐标轴系的投影与力的解析表达式

如图 2.3 所示，已知力 $\boldsymbol{F}$ 与平面内正交轴 x，y 正方向的夹角分别为 α，β，则力 $\boldsymbol{F}$ 在 x，y 轴上的投影分别为

$$F_x=F\cos\alpha,\quad F_y=F\cos\beta \tag{2-4}$$

即力在某轴的投影等于力的模乘以力与投影轴正向间夹角的余弦。力在轴上的投影为代数量，当力与轴间夹角为锐角时，其值为正；当力与轴间夹角为钝角时，其值为负。

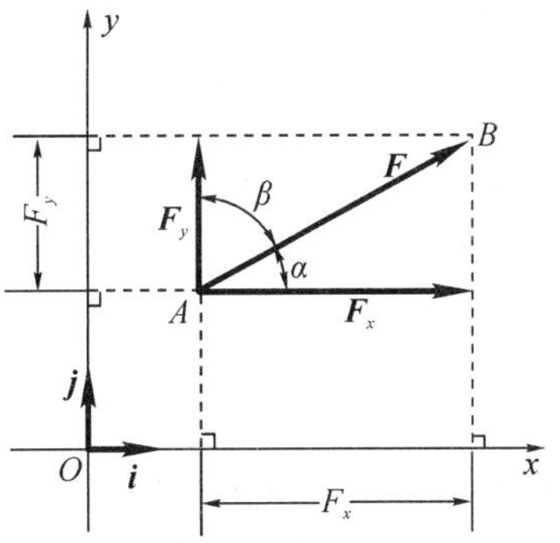

图 2.3

由图 2.3 可知，力 $\boldsymbol{F}$ 沿正交轴 Ox，Oy 可分解为两个分力 $\boldsymbol{F}_x$，$\boldsymbol{F}_y$ 时，其分力与力的投影之间有下列关系

$$\boldsymbol{F}_x=F_x\boldsymbol{i},\quad \boldsymbol{F}_y=F_y\boldsymbol{j}$$

由此，力的解析表达式为

$$\boldsymbol{F}=F_x\boldsymbol{i}+F_y\boldsymbol{j} \tag{2-5}$$

其中 $\boldsymbol{i}$，$\boldsymbol{j}$ 分别为 x，y 轴的单位矢量。

如果已知力 $\boldsymbol{F}$ 在平面内两个正交轴上的投影分别为F_x，F_y，则可确定该力的大小和方向余弦为

$$\left.\begin{aligned}&F=\sqrt{F_x^2+F_y^2}\\&\cos(\boldsymbol{F},\ \boldsymbol{i})=\frac{F_x}{F},\quad \cos(\boldsymbol{F},\ \boldsymbol{j})=\frac{F_y}{F}\end{aligned}\right\}\qquad(2-6)$$

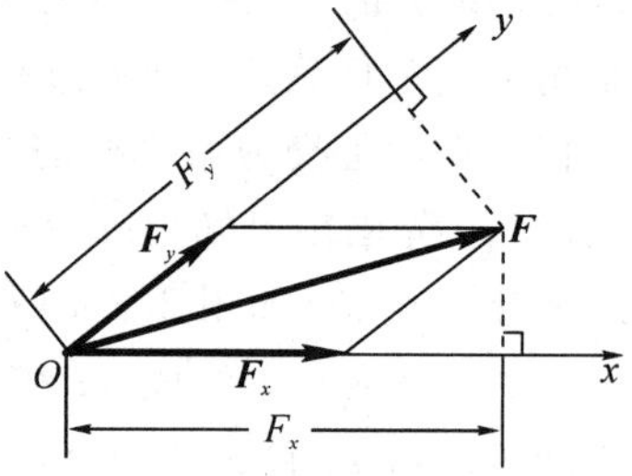

图 2.4

必须注意，力的投影与力的分解是两个不同的概念，二者不可混淆。力在轴上的投影F_x，F_y为代数量，而力沿坐标轴的分量$\boldsymbol{F}_x$，$\boldsymbol{F}_y$为矢量。当 Ox，Oy 两轴不相垂直时，力沿两轴的分力$\boldsymbol{F}_x$，$\boldsymbol{F}_y$与力在两轴上的投影F_x，F_y在数值上也不相等，如图 2.4 所示。

2. 平面汇交力系合成的解析法

设由 n 个力组成的平面汇交力系作用于一个刚体上，以汇交点 O 作为坐标原点，建立直角坐标系 Oxy，如图 2.5(a)所示。根据式(2-5)，此汇交力系的合力$\boldsymbol{F}_{\mathrm{R}}$的解析表达式为

$$\boldsymbol{F}_{\mathrm{R}}=F_{\mathrm{R}x}\boldsymbol{i}+F_{\mathrm{R}y}\boldsymbol{j}$$

式中，$F_{\mathrm{R}x}$，$F_{\mathrm{R}y}$分别为合力在 x，y 轴上的投影，如图 2.5(b)所示。

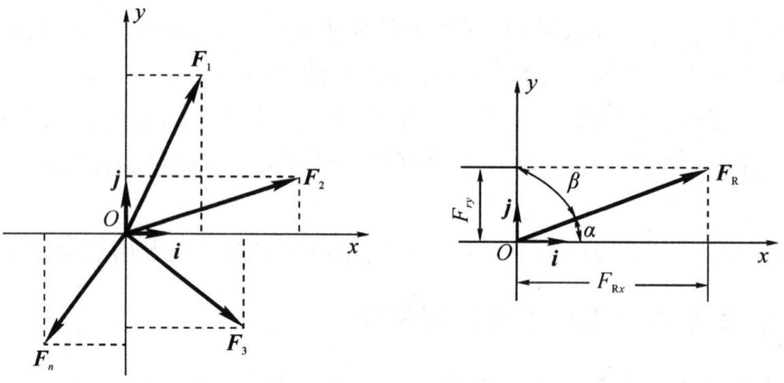

(a)　　(b)

图 2.5

根据合力矢量投影定理，合矢量在某一轴上的投影等于各分矢量在同一轴上投影的代数和，将式(2-1)向 x，y 轴投影，可得

$$\left.\begin{aligned}F_{\mathrm{R}x}&=F_{1x}+F_{2x}+\cdots+F_{nx}=\sum F_x\\F_{\mathrm{R}y}&=F_{1y}+F_{2y}+\cdots+F_{ny}=\sum F_y\end{aligned}\right\}\qquad(2-7)$$

其中F_{1x}，F_{2x}，…，F_{nx}和F_{1y}，F_{2y}，…，F_{ny}分别为各分力在 x 和 y 轴上的投影。

根据式(2-6)可求得合力矢的大小和方向余弦为

$$\left.\begin{aligned}&F_{\mathrm{R}}=\sqrt{F_{\mathrm{R}x}^2+F_{\mathrm{R}y}^2}\\&\cos(\boldsymbol{F}_{\mathrm{R}},\ \boldsymbol{i})=\frac{F_{\mathrm{R}x}}{F_{\mathrm{R}}},\quad \cos(\boldsymbol{F}_{\mathrm{R}},\ \boldsymbol{j})=\frac{F_{\mathrm{R}y}}{F_{\mathrm{R}}}\end{aligned}\right\}\qquad(2-8)$$

3. 平面汇交力系的平衡方程

由式(2-3)知，平面汇交力系平衡的必要和充分条件是：该力系的合力$\boldsymbol{F}_{\mathrm{R}}$等于零。由

式(2-7)及式(2-8)有

$$F_R = \sqrt{F_{Rx}^2 + F_{Ry}^2} = \sqrt{\left(\sum F_x\right)^2 + \left(\sum F_y\right)^2} = 0$$

欲使上式成立，必须同时满足：

$$\sum F_x = 0, \quad \sum F_y = 0 \tag{2-9}$$

于是，**平面汇交力系平衡的必要和充分条件是：各力在两个坐标轴上投影的代数和分别等于零**。式(2-9)称为平面汇交力系的**平衡方程**。这是两个独立的方程，可以求解两个未知量。

下面举例说明平面汇交力系平衡方程的实际应用。

【例2-2】 如图2.6(a)所示，重物 $P=20$ kN，用钢丝绳挂在支架的滑轮 B 上，钢丝绳的另一端缠绕在绞车 D 上。杆 AB 与 BC 铰接，并以铰链 A，C 与墙连接。如两杆和滑轮的自重不计，并忽略摩擦和滑轮的大小，试求平衡时杆 AB 和 BC 所受的力。

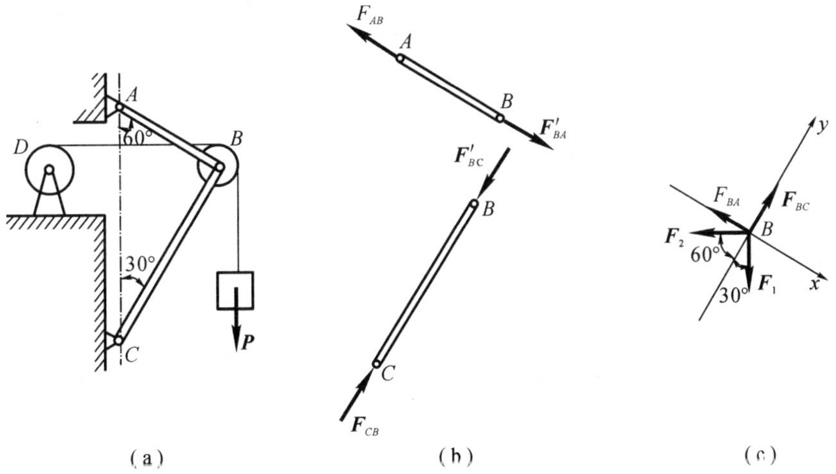

图2.6

【解】 (1) 取研究对象。由于 AB，BC 两杆都是二力杆，假设杆 AB 受拉力，杆 BC 受压力，如图2.6(b)所示。为了求出这两个未知力，可通过求两杆对滑轮的约束力来解决。因此选取滑轮 B 为研究对象。

(2) 画受力图。滑轮受到钢丝绳的拉力 $\boldsymbol{F}_1$ 和 $\boldsymbol{F}_2$（已知 $F_1=F_2=P$）。此外杆 AB 和 BC 对滑轮的约束力为 $\boldsymbol{F}_{BA}$ 和 $\boldsymbol{F}_{BC}$。由于滑轮的大小可忽略不计，故这些力可看做是汇交力系，如图2.6(c)所示。

(3) 列平衡方程。选取坐标轴如图2.6(c)所示。为使每个未知力只在一个轴上有投影，而在另一个轴上的投影为零，坐标轴应尽量取在与未知力作用线相垂直的方向。这样在一个平衡方程中只有一个未知数，不必解联立方程，即

$$\sum F_x = 0, \quad -F_{BA} + F_1\cos 60^\circ - F_2\cos 30^\circ = 0$$

$$\sum F_y = 0, \quad F_{BC} - F_1\cos 30^\circ - F_2\cos 60^\circ = 0$$

(4) 求解方程，得

$$F_{BA} = -0.366P = -7.32 \text{ kN}$$

$$F_{BC} = 1.366P = 27.32 \text{ kN}$$

所求结果中，F_{BC}为正值，表示这力的假设方向与实际方向相同，即杆 BC 受压；F_{BA}为负值，表示这力的假设方向与实际方向相反，即杆 AB 也受压力。

2.2 平面力对点之矩及平面力偶理论

力对刚体的作用效应有移动和转动两种。力对刚体的移动效应由力的矢量来度量；而力对刚体的转动效应则由力对点之矩(简称力矩)来度量，即力矩是度量力对刚体转动效应的物理量。

2.2.1 力对点之矩

如图 2.7 所示，平面内作用一力 $\boldsymbol{F}$，在该平面内任取一点 O，点 O 称为力矩中心，简称**矩心**，矩心 O 到力作用线的垂直距离 h 称为**力臂**，则平面力对点之矩的定义如下：

在平面内，力对点之矩是一个代数量，其大小等于力与力臂的乘积，正负号规定为：力使物体绕矩心逆时针转动时为正，反之为负。

力 $\boldsymbol{F}$ 对于点 O 之矩以 $M_O(\boldsymbol{F})$表示，则

$$M_O(\boldsymbol{F}) = \pm Fh = \pm 2A_{\triangle OAB} \qquad (2-10)$$

式中，$A_{\triangle OAB}$表示三角形 OAB 的面积。

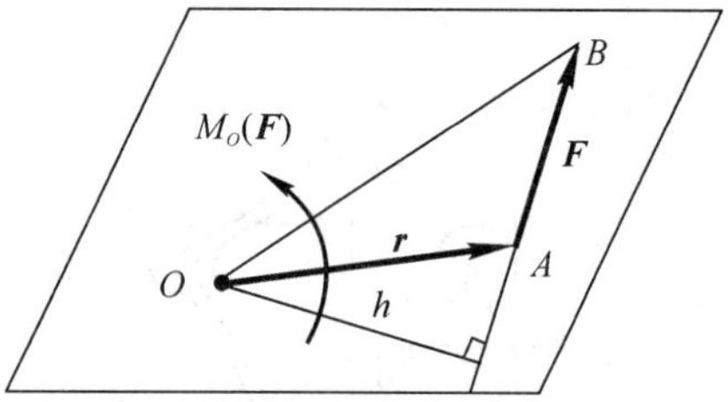

图 2.7

当力的作用线通过矩心时，力臂 $h=0$，则 $M_O(\boldsymbol{F})=0$。力矩的单位常用 N·m 或 kN·m。

以 $\boldsymbol{r}$ 表示由点 O 到 A 的矢径，则矢量 $\boldsymbol{r}\times\boldsymbol{F}$ 的模 $|\boldsymbol{r}\times\boldsymbol{F}|$ 等于该力矩的大小，且其指向与力矩转向符合右手法则。

2.2.2 合力矩定理与力矩的解析表达式

合力矩定理：平面汇交力系的合力对平面内任一点之矩等于各分力对该点之矩的代数和。即

$$M_O(\boldsymbol{F}_{\mathrm{R}}) = \sum M_O(\boldsymbol{F}_i) \qquad (2-11)$$

证明：如图 2.8 所示，设平面汇交力系 $\boldsymbol{F}_1$，$\boldsymbol{F}_2$，…，$\boldsymbol{F}_n$ 有合力 $\boldsymbol{F}_{\mathrm{R}}$，由 $\boldsymbol{F}_{\mathrm{R}}=\boldsymbol{F}_1+\boldsymbol{F}_2+\cdots+\boldsymbol{F}_n$，用矢径 $\boldsymbol{r}$ 左乘此式两端，有

$$\boldsymbol{r}\times\boldsymbol{F}_{\mathrm{R}}=\boldsymbol{r}\times(\boldsymbol{F}_1+\boldsymbol{F}_2+\cdots+\boldsymbol{F}_n)$$

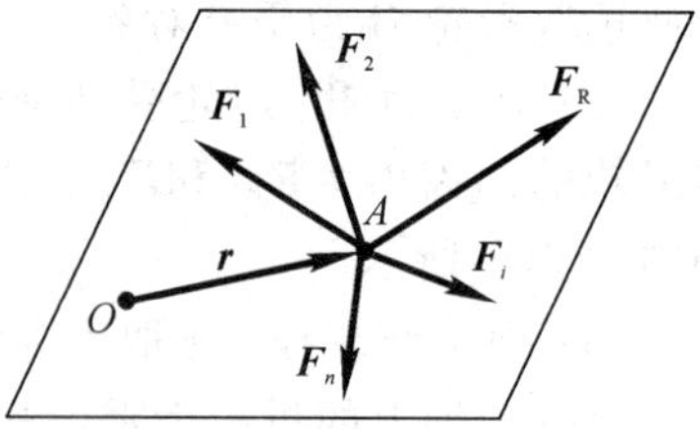

图 2.8

由于各力与矩心 O 在同一平面，因此式中各矢积相互平行，矢量和可按代数和进行计算，而各矢量积的大小也就是力对点 O 之矩，故得

$$M_O(\boldsymbol{F}_{\mathrm{R}}) = M_O(\boldsymbol{F}_1)+M_O(\boldsymbol{F}_2)+\cdots+M_O(\boldsymbol{F}_n)=\sum M_O(\boldsymbol{F}_i)$$

定理得证。

合力矩定理不仅适用于平面汇交力系，也适用于任何有合力存在的力系，按照力系的等效概念，不难理解上述结论。

由合力矩定理可得到力矩的解析表达式。如图 2.9 所示，将力 $\boldsymbol{F}$ 分解为两分力 $\boldsymbol{F}_x$ 和 $\boldsymbol{F}_y$，则力 $\boldsymbol{F}$ 对坐标原点 O 之矩为

$$M_O(\boldsymbol{F})=M_O(\boldsymbol{F}_y)+M_O(\boldsymbol{F}_x)=xF\sin\alpha-yF\cos\alpha$$

或

$$M_O(\boldsymbol{F})=xF_y-yF_x \tag{2-12}$$

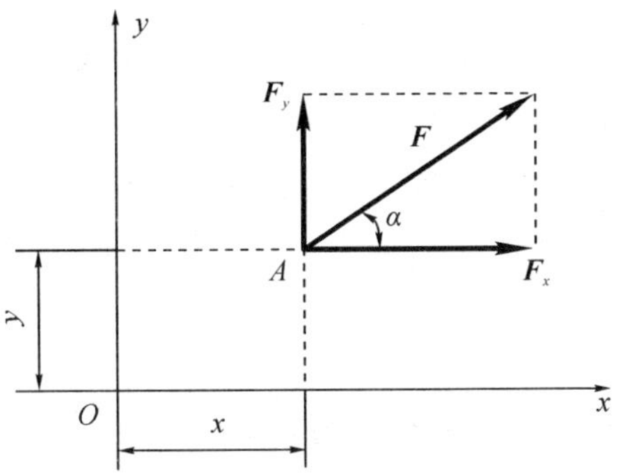

图 2.9

式(2-12)为平面内力矩的解析表达式。其中，x，y 为力 $\boldsymbol{F}$ 作用点的坐标；F_x，F_y 为力 $\boldsymbol{F}$ 在 x，y 轴上的投影，它们都是代数量，计算时必须注意各量的正负号。

将式(2-12)代入式(2-11)，可得到合力对坐标原点之矩的解析表达式，即

$$M_O(\boldsymbol{F}_R)=\sum(x_iF_{yi}-y_iF_{xi}) \tag{2-13}$$

可用力矩的定义式(2-10)或力矩的解析表达式(2-12)计算平面内力对某一点之矩。当力臂计算比较困难时，应用合力矩定理可以简化力矩的计算。一般将力分解为两个适当的分力，求出两分力对此点之矩的代数和即可。

【例 2-3】 如图 2.10(a)所示，曲柄上作用一力 $\boldsymbol{F}$，已知 $OA=a$，$AB=b$，试分别计算力 $\boldsymbol{F}$ 对点 O 和点 A 之矩。

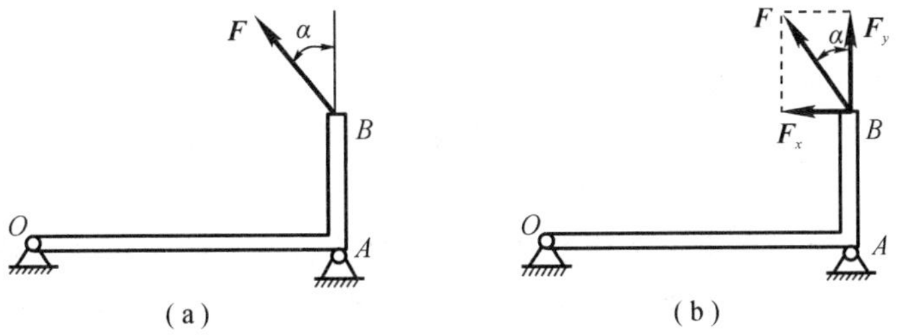

图 2.10

【解】 应用合力矩定理，将力 $\boldsymbol{F}$ 分解为 $\boldsymbol{F}_x$ 和 $\boldsymbol{F}_y$，如图 2-10(b)所示，则力 $\boldsymbol{F}$ 对 O 点之矩为

$$M_O(\boldsymbol{F})=M_O(\boldsymbol{F}_x)+M_O(\boldsymbol{F}_y)=F_xb+F_ya=Fb\sin\alpha+Fa\cos\alpha$$

力 $\boldsymbol{F}$ 对 A 点之矩为

$$M_A(\boldsymbol{F})=M_A(\boldsymbol{F}_x)+M_A(\boldsymbol{F}_y)=F_xb=Fb\sin\alpha$$

2.2.3 力偶与力偶矩

1. 力偶

在日常生活及生产实践中，我们常常见到用两个手指拧水龙头或转动钥匙，汽车司机用双手转动方向盘(图 2.11(a))，钳工用扳手和丝锥攻螺纹(图 2.11(b))，电动机的定子磁场对转子作用电磁力使之旋转等。在水龙头、钥匙、方向盘、丝锥、电机转子等物体上，都作用了成对的等值、反向且不共线的平行力。等值反向的平行力的矢量和显然等于零，但是由于它们不共线而不能相互平衡，它们能使物体改变转动状态。**这种由两个大小相等、方向相反且不共线的平行力组成的力系**，称为**力偶**，如图 2.12 所示，记作($\boldsymbol{F}$, $\boldsymbol{F}'$)。力偶的两力之间的垂直距离 d 称为**力偶臂**，力偶所在的平面称为**力偶的作用面**。

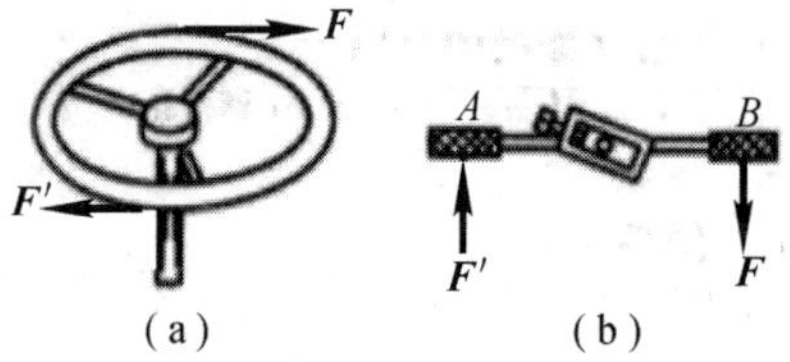

图 2.11

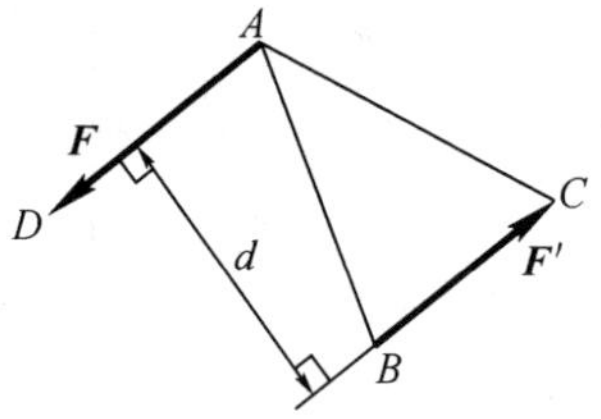

图 2.12

由于力偶不能合成为一个力，故力偶也不能用一个力来平衡。因此，力和力偶是静力学的两个基本要素。

2. 力偶矩

力偶是由两个力组成的特殊力系，它的作用只改变物体的转动状态。因此，力偶对物体的转动效应，可用**力偶矩**来度量，而力偶矩的大小为力偶中的两个力对其作用面内某点的矩的代数和，其值等于力与力偶臂的乘积，即与矩心位置无关。

力偶在平面内的转向不同，其作用效应也不相同。因此，平面力偶对物体的作用效应，由以下两个因素决定：

(1) 力偶矩的大小；

(2) 力偶在作用面内的转向。

因此，平面力偶矩可视为代数量，以 M 或 $M(\boldsymbol{F}, \boldsymbol{F}')$表示，即

$$M = \pm Fd = 2A_{\triangle ABC} \tag{2-14}$$

于是可得结论，**力偶矩是一个代数量，其绝对值等于力的大小与力偶臂的乘积，正负号表示力偶的转向；一般规定逆时针转向为正，反之为负**。力偶矩的单位与力偶相同，也是 N·m。力偶矩也可用三角形面积表示，如图 2.12 所示。

2.2.4 平面力偶的等效定理

由于力偶的作用只改变物体的转动状态，而力偶对物体的转动效应是用力偶矩来度量的，因此可得如下的定理。

定理：在同一平面内的两个力偶，如果力偶矩相等，则两力偶彼此等效。

该定理给出了在同一平面内力偶等效的条件。由此可得推论：

(1) 任一力偶可以在它的作用面内任意移转，而不改变它对刚体的作用。因此，力偶对刚体的作用与力偶在其作用面内的位置无关。

(2) 只要保持力偶矩的大小和力偶的转向不变，可以同时改变力偶中力的大小和力偶臂的长短，而不改变力偶对刚体的作用。

由此可见，力偶的臂和力的大小都不是力偶的特征量，只有**力偶矩是平面力偶作用的唯一量度**。今后除了用两个等值、不共线的平行力表示力偶外，还常用一圆弧箭头并伴以 M 表示，如图 2.13 所示。M 表示力偶矩的大小，圆弧箭头的指向表示力偶的转向。

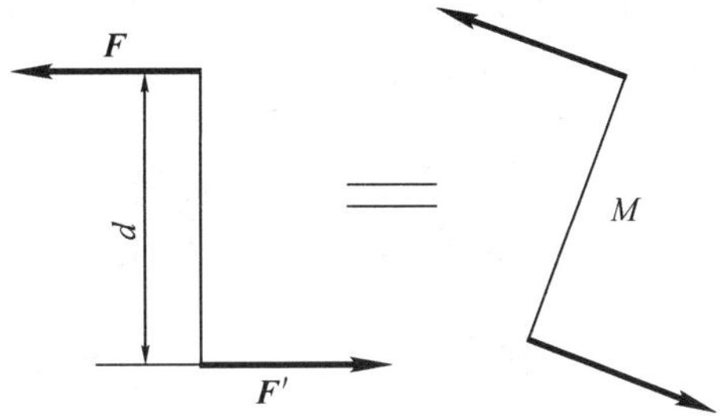

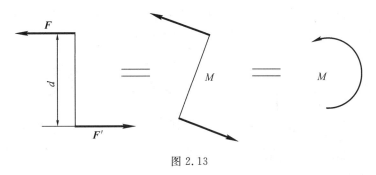

图 2.13

2.2.5　平面力偶系的合成和平衡条件

1. 平面力偶系的合成

设在同一平面内有两个力偶($\boldsymbol{F}_1$，$\boldsymbol{F}_1'$)和($\boldsymbol{F}_2$，$\boldsymbol{F}_2'$)，它们的力偶臂各为 d_1 和 d_2，如图 2.14(a)所示。这两个力偶的矩分别为 M_1 和 M_2，求它们的合成结果。为此，在保持力偶矩不变的情况下，同时改变这两个力偶的力的大小和力偶臂的长短，使它们具有相同的力偶臂 d，并将它们在平面内移转，使力的作用线重合，如图 2.14(b)所示。于是得到与原力偶等效的两个新力偶($\boldsymbol{F}_3$，$\boldsymbol{F}_3'$)和($\boldsymbol{F}_4$，$\boldsymbol{F}_4'$)。即

$$M_1 = F_1 d_1 = F_3 d,\quad M_2 = -F_2 d_2 = -F_4 d$$

分别将作用在点 A 和 B 的力合成(设 $F_3 > F_4$)，得

$$F = F_3 - F_4,\quad F' = F_3' - F_4'$$

由于 F 与 F' 相等，因此构成了与原力偶系等效的合力偶($\boldsymbol{F}$，$\boldsymbol{F}'$)，如图 2.14(c)所示，以 M 表示合力偶的矩，得

$$M = Fd = (F_3 - F_4)d = F_3 d - F_4 d = M_1 + M_2$$

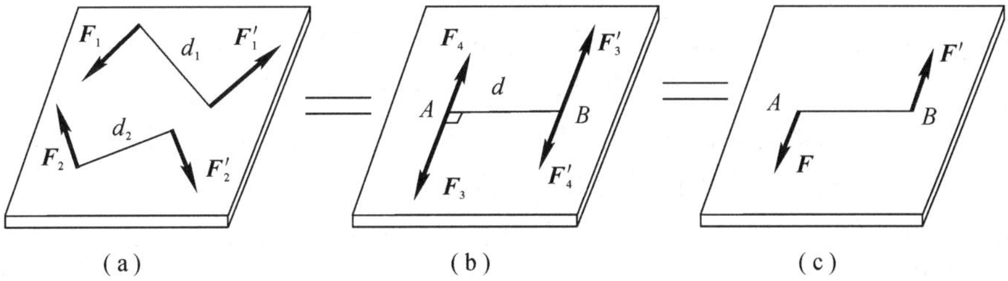

图 2.14

如果有两个以上的平面力偶，可以按照上述方法合成。即**在同平面内的任意一个力偶可合成为一个合力偶，合力偶矩等于各个力偶矩的代数和**，即

$$M = \sum M_i \tag{2-15}$$

2. 平面力偶系的平衡条件

由合成结果可知，力偶系平衡时，其合力偶的矩等于零。因此，**平面力偶系平衡的必要和充分条件是：所有各力偶矩的代数和等于零**，即

$$\sum M_i = 0 \tag{2-16}$$

【例 2-4】 图 2.15(a)所示的平面铰链四连杆机构 $OABD$，在杆 OA 和 BD 上分别作用着力偶矩为 M_1 和 M_2 的力偶，而使机构在图示位置处于平衡。已知 $OA=r$，$DB=2r$，$\theta=30°$，不计各杆自重，试求力偶矩 M_1 和 M_2 之间的关系。

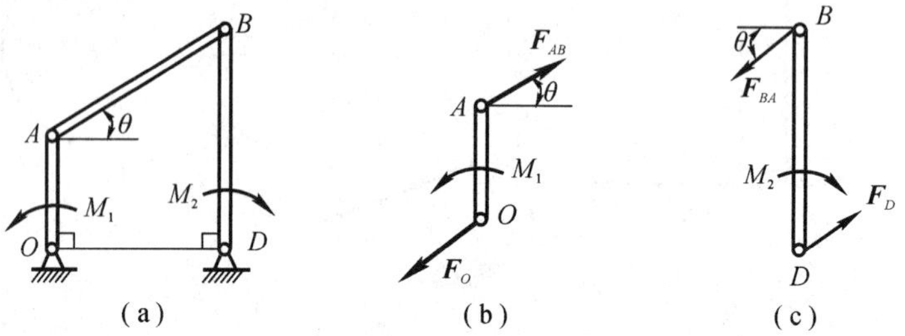

图 2.15

【解】 为了求力偶矩 M_1 和 M_2 间的关系，可分别取杆 OA 和 DB 为研究对象。AB 杆是二力杆，故其约束力 $\boldsymbol{F}_{AB}$ 和 $\boldsymbol{F}_{BA}$ 必沿 A，B 的连线。因为力偶只能用力偶来平衡，所以固定铰链支座 O 和 D 的约束力 $\boldsymbol{F}_O$ 和 $\boldsymbol{F}_D$ 只能分别平行于 $\boldsymbol{F}_{AB}$ 和 $\boldsymbol{F}_{BA}$，且方向相反。这两根杆的受力如图 2.15(b)和图 2.15(c)所示。

根据平面力偶系的平衡条件，分别写出杆 OA 和 DB 的平衡方程：

$$\sum M_i = 0, \quad M_1 - F_{AB} r\cos\theta = 0$$

$$-M_2 + 2F_{BA} r\cos\theta = 0$$

因为 $F_{AB}=F_{BA}$，故得 $M_1=\frac{1}{2}M_2$。

2.3 平面任意力系向作用面内一点简化

当力系中各力的作用线都在同一平面内，且既不汇交于一点，也不互相平行，而是呈任意分布时，称为**平面任意力系**。平面任意力系是平面力系的一般情况，平面汇交力系和平面力偶系都是它的特殊情况。在工程实际中，当物体的形状和受力都对称于某个对称平面时，可把原空间分布的力系简化为作用在对称平面内的平面力系来处理。例如，作用在屋架、汽车等物体上的力系都可以视为平面任意力系。

力系向一点简化是一种较为简便并且具有普遍性的力系简化方法。这种方法的理论基础是力的平移定理。

2.3.1 力的平移定理

定理：作用在刚体上某点 A 的力 $\boldsymbol{F}$ 可平行移到刚体内的任一点 B，平移时要附加一个

力偶，附加力偶的矩等于原来的力 $\boldsymbol{F}$ 对平移后的点 B 的矩。

证明：如图 2.16(a)所示，设力 $\boldsymbol{F}$ 作用于刚体上 A 点，要将力 $\boldsymbol{F}$ 平移至 B 点。在 B 点加上一对平衡力 $\boldsymbol{F}'$ 和 $\boldsymbol{F}''$，令 $\boldsymbol{F}'=\boldsymbol{F}=-\boldsymbol{F}''$，如图 2.16(b)所示，显然，这三个力 $\boldsymbol{F}'$，$\boldsymbol{F}''$，$\boldsymbol{F}$ 与原力 $\boldsymbol{F}$ 等效。而($\boldsymbol{F}''$，$\boldsymbol{F}$)组成一个力偶，这个力偶称为附加力偶，如图 2.16(c)所示，附加力偶的矩为

$$M=Fd=M_B(\boldsymbol{F})$$

于是定理得证。

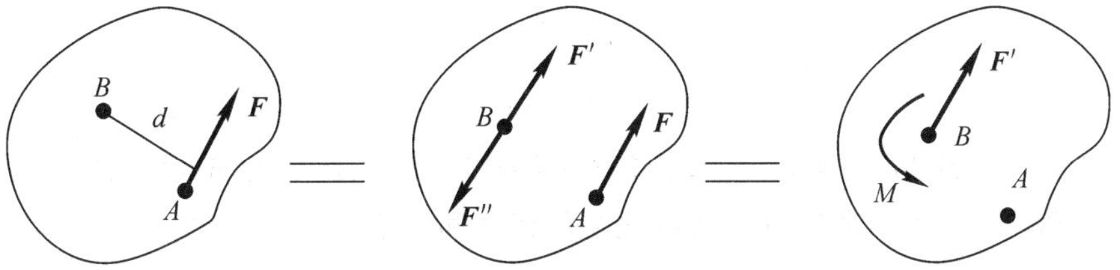

图 2.16

显然，这个定理的逆定理也是成立的，即作用在刚体上某一平面内的一个力和一个力偶可以合成为一个力。

力的平移定理是复杂力系简化的理论依据，还可用于分析和解释工程实际中的一些力学问题。例如攻丝时，必须用两手握住扳手，而且用力要相等。如果用单手攻螺纹，如图 2.17(a)所示，由于作用在扳手 AB 一端的力 $\boldsymbol{F}$ 向点 C 简化的结果为一个力 $\boldsymbol{F}'$ 和一个力偶 M，如图 2.17(b)所示，力偶 M 使丝锥转动，而力 $\boldsymbol{F}'$ 却往往使螺纹歪斜，影响加工精度，甚至折断丝锥。

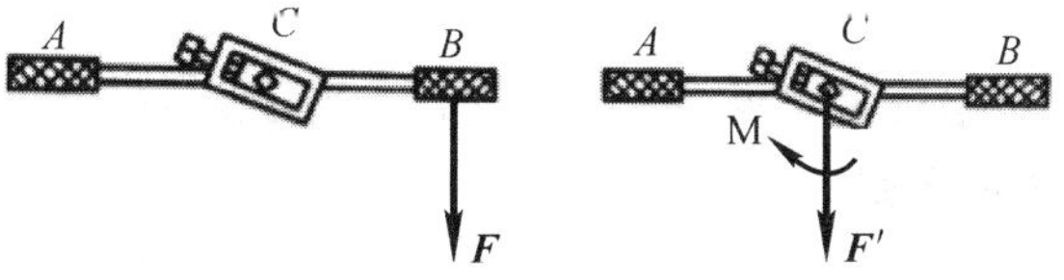

图 2.17

2.3.2 平面任意力系向作用面内一点简化——主矢和主矩

1. 平面任意力系向作用面内一点简化

刚体上作用有 n 个力 $\boldsymbol{F}_1$，$\boldsymbol{F}_2$，…，$\boldsymbol{F}_n$ 组成的平面任意力系，如图 2.18(a)所示。在平面内任选一点 O，称为简化中心。应用力的平移定理，将各力平移到 O 点，于是得到一个作用于 O 点的平面汇交力系 $\boldsymbol{F}'_1$，$\boldsymbol{F}'_2$，…，$\boldsymbol{F}'_n$ 和一个相应的附加力偶系 M_1，M_2，…，M_n，如图 2.18(b)所示，其力偶矩分别为：$M_1=M_O(\boldsymbol{F}_1)$，$M_2=M_O(\boldsymbol{F}_2)$，…，$M_n=M_O(\boldsymbol{F}_n)$。这样，原力系与作用于简化中心 O 点的平面汇交力系和附加的平面力偶系是等效的。平面汇交力系 $\boldsymbol{F}'_1$，$\boldsymbol{F}'_2$，…，$\boldsymbol{F}'_n$ 可合成为作用于简化中心 O 点的一个力 $\boldsymbol{F}'_{\mathrm{R}}$，如图 2.18(c)所示。因为各力矢 $\boldsymbol{F}'_i=\boldsymbol{F}_i$，则

$$F_R' = F_1' + F_2' + \cdots + F_n' = \sum F_i \qquad (2-17)$$

即力矢 F_R' 等于原来各力的矢量和。

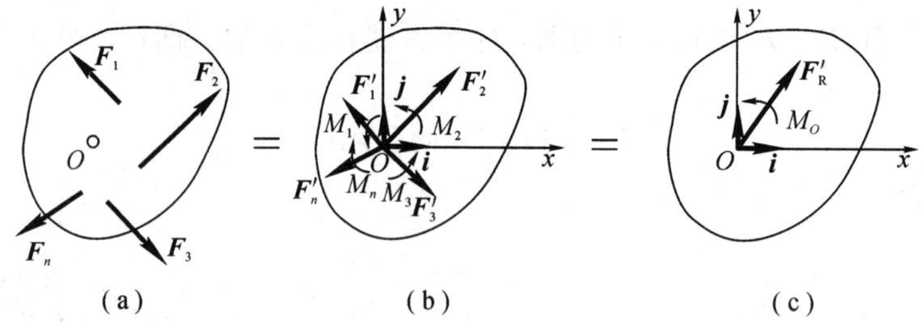

图 2.18

附加平面力偶系 M_1，M_2，…，M_n 可合成为一个力偶，这个力偶的矩 M_O 等于各附加力偶矩的代数和，又等于原来各力对点 O 之矩的代数和，即

$$M_O = M_1 + M_2 + \cdots + M_n = M_O(F_1) + M_O(F_2) + \cdots M_O(F_n) = \sum M_O(F_i) \qquad (2-18)$$

2. 主矢和主矩

平面任意力系中所有各力的矢量和 F_R' 称为该力系的**主矢**，而各力对于任选简化中心 O 之矩的代数和 M_O 称为该力系对于简化中心的**主矩**。显然，主矢与简化中心无关，而主矩一般与简化中心有关，故必须指明力系是对哪一点的主矩。

可见，在一般情况下，**平面任意力系向作用面内任选一点 O 简化，可得一个力和一个力偶。这个力等于该力系的主矢，作用线通过简化中心点 O。这个力偶的矩等于该力系对于点 O 的主矩。**

取坐标系 Oxy，如图 2.18(c)所示，i，j 为沿 x，y 轴的单位矢量，则力系主矢 F_R' 的解析表达式为

$$F_R' = F_{Rx}' + F_{Ry}' = \sum F_x i + \sum F_y j \qquad (2-19)$$

于是主矢 F_R' 的大小和方向余弦为

$$F_R' = \sqrt{\left(\sum F_x\right)^2 + \left(\sum F_y\right)^2}$$

$$\cos(F_R', i) = \frac{\sum F_x}{F_R'}, \quad \cos(F_R', j) = \frac{\sum F_y}{F_R'}$$

力系对点 O 的主矩的解析表达式为

$$M_O = \sum M_O(F_i) = \sum (x_i F_{yi} - y_i F_{xi}) \qquad (2-20)$$

其中 x_i，y_i 为力 F_i 作用点的坐标。

3. 固定端约束

固定端约束是工程实际中一种常见的约束，它对物体的作用是在接触面上作用的一群力，在平面问题中，这些力是一平面任意力系，如图 2.19(a)所示。将这一力系向作用平面内的 A 点简化，得到一个力 F_A 和一个力偶矩为 M_A 的力偶，如图 2.19(b)所示。力 F_A 的大小和方向均为未知量(与主动力有关)，一般用两个相互垂直的分力 F_{Ax}，F_{Ay} 来代替。因此，在平面问题中，固定端 A 处的约束作用可以简化为两个相互垂直的约束力 F_{Ax}，F_{Ay} 和一个

矩为 M_A 的约束力偶，如图 2.19(c)所示。

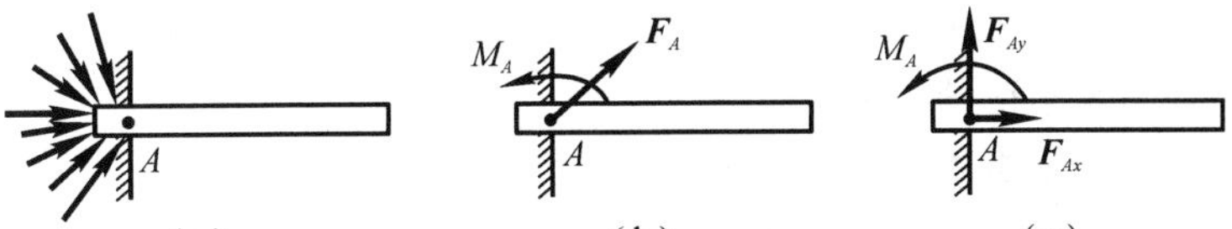

(a)

图 2.19

与固定铰链支座的约束性质相比，固定端约束除了限制物体在水平方向和铅直方向移动外，还能限制物体在平面内转动，而固定铰链支座不能限制物体在平面内转动。因此，固定端支座比固定铰链支座多了一个限制转动的约束力偶。

4. 平面任意力系的简化结果分析

平面任意力系向作用面内任一点简化的结果，可能有四种情况，即：① $\boldsymbol{F}_R'=0$，$M_O\neq 0$；② $\boldsymbol{F}_R'\neq\boldsymbol{0}$，$M_O=0$；③ $\boldsymbol{F}_R'\neq\boldsymbol{0}$，$M_O\neq 0$；④ $\boldsymbol{F}_R'=\boldsymbol{0}$，$M_O=0$。下面对这几种情况作进一步的分析讨论。

(1) 平面任意力系简化为一个力偶的情形。

如果力系的主矢等于零，而主矩 M_O 不等于零，即

$$\boldsymbol{F}_R'=\boldsymbol{0},\quad M_O\neq 0$$

则原力系合成为合力偶。合力偶矩为

$$M_O=\sum M_O(\boldsymbol{F}_i)$$

因为力偶对于平面内任意一点的矩都相同，所以当力系合成为一个力偶时，主矩与简化中心的选择无关。

(2) 平面任意力系简化为一个合力的情形。

如果主矩等丁零，主矢不等丁零，即

$$\boldsymbol{F}_R'\neq\boldsymbol{0},\quad M_O=0$$

此时附加力偶系互相平衡，只有一个与原力系等效的力 $\boldsymbol{F}_R'$。显然，$\boldsymbol{F}_R'$ 就是原力系的合力，而合力的作用线恰好通过选定的简化中心 O。

如果平面力系向简化中心 O 简化的结果是主矢和主矩都不等于零，如图 2.20(a)所示，即

$$\boldsymbol{F}_R'\neq\boldsymbol{0},\quad M_O\neq 0$$

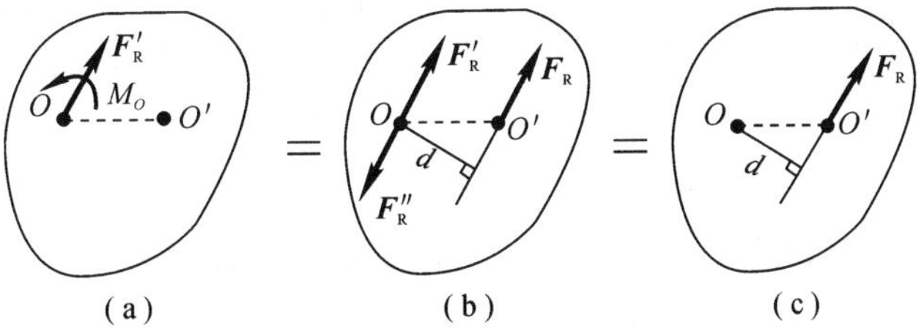

(a)　(b)　(c)

图 2.20

现将矩为 M_O 的力偶用两个力 $\boldsymbol{F}_R$ 和 $\boldsymbol{F}_R''$ 表示，并令 $\boldsymbol{F}_R'=\boldsymbol{F}_R=-\boldsymbol{F}_R''$，如图 2.20(b)所示。再去掉一对平衡力 $\boldsymbol{F}_R'$ 与 $\boldsymbol{F}_R''$，于是就将作用于点 O 的力 $\boldsymbol{F}_R'$ 和力偶($\boldsymbol{F}_R$，$\boldsymbol{F}_R''$)合成为一个作用在点 O' 的力 $\boldsymbol{F}_R$，如图 2.20(c)所示。这个力 $\boldsymbol{F}_R$ 就是原力系的合力。合力矢 $\boldsymbol{F}_R$ 等于主矢；合力的作

用线在点 O 的哪一侧，需根据主矢和主矩的方向确定；合力作用线到点 O 的距离 d 为

$$d=\frac{M_O}{F_R}$$

（3）平面任意力系平衡的情形。

如果力系的主矢、主矩均等于零，即

$$\boldsymbol{F}_R'=\boldsymbol{0}, \quad M_O=0$$

则原力系平衡，这种情形将在下节详细讨论。

5. 合力矩定理

平面任意力系的合力矩定理：**平面任意力系的合力对平面内任一点之矩等于力系中各力对同一点之矩的代数和。**

证明：由图 2-20(b)易见，合力 $\boldsymbol{F}_R$ 对点 O 的矩为

$$M_O(\boldsymbol{F}_R)=F_R'd=M_O$$

由式(2-20)有

$$M_O=\sum M_O(\boldsymbol{F}_i)$$

所以得证

$$M_O(\boldsymbol{F}_R)=\sum M_O(\boldsymbol{F}_i) \tag{2-21}$$

由于简化中心 O 是任意选取的，故上式具有普遍意义。

【例 2-5】 重力坝受力情况如图 2.21(a)所示。已知：$W_1=450$ kN，$W_2=200$ kN，$F_1=300$ kN，$F_2=70$ kN。求力系向点 O 简化的结果，合力与基线 OA 的交点到点 O 的距离 x，以及合力作用线方程。

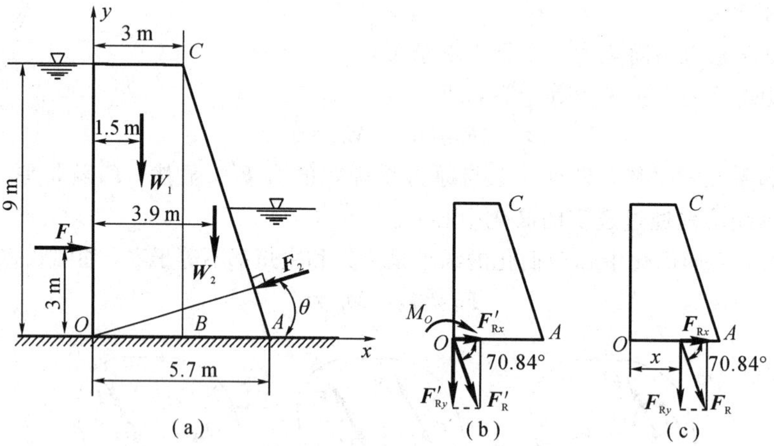

图 2.21

【解】 (1) 先将力系向点 O 简化，求得其主矢和主矩(图 2.21(b))。由图 2-21(a)，有

$$\theta=\angle ACB=\arctan\frac{AB}{CB}=16.7°$$

主矢 $\boldsymbol{F}_R'$ 在 x，y 轴上的投影为

$$F_{Rx}'=\sum F_x=F_1-F_2\cos\theta=232.9 \text{ kN}$$

$$F_{Ry}'=\sum F_y=-W_1-W_2-F_2\sin\theta=-670.1 \text{ kN}$$

主矢 $\boldsymbol{F}_R'$ 的大小为

$$F_R' = \sqrt{\left(\sum F_x\right)^2 + \left(\sum F_y\right)^2} = 709.4\ \text{kN}$$

主矢 $\boldsymbol{F}_R'$ 的方向余弦为

$$\cos(\boldsymbol{F}_R', \boldsymbol{i}) = \frac{\sum F_x}{F_R'} = 0.3283$$

$$\cos(\boldsymbol{F}_R', \boldsymbol{j}) = \frac{\sum F_y}{F_R'} = -0.9446$$

则有

$$\angle(\boldsymbol{F}_R', \boldsymbol{i}) = \pm 70.84^\circ$$

$$\angle(\boldsymbol{F}_R', \boldsymbol{j}) = 180^\circ \pm 19.16^\circ$$

故主矢 $\boldsymbol{F}_R'$在第四象限内，与 x 轴的夹角为-70.84°。

力系对点 O 的主矩为

$$M_O = \sum M_O(\boldsymbol{F}) = -3 \times F_1 - 1.5 \times W_1 - 3.9 \times W_2 = -2355\ \text{kN} \cdot \text{m}$$

(2) 合力 $\boldsymbol{F}_R$ 的大小和方向与主矢 $\boldsymbol{F}_R'$相同。其作用线位置的 x 值可根据合力矩定理求得(图 2.21(c))，由于 $M_O(\boldsymbol{F}_{Rx})=0$，故

$$M_O = M_O(\boldsymbol{F}_R) = M_O(\boldsymbol{F}_{Rx}) + M_O(\boldsymbol{F}_{Ry}) = F_{Ry} \times x$$

解得

$$x = \frac{M_O}{F_{Ry}} = \frac{2355}{670.1} = 3.514\ \text{m}$$

(3) 设合力作用线上任一点的坐标为(x, y)，将合力作用于此点(图 2.21(c))，则合力 $\boldsymbol{F}_R$对坐标原点的矩的解析表达式为

$$M_O = M_O(\boldsymbol{F}_R) = xF_{Ry} - yF_{Rx} = x\sum F_y - y\sum F_x$$

将已求得的 M_O，$\sum F_y$，$\sum F_x$ 的代数值代入上式，得合力作用线方程为

$$670.1x + 232.9y - 2355 = 0$$

上式中，若令 $y=0$，可得 $x=3.514$ m，与前述结果相同。

2.4 平面力系的平衡条件和平衡方程

2.4.1 平面任意力系的平衡条件

现在讨论平面任意力系向一点简化，其主矢和主矩都等于零的情形，即

$$\boldsymbol{F}_R' = \boldsymbol{0}, \quad M_O = 0 \tag{2-22}$$

显然，主矢等于零，表明作用于简化中心 O 的汇交力系为平衡力系；主矩等于零，表明附加力偶系也是平衡力系，所以原力系必为平衡力系。故式(2-22)为平面任意力系平衡的充分条件。

由上一节分析结果可知：若主矢和主矩有一个不等于零，则力系应简化为合力或合力偶；若主矢与主矩都不等于零时，则力系可进一步简化为一个合力。上述情况下力系都不

能平衡，只有当主矢和主矩都等于零时，力系才能平衡。故式(2-22)又是平面任意力系平衡的必要条件。

因此，**平面任意力系平衡的必要和充分条件是：力系的主矢和对于任一点的主矩都等于零。**

平衡条件可用解析式表示。由式(2-22)和式(2-19)及式(2-18)可得

$$\sum F_{xi}=0,\quad \sum F_{yi}=0,\quad \sum M_O(\boldsymbol{F}_i)=0 \tag{2-23}$$

由此可得结论，平面任意力系平衡的解析条件是：**力系中各力在其作用面内任选的两个相交的坐标轴上投影的代数和分别等于零，以及各力对任意一点的矩的代数和也等于零。**式(2-23)称为**平面任意力系的平衡方程**。

2.4.2 平面任意力系平衡方程的三种形式

1. 基本形式

平面任意力系平衡方程的第一种形式为式(2-23)表示的基本形式。它有两个投影方程和一个力矩方程，共三个独立方程。

【例 2-6】 图 2.22 所示的水平横梁 AB，A 端为固定铰链支座，B 端为滚动支座。梁长为 $4a$，梁重 $\boldsymbol{P}$，作用在梁的中点 C。在梁的 AC 段上受均布载荷 q 作用，在梁的 BC 段上受力偶作用，力偶矩 $M=Pa$。试求 A 和 B 处的支座约束力。

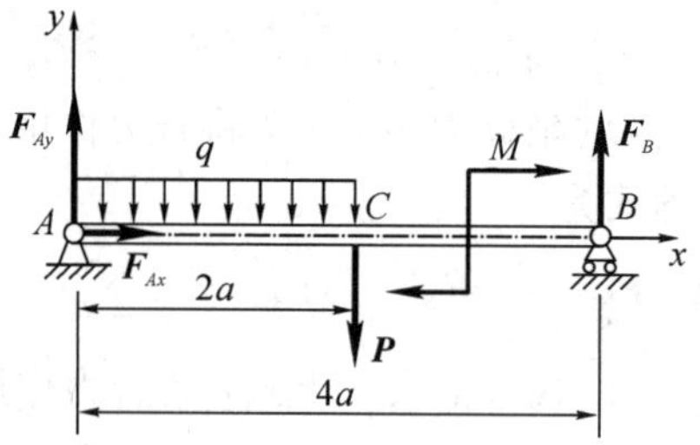

图 2.22

【解】 选梁 AB 为研究对象。它所受的主动力有：均布载荷 q，重力 $\boldsymbol{P}$ 和矩为 M 的力偶。它所受的约束力有：铰链 A 的两个分力 $\boldsymbol{F}_{Ax}$ 和 $\boldsymbol{F}_{Ay}$，滚动支座 B 处铅直向上的约束力 $\boldsymbol{F}_B$。取坐标系如图 2.22 所示，列出平衡方程：

$$\sum M_A(\boldsymbol{F})=0,\quad F_B\times 4a-M-P\times 2a-q\times 2a\times a=0$$

$$\sum F_x=0,\quad F_{Ax}=0$$

$$\sum F_y=0,\quad F_{Ay}-q\times 2a-P+F_B=0$$

解上述方程，得

$$F_B=\frac{3}{4}P+\frac{1}{2}qa,\quad F_{Ax}=0,\quad F_{Ay}=\frac{P}{4}+\frac{3}{2}qa$$

【例 2-7】 T 字形刚架 ABD 自重 $P=100$ kN，置于铅垂面内，载荷如图 2.23(a)所示。其中 $M=20$ kN·m，$F=400$ kN，$q=20$ kN/m，$l=1$ m。试求固定端 A 处的约束力。

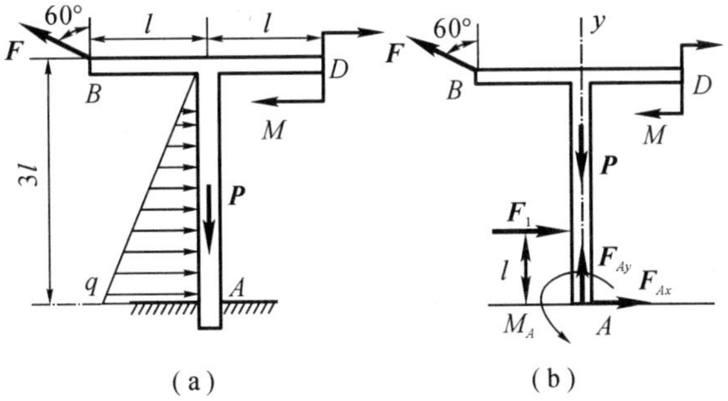

图 2.23

【解】 取T字形刚架为研究对象，其上除受主动力外，还受有固定端 A 处的约束力 $\boldsymbol{F}_{Ax}$，$\boldsymbol{F}_{Ay}$ 和约束力偶 M_A。线性分布荷载可用一个集中力 $\boldsymbol{F}_1$ 等效替代，其大小 $F_1=\frac{1}{2}q\times 3l=$ 30 kN，作用于三角形分布载荷的几何中心，即距点 A 为 l 处。刚架受力如图 2-23(b)所示。列平衡方程：

$$\sum F_x=0,\quad F_{Ax}+F_1-F\sin 60^\circ=0$$

$$\sum F_y=0,\quad F_{Ay}-P+F\cos 60^\circ=0$$

$$\sum M_A(\boldsymbol{F})=0,\quad M_A-M-F_1 l-F\cos 60^\circ\times l+F\sin 60^\circ\times 3l=0$$

求解以上方程，得

$$F_{Ax}=F\sin 60^\circ-F_1=316.4\ \text{kN}$$

$$F_{Ay}=P-F\cos 60^\circ=-100\ \text{kN}$$

$$M_A=M+F_1 l+F\cos 60^\circ\times l-F\sin 60^\circ\times 3l=-789.2\ \text{kN}\cdot\text{m}$$

负号说明图中所设方向与实际情况相反，即 F_{Ay} 方向应向下，M_A 应为逆时针转向。

【例 2-8】 起重机重 $P_1=10$ kN，可绕铅直轴 AB 转动，起重机上挂一重为 $P_2=$ 40 kN的重物，如图 2.24 所示。起重机的重心 C 到转动轴的距离为 1.5 m，其他尺寸如图所示。求在止推轴承 A 和轴承 B 处的约束力。

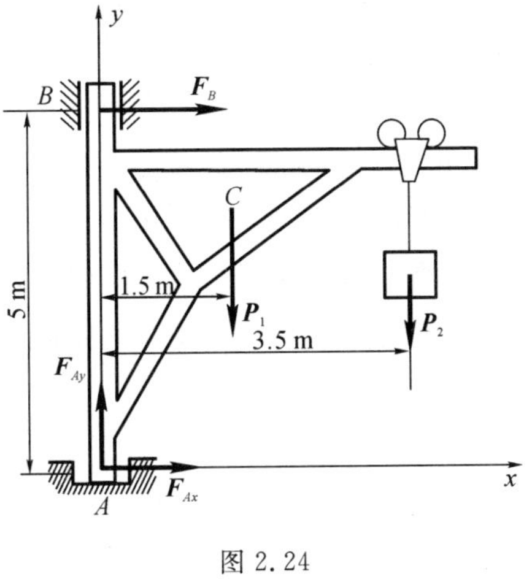

图 2.24

【解】 以起重机为研究对象，它所受的主动力有 $\boldsymbol{P}_1$ 和 $\boldsymbol{P}_2$。由于对称性，约束力和主动力都位于同一平面内。止推轴承 A 处有两个约束力 $\boldsymbol{F}_{Ax}$ 和 $\boldsymbol{F}_{Ay}$，轴承 B 处只有一个与转轴垂直的约束力 $\boldsymbol{F}_B$，约束力方向如图 2.24 所示。

取坐标系如图 2.24 所示，列平面任意力系的平衡方程，即

$$\sum F_x = 0, \quad F_{Ax} + F_B = 0$$

$$\sum F_y = 0, \quad F_{Ay} - P_1 - P_2 = 0$$

$$\sum M_A(\boldsymbol{F}) = 0, \quad -F_B \times 5 - P_1 \times 1.5 - P_2 \times 3.5 = 0$$

求解以上方程，得

$$F_{Ay} = P_1 + P_2 = 50\ \text{kN}$$

$$F_B = -0.3P_1 - 0.7P_2 = -31\ \text{kN}$$

$$F_{Ax} = -F_B = 31\ \text{kN}$$

F_B 为负值，说明它的方向与假设的方向相反，即应指向左。

从上述例题可见，选取适当的坐标轴和力矩中心，可以减少每个平衡方程中的未知量个数。在平面力系情形下，矩心应取在多个未知力的交点上。同时，由于平面任意力系的简化中心是任意选取的，因此，在求解平面任意力系平衡问题时，可取不同的矩心，列出不同的力矩方程。用力矩方程代替投影方程可得平面任意力系平衡方程的其他两种形式。

2. 二力矩形式

平面任意力系平衡方程的第二种形式为二力矩形式，就是三个平衡方程中有两个力矩方程和一个投影方程，即

$$\sum M_A(\boldsymbol{F}) = 0, \quad \sum M_B(\boldsymbol{F}) = 0, \quad \sum F_{xi} = 0 \tag{2-24}$$

其中投影轴 x 不得垂直于 A，B 两点的连线。

现在论证二力矩形式的平衡方程也是平面任意力系平衡的必要和充分条件。

必要性论证：如果平面任意力系平衡（$\boldsymbol{F}'_{\mathrm{R}} = \boldsymbol{0}$，$M_O = 0$），则该力系中各力对任意轴（包括 x 轴）的投影的代数和等于零，故 $\sum F_x = 0$。因简化中心是任取的，故力系对任一点的主矩（包括 A，B 两点）都等于零，即 $\sum M_A(\boldsymbol{F}) = 0$，$\sum M_B(\boldsymbol{F}) = 0$。

充分性论证：如果平面任意力系满足式（2-24），由 $\sum M_A(\boldsymbol{F}) = 0$ 和 $\sum M_B(\boldsymbol{F}) = 0$，可知力系对 A，B 两点的主矩均等于零，则这个力系不可能简化为一个力偶，只可能平衡或者简化为经过 A，B 两点的一个力，如图 2.25 所示。但由于力系又满足方程 $\sum F_x = 0$，这只有合力垂直于 x 轴才成立，而限定条件（投影轴 x 不得垂直于 A，B 两点的连线）完全排除了力系简化为合力的可能性。故该力系必为平衡力系。

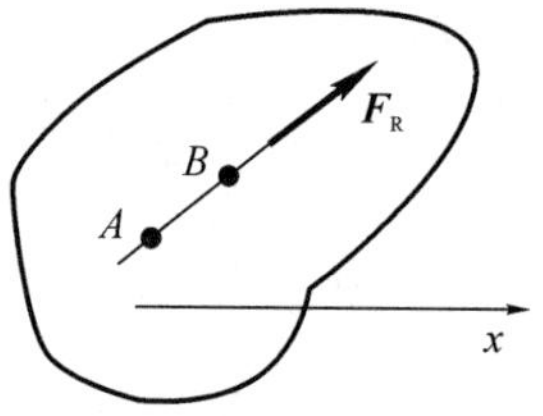

图 2.25

3. 三力矩形式

平面任意力系平衡方程的第三种形式为三力矩形式，就是三个平衡方程均为力矩方程，即

$$\sum M_A(\boldsymbol{F}) = 0,\quad \sum M_B(\boldsymbol{F}) = 0,\quad \sum M_C(\boldsymbol{F}) = 0 \qquad (2-25)$$

其中 A，B，C 三点不得共线。为什么必须附加这个条件，读者可自行论证。

上述三种不同形式的平衡方程式(2-23)、式(2-24)和式(2-25)，究竟选用哪一种形式，需根据具体条件确定。对于受平面任意力系作用的单个刚体，只可以写出三个独立的平衡方程，求解三个未知量。任何第四个方程只是前三个方程的线性组合，因而不是独立的，但可以利用这个方程来校核计算结果。

2.4.3　平面平行力系的平衡方程

各力的作用线在同一平面内，且相互平行的力系称为平面平行力系。它是平面任意力系的一种特殊情况，其平衡方程可以从平面任意力系的平衡方程中导出。

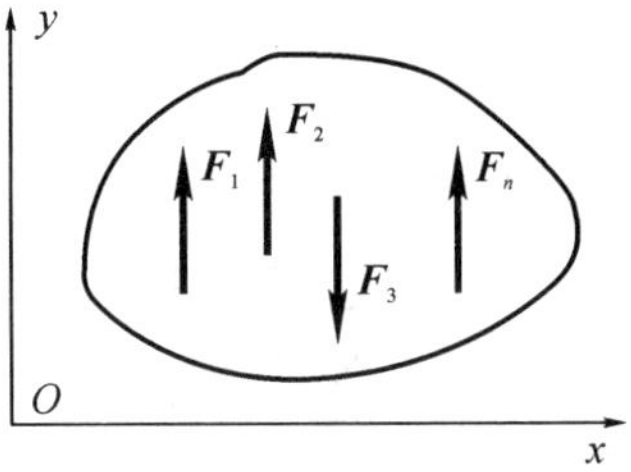

图 2.26

如图 2.26 所示，刚体受平面平行力 $\boldsymbol{F}_1$，$\boldsymbol{F}_2$，…，$\boldsymbol{F}_n$ 作用，建立直角坐标系，并使 x 轴与各力垂直，则不论力系是否平衡，各力在 x 轴上的投影恒等于零，即 $\sum F_x \equiv 0$。因此，平面平行力系的独立平衡方程的数目只有两个，即

$$\sum F_y = 0,\quad \sum M_O(\boldsymbol{F}) = 0 \qquad (2-26)$$

平面平行力系的平衡方程也可用两个力矩方程的形式表示，即

$$\sum M_A(\boldsymbol{F}) = 0,\quad \sum M_B(\boldsymbol{F}) = 0 \qquad (2-27)$$

其中 A，B 连线不平行于各力的作用线。

【例 2-9】 塔式起重机如图 2.27 所示。机架重 $W_1=700$ kN，作用线通过塔架的中心。最大起重量 $W_2=200$ kN，最大悬臂长为 12 m，轨道 A，B 的间距为 4 m。平衡重 W_3 到机身中心线距离为 6 m。试问：

(1) 保证起重机在满载和空载时都不致翻倒，平衡重 W_3 应为多少？

(2) 当平衡重 $W_3=180$ kN 时，求满载时轨道 A，B 的约束力。

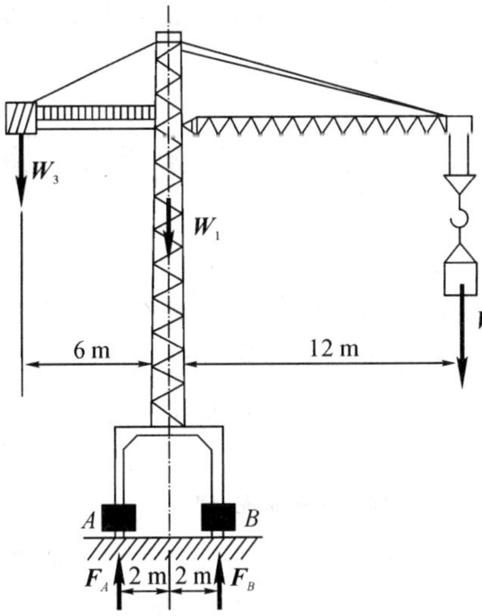

图 2.27

【解】 (1) 起重机受力如图 2.27 所示，在起重机不翻倒的情况下，这些力组成的力系应满足平面平行力系的平衡条件。

满载时，在起重机即将绕 B 点翻倒的临界情况下，有 $F_A=0$。由此可求出平衡重 W_3 的最小值平衡方程：

$$\sum M_B(\boldsymbol{F}) = 0,\quad W_{3\min} \times (6+2) + 2W_1 - W_2 \times (12-2) = 0$$

得

$$W_{3\min}=\frac{1}{8}(10W_2-2W_1)=75\ \text{kN}$$

空载时，荷载 $W_2=0$。在起重机即将绕 A 点翻倒的临界情况下，有 $F_B=0$。由此可求出平衡重 W_3 的最大值平衡方程：

$$\sum M_A(\boldsymbol{F})=0,\quad W_{3\max}\times(6-2)-2W_1=0$$

得

$$W_{3\max}=0.5W_1=350\ \text{kN}$$

实际工作时，起重机不允许处于临界平衡状态，因此，起重机不致翻倒的平衡重取值范围为

$$75\ \text{kN}<W_3<350\ \text{kN}$$

(2) 当 $W_3=180$ kN 时，由平面平行力系的平衡方程：

$$\sum M_A(\boldsymbol{F})=0,\quad W_3\times(6-2)-2W_1-W_2\times(12+2)+4F_B=0$$

$$\sum F_y=0,\quad F_A+F_B-W_1-W_2-W_3=0$$

得

$$F_B=\frac{14W_2+2W_1-4W_3}{4}=870\ \text{kN}$$

$$F_A=-F_B+W_1+W_2+W_3=210\ \text{kN}$$

结果校核：由不独立的平衡方程 $\sum M_B(\boldsymbol{F})=0$，可校核以上结果的正确性。即

$$\sum M_B(\boldsymbol{F})=0,\quad W_3\times(6+2)+2W_1-W_2\times(12-2)-4F_A=0$$

代入 F_A，W_1，W_2，W_3 的值，满足该方程，说明计算无误。

2.5 静定和超静定问题及物体系统的平衡

工程中，如组合构架、三铰拱等结构，都是由几个物体组成的系统。当物体系统平衡时，组成该系统的每一个物体都处于平衡状态，因此对于每一个受平面任意力系作用的物体，均可写出三个平衡方程。如物体系统由 n 个物体组成，则共有 $3n$ 个独立平衡方程。如系统中有的物体受平面汇交力系或平面平行力系作用，则系统的平衡方程数目相应减少。当系统中的未知量数目等于独立平衡方程的数目时，则所有未知量都能由平衡方程求出，这样的问题称为**静定问题**。显然前面列举的各例都是静定问题。在工程实际中，有时为了提高结构的刚度和坚固性，常常增加多余的约束，因而使这些结构的未知量的数目多于平衡方程的数目，未知量就不能全部由平衡方程求出，这样的问题称为**超静定问题**，也称为静不定问题。对于超静定问题，必须考虑物体因受力作用而产生的变形，加上某些补充方程后，才能使方程的数目等于未知量的数目。超静定问题已超出刚体静力学的范围，将在材料力学和结构力学中研究。

图 2.28(a)，(b)，(c)是平面静定问题。在图 2.28(a)，(b)中，物体均受平面汇交力系和平面平行力系作用(图 2.28(b)中的 $\boldsymbol{F}_A$ 为什么是铅直的，请读者自行考虑)，平衡方程都是 2 个，而未知约束力也是 2 个，故是静定的。在图 2.28(c)中，物体受平面任意力系作用，

平衡方程是 3 个，未知约束力是 3 个，仍是静定的。图 2.28(d)，(e)，(f)是平面超静定问题。在图 2.28(d)，(e)中，物体所受的力仍分别为平面汇交力系和平面平行力系，平衡方程都是 2 个，而未知约束力却是 3 个，未知约束力不能由平衡方程求出。在图 2-28(f)中，两铰拱所受的力是平面任意力系，平衡方程是 3 个，而未知约束力却是 4 个，所以仍是超静定的。

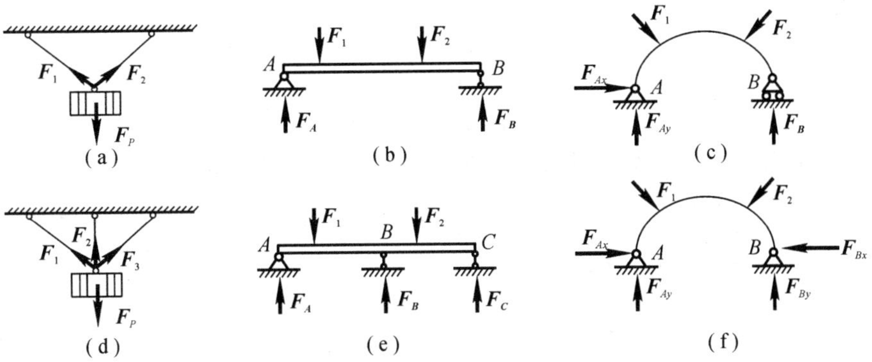

图 2.28

当物体系统平衡时，组成该系统的每一个物体也必然位于平衡状态，因此在求解物体系统的平衡问题时，既可以取系统中的某个物体为分离体，也可以取几个物体的组合，甚至可以取整个系统为分离体，这要根据问题的具体情况，以便于求解为原则来适当地选取研究对象。同时要注意在选列平衡方程时，适当地选取矩心和投影轴，选取的原则是尽量使一个平衡方程中只包含一个未知量，尽可能避免解联立方程。

应当指出，如选择的研究对象中包含几个物体，由于各物体之间相互作用的力(内力)总是成对出现，因此在求解该研究对象的平衡时，不必考虑这些内力。

【例 2 10】 组合梁由 AC 和 CE 用铰链连接而成，结构的尺寸和载荷如图 2.29(a)所示，已知 $F=5$ kN，$q=4$ kN/m，$M=10$ kN·m，试求梁的支座约束力。

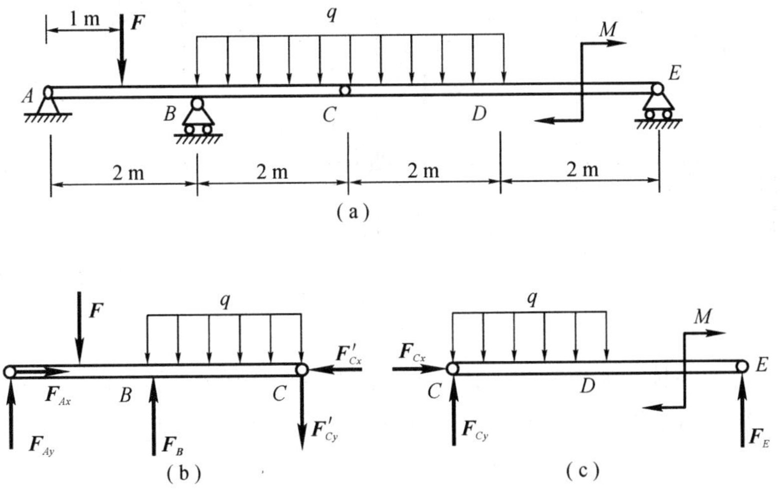

图 2.29

【解】 先取梁的 CE 段为研究对象，受力图如图 2.29(c)所示，列平衡方程：

$$\sum M_C(\boldsymbol{F})=0,\quad F_E\times 4-M-q\times 2\times 1=0$$

$$\sum F_x=0,\quad F_{Cx}=0$$

$$\sum F_y=0,\quad F_{Cy}+F_E-q\times 2=0$$

求解以上方程，得

$$F_E=\frac{M+q\times 2\times 1}{4}=4.5\ \text{kN}$$

$$F_{Cy}=2q-F_E=3.5\ \text{kN}$$

然后取梁的 AC 段为研究对象，受力图如图 2.29(b)所示，列平衡方程：

$$\sum M_A(\boldsymbol{F})=0,\quad -F\times 1+F_B\times 2-q\times 2\times 3-F'_{Cy}\times 4=0$$

$$\sum F_y=0,\quad F_{Ay}+F_B-F-q\times 2-F'_{Cy}=0$$

$$\sum F_x=0,\quad F_{Ax}=0$$

求解以上方程，得

$$F_B=\frac{F\times 1+q\times 2\times 3+F'_{Cy}\times 4}{2}=21.5\ \text{kN}$$

$$F_{Ay}=-F_B+F+q\times 2+F'_{Cy}=-5\ \text{kN}$$

本题也可以先取梁的 CE 段为研究对象，求出 E 处的约束力 F_E，然后，再取整体为研究对象，列方程求出 A，B 处的约束力 F_{Ax}，F_{Ay}，F_B，请读者自行分析。须注意：此题在研究整体平衡时，可将均布载荷作为合力通过 C 点，但在分别研究梁 CE 或 AC 平衡时，必然分别受一半的均布载荷作用。

【例 2-11】 三铰拱如图 2.30(a)所示，已知每个半拱重 $W=300$ kN，跨度 $l=32$ m，高 $h=10$ m。试求支座 A，B 处的约束力。

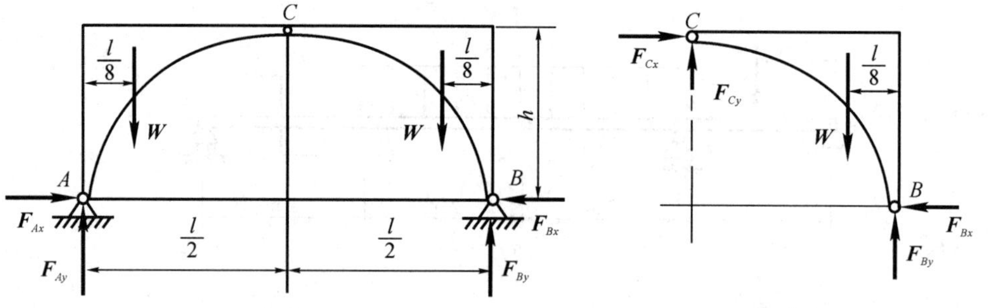

图 2.30

【解】 首先取整体为研究对象。其受力如图 2.30(a)所示。可见此时 A，B 两处共有 4 个未知力，而独立的平衡方程只有 3 个，显然不能解出全部未知力。但其中的 3 个约束力的作用线通过 A 点或 B 点，可列出对 A 点或 B 点的力矩方程，求出部分未知力。

列平衡方程如下：

$$\sum M_A(\boldsymbol{F}) = 0, \quad F_{By}l - W\times\frac{l}{8} - W\left(l-\frac{l}{8}\right) = 0$$

$$\sum F_y = 0, \quad F_{Ay} + F_{By} - W - W = 0$$

$$\sum F_x = 0, \quad F_{Ax} - F_{Bx} = 0$$

求解以上方程，得

$$F_{By} = W\times\frac{1}{8} + W\left(1-\frac{1}{8}\right) = W = 300 \text{ kN}$$

$$F_{Ay} = W + W - F_{By} = W = 300 \text{ kN}$$

$$F_{Ax} = F_{Bx}$$

再以右半拱(或左半拱)为研究对象，例如，取右半拱为研究对象，其受力图如图 2.30(b)所示。列出对 C 点的力矩平衡方程，并求出 F_{Bx}，有

$$\sum M_C(\boldsymbol{F}) = 0, -W\left(\frac{l}{2}-\frac{l}{8}\right) - F_{Bx}h + F_{By}\frac{l}{2} = 0$$

$$F_{Bx} = \frac{Wl}{8h} = \frac{300\times 32}{8\times 10} = 120 \text{ kN}$$

故

$$F_{Ax} = F_{Bx} = 120 \text{ kN}$$

工程中，经常遇到对称结构上作用对称载荷的情况，在这种情况下，结构的约束力也对称，有时，可以根据这种对称性直接判断出某些约束力的大小，但这些结果及关系都包含在平衡方程中。本题中，根据对称性，可得 $F_{Ax} = F_{Bx}$，再根据铅垂方向的平衡方程，容易得到 $F_{Ax} = F_{Bx} = W$。

【例 2-12】 在图 2.31(a)所示的平面结构中，销钉 E 固结在水平杆 DG 上，并置于 BC 杆的光滑斜槽内，各杆的重量及摩擦不计。已知 $a=2$ m，$F_1=10$ kN，$F_2=20$ kN，力偶矩 $M=30$ kN·m。试求 A 和 B 处的约束力。

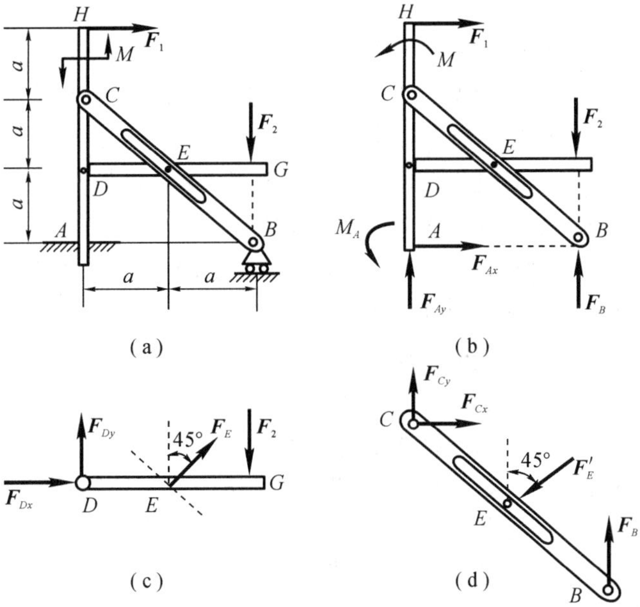

图 2.31

【解】 物体系统由 3 个受平面任意力系的物体 AH，BC 和 DG 组成，可列出 9 个独立的平衡方程。固定端 A 有 3 个未知量，B 和 E 处各有 1 个未知量，铰链 C 和 D 处各有 2 个未知量，故该物体系统共有 9 个未知量。可见，该物体系统是静定问题。

首先取整体为研究对象，受力如图 2.31(b)所示，列平衡方程：

$$\sum F_x = 0, \quad F_{Ax} + F_1 = 0 \tag{a}$$

$$\sum F_y = 0, \quad F_{Ay} + F_B - F_2 = 0 \tag{b}$$

$$\sum M_A(\boldsymbol{F}) = 0, \quad M_A + 2aF_B + M - 2aF_2 - 3aF_1 = 0 \tag{c}$$

解得

$$F_{Ax} = -F_1 = -10 \text{ kN}$$

然后取 DG 杆为研究对象，受力如图 2.30(c)所示。列平衡方程：

$$\sum M_D(\boldsymbol{F}) = 0, \quad aF_E\cos45° - 2aF_2 = 0$$

解得

$$F_E = \frac{2aF_2}{a\cos45°} = 58.56 \text{ kN}$$

最后取 BC 杆为研究对象，受力如图 2.30(d)所示。列平衡方程：

$$\sum M_C(\boldsymbol{F}) = 0, \quad 2aF_B - \sqrt{2}aF'_E = 0$$

解得

$$F_B = \frac{\sqrt{2}aF'_E}{2a} = 40 \text{ kN}$$

将 F_B 代入式(b)、式(c)可得

$$F_{Ay} = -F_B + F_2 = -20 \text{ kN}$$

$$M_A = -2aF_B - M + 2aF_2 + 3aF_1 = -50 \text{ kN} \cdot \text{m}$$

可以看出：

(1) 先取整体为研究对象，列三个平衡方程，只求出约束力 F_{Ax}，在另外的两个方程中有三个待求的约束力 F_{Ay}，F_B 和 M_A。因此必须通过选取合适的分离体为研究对象，求出其中一个未知的约束力，其他两个约束力即可求得。

(2) 题目中并不要求把结构中所有的约束力都求出来，例如 C 和 D 铰链处的约束力，因此，选列平衡方程时，应尽量避免在平衡方程中出现 D 处的约束力 $\boldsymbol{F}_{Dx}$，$\boldsymbol{F}_{Dy}$，故选择 $\sum M_D(\boldsymbol{F}) = 0$，可求出 E 处的约束力 $\boldsymbol{F}_E$。虽然题目也没有要求求出 $\boldsymbol{F}_E$，但无论选取杆 BC 还是 DG 为研究对象时，$\boldsymbol{F}_E$ 都为外力，所以必须把 $\boldsymbol{F}_E$ 求出来。

(3) 在受力分析中，判断约束的类型十分重要，例如销钉 E 处为光滑接触面，约束力 $\boldsymbol{F}_E$ 为垂直于斜槽的压力。

通过以上例题的分析可知求解物体系统平衡时的一般步骤：首先明确系统由几个物体构成，分析每个物体的受力情况，确定独立平衡方程的个数，还要确定未知量的个数；其次是恰当选取研究对象，进行受力分析，画出相应的受力图，列出平衡方程。由于研究对象的选取、平衡方程的选列都有一定灵活性，因此应经过分析比较，采用较为简便的方案，既要使平衡方程的数目足够且彼此独立，又要尽量避免求解联立方程。

2.6　平面静定桁架的内力计算

2.6.1　桁架及其基本假设

在工程实际中，起重机架、屋架、桥架以及输电塔架等结构常用桁架结构，如图 2.32 所示。由若干根杆件在其两端互相连接而成的几何形状不变的结构称为**桁架**。桁架中杆件的相互连接处称为节点。各杆件在同一平面内的桁架称为平面桁架。如果桁架的全部未知力都能用刚体静力学中求解平衡问题的方法求出，则称为**静定桁架**，否则就称为**静不定桁架**。本节只研究平面桁架中的静定桁架，如图 2.32 所示。此桁架是以三角形框架为基础，每增加一个节点需要增加两根杆件，这样构成的桁架又称为**平面简单桁架**。容易证明平面简单桁架是静定的。

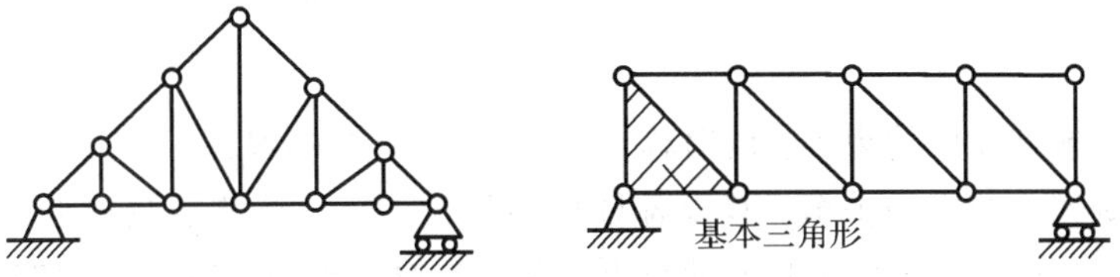

(a)　　(b)

图 2.32

在平面简单桁架中，杆件的数目 m 与节点数目 n 之间有确定的关系。基本三角形框架的杆件数和节点数各等于 3。此后增加的杆件数 $m-3$ 和节点数 $n-3$ 之间的比例是 2∶1，故有

$$m-3=2(n-3)$$

即

$$m+3=2n \tag{2-28}$$

桁架的优点是：杆件主要承受拉力或压力，可以充分发挥材料的作用，节省材料，减轻结构的重量。为简化桁架的计算，工程实际中常作以下基本假设：

(1) 各杆件都是直杆，并用光滑铰链连接；

(2) 杆件所受的外载荷都作用在各节点上，各力的作用线都在桁架平面内；

(3) 各杆件的重量忽略不计，或平均分配在杆件两端的节点上。

根据以上假设，桁架中的每一杆件都是二力杆，故所受的力沿其轴线，或为拉力和压力，这样就使桁架的设计计算简化。这样的桁架称为**理想桁架**。其计算所得结果是实际结果的近似值，一般能符合工程实际的要求。下面介绍两种计算平面静定桁架内力的方法：节点法和截面法。

2.6.2　计算桁架内力的节点法

桁架的每个节点都受一个平面汇交力系的作用。为了求出每个杆件的内力，可以逐个地选取各节点为研究对象，利用平面汇交力系的平衡方程，由已知力求出全部未知的杆件内力，这就是节点法。

应当指出，对于每一节点上的平面汇交力系，只能求解两个未知量。因此，在取节点时，总是取未知杆件内力不超过两个的节点为研究对象。通常假设杆件内力都是拉力的方向，若求得内力结果为负值，则说明实际方向与假设相反，即杆件受压力。

【例 2-13】 用节点法求图 2.33(a)中桁架各杆件的内力。已知载荷 $F=10$ kN，$F'=20$ kN。

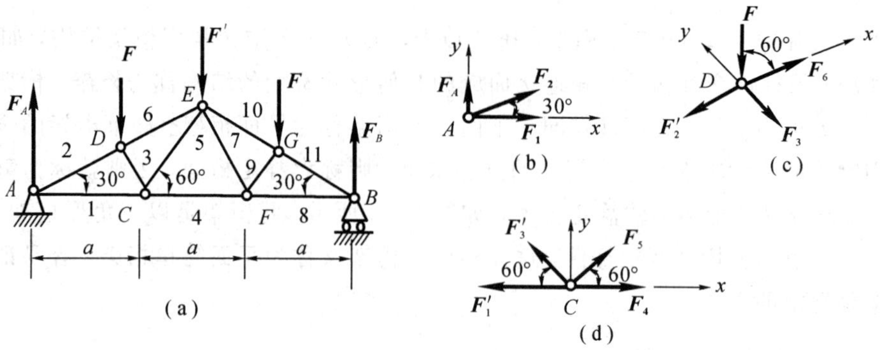

图 2.33

【解】 首先求支座的约束力。由对称性知 $F_A=F_B=20$ kN。

此后逐一研究各节点的平衡。假设各杆件均受拉力，每个节点只有两个平衡方程，为计算方便，最好先从只含两个未知力的节点开始。先取节点 A，其受力如图 2.33(b)所示。列出平衡方程，有

$$\sum F_x=0,\quad F_1+F_2\cos30^\circ=0$$

$$\sum F_y=0,\quad F_2\sin30^\circ+F_A=0$$

将 F_A 的值代入，得

$$F_1=34.6\ \text{kN},\quad F_2=-40\ \text{kN}$$

接着取节点 D，其受力如图 2.33(c) 所示，列平衡方程，有

$$\sum F_x=0,\quad F_6-F_2'-F\cos60^\circ=0$$

$$\sum F_y=0,\quad -F_3-F\sin60^\circ=0$$

将 $F=10$ kN 和 $F_2'=F_2=-40$ kN 代入，解得

$$F_3=-8.7\ \text{kN},\quad F_6=-35\ \text{kN}$$

分别研究节点 C，E，F，G，即可求得各杆的内力。其结果为

$$F_4=25.9\ \text{kN},\quad F_5=8.7\ \text{kN},\quad F_7=8.7\ \text{kN},$$

$$F_8=34.6\ \text{kN},\quad F_9=-8.7\ \text{kN},$$

$$F_{10}=-35\ \text{kN},\quad F_{11}=-40\ \text{kN}$$

计算结果表明，杆 1，4，5，7 和 8 承受拉力；杆 2，3，6，9，10 和 11 承受压力。本例中由于对称，研究节点 C 之后，事实上已将全部杆件的内力求出。

2.6.3 计算桁架内力的截面法

节点法常用于求解桁架全部杆件的内力。如果只要求计算桁架内某几个杆件的内力，可采用截面法。截面法是适当地选取一个截面(可以是平面也可以是曲面)，假想地

将桁架截开，然后取其中的任一部分为研究对象，分析其上的作用力，这时被截断杆件的内力就暴露出来，并假设它们均为拉力，根据平面任意力系的平衡条件，求出被截杆件的内力。

应该指出：平面任意力系只有三个独立的平衡方程，因此，在选取截面时，一般只截断三根未知内力的杆件，否则就无法求得所截杆件的全部未知内力。

【例 2-14】 如图 2.34(a)所示平面桁架，各杆件的长度都等于 1 m。在节点 E，G，F 上分别作用载荷 $F_E=10$ kN，$F_G=7$ kN，$F_F=5$ kN。试计算杆 1，2 和 3 的内力。

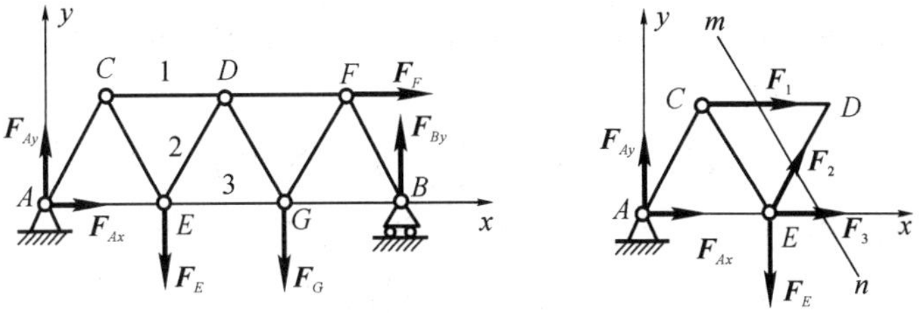

(a)　　　　　　　　(b)

图 2.34

【解】 先求桁架的支座约束力，以桁架整体为研究对象，受力如图 2.34(a)所示。列出平衡方程，有

$$\sum F_x=0,\quad F_{Ax}+F_F=0$$

$$\sum F_y=0,\quad F_{Ay}+F_{By}-F_E-F_G=0$$

$$\sum M_B(\boldsymbol{F})=0,\quad F_E\times 2+F_G\times 1-F_{Ay}\times 3-F_F\sin 60^\circ\times 1=0$$

解得

$$F_{Ax}=5\ \text{kN},\quad F_{Ay}=7.557\ \text{kN},\quad F_{By}=9.44\ \text{kN}$$

为求杆 1，2 和 3 的内力，可作一截面 $m-n$ 将三杆截断。选取桁架左半部分为研究对象。假定所截断的三杆都受拉力，受力如图 2.34(b) 所示，为一平面任意力系。列平衡方程，有

$$\sum M_E(\boldsymbol{F})=0,\quad -F_1\sin 60^\circ\times 1-F_{Ay}\times 1=0$$

$$\sum F_y=0,\quad F_{Ay}+F_2\sin 60^\circ-F_E=0$$

$$\sum M_D(\boldsymbol{F})=0,\quad F_E\times\frac{1}{2}+F_3\times\sin 60^\circ\times 1-F_{Ay}\times 1.5+F_{Ax}\sin 60^\circ\times 1=0$$

解得

$$F_1=-0.8726\ \text{kN(压力)},\quad F_2=2.821\ \text{kN(拉力)},\quad F_{By}=9.44\ \text{kN(拉力)}$$

如选取桁架的右半部分为研究对象，可得同样的结果。

同样，可以用截面断开另外三根杆件，计算其他各杆的内力，或用以校核已求得的结果。

由上例可见，采用截面法时，选择适当的力矩方程，常可较快地求得某些指定杆件的内力。当然，应当注意到，平面任意力系只有三个独立的平衡方程，因而，作截面时每次最好只截断三根内力未知的杆件。

小　　结

1. 力的平移定理

力的平移定理：平移一力的同时，必须附加一力偶，附加力偶的矩等于原来的力对新作用点的矩。

2. 平面任意力系向作用面内一点简化

平面任意力系向作用面内任选一点 O 简化，一般情况下，可得一个力与一个力偶，这个力等于该力系的主矢，即

$$\boldsymbol{F}'_{\mathrm{R}} = \sum \boldsymbol{F}_i = \sum F_x \boldsymbol{i} + \sum F_y \boldsymbol{j}$$

作用线通过简化中心 O。这个力偶的矩等于该力系对于点 O 的主矩，即

$$M_O = \sum M_O(\boldsymbol{F}_i) = \sum (x_i F_{yi} - y_i F_{xi})$$

平面任意力系向一点简化，可能出现如下的四种情况：

主矢	主矩	合成结果	说　明
$\boldsymbol{F}'_{\mathrm{R}} \neq \boldsymbol{0}$	$M_O=0$	合　力	此力为原力系的合力，合力作用线通过简化中心
	$M_O \neq 0$	合　力	合力作用线离简化中心的距离 $d=\dfrac{M_O}{F'_{\mathrm{R}}}$
$\boldsymbol{F}'_{\mathrm{R}} = \boldsymbol{0}$	$M_O \neq 0$	力　偶	此力偶为原力系的和力偶，在这种情况下，主矩与简化中心的位置无关
	$M_O=0$	平　衡	原力系平衡

3. 平面任意力系平衡的必要和充分条件

平面任意力系平衡的必要和充分条件是：力系的主矢和对于任意一点的主矩都等于零，即

$$\boldsymbol{F}'_{\mathrm{R}} = \sum \boldsymbol{F}_i = \boldsymbol{0}$$

$$M_O = \sum M_O(\boldsymbol{F}_i) = 0$$

平面任意力系平衡方程的一般形式为

$$\sum F_{xi} = 0, \quad \sum F_{yi} = 0, \quad \sum M_O(\boldsymbol{F}_i) = 0$$

平面任意力系平衡方程的二力矩形式为

$$\sum M_A(\boldsymbol{F}) = 0, \quad \sum M_B(\boldsymbol{F}) = 0, \quad \sum F_{xi} = 0$$

其中 x 轴不得垂直 A，B 两点连线。

平面任意力系平衡方程的三力矩形式为

$$\sum M_A(\boldsymbol{F}) = 0, \quad \sum M_B(\boldsymbol{F}) = 0, \quad \sum M_C(\boldsymbol{F}) = 0$$

其中 A，B，C 三点不得共线。

其他各种平面力系都是平面任意力系的特殊情形，它们的平衡方程如下：

力系名称	平衡方程	独立方程的数目
共线力系	$\boldsymbol{F}_R = \sum \boldsymbol{F}_i$	1
平面力偶系	$M = \sum M_i$	1
平面汇交力系	$\sum F_x = 0$，$\sum F_y = 0$	2
平面平行力系	$\sum F_y = 0$，$\sum M_O(\boldsymbol{F}) = 0$	2

4. 平面静定桁架的内力计算

桁架由二力杆铰接构成。求平面静定桁架各杆内力的两种方法：

(1) 节点法。逐个考虑桁架中所有节点的平衡，应用平面汇交力系的平衡方程求出各杆的内力。应注意每次选取的节点的未知力的数目不宜多于 2 个。

(2) 截面法。截断待求内力的杆件，将桁架截割为两部分，取其中的一个部位为研究对象，应用平面任意力系的平衡方程求出被割各杆件的内力。应注意每次截割的内力未知的杆件数目不宜多于 3 个。

思　考　题

2-1　图 2.35 所示两个力三角形中三个力的关系是否一样？

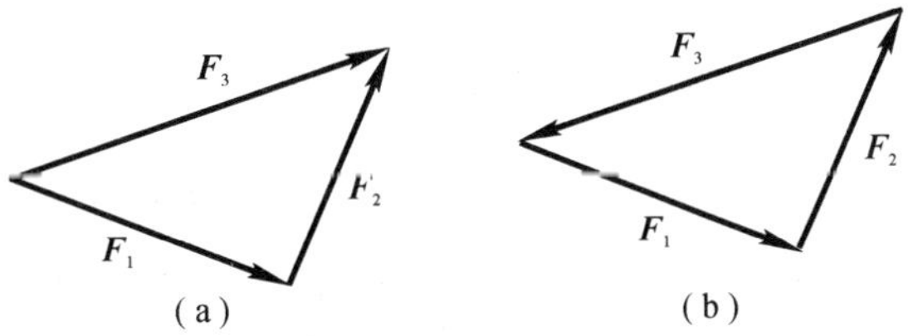

图 2.35

2-2　力沿轴的分力和力在两轴的投影有何区别？试以图 2.36(a)，(b)两种情况为例进行说明。$\boldsymbol{F} = F_x\boldsymbol{i} + F_y\boldsymbol{j}$ 对图(a)，(b)都成立吗？

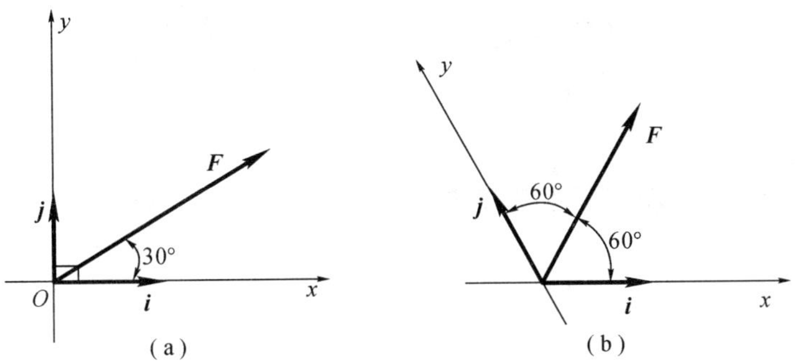

图 2.36

2-3　输电线跨度 l 相同时，电线下垂量 h 越小，电线越易拉断，为什么？

2-4　图 2.37 所示的三种机构，构件自重不计，忽略摩擦，$\theta=60°$，如 B 处都作用有相同的水平力 $\boldsymbol{F}$，问铰链 A 处的约束力是否相同。请作图表示其大小与方向。

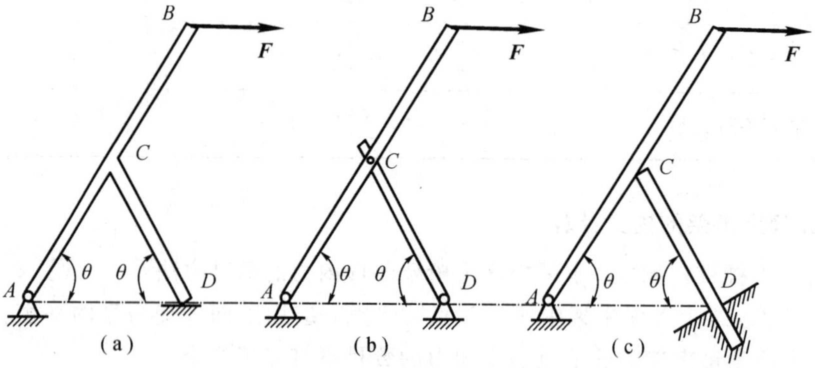

图 2.37

2-5　在图 2.38 中，力或力偶对点 A 的矩都相等，它们引起的支座约束力是否相同？

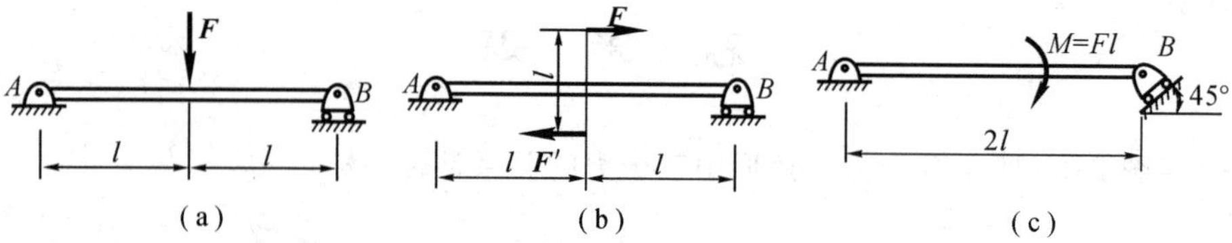

图 2.38

2-6　从力偶理论知道，一力不能与力偶平衡。但是为什么螺旋压榨机上，力偶似乎可以被压榨物体的反抗力 $\boldsymbol{F}_{\mathrm{N}}$ 来平衡(如图 2.39(a)所示)？为什么图 2.39(b)所示的轮子上的力偶 M 似乎与重物的力 $\boldsymbol{P}$ 相平衡呢？这种说法错在哪里？

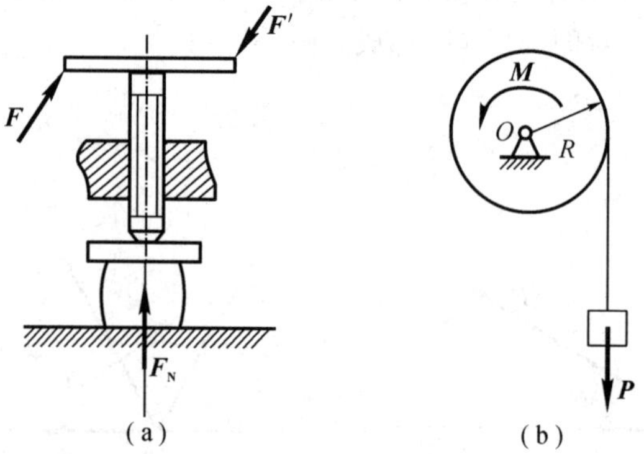

图 2.39

2-7　某平面力系向 A，B 两点简化的主矩皆为零，此力系简化的最终结果可能是一个力吗？可能是一个力偶吗？可能平衡吗？

2-8　平面汇交力系向汇交点以外一点简化，其结果可能是一个力吗？可能是一个力偶吗？可能是一个力和一个力偶吗？

2-9　某平面力系向同平面内任一点简化的结果都相同，此力系简化的最终结果可能是什么？

2-10　某平面任意力系向 A 点简化得一个力 $\boldsymbol{F}'$ 及一个矩为 M' 的力偶，B 为平面内另一点，问：

(1) 向 B 点简化得一力偶，是否可能？

(2) 向 B 点简化得一力，是否可能？

(3) 向 B 点简化得 $\boldsymbol{F}=\boldsymbol{F}'$，$M\neq M'$，是否可能？

(4) 向 B 点简化得 $\boldsymbol{F}=\boldsymbol{F}'$，$M=M'$，是否可能？

(5) 向 B 点简化得 $\boldsymbol{F}\neq\boldsymbol{F}'$，$M=M'$，是否可能？

(6) 向 B 点简化得 $\boldsymbol{F}\neq\boldsymbol{F}'$，$M\neq M'$，是否可能？

2-11　图 2.40 中 $OABC$ 为正方形，边长为 a。已知某平面任意力系向 A 点简化得一主矢及一主矩。又已知该力系向 B 点简化得一合力，合力指向 O 点。给出该力系向 C 点简化的主矢及主矩(大小、转向)。

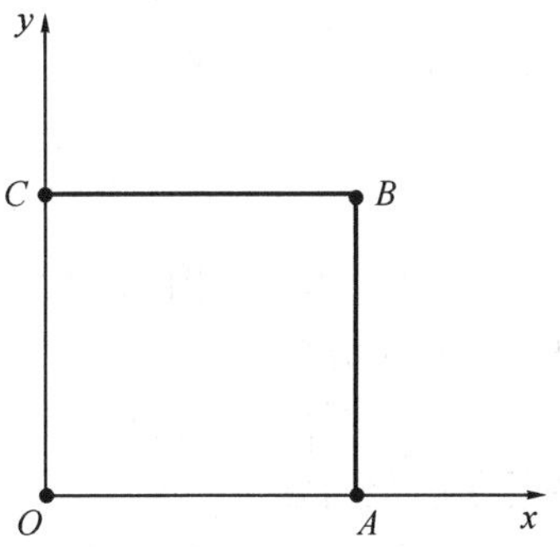

图 2.40

2-12　在上题图 2.40 中，若某平面任意力系满足 $\sum F_y=0$，$\sum M_B=0$，则(判断正误)：

(1) 必有 $\sum M_A=0$。

(2) 必有 $\sum M_C=0$。

(3) 可能有 $\sum F_x=0$，$\sum M_O\neq 0$。

(4) 可能有 $\sum F_x=0$，$\sum M_O=0$。

2-13　不计图 2.41 中各构件自重，忽略摩擦。画出刚体 ABC 的受力图，各铰链均需要画出确切的约束力方向，不得以两个分力代替。图中 $DE\,/\!/\,FG$。

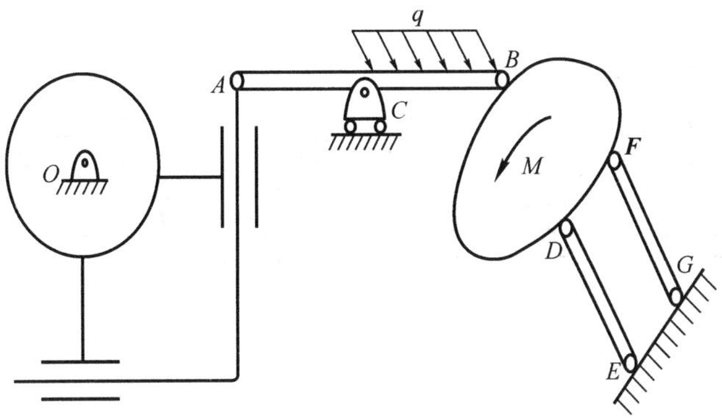

图 2.41

2－14　用力系向一点简化的分析方法，证明图 2.42 所示二同向平形力系简化的最终结果为一合力，且有

$$\boldsymbol{F}_R=\boldsymbol{F}_1+\boldsymbol{F}_2$$

$$\frac{F_1}{F_2}=\frac{CB}{AC}$$

若 $F_1>F_2$，且两者方向相反，简化结果又如何？

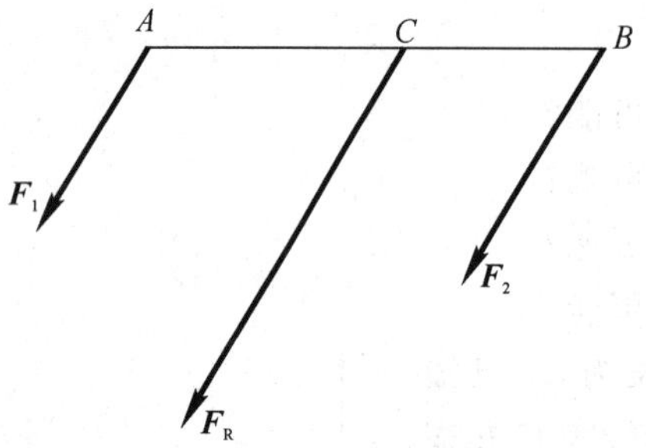

图 2.42

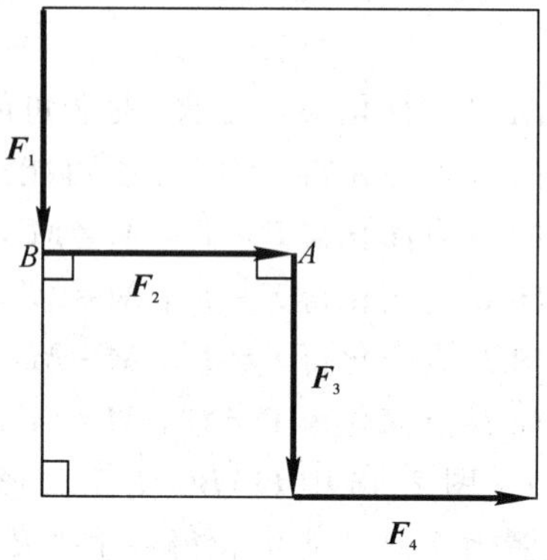

图 2.43

2－15　力系如图 2.43 所示，且 $F_1=F_2=F_3=F_4$。问力系向点 A 和 B 简化的结果是什么？两者是否等效？

2－16　怎样判定静定和超静定问题？图 2.44 所示的六种情形中哪些是静定问题？哪些是超静定问题？

2－17　能否直接找到图 2.45 所示桁架的零力杆？

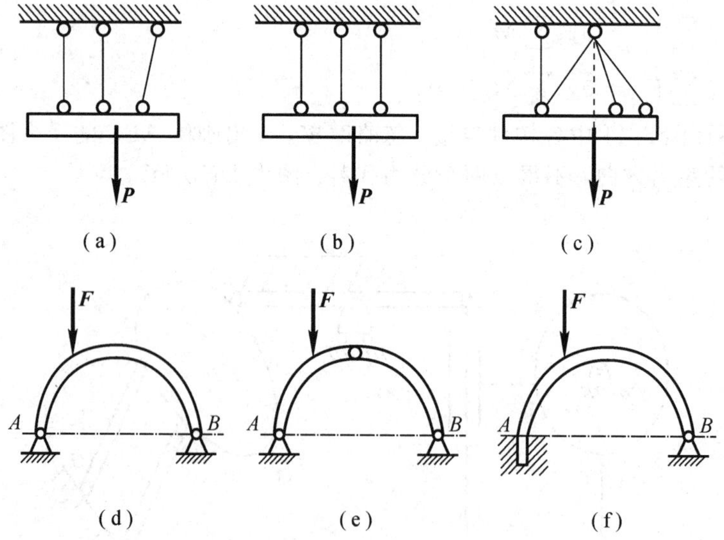

图 2.44

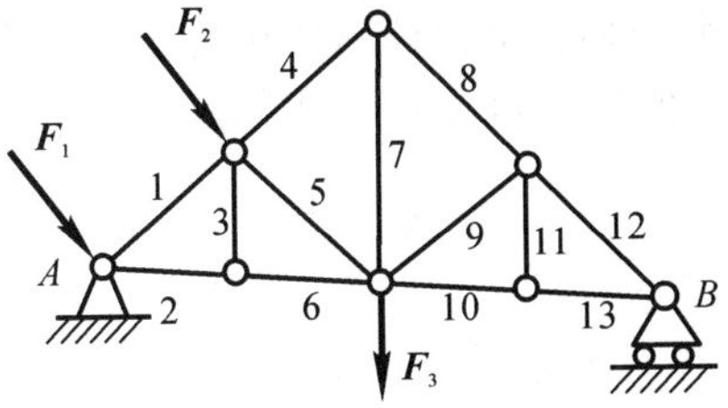

(a)

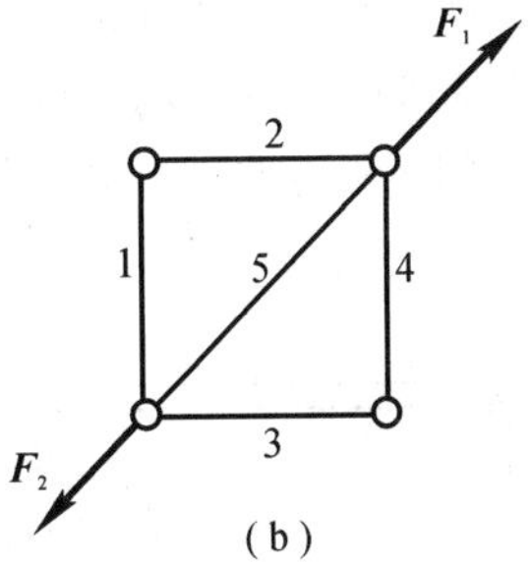

(b)

图 2.45

习　　题

2-1　铆接薄板在孔心 A，B 和 C 处受三力作用，如图所示。$F_1=100$ N，沿铅直方向；$F_3=50$ N，沿水平方向，并通过点 A；$F_2=50$ N，力作用线也通过点 A，尺寸如图。求此力系的合力。

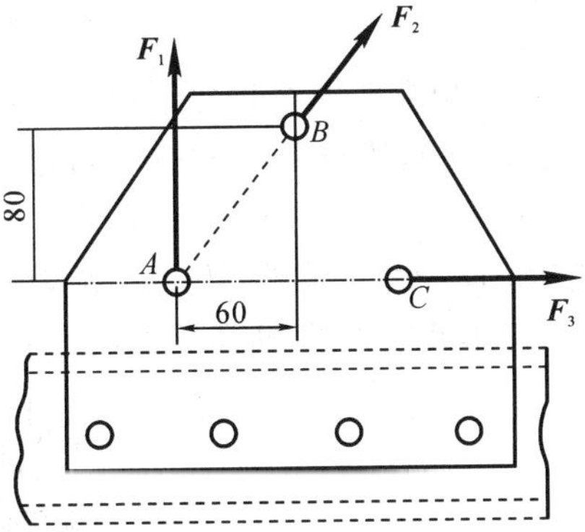

题 2-1 图

2-2　如图所示，固定在墙壁上的圆环受三条绳子的拉力作用，力 $\boldsymbol{F}_1$ 沿水平方向，力 $\boldsymbol{F}_3$ 沿铅直方向，力 $\boldsymbol{F}_2$ 与水平线成 40°角。三力的大小分别为 $F_1=2000$ N，$F_2=2500$ N，$F_3=1500$ N，求三力的合力。

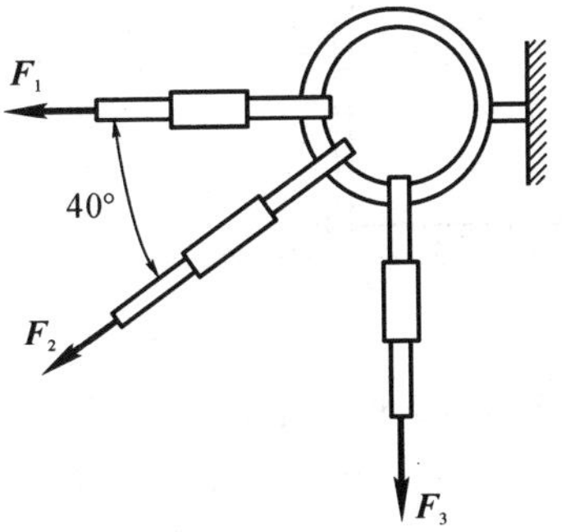

题 2-2 图

2-3　物体重 $P=20$ kN，用绳子挂在支架的滑轮 B 上，绳子的另一端接在绞车 D 上，如图所示。转动绞车，物体便能升起。设滑轮的大小、AB 与 CB 杆自重及摩擦略去不计，A，B，C 三处均为铰链连接。当物体处于平衡状态时，求拉杆 AB 和支杆 CB 所受的力。

2-4　在图示刚架的点 B 作用一水平力 $\boldsymbol{F}$，刚架重量略去不计。求支座 A，D 的约束力 $\boldsymbol{F}_A$ 和 $\boldsymbol{F}_D$。

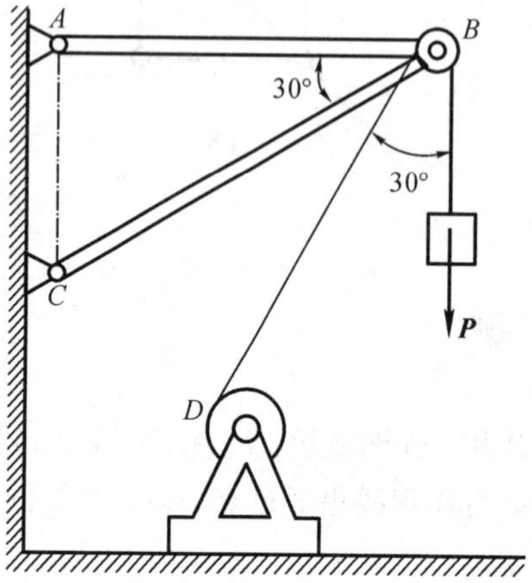

题 2-3 图

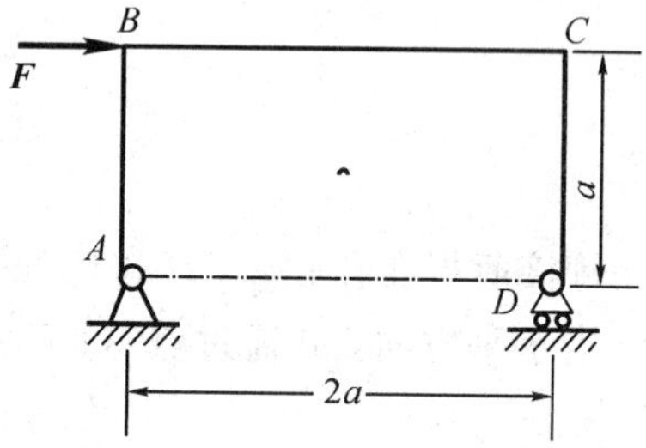

题 2-4 图

2-5　如图所示，输电线 ACB 架在两电线杆之间形成曲线，下垂距离 $CD=f=1$ m，两电线杆间距离 $AB=40$ m，电线 ACB 段重 $P=400$ N，可近似认为沿 AB 连线均匀分布。求电线的中点和两端的拉力。

2-6　图示液压传动机构中，D 为固定铰链，B，C，E 为活动铰链。已知力 $\boldsymbol{F}$，机构平衡时角度如图，各构件自重不计，求此时工件 H 所受的压紧力。

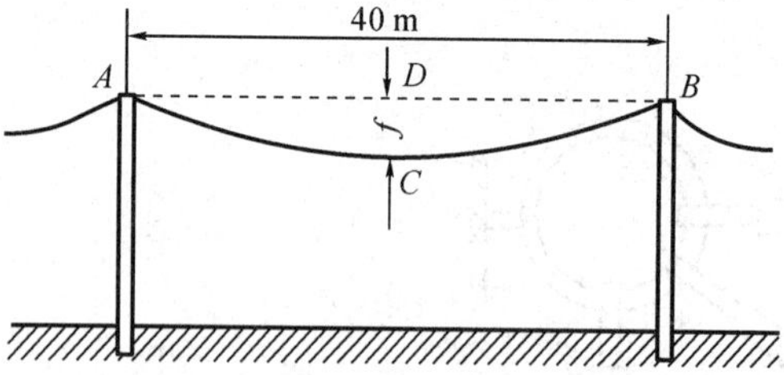

题 2-5 图

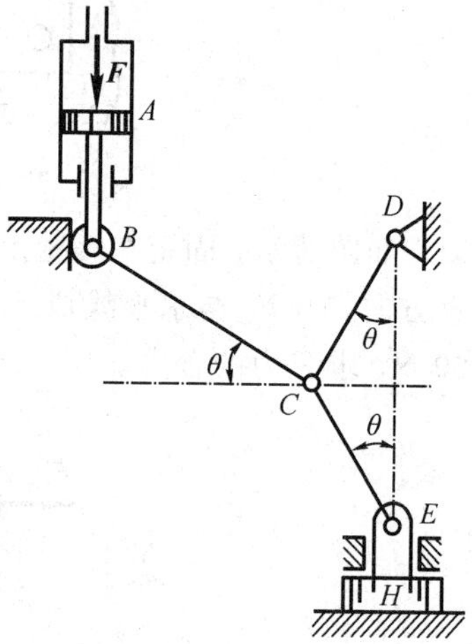

题 2-6 图

2-7　铰接四杆机构 $CABD$ 的 CD 边固定，在铰链 A，B 处有力 $\boldsymbol{F}_1$，$\boldsymbol{F}_2$ 作用，如图所示。该机构在图示位置平衡，杆重略去不计。求力 $\boldsymbol{F}_1$ 与 $\boldsymbol{F}_2$ 的关系。

2-8　如图所示，刚架上作用力 $\boldsymbol{F}$。试分别计算力 $\boldsymbol{F}$ 对点 A 和 B 的力矩。

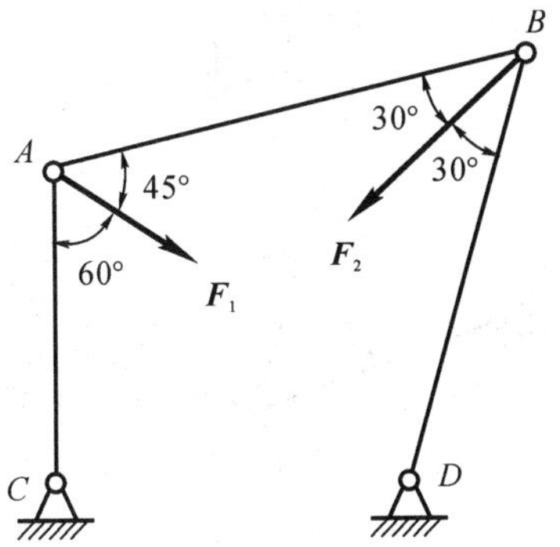

题 2－7 图

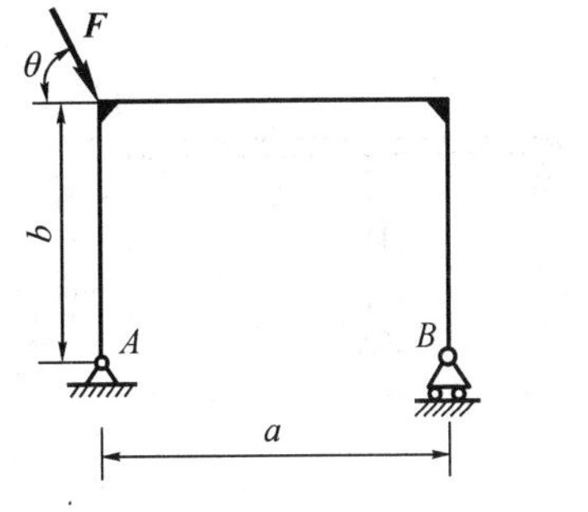

题 2－8 图

2－9　已知梁 AB 上作用一力偶，力偶矩为 M，梁长为 l，梁重不计。求在图(a)，(b)，(c)三种情况下，支座 A 和 B 的约束力。

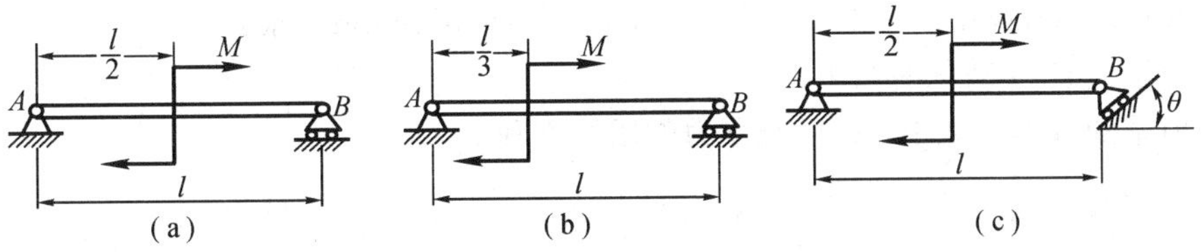

题 2－9 图

2－10　在图示结构中，各构件的自重略去不计。在构件 AB 上作用一力偶矩为 M 的力偶，求支座 A 和 C 的约束力。

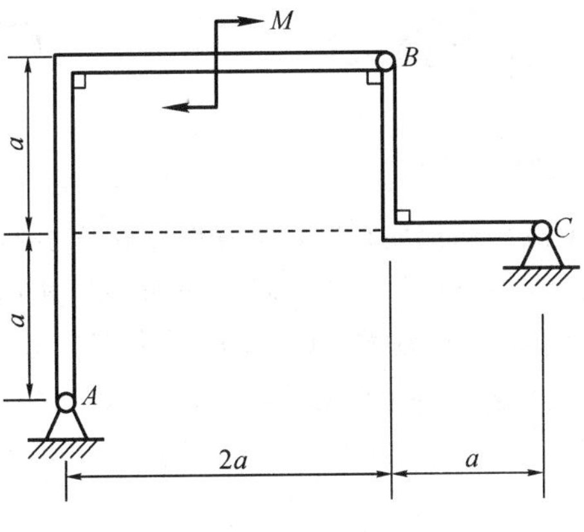

题 2－10 图

2－11　在图示结构中，各构件的自重略去不计，在构件 BC 上作用一力偶矩为 M 的力偶，各尺寸如图。求支座 A 的约束力。

2－12　在图示结构中，曲柄 OA 上作用一力偶，其矩为 M。另在滑块 D 上作用水平力 $\boldsymbol{F}$。机构尺寸如图所示，各杆重量不计。求当结构平衡时，力 F 与力偶矩 M 的关系。

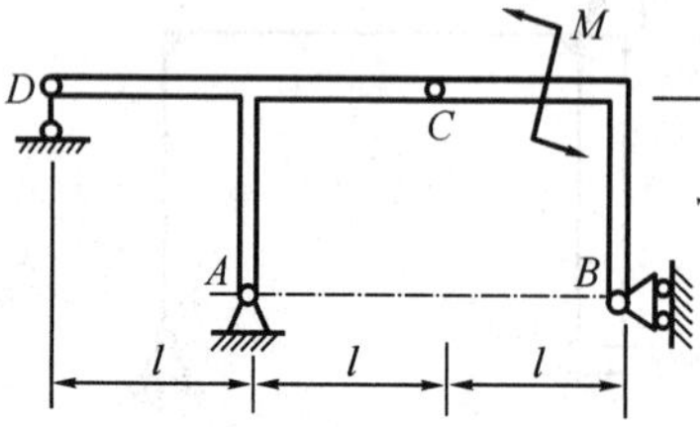

题 2－11 图

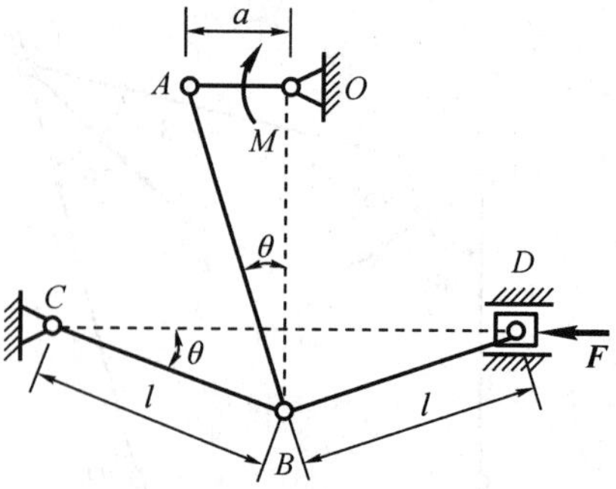

题 2－12 图

2－13　已知 $F_1=150$ N，$F_2=200$ N，$F_3=300$ N，$F=F'=200$ N。求力系向点 O 简化的结果，并求力系合力的大小及其与原点 O 的距离 d。

2－14　图示平面任意力系中 $F_1=40\sqrt{2}$ N，$F_2=80$ N，$F_3=40$ N，$F_4=110$ N，$M=2000$ N・mm。各力作用位置如图所示，图中尺寸的单位为 mm。求：

(1) 力系向点 O 简化的结果；

(2) 力系的合力的大小、方向及合力作用线方程。

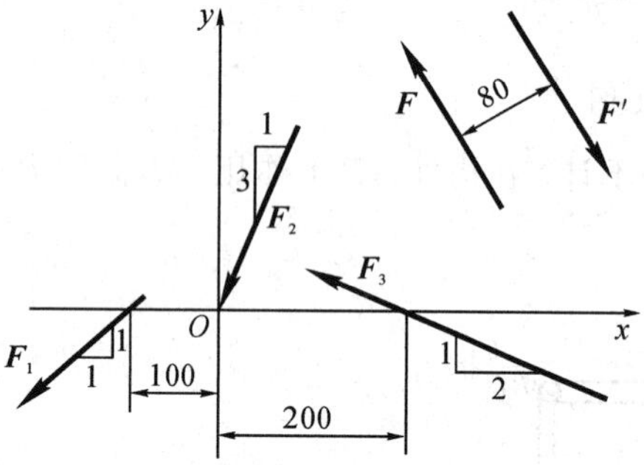

题 2－13 图

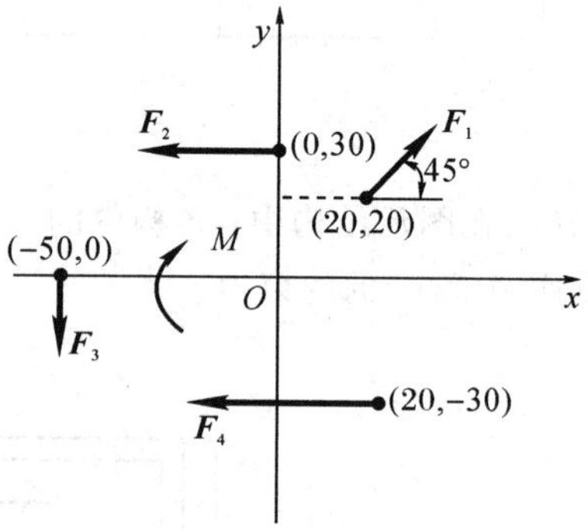

题 2－14 图

2－15　如图所示，当飞机做稳定航行时，所有作用在它上面的力必须相互平衡。已知飞机的重力 $P=30$ kN，螺旋桨的牵引力 $F=4$ kN。飞机的尺寸：$a=0.2$ m，$b=0.1$ m，$c=0.05$ m，$l=5$ m。求阻力 $\boldsymbol{F}_x$、机翼升力 $\boldsymbol{F}_{y1}$ 和尾部的升力 $\boldsymbol{F}_{y2}$。

2－16　在图示刚架中，已知 $q=3$ kN/m，$F=6\sqrt{2}$ kN，$M=10$ kN・m，不计刚架的自重。求固定端 A 处的约束力。

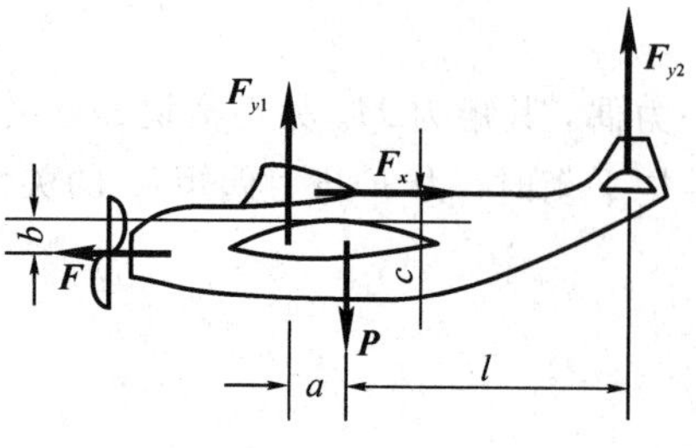

题 2－15 图

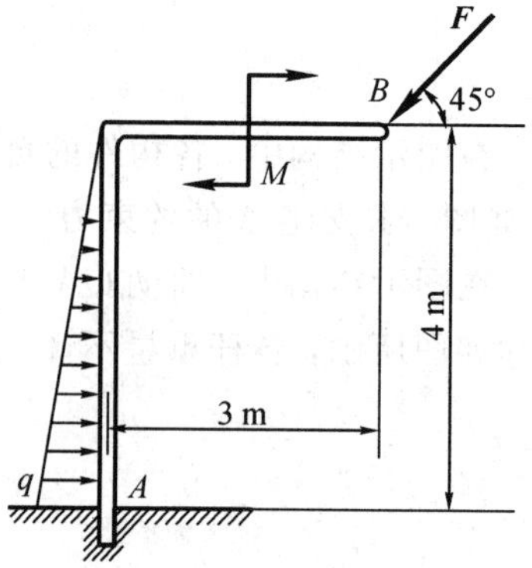

题 2－16 图

2-17　如图所示，飞机机翼上安装一台发动机，作用在机翼 OA 上的气动力按梯形分布：$q_1=60$ kN/m，$q_2=40$ kN/m，机翼重为 $P_1=45$ kN，发动机重为 $P_2=20$ kN，发动机螺旋桨的作用力偶矩 $M=18$ kN·m。求机翼处于平衡状态时，机翼根部固定端 O 的受力。

2-18　无重水平梁的支承和载荷如图(a)，(b)所示。已知力 $\boldsymbol{F}$、力偶矩为 M 的力偶和强度为 q 的均匀载荷。求支座 A 和 B 处的约束力。

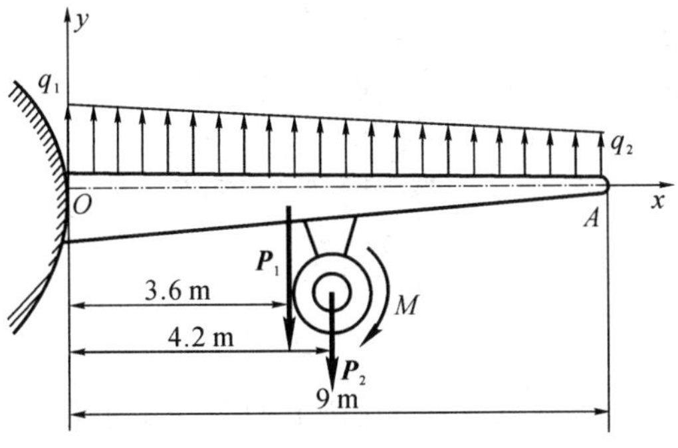

题 2-17 图

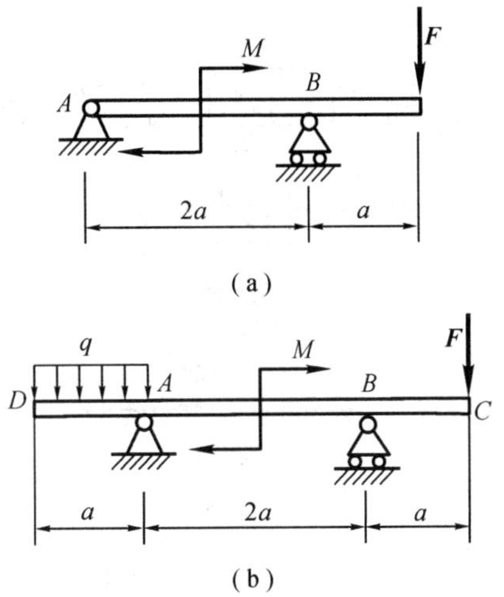

题 2-18 图

2-19　如图所示，液压式汽车起重机全部固定部分(包括汽车自重)总重为 $P_1=60$ kN，旋转部分总重为 $P_2=20$ kN，$a=1.4$ m，$b=0.4$ m，$l_1=1.85$ m，$l_2=1.4$ m。求：

(1) 当 $R=3$ m，起吊重为 $P=50$ kN 时，支撑腿 A，B 所受地面的约束力；

(2) 当 $R=5$ m 时，为了保证起重机不致翻倒，问最大起重量为多大？

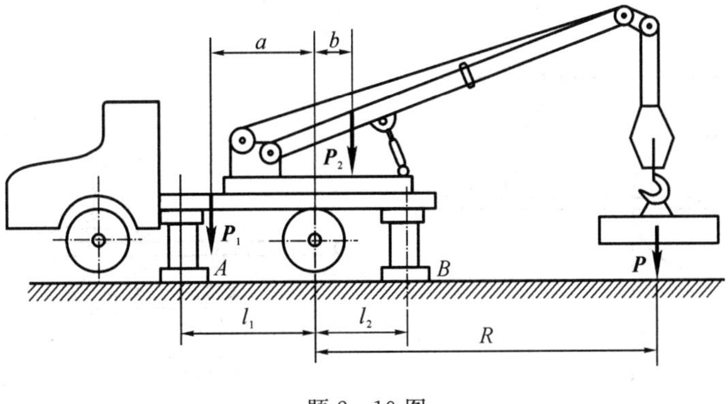

题 2-19 图

2-20　如图所示，行动式起重机不计平衡锤的重量为 $P=500$ kN，其重心在离右轨 1.5 m 处。起重机的起重量为 $P_1=250$ kN，突臂伸出离右轨 10 m。跑车本身重量略去不计，欲使跑车满载或空载时起重机均不致翻倒，求平衡锤的最小重量 P_2 以及平衡锤到左轨的最大距离 x。

2-21 飞机起落架，尺寸如图所示，A，B，C 均为铰链，杆 OA 垂直于 AB 连线。当飞机等速直线滑行时，地面作用于轮上的铅直正压力 $F_N=30$ kN，水平摩擦力和各杆自重都比较小，可略去不计。求 A，B 两处的约束力。

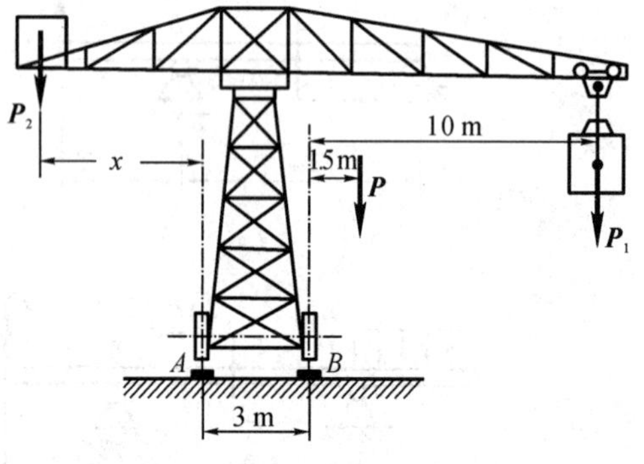

题 2-20 图

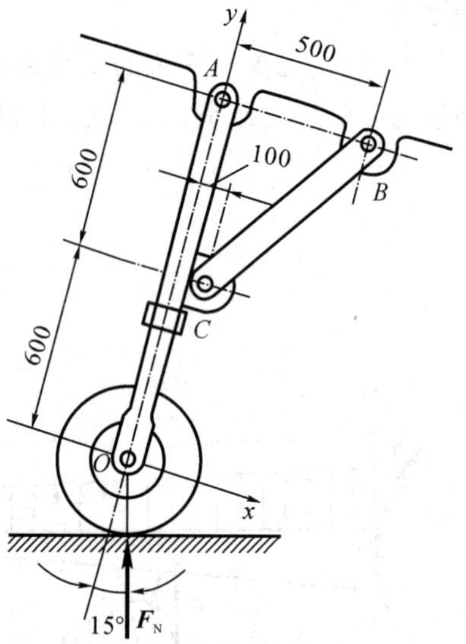

题 2-21 图

2-22 水平梁 AB 由铰链 A 和杆 BC 所支持，如图所示。在梁上 D 处用销子安装半径为 $r=0.1$ m 的滑轮。有一跨过滑轮的绳子，其一端水平系于墙上，另一端悬挂有重为 $P=1800$ N 的重物。如 $AD=0.2$ m，$BD=0.4$ m，$\varphi=45°$，且不计梁、杆、滑轮和绳的重量。求铰链 A 和杆 BC 对梁的约束力。

2-23 如图所示，组合梁由 AC 和 CD 两段铰接构成，起重机放在梁上。已知起重机重为 $P_1=50$ kN，重心在铅直线 EC 上，起重载荷为 $P_2=10$ kN。如不计梁重，求支座 A，B，D 三处的约束力。

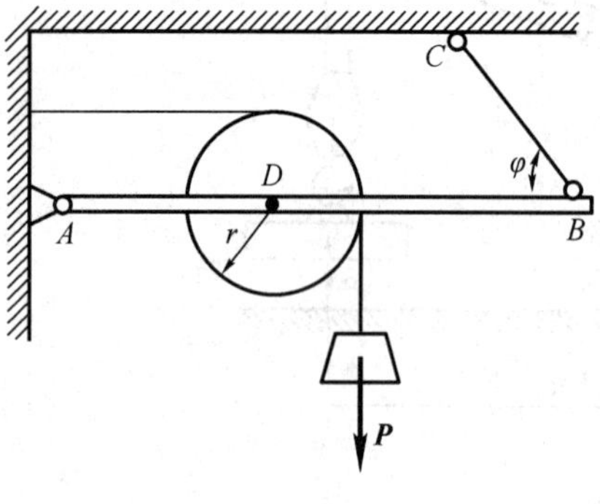

题 2-22 图

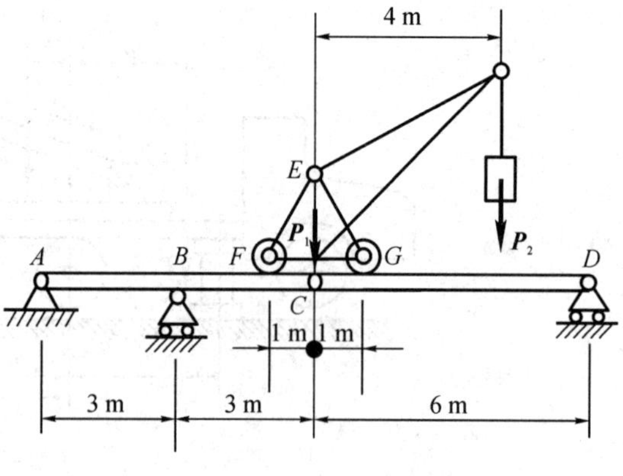

题 2-23 图

2-24 在图(a)，(b)各连续梁中，已知 q，M，a 及 θ，不计梁的自重，求各连续梁在 A，B，C 三处的约束力。

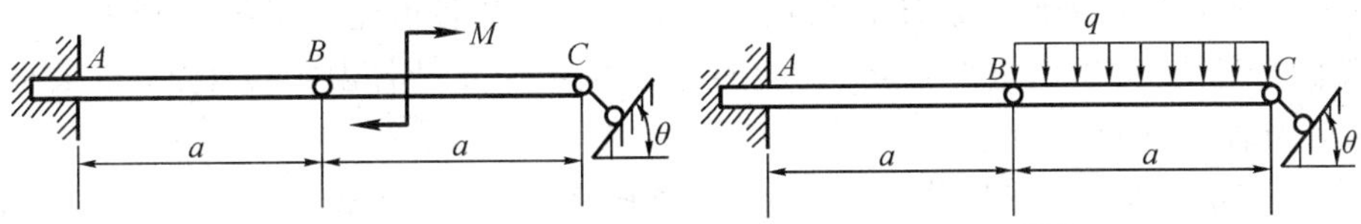

(a)　　　　(b)

题 2-24 图

2-25　由 AC 和 CD 构成的组合梁通过铰链 C 连接，它的支承和受力如图所示。已知 $q=10$ kN/m，$M=40$ kN·m，不计梁的自重。求支座 A，B，D 的约束力和铰链 C 处所受的力。

2-26　图示滑道连杆机构，在滑道连杆上作用着水平力 $\boldsymbol{F}$。已知 $OA=r$，滑道倾角为 β，机构重量和各处摩擦均不计。求当机构平衡时，作用在曲柄 OA 上的力偶矩 M 与角 θ 之间的关系。

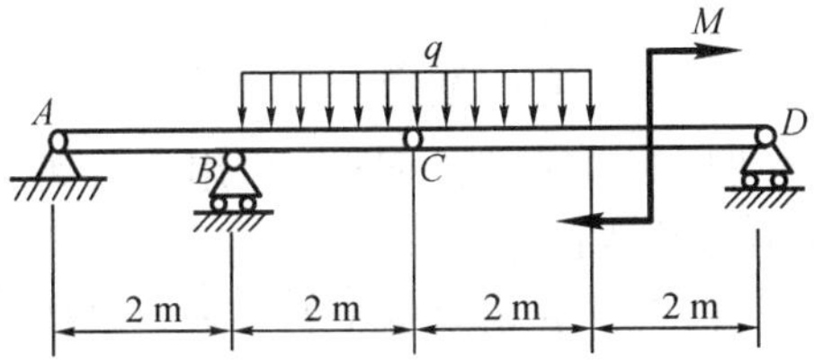

题 2-25 图

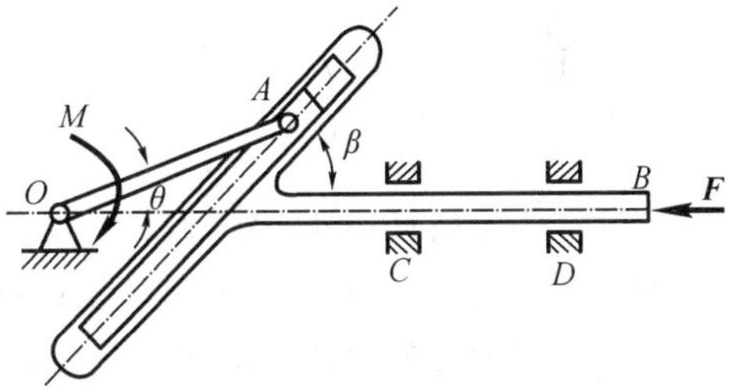

题 2-26 图

2-27　如图所示，轧碎机的活动颚板 AB 长 600 mm。设机构工作时石块施于板的垂直力 $F=1000$ N。又 $BC=CD=600$ mm，$OE=100$ mm。不计各杆重量，试根据平衡条件计算在图示位置时电动机作用力偶矩 M 的大小。

2-28　图示传动机构，已知皮带轮Ⅰ，Ⅱ的半径各为 r_1，r_2，鼓轮半径为 r，物体 A 重力为 $\boldsymbol{P}$，两轮的重心均位于转轴上。求匀速提升 A 物时在Ⅰ轮上所需施加的力偶矩 M 的大小。

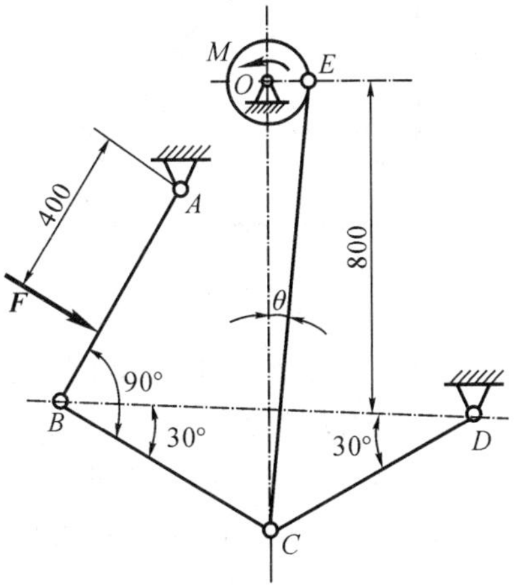

题 2-27 图

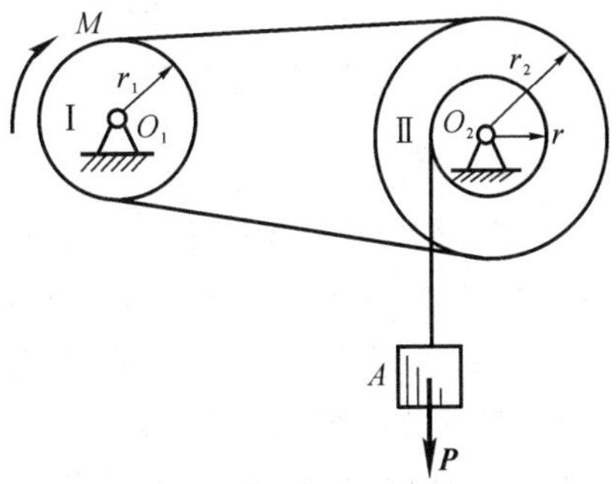

题 2-28 图

2-29　图示为一种闸门启闭设备的传动系统。已知各齿轮的半径分别为 r_1，r_2，r_3，r_4，鼓轮的半径为 r，闸门重力为 $\boldsymbol{P}$，齿轮的压力角为 θ，不计各齿轮的自重，求最小的启门力偶矩 M 及轴 O_3 的约束力。

2-30　如图所示，三铰拱由两半拱和铰链 A，B，C 构成，已知每半拱重为 $P=300$ kN，$l=32$ m，$h=10$ m。求支座 A，B 的约束力。

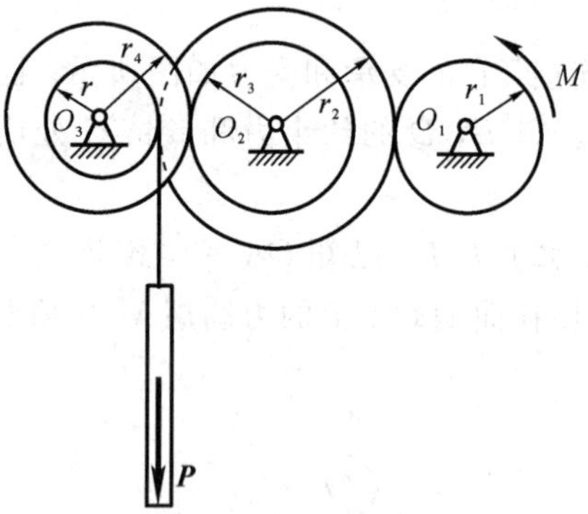

题 2-29 图

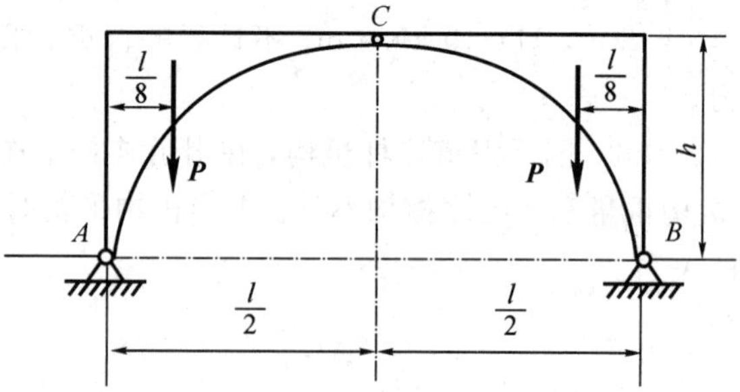

题 2-30 图

2-31　构架由杆 AB，AC 和 DF 铰接而成，如图所示，在杆 DEF 上作用一力偶矩为 M 的力偶。各杆重量不计，求杆 AB 上铰链 A，D 和 B 所受的力。

2-32　构架由杆 AB，AC 和 DF 组成，如图所示。杆 DF 上的销子 E 可在杆 AC 的光滑槽内滑动，不计各杆的重量。在水平杆 DF 的一端作用铅直力 $\boldsymbol{F}$，求铅直杆 AB 上铰链 A，D 和 B 所受的力。

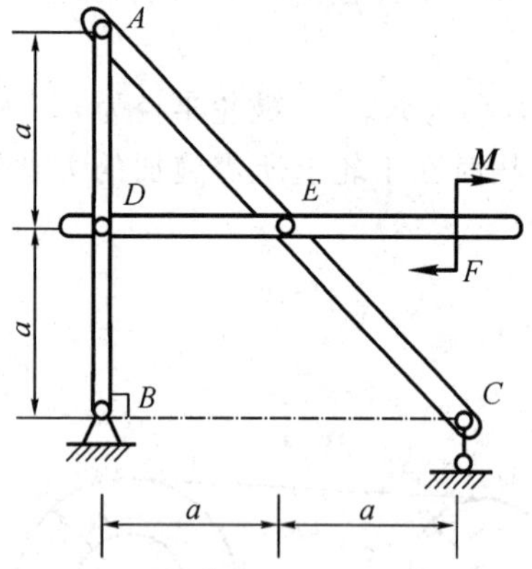

题 2-31 图

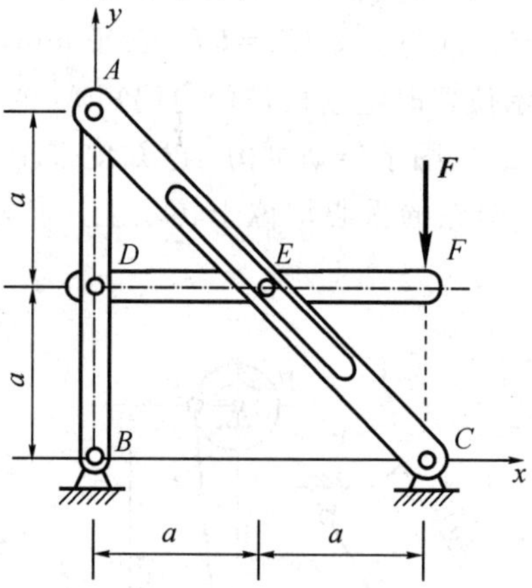

题 2-32 图

2-33　图示构架中，物体重 $P=1200$ N，由细绳跨过滑轮 E 而水平系于墙上，尺寸如图。不计杆和滑轮的重量，求支承 A 和 B 的约束力，以及杆 BC 的内力 F_{BC}。

2-34　图示两等长杆 AB 与 BC 在点 B 用铰链连接，又在杆的 D，E 两点连一弹簧。弹簧的刚度系数为 k，当距离 AC 等于 a 时，弹簧内拉力为零。点 C 作用一水平力 $\boldsymbol{F}$，设 $AB=l$，$BD=b$，不计杆重，求系统平衡时距离 AC 之值。

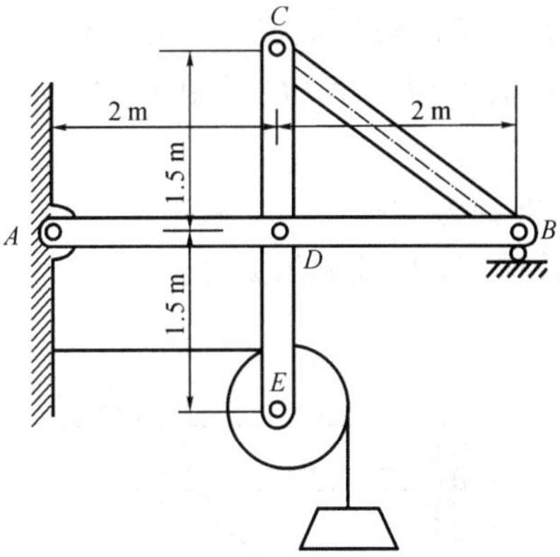

题 2-33 图

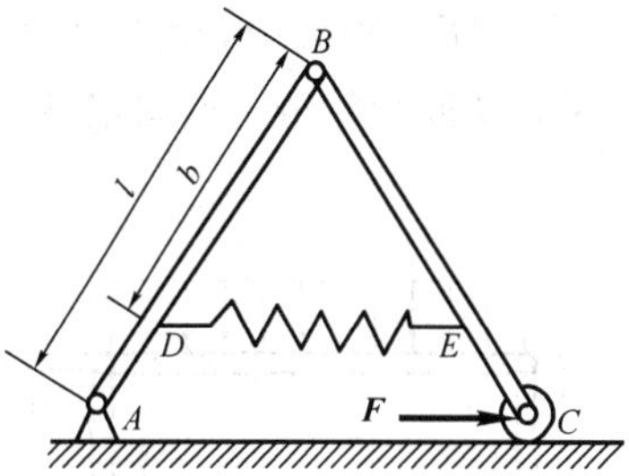

题 2-34 图

2-35　图示构架中，力 $F=40$ kN，各尺寸如图，不计各杆重量，求铰链 A，B，C 处所受的力。

2-36　在图示构架中，A，C，D，E 处为铰链连接，杆 BD 上的销钉 B 置于杆 AC 的光滑槽内，力 $F=200$ N，力偶矩 $M=100$ N·m，不计各构件重量，各尺寸如图，求 A，B，C 处所受的力。

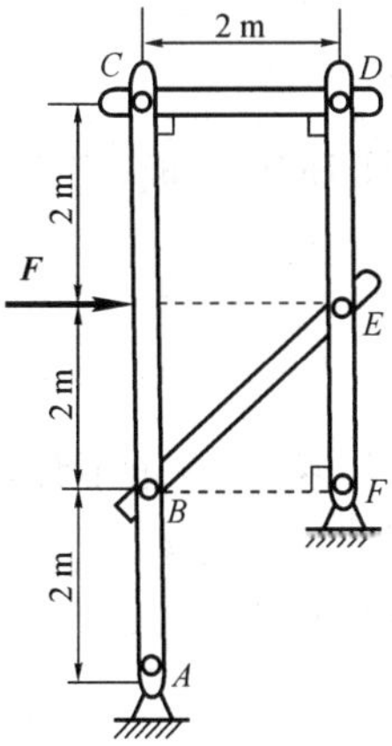

题 2-35 图

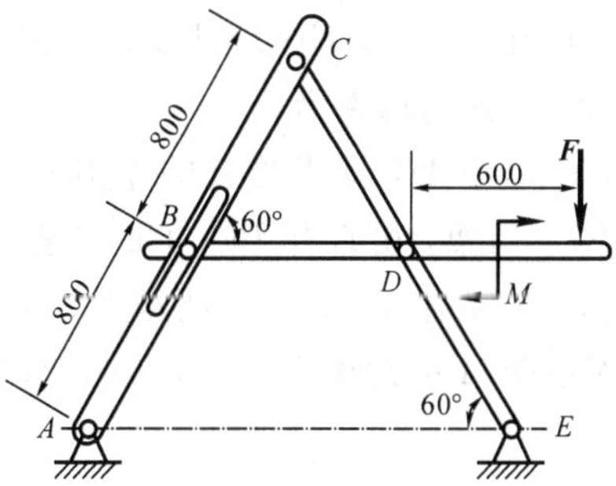

题 2-36 图

2-37　如图所示，用三根杆连接成一构架，各连接点均为铰链，B 处的接触表面光滑，不计各杆的重量。图中尺寸单位为 m。求铰链 D 处所受的力。

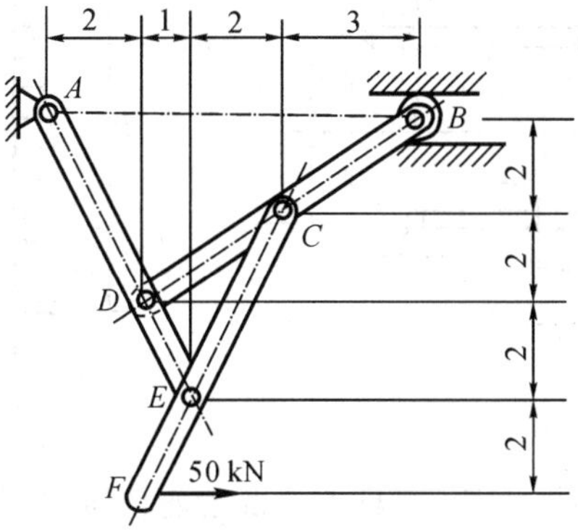

题 2-37 图

2－38　图示结构由直角弯杆 DAB 与直杆 BC，CD 铰接而成，并在 A 处与 B 处用固定铰支座和可动铰支座固定。杆 DC 受均布载荷 q 的作用，杆 BC 受矩为 $M=qa^2$ 的力偶作用。不计各构件的自重。求铰链 D 所受的力。

2－39　在图所示构架中，各杆单位长度的重量为 300 N/m，载荷 $P=10$ kN，A 处为固定端，B，C，D 处为铰链。求固定端 A 处及铰链 B，C 处的约束力。

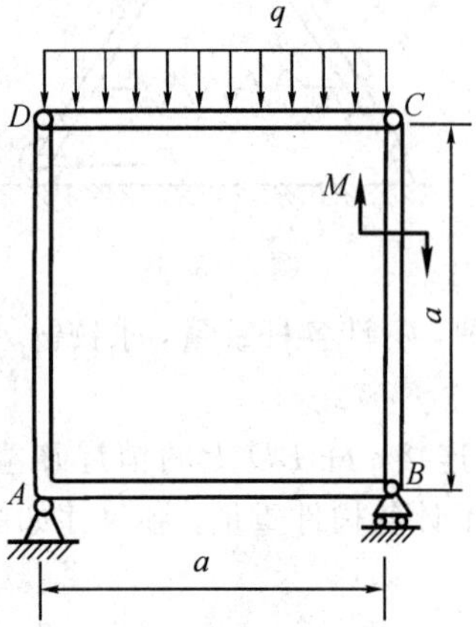

题 2－38 图

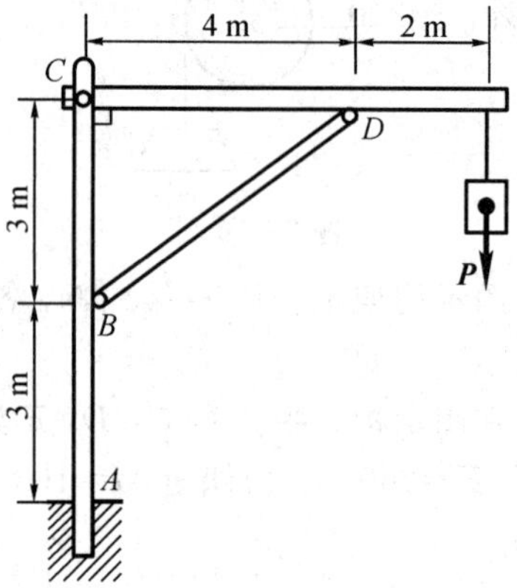

题 2－39 图

2－40　图结构位于铅垂面内，由杆 AB，CD 及斜 T 形杆 BCE 组成，不计各杆的自重。已知载荷 $\boldsymbol{F}_1$，$\boldsymbol{F}_2$ 和尺寸 a，且 $M=F_1a$，$\boldsymbol{F}_2$ 作用于销钉 B 上，求：

(1) 固定端 A 处的约束力；

(2) 销钉 B 对杆 AB 及 T 形杆的作用力。

2－41　图示构架，由直杆 BC，CD 及直角弯杆 AB 组成，各杆自重不计，载荷分布及尺寸如图。销钉 B 穿透 AB 及 BC 两构件，在销钉 B 上作用一铅垂力 $\boldsymbol{F}$。已知 q，a，M，且 $M=qa^2$。求固定端 A 的约束力及销钉 B 对杆 CB，杆 AB 的作用力。

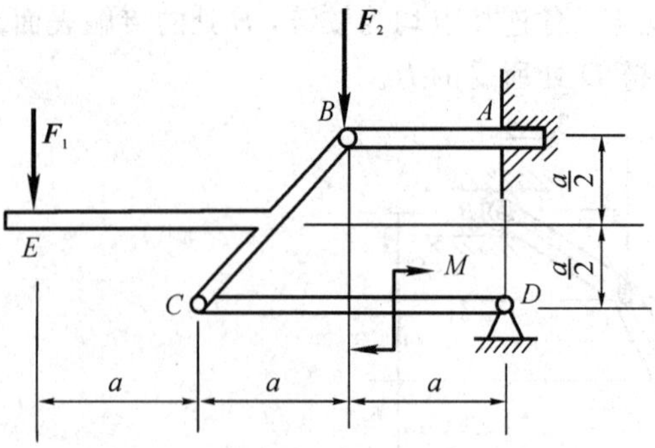

题 2－40 图

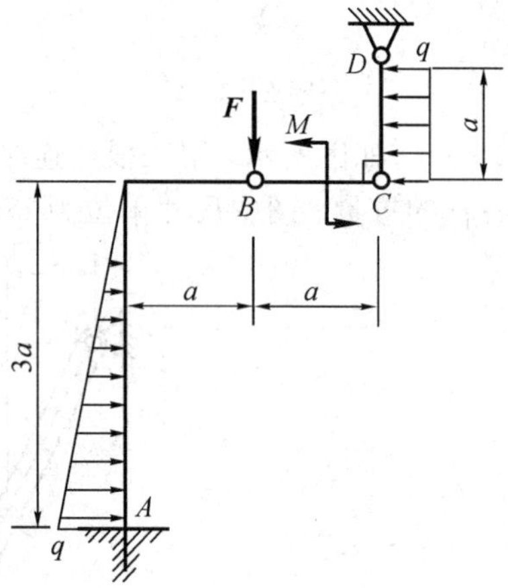

题 2－41 图

2－42　由直角曲杆 ABC，DE，直杆 CD 及滑轮组成的结构如图所示，杆 AB 上作用有水平均布载荷 q。不计各构件的重量，在 D 处作用一铅垂力 $\boldsymbol{F}$，在滑轮上悬吊一重为 $\boldsymbol{P}$ 的重物，滑轮的半径 $r=a$，且 $P=2F$，$CO=OD$。求支座 E 及固定端 A 的约束力。

2-43　构架尺寸如图所示(尺寸单位为 m)，不计各杆的自重，载荷 $F=60$ kN。求铰链 A，E 的约束力和杆 BD，BC 的内力。

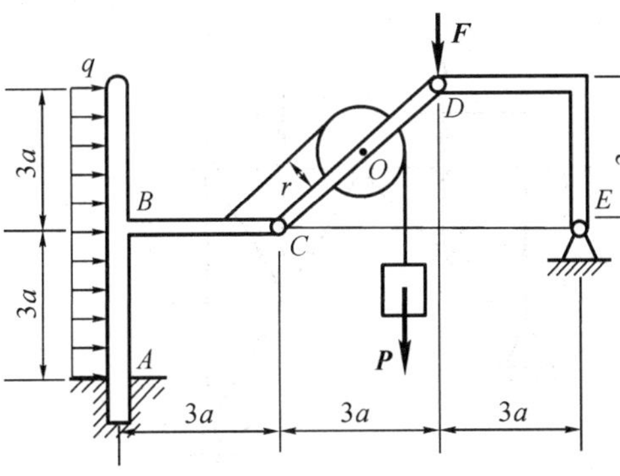

题 2-42 图

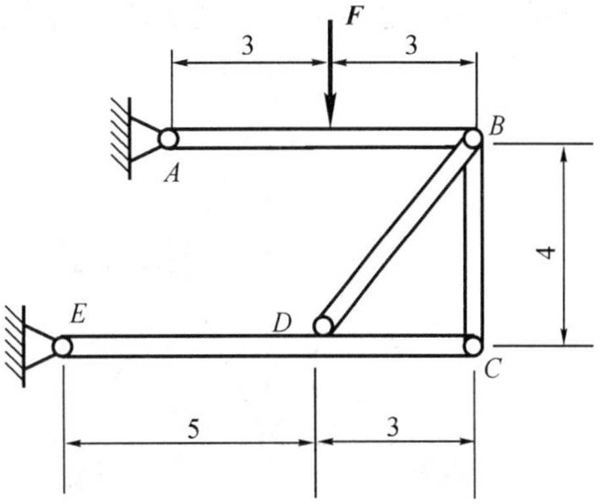

题 2-43 图

2-44　构架尺寸如图所示(尺寸单位为 m)，不计各构件自重，载荷 $F_1=120$ kN，$F_2=75$ kN。求杆 AC 及 AD 所受的力。

2-45　图示挖掘机计算简图中，挖斗载荷 $P=12.25$ kN，作用于 G 点，尺寸如图。不计各构件自重，求在图示位置平衡时杆 EF 和 AD 所受的力。

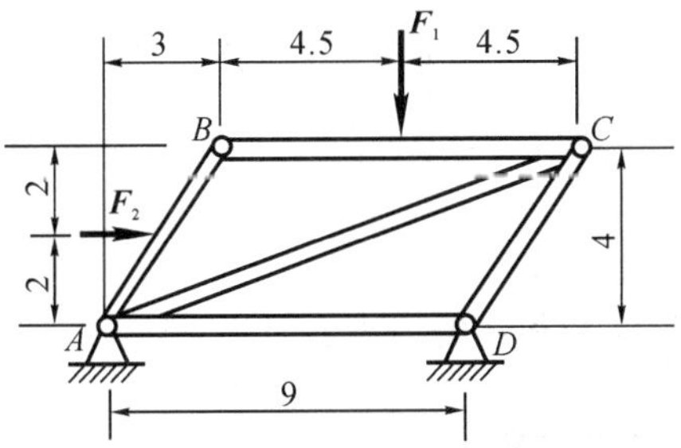

题 2-44 图

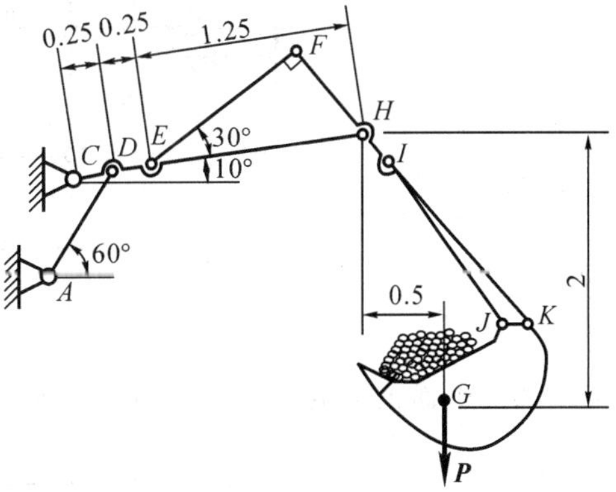

题 2-45 图

2-46　平面悬臂桁架所受的载荷如图所示。求杆 1，2 和 3 的内力。

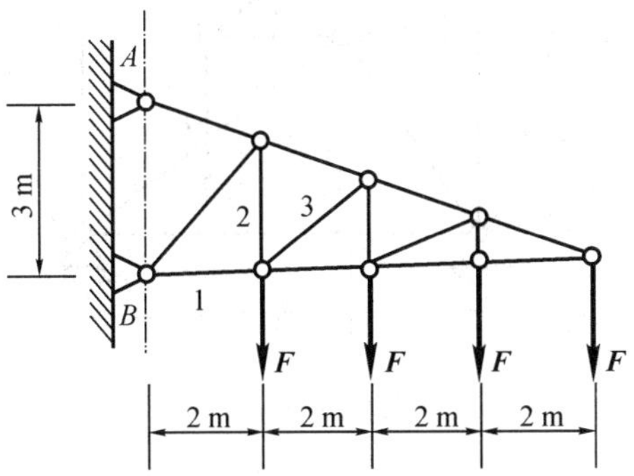

题 2-46 图

2-47　平面桁架的支座和载荷如图所示。ABC 为等边三角形，且 $AD=DB$。求杆 CD 的内力。

2-48　平面桁架尺寸如图所示(尺寸单位为 m)，载荷 $F_1=240$ kN，$F_2=720$ kN。试用最简便的方法求杆 BD 及 BE 的内力。

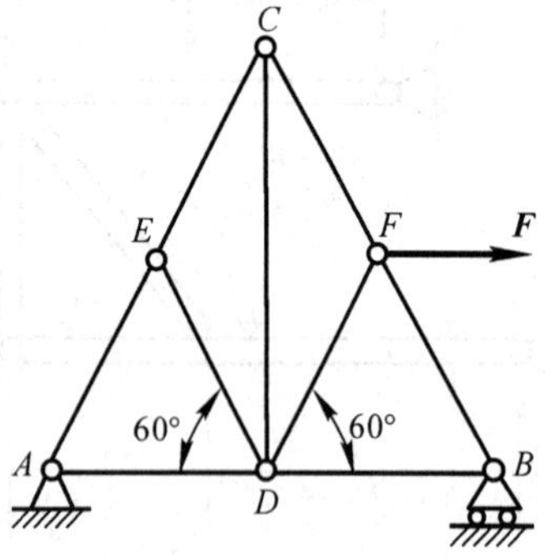

题 2-47 图

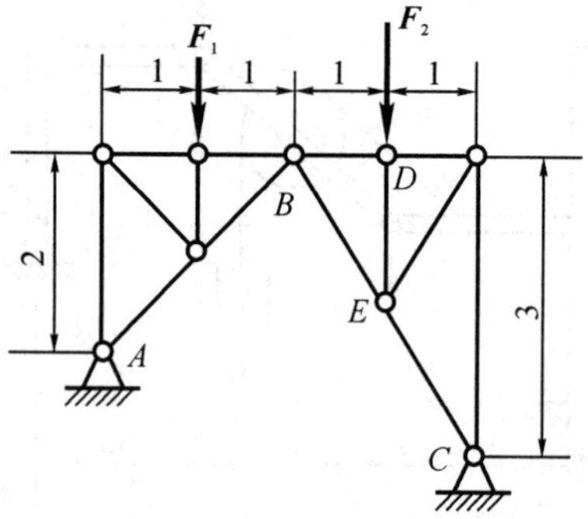

题 2-48 图

2-49　桁架受力如图所示，已知 $F_1=10$ kN，$F_2=F_3=20$ kN。求桁架中杆 4，5，7，10 的内力。

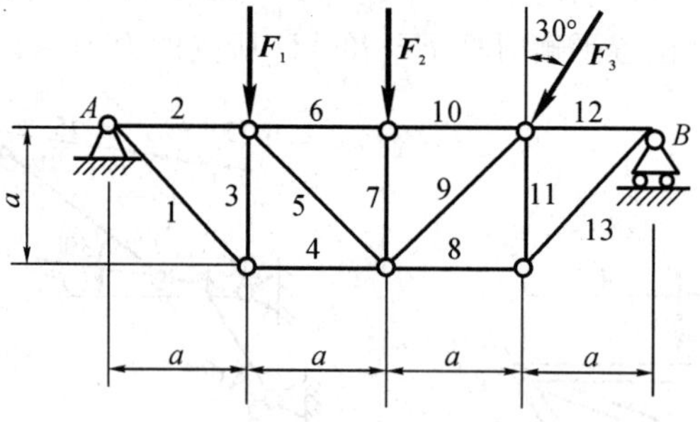

题 2-49 图

2-50　平面桁架的支座和载荷如图所示，求杆 1，2 和 3 的内力。

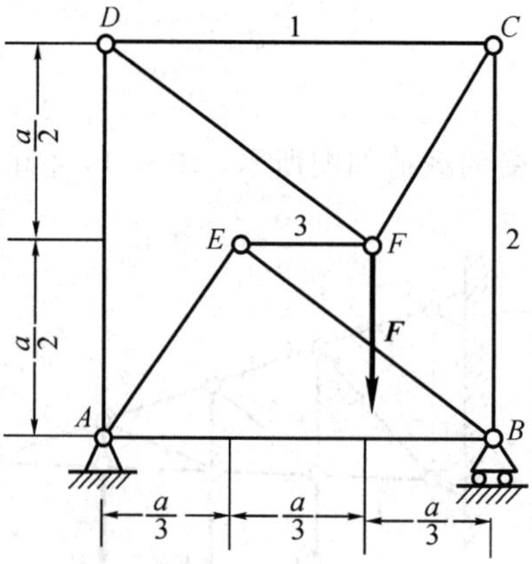

题 2-50 图

第3章 空间力系

前面我们学习了平面力系，在实际工程中，经常会遇到空间分布的力系，本章将研究空间力系的简化和平衡条件。空间力系分为空间汇交力系、空间力偶系和空间任意力系。

3.1 空间汇交力系

3.1.1 力在直角坐标轴上的投影

1. 直接投影法

已知力 $\boldsymbol{F}$ 与正交坐标系 $Oxyz$ 三轴正向的夹角分别为 α，β，γ，如图 3.1 所示，可得力在三个轴上的投影分别为

$$F_x = F\cos\alpha, \quad F_y = F\cos\beta, \quad F_z = F\cos\gamma \tag{3-1}$$

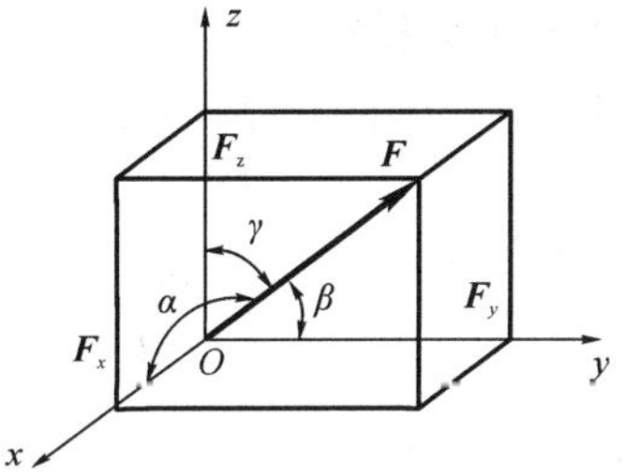

图 3.1

2. 间接投影法

如果力 $\boldsymbol{F}$ 与坐标轴 Ox，Oy 间的夹角不容易确定，可以先把力 $\boldsymbol{F}$ 投影到 Oxy 坐标平面上，得到力 $\boldsymbol{F}_{xy}$，然后再将该力投影到 x，y 轴上。如图 3.2 所示，已知角 φ，γ，则力 $\boldsymbol{F}$ 在三轴上的投影分别为

$$\left.\begin{aligned} F_x &= F\sin\gamma\cos\varphi \\ F_y &= F\sin\gamma\sin\varphi \\ F_z &= F\cos\gamma \end{aligned}\right\} \tag{3-2}$$

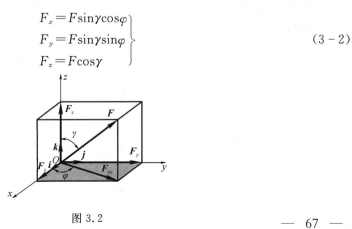

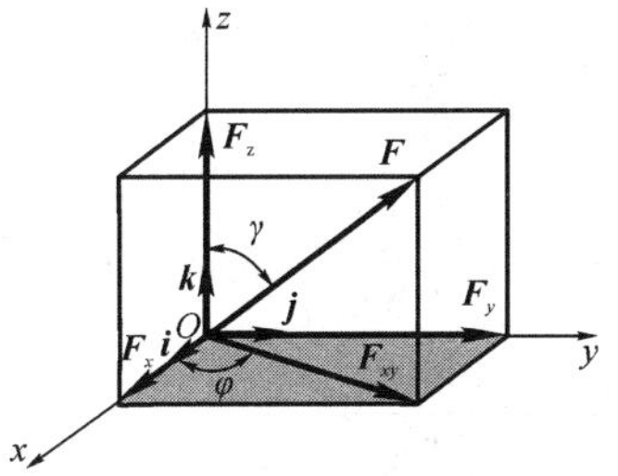

图 3.2

若以$\boldsymbol{F}_x$，$\boldsymbol{F}_y$，$\boldsymbol{F}_z$表示力$\boldsymbol{F}$沿直角坐标轴x，y，z轴的正交分量，以$\boldsymbol{i}$，$\boldsymbol{j}$，$\boldsymbol{k}$分别表示沿x，y，z轴的单位矢量，则可得力$\boldsymbol{F}$的解析表达式为

$$\boldsymbol{F}=\boldsymbol{F}_x+\boldsymbol{F}_y+\boldsymbol{F}_z=F_x\boldsymbol{i}+F_y\boldsymbol{j}+F_z\boldsymbol{k}$$

【例 3－1】 如图 3.3 所示，圆柱斜齿轮，受到啮合力$\boldsymbol{F}$的作用。已知斜齿轮的齿倾角(螺旋角)β和压力角θ，求力$\boldsymbol{F}$在x，y，z轴的投影。

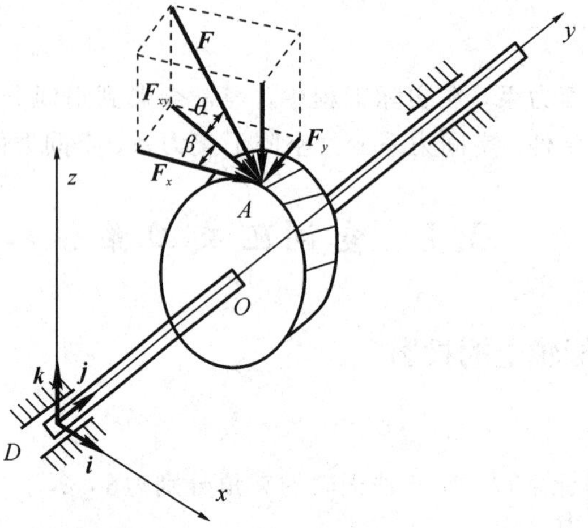

图 3.3

【解】 先将力$\boldsymbol{F}$向z轴和Oxy平面投影，得

$$F_z=-F\sin\theta,\quad F_{xy}=F\cos\theta$$

再将力$\boldsymbol{F}_{xy}$向x，y轴投影，得

$$F_x=F_{xy}\cos\beta=F\cos\theta\cos\beta$$

$$F_y=-F_{xy}\sin\beta=-F\cos\theta\sin\beta$$

3.1.2 空间汇交力系的合力

应用力的合成法则，可得：**空间汇交力系的合力等于各分力的矢量和，合力的作用线通过汇交点。** 合力矢为

$$\boldsymbol{F}_{\mathrm{R}}=\boldsymbol{F}_1+\boldsymbol{F}_2+\cdots+\boldsymbol{F}_n=\sum_{i=1}^{n}\boldsymbol{F}_i=\sum F_x\boldsymbol{i}+\sum F_y\boldsymbol{j}+\sum F_z\boldsymbol{k} \tag{3-3}$$

其中，$\sum F_x$，$\sum F_y$，$\sum F_z$为合力$\boldsymbol{F}_{\mathrm{R}}$在$x$，$y$，$z$轴的投影。

由此得合力的大小和方向余弦为

$$\left.\begin{aligned}F_{\mathrm{R}}&=\sqrt{\left(\sum F_x\right)^2+\left(\sum F_y\right)^2+\left(\sum F_z\right)^2}\\\cos(\boldsymbol{F}_{\mathrm{R}},\boldsymbol{i})&=\frac{\sum F_x}{F_{\mathrm{R}}}\\\cos(\boldsymbol{F}_{\mathrm{R}},\boldsymbol{j})&=\frac{\sum F_y}{F_{\mathrm{R}}}\\\cos(\boldsymbol{F}_{\mathrm{R}},\boldsymbol{k})&=\frac{\sum F_z}{F_{\mathrm{R}}}\end{aligned}\right\} \tag{3-4}$$

其中，$(\boldsymbol{F}_R, \boldsymbol{i})$，$(\boldsymbol{F}_R, \boldsymbol{j})$，$(\boldsymbol{F}_R, \boldsymbol{k})$是合力$\boldsymbol{F}_R$与$x$，$y$，$z$轴正向之间的夹角。

【例3-2】 如图3.4所示，三力的作用线汇交于正立方体的A点，已知$F_1=3\sqrt{2}$ kN，$F_2=\sqrt{2}$ kN，$F_3=4\sqrt{2}$ kN，求合力$\boldsymbol{F}_R$。

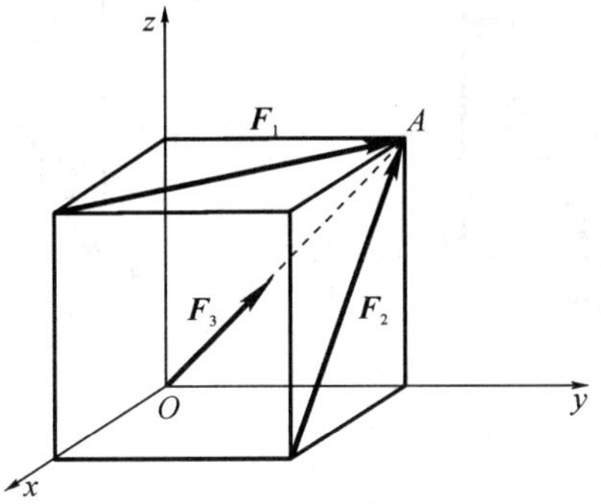

图3.4

【解】

$$F_x=F_{1x}+F_{2x}+F_{3x}=-F_1\cos45^\circ-F_2\cos45^\circ=-4\ \text{kN}$$
$$F_y=F_{1y}+F_{2y}+F_{3y}=F_1\cos45^\circ+F_3\cos45^\circ=7\ \text{kN}$$
$$F_z=F_{1z}+F_{2z}+F_{3z}=F_2\cos45^\circ+F_3\cos45^\circ=5\ \text{kN}$$
$$F_R=\sqrt{F_x^2+F_y^2+F_z^2}=\sqrt{90}\ \text{kN}$$
$$\cos\alpha=\frac{-4}{\sqrt{90}},\quad \cos\beta=\frac{7}{\sqrt{90}},\quad \cos\gamma=\frac{5}{\sqrt{90}}$$

3.1.3 空间汇交力系的平衡条件

由于空间汇交力系可以合成为一个合力，因此，**空间汇交力系平衡的必要和充分条件为：该力系的合力等于零**，即

$$\boldsymbol{F}_R=0 \tag{3-5}$$

由(3-4)可知，使得合力为零的解析条件为

$$\sum F_x=0,\quad \sum F_y=0,\quad \sum F_z=0 \tag{3-6}$$

式(3-6)也称为空间汇交力系的平衡方程。

所以，**空间汇交力系平衡的必要和充分条件为：该力系中所有各力在三个坐标轴上的投影的代数和分别等于零。**

【例3-3】 如图3.5(a)所示，用起重杆吊起重物。起重杆的A端用球铰链固定在地面上，而B端则用绳CB和DB拉住，两绳分别系在墙上的点C和D，连线CD平行于x轴。已知：$CE=EB=DE$，$\theta=30^\circ$，CDB平面与水平面间的夹角$\angle EBF=30^\circ$，见图3.5(b)，物重$P=10$ kN。如起重杆的重量不计，求起重杆受所受的压力和绳子的拉力。

【解】 取起重杆AB与重物为研究对象，其上受有主动力$\boldsymbol{P}$，B处受绳拉力$\boldsymbol{F}_1$与$\boldsymbol{F}_2$；球铰链A的约束力方向一般不能预先确定，可用三个正交分力表示。由于杆重不计，又只在A，B两端受力，所以起重杆AB为二力构件，球铰A对杆AB的约束力$\boldsymbol{F}_A$必沿A，B连线。$\boldsymbol{P}$，$\boldsymbol{F}_1$，$\boldsymbol{F}_2$和$\boldsymbol{F}_A$四个力汇交于点B，为一空间汇交力系。

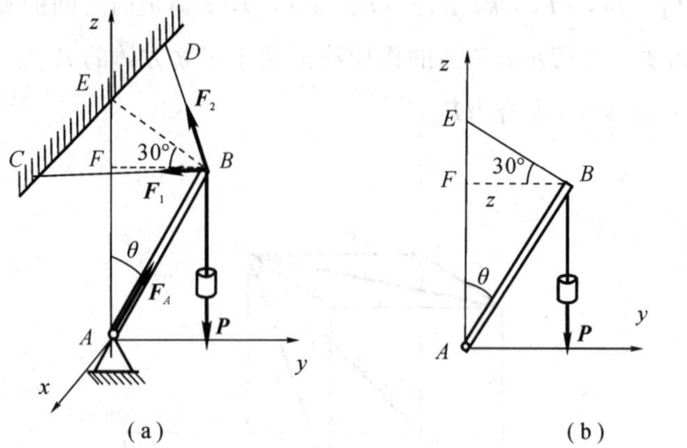

图 3.5

取坐标轴如图 3.5(a)所示。由已知条件知$\angle CBE=\angle DBE=45^\circ$，列平衡方程：

$$\sum F_x = 0,\quad F_1\sin45^\circ - F_2\sin45^\circ = 0$$

$$\sum F_y = 0,\quad F_A\sin30^\circ - F_1\cos45^\circ\cos30^\circ - F_2\cos45^\circ\cos30^\circ = 0$$

$$\sum F_z = 0,\quad F_1\cos45^\circ\sin30^\circ + F_2\cos45^\circ\sin30^\circ + F_A\cos30^\circ = 0$$

联立以上三个方程，解得

$$F_1=F_2=3.536\ \text{kN},\quad F_A=8.66\ \text{kN}$$

F_A 为正值，说明图中所设$\boldsymbol{F}_A$ 的方向正确，杆 AB 受压力。

3.2 力对点的矩和力对轴的矩

3.2.1 力对点的矩的矢量表示——力矩矢

在平面力系中，用代数量表示的力对点的力矩可以概况它的全部要素：大小和转向。但是，在空间力系中，除了考虑力矩的大小和转向外，还要注意力矩作用面(力和矩心组成的平面)的方位。方位不同，即使力矩大小相同，作用效果也将完全不同。

因此，空间力矩矢$\boldsymbol{M}_O(\boldsymbol{F})$需要三个要素：大小、转向和方位。这三个要素可以用一个矢量来表示：矢量的模等于力的大小与矩心到力作用线的垂直距离 h(力臂)的乘积；矢量的方位与该力与矩心组成的平面的法线的方位相同；矢量的指向与力在矩心平面内的转向符合右手螺旋法则。

如图 3.6 所示，以 $\boldsymbol{r}$ 表示力作用点 A 的矢径，则空间力对点的矩的矢积表达式为

$$\boldsymbol{M}_O(\boldsymbol{F})=\boldsymbol{r}\times\boldsymbol{F} \tag{3-7}$$

即，**力对点的矩矢等于矩心到该力作用点的矢径与该力的矢量积**。

易知，力矩的大小等于力矩矢的模

$$|\boldsymbol{M}_o(\boldsymbol{F})|=F\cdot h=2A_{\triangle OAB}$$

即，等于三角形 OAB 面积的两倍。

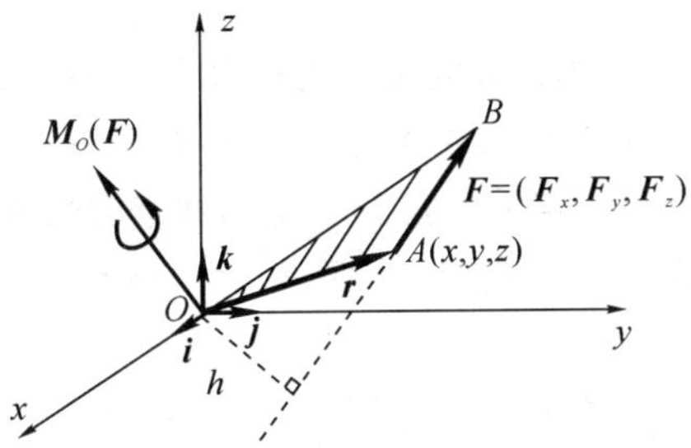

图 3.6

力矩的方位

$$M_O(F) \perp \text{平面 } OAB$$

矢径 $\boldsymbol{r}$ 和力 $\boldsymbol{F}$ 分别为

$$\boldsymbol{r}=x\boldsymbol{i}+y\boldsymbol{j}+z\boldsymbol{k}$$
$$\boldsymbol{F}=F_x\boldsymbol{i}+F_y\boldsymbol{j}+F_z\boldsymbol{k}$$

代入式(3－7)，并采用行列式形式，得

$$\boldsymbol{M}_O(\boldsymbol{F})=\boldsymbol{r}\times\boldsymbol{F}=\begin{vmatrix} \boldsymbol{i} & \boldsymbol{j} & \boldsymbol{k} \\ x & y & z \\ F_x & F_y & F_z \end{vmatrix} \tag{3-8}$$
$$=(yF_z-zF_y)\boldsymbol{i}+(zF_x-xF_z)\boldsymbol{j}+(xF_y-yF_x)\boldsymbol{k}$$

由于力矩矢量的大小和方向都与矩心位置有关，故力矩矢的始端必须放在矩心，不可随意挪动，这种矢量称为**定位矢量**。

3.2.2　力对轴的矩

在工程应用中，经常会遇到刚体绕定轴转动的情况，为了度量力对绕定轴转动刚体的作用效果，需要引入力对轴的矩的概念。

现分析斜齿轮上的力 $\boldsymbol{F}$ 对 z 轴的矩。根据合力矩定理，将力 $\boldsymbol{F}$ 分解为平行于 z 轴的分力 $\boldsymbol{F}_z$ 和垂直于 z 轴的分力 $\boldsymbol{F}_{xy}$（也是力 $\boldsymbol{F}$ 在垂直于 z 轴的平面 Oxy 的投影）。由经验可知，分力 $\boldsymbol{F}_z$ 不能使静止的斜齿轮转动，故它对 z 轴的矩等于零，只有垂直于轴的分力 $\boldsymbol{F}_{xy}$ 对 z 轴有矩，等于力 $\boldsymbol{F}_{xy}$ 对轮心 C 的矩，如图 3.7(a)所示。一般情况下，可先把力投影到垂直于 z 轴的 Oxy 平面上，得力 $\boldsymbol{F}_{xy}$；再将力 $\boldsymbol{F}_{xy}$ 对平面与轴的交点 O 取矩，如图 3.7(b)所示。即将力对轴的矩转化为平面力对点的矩。现用符号 $M_z(\boldsymbol{F})$ 表示力 $\boldsymbol{F}$ 对 z 轴的矩，即

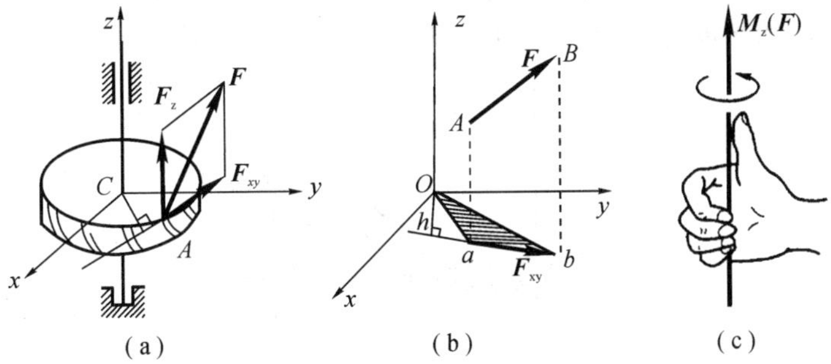

图 3.7

$$M_z(\boldsymbol{F})=M_O(\boldsymbol{F}_{xy})=\pm F_{xy}h=\pm 2A_{\triangle OAB} \tag{3-9}$$

力对轴的矩的定义如下：**力对轴的矩是力使刚体绕该轴转动效果的度量，是一个代数量，其绝对值等于该力在垂直于该轴的平面上的投影对于这个平面与该轴的交点的矩。其正负号规定如下：从 z 轴正向看，若力的投影使得物体绕该轴逆时针转动，则取正号，反之取负号。也可用右手螺旋法则确定正负号，如图 3.7(c)所示，拇指指向与 z 轴一致为正，反之为负。**

力对轴的矩等于零的情况有两种：一是当力与轴相交时(此时 $h=0$)；二是当力与轴平行时(此时 $|\boldsymbol{F}_{xy}|=0$)。这两种情况可以概况为：**当力与轴在同一平面时，力对该轴的矩等于零。**

力对轴的矩的单位为 N·m。

力对轴的矩也可以用解析式表示。设力 $\boldsymbol{F}$ 在三坐标轴的投影分别为 F_x，F_y，F_z，力的作用点 A 的坐标为 x，y，z，如图 3.8 所示。根据合力矩定理，得

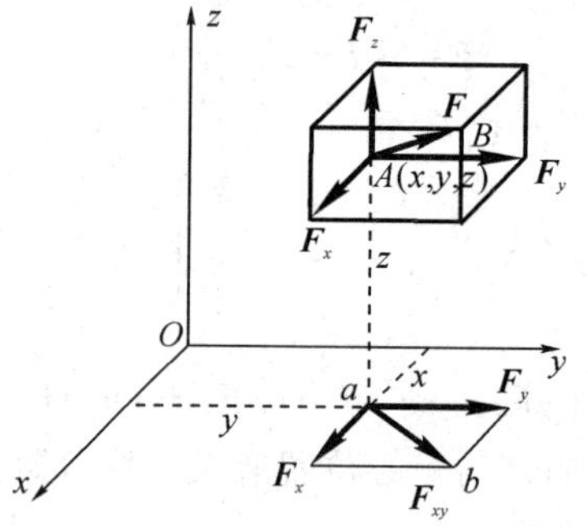

图 3.8

$$M_z(\boldsymbol{F})=M_O(\boldsymbol{F}_{xy})=M_O(\boldsymbol{F}_x)+M_O(\boldsymbol{F}_y)$$

即

$$M_z(\boldsymbol{F})=xF_y-yF_x$$

同理可得其余二式。将此三式合写为

$$\left.\begin{aligned} M_x(\boldsymbol{F})&=yF_z-zF_y\\ M_y(\boldsymbol{F})&=zF_x-xF_z\\ M_z(\boldsymbol{F})&=xF_y-yF_x \end{aligned}\right\} \tag{3-10}$$

以上三式是计算力对轴之矩的解析式。

【例 3-4】 手柄 $ABCE$ 在平面 Axy 内，在 D 处作用一个力 $\boldsymbol{F}$，如图 3.9 所示，它在垂直于 y 轴的平面内，偏离铅直线的角度为 θ。如果 $CD=a$，杆 BC 平行于 x 轴，杆 CE 平行于 y 轴，AB 和 BC 的长度都等于 l。试求力 $\boldsymbol{F}$ 对 x，y，z 轴的矩。

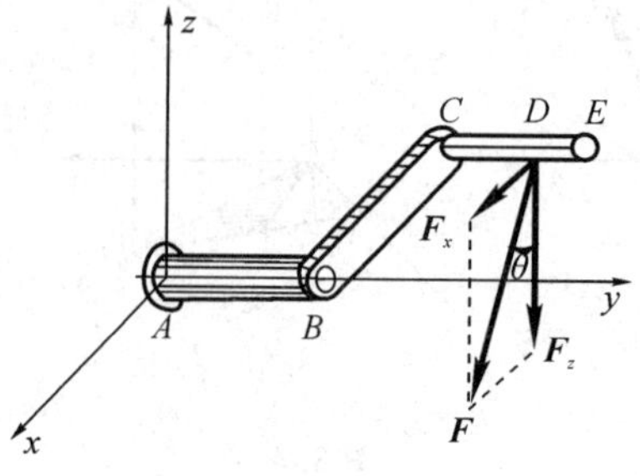

图 3.9

【解】 将力 $\boldsymbol{F}$ 沿坐标轴分解为 $\boldsymbol{F}_x$ 和 $\boldsymbol{F}_z$ 两个分力，其中 $F_x=F\sin\theta$，$F_z=F\cos\theta$。根据合力矩定理，力 $\boldsymbol{F}$ 对轴的矩等于分力 $\boldsymbol{F}_x$ 和 $\boldsymbol{F}_z$ 对同一轴的矩的代数和。注意力与轴平行或相交的矩为零，于是有

$$M_x(\boldsymbol{F})=M_x(\boldsymbol{F}_z)=F_z(AB+CD)=-F(l+a)\cos\theta$$
$$M_y(\boldsymbol{F})=M_y(\boldsymbol{F}_z)=-F_zBC=-Fl\cos\theta$$
$$M_z(\boldsymbol{F})=M_z(\boldsymbol{F}_x)=-F_x(AB+CD)=-F(l+a)\sin\theta$$

本题也可以用力对轴之矩的解析表达式(3-10)计算。力 $\boldsymbol{F}$ 在 x，y，z 轴上的投影为

$$F_x=F\sin\alpha,\quad F_y=0,\quad F_z=-F\cos\alpha$$

力作用点 D 的坐标为

$$x=-l,\quad y=l+a,\quad z=0$$

代入式(3-10)，得

$$M_x(\boldsymbol{F})=yF_z-zF_y=(l+a)(-F\cos\theta)-0=-F(l+a)\cos\theta$$
$$M_y(\boldsymbol{F})=zF_x-xF_z=0-(-l)(-F\cos\theta)=-Fl\cos\theta$$
$$M_z(\boldsymbol{F})=xF_y-yF_x=0-(l+a)(F\sin\theta)=-F(l+a)\sin\theta$$

两种计算方法结果相同。

3.2.3　力对点的矩与力对通过该点的轴的矩的关系

由矢量解析式(3-8)可知，单位矢量 $\boldsymbol{i}$，$\boldsymbol{j}$，$\boldsymbol{k}$ 前面的系数，应该分别表示力对点的矩矢 $\boldsymbol{M}_O(\boldsymbol{F})$ 在三个轴上的投影，即

$$\begin{aligned}[\boldsymbol{M}_O(\boldsymbol{F})]_x&=yF_z-zF_y\\ [\boldsymbol{M}_O(\boldsymbol{F})]_y&=zF_x-xF_z\\ [\boldsymbol{M}_O(\boldsymbol{F})]_z&=xF_y-yF_x\end{aligned}\qquad(3-11)$$

比较式(3-10)与式(3-11)，可得

$$\left.\begin{aligned}[\boldsymbol{M}_O(\boldsymbol{F})]_x&=M_x(\boldsymbol{F})\\ [\boldsymbol{M}_O(\boldsymbol{F})]_y&=M_y(\boldsymbol{F})\\ [\boldsymbol{M}_O(\boldsymbol{F})]_z&=M_z(\boldsymbol{F})\end{aligned}\right\}\qquad(3-12)$$

上式说明，**力对点的矩矢在通过该点的某轴上的投影，等于力对该轴的矩。**

式(3-12)建立了力对点的矩与力对轴的矩之间的关系。因为在理论分析时用力对点的矩矢比较简便，而在实际计算中常用力对轴的矩，所以建立它们二者之间的关系是很有必要的。

如果力对通过点 O 的直角坐标轴 x，y，z 轴的矩是已知的，则可求得该力对点 O 的矩的大小和方向余弦为

$$\left.\begin{aligned}&|\boldsymbol{M}_O(\boldsymbol{F})|=\sqrt{[M_x(\boldsymbol{F})]^2+[M_y(\boldsymbol{F})]^2+[M_z(\boldsymbol{F})]^2}\\ &\cos\alpha=\frac{M_x(\boldsymbol{F})}{|\boldsymbol{M}_O(\boldsymbol{F})|}\\ &\cos\beta=\frac{M_y(\boldsymbol{F})}{|\boldsymbol{M}_O(\boldsymbol{F})|}\\ &\cos\gamma=\frac{M_z(\boldsymbol{F})}{|\boldsymbol{M}_O(\boldsymbol{F})|}\end{aligned}\right\}\qquad(3-13)$$

式中 α，β，γ 分别为矩矢 $\boldsymbol{M}_O(\boldsymbol{F})$ 与 x，y，z 轴正向的夹角。

【例 3-5】 如图 3.10 所示，作用于 AB 端点 B 点的力 $\boldsymbol{F}$ 的大小为 50 N，$OA=20$ cm，$AB=18$ cm，$\varphi=45°$，$\theta=60°$。求力 $\boldsymbol{F}$ 对 O 点的矩 $\boldsymbol{M}_O(\boldsymbol{F})$ 及对各坐标轴的矩。

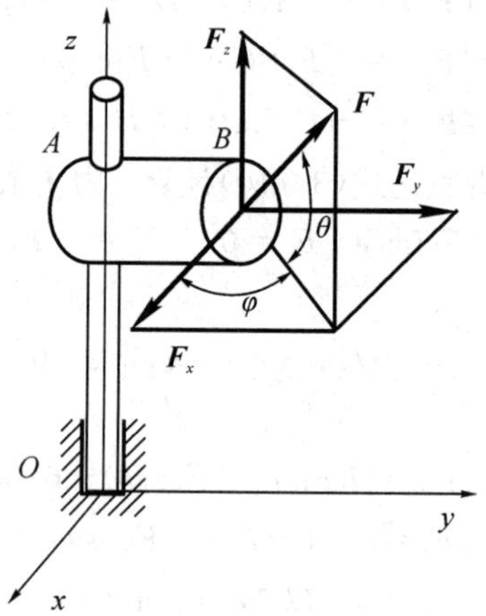

图 3.10

【解】 直接从几何关系中求出力 $\boldsymbol{F}$ 与 O 点的距离 d，显得比较麻烦。因此可以采用下面的方法。根据图 3.10 所示关系，有

$$F_x=F\cos\theta\cos\varphi=17.7\ \text{N}$$

$$F_y=F\cos\theta\sin\varphi=17.7\ \text{N}$$

$$F_z=F\sin\theta=43.3\ \text{N}$$

B 点坐标为

$$(x,\ y,\ z)=(0,\ 18\ \text{cm},\ 20\ \text{cm})$$

所以

$$\begin{aligned}\boldsymbol{M}_O(\boldsymbol{F})&=(yF_z-zF_y)\boldsymbol{i}+(zF_x-xF_z)\boldsymbol{j}+(xF_y-yF_x)\boldsymbol{k}\\&=M_x(\boldsymbol{F})\boldsymbol{i}+M_y(\boldsymbol{F})\boldsymbol{j}+M_z(\boldsymbol{F})\boldsymbol{k}\\&=425.4\boldsymbol{i}-354\boldsymbol{j}-318\boldsymbol{k}\end{aligned}$$

大小为

$$|\boldsymbol{M}_O(\boldsymbol{F})|=\sqrt{M_x^2+M_y^2+M_z^2}=638.3\ \text{N}\cdot\text{cm}$$

3.3 空 间 力 偶

3.3.1 力偶矩以矢量表示及空间力偶等效条件

由平面力偶理论知道，力偶可以在其作用面上随意移动，作用效果不变，而且只要不改变力偶矩的大小和力偶的转向，可以同时改变力偶中力的大小和力偶臂的长短，其作用效果也不变。由实践经验可知，力偶可以移至平行平面内，而不改变对刚体的作用效果。反之，如果两个力偶的作用面不平行(作用面方位不同)，即使它们的力偶矩相同，这两个力偶的作用效果也不同。

综上所述，空间力偶对刚体的作用除了与力偶矩大小有关外，还与其作用面的方位和力偶的转向有关。即空间力偶对刚体的作用效果取决于下列三个因素：

(1) 力偶矩的大小；

(2) 力偶作用面的方位；

(3) 力偶的转向。

空间力偶的三要素可以用一个矢量表示：矢量的大小(长度)表示力偶矩的大小；矢量的方位与力偶作用面的法线相同；矢量的指向与力偶的转向服从右手螺旋法则，即右手的四指顺着力偶的转动方向，则拇指的指向即为矢量的方向，如图3.11(a)所示。该矢量完全包含力偶的三个要素，我们称它为**力偶矩矢**，用 $\boldsymbol{M}$ 表示。由此可知，**力偶的作用效果完全由力偶矩矢确定**。

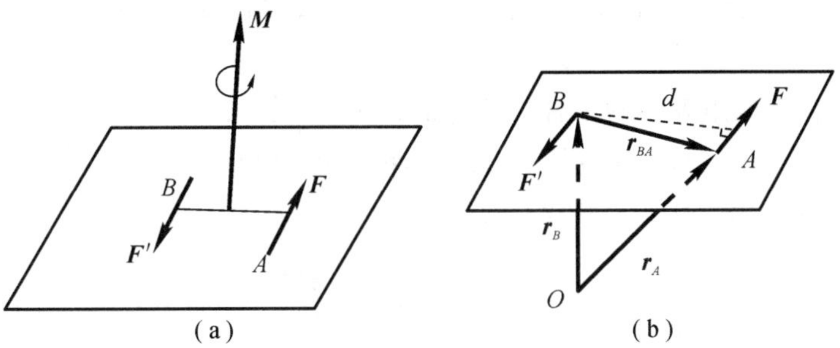

图3.11

应该指出，由于力偶可以在同一平面任意移动和转动，并可以搬移到平行平面，而不改变对刚体的作用效果，故力偶矩矢也可以平行移动，而不需要确定矢的初端位置。这样的矢量称为**自由矢量**。

为进一步说明力偶矩矢为自由矢量，显示力偶的等效特性，可以证明：力偶对空间任一点的矩都相等，且等于力偶矩矢。

设有空间力偶($\boldsymbol{F}$，$\boldsymbol{F}'$)，其力偶臂为 d，如图3.11(b)所示。力偶对空间任意一点 O 的矩矢为 $\boldsymbol{M}_O(\boldsymbol{F},\boldsymbol{F}')$，则有

$$\boldsymbol{M}_O(\boldsymbol{F},\boldsymbol{F}')=\boldsymbol{M}_O(\boldsymbol{F})+\boldsymbol{M}_O(\boldsymbol{F}')=\boldsymbol{r}_A\times\boldsymbol{F}+\boldsymbol{r}_B\times\boldsymbol{F}'$$

由于 $\boldsymbol{F}=-\boldsymbol{F}'$，故上式可改写为

$$\boldsymbol{M}_O(\boldsymbol{F},\boldsymbol{F}')=(\boldsymbol{r}_A-\boldsymbol{r}_B)\times\boldsymbol{F}=\boldsymbol{r}_{BA}\times\boldsymbol{F}\ (\text{或}\ \boldsymbol{r}_{AB}\times\boldsymbol{F}')$$

上式表明，空间力偶对任意一点的矩矢与矩心位置选择无关，以记号 $\boldsymbol{M}(\boldsymbol{F},\boldsymbol{F}')$ 或 $\boldsymbol{M}$ 表示力偶矩矢，则

$$\boldsymbol{M}=\boldsymbol{r}_{BA}\times\boldsymbol{F} \tag{3-14}$$

易见，$\boldsymbol{r}_{BA}\times\boldsymbol{F}$ 的大小等于 Fd，方向与力偶矩矢 $\boldsymbol{M}$ 的方向一致。由此可知，力偶对空间任一点的矩都等于力偶矩矢量。

综上所述，力偶的等效条件可叙述为：**两个力偶的力偶矩矢相等，则它们等效**。

3.3.2　空间力偶系的合成与平衡条件

任意一个空间分布的力偶可以合成为一个合力偶，合力偶矩矢等于各分力偶矩矢的矢量和，即

$$\boldsymbol{M}=\boldsymbol{M}_1+\boldsymbol{M}_2+\cdots+\boldsymbol{M}_n=\sum_{i=1}^{n}\boldsymbol{M}_i \tag{3-15}$$

证明：首先，证明力偶系的合成仍然为力偶。如图 3.12 所示，设力偶矩为$\boldsymbol{M}_1$ 和$\boldsymbol{M}_2$ 的两个力偶分别作用在相交的平面Ⅰ和Ⅲ内，在这两个平面的交线上截取 $AB=d$，利用同一平面内力偶等效条件，将两力偶在其作用面内移动和转换，使两个力偶臂与线段 AB 重合，而保持力偶矩的大小和转向不变。这时，两力偶分别为$(\boldsymbol{F}_1,\boldsymbol{F}_1')$和$(\boldsymbol{F}_2,\boldsymbol{F}_2')$，且

$$\boldsymbol{M}_1=\boldsymbol{M}(\boldsymbol{F}_1,\boldsymbol{F}_1')=\boldsymbol{r}_{BA}\times\boldsymbol{F}_1$$

$$\boldsymbol{M}_2=\boldsymbol{M}(\boldsymbol{F}_2,\boldsymbol{F}_2')=\boldsymbol{r}_{BA}\times\boldsymbol{F}_2$$

再分别合成 A，B 两点的汇交力，得

$$\boldsymbol{F}_{\mathrm{R}}=\boldsymbol{F}_1+\boldsymbol{F}_2,\ \boldsymbol{F}_{\mathrm{R}}'=\boldsymbol{F}_1'+\boldsymbol{F}_2'$$

由图 3.12 易知，$\boldsymbol{F}_{\mathrm{R}}=-\boldsymbol{F}_{\mathrm{R}}'$，由此组成一个合力偶$(\boldsymbol{F}_{\mathrm{R}},\boldsymbol{F}_{\mathrm{R}}')$，它作用面在Ⅱ面内，令合力偶矩为 $\boldsymbol{M}$。

其次，证明合力偶矩等于两个合力偶矩的矢量和，易得

$$\boldsymbol{M}=\boldsymbol{r}_{BA}\times\boldsymbol{F}_{\mathrm{R}}=\boldsymbol{r}_{BA}\times(\boldsymbol{F}_1+\boldsymbol{F}_2)=\boldsymbol{M}_1+\boldsymbol{M}_2$$

如有 n 个空间力偶，可逐个合成，则式(3-15)得证。

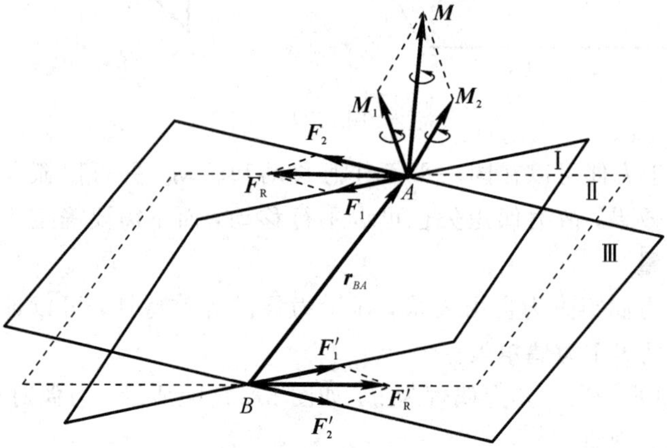

图 3.12

合力偶矩矢的解析表达式为

$$\boldsymbol{M}=M_x\boldsymbol{i}+M_y\boldsymbol{j}+M_z\boldsymbol{k} \tag{3-16}$$

其中 M_x，M_y，M_z为合力偶矩矢在 x，y，z 轴的投影。

将式(3-16)分别向 x，y，z 轴投影，有

$$\left.\begin{aligned}M_x&=M_{1x}+M_{2x}+\cdots+M_{nx}=\sum_{i=1}^{n}M_{ix}\\M_y&=M_{1y}+M_{2y}+\cdots+M_{ny}=\sum_{i=1}^{n}M_{iy}\\M_z&=M_{1z}+M_{2z}+\cdots+M_{nz}=\sum_{i=1}^{n}M_{iz}\end{aligned}\right\} \tag{3-17}$$

合力偶矩矢在 x，y，z 轴上投影等于各分力偶矩矢在相应轴上投影的代数和。

算出合力偶矩矢的投影后，合力偶矩的大小和方向余弦可用下式求出

$$\left.\begin{aligned}M&=\sqrt{\left(\sum M_{ix}\right)^2+\left(\sum M_{iy}\right)^2+\left(\sum M_{iz}\right)^2}\\\cos(\boldsymbol{M},\boldsymbol{i})&=\frac{\sum M_{ix}}{M}\\\cos(\boldsymbol{M},\boldsymbol{j})&=\frac{\sum M_{iy}}{M}\\\cos(\boldsymbol{M},\boldsymbol{k})&=\frac{\sum M_{iz}}{M}\end{aligned}\right\}\tag{3-18}$$

若采用几何法合成，可以先把各力偶用力偶矩矢表示出来，再把各力偶矩矢首尾相接，作出开口的力偶矩矢多边形，其封闭边即为合力偶矩矢，类似于用几何法求汇交力系的合力。

【例3-6】 如图3.13所示，五面体上作用着三个力偶$(\boldsymbol{F}_1,\boldsymbol{F}_1')$，$(\boldsymbol{F}_2,\boldsymbol{F}_2')$，$(\boldsymbol{F}_3,\boldsymbol{F}_3')$，已知$\boldsymbol{F}_1=\boldsymbol{F}_1'=5$ N，$\boldsymbol{F}_2=\boldsymbol{F}_2'=10$ N，$\boldsymbol{F}_3=\boldsymbol{F}_3'=10\sqrt{2}$ N，$a=0.2$ m，求三个力偶的合成结果。

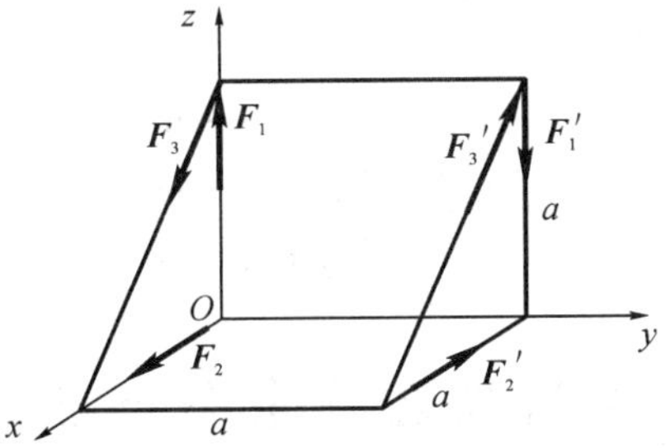

图3.13

【解】

$$\boldsymbol{M}=(-F_1a+F_3a\sin45^\circ)\boldsymbol{i}+(F_2a+F_3a\cos45^\circ)\boldsymbol{k}$$

$$M_x=-F_1a+F_3a\sin45^\circ=1\ \text{N}\cdot\text{m}$$

$$M_y=0$$

$$M_z=F_2a+F_3a\cos45^\circ=4\ \text{N}\cdot\text{m}$$

大小为

$$M=|\boldsymbol{M}_O(\boldsymbol{F})|=\sqrt{M_x^2+M_y^2+M_z^2}=\sqrt{1^2+0^2+4^2}=\sqrt{17}\ \text{N}\cdot\text{m}$$

方向为

$$\cos\alpha=\frac{M_x}{M}=\frac{1}{\sqrt{17}},\quad \cos\beta=\frac{M_y}{M}=\frac{1}{\sqrt{17}},\quad \cos\gamma=\frac{M_z}{M}=\frac{4}{\sqrt{17}}$$

由于空间力偶可以用一个合力偶来代替，因此，**空间力偶系平衡的必要和充分条件是：该力系的合力偶矩等于零，亦即所有力偶矩矢的矢量和等于零**，即

$$\sum \boldsymbol{M}_i=\boldsymbol{0}\tag{3-19}$$

由式(3-18)可知，欲使上式成立，必须同时满足

$$\sum M_{ix}=0,\quad \sum M_{iy}=0,\quad \sum M_{iz}=0\tag{3-20}$$

上式为**空间力偶系的平衡方程。即空间力偶系平衡的必要和充分条件为：该力偶系中所有各力偶矩矢在三个坐标轴上投影的代数和分别等于零**，这是空间力偶系平衡的解析条

件，而空间力偶系**平衡的几何条件**为各力偶矩矢首尾相接，最后一个力偶矩矢的末端与第一个力偶矩矢的起点落在一个点上，即**力偶矩矢多边形自行封闭**。

【例 3-7】 如图 3.14(a)所示，三角形棱柱体的三个侧面上各受一力偶作用，其力偶矩矢分别为$\boldsymbol{M}_1$，$\boldsymbol{M}_2$，$\boldsymbol{M}_3$，已知 $M_1=100$ N·m，求使得物体保持平衡的$\boldsymbol{M}_2$，$\boldsymbol{M}_3$ 的大小。

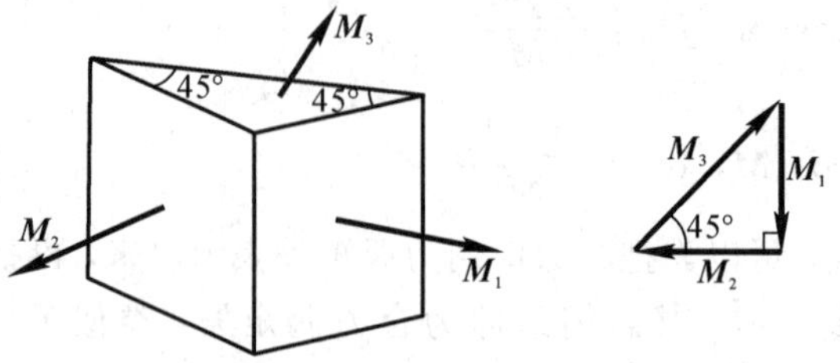

(a)　　(b)

图 3.14

【解】 根据力偶系的平衡条件，力偶矩矢$\boldsymbol{M}_1$，$\boldsymbol{M}_2$，$\boldsymbol{M}_3$ 组成一封闭三角形，如图 3.14(b)所示。

$$M_1=100\ \text{N}\cdot\text{m}$$
$$M_2=100\ \text{N}\cdot\text{m}$$
$$M_3=141.4\ \text{N}\cdot\text{m}$$

3.4 空间任意力系向一点的简化

3.4.1 空间任意力系向一点的简化

现在讨论空间任意力系的简化问题。如图 3.15 所示的空间力系，现将力系向任一点 O 简化。与平面任意力系向一点简化的方法一样，应用力的平移定理，可将各力平行移动到 O 点，并各自附加一个相应的力偶，于是得到作用于 O 点的一个空间汇交力系和一个空间力偶系，如图 3.15(b)所示。各附加的力偶矩矢等于对应力对于 O 点的矩，即

$$\boldsymbol{M}_1=\boldsymbol{M}_O(\boldsymbol{F}_1),\quad \boldsymbol{M}_2=\boldsymbol{M}_O(\boldsymbol{F}_2),\quad \cdots,\quad \boldsymbol{M}_n=\boldsymbol{M}_O(\boldsymbol{F}_n)$$

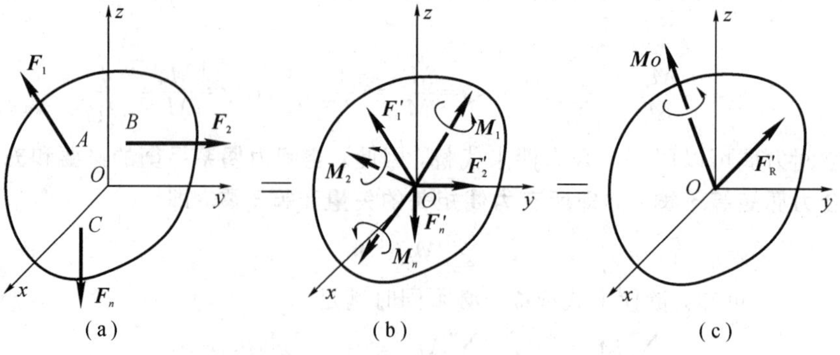

(a)　　(b)　　(c)

图 3.15

作用于 O 点的空间汇交力系可合成为一个合力 $\boldsymbol{F}'_R$，如图 3.15(c)，此力的作用线经过

O 点，此力等于各力的矢量和，即

$$\boldsymbol{F}'_{\rm R}=\boldsymbol{F}'_1+\boldsymbol{F}'_2+\cdots+\boldsymbol{F}'_n=\sum\boldsymbol{F}'_i=\sum\boldsymbol{F}_i=\sum F_x\boldsymbol{i}+\sum F_y\boldsymbol{j}+\sum F_z\boldsymbol{k} \tag{3-21}$$

称 $\boldsymbol{F}'_{\rm R}$ 为该力系的主矢量，简称主矢。对于给定的力系，主矢是确定的，它仅取决于力系中各力的大小和方向，而与简化中心的位置无关。

空间分布的力偶系可以合成为一个力偶，如图 3.15(c)所示，其力偶矩矢 $\boldsymbol{M}_O$ 等于各附加力偶矩矢的矢量和，同时考虑力对点的矩和力对通过该点任一轴之矩的关系式，可得

$$\boldsymbol{M}_O=\sum\boldsymbol{M}_o(\boldsymbol{F}_i)=\sum(\boldsymbol{r}_i\times\boldsymbol{F}_i)=\sum M_x(\boldsymbol{F}_i)\boldsymbol{i}+\sum M_y(\boldsymbol{F}_i)\boldsymbol{j}+\sum M_z(\boldsymbol{F}_i)\boldsymbol{k} \tag{3-22}$$

合力偶矩矢 $\boldsymbol{M}_O$ 称为原力系对于简化中心的主矩。由于力系中各力对于不同简化中心的矩是不同的，因而主矩一般将随简化中心位置的不同而改变，与平面力系相同。

3.4.2　空间任意力系简化结果的讨论

空间任意力系的简化分为以下四种情况：

(1) 主矢 $\boldsymbol{F}'_{\rm R}=\boldsymbol{0}$，主矩 $\boldsymbol{M}_O\neq\boldsymbol{0}$。这时得一与原力系等效的合力偶，其合力偶矩矢等于原力系对简化中心的主矩。由于力偶矩矢与矩心位置无关，可以任意移动，因此，在这种情况下，主矩与简化中心位置无关。

(2) 主矢 $\boldsymbol{F}'_{\rm R}\neq\boldsymbol{0}$，主矩 $\boldsymbol{M}_O=\boldsymbol{0}$。此时力系简化为一个合力，合力的作用线通过简化中心，其大小和方向等于原力系的主矢。

(3) 主矢 $\boldsymbol{F}'_{\rm R}\neq\boldsymbol{0}$，主矩 $\boldsymbol{M}_O\neq\boldsymbol{0}$，此时力系简化分为三种情况：

① $\boldsymbol{F}'_{\rm R}\perp\boldsymbol{M}_O$。此时主矢与主矩在同一平面内，如图 3.16(a)所示，把力偶用一对等值、反向的平行力($\boldsymbol{F}_{\rm R}$，$\boldsymbol{F}''_{\rm R}$)表示，即令 $M_O=\boldsymbol{F}'_{\rm R}\cdot d$，$F_{\rm R}=F'_{\rm R}=-F''_{\rm R}$，如图 3.16(b)所示，由于去掉一对等值、反向、共线的平衡力($\boldsymbol{F}'_{\rm R}$，$\boldsymbol{F}''_{\rm R}$)后，力系的作用效果不变，故最终简化为过 O' 点的一个力 $\boldsymbol{F}_{\rm R}$，如图 3.16(c)所示，此力即为原力系的合力，其大小和方向等于原力系的主矢。合力作用线到简化中心的距离为

$$d=\frac{|\boldsymbol{M}_O|}{F_{\rm R}} \tag{3-23}$$

由图 3.16(b)可知，力偶($\boldsymbol{F}_{\rm R}$，$\boldsymbol{F}''_{\rm R}$)的矩 $\boldsymbol{M}_O$ 等于合力 $\boldsymbol{F}_{\rm R}$ 对点 O 的矩，即

$$\boldsymbol{M}_O=\boldsymbol{M}_O(\boldsymbol{F}_{\rm R})$$

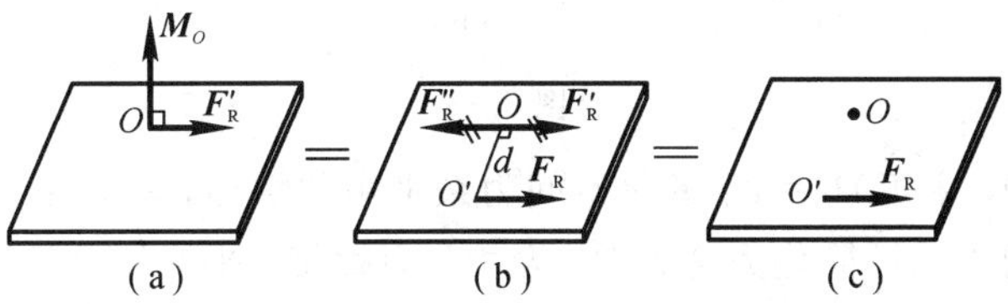

图 3.16

又根据式(3-22)，得

$$\boldsymbol{M}_O(\boldsymbol{F}_{\rm R})=\sum\boldsymbol{M}_O(\boldsymbol{F}_i) \tag{3-24}$$

即空间任意力系的合力对于任一点的矩等于各分力对同一点的矩的矢量和。这就是空间任意力系的合力矩定理。

根据力对点的矩与力对轴的矩的关系，把上式投影到过点 O 的任一轴上，可得

$$M_z(F_R) = \sum M_z(F_i) \tag{3-25}$$

即空间任意力系合力对任一轴的矩等于各分力对同一轴取矩的代数和。

② $\boldsymbol{F}'_R /\!/ \boldsymbol{M}_O$。这种结果称为力螺旋，如图 3.17 所示，这是力系简化的一种最终结果，不能再进一步简化。例如，拧木螺丝时螺丝刀对螺钉的作用就是力螺旋。当力偶的转向与力的方向符合右手螺旋法则时，即主矩与主矢同向时称为右手螺旋，如图 3.17(a)所示，否则称为左手螺旋，如图 3.17(b)所示。力螺旋的力作用线称为该力螺旋的中心轴。在上述情况下，中心轴通过简化中心。

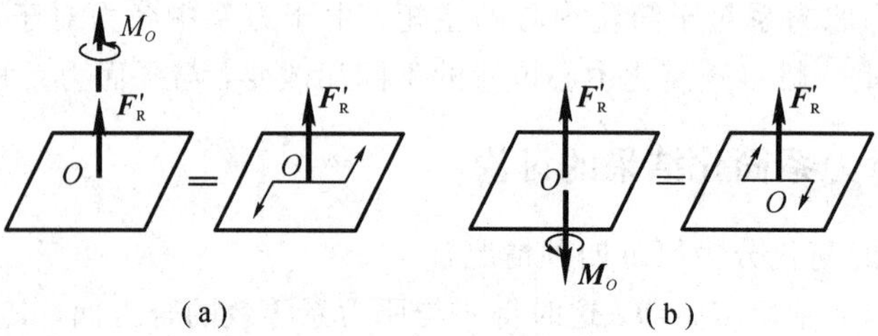

图 3.17

③ $\boldsymbol{F}'_R$与$\boldsymbol{M}_O$ 既不平衡，又不垂直。此种情况如图 3.18(a)所示。此时可将$\boldsymbol{M}_O$ 分解成平行于$\boldsymbol{F}'_R$的 $\boldsymbol{M}'_O$与垂直于$\boldsymbol{F}'_R$的 $\boldsymbol{M}''_O$，其中，$\boldsymbol{M}''_O$和 $\boldsymbol{F}'_R$可用作用于 O' 点的力$\boldsymbol{F}_R$ 来代替。由于力偶矩矢是自由矢量，故可以将 $\boldsymbol{M}'_O$平行移动到 O' 点。这样便可得到一个力螺旋，如图 3.18(c)所示，其中心轴不在简化中心 O，而是通过另一点 O'。O，O'两点间的距离为

$$d = \frac{|M''_O|}{F'_R} = \frac{M_O \sin\theta}{F'_R} \tag{3-26}$$

可见，一般情况下空间任意力系可合成为力螺旋。

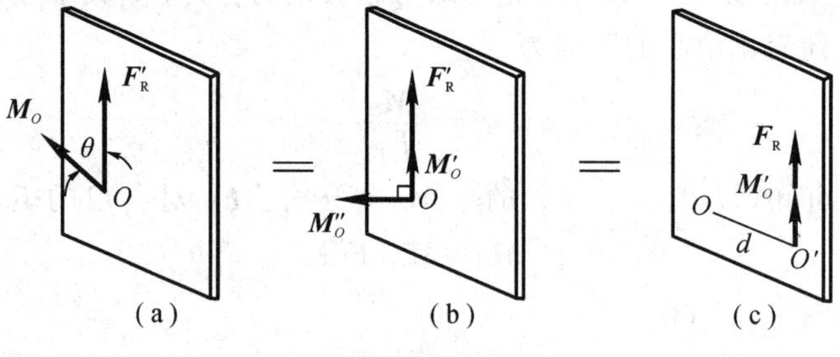

图 3.18

(4) 主矢 $\boldsymbol{F}'_R = \boldsymbol{0}$，主矩$\boldsymbol{M}_O = \boldsymbol{0}$。这是空间力系平衡的情形，将在下一节详细讨论。

综上所述，空间力系可简化为合力偶、合力、力螺旋、平衡四种情况。

3.5 空间任意力系的平衡问题

3.5.1 空间任意力系的平衡方程

空间任意力系处于平衡的必要和充分条件是：力系的主矢和对于任一点的主矩都等于

零，即

$$\boldsymbol{F}_R=\boldsymbol{0},\quad \boldsymbol{M}_O=\boldsymbol{0}$$

根据式(3-21)和式(3-22)，可将上述条件写成空间任意力系的条件平衡方程

$$\left.\begin{array}{lll}\sum F_x=0, & \sum F_y=0, & \sum F_z=0 \\ \sum M_x(\boldsymbol{F})=0, & \sum M_y(\boldsymbol{F})=0, & \sum M_z(\boldsymbol{F})=0\end{array}\right\} \tag{3-27}$$

于是可以得出，**空间任意力系平衡的必要和充分条件是：所有各力在三个坐标轴中每一个轴上的投影的代数和都等于零，以及这些力对于每一个坐标轴的矩的代数和也等于零。**

从空间任意力系的普遍平衡规律中可以导出特殊情况的平衡规律，例如空间平行力系、空间汇交力系及平面任意力系等平衡方程。现以空间平行力系为例，其余情况读者可自行推导。

如图3.19所示的空间平行力系，其z轴与这些力平行，则各力对于z轴的矩等于零。又由于x和y轴都与这些力垂直，所以各力在这两轴上的投影也等于零。因而在平衡方程组(3-27)中，第一、第二和第六个方程成了恒等式。因此，空间平行力系只有三个平衡方程，即

$$\sum F_z=0,\quad \sum M_x(\boldsymbol{F})=0,\quad \sum M_y(\boldsymbol{F})=0 \tag{3-28}$$

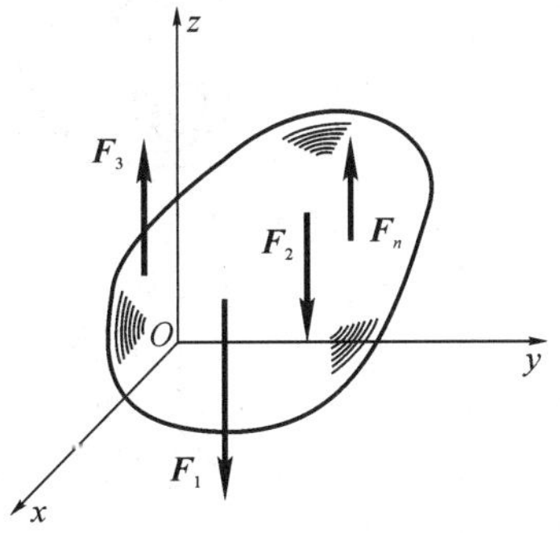

图3.19

3.5.2　空间约束的类型举例

一般情况下，当刚体受到空间任意力系作用时，在每个约束处，其约束力的未知量可能有1个到6个。决定每种约束的约束力未知量个数的基本方法是：观察被约束物体在空间可能的独立位移(沿x，y，z三轴移动或绕此三轴转动)，有哪几种位移被约束所阻碍。阻碍移动的是约束力，阻碍转动的是约束力偶。现将几种常见的约束及其相应的约束力综合列表，如表3-1所示。

分析实际的约束时，有时需要忽略一些次要因素，抓住主要因素，做一些合理的简化。例如，导向轴承能阻碍轴沿y轴和z轴的移动，并能阻碍绕y轴和z轴的转动，所以有4个约束力$\boldsymbol{F}_{Ay}$，$\boldsymbol{F}_{Az}$，$\boldsymbol{M}_{Ay}$，$\boldsymbol{M}_{Az}$；而径向轴承限制轴绕y轴和z轴的转动作用很小，故$\boldsymbol{M}_{Ay}$，$\boldsymbol{M}_{Az}$可忽略不计，所以只有两个约束力$\boldsymbol{F}_{Ay}$，$\boldsymbol{F}_{Az}$。又如，一般柜门都装有两个合页，形如表3-1中的蝶铰链，它主要限制物体沿y和z方向的移动，因而有两个约束力$\boldsymbol{F}_{Ay}$，$\boldsymbol{F}_{Az}$。合页不限制物体绕转轴的转动，单个合页对物体绕y轴和z轴转动的限制作用也很小，因而没

有约束力偶。而当物体受到沿合页轴方向的作用力时，两个合页中的一个将限制物体沿轴向移动，应视为止推轴承。

如果刚体只受平面力系的作用，则垂直于该平面的约束力和绕平面内两轴的约束力偶都应为零，相应地减少了约束力的数目。例如，在空间任意力系作用下，固定端的约束力共有 6 个，即$\boldsymbol{F}_{Ax}$，$\boldsymbol{F}_{Ay}$，$\boldsymbol{F}_{Az}$，$\boldsymbol{M}_{Ax}$，$\boldsymbol{M}_{Ay}$，$\boldsymbol{M}_{Az}$；而在 Oyz 平面内受平面任意力系作用时，固定端的约束力就只有 3 个，即$\boldsymbol{F}_{Ay}$，$\boldsymbol{F}_{Az}$，$\boldsymbol{M}_{Ax}$。

表 3－1　空间约束的类型及其约束力举例

序号	约束力未知量	约 束 类 型
1	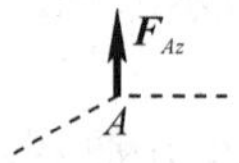	光滑表面　滚动支座　绳索　二力杆 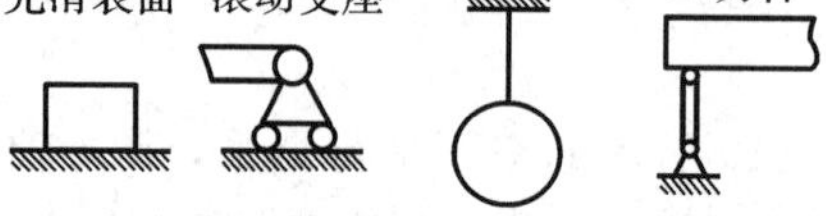
2	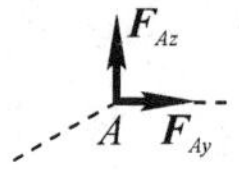	径向轴承　圆柱铰链　铁轨　蝶铰链 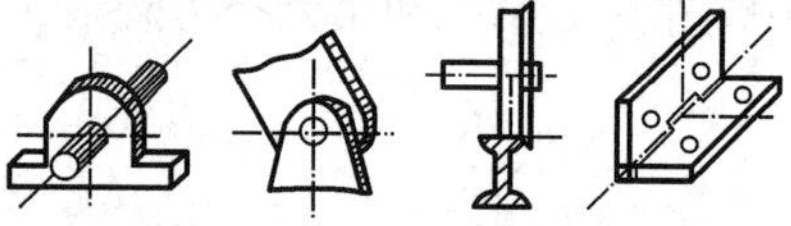
3	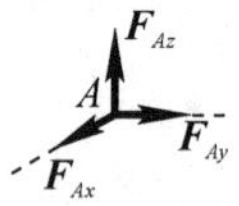	球形铰链　止推轴承 
4	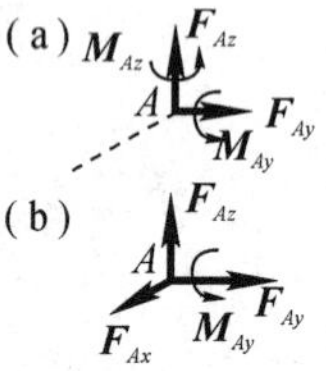	导向轴承　万向接头 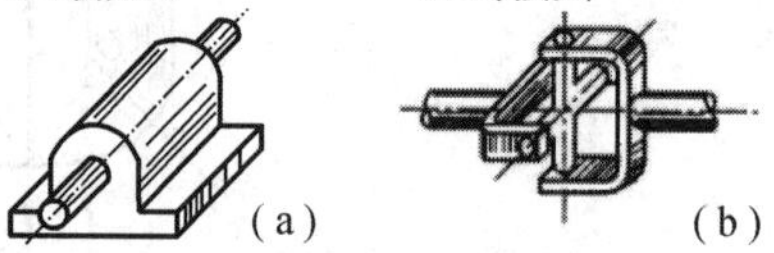
5	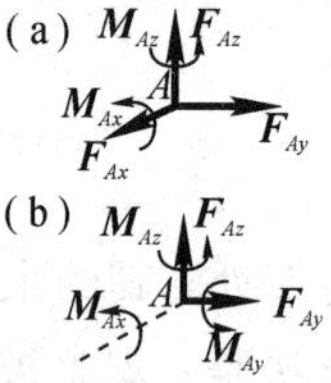	带有销子的夹板　导轨 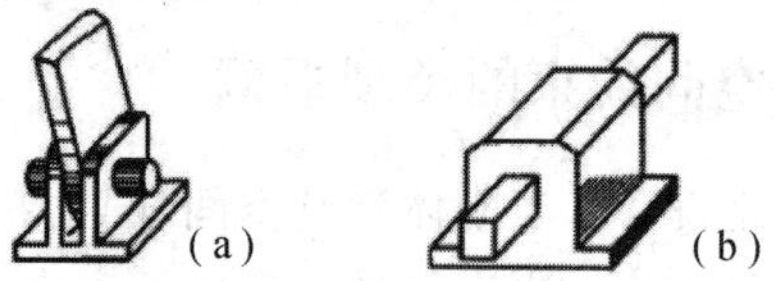
6	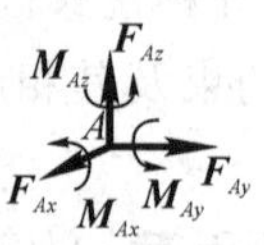	空间的固定端支座 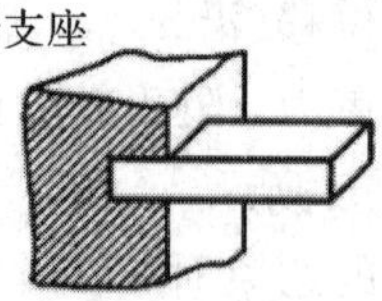

3.5.3　空间力系平衡问题举例

空间任意力系的平衡方程有 6 个，所以对于在空间任意力系作用下平衡的物体，只能求解 6 个未知量，如果未知量多于 6 个，就是静不定问题；对于空间平行力系作用下平衡的物体，则只能求解3个未知量。因此，在解题时必须先分析物体受力情况。

【例3-8】 图3.20所示的三轮小车，自重 $P=8$ kN，作用于点 E，载荷 $P_1=10$ kN，作用于点 C。求小车静止时地面对小车的约束力。

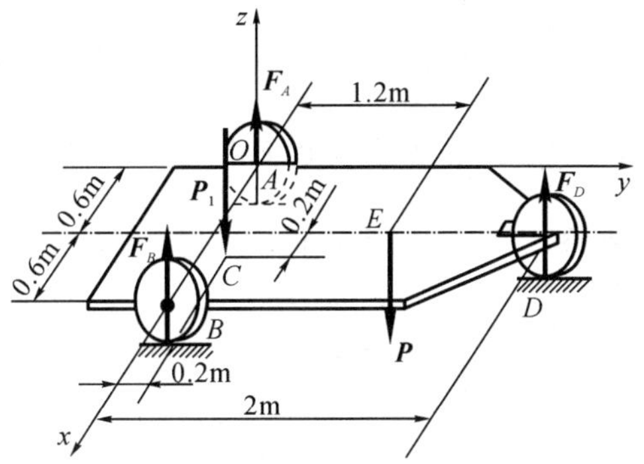

图3.20

【解】 以小车为研究对象，受力图如图3.20所示。其中 $\boldsymbol{P}$ 和 $\boldsymbol{P}_1$ 是主动力，$\boldsymbol{F}_A$，$\boldsymbol{F}_B$ 和 $\boldsymbol{F}_D$ 为地面的约束力，此5个力相互平行，组成空间平行力系。

取坐标轴 $Oxyz$ 如图所示，列出平衡方程：

$$\sum F_z = 0, \quad -P - P_1 + F_A + F_B + F_D = 0$$

$$\sum M_x(\boldsymbol{F}) = 0, \quad -1.2P - 0.2P_1 + 2F_D = 0$$

$$\sum M_z(\boldsymbol{F}) = 0, \quad 0.6P + 0.8P_1 - 0.6F_D - 1.2F_D = 0$$

联立以上三式，解得

$$F_A = 4.423 \text{ kN}$$

$$F_B = 7.777 \text{ kN}$$

$$F_D = 5.8 \text{ kN}$$

【例3-9】 在图3.21(a)中，皮带的拉力 $F_2=2F_1$，曲柄上作用有铅锤力 $F=2000$ N。已知带轮的直径 $D=400$ mm，曲柄长 $R=300$ mm，皮带1和皮带2与铅锤线的夹角分别为 $\theta=30°$ 和 $\beta=60°$，其他尺寸如图所示。求皮带拉力和轴承约束力。

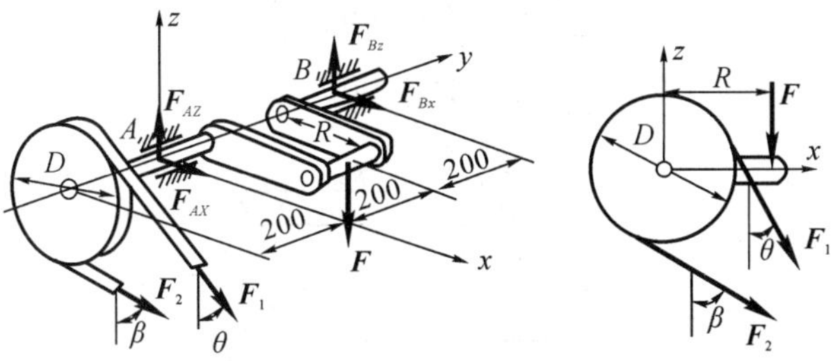

(a) (b)

图3.21

【解】 以整个轴为研究对象。受力分析如图3.21(b)所示，轴上作用的力有：皮带拉力 $\boldsymbol{F}_1$，$\boldsymbol{F}_2$；作用在曲柄上的力 $\boldsymbol{F}$；轴承约束力 $\boldsymbol{F}_{Ax}$，$\boldsymbol{F}_{Az}$，$\boldsymbol{F}_{Bx}$ 和 $\boldsymbol{F}_{Bz}$。轴受空间任意力系作用，选坐标轴如图所示，列出平衡方程：

$$\sum F_x = 0, \quad F_1\sin30° + F_2\sin60° + F_{Ax} + F_{Bx} = 0$$

$$\sum F_y = 0, \quad 0 = 0$$

$$\sum F_z = 0, \quad -F_1\cos30° - F_2\cos60° - F + F_{Az} + F_{Bz} = 0$$

$$\sum M_x(\boldsymbol{F}) = 0, \quad F_1\cos30° \times 200 + F_2\cos60° \times 200 - F \times 200 + F_{Bz} \times 400 = 0$$

$$\sum M_y(\boldsymbol{F}) = 0, \quad FR - \frac{D}{2}(F_2 - F_1) = 0$$

$$\sum M_z(\boldsymbol{F}) = 0, \quad F_1\sin30° \times 200 + F_2\sin60° \times 200 - F_{Bx} \times 400 = 0$$

又有

$$F_2 = 2F_1$$

联立上述方程，解得

$$F_1 = 3000\ \text{N}, \quad F_2 = 6000\ \text{N}$$

$$F_{Ax} = -10\ 044\ \text{N}, \quad F_{Az} = 9379\ \text{N}$$

$$F_{Bx} = 3348\ \text{N}, \quad F_{Bz} = -1799\ \text{N}$$

此题中，平衡方程$\sum F_y = 0$成为恒等式，独立的平衡方程只有5个；在题设条件之下，才能解出上述6个未知量。

空间力系有6个独立的平衡方程，可以求解6个未知量，但其平衡方程不限于式(3-27)所示的形式。为使求解简便，每个方程最好只包含一个未知量。为此，选投影轴时应尽量与其余未知力垂直；选取矩的轴时应尽量与其余的未知力平行或相交。投影轴不必相互垂直，取矩的轴也不必与投影轴重合，力矩方程的数目可取3个至6个。

【例3-10】 如图3.22所示的均质长方板，由六根直杆支持于水平位置，直杆两端各用球铰链与板和地面连接。板重为$\boldsymbol{P}$，在A点处作用一水平力$\boldsymbol{F}$，且$F=2P$。求各杆的内力。

【解】 取长方体钢板为研究对象，各支杆均为二力杆，设它们均受到拉力作用。板的受力图如图3.22所示。列平衡方程：

$$\sum M_{BF}(\boldsymbol{F}) = 0, \quad F_1 = 0$$

$$\sum M_{AE}(\boldsymbol{F}) = 0, \quad F_5 = 0$$

$$\sum M_{AC}(\boldsymbol{F}) = 0, \quad F_4 = 0$$

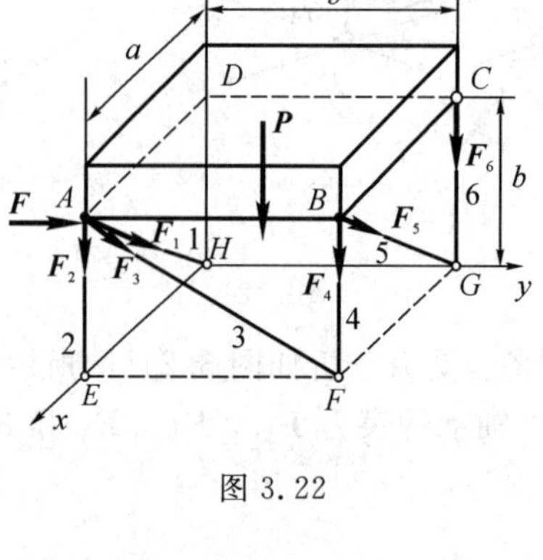

图 3.22

由

$$\sum M_{AB}(\boldsymbol{F})=0,\quad P\frac{a}{2}+F_6a=0$$

解得

$$F_6=-\frac{P}{2}\ （压力）$$

由

$$\sum M_{DH}(\boldsymbol{F})=0,\quad Fa+F_3\cos45^\circ\cdot a=0\ （压力）$$

解得

$$F_3=-2\sqrt{2}P\ （压力）$$

由

$$\sum M_{FG}(\boldsymbol{F})=0,\quad Fb-F_2b-P\frac{b}{2}=0$$

解得

$$F_2=1.5P\ （拉力）$$

此题中用 6 个力矩方程求得 6 个杆的内力。一般，力矩方程比较灵活，常可使一个方程只含一个未知量。当然也可以采用其他形式的平衡方程求解。读者可采用其他方程求解该题。

3.6 重心

不论在日常生活，还是在工程实际中，都会经常遇到重心问题。例如，当我们用手推车推重物时，只有将重物放在一定位置时，也就是使重物的重心正好与车轮轴线在同一铅垂面内时，才能比较省力。起重机吊起大型构件时，就需要确定构件的重心位置，合理安排起吊点；机床中一些高速旋转的构件，如重心位置偏离轴线，就会使机床产生剧烈的振动，甚至引起破坏。因此，我们需要了解什么是重心及怎样确定重心的位置。

物体的重力就是地球对物体的引力，若把物体想象分成很多微小的部分，则物体上每个微小部分都受到地球的引力作用，这些引力组成的力系实际上是一个空间汇交力系（汇交于地球的中心）。由于物体的尺寸与地球的半径相比小很多，可以近似地认为这个力系为一空间平行力系，此力系的合力就是物体的**重力**，通过实验可知，无论物体怎么放置，平行力系的合力总是通过物体内的一个**确定点**——平行力系的中心，作用点就称为物体的**重心**。实际上，任意一个平行力系，如果每一个力的大小和作用点保持不变，而将各力绕其作用点转过同一角度，则合力的作用点位置不变。读者可针对有两个力组成的平行力系的情况证明上述结论。

3.6.1 重心坐标公式

取固定于物体上的直角坐标系 $Oxyz$，如图 3.23 所示。将物体分为许多个微小部分，每个微小部分均受到一个重力作用。以$\boldsymbol{P}_i$ 代表作用于第 i 部分所受的重力，其作用点的坐标为(x_i, y_i, z_i)，$\boldsymbol{P}$ 是各重力的合力，其大小为

$$P = \sum P_i$$

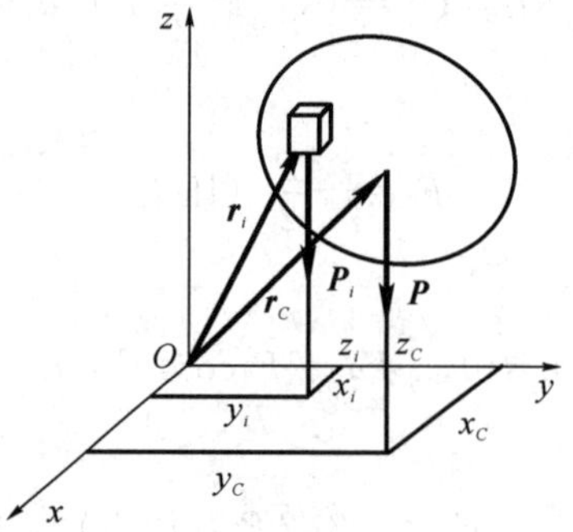

图 3.23

物体重心的坐标(x_C，y_C，z_C)可由空间力系的合力矩定理求得，如对 x 轴之矩为

$$-Py_C = \sum -P_iy_i$$

同理可得对 y 轴之矩为

$$Px_C = \sum P_ix_i$$

为求得坐标 z_C，将坐标轴连同物体绕 x 轴旋转，使 y 轴铅直朝下，对新的 x 轴求力矩，则

$$-Pz_C = -\sum P_iz_i$$

由以上三式可得重心的计算公式，即

$$x_C = \frac{\sum P_ix_i}{P},\quad y_C = \frac{\sum P_iy_i}{P},\quad z_C = \frac{\sum P_iz_i}{P} \tag{3-29}$$

如果物体是均匀的，容重 γ 为常数，则重心位置与物体的质心(质量中心)位置重合，其重心公式还可以体积的形式来表示，即

$$x_C = \frac{\sum V_ix_i}{V},\quad y_C = \frac{\sum V_iy_i}{V},\quad z_C = \frac{\sum V_iz_i}{V} \tag{3-30}$$

其积分形式表示为

$$x_C = \frac{\int x\mathrm{d}V}{\int \mathrm{d}V},\quad y_C = \frac{\int y\mathrm{d}V}{\int \mathrm{d}V},\quad z_C = \frac{\int z\mathrm{d}V}{\int \mathrm{d}V} \tag{3-31}$$

式(3-30)表明，对于均质物体来说，物体的重心只与物体的体积有关，而与物体的重量无关，因此均质物体的**重心**也称为物体的**形心**(几何中心)。对于均质等厚度薄板的重心，只求两个坐标就够了，只要把式(3-30)和式(3-31)中的体积 V 改为面积 A 即可。

3.6.2 确定物体重心的方法

1. 简单几何形状物体的重心

如果均质物体有对称面、对称轴或对称中心，则不难看出该物体的重心必相应地在这个对称面、对称轴或对称中心上。例如，正圆锥、正圆锥面或正棱柱体、正棱柱面的重心都在其轴线上，椭圆球体、椭圆面的重心在其几何中心上，平行四边形的重心在其对角线的交点上，等等。简单形状物体的重心可从工程手册上查到，表 3-2 列出了常见的几种简单形状物体的重心。工程中常用的型钢(如工字钢、角钢、槽钢等)截面的形心，也可以从型钢表中查到。

表 3-2　简单形体重心表

图　形	重心位置	图　形	重心位置
三角形 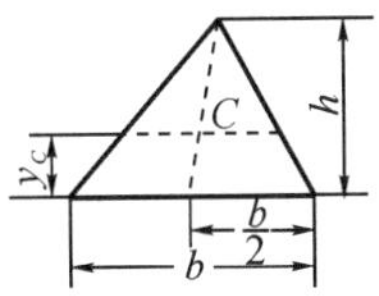	在中线的交点 $y_C=\frac{1}{3}h$	梯形 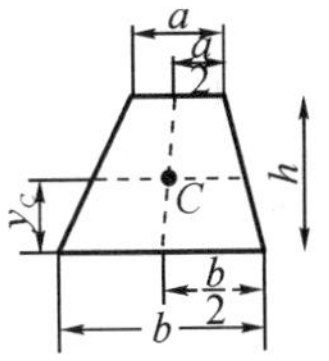	$y_C=\frac{h(2a+b)}{3(a+b)}$
圆弧 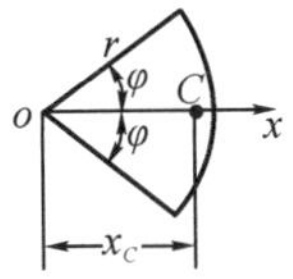	$x_C=\frac{r\sin\varphi}{\varphi}$ 对于半圆弧 $x_C=\frac{2r}{\pi}$	弓形 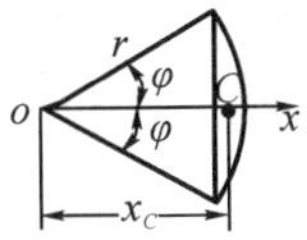	$x_C=\frac{2}{3}\frac{r^3\sin^3\varphi}{A}$ 面积 $A=\frac{r^2(2\varphi-\sin 2\varphi)}{2}$
扇形 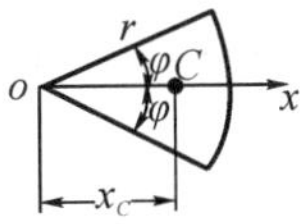	$x_C=\frac{2}{3}\frac{r\sin\varphi}{\varphi}$ 对于半圆 $x_C=\frac{4r}{3\pi}$	部分圆环 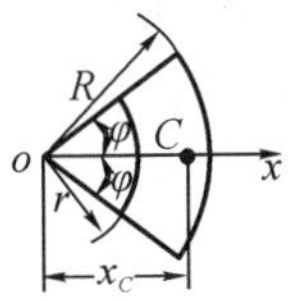	$x_C=\frac{2}{3}\frac{R^3-r^3}{R^2-r^2}\frac{\sin\varphi}{\varphi}$
二次抛物线面 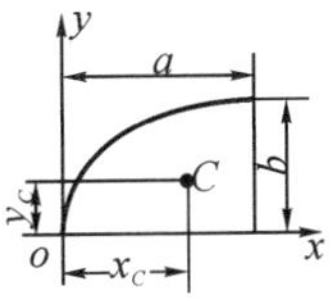	$x_C=\frac{5}{8}a$ $y_C=\frac{2}{5}b$	二次抛物线面 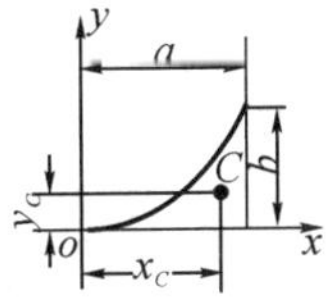	$x_C=\frac{3}{4}a$ $y_C=\frac{3}{10}b$
正圆锥体 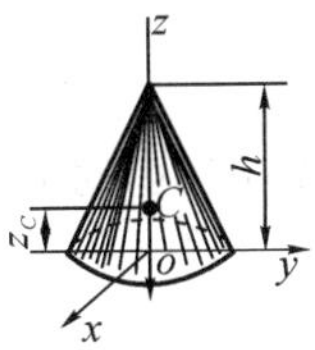	$z_C=\frac{1}{4}h$	正面锥体 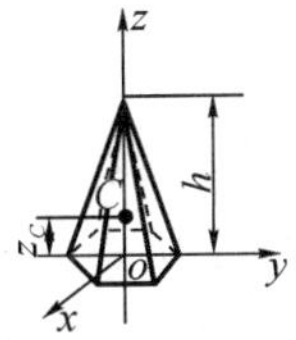	$z_C=\frac{1}{4}h$
半圆球 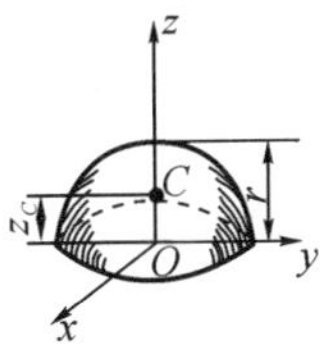	$z_C=\frac{3}{8}r$	锥形筒体 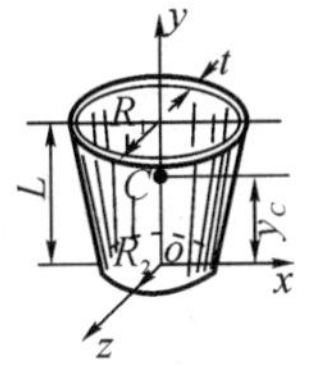	$y_C=\frac{4R_1+2R_2-3t}{6(R_1+R_2-t)}L$

2. 用组合法求重心

1）分割法

组合形状比较复杂，若能够分成由几个简单形状的物体组合而成，这些简单形状的物体的重心容易确定，则根据重心公式(3-29)可求出组合形体的重心。

【例 3-11】 试求 Z 形截面重心的位置，其尺寸如图 3.24 所示。

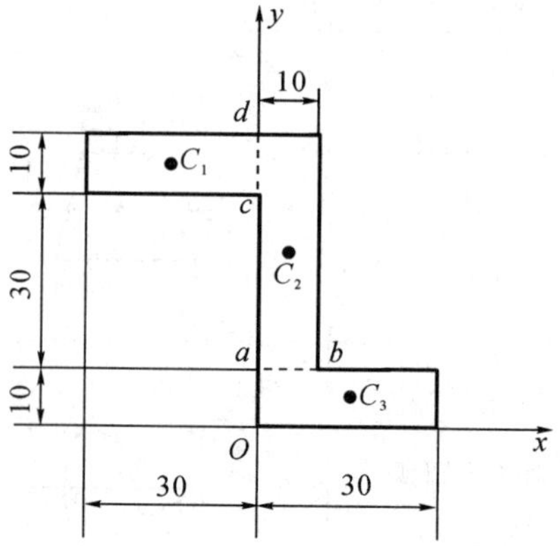

图 3.24

【解】 建坐标轴如图所示(如图用 ab 和 cd 两段分割)。以 C_1，C_2，C_3表示这些矩形的重心，而以 S_1，S_2，S_3表示它们的面积。以(x_1,y_1)，(x_2,y_2)，(x_3,y_3)分别表示 C_1，C_2，C_3的坐标，由图得

$$x_1=-15,\quad y_1=45,\quad S_1=300$$

$$x_2=5,\quad y_2=30,\quad S_2=400$$

$$x_3=15,\quad y_3=5,\quad S_3=300$$

按公式求得该截面重心的坐标为

$$x_C=\frac{x_1S_1+x_2S_2+x_3S_3}{S_1+S_2+S_3}=2\ \text{mm}$$

$$y_C=\frac{y_1S_1+y_2S_2+y_3S_3}{S_1+S_2+S_3}=27\ \text{mm}$$

2）负面积法(负体积法)

若在物体或薄板内切去一部分(例如有空穴或空的物体)，则这类物体的重心仍可应用与分割法相同的公式来求得，只是切去部分的体积或面积应为负值。

【例 3-12】 求图 3.25 所示形体的重心，尺寸以厘米计，圆形为挖去部分。

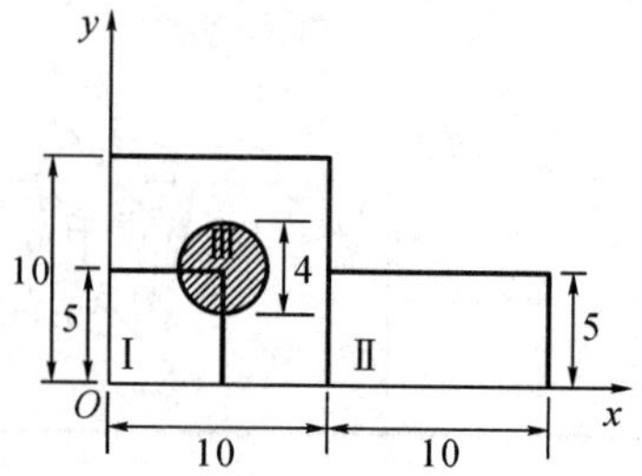

图 3.25

【解】 将该组合图形划分为三部分：正方形、长方形和圆，因圆为切去部分，所以面积应取负值。

$$x_C=\frac{A_1x_1+A_2x_2-A_3x_3}{A_1+A_2-A_3}=\frac{10\times10\times5+10\times5\times15-\frac{1}{4}\pi\times4^2\times5}{10\times10+10\times5-\frac{1}{4}\pi\times4^2}=8.64\ \text{cm}$$

$$y_C=\frac{A_1y_1+A_2y_2-A_3y_3}{A_1+A_2-A_3}=\frac{10\times10\times5+10\times5\times2.5-\frac{1}{4}\pi\times4^2\times5}{10\times10+10\times5-\frac{1}{4}\pi\times4^2}=4.09\ \text{cm}$$

3. 用实验方法测定重心的位置

工程中一些外形复杂或质量分布不均匀的物体很难用计算方法求其重心，此时可用实验方法测定重心位置。下面介绍两种方法。

1）悬挂法

如果需求一个薄板的重心，可先将板悬挂于任一点 A，如图 3.26(a)所示。根据二力平衡条件，重心必在悬挂点的铅直线上，于是可在板上画出此线。然后再将板悬挂于另一点 B，同样可画出另一直线。两直线相交于点 C，这个点就是重心，如图 3.26(b)所示。

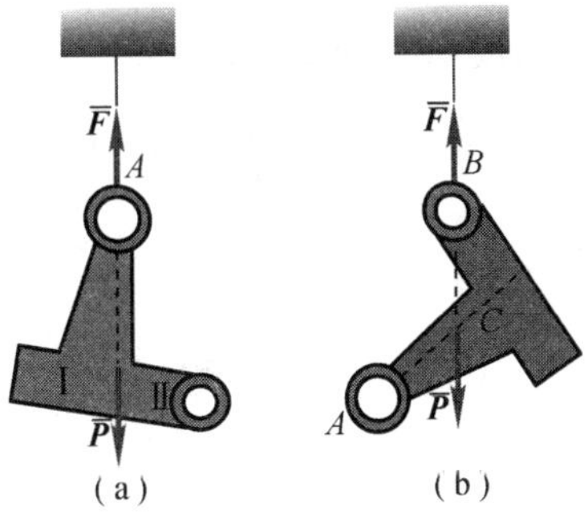

图 3.26

2）称重法

下面以汽车为例简述测定重心的方法。如图 3.27 所示，首先称量出汽车的重量，测量出前后轮距 l 和车轮半径 r。设汽车是左右对称的，则重心必在对称面内，我们只需测定重心 C 距地面的高度 z_C 和距后轮的距离 x_C。

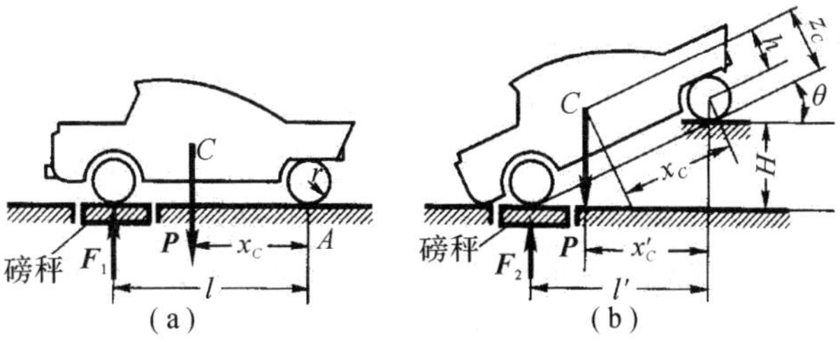

图 3.27

为了测定 x_C，将汽车后轮放在地面上，前轮放在磅秤上，车身保持水平，如图 3.27(a)所示。这时磅秤上的读数为 F_1。因车身是平衡的，有

$$Px_C = F_1 l$$

于是得

$$x_C = \frac{F_1 l}{P}$$

欲测定 z_C，需将车的后轮抬到任意高度 H，如图 3.27(b)所示。这时磅秤的读数为 F_2。同理得

$$x_C' = \frac{F_2 l'}{P}$$

由图中的关系可知

$$l' = l\cos\theta$$

$$x_C' = x_C\cos\theta + h\sin\theta$$

$$\sin\theta = \frac{H}{l}$$

$$\cos\theta = \frac{\sqrt{l^2 - H^2}}{l}$$

其中 h 为重心与后轮中心的高度差，则

$$h = z_C - r$$

联立以上各式，整理后即得计算高度 z_C 的公式，即

$$z_C = r + \frac{F_2 - F_1}{P}\frac{l}{H}\sqrt{l^2 - H^2}$$

式中均为已测定的数据。

小　　结

1. 力在空间直角坐标轴上的投影

(1) 直接投影法：

$$F_x = F\cos(\boldsymbol{F}_{\mathrm{R}}, \boldsymbol{i}), \quad F_y = F\cos(\boldsymbol{F}_{\mathrm{R}}, \boldsymbol{j}), \quad F_z = F\cos(\boldsymbol{F}_{\mathrm{R}}, \boldsymbol{k})$$

(2) 间接投影法：

$$F_x = F\sin\gamma\cos\varphi, \quad F_y = F\sin\gamma\sin\varphi, \quad F_z = F\cos\gamma$$

2. 力矩的计算

(1) 力对点的矩是一个定位矢量：

$$\boldsymbol{M}_O(\boldsymbol{F}) = \boldsymbol{r}\times\boldsymbol{F} = \begin{vmatrix} \boldsymbol{i} & \boldsymbol{j} & \boldsymbol{k} \\ x & y & z \\ F_x & F_y & F_z \end{vmatrix}, \quad |\boldsymbol{M}_O(\boldsymbol{F}_{xy})| = Fh = 2A_{\triangle OAB}$$

(2) 力对轴的矩是一个代数量，可按下列两种方法求得：

① $M_z(\boldsymbol{F}) = M_O(\boldsymbol{F}_{xy}) = \pm F_{xy}h = \pm 2A_{\triangle OAB}$

② $M_x(\boldsymbol{F}) = yF_z - zF_y$， $M_y(\boldsymbol{F}) = zF_x - xF_z$， $M_z(\boldsymbol{F}) = xF_y - yF_x$

(3) 力对点的矩与力对通过该点的轴的矩的关系为

$$[\boldsymbol{M}_O(\boldsymbol{F})]_x = M_x(\boldsymbol{F}), \quad [\boldsymbol{M}_O(\boldsymbol{F})]_y = M_y(\boldsymbol{F}), \quad [\boldsymbol{M}_O(\boldsymbol{F})]_z = M_z(\boldsymbol{F})$$

3. 空间力偶及其等效定理

（1）空间力偶对刚体的作用取决于三个因素：力偶矩的大小、力偶作用面方位及力偶的转向，它可用力偶矩矢 $\boldsymbol{M}$ 表示，即

$$\boldsymbol{M}=\boldsymbol{r}_{BA}\times\boldsymbol{F}$$

力偶矩矢与矩心无关，是自由矢量。

（2）力偶的等效定理：若两个力偶的力偶矩矢相等，则它们彼此等效。

4. 空间力系的合成

（1）空间汇交力系合成结果为一个通过其汇交点的合力，其合力矢为

$$\boldsymbol{F}_{\mathrm{R}}=\sum F_x\boldsymbol{i}+\sum F_y\boldsymbol{j}+\sum F_z\boldsymbol{k}$$

（2）空间力偶系合成结果为一个合力偶，其合力偶矩的大小为

$$\boldsymbol{M}=\sum M_x\boldsymbol{i}+\sum M_y\boldsymbol{j}+\sum M_z\boldsymbol{k}$$

（3）空间任意力系向点 O 简化得一个作用在简化中心 O 的力 $\boldsymbol{F}_{\mathrm{R}}$ 和一个力偶矩矢 $\boldsymbol{M}_O$，即

$$\boldsymbol{F}'_{\mathrm{R}}=\sum\boldsymbol{F}_i\text{（主矢）},\quad \boldsymbol{M}_O=\sum\boldsymbol{M}_O(\boldsymbol{F}_i)\text{（主矩）}$$

（4）空间任意力系简化的最终结果，列表如下：

主矢	主　矩	最后结果	说　　明
$\boldsymbol{F}'_{\mathrm{R}}=\boldsymbol{0}$	$\boldsymbol{M}_O=\boldsymbol{0}$	平衡	
	$\boldsymbol{M}_O\neq\boldsymbol{0}$	合力偶	此时主矩与简化中心的位置无关
$\boldsymbol{F}'_{\mathrm{R}}=\boldsymbol{0}$	$\boldsymbol{M}_O=\boldsymbol{0}$	合力	合力作用线通过简化中心
	$\boldsymbol{M}_O\neq\boldsymbol{0}$，$\boldsymbol{F}'_{\mathrm{R}}\perp\boldsymbol{M}_O$	合力	合力作用线与简化中心的距离 $d=\dfrac{\lvert\boldsymbol{M}_O\rvert}{F'_{\mathrm{R}}}$
	$\boldsymbol{M}_O\neq\boldsymbol{0}$，$\boldsymbol{F}'_{\mathrm{R}}/\!/\boldsymbol{M}_O$	力螺旋	力螺旋的中心轴通过简化中心
	$\angle(\boldsymbol{F}'_{\mathrm{R}},\boldsymbol{M}_O)=\theta$	力螺旋	力螺旋与简化中心的距离 $d=\dfrac{\lvert\boldsymbol{M}_O\rvert\sin\theta}{F'_{\mathrm{R}}}$

5. 空间任意力系的平衡方程

空间任意力系平衡方程的基本形式为

$$\sum F_x=0,\quad \sum F_y=0,\quad \sum F_z=0$$

$$\sum M_x=0,\quad \sum M_y=0,\quad \sum M_z=0$$

6. 几种特殊力系的平衡方程

（1）空间汇交力系：

$$\sum F_x=0,\quad \sum F_y=0,\quad \sum F_z=0$$

（2）空间力偶系：

$$\sum M_x = 0, \quad \sum M_y = 0, \quad \sum M_z = 0$$

(3) 空间平行力系，若各力与 z 轴平行，其平衡方程的基本形式为

$$\sum F_z = 0, \quad \sum M_x = 0, \quad \sum M_y = 0$$

(4) 平面任意力系：

$$\sum F_x = 0, \quad \sum F_y = 0, \quad \sum M_z = 0$$

7. 重心的坐标公式

$$x_C = \frac{\sum P_i x_i}{P}, \quad y_C = \frac{\sum P_i y_i}{P}, \quad z_C = \frac{\sum P_i z_i}{P}$$

思 考 题

3-1 在正方体的顶角 A 和 B 处，分别作用力 $\boldsymbol{F}_1$ 和 $\boldsymbol{F}_2$，如图 3.28 所示。求此两力在 x，y，z 轴上的投影和对 x，y，z 轴的矩。试将图中的力 $\boldsymbol{F}_1$ 和 $\boldsymbol{F}_2$ 向点 O 简化，并用解析式计算其大小和方向。

3-2 作用在钢体上的 4 个力偶，若其力偶矩矢都位于同一平面内，则一定是平面力偶系；若各力偶矩矢自行封闭，如图 3.29 所示，则一定是平衡力系。为什么？

3-3 用矢量积 $\boldsymbol{r}_A \times \boldsymbol{F}$ 计算力 $\boldsymbol{F}$ 对点 O 之矩，当力沿其作用线移动，改变了力作用点的坐标 x，y，z 时，其计算结果有否变化？

3-4 试证：空间力偶对任一轴之矩等于其力偶矩矢在该轴上的投影。

3-5 空间平衡力系简化的结果是什么？可能合成为力螺旋吗？

3-6 传动轴用两个止推轴承支持，每个轴承有 3 个未知力，共 6 个未知量，而空间任意力系的平衡方程恰好有 6 个，是否为静定问题？

3-7 一均质等截面直杆的重心在哪里？若把它弯成半圆形，重心的位置是否改变？

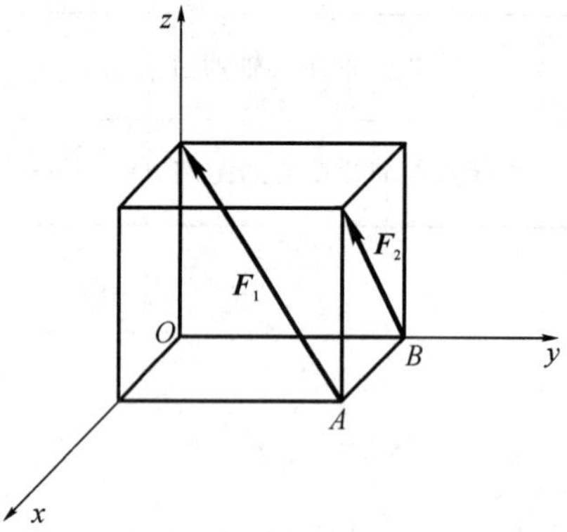

图 3.28

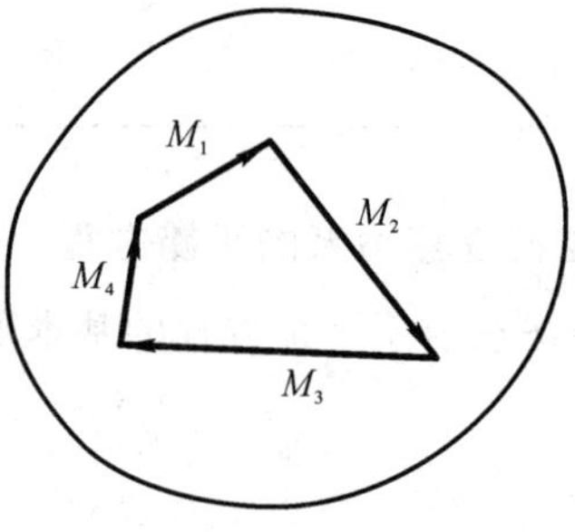

图 3.29

习 题

3-1 如图所示，力系由 $\boldsymbol{F}_1$，$\boldsymbol{F}_2$，$\boldsymbol{F}_3$，$\boldsymbol{F}_4$ 和 $\boldsymbol{F}_5$ 组成，其作用线分别沿六面体棱边。已

知：$F_1=F_3=F_4=F_5=5$ kN，$F_2=10$ kN，$OC=OA/2=1.2$ cm，求力系的简化结果。

3-2　如图所示，已知：$F_1=F_4=F_5=10$ kN，$F_2=11$ kN，$F_3=9$ kN，$\boldsymbol{F}_4 /\!/ \boldsymbol{F}_5$，$l=4$ m，$b=h=3$ m。求力系的简化结果。

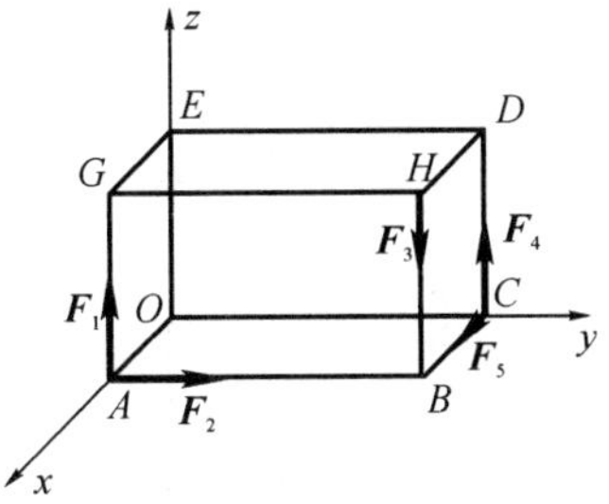

题 3-1 图

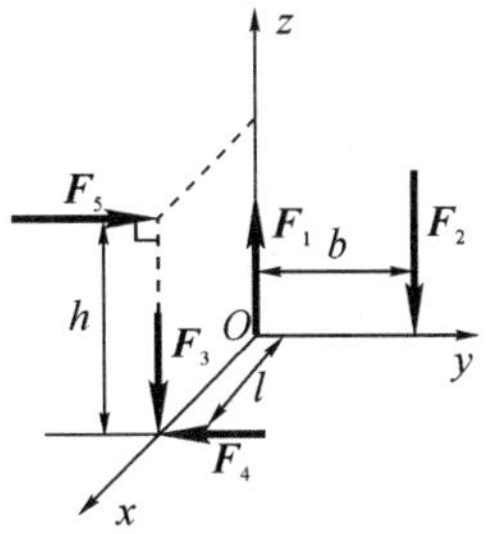

题 3-2 图

3-3　如图所示，边长为 l 的正六面体上作用有六个力，大小为 $F_1=F_2=F_3=F_4=F$，$F_5=F_6=\sqrt{2}F$。求力系的简化结果。

3-4　如图所示的空间力系。已知：$F_1=F_2=100$ N，$M=20$ N·m，$b=300$ mm，$l=h=400$ mm。求力系的简化结果。

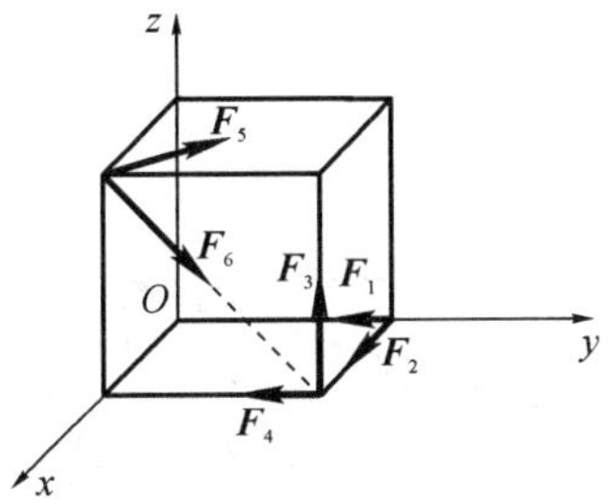

题 3-3 图

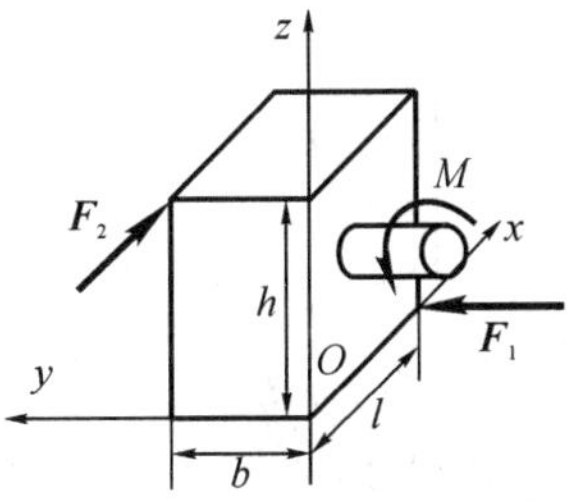

题 3-4 图

3-5　如图所示的力系中，$F_1=100$ N，$F_2=300$ N，$F_3=200$ N，各力的作用线的位置如图所示。求将力系向原点 O 简化的结果。

3-6　如图所示的一个平行力系由五个力组成，力的大小和作用线的位置如图所示。图中小方格的边长为 10 mm。求平行力系的合力。

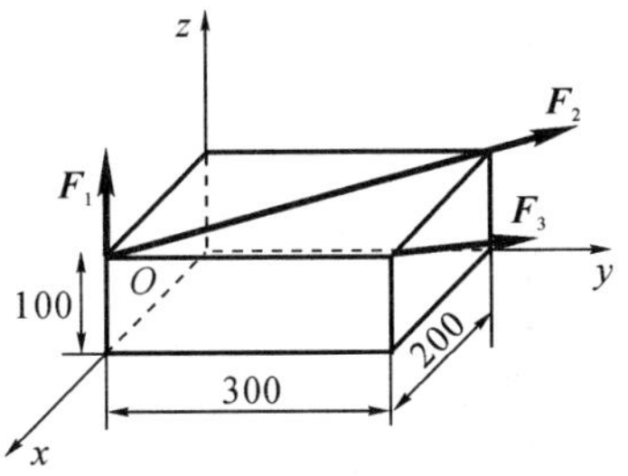

题 3-5 图

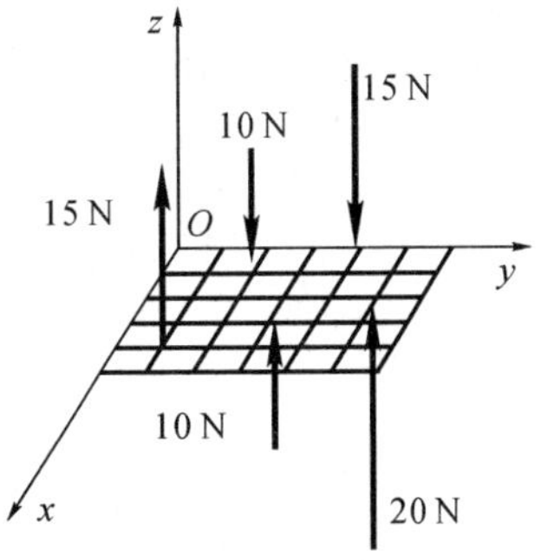

题 3-6 图

3-7　已知如图所示。求力 $F=1000$ N 对于 z 轴的力矩 M_z。

3-8　如图所示，轴 AB 与铅直线夹角为 β，悬臂 CD 与轴垂直地固定在轴上，其长为

a，并与铅直面 zAB 夹角为 θ。若在 D 点作用铅直向下的力 $\boldsymbol{F}$，求此力对轴 AB 的矩。

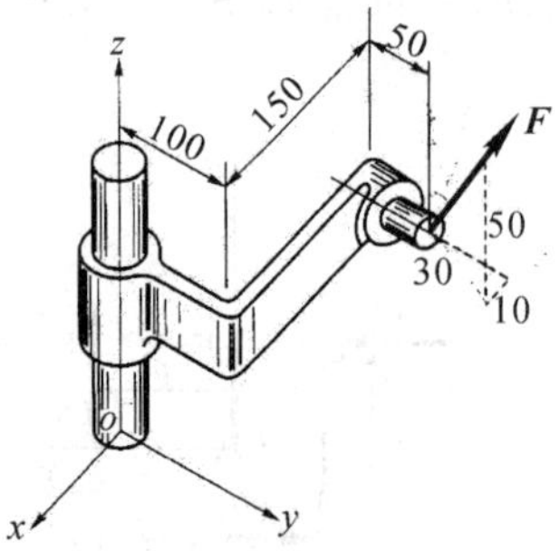

题 3-7 图

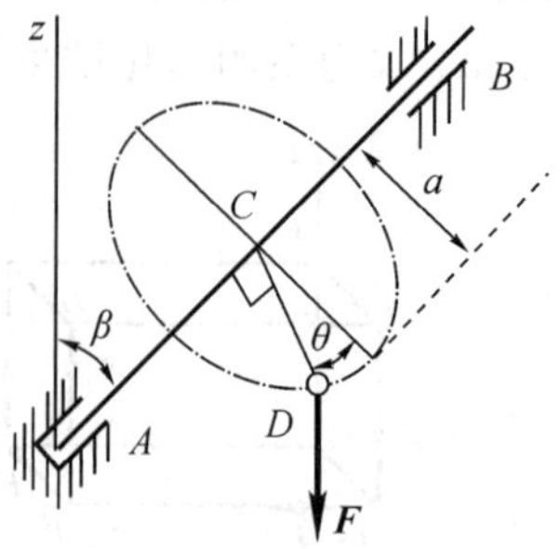

题 3-8 图

3-9　如图所示，水平圆盘的半径为 r，外缘 C 处作用有已知力 $\boldsymbol{F}$。力 $\boldsymbol{F}$ 位于圆盘 C 处的切平面内，且与 C 处圆盘切线夹角为 60°，其他尺寸如图所示。求力 $\boldsymbol{F}$ 对 x，y，z 轴的矩。

3-10　如图所示的空间构架，由三根无重直杆组成，在 D 端用球铰链连接。A，B 和 C 端则用球铰链固定在水平地板上。若在 D 端悬挂重为 $P = 10$ kN 的物体，求铰链 A，B 和 C 的约束力。

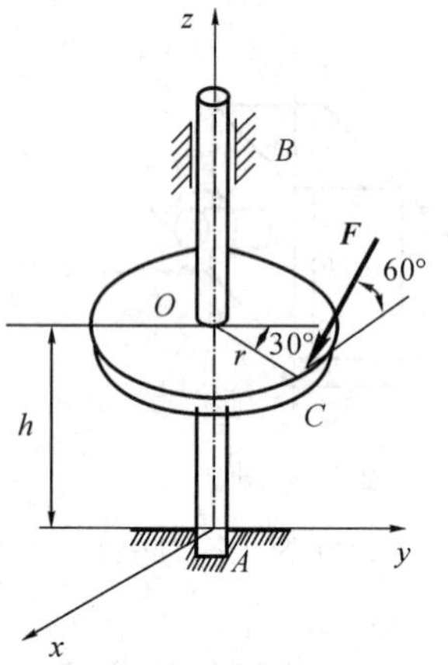

题 3-9 图

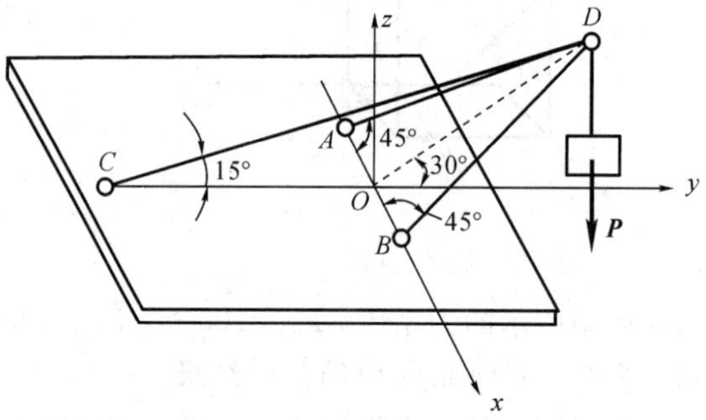

题 3-10 图

3-11　如图所示的起重机中，已知：$AB=BC=AD=AE$；点 A，B，D 和 E 等均为球铰链连接，如三角形 ABC 在 xy 平面的投影为 AF 线，AF 与 y 轴夹角为 θ。求铅直支柱和各斜杆的内力。

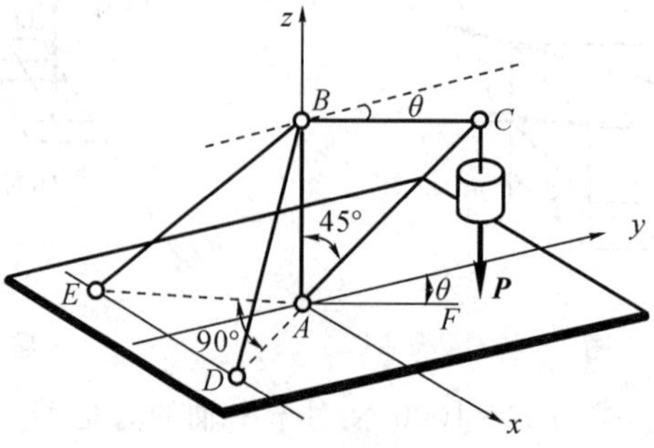

题 3-11 图

3-12　如图所示的空间桁架由六杆件 1，2，3，4，5 和 6 构成。在节点 A 上作用一力 $\boldsymbol{F}$，此力在矩形 $ABDC$ 平面内，其与铅直线夹角为 45°。$\triangle EAK=\triangle FBM$。等腰三角形 EAK，FBM 和 NDB 在顶点 A，B 和 D 处均为直角，又 $EC=CK=DM$。若 $F=10$ kN，求各杆的内力。

3-13　如图所示，三脚圆桌的半径为 $r=500$ mm，重为 $P=600$ N。圆桌的三角 A，B 和 C 构成一个等边三角形。若在中线 CD 上距圆心为 a 的点 M 处作用铅直力 $F=1500$ N，求使圆桌不发生翻倒的最大距离 a。

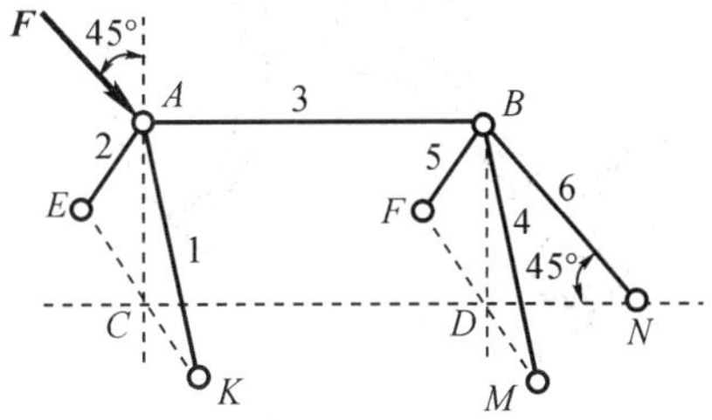

题 3-12 图

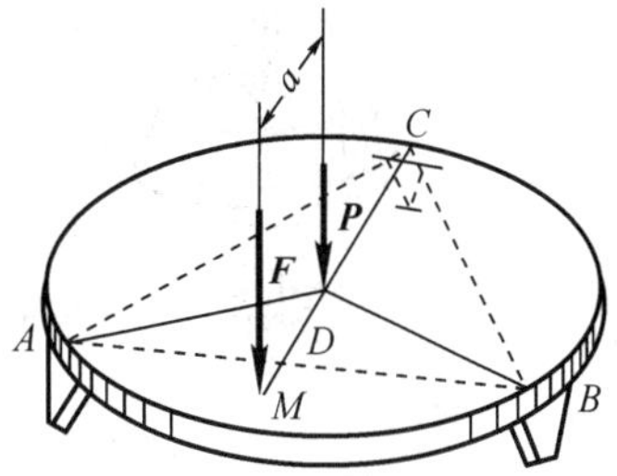

题 3-13 图

3-14　图示手摇钻由支点 B、钻头 A 和一个弯曲的手柄组成。当支点 B 处加压力 $\boldsymbol{F}_x$，$\boldsymbol{F}_y$ 和 $\boldsymbol{F}_z$ 以及手柄上加力 $\boldsymbol{F}$ 后，即可带动钻头绕轴 AB 转动而钻孔，已知 $F_z=50$ N，$F=150$ N。求：

(1) 钻头受到的阻抗力偶矩 M；

(2) 材料给钻头的约束力 $\boldsymbol{F}_{Ax}$，$\boldsymbol{F}_{Ay}$ 和 $\boldsymbol{F}_{Az}$ 的值；

(3) 压力 $\boldsymbol{F}_x$ 和 $\boldsymbol{F}_y$ 的值。

3-15　图示电动机以转矩 M 通过链条传动将重物 $\boldsymbol{P}$ 等速提起，链条与水平线成 30°角(直线 O_1x_1 平行于直线 Ax)。已知：$r=100$ mm，$R=200$ mm，$P=10$ kN，链条主动边(下边)的拉力为从动边拉力的两倍。轴及轮重不计，求支座 A 和 B 的约束力以及链条的拉力。

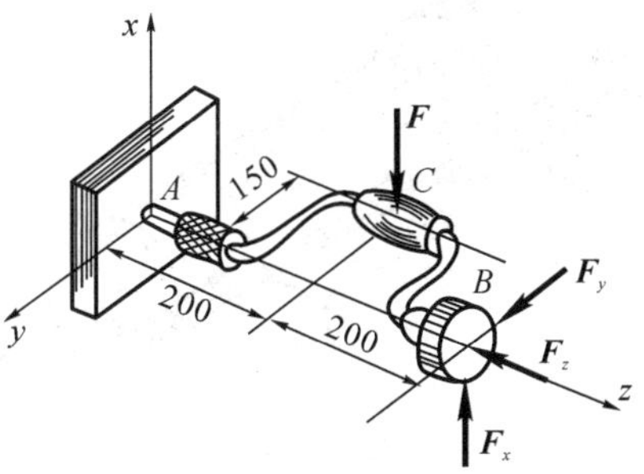

题 3-14 图

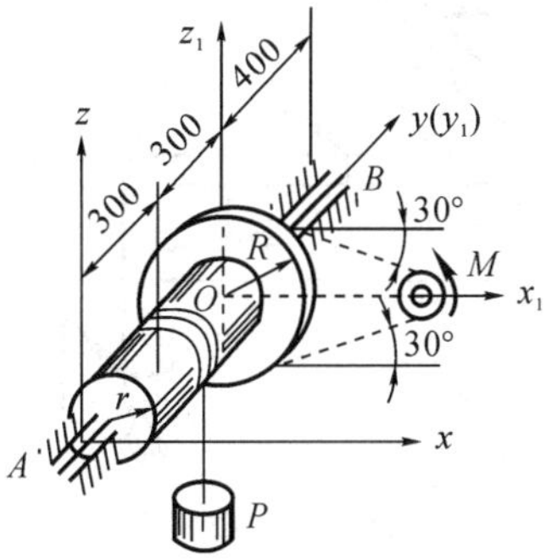

题 3-15 图

3-16　使水涡轮转动的力偶矩为 $M_z=1200$ N·m。在锥齿轮 B 处受到的力分解为三个分力：切向力 $\boldsymbol{F}_t$，轴向力 $\boldsymbol{F}_a$ 和径向力 $\boldsymbol{F}_r$。这些力的比例为 $F_t : F_a : F_r=1 : 0.32 : 0.17$。已知水涡轮连同轴和锥齿轮的总重为 $P=200$ kN，其作用线沿轴 C_z，锥齿轮的平均半径 $OB=0.6$ m，其余尺寸如图所示。求止推轴承 C 和轴承 A 的约束力。

3-17　如图所示，三圆盘 A，B 和 C 的半径分别为 150 mm，100 mm 和 50 mm。三轴

OA，OB 和 OC 在同一平面内，$\angle AOB$ 为直角。在这三个圆盘上分别作用力偶，组成各力偶的力作用在轮缘上，它们的大小分别等于 10 N，20 N 和 F。若这三个盘构成的物系是自由的，不计物系重量，求能使此物系平衡的力 $\boldsymbol{F}$ 的大小和角 θ。

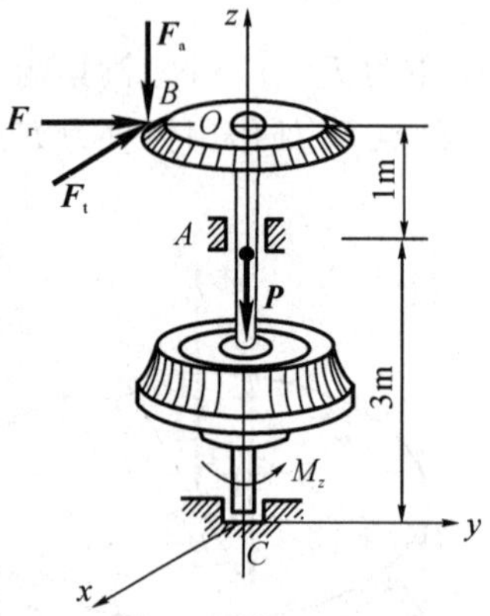

题 3－16 图

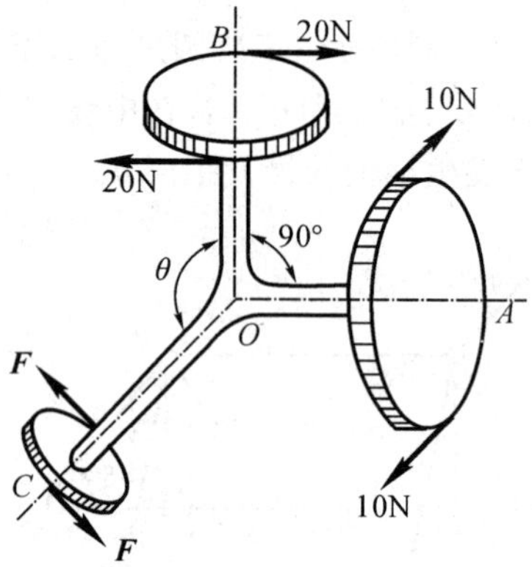

题 3－17 图

3－18　无重曲杆 $ABCD$ 有两个直角，且平面 ABC 与平面 BCD 垂直。杆的 D 端为球铰支座，另一 A 端受轴承支持，如图所示。在曲杆的 AB，BC 和 CD 上作用三个力偶，力偶所在平面分别垂直于 AB，BC 和 CD 三线段。已知力偶矩 M_2 和 M_3，求使曲杆处于平衡的力偶矩 M_1 和支座约束力。

3－19　如图所示，已知镗刀杆刀头上受切削力 $F_z=500$ N，径向力 $F_x=150$ N，轴向力 $F_y=150$ N，刀尖位于 Oxy 平面内，其坐标 $x=75$ mm，$y=200$ mm。工件重量不计，求被切削工件左端 O 处的约束力。

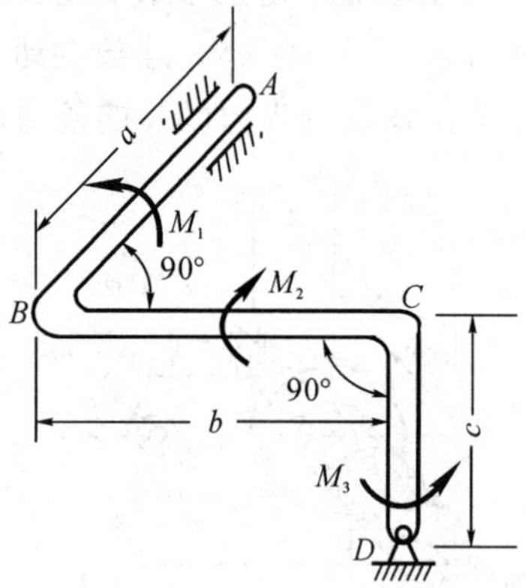

题 3－18 图

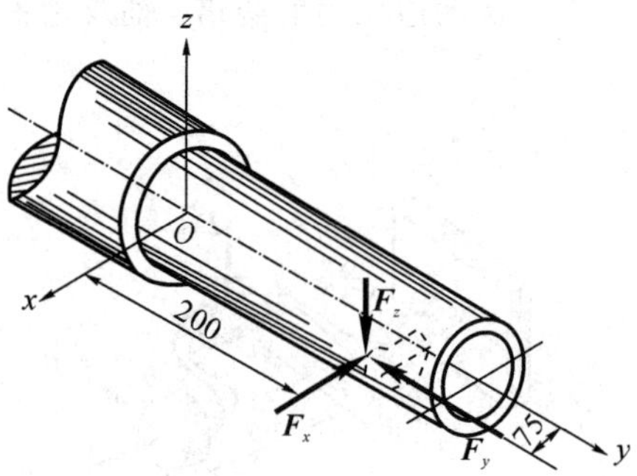

题 3－19 图

3－20　如图所示，均质长方形薄板重 $P=200$ N，用球铰链 A 和蝶铰链 B 固定在墙上，并用绳子 CE 维持在水平位置。求绳子的拉力和支座约束力。

3－21　如图所示的六杆支撑水平板，在板角处受铅直力 $\boldsymbol{F}$ 作用。设板和杆自重不计，求各杆的内力。

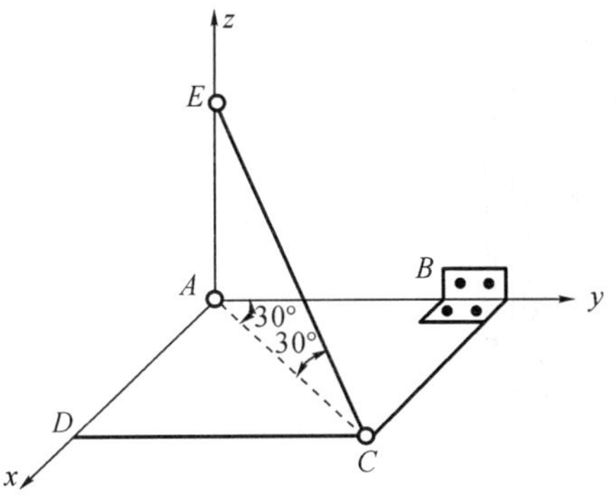

题 3-20 图

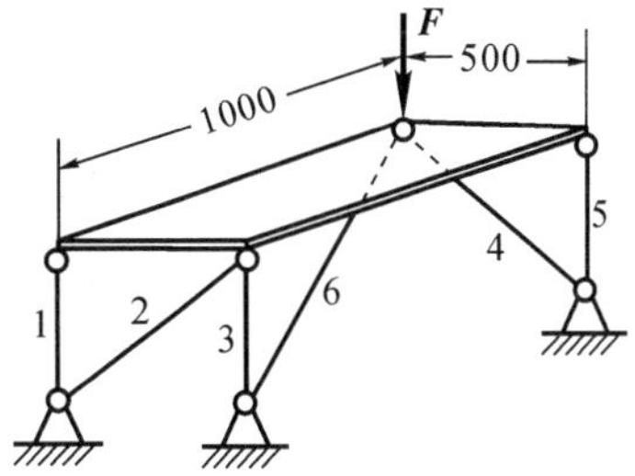

题 3-21 图

3-22 如图所示，两个均质杆 AB 和 BC 分别重 P_1 和 P_2，其端点 A 和 C 用球铰固定在水平面，另一端 B 由球铰链相连接，靠在光滑的铅直墙上，墙面与 AC 平行。如 AB 与水平线夹角为 45°，$\angle BAC=90°$，求 A 和 C 的支座约束力以及墙上点 B 所受的压力。

3-23 如图所示，杆系由球铰连接，位于正方体的边和对角线上。在节点 D 沿对角线 LD 方向作用力 $\boldsymbol{F}_D$，在节点 C 沿 CH 边铅直向下作用力 $\boldsymbol{F}$。若球铰 B，L 和 H 是固定的，杆重不计，求各杆的内力。

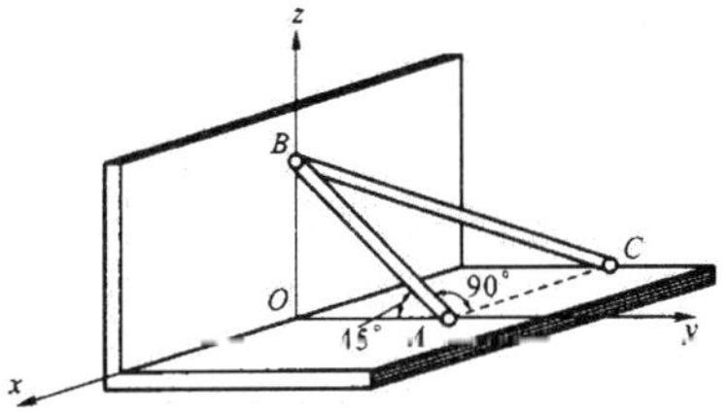

题 3-22 图

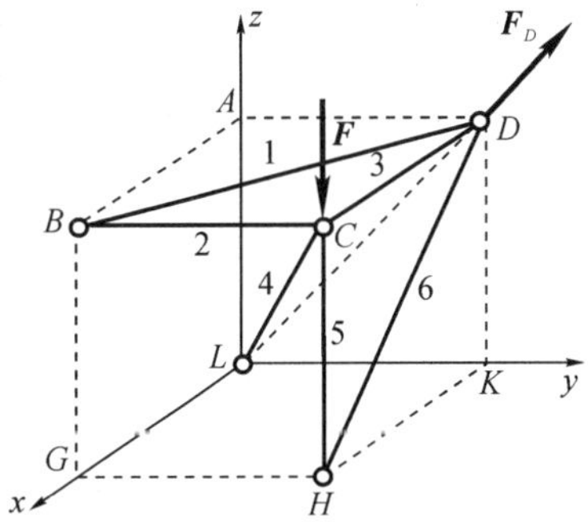

题 3-23 图

3-24 如图所示，已知：$l=30$ cm，$h=20$ cm，$d=3$ cm。求平面图形的重心。

3-25 已知工字梁的截面尺寸如图所示，求截面的几何中心。

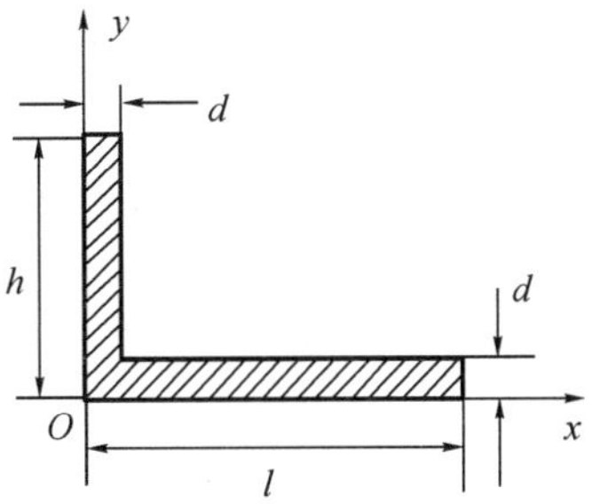

题 3-24 图

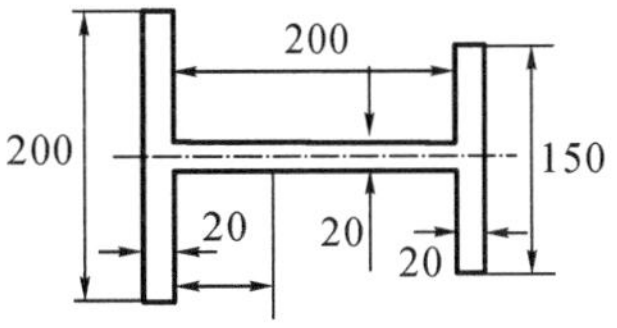

题 3-25 图

3-26 均质块尺寸如图所示，求其重心的位置。

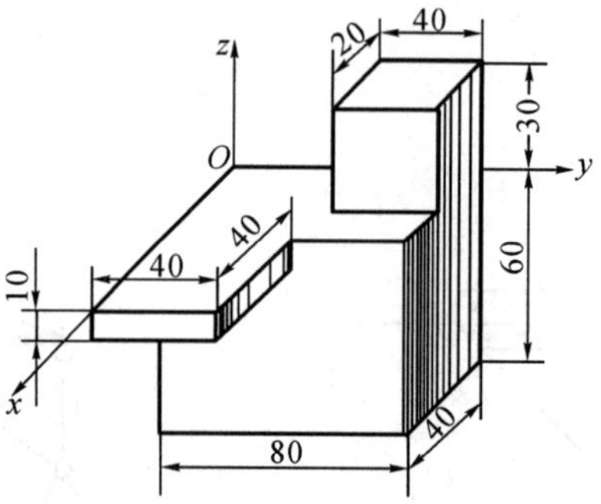

题 3 - 26 图

3 - 27　图示均质物体由半径为 r 的圆柱体和半径为 r 的半球体相结合组成。如均质物体的重心位于半球体的大圆的中心点 C，求圆柱体的高。

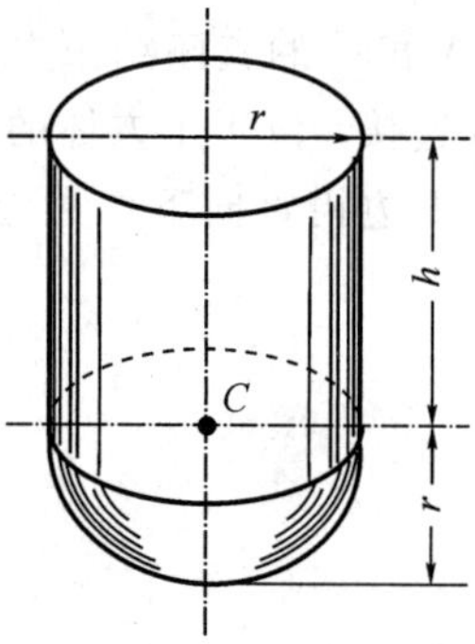

题 3 - 27 图

第 4 章　摩　　擦

在前几章，我们忽略摩擦的影响，把物体之间的接触表面都看成是光滑的。但是，完全光滑的表面事实上并不存在，在接触处多少有点摩擦，有时摩擦还起着主要作用，这时必须予以考虑。例如：钻木取火(即利用摩擦生热)、用闸片的摩擦力制动车轮、抹松香在小提琴的弓弦上增大摩擦等。当下雪后，路面摩擦力小，此时人无法行走、汽车不能正常行驶，因此必须设法增大地面与脚及车轮间的摩擦，所以雪后在路上撒上一些沙土或者在车轮上加挂防滑链，目的均在于增加摩擦力，这是摩擦有利的一面。但是事物总是“一分为二”的，它也有不利的一面。例如：磨损机件、损耗能量、缩短机器寿命、降低机械效率等。在长期的生产实践中，人们积累了许多常用的减小摩擦的方法，比如用滚动来代替滑动、采用滚动轴承、在机器中加润滑油等。研究摩擦，就是要掌握摩擦的规律，以便充分利用其有利的一面，尽可能克服其不利的一面。

摩擦的分类有以下几种：按照接触物体有无相对运动，可分为静摩擦和动摩擦；按照接触物体的运动形式，可分为滑动摩擦和滚动摩擦；按照接触物体的润滑状态，可分为干摩擦和湿摩擦。本章主要讨论滑动摩擦中的静摩擦问题，关于滚动摩擦只介绍其基本概念。

4.1　滑动摩擦力、摩擦角与自锁现象

4.1.1　滑动摩擦力

两个表面粗糙的物体，当其接触面之间有相对滑动或相对滑动趋势时，彼此作用有阻碍相对滑动的阻力，这种力称为滑动摩擦力。摩擦力的大小根据主动力的不同，分为三种情况，即静滑动摩擦力、最大静滑动摩擦力和动滑动摩擦力。

1. 静滑动摩擦力

如图 4.1(a)所示，重为 $\boldsymbol{P}$ 的物体放置在粗糙的水平面上，物体在重力 $\boldsymbol{P}$ 和法向约束力 $\boldsymbol{F}_N$ 的作用下处于静止状态。如图 4.1(b)所示，在该物体上施加一个水平向右的拉力 $\boldsymbol{F}$，当拉力 $\boldsymbol{F}$ 从零逐渐增大且不超过某一值时，此时物体虽然有滑动的趋势，但仍保持静止状态。由此可见，水平支承面除了有法向约束力 $\boldsymbol{F}_N$ 外，还有阻碍滑动的摩擦力 $\boldsymbol{F}_s$，这种在两个物体接触面之间有相对滑动趋势时所产生的摩擦力称为**静滑动摩擦力**，简称**静摩擦力**。它的方向与两个物体间的相对滑动趋势方向相反，大小可以由平衡方程确定。此时有

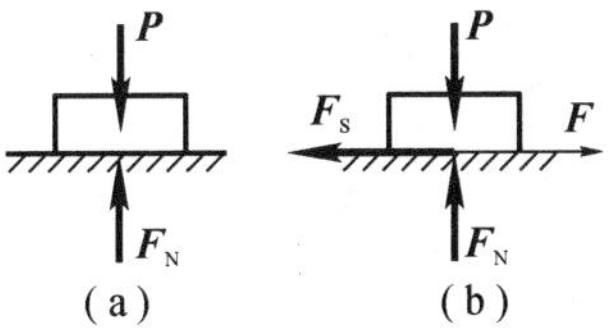

图 4.1

$$\sum F_x = 0$$

可得

$$\sum F_s = F$$

由上式可知，静摩擦力随着拉力 **F** 的增大而不断增大，这是静摩擦力与一般约束力共有的性质。

2. 最大静滑动摩擦力

静摩擦力又与一般约束力不同，它不能随力 **F** 的增大而无限增大，当拉力增大到一定数值时，物体处于将滑动而未滑动的临界平衡状态。这时，只要力 **F** 再增大一点，物体即开始滑动。当物体处于临界平衡时，静摩擦力达到最大值，即为**最大静滑动摩擦力**，简称**最大静摩擦力**，用$\boldsymbol{F}_{max}$表示。

综上所述可知，静摩擦力的大小随主动力 **F** 变化而变化，它的大小介于零和F_{max}之间，即

$$0 \leqslant F_s \leqslant F_{max} \tag{4-1}$$

大量实验表明，最大静摩擦力不仅与作用于物体上的主动力有关，而且与两个物体的材料及接触面的许多物理因素(粗糙度、温度和湿度)有关。法国科学家库伦根据大量实验，得出**静摩擦定律(又称库仑摩擦定律)：最大静滑动摩擦力的大小与接触物体间的正压力成正比，方向与相对滑动趋势的方向相反**，即

$$F_{max} = f_s F_N \tag{4-2}$$

式中，比例常数 f_s 称为静摩擦因数，该常数是无量纲系数。f_s 的大小通常由实验来测定。

必须指出，上面的静摩擦定律只是根据实验归纳的一个近似公式，由于方法简单及其足够的正确性，因此到目前为止，它仍然是工程问题中常用的近似理论。

3. 动滑动摩擦力

当拉力 **F** 逐渐增大，超过最大静滑动摩擦力$\boldsymbol{F}_{max}$时，接触面之间将出现相对滑动。这时，物体之间仍然有阻碍相对滑动的阻力存在，称这种阻力为**动滑动摩擦力**，简称**动摩擦力**，用$\boldsymbol{F}_d$ 表示。实验表明：动摩擦力的大小与接触物体间的正压力成正比，即

$$F_d = f_d F_N \tag{4-3}$$

其中，f_d 为动摩擦因数，它与物体的材料和表面情况有关，还与物体间的相对滑动速度大小有关，当相对滑动速度不大时，动摩擦因数可近似地认为是个常数。可见动摩擦力不同于静摩擦力，没有变化范围。一般情况下，动摩擦因数小于静摩擦因数，如图 4.2 所示，即

$$f_d < f_s$$

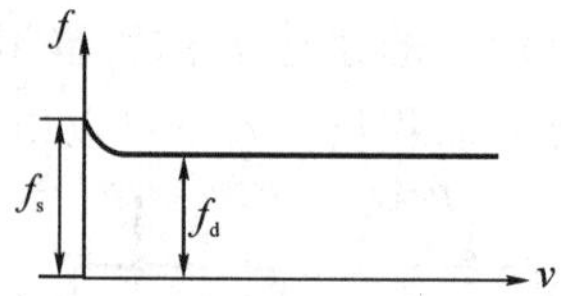

图 4.2

表 4-1 给出了一部分常用材料的滑动摩擦因数。在一般工程中，精确度要求不高时，

可近似认为动摩擦因数与静摩擦因数相等。在工程问题中，常常采用降低接触面粗糙度或者加入润滑剂的方法，降低动摩擦因数的数值，从而减小摩擦和磨损，延长机器的使用寿命。

表 4-1　常用材料的滑动摩擦因数

材料名称	静摩擦因数		动摩擦因数	
	无润滑	有润滑	无润滑	有润滑
钢-钢	0.15	0.1～0.12	0.15	0.05～0.1
钢-软钢			0.2	0.1～0.2
钢-铸铁	0.3		0.18	0.05～0.15
钢-青铜	0.15	0.1～0.15	0.15	0.1～0.15
软钢-铸铁	0.2		0.18	0.05～0.15
软钢-青铜	0.2		0.18	0.07～0.15
铸铁-铸铁		0.18	0.15	0.07～0.12
铸铁-青铜			0.15～0.2	0.07～0.15
青铜-青铜		0.1	0.2	0.07～0.1
皮革-铸铁	0.3～0.5	0.15	0.6	0.15
橡皮-铸铁			0.8	0.5
木材-木材	0.4～0.6	0.1	0.2～0.5	0.07～0.15

4.1.2 摩擦角

首先介绍摩擦角的概念。图 4.3(a)表示静止在水平面上的一物体(图中主动力没有画出)。当考虑摩擦力时，支承面对物体的作用力除了有法向力$\boldsymbol{F}_N$外，还有摩擦力$\boldsymbol{F}_s$。法向力$\boldsymbol{F}_N$与摩擦力$\boldsymbol{F}_s$的合力$\boldsymbol{F}_{RA}$称为支承面对物体的**全约束力**，即

$$\boldsymbol{F}_{RA}=\boldsymbol{F}_N+\boldsymbol{F}_s$$

全约束力$\boldsymbol{F}_{RA}$与法向力$\boldsymbol{F}_N$的夹角φ随着摩擦力$\boldsymbol{F}_s$的增大而增大，当物体处于将动而未动的临界状态时，**摩擦力达到最大值$\boldsymbol{F}_{max}$，φ也达到最大值φ_f，把φ_f称为摩擦角**。由图 4.3(b)可得

$$\tan\varphi_f=\frac{F_{max}}{F_N}=\frac{f_sF_N}{F_N}=f_s \qquad (4-4)$$

容易看出，摩擦角的正切等于摩擦系数。可见摩擦角和摩擦系数都是表示材料的性质的量。

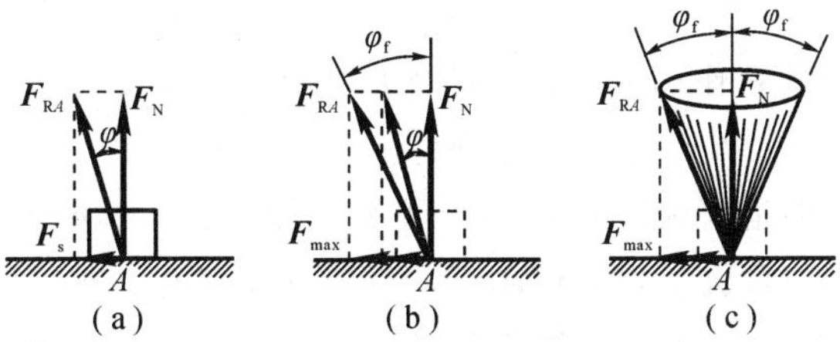

图 4.3

当物体的滑动趋势方向改变时，全约束力$\boldsymbol{F}_{RA}$的方位也随之变化；在临界状态下，$\boldsymbol{F}_{RA}$

的作用线将构成一个以接触点 A 为顶点的锥面，如图 4.3(c)所示，称为**摩擦锥**。若物体与支承面间任何方向的摩擦系数都相同，即摩擦角都相等，则摩擦锥是一个顶角为 $2\varphi_f$ 的圆锥。物体在斜面上的情况，也可作同样的分析。

4.1.3 自锁现象

当物体处于平衡状态时，静摩擦力没有达到最大值，可能介于零与最大值 F_{max} 之间变化，所以全约束力与法线的夹角 φ 也在零与摩擦角 φ_f 之间变化，即

$$0 \leqslant \varphi \leqslant \varphi_f$$

也就是说，物体平衡时，全约束力 $\boldsymbol{F}_{RA}$ 的作用线总是处在摩擦角以内，当物体处于将动而未动的临界平衡时，全约束力的作用线正好在摩擦角的边缘。由摩擦角的这一性质可知：

(1) 如果作用于物体上的全部主动力的合力 $\boldsymbol{F}_R$ 作用在摩擦角内部，则无论这个力多大，总有一个全约束力与之平衡，物体保持静止。这种与力的大小无关、与摩擦角有关的平衡条件称为**自锁条件**，物体在这种条件下的平衡现象称为**自锁现象**，如图 4.4(a)所示。

(2) 如果作用于物体上的全部主动力的合力 $\boldsymbol{F}_R$ 位于摩擦角之外，则无论这个力多么小，物体也不可能保持平衡，因全约束力在摩擦角之内，与主动力的合力不可能在同一直线上，不满足二力平衡条件。如图 4.4(b)所示。应用这个道理，可以设法避免发生自锁现象。

应用摩擦角的概念，采用简单的试验方法，可以测定静摩擦因数。如图 4.5 所示的装置，将待测定的两种材料分别做成斜面和物块，把物块放在斜面上，并逐渐从零开始，缓慢增加斜面的倾角 θ，直到物块刚开始下滑时为止。此时的倾角 θ 即为要测定的摩擦角 φ_f，因为当物体处于临界状态时，物块的主动力 $\boldsymbol{P}$ 与斜面法线的夹角 θ(也是斜面的倾角 θ)等于摩擦角 φ_f，即 $\theta=\varphi_f$。

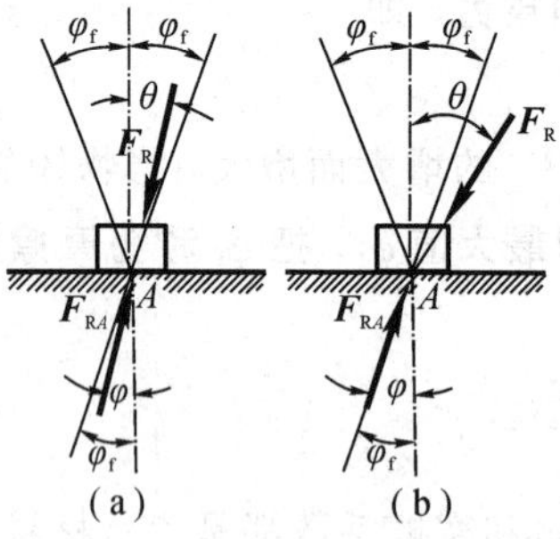

图 4.4

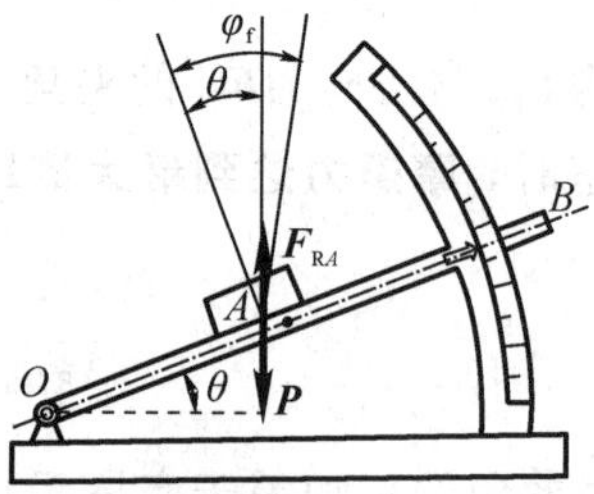

图 4.5

因此可得物块在自重 $\boldsymbol{P}$ 作用下，不沿斜面下滑的条件为

$$\theta \leqslant \varphi_f$$

即物体在斜面的自锁条件是斜面的倾角小于或等于摩擦角。自锁被广泛地应用在工程上，如螺旋千斤顶在被升起的重物的重量作用下，不会自动下降，则千斤顶的螺旋升角必须小于摩擦角。又如轴上斜键的自锁以及机床上各种夹具的自锁等，都是利用自锁的实例。但在实际中有时也要避免自锁现象产生，例如，工作台在导轨中要求顺利地滑动，不允许有卡死现象(即自锁)。

4.2　考虑摩擦时物体的平衡问题

考虑摩擦时，分析物体平衡问题的步骤与前几章大致相同，但是要注意到以下几个特点：

(1) 分析物体受力时，必须考虑到接触面间的切向摩擦力 $\boldsymbol{F}_s$，这样就会增加未知量的数目。

(2) 为了确定新增的未知量，必须引入补充方程，即 $F_s \leqslant f_s F_N$，补充方程的数目与摩擦力的数目相同。

(3) 由于物体平衡时摩擦力有一定的范围，亦即 $0 \leqslant F_s \leqslant f_s F_N$，因此当物体有多种可能的滑动趋势存在时，平衡问题的解也有一定的范围，而不是一个确定的值。

工程中有不少问题只需要分析平衡的临界状态，这时静摩擦力等于其最大值，补充方程只取等号。在某些情况下为了计算方便，也可先分析临界状态的平衡问题，再利用所得结果分析、讨论解的平衡范围。下面通过例题加以说明。

【例 4-1】 如图 4.6(a)所示，梯子 AB 靠在墙上，重为 $P=200$ N，与水平面的夹角为 $\alpha=60°$。接触面间的静摩擦因数均为 $f_s=0.25$。有一重为 $W=650$ N 的人沿梯向上爬。求人能达到的最高点 C 到 A 点的距离 s 为多少？

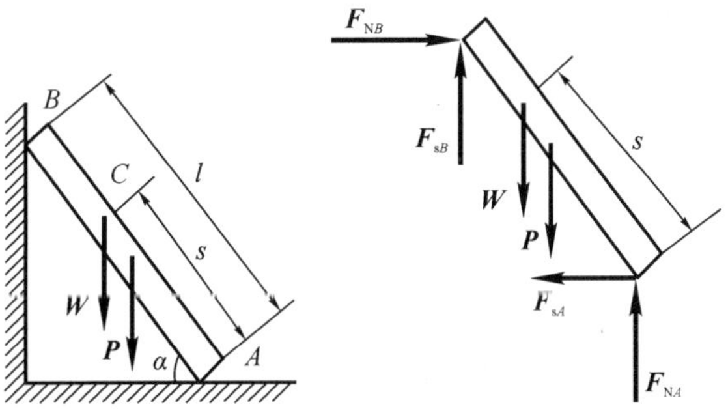

图 4.6

【解】 取梯子与人组成的系统为研究对象，梯子在主动力 $\boldsymbol{P}$ 和 $\boldsymbol{W}$ 的作用下，有下滑的趋势，则 A 与 B 点两处摩擦力应向左和向上，当人达到最高点 C 时，梯子处于临界平衡状态，两处摩擦力均达到最大值。系统受力图如图 4.6(b)所示，建立平衡方程如下：

$$\sum F_x = 0,\quad F_{NB} - F_{sA} = 0$$

$$\sum F_y = 0,\quad F_{NA} - F_{sB} - P - W = 0$$

$$\sum M_A = 0,\quad P\frac{l\cos 60°}{2} + W \cdot s \cdot \cos 60° - F_{NB} l \sin 60° - F_{sB} l \cos 60° = 0$$

根据静摩擦定律，得

$$F_{sA} = f_s F_{NA}$$

$$F_{sB} = f_s F_{NB}$$

联立以上五式，解得

$$F_{NA}=\frac{W+P}{1+f_s^2},\quad F_{sA}=f_s\frac{W+P}{1+f_s^2},\quad F_{NB}=f_s\frac{W+P}{1+f_s^2},\quad F_{sB}=f_s^2\frac{W+P}{1+f_s^2},\quad s=0.456l$$

所以，人能达到的最高点 C 到 A 点的距离为 $s=0.456l$。

【例 4-2】 如图 4.7 所示，物体重为 $\boldsymbol{P}$，放在倾角为 α 的斜面上，斜面的摩擦因数为 f_s。求当物体处于平衡状态时，水平力 $\boldsymbol{F}_1$ 的大小。

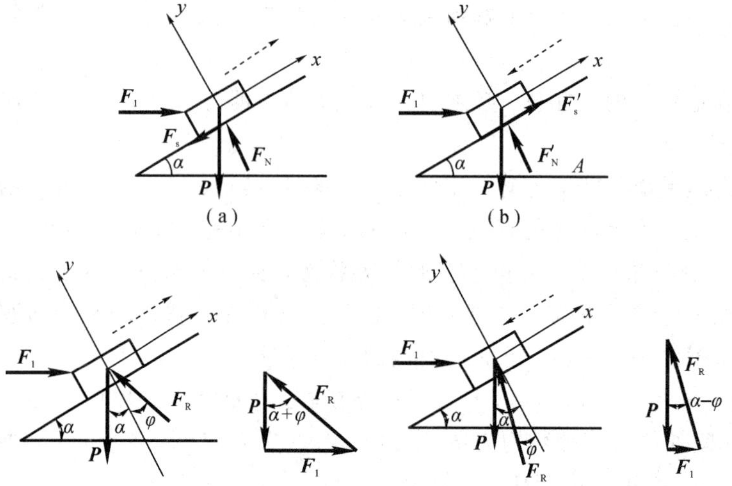

图 4.7

【解】 (1) 第一种方法：用解析法求解。

由经验可知，力 F_1 太大，物体将上滑；力 F_1 太小，物体将下滑。因此水平力 F_1 应在最大值与最小值之间。

第一种情况，先求出 F_1 的最大值，此时物体处于将要向上滑的临界状态，摩擦力沿斜面向下，并达到最大值 F_s。物体共受四个力作用：已知力 $\boldsymbol{P}$，未知力 $\boldsymbol{F}_1$，$\boldsymbol{F}_N$，$\boldsymbol{F}_s$，如图 4.7(a)所示。建立平衡方程，有

$$\sum F_x=0,\quad F_1\cos\alpha-P\sin\alpha-F_s=0$$

$$\sum F_y=0,\quad F_1\sin\alpha-P\cos\alpha+F_N=0$$

根据静滑动摩擦定律，得补充方程

$$F_s=f_sF_N$$

联立以上三式，解得

$$F_1=P\frac{\sin\alpha+f_s\cos\alpha}{\cos\alpha-f_s\sin\alpha}$$

第二种情况，求出 F_1 的最小值，此时物体处于将要向下滑的临界状态，摩擦力沿斜面向上，且达到最大值 F'_s，物体的受力分析如图 4.7(b)所示。建立平衡方程，有

$$\sum F_x=0,\quad F_1\cos\alpha-P\sin\alpha+F'_s=0$$

$$\sum F_y=0,\quad F_1\sin\alpha-P\cos\alpha+F'_N=0$$

根据静摩擦定律，得补充方程，即

$$F'_s=f_sF'_N$$

联立以上三式，解得

$$F_1=P\frac{\sin\alpha-f_s\cos\alpha}{\cos\alpha+f_s\sin\alpha}$$

综合以上两个结果：使物体静止的力 $\boldsymbol{F}_1$ 必须满足的条件为

$$P\frac{\sin\alpha-f_s\cos\alpha}{\cos\alpha+f_s\sin\alpha}\leqslant F_1\leqslant P\frac{\sin\alpha+f_s\cos\alpha}{\cos\alpha-f_s\sin\alpha}$$

(2) 第二种方法：用几何法求解。

由图 4.7 可见，物体在有向上滑动趋势的临界状态时，可将法向约束力和最大静摩擦力用全约束力 $\boldsymbol{F}_R$来代替，这时物体在 $\boldsymbol{P}$，$\boldsymbol{F}_R$，$\boldsymbol{F}_1$三个力作用下平衡，受力图如图 4.7(c)所示。根据汇交力系平衡的几何条件，可作出如图 4.7(d)所示的力三角形，求得水平推力 $\boldsymbol{F}_1$ 的最大值为

$$F_1=P\tan(\alpha+\varphi)$$

同样可得，物体在有向下滑动趋势的临界状态时的受力图如图 4.7(e)所示。作封闭三角形如图 4.7(f)所示。得水推力平力 $\boldsymbol{F}_1$的最小值为

$$F_1=P\tan(\alpha-\varphi)$$

综合上述两个结果，可得力 $\boldsymbol{F}_1$的平衡范围，即

$$P\tan(\alpha-\varphi)\leqslant F_1\leqslant P\tan(\alpha+\varphi)$$

按三角公式，展开上式中的 $P\tan(\alpha-\varphi)$和 $P\tan(\alpha+\varphi)$，得

$$P\frac{\tan\alpha-\tan\varphi}{1+\tan\alpha\tan\varphi}\leqslant F_1\leqslant P\frac{\tan\alpha+\tan\varphi}{1+\tan\alpha\tan\varphi}$$

由摩擦角定义，$\tan\varphi=f_s$，又 $\tan\alpha=\sin\alpha/\cos\alpha$，代入上式，得

$$P\frac{\sin\alpha-f_s\cos\alpha}{\cos\alpha+f_s\sin\alpha}\leqslant F_1\leqslant P\frac{\sin\alpha+f_s\cos\alpha}{\cos\alpha-f_s\sin\alpha}$$

与解析法的计算结果完全相同。

在此例题中，如斜面的倾角小于摩擦角，则水平推力 $F_{1\min}$为负值。这说明，此时物体不需要力 F_1 的支持就能静止于斜面上；而且无论重力 $\boldsymbol{P}$ 的值多大，物体也不会下滑，这就是自锁现象。

4.3 滚动摩阻

长期的实践表明，滚动比滑动更加省力。所以在工程应用中，为了提高效率，减轻劳动强度，经常应用物体的滚动代替物体的滑动。

当物体滚动时，存在什么样的阻力？下面通过一个简单试验来说明。如图 4.8(a)所示，设在水平面上放置一个重为 $\boldsymbol{P}$、半径为 R 的圆轮，如在圆轮的中心 O 上作用一个水平力 $\boldsymbol{F}$，当力 $\boldsymbol{F}$ 较小时，轮子仍然保持静止状态。分析轮子的受力情况可知，在轮子与平面接触的 A 点有法向约束力 $\boldsymbol{F}_N$，它与 $\boldsymbol{P}$ 等值反向；另外还有静滑动摩擦力 $\boldsymbol{F}_s$ 阻碍轮子滑动，它与 $\boldsymbol{F}$ 等值反向，但如果平面只有 $\boldsymbol{F}_s$ 和 $\boldsymbol{F}_N$，则轮子不可能保持平衡，因为 $\boldsymbol{F}_s$ 和 $\boldsymbol{F}$ 组成一力偶，将使轮子发生滚动。但是实际上当力 $\boldsymbol{F}$ 不大时，轮子是平衡的。由此可见，支承面除了产生约束力 $\boldsymbol{F}_N$和 $\boldsymbol{F}_s$之外，还产生了与力偶($\boldsymbol{F}$，$\boldsymbol{F}_s$)的力偶矩大小相等而转向相反的约束力偶，这个约束力偶称为滚动摩阻力偶。

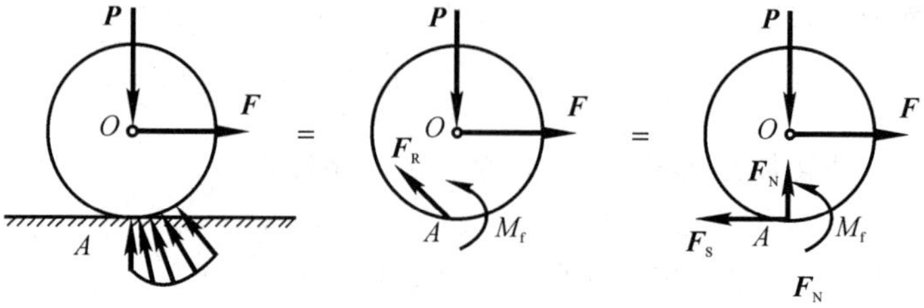

图 4.8

实际上，圆轮与支承面并不是刚体，在压力的作用下，轮子和支承面在接触处都会发生变形，由于变形，轮子与支撑面的接触处不再是一个点而是一小段弧线。因此，支撑面的约束力不再是作用于一点而是分别作用于一段弧线上的平面力系，如图 4.8(a)所示。将这个力系向 A 点简化，得到一个合力$\boldsymbol{F}_R$ 和一个力偶，力偶的矩为 M_f，如图 4.8(b)所示。合力$\boldsymbol{F}_R$ 可分解为摩擦力$\boldsymbol{F}_s$ 和法向约束力$\boldsymbol{F}_N$，而力偶即为滚动摩擦力偶，它的矩为 M_f，如图 4.8(c)所示。建立平衡方程，有

$$\sum F_x = 0,\quad F - F_s = 0$$

$$\sum F_y = 0,\quad F_N - P = 0$$

$$\sum M_A = 0,\quad M_f - FR = 0$$

解得

$$F_s = F,\quad F_N = P,\quad M_f = FR$$

由以上结果可知，滚动摩阻力偶矩 M_f 的大小随主动力偶矩 FR 的增大而增大，但有一极限值。当 M_f 达到极限值 M_{max}时，轮子处于将滚而未滚的极限状态，如 FR 继续增大，轮子开始滚动。M_{max}称为**最大滚动摩阻力偶矩**。由此可知，滚动摩阻力偶矩的大小介于零与最大值之间，即

$$0 \leqslant M_f \leqslant M_{max} \tag{4-5}$$

由实验证明：**最大滚动摩阻力偶矩 M_{max} 与法向约束力成正比**，即

$$M_{max} = \delta F_N \tag{4-6}$$

式中，比例常数 δ 称为**滚动摩阻系数**。它的值与接触面的材料及其表面状况等有关。由上式可知，滚动摩阻系数 δ 是一个具有长度单位的常数。表 4-2 给出了部分常用材料的滚动摩阻系数。一般情况下，滚动摩阻系数 δ 与轮子半径 R 的比值远小于静摩擦因数 f_s，因而滚动比滑动省力得多。通常以滚动代替滑动，就是这个道理。

表 4-2　滚动摩阻系数 $\boldsymbol{\delta}$

材料名称	δ/mm	材料名称	δ/mm
铸铁与铸铁	0.5	软钢与钢	0.5
钢质车轮与钢轨	0.05	有滚珠轴承的料车与钢轨	0.09
木与钢	0.3～0.4	无滚珠轴承的料车与钢轨	0.21
木与木	0.5～0.8	钢质车轮与木面	1.5～2.5
软木与软木	1.5	轮胎与路面	2～10
淬火钢珠对钢	0.01		

【例 4-3】　如图 4.9 所示，半径为 R 的滑轮 B 上作用有力偶，轮上绕有细绳拉住半径为 R、重量为 $\boldsymbol{P}$ 的圆柱。斜面倾角为 θ，圆柱与斜面间的滚动摩阻系数为 δ。求保持圆柱平衡时，力偶矩 M_B 的最大与最小值。

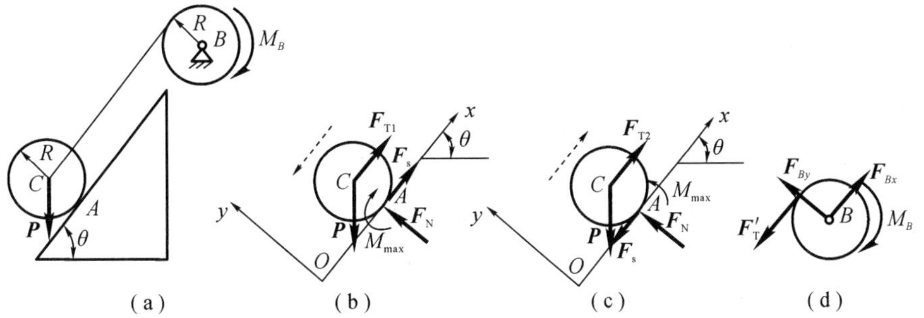

(a)　(b)　(c)　(d)

图 4.9

【解】　取圆柱为研究对象，先求绳子拉力。圆柱在即将滚动的临界状态，滚阻力偶达最大值，即 $M_{\max}=\delta F_{\mathrm{N}}$，转向与滚动趋势相反。当绳拉力为最小值时，圆柱有向下滚动的趋势；当绳拉力为最大值时，圆柱有向上滚动的趋势。

(1) 先求最小拉力 $\boldsymbol{F}_{\mathrm{T1}}$，受力如图 4.9(b)所示，列平衡方程：

$$\sum M_A(\boldsymbol{F})=0,\quad P\sin\theta\cdot R-F_{\mathrm{T1}}R-M_{\max}=0$$

$$\sum F_y=0,\quad F_{\mathrm{N}}-P\cos\theta=0$$

临界状态的补充方程

$$M_{\max}=\delta F_{\mathrm{N}}$$

联立解得最小拉力值

$$F_{\mathrm{T1}}=P\left(\sin\theta-\frac{\delta}{R}\cos\theta\right)$$

(2) 再求最大拉力 $\boldsymbol{F}_{\mathrm{T2}}$，受力如图 4.9(c)所示，列平衡方程：

$$\sum M_A(\boldsymbol{F})=0,\quad P\sin\theta\cdot R-F_{\mathrm{T2}}R+M_{\max}=0$$

$$\sum F_y=0,\quad F_{\mathrm{N}}-P\cos\theta=0$$

又有补充方程

$$M_{\max}=\delta F_{\mathrm{N}}$$

联立解得最大拉力值

$$F_{\mathrm{T2}}=P\left(\sin\theta+\frac{\delta}{R}\cos\theta\right)$$

(3) 以滑轮 B 为研究对象，受力如图 4.9(d)所示，列平衡方程：

$$\sum M_B(\boldsymbol{F})=0,\quad F'_{\mathrm{T}}R-M_B=0$$

当绳拉力分别为 $\boldsymbol{F}_{\mathrm{T1}}$ 或 $\boldsymbol{F}_{\mathrm{T2}}$ 时，得力偶矩 M_B 的最大与最小值为

$$M_{B\max}=F_{\mathrm{T2}}R=PR\left(\sin\theta+\frac{\delta}{R}\cos\theta\right)=P(R\sin\theta+\delta\cos\theta)$$

$$M_{B\min}=F_{\mathrm{T1}}R=PR\left(\sin\theta-\frac{\delta}{R}\cos\theta\right)=P(R\sin\theta-\delta\cos\theta)$$

即 M_B 的平衡范围为

$$P(R\sin\theta-\delta\cos\theta)\leqslant M_B\leqslant P(R\sin\theta+\delta\cos\theta)$$

小　　结

1. 摩擦的分类

摩擦分为滑动摩擦和滚动摩阻两类。

2. 滑动摩擦力

滑动摩擦力是在两个物体相互接触的表面之间有相对滑动趋势或有相对滑动时出现的切向约束力。前者称为静滑动摩擦力，后者称为动滑动摩擦力。

(1) 静摩擦力 $\boldsymbol{F}_s$ 的方向与接触面间相对滑动趋势的方向相反，其值满足

$$0\leqslant F_s\leqslant F_{max}$$

静摩擦定律为 $F_{max}=f_sF_N$，其中 f_s 为静摩擦因数，F_N 为法向约束力。

(2) 动摩擦力的方向与接触面间相对滑动的速度方向相反，其大小为

$$F=f_dF_N$$

其中 f_d 为动摩擦因数，一般情况下略小于静摩擦因数 f_s。

3. 摩擦角

摩擦角 φ_f 为全约束力与法线间夹角的最大值，且有

$$\tan\varphi_f=f_s$$

全约束力与法线间夹角 φ 的变化范围为

$$0\leqslant\varphi\leqslant\varphi_f$$

当主动力的合力作用线在摩擦角之内时发生自锁现象。

4. 滚动摩阻

物体滚动时会受到阻碍滚动的滚动摩阻力偶作用。物体平衡时，滚动摩阻力偶矩 M_f 随主动力的大小变化，范围为

$$0\leqslant M_f\leqslant M_{max}$$

又

$$M_{max}=\delta F_N$$

其中 δ 为滚动摩阻系数，单位为 mm。

物体滚动时，滚动摩阻力偶矩近似等于 M_{max}。

思　考　题

4-1 “摩擦力为未知的约束力，其大小和方向完全由平衡方程确定”的说法是否正确？为什么？

4-2 若传动带压力相同，则传动带与传动带轮间的摩擦因数相同，如图 4.10 所示，试比较平传动带与三角传动带的最大摩擦力。若要传较大的力矩，应选用哪种形式的传动带？为什么？

4-3　物块重 **P**，一力 **F** 作用在摩擦角之外，如图 4.11 所示。已知 $\theta=25^\circ$，摩擦角 $\varphi_f=20^\circ$，$F=P$。问物块动不动？为什么？

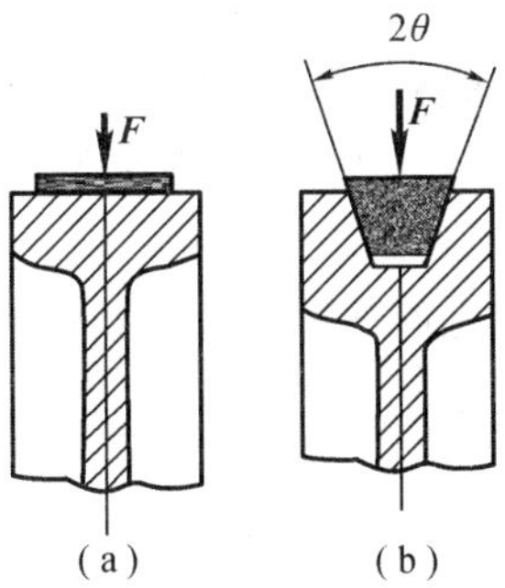

图 4.10

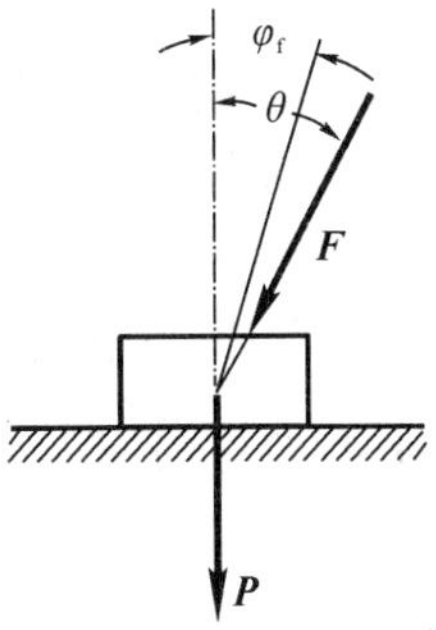

图 4.11

4-4　为什么传动螺纹多用矩形螺纹(如丝杠)？而锁紧螺纹多用三角螺纹(如螺钉)？

4-5　如图 4.12 所示，物体重 **P**，力 **F** 作用在摩擦角之外。根据自锁现象，因为力 **F** 的作用线在摩擦角外，所以不管力 **F** 多小，物体总不能平衡。这样分析对吗？

4-6　已知 π 形物体重为 **P**，尺寸如图 4.13 所示。现以水平力 **F** 拉此物体，当刚开始拉动时，A，B 两处的摩擦力是否都达到最大值？如 A，B 两处的静摩擦因数均为 f_s，此二处最大静摩擦力是否相等？又，如力 **F** 较小而未能拉动物体时，能否分别求出 A，B 两处的静摩擦力？

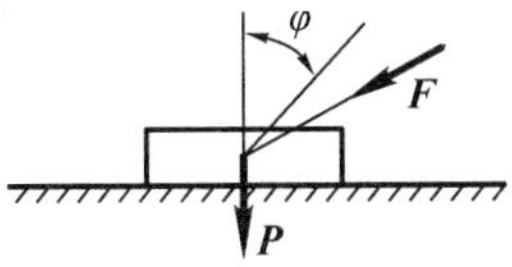

图 4.12

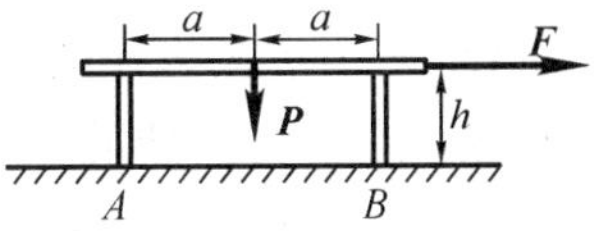

图 4.13

习　　题

4-1　如图所示，置于 V 型槽中的棒料上作用一力偶，力偶的矩 $M=15\ \text{N}\cdot\text{m}$ 时，刚好能转动此棒料。已知棒料重 $P=400\ \text{N}$，直径 $D=0.254\ \text{m}$，不计滚动摩阻。求棒料与 V 型槽间的静摩擦因数 f_s。

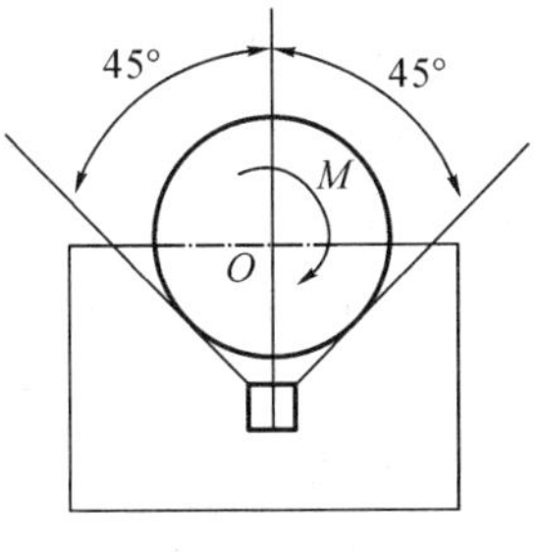

题 4-1 图

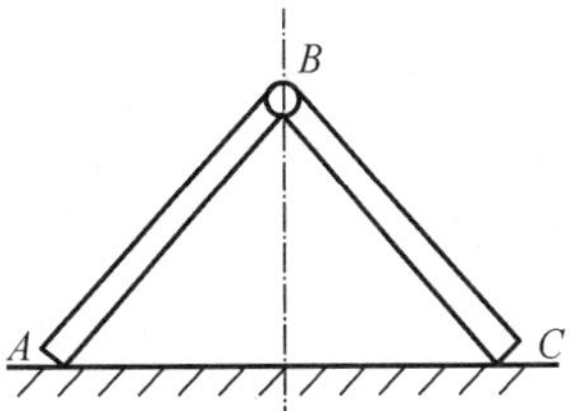

题 4-2 图

4-2　如图所示，两根均质杆 AB 和 BC，在端点 B 用光滑铰链连接，A，C 端放在不光滑的水平面上。当 ABC 成等边三角形时，系统在铅直面内处于临界平衡状态。求杆端与水平面间的摩擦因数。

4-3　如图所示为攀登电线杆的脚套钩。设电线杆直径 $d=300$ mm，A，B 间的铅直距离 $b=100$ mm。若套钩与电线杆之间的静摩擦因数 $f_s=0.5$。求工人操作时，为了安全，站在套钩上的最小距离 l 应为多大。

4-4　如图所示，不计自重的拉门与上下滑道之间的静摩擦因数均为 f_s，门高为 h。若在门上 $\frac{2}{3}h$ 处用水平力 $\boldsymbol{F}$ 拉门而不会卡住，求门宽 b 的最小值。

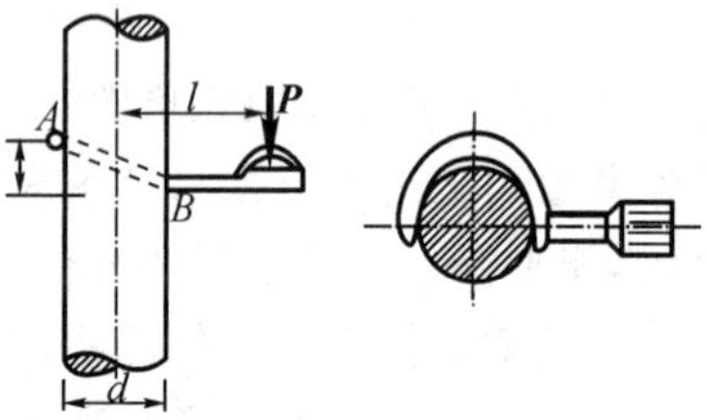

题 4-3 图

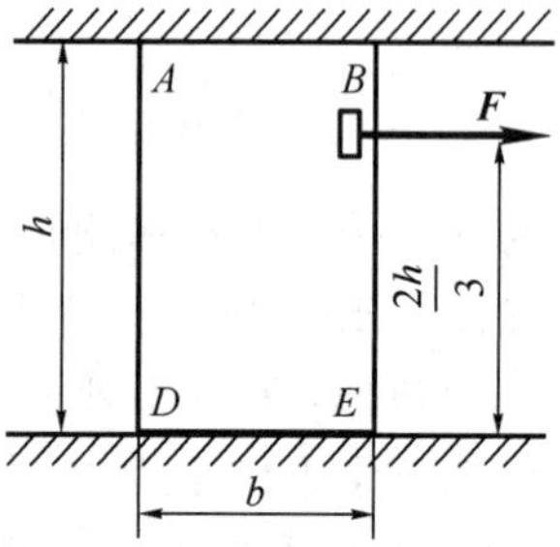

题 4-4 图

4-5　如图所示的平面曲柄连杆滑块机构，$OA=l$，在曲柄 OA 上作用有一矩为 M 的力偶，OA 水平。连杆 AB 与铅垂线的夹角为 θ，滑块与水平面之间的静摩擦因数为 f_s，不计连杆重量，且 $\tan\theta>f_s$。求机构在图示位置保持平衡时力 $\boldsymbol{F}$ 的值。

4-6　如图所示，轧压机由两轮构成，两轮的直径均为 $d=500$ mm，轮间的间隙为 $a=5$ mm，两轮反向转动，如图中箭头所示。已知烧红的铁板与铸铁轮间的静摩擦因数为 $f_s=0.1$，求能轧压的铁板的厚度 b 是多少？

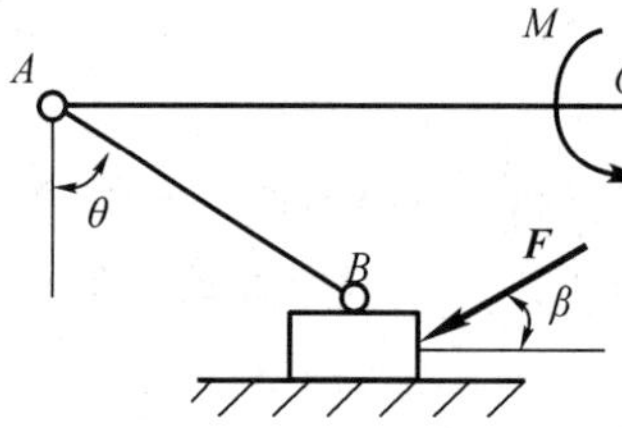

题 4-5 图

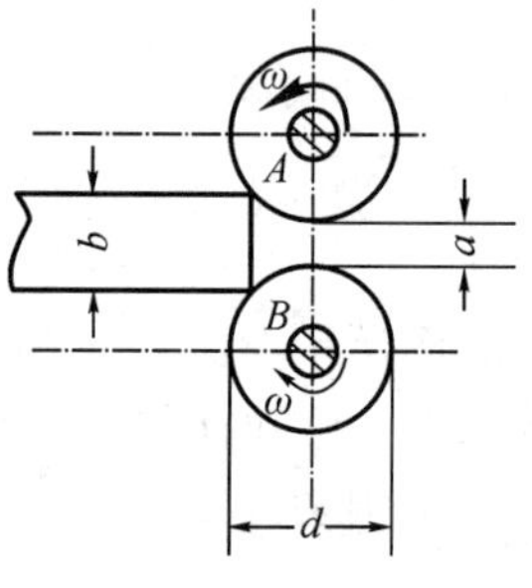

题 4-6 图

4-7　鼓轮利用双闸块制动器制动，设在杠杆的末端作用有大小为 200 N 的力 $\boldsymbol{F}$，方向与杠杆相垂直，如图所示。已知闸块与鼓轮的静摩擦因数 $f_s=0.5$，又 $2R=O_1O_2=KD=DC=O_1A=KL=O_2L=0.5$ m，$O_1B=0.75$ m，$AC=O_1D=1$ m，$ED=0.25$ m，自重不计。求作用于鼓轮上的制动力矩。

4-8　一起重用的夹具由 ABC 和 DEF 两个相同的弯杆组成，并由杆 BE 连接，B 和 E 都是铰链，尺寸如图所示。不计夹具自重，问要能提起重物 $\boldsymbol{P}$，夹具与重物接触面处的静摩擦因数 f_s 应为多大？

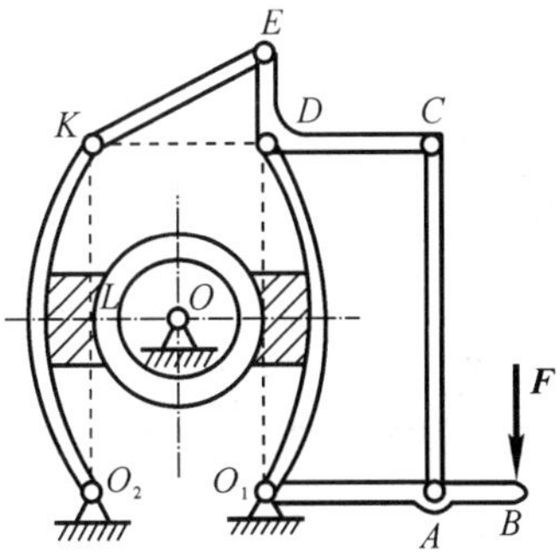

题 4 - 7 图

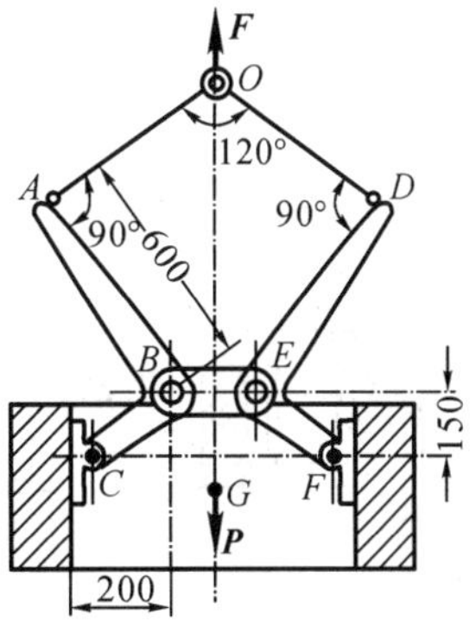

题 4 - 8 图

4 - 9　如图所示，两无重杆在 B 处用套筒式无重滑块连接，在 AD 杆上作用一力偶，其力矩 $M=40\ \mathrm{N\cdot m}$，滑块和 AD 杆间的静摩擦因数 $f_s=0.3$。求保持系统平衡时力偶矩 M_C 的范围。

4 - 10　如图所示，均质箱体 A 的宽度 $b=1\ \mathrm{m}$，高 $h=2\ \mathrm{m}$，重 $P=200\ \mathrm{kN}$，放在倾角 $\theta=20°$的斜面上。箱体与斜面之间的静摩擦因数 $f_s=0.2$。在箱体的 C 点系一无重软绳，方向如图所示，绳的另一端绕过滑轮 D 挂一重物 E。已知 $BC=a=1.8\ \mathrm{m}$。求使箱体处于平衡状态的重物 E 的重量。

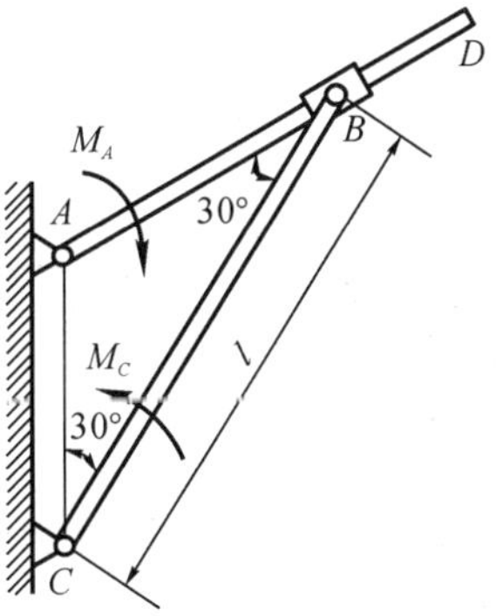

题 4 - 9 图

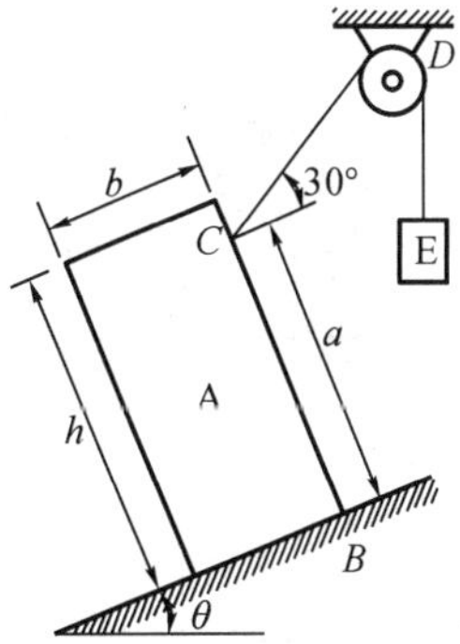

题 4 - 10 图

4 - 11　如图所示，均质圆柱重为 P，半径为 r，搁在不计自重的水平杆和固定斜面之间。杆端 A 为光滑铰链，D 端受一铅垂向上的力 $\boldsymbol{F}$，圆柱上作用一力偶。已知 $F=P$，圆柱与杆和斜面间的静滑动摩擦因数皆为 $f_s=0.3$，不计滚动摩阻，当 $\theta=45°$时，$AB=BD$。求此时能保持系统静止的力偶矩 M 的最小值。

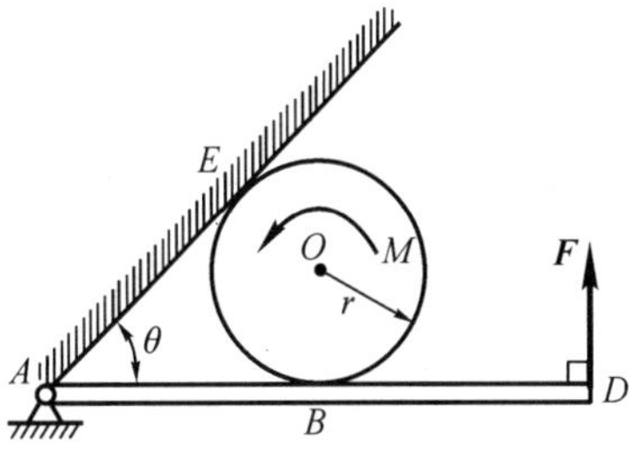

题 4 - 11 图

4 - 12　构件 1 和 2 用楔块 3 链接，已知楔块与构件间的静摩擦因数为 $f_s=0.1$，楔块自重不计。求能自锁的倾斜角。

4 - 13　如图所示，均质长板 AD 重 $\boldsymbol{P}$，长为 4 m，用一短板 BC 支撑。若 $AC=BC=AB=3\ \mathrm{m}$，BC 板的自重不计。求 A，B，C 处摩擦角各为多大才能使之保持平衡。

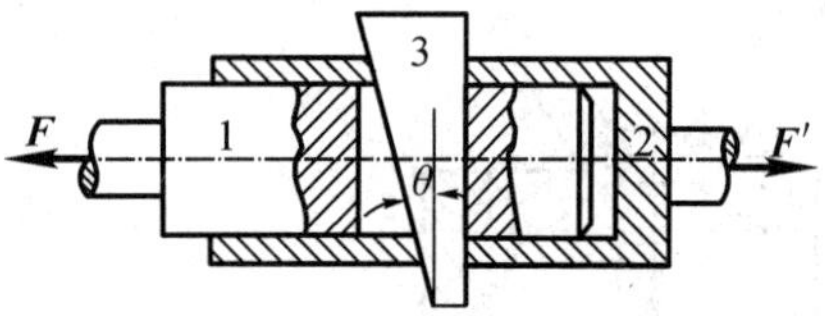

题 4-12 图

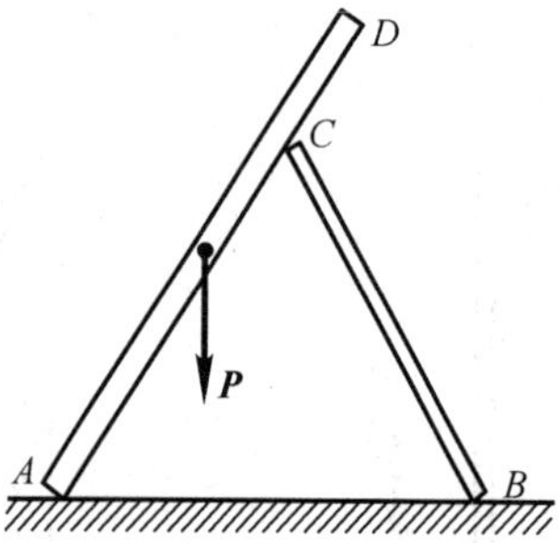

题 4-13 图

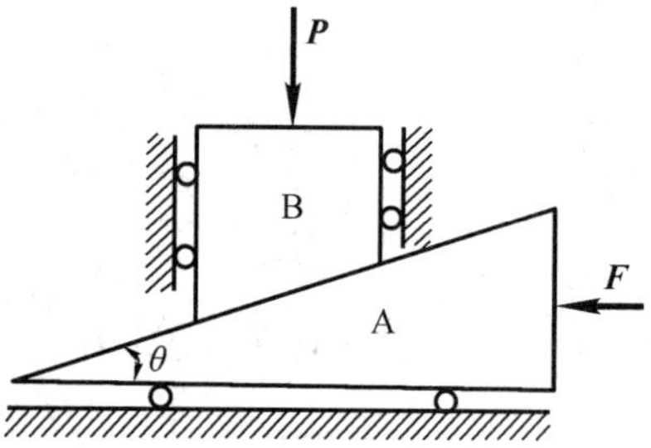

题 4-14 图

4-14　尖劈顶重装置如图所示。在B块上受力 $\boldsymbol{P}$ 的作用。A与B块间的静摩擦因数为 f_s，其他有滚珠处表示光滑。如不计A和B块的重量，求使得系统保持平衡的力 $\boldsymbol{F}$ 的值。

4-15　如图所示，一半径为 R、重为 $\boldsymbol{P}_1$ 的轮静止在水平面上。在轮上半径为 r 的轴上缠有细绳，此绳跨过滑轮 A，在端部系一重为 $\boldsymbol{P}_2$ 的物体。绳的 AB 部分与铅直线成 θ 角。求轮与水平面接触点 C 处的滚动摩阻力偶矩、滑动摩擦力和法向约束力。

4-16　如图所示，钢管车间的钢管运转台架，依靠钢管自重缓慢无滑动地滚下，钢管直径为 50 mm。设钢管与台架间的滚动摩擦阻系数 δ=0.5 mm。试确定台架的最小倾角 θ 应为多大？

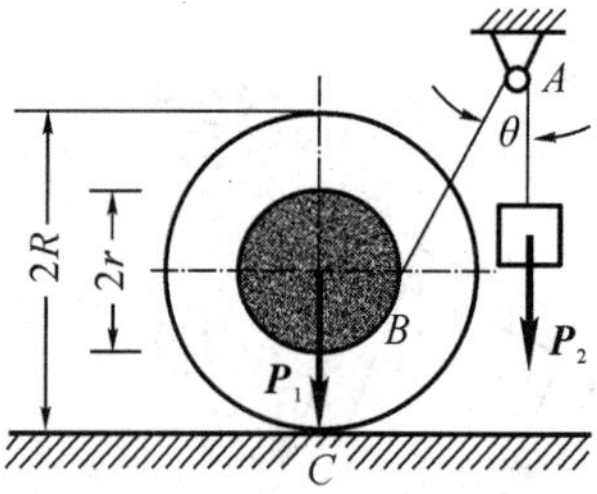

题 4-15 图

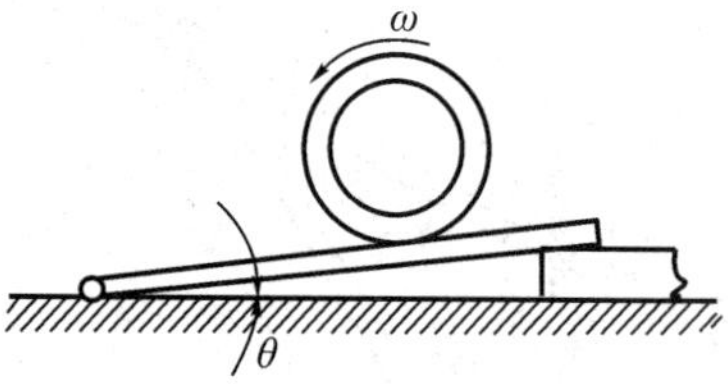

题 4-16 图

4-17　图中均质杆 AB 长为 L，重为 P，A 端由一球形铰链固定在地面上，B 端自由地靠在一铅直墙面上，墙面与铰链 A 的水平距离等于 a，图中 OB 与 z 轴的交角为 θ。杆 AB 与墙面间的静摩擦因数为 f_s，铰链的摩擦阻力可以不计。求杆 AB 将开始沿墙滑动时，θ 角应等于多大？

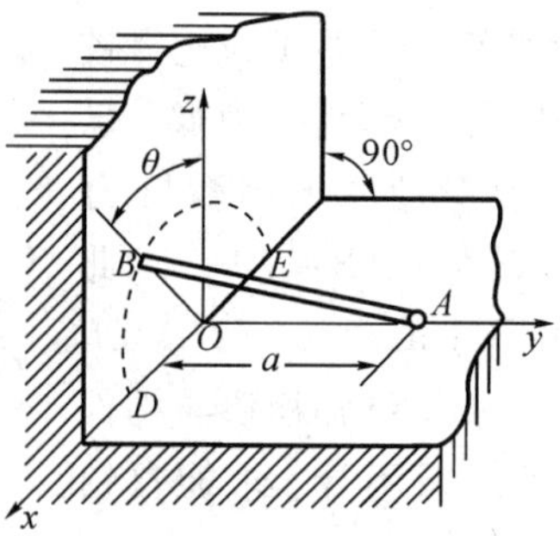

题 4-17 图

第二篇 运动学

静力学研究物体在力系作用下的平衡问题。如果作用在物体上的力系不满足平衡条件，物体的运动状态就将发生改变，例如加速飞行的火箭、起锚远航的轮船等。要解决这些问题，需要进一步研究物体在非平衡力系作用下的运动规律，此时物体的运动规律较之平衡规律要复杂得多：物体的运动规律不仅与受力情况有关，而且与物体的惯性和原来的运动状态有关。按照先易后难的学习规律，我们先不考虑引起物体运动的物理原因，而只研究物体运动的轨迹、运动方程、速度和加速度等几何性质，这部分内容称为运动学。至于物体的运动规律与力、惯性等的关系将在动力学中进行研究。

物体的机械运动就是物体在空间的位置随时间的变化。运动学是从几何的观点研究物体的机械运动。

学习运动学除了为以后学习动力学打基础外，运动学知识本身还是分析机构运动不可或缺的重要理论基础。现代工业文明，小到手表，大到航空母舰的设计，都离不开运动学分析。例如，人形机器人举手投足的背后是各部件分毫不差的传动配合，而这就要归功于运动学的精密设计。

运动是相对的。研究一个物体的运动规律，必须选择另一物体作为参考，这个用作参考的物体称为参考体。如果所选的参考体不同，那么物体的运动规律也不同。例如，一乘客坐在运行中的车厢里，相对于车厢里的观察者来说，他是静止的；相对于地面上的观察者来说，他是运动的。因此，不指明参考体，将无法判定此乘客是“静止的”还是“运动的”。所以，在力学中，描述物体的运动必须指明参考体。与参考体固连的坐标系称为参考坐标系，简称参考系。一般工程问题中，都取与地面固连的坐标系为参考系。本书中如不特别说明，参考系总是固连于地面。

在运动学中，与时间有关的概念有两个：瞬时和时间间隔。在整个时间均匀流逝过程中的某一时刻，称为瞬时。在抽象化后的时间轴上，“瞬时”是轴上的一个点。两个瞬时之间流逝的时间，称为时间间隔，在时间轴上，它是两点之间的线段。

由于不涉及力和质量的概念，在运动学中，通常将实际物体抽象化为两种力学模型：几何学意义上的点(或动点)和刚体。这里说的点是指无质量、无大小、在空间占有其位置的几何点，当物体的几何尺寸和形状在运动过程中不起主要作用时，物体的运动可简化为点的运动；刚体则是点的集合，而且其任意两点的距离是保持不变的，刚体运动学的研究对象是刚体，即大小、形状在整个运动过程中保持不变的几何体。一个物体究竟抽象化为哪种模型，主要取决于问题的性质。例如，在研究地球绕太阳运行的规律时，可以将地球抽象化为一个动点；在研究地球上的河岸冲刷、季候风的成因时，则要将地球抽象化为一个刚体。由于运动学的研究对象是点和刚体，因此，运动学内容一般可分为点的运动学和刚体运动学。

第5章 点的运动学

点的运动学最基本的问题是描述点在某参考系中的位置随时间变化的规律。这种规律的数学表达式称为点的运动方程。当确定了动点在参考系中的运动方程后，就能求出点在空间运动的几何特征：点在空间行进的路线——轨迹；点在空间位置的变化量——位移；位移变化的快慢——速度；速度变化的快慢——加速度，等等。

点的运动学是研究一般物体运动的基础，又具有独立的应用意义。本章将研究点的简单运动，研究点相对某一个参考系的几何位置随时间变动的规律，包括点的运动方程、运动轨迹、速度和加速度等。

点在空间的位置，可以有多种描述方法。在这里，将讨论三种方法描述点的运动状态：矢量法、直角坐标法和自然法。这三种描述方法分别适用于不同的场合。

5.1 矢量法研究点的运动

5.1.1 运动方程

选取参考系上某确定点 O 为坐标原点，自点 O 向动点 M 作矢量 $\boldsymbol{r}$，称 $\boldsymbol{r}$ 为点 M 相对原点 O 的位置矢量，简称矢径。当动点 M 运动时，矢径 $\boldsymbol{r}$ 随时间而变化，并且是时间的单值连续函数，即

$$\boldsymbol{r}=\boldsymbol{r}(t) \tag{5-1}$$

式(5-1)称为以矢量表示的点的运动方程。

动点 M 在运动过程中，其矢径 $\boldsymbol{r}$ 的末端描绘出一条连续曲线，称为矢端曲线。显然，矢径 $\boldsymbol{r}$ 的矢端曲线就是动点 M 的运动轨迹，如图5.1所示。

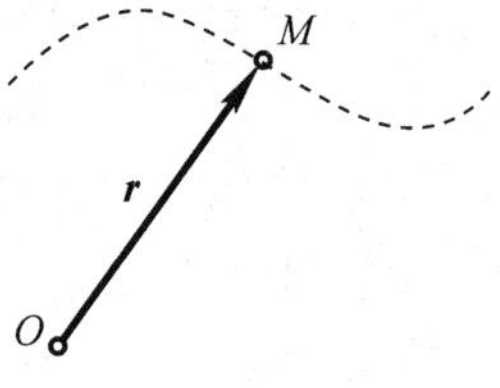

图 5.1

5.1.2 速度

点的速度是矢量。动点的速度矢等于它的矢径 $\boldsymbol{r}$ 对时间的一阶导数，即

$$\boldsymbol{v}=\frac{\mathrm{d}\boldsymbol{r}}{\mathrm{d}t} \tag{5-2}$$

动点的速度矢沿着矢径 $\boldsymbol{r}$ 的矢端曲线的切线，即沿动点运动轨迹的切线，并与此点运动的方向一致。速度的大小，即速度矢 $\boldsymbol{v}$ 的模，表明点运动的快慢，在国际单位制中，速度 $\boldsymbol{v}$ 的单位为 m/s。

5.1.3　加速度

点的速度矢对时间的变化率称为加速度。点的加速度也是矢量，它表征了速度大小和方向的变化。动点的加速度矢等于该点的速度矢对时间的一阶导数，或等于矢径对时间的二阶导数，即

$$\boldsymbol{a}=\frac{\mathrm{d}\boldsymbol{v}}{\mathrm{d}t}=\frac{\mathrm{d}^2\boldsymbol{r}}{\mathrm{d}t^2} \tag{5-3}$$

有时为了方便，在字母上方加"˙"表示该量对时间的一阶导数，加"¨"表示该量对时间的二阶导数。因此，式(5-2)和式(5-3)亦可记为

$$\boldsymbol{v}=\dot{\boldsymbol{r}},\quad \boldsymbol{a}=\dot{\boldsymbol{v}}=\ddot{\boldsymbol{r}} \tag{5-4}$$

在国际单位制中，加速度 $\boldsymbol{a}$ 的单位为 $\mathrm{m/s^2}$。

如在空间任意取一点 O，把动点 M 在连续不同瞬时的速度矢 $\boldsymbol{v}$，$\boldsymbol{v}'$，$\boldsymbol{v}''$，…都平行地移到点 O，连接各矢量的端点 M，M'，M''，…，就构成了矢量 $\boldsymbol{v}$ 端点的连续曲线，称为速度矢端曲线，如图 5.2(a)所示。动点的加速度矢 $\boldsymbol{a}$ 的方向与速度矢端曲线在相应点 M 的切线相平行，如图 5.2(b)所示。

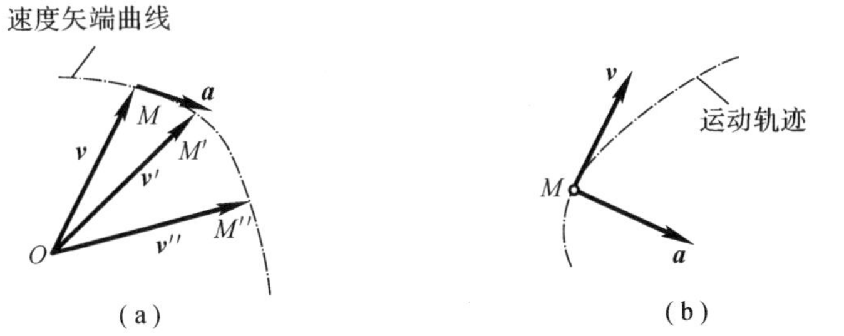

图 5.2

5.2　直角坐标法研究点的运动

由 5.1 节可知，用矢径法描述点的运动，只需选择一个参考点，不需要建立参考坐标系就可以导出点的速度、加速度的计算公式。这种公式形式简洁、运算简单、便于理论推导，是研究点的运动学的基本公式，也是整个运动学基本公式的重要部分。为了便于应用和计算，可根据实际情况，选择其他描述运动的方法。直角坐标法，是采用人们熟悉的笛卡尔坐标系。这种方法是矢径法的代数运算。

取一固定的直角坐标系 $Oxyz$，则动点 M 在任意瞬时的空间位置既可以用它相对于坐标原点 O 的矢径 $\boldsymbol{r}$ 表示，也可以用它的三个直角坐标 x，y，z 表示，如图 5.3 所示。

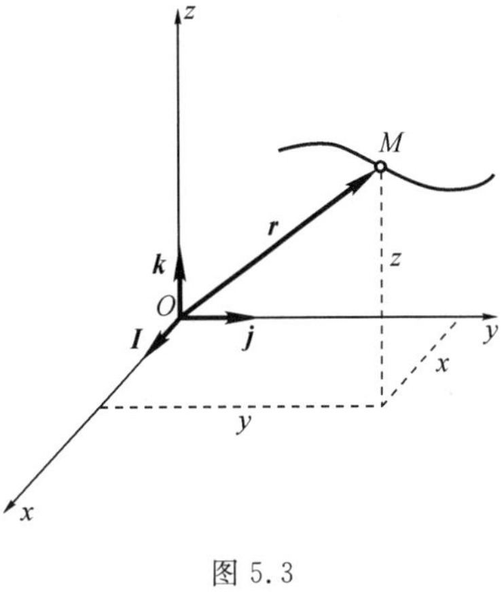

图 5.3

由于矢径的原点与直角坐标系的原点重合，因此

有如下关系：

$$\boldsymbol{r}=x\boldsymbol{i}+y\boldsymbol{j}+z\boldsymbol{k} \tag{5-5}$$

式中，$\boldsymbol{i}$，$\boldsymbol{j}$，$\boldsymbol{k}$ 分别为沿三个定坐标轴的单位矢量，如图 5.3 所示。由于 $\boldsymbol{r}$ 是时间的单值连续函数，因此 x，y，z 也是时间的单值连续函数。利用式(5-5)，可以将运动方程式(5-1)写为

$$x=f_1(t),\quad y=f_2(t),\quad z=f_3(t) \tag{5-6}$$

这些方程称为以直角坐标表示的点的运动方程。如果知道了点的运动方程式(5-6)，就可以求出任一瞬时点的坐标 x，y，z 的值，也就完全确定了该瞬时动点的位置。

式(5-6)实际上也是点的轨迹的参数方程，只要给定时间 t 的不同数值，依次得出点的坐标 x，y，z 的相应数值，根据这些数值就可以描出动点的轨迹。因为动点的轨迹与时间无关，如果需要求点的轨迹方程，可将运动方程中的时间 t 消去。

在工程中，经常遇到点在某平面内运动的情形，此时点的轨迹为一平面曲线。取轨迹所在的平面为坐标平面 Oxy，则点的运动方程为

$$x=f_1(t),\quad y=f_2(t) \tag{5-7}$$

从式(5-7)中消去时间 t，即得轨迹方程：

$$f(x,\ y)=0 \tag{5-8}$$

将式(5-5)代入到式(5-2)中，由于 $\boldsymbol{i}$，$\boldsymbol{j}$，$\boldsymbol{k}$ 为大小和方向都不变的恒矢量，因此有

$$\boldsymbol{v}=\dot{\boldsymbol{r}}=\dot{x}\boldsymbol{i}+\dot{y}\boldsymbol{j}+\dot{z}\boldsymbol{k} \tag{5-9}$$

设动点 M 的速度矢 $\boldsymbol{v}$ 在直角坐标轴上的投影为 v_x，v_y 和 v_z，即

$$\boldsymbol{v}=v_x\boldsymbol{i}+v_y\boldsymbol{j}+v_z\boldsymbol{k} \tag{5-10}$$

比较式(5-9)和式(5-10)，得到

$$v_x=\dot{x},\quad v_y=\dot{y},\quad v_z=\dot{z} \tag{5-11}$$

因此，速度在各坐标轴上的投影等于动点的各对应坐标对时间的一阶导数。

由式(5-11)求得 v_x，v_y 及 v_z 后，速度 $\boldsymbol{v}$ 的大小和方向就可由它的这三个投影完全确定。速度的大小为

$$v=\sqrt{v_x^2+v_y^2+v_z^2}=\sqrt{\dot{x}^2+\dot{y}^2+\dot{z}^2} \tag{5-12}$$

其方向可由速度 $\boldsymbol{v}=v_x\boldsymbol{i}+v_y\boldsymbol{j}+v_z\boldsymbol{k}$ 的方向余弦来确定，即

$$\cos(\boldsymbol{v},\ \boldsymbol{i})=\frac{v_x}{v},\quad \cos(\boldsymbol{v},\ \boldsymbol{j})=\frac{v_y}{v},\quad \cos(\boldsymbol{v},\ \boldsymbol{k})=\frac{v_z}{v} \tag{5-13}$$

同理，设

$$\boldsymbol{a}=a_x\boldsymbol{i}+a_y\boldsymbol{j}+a_z\boldsymbol{k} \tag{5-14}$$

则有

$$a_x=\dot{v}_x=\ddot{x},\quad a_y=\dot{v}_y=\ddot{y},\quad a_z=\dot{v}_z=\ddot{z} \tag{5-15}$$

因此，加速度在直角坐标轴上的投影等于动点的各对应坐标对时间的二阶导数。

加速度 $\boldsymbol{a}$ 的大小和方向由它的三个投影 a_x，a_y 和 a_z 完全确定。

5.3 自然法研究点的运动

在许多的工程实际问题中，动点的运动轨迹往往是已知的，例如火车运行的线路即为

已知的轨迹。在此前提下，沿轨迹曲线建立一条弧形曲线坐标轴，简称弧坐标轴，用弧坐标来确定动点在任意瞬时的位置的方法称为弧坐标法。

利用点的运动轨迹建立弧坐标及自然轴系，并用它们来描述和分析点的运动的方法称为**自然法**。

5.3.1 弧坐标

设动点 M 的轨迹为如图 5.4 所示的曲线，则动点 M 在轨迹上的位置可以这样确定：在轨迹上任选一点 O 为参考点，并设点 O 的某一侧为正向，动点 M 在轨迹上的位置由弧长确定，视弧长 s 为代数量，称它为动点 M 在轨迹上的弧坐标。当动点 M 运动时，s 随着时间变化，它是时间的单值连续函数，即

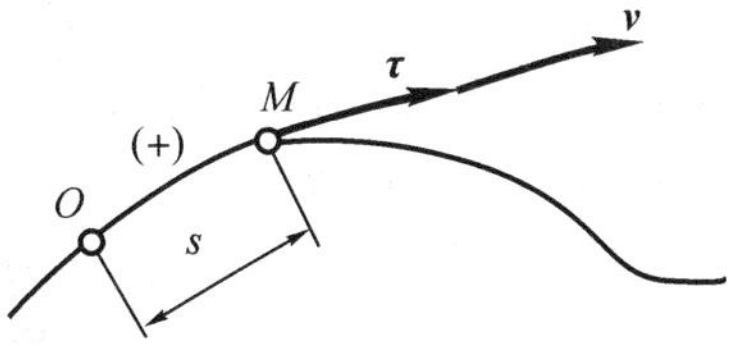

图 5.4

$$s=f(t) \tag{5-16}$$

式(5-16)称为点沿轨迹的运动方程，或以弧坐标表示的点的运动方程。如果已知点的运动方程式(5-16)，则可以确定任一瞬时点的弧坐标 s 的值，也就确定了该瞬时动点在轨迹上的位置。

5.3.2 自然轴系

在点的运动轨迹曲线上取极为接近的两点 M 和 M_1，其间的弧长为 Δs，这两点切线的单位矢量分别为 $\boldsymbol{\tau}$ 和 $\boldsymbol{\tau}_1$，其指向与弧坐标正向一致，如图 5.5 所示。将 $\boldsymbol{\tau}_1$ 平移至点 M，则 $\boldsymbol{\tau}$ 和 $\boldsymbol{\tau}_1$ 决定一平面。令 M_1 无限趋近点 M，则此平面趋近于某一极限位置，此极限平面称为曲线在点 M 的密切面。过点 M 并与切线垂直的平面称为法平面，法平面与密切面的交线称为**主法线**。令主法线的单位矢量为 $\boldsymbol{n}$，指向曲线内凹一侧。过点 M 且垂直于切线及主法线的直线称为**副法线**，其单位矢量为 $\boldsymbol{b}$，指向与 $\boldsymbol{\tau}$，$\boldsymbol{n}$ 构成右手系，即

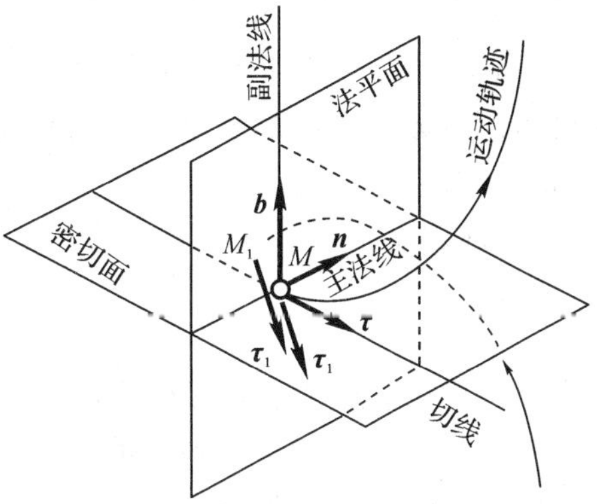

图 5.5

$$\boldsymbol{b}=\boldsymbol{\tau}\times\boldsymbol{n} \tag{5-17}$$

以点 M 为原点，以切线、主法线和副法线为坐标轴组成的正交坐标系称为曲线在点 M 的自然坐标系，这三个轴称为自然轴。注意，随着点 M 在轨迹上运动，$\boldsymbol{\tau}$，$\boldsymbol{n}$，$\boldsymbol{b}$ 的方向也在不断变动；自然坐标系是沿曲线而变动的游动坐标系。

在曲线运动中，轨迹的曲率或曲率半径是一个重要的参数，它表示曲线的弯曲程度。如点 M 沿轨迹经过弧长 Δs 到达点 M'，如图 5.6 所示。设点 M 处曲线切向单位矢量为 $\boldsymbol{\tau}$，点 M' 处单位矢量为 $\boldsymbol{\tau}'$，而切线经过 Δs 时转过的角度为 $\Delta\varphi$。**曲率定义为曲线切线的转角对弧长一阶导数的绝对值**。曲率的倒数称为曲率半径。如曲率半径以 ρ 表示，则有

$$\frac{1}{\rho}=\lim_{\Delta s\to 0}\left|\frac{\Delta\varphi}{\Delta s}\right|=\frac{\mathrm{d}\varphi}{\mathrm{d}s} \tag{5-18}$$

由图 5.6 可见

$$|\Delta\boldsymbol{\tau}|=2|\boldsymbol{\tau}|\sin\frac{\Delta\varphi}{2} \qquad (5-19)$$

当 $\Delta s\to 0$ 时，$\Delta\varphi\to 0$，$\Delta\boldsymbol{\tau}$ 与 $\boldsymbol{\tau}$ 垂直，且有 $|\boldsymbol{\tau}|=1$，由此可得

$$|\Delta\boldsymbol{\tau}|\approx\Delta\varphi \qquad (5-20)$$

注意到 Δs 为正时，点沿切向 $\boldsymbol{\tau}$ 的正方向运动，$\Delta\boldsymbol{\tau}$ 指向轨迹内凹一侧；Δs 为负时，$\Delta\boldsymbol{\tau}$ 指向轨迹外凸一侧。因此有

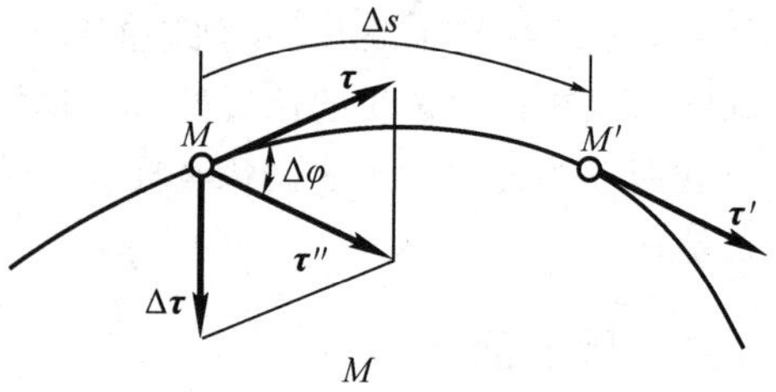

图 5.6

$$\frac{\mathrm{d}\boldsymbol{\tau}}{\mathrm{d}s}=\lim_{\Delta s\to 0}\frac{\Delta\boldsymbol{\tau}}{\Delta s}=\lim_{\Delta s\to 0}\frac{\Delta\boldsymbol{\tau}}{\Delta\varphi}\frac{\Delta\varphi}{\Delta s}=\frac{1}{\rho}\boldsymbol{n} \qquad (5-21)$$

式(5-21)将用于法向加速度的推导。

5.3.3 点的速度

点沿轨迹由 M 到 M'，经过 Δt 时间，其矢径有增量 $\Delta\boldsymbol{r}$，如图 5.7 所示。当 $\Delta t\to 0$ 时，$|\Delta\boldsymbol{r}|=|\widehat{MM'}|=|\Delta s|$，故有

$$v=\lim_{\Delta t\to 0}\left|\frac{\Delta\boldsymbol{r}}{\Delta t}\right|=\lim_{\Delta t\to 0}\left|\frac{\Delta s}{\Delta t}\right|=\left|\frac{\mathrm{d}s}{\mathrm{d}t}\right| \qquad (5-22)$$

式中 s 是动点在轨迹曲线上的弧坐标。由此可得结论：**速度的大小等于动点的弧坐标对时间的一阶导数的绝对值。**

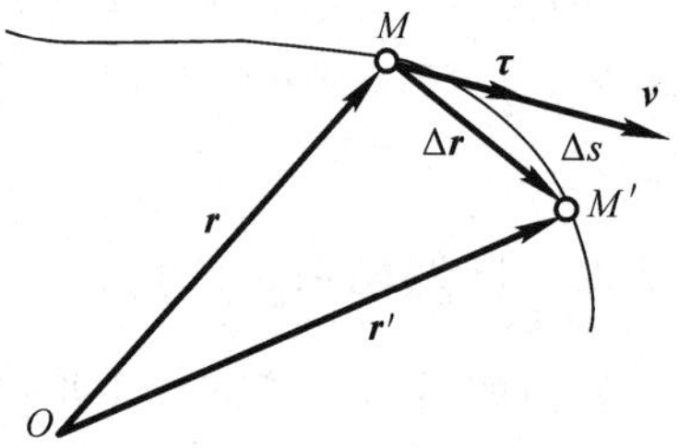

图 5.7

弧坐标对时间的导数是一个代数量，以 v 表示

$$v=\frac{\mathrm{d}s}{\mathrm{d}t}=\dot{s} \qquad (5-23)$$

如 $\dot{s}>0$，则 s 值随时间增加而增大，点沿轨迹的正向运动；如 $\dot{s}<0$，则点沿轨迹的负向运动。于是，v 的绝对值表示速度的大小，它的正负号表示点沿轨迹运动的方向。

由于 $\boldsymbol{\tau}$ 是切线轴的单位矢量，因此点的速度矢可写为

$$\boldsymbol{v}=v\boldsymbol{\tau}=\frac{\mathrm{d}s}{\mathrm{d}t}\boldsymbol{\tau} \qquad (5-24)$$

5.3.4 点的切向加速度和法向加速度

将式(5-24)对时间取一阶导数，注意到 $\boldsymbol{v}$，$\boldsymbol{\tau}$ 都是变量，得

$$\boldsymbol{a}=\frac{\mathrm{d}\boldsymbol{v}}{\mathrm{d}t}=\frac{\mathrm{d}v}{\mathrm{d}t}\boldsymbol{\tau}+v\frac{\mathrm{d}\boldsymbol{\tau}}{\mathrm{d}t} \qquad (5-25)$$

式(5-25)右端两项都是矢量，第一项是反映速度大小变化的加速度，记为 $\boldsymbol{a}_\tau$；第二项是反映速度方向变化的加速度，记为 $\boldsymbol{a}_\mathrm{n}$。下面分别求它们的大小和方向。

1. 反映速度大小变化的加速度 $\boldsymbol{a}_\tau$

因为

$$\boldsymbol{a}_\tau=\dot{v}\boldsymbol{\tau} \qquad (5-26)$$

显然 $\boldsymbol{a}_\tau$ 是一个沿轨迹切线的矢量，因此称为切向加速度。如 $\dot{v}>0$，$\boldsymbol{a}_\tau$ 指向轨迹的正向；如 $\dot{v}<0$，$\boldsymbol{a}_\tau$ 指向轨迹的负向。令

$$a_\tau=\dot{v}=\ddot{s} \tag{5-27}$$

a_τ 是一个代数量，是加速度 $\boldsymbol{a}$ 沿轨迹切向的投影。

由此可得结论：**切向加速度反映点的速度值对时间的变化率，它的代数值等于速度的代数值对时间的一阶导数，或弧坐标对时间的二阶导数，它的方向沿轨迹切线。**

2. 反映速度方向变化的加速度 $\boldsymbol{a}_n$

因为

$$\boldsymbol{a}_n=v\frac{\mathrm{d}\boldsymbol{\tau}}{\mathrm{d}t} \tag{5-28}$$

它反映速度方向 $\boldsymbol{\tau}$ 的变化。式(5-28)可改写为

$$\boldsymbol{a}_n=v\frac{\mathrm{d}\boldsymbol{\tau}}{\mathrm{d}s}\frac{\mathrm{d}s}{\mathrm{d}t} \tag{5-29}$$

将式(5-21)及式(5-23)代入式(5-29)，得

$$\boldsymbol{a}_n=\frac{v^2}{\rho}\boldsymbol{n} \tag{5-30}$$

由此可见，$\boldsymbol{a}_n$ 的方向与主法线的正向一致，称为法向加速度。于是可得结论：**法向加速度反映点的速度方向改变的快慢程度，它的大小等于点的速度平方除以曲率半径，它的方向沿着主法线，指向曲率中心。**

正如前面分析的那样，切向加速度表明速度大小的变化率，而法向加速度只反映速度方向的变化，所以，当速度 $\boldsymbol{v}$ 与切向加速度 $\boldsymbol{a}_\tau$ 的指向相同时，即 $\boldsymbol{v}$ 与 $\boldsymbol{a}_\tau$ 的符号相同时，速度的绝对值不断增加，点做加速运动，如图 5.8(a)所示；当速度 $\boldsymbol{v}$ 与切向加速度 $\boldsymbol{a}_\tau$ 的指向相反时，即 $\boldsymbol{v}$ 与 $\boldsymbol{a}_\tau$ 的符号相反时，速度的绝对值不断减小，点做减速运动，如图 5.8(b)所示。

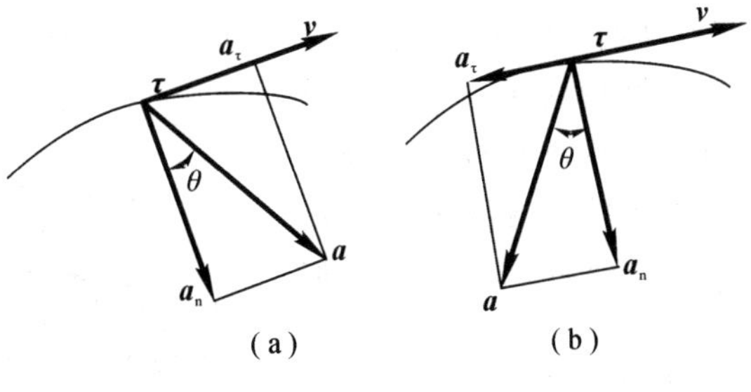

图 5.8

将式(5-26)、式(5-28)和式(5-30)代入式(5-25)中，有

$$\boldsymbol{a}=\boldsymbol{a}_\tau+\boldsymbol{a}_n=\boldsymbol{a}_\tau\boldsymbol{\tau}+a_n\boldsymbol{n} \tag{5-31}$$

式中

$$a_\tau=\frac{\mathrm{d}v}{\mathrm{d}t},\quad a_n=\frac{v^2}{\rho} \tag{5-32}$$

由于 $\boldsymbol{a}_\tau$，$\boldsymbol{a}_n$ 均在密切面内，因此全加速度 $\boldsymbol{a}$ 也必在密切面内。这表明加速度沿副法线上的分量为零，即

$$\boldsymbol{a}_b = \mathbf{0} \tag{5-33}$$

全加速度的大小可由下式求出：

$$a = \sqrt{a_\tau^2 + a_n^2} \tag{5-34}$$

它与法线间的夹角的正切为

$$\tan\theta = \frac{a_\tau}{a_n} \tag{5-35}$$

当 $\boldsymbol{a}$ 与切向单位矢量 $\boldsymbol{\tau}$ 的夹角为锐角时 θ 为正，否则为负，如图 5.8(b)所示。

如果动点的切向加速度的代数值保持不变，即 a_τ = 恒量，则动点的运动称为**曲线匀变速运动**。现在来求它的运动规律。

由

$$dv = a_\tau dt \tag{5-36}$$

积分得

$$v = v_0 + a_\tau t \tag{5-37}$$

式中 v_0 是在 $t=0$ 时点的速度。

再积分，得

$$s = s_0 + v_0 t + \frac{1}{2} a_\tau t^2 \tag{5-38}$$

式中 s_0 是在 $t=0$ 时点的弧坐标。

式(5-37)和式(5-38)与物理学中点做匀变速直线运动的公式完全相似，只不过点做曲线运动时，式中的加速度应该是切向加速度 a_τ，而不是全加速度 a。这是因为点做曲线运动时，反映运动速度大小变化的只是全加速度的一个分量——切向加速度。

了解上述关系后，容易得到曲线运动的运动规律。例如所谓曲线匀速运动，即动点速度的代数值保持不变，与直线匀速运动的公式相比，即得

$$s = s_0 + vt \tag{5-39}$$

应注意，在一般曲线运动中，除 $v=0$ 的瞬时外，点的法向加速度 a_n 总不等于零。直线运动为曲线运动的一种特殊情况，曲率半径 $\rho \to \infty$，任何瞬时点的法向加速度始终为零。

【例 5-1】 半径为 r 的圆轮沿水平直线轨道滚动而不滑动，轮心 C 则在与轨道平行的直线上运动，如图 5.9 所示。设轮心 C 的速度为一常量 $\boldsymbol{v}_C$，试求轮缘上一点 M 的运动轨迹、速度和加速度。

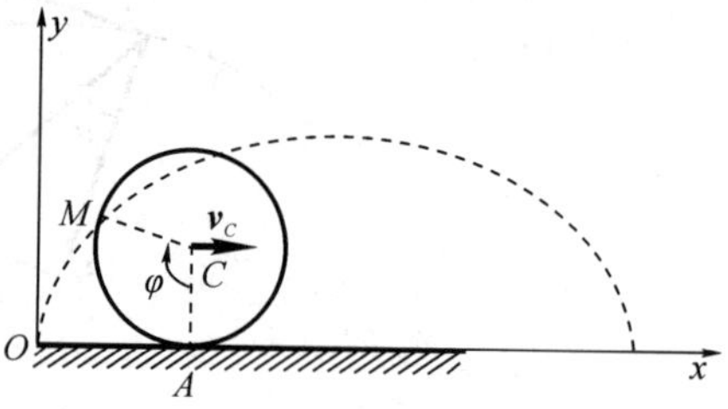

图 5.9

【解】 为了求点 M 的轨迹、速度和加速度，必须建立点的运动方程。以点 M 第一次和轨道接触的瞬时作为时间的起点，并以该接触点作为坐标的原点，建立 Oxy 坐标系，如图 5.9 所示。动点在任意瞬时 t 的位置为点 M，从图中可以看出，点 M 的坐标为

$$x = v_C t - r\sin\varphi, \quad y = r - r\cos\varphi \tag{a}$$

由于轮子滚而不滑，故有

$$r\varphi = v_C t$$

即

$$\varphi=\frac{v_C t}{r} \tag{b}$$

将式(b)代入式(a)，可得

$$x=v_C t-r\sin\frac{v_C t}{r},\quad y=r-r\cos\frac{v_C t}{r} \tag{c}$$

这就是点的运动方程，也是以时间 t 为参数的点 M 运动轨迹的参数方程。其运动的轨迹为摆线(或称旋轮线)。式(c)两边分别对时间求导数，可得动点的速度在两个直角坐标轴上的投影

$$v_x=\dot{x}=v_C-v_C\cos\frac{v_C t}{r},\quad v_y=\dot{y}=v_C\sin\frac{v_C t}{r} \tag{d}$$

此时，速度的大小和方向可分别写为

$$v=\sqrt{v_x^2+v_y^2}=v_C\sqrt{\left(1-\cos\frac{v_C t}{r}\right)^2+\sin^2\frac{v_C t}{r}}=v_C\sqrt{2(1-\cos\varphi)}$$

$$\cos(\boldsymbol{v},\boldsymbol{i})=\frac{v_x}{v}=\frac{1-\cos\varphi}{\sqrt{2(1-\cos\varphi)}},\quad \cos(\boldsymbol{v},\boldsymbol{j})=\frac{v_y}{v}=\frac{\sin\varphi}{\sqrt{2(1-\cos\varphi)}}$$

式(d)两边再对时间求导数，可得加速度在两个坐标轴上的投影

$$a_x=\dot{v}_x=\frac{v_C^2}{r}\sin\frac{v_C t}{r}=\frac{v_C^2}{r}\sin\varphi,\quad a_y=\dot{v}_y=\frac{v_C^2}{r}\cos\frac{v_C t}{r}=\frac{v_C^2}{r}\cos\varphi$$

加速度的大小和方向可分别写为

$$a=\sqrt{a_x^2+a_y^2}=\frac{v_C^2}{r}$$

$$\cos(\boldsymbol{a},\boldsymbol{i})=\frac{a_x}{a}=\sin\varphi=\cos\left(\frac{\pi}{2}-\varphi\right),\quad \cos(\boldsymbol{a},\boldsymbol{j})=\frac{a_y}{a}=\cos\varphi$$

可见，动点 M 加速度的方向指向轮心 C。

【例 5 2】 如图 5.10 所示，摇杆滑道机构中的滑块 M 同时在固定的圆弧槽 BC 和摇杆 OA 的滑道中运动，已知弧 BC 的半径为 R，摇杆 OA 的轴 O 在通过弧 BC 的圆周上，摇杆以匀角速度 ω 绕 O 轴转动，当运动开始时，摇杆在水平位置。试分别用直角坐标法和自然法给出点 M 的运动方程，并求出其速度和加速度。

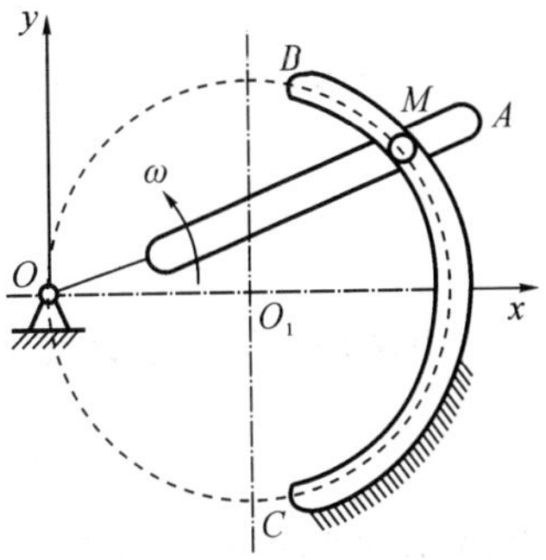

图 5.10

【解】 (1) 直角坐标法。

点 M 的直角坐标为

$$x=R+R\cos 2\omega t,\quad y=R\sin 2\omega t$$

求导后可得点 M 的速度和加速度分别为

$$v_x=\dot{x}=-2R\omega\sin 2\omega t,\quad v_y=\dot{y}=2R\omega\cos 2\omega t$$

$$a_x=\dot{v}_x=-4R\omega^2\cos 2\omega t,\quad a_y=\dot{v}_y=-4R\omega^2\sin 2\omega t$$

$$a=\sqrt{a_x^2+a_y^2}=4R\omega^2$$

(2) 自然法。

取点 M 的初始位置为弧坐标原点，逆时针为正，则点 M 的弧坐标为

$$s=R\cdot 2\omega t=2R\omega t$$

于是点 M 的速度和加速度分别为

$$v=\dot{s}=2\omega R$$

$$a_\tau=\frac{\mathrm{d}v}{\mathrm{d}t}=0,\quad a_\mathrm{n}=\frac{v^2}{\rho}=4\omega^2 R$$

【例 5-3】 如图 5.11(a)所示的平面机构中，直杆 OA 以匀角速度 ω 绕 O 点逆时针转动，杆 O_1M 绕 O_1 点转动，两杆的运动通过套筒 M 而联系起来，初始时杆 O_1M 与点 O 成一直线。已知 $OO_1=O_1M=r$，试求套筒 M 的运动方程以及它的速度和加速度。

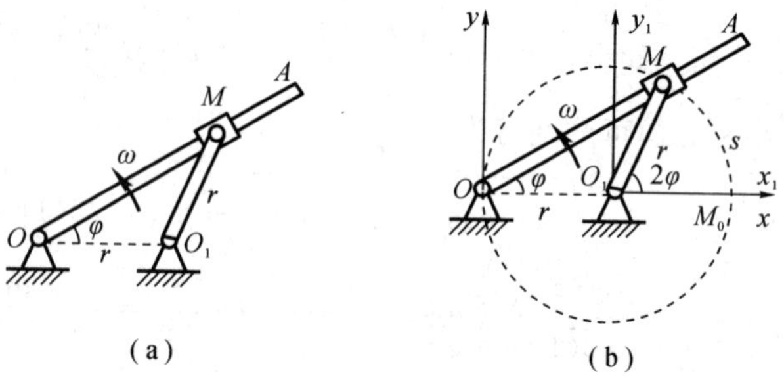

图 5.11

【解】 (1) 自然法。

由于动点 M 的运动轨迹是以 O_1 为圆心、r 为半径的圆周线，可以首先考虑应用自然法求解。取套筒初始位置 M_0 为弧坐标 s 的原点，以套筒的运动方向为弧坐标 s 的正向，由图 5.11(b)可知

$$s=r\cdot 2\varphi=2r\varphi$$

而 $\varphi=\omega t$，代入上式，可得

$$s=2r\omega t$$

这就是用自然法表示的套筒 M 的运动方程。上式对时间求一阶导数，可得套筒 M 的速度

$$v=\frac{\mathrm{d}s}{\mathrm{d}t}=2r\omega$$

其方向沿圆周上该点处切线方向。套筒 M 的切向和法向加速度分别为

$$a_\tau=\frac{\mathrm{d}v}{\mathrm{d}t}=0,\quad a_\mathrm{n}=\frac{v^2}{r}=4r\omega^2$$

故套筒 M 的加速度大小为

$$a=\sqrt{a_\tau^2+a_\mathrm{n}^2}=4r\omega^2$$

其方向指向圆心 O_1。

(2) 直角坐标法。

选取固定直角坐标系 Oxy，如图 5.11(b)所示，则

$$x=r+r\cos 2\varphi,\quad y=r\sin 2\varphi$$

将 $\varphi=\omega t$ 代入，即得套筒 M 在直角坐标系中的运动方程

$$x=r+r\cos 2\omega t,\quad y=r\sin 2\omega t$$

上式对时间求一阶导数，可得套筒 M 的速度在两个坐标轴上的投影

$$v_x=\frac{\mathrm{d}x}{\mathrm{d}t}=-2r\omega\sin2\omega t,\quad v_y=\frac{\mathrm{d}y}{\mathrm{d}t}=2r\omega\cos2\omega t$$

套筒 M 的速度的大小和方向可分别表示为

$$v=\sqrt{v_x^2+v_y^2}=2r\omega$$

$$\cos(\boldsymbol{v},\boldsymbol{i})=\frac{v_x}{v}=-\sin2r\omega,\quad \cos(\boldsymbol{v},\boldsymbol{j})=\frac{v_y}{v}=\cos2r\omega$$

将 v_x，v_y 对时间求一阶导数，可得套筒 M 的加速度在两个坐标轴上的投影

$$a_x=\frac{\mathrm{d}v_x}{\mathrm{d}t}=-4r\omega^2\cos2\omega t,\quad a_y=\frac{\mathrm{d}v_y}{\mathrm{d}t}=-4r\omega^2\sin2\omega t$$

加速度的大小和方向可分别表示为

$$a=\sqrt{a_x^2+a_y^2}=4r\omega^2$$

$$\cos(\boldsymbol{a},\boldsymbol{i})=\frac{a_x}{a}=-\cos2\omega t,\quad \cos(\boldsymbol{a},\boldsymbol{j})=\frac{a_y}{a}=-\sin2\omega t$$

显然，两种方法的结果完全一致，本题用自然法较简便，且物理概念清晰。

小　　结

本章学习了描述点的运动的三种基本方法及特点。

1. 矢量法

在矢量法中可用一个式子同时表示运动参数的大小和方向，因此表达简明直接，常用于理论推导。

运动方程：$\boldsymbol{r}=\boldsymbol{r}(t)$

速度：$\boldsymbol{v}=\dfrac{\mathrm{d}\boldsymbol{r}}{\mathrm{d}t}$

加速度：$\boldsymbol{a}=\dfrac{\mathrm{d}^2\boldsymbol{r}}{\mathrm{d}t^2}$

2. 直角坐标法

直角坐标法是一般常用的计算方法，在点的运动轨迹未知的情况下，可以写出其运动方程，并求得其速度和加速度。因此，当点的运动轨迹未知时，常选用此方法。

运动方程：$\boldsymbol{r}=x\boldsymbol{i}+y\boldsymbol{j}+z\boldsymbol{k}$

速度：$\boldsymbol{v}=\dot{x}\boldsymbol{i}+\dot{y}\boldsymbol{j}+\dot{z}\boldsymbol{k}$

加速度：$\boldsymbol{a}=\ddot{x}\boldsymbol{i}+\ddot{y}\boldsymbol{j}+\ddot{z}\boldsymbol{k}$

3. 自然法

自然法的特点是结合轨迹来确定点沿轨迹运动的规律，当点沿曲线运动时，用这种方法较简便，当轨迹已知时，常用此方法。

运动方程：$s=f(t)$

速度：$\boldsymbol{v}=\dfrac{\mathrm{d}s}{\mathrm{d}t}\boldsymbol{\tau}$

加速度：$\boldsymbol{a}=\dfrac{\mathrm{d}v}{\mathrm{d}t}\boldsymbol{\tau}+v\dfrac{\mathrm{d}\boldsymbol{\tau}}{\mathrm{d}t}$

思 考 题

5-1 $\boldsymbol{v}=\dfrac{\mathrm{d}\boldsymbol{r}}{\mathrm{d}t}$和$v=\dfrac{\mathrm{d}r}{\mathrm{d}t}$是否相同？

5-2 在什么情况下点的切向加速度等于零？在什么情况下点的法向加速度等于零？在什么情况下两者都为零？

5-3 为什么铁路线路的直线段不能与圆弧直接连接？试从火车行驶时其加速度在连接处将会发生的变化来说明。

5-4 做曲线运动的两个动点，初速度相同、运动轨迹相同、运动中两点的法向加速度也相同。判断下述说法是否正确：

(1) 任一瞬时两动点的切向加速度必相同；

(2) 任一瞬时两动点的速度必相同；

(3) 两动点的运动方程必相同。

5-5 动点在平面内运动，已知其运动轨迹 $y=f(x)$及其速度在 x 轴方向的分量 $\boldsymbol{v}_x$。判断下述说法是否正确：

(1) 动点的速度 $\boldsymbol{v}$ 能完全确定；

(2) 动点的加速度在 x 轴方向的分量 $\boldsymbol{a}_x$ 能完全确定；

(3) 当 $v_x\neq 0$ 时，一定能确定动点的速度 $\boldsymbol{v}$、切向加速度 $\boldsymbol{a}_\tau$、法向加速度 $\boldsymbol{a}_\mathrm{n}$ 及全加速度 $\boldsymbol{a}$。

5-6 下述各种情况下，动点的全加速度 $\boldsymbol{a}$、切向加速度 $\boldsymbol{a}_\tau$ 和法向加速度 $\boldsymbol{a}_\mathrm{n}$ 三个矢量之间有何关系？

(1) 点沿曲线做匀速运动；

(2) 点沿曲线运动，在该瞬时其速度为零；

(3) 点沿直线做变速运动；

(4) 点沿曲线做变速运动。

5-7 点做曲线运动时，下述说法是否正确：

(1) 若切向加速度为正，则点做加速运动；

(2) 若切向加速度与速度符号相同，则点做加速运动；

(3) 若切向加速度为零，则速度为常矢量。

5-8 点沿曲线运动，图 5.12 所示各点所给出的速度和加速度哪些是可能的？那些是不可能的？

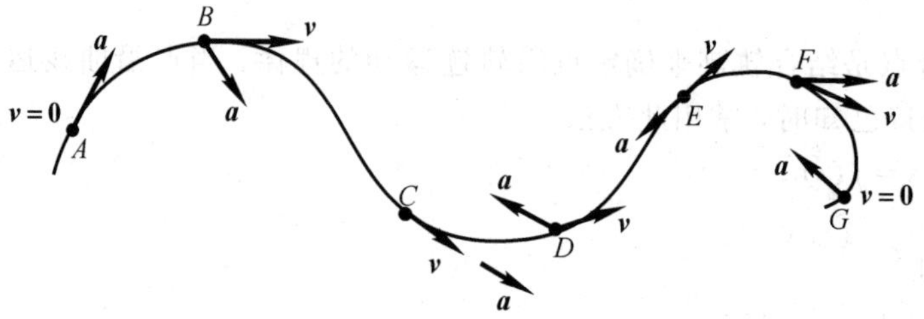

图 5.12

5-9　当点做曲线运动时，点的角速度 $\boldsymbol{a}$ 是恒矢量，如图 5.13 所示。问点是否做匀变速运动？

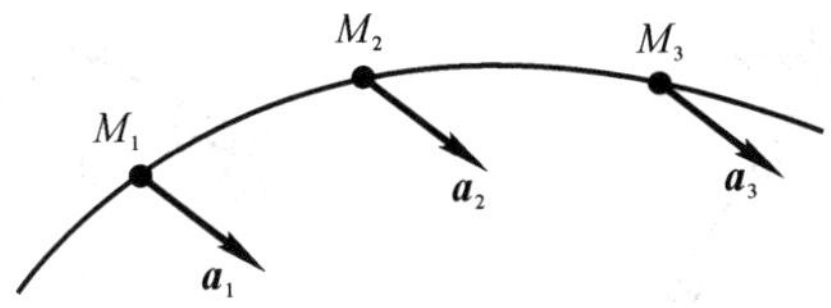

图 5.13

习　　题

5-1　点 M 的运动方程为 $x=l(\cos kt+\sin kt)$，$y=l(\cos kt-\sin kt)$，式中长度 l 和角频率 k 都是常数，试求点 M 的速度和加速度的大小。

5-2　点 M 按 $s=R\sin\omega t$ 的规律沿半径为 R 的圆周运动，设 A 为弧坐标原点，其正向如图所示。试求下列各瞬时点 M 的位置、速度和加速度：

(1) $t=0$；

(2) $t=\dfrac{\pi}{3\omega}$；

(3) $t=\dfrac{\pi}{2\omega}$。

5-3　在半径为 R 的铁圈上套一小环，另一直杆 AB 穿入小环 M，并绕铁圈上的 A 轴逆时针转动 $\varphi=\omega t$（$\omega=$常数），铁圈固定不动，如图所示。试分别用直角坐标法和自然法写出小环 M 的运动方程，并求其速度和加速度。

5-4　椭圆规尺 BC 长为 $2l$，曲柄 OA 长为 l，A 为 BC 的中点，M 为在 BC 上一点且 $MA=b$，如图所示。曲柄 OA 以等角速度 ω 绕 O 轴转动，当运动开始时，曲柄 OA 在铅垂位置。求点 M 的运动方程和轨迹。

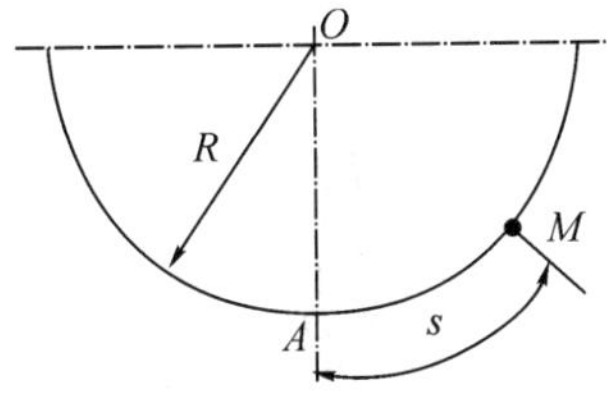

题 5-2 图

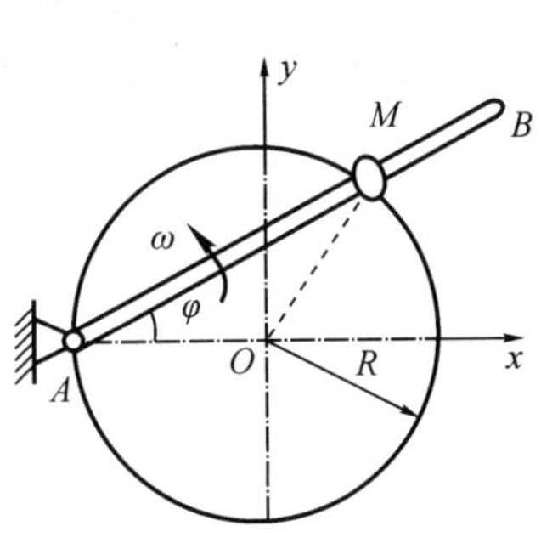

题 5-3 图

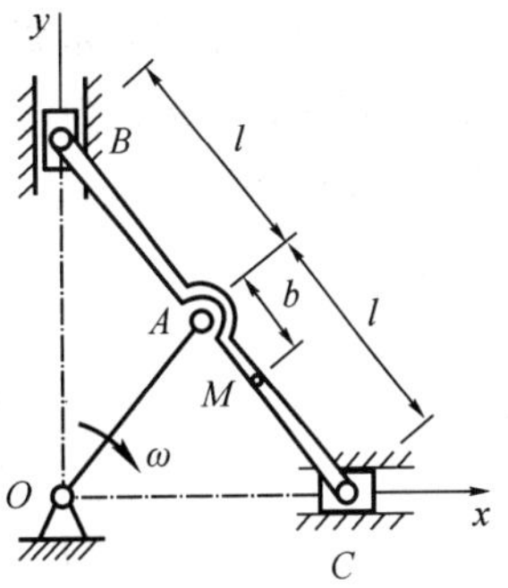

题 5-4 图

5-5　如图所示，AB 长为 l，以等角速度 ω 绕点 B 转动，其转动方程 $\varphi=\omega t$。而与杆连接的滑块 B 按规律 $s=a+b\sin\omega t$ 沿水平做谐振动，其中 a 和 b 均为常数，求 A 点的轨迹。

5-6　曲柄滑块机构如图所示，曲柄 OA 长为 r，连杆 AB 长为 l，滑道与曲柄轴的高度相差 h。已知曲柄的运动规律为 $\varphi=\omega t$，ω 是常量，试求滑块 B 的运动方程。

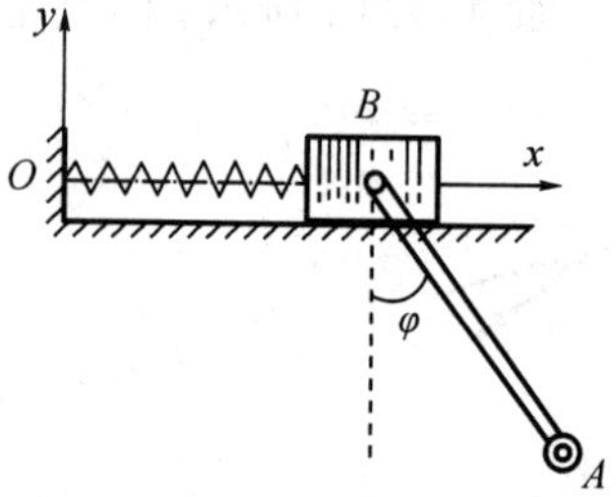

题 5-5 图

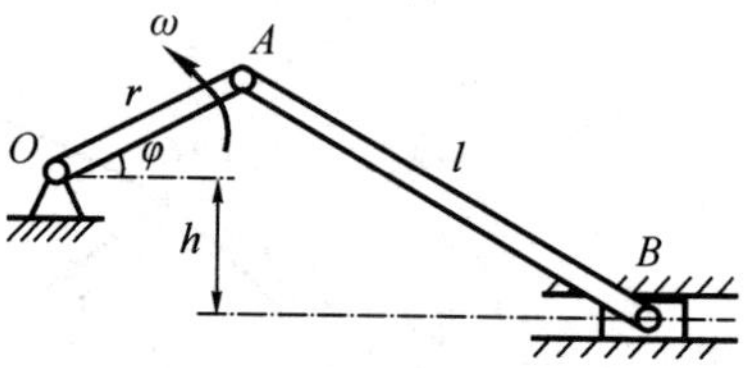

题 5-6 图

5-7 如图所示，滑块 C 由绕过定滑轮 A 的绳索牵引而沿铅直导轨上升，滑块中心到导轨的水平距离 $AO=b$。设将绳索的自由端以匀速度 $\boldsymbol{v}$ 拉动，试求重物 C 的速度和加速度分别与距离 $OC=x$ 间的关系式。不计滑轮尺寸。

5-8 机构如图所示，曲杆 CB 以匀角速度 ω 绕 C 轴转动，其转动方程为 $\varphi=\omega t$，通过滑块 B 带动摇杆 OA 绕轴 O 转动。已知 $OC=h$，$CB=r$，求摇杆的转动方程。

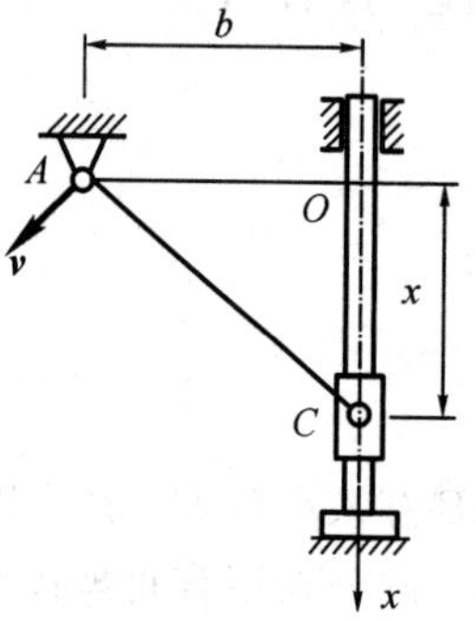

题 5-7 图

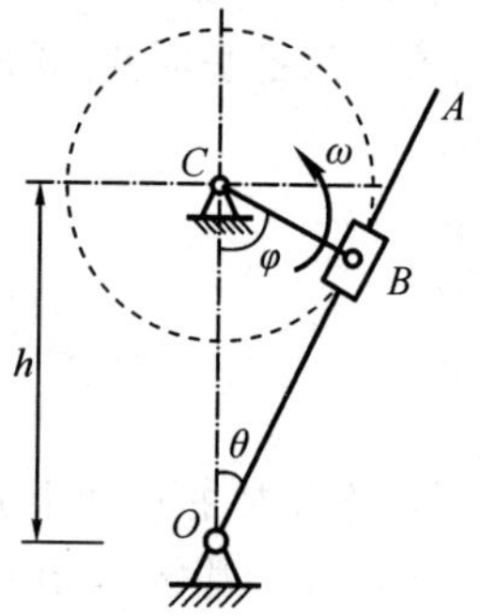

题 5-8 图

5-9 如图所示，半圆形凸轮以等速 $v_0=0.01$ m/s 沿水平方向向左运动，而使活塞杆 AB 沿铅直方向运动。当运动开始时，活塞杆 A 端在凸轮的最高点上。如凸轮的半径 $R=80$ mm，求活塞上 A 端相对于地面和相对于凸轮的运动方程和速度。

5-10 如图所示雷达在距离火箭发射台为 l 的 O 处观察铅直上升的火箭发射，测得角 θ 的规律为 $\theta=kt$（k 为常数）。试写出火箭的运动方程并计算当 $\theta=\pi/6$ 和 $\theta=\pi/3$ 时，火箭的速度和加速度。

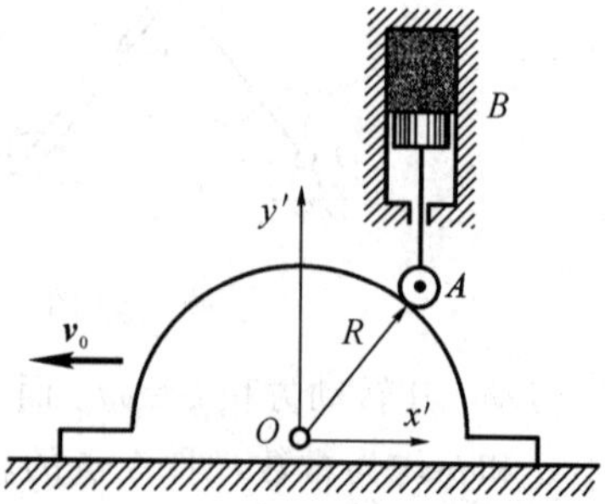

题 5-9 图

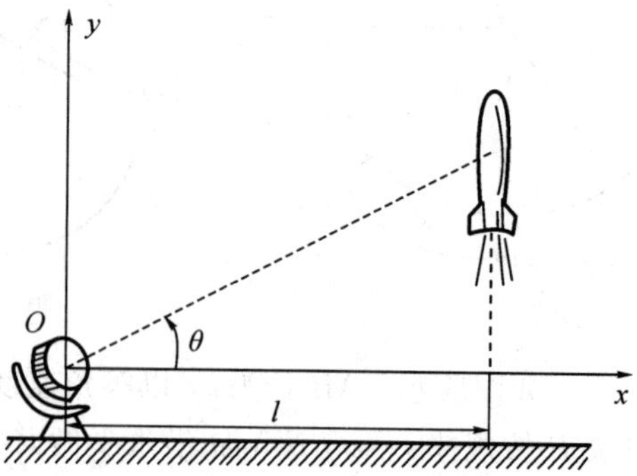

题 5-10 图

5-11　如图所示，偏心凸轮半径为 R，绕 O 轴转动，转角 $\varphi=\omega t$（ω 为常量），偏心距 $OC=e$，凸轮带动顶杆 AB 沿铅垂直线做往复运动。试求顶杆的运动方程和速度。

5-12　如图所示，OA 和 O_1B 两杆分别绕 O 和 O_1 轴转动，用十字形滑块 D 将两杆连接。在运动过程中，两杆保持相交成直角。已知：$OO_1=a$，$\varphi=kt$，其中 k 为常数。求滑块 D 的速度和相对于 OA 的速度。

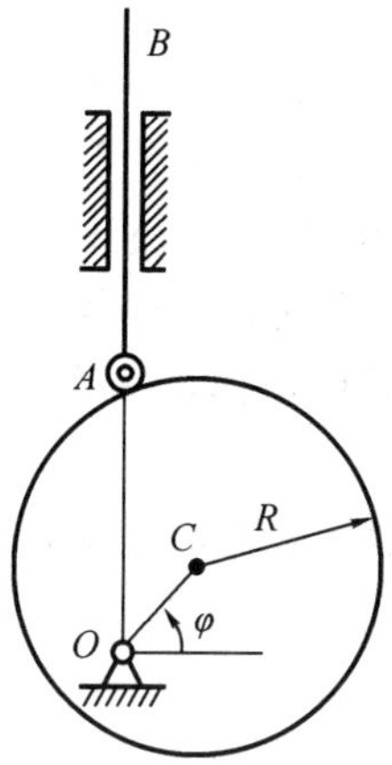

题 5-11 图

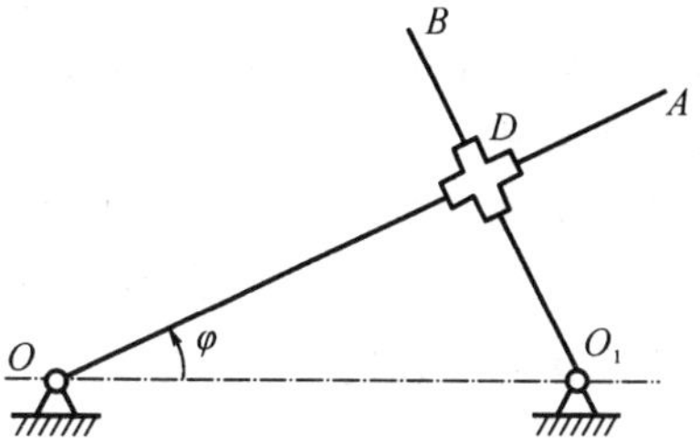

题 5-12 图

5-13　小环 M 由做平动的 T 形杆 ABC 带动，沿着图示曲线轨道运动。设杆 ABC 的速度 v 为常数，曲线方程为 $y^2=2px$。试求环 M 的速度和加速度的大小（写成杆的位移 x 的函数）。

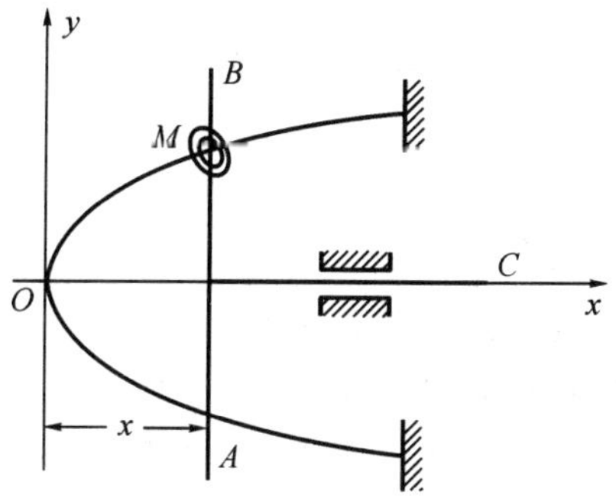

题 5-13 图

第6章　刚体的简单运动

一般说来，刚体运动时，体内各点的运动轨迹、速度和加速度未必相同。但是，由于它们都是刚体内的点，各点间的距离保持不变，因此，各点的运动、点与刚体整体的运动存在着一定的联系。这就表明，在研究刚体的运动时，一方面要研究其整体的运动特征和运动规律；另一方面还要讨论组成刚体的各个点的运动特征和运动规律，揭示刚体内各个点的运动与整体运动的联系。

刚体是由无数点组成的，在点的运动学基础上可研究刚体整体的运动及其与刚体上各点运动之间的关系。本章将研究刚体的两种简单运动——平移和定轴转动。这是工程中最常见的运动，也是研究复杂运动的基础。

6.1　刚体的平行移动

工程中某些物体的运动，例如，汽缸内活塞的运动、车床上刀架的运动等，它们有一个共同的特点，即**在运动过程中，刚体上任一直线与其初始位置始终保持平行，这种运动称为平行移动，简称平移。**

设刚体做平移。如图6.1所示，在刚体内任选两点A和B，令点A的矢径为$\boldsymbol{r}_A$，点B的矢径为$\boldsymbol{r}_B$，则两条矢端曲线就是两点的轨迹。由图可知

$$\boldsymbol{r}_A=\boldsymbol{r}_B+\overrightarrow{BA} \tag{6-1}$$

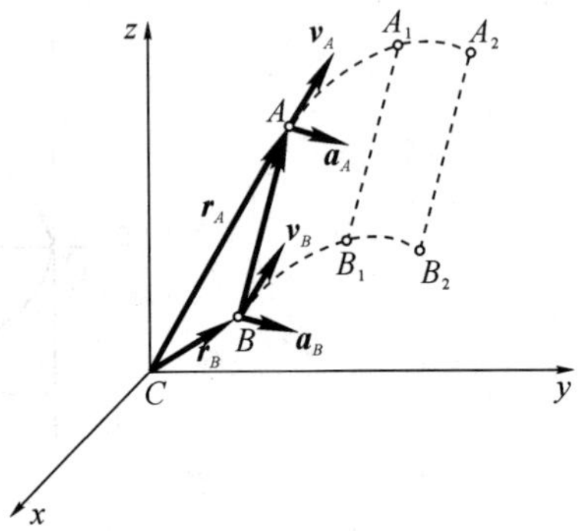

图6.1

当刚体平移时，线段AB的长度和方向都不改变，所以$\overrightarrow{BA}$是恒矢量。因此只要把点B的轨迹沿$\overrightarrow{BA}$方向平行搬移一段距离BA，就能与点A的轨迹完全重合。刚体平移时，其上各点的轨迹不一定是直线，也可能是曲线，但是它们的形状是完全相同的。

把式(6-1)对时间t求一阶导数和二阶导数，因为恒矢量$\overrightarrow{BA}$的导数等于零，于是得

$$\frac{\mathrm{d}\boldsymbol{r}_A}{\mathrm{d}t}=\frac{\mathrm{d}}{\mathrm{d}t}(\boldsymbol{r}_B+\overrightarrow{BA})=\frac{\mathrm{d}\boldsymbol{r}_B}{\mathrm{d}t},\quad \frac{\mathrm{d}^2\boldsymbol{r}_A}{\mathrm{d}t^2}=\frac{\mathrm{d}^2}{\mathrm{d}t^2}(\boldsymbol{r}_B+\overrightarrow{BA})=\frac{\mathrm{d}^2\boldsymbol{r}_B}{\mathrm{d}t^2}$$

即

$$\boldsymbol{v}_A=\boldsymbol{v}_B,\quad \boldsymbol{a}_A=\boldsymbol{a}_B \tag{6-2}$$

其中$\boldsymbol{v}_A$和$\boldsymbol{v}_B$分别表示点A和点B的速度，$\boldsymbol{a}_A$和$\boldsymbol{a}_B$分别表示它们的加速度。因为点A和点B是任意选择的，所以可得结论：**当刚体平行移动时，其上各点的轨迹形状相同；在每一瞬时，各点的速度相同，加速度也相同。**

因此，对于做平移运动的刚体，只需确定出刚体内任一点的运动，也就确定了整个刚体的运动。即刚体的平移问题，可归结为第 5 章里所研究过的点的运动问题。

值得注意的是：由于平移刚体上任一点的轨迹可能是直线或曲线，因此平移又分为直线平移、曲线平移两种。例如，电梯的升降运动为直线平移；荡木 AB 的运动则为曲线平移，如图 6.2 中，A，B，M 各点均围绕着各自的圆心 O_1，O_2，O_3 做圆周运动。

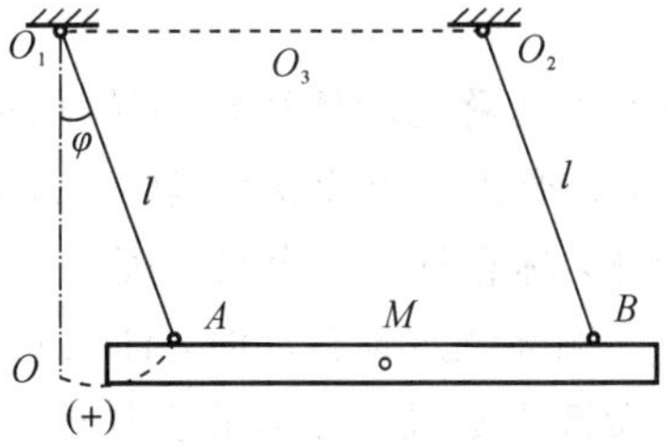

图 6.2

【例 6-1】 荡木用两条长为 l 的钢索平行吊起，如图 6.2 所示。当荡木摆动时，钢索的摆动规律为 $\varphi=\varphi_0\cos\frac{\pi}{4}t$，$\varphi_0$ 为最大摆角。试求当 $t=2$ s 时，荡木中点 M 的速度和加速度。

【解】 荡木在运动的过程中，其上的任一条直线始终和最初的位置平行，故荡木做平移。为求中点 M 的速度和加速度，只需求出荡木上另一点 A（或点 B）的速度和加速度即可。已知点 A 的运动轨迹为以 O_1 为圆心，以 l 为半径的圆弧。如以最低点 O 为弧坐标的原点，规定弧坐标向右为正，则点 A 的运动方程为

$$s=l\varphi=l\varphi_0\cos\frac{\pi}{4}t$$

将上式对时间求一阶导数，可得 A 点的速度

$$v=\frac{ds}{dt}=-\frac{\pi l\varphi_0}{4}\sin\frac{\pi}{4}t$$

A 点的切向加速度和法向加速度可分别写为

$$a_\tau=\frac{dv}{dt}=-\frac{\pi^2 l\varphi_0}{16}\cos\frac{\pi}{4}t,\quad a_n=\frac{v^2}{l}=\frac{\pi^2 l\varphi_0^2}{16}\sin^2\frac{\pi}{4}t$$

当 $t=2$ s 时，速度和加速度分别为

$$v=-\frac{\pi l\varphi_0}{4}\quad（方向水平向左）$$

$$a_\tau=-\frac{\pi^2 l\varphi_0}{16}\cos\frac{\pi}{4}t\bigg|_{t=2}=0,\quad a_n=\frac{\pi^2 l\varphi_0^2}{16}\sin^2\frac{\pi}{4}t\bigg|_{t=2}=\frac{\pi^2 l\varphi_0^2}{16}\quad（方向铅直向上）$$

6.2 刚体的定轴转动

除平移外，刚体还有一类常见的简单运动，如电机的转子、机器上的飞轮、皮带轮以及门窗等的运动。这些物体的运动有一个共同的特征，即**在运动过程中，刚体内或其扩展部分有一条直线始终保持不动，这种运动称为刚体绕固定轴的转动，简称定轴转动**。这条固定不动的直线称为转轴。

在研究刚体的定轴转动时，首先要确定刚体的位置随时间变化的规律。为确定转动刚体的位置，取其转轴为 z 轴，正向如图 6.3 所示。通过轴线做一固定平面Ⅰ，此外，通过轴线再做一动平面Ⅱ，这个平面与刚体固结，一起转动。两个平面间的夹角用 φ 表示，称为刚体的转角。转角 φ 是一个代数量，它确定了刚体的位置，它的符号规定如下：自 z 轴的正端

往负端看，从固定面起按逆时针转向计算角 φ，取正值；按顺时针转向计算角 φ，取负值，并用弧度(rad)表示。当刚体转动时，转角 φ 是时间 t 的单值连续函数，即

$$\varphi=f(t) \tag{6-3}$$

这个方程称为刚体绕定轴转动的运动方程。绕定轴转动的刚体，只要用一个参变量(转角 φ)就可以决定它的位置，这样的刚体，称它具有一个自由度。

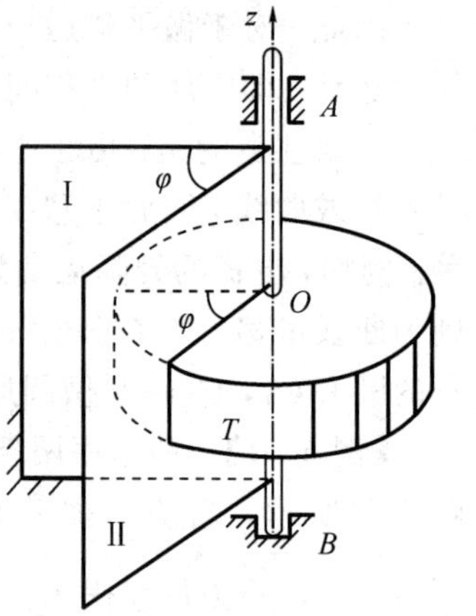

图 6.3

刚体绕定轴转动时，体内每一点都在垂直于转轴的平面内做圆周运动，各圆的半径等于该点到转轴的垂直距离，圆心都在转轴上。于是，选用弧坐标法研究刚体内各点的运动比较方便。

转角 φ 对时间的一阶导数，称为刚体的瞬时角速度，并用字母 ω 表示，即

$$\omega=\frac{\mathrm{d}\varphi}{\mathrm{d}t} \tag{6-4}$$

角速度表征刚体转动的快慢和方向，其单位一般用 rad/s(弧度/秒)。

角速度是代数量。从轴的正端向负端看，刚体逆时针转动时，角速度取正值，反之取负值。

角速度对时间的一阶导数，称为刚体的瞬时角加速度，用字母 α 表示，即

$$\alpha=\frac{\mathrm{d}\omega}{\mathrm{d}t}=\frac{\mathrm{d}^2\varphi}{\mathrm{d}t^2} \tag{6-5}$$

角加速度表征角速度变化的快慢，其单位一般用 $\mathrm{rad/s^2}$(弧度/秒^2)。

角加速度也是代数量。**如果 ω 与 α 同号，则转动是加速的；如果 ω 与 α 异号，则转动是减速的。**

现在讨论两种特殊情形。

1. 匀速转动

如果刚体的角速度不变，即 $\omega=$ 常量，这种转动称为匀速转动。仿照点的匀速运动公式，可得

$$\varphi=\varphi_0+\omega t \tag{6-6}$$

式中，φ_0 为 $t=0$ 时转角 φ 的值。

机器中的转动部件或零件，一般都在匀速转动情况下工作。转动的快慢常用每分钟转数 n 来表示，其单位为 r/min(转/分)，称为转速。例如车床主轴的转速为 12.5～1200 r/min，汽轮机的转速约为 3000 r/min 等。

角速度 ω 与转速 n 的关系为

$$\omega=\frac{2\pi n}{60}=\frac{\pi n}{30} \tag{6-7}$$

式中，转速 n 的单位为 r/min，ω 的单位为 rad/s。

2. 匀变速转动

如果刚体的角加速度不变，即 $\alpha=$ 常量，这种转动称为匀变速转动。仿照点的匀变速运

动公式，可得

$$\omega=\omega_0+\alpha t \tag{6-8}$$

$$\varphi=\varphi_0+\omega_0 t+\frac{1}{2}\alpha t^2 \tag{6-9}$$

式中，ω_0 和 φ_0 分别是 $t=0$ 时的角速度和转角。

由上面一些公式可知：匀变速转动时，刚体的角速度、转角和时间之间的关系与点在匀变速运动中的速度、坐标和时间之间的关系相似。

【例 6-2】 电动机由静止开始匀加速转动，在 $t=20$ s 时其转速 $n=360$ r/min，求在此 20 s 内转过的圈数。

【解】 电动机初始静止，即

$$\omega_0=0$$

在 $t=20$ s 时，其转动的角速度为

$$\omega=\frac{n\pi}{30}=12\pi\ \text{rad/s}$$

由 $\omega=\omega_0+\alpha t$，可得电动机转动的角加速度为

$$\alpha=\frac{\omega-\omega_0}{t}=0.6\pi\ \text{rad/s}^2$$

在 20 s 内转过的角度为

$$\varphi=\varphi_0+\omega_0 t+\frac{1}{2}\alpha t^2=\frac{1}{2}\times 0.6\pi\times 20^2=120\pi$$

故在此 20 s 内转过的圈数

$$N=\frac{\varphi}{2\pi}=60(\text{圈})$$

6.3　定轴转动刚体内各点的速度和加速度

当刚体绕定轴转动时，刚体内任意一点都做圆周运动，圆心在轴线上，圆周所在的平面与轴线垂直，圆周的半径 R 等于该点到轴线的垂直距离，对此，宜采用自然法研究各点的运动。

设刚体由定平面 A 绕定轴 O 转动任一角度 φ，到达 B 位置，其上任一点由 O' 运动到 M，如图 6.4 所示。以固定点 O' 为弧坐标 s 的原点，按 φ 角的正向规定弧坐标 s 的正向，于是

$$s=R\varphi \tag{6-10}$$

式中 R 为点 M 到轴心 O 的距离。

将式(6-10)对 t 取一阶导数，得

$$\frac{\mathrm{d}s}{\mathrm{d}t}=R\frac{\mathrm{d}\varphi}{\mathrm{d}t} \tag{6-11}$$

由于$\frac{\mathrm{d}\varphi}{\mathrm{d}t}=\omega$，$\frac{\mathrm{d}s}{\mathrm{d}t}=v$，因此，式(6-11)可写成

$$v=R\omega \tag{6-12}$$

即：转动刚体内任一点的速度的大小，等于刚体的角速度与该点到轴线的垂直距离的乘积，

它的方向沿圆周的切线而指向转动的一方。

用一垂直于轴线的平面横截刚体，得一截面。根据上述结论，在该截面上的任一条通过轴心的直线上，各点的速度按线性规律分布，如图 6.5(b)所示。将速度矢的端点连成直线，此直线通过轴心。在该截面上，不在一条直线上的各点的速度方向，如图 6.5(a)所示。

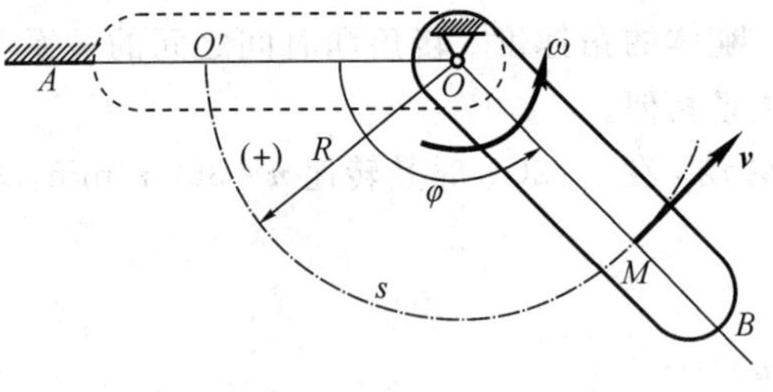

图 6.4

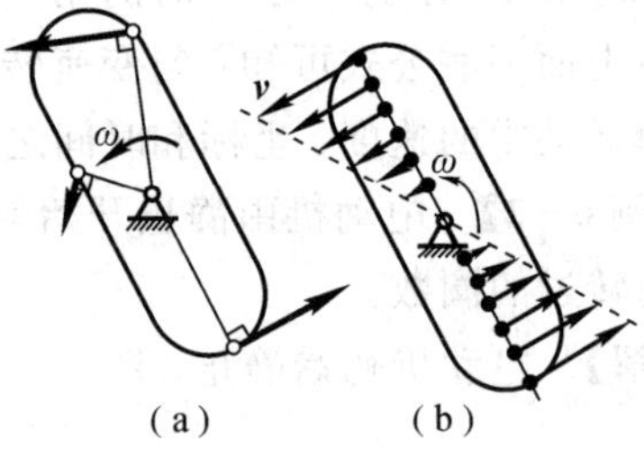

图 6.5

现在求点 M 的加速度。由于点做圆周运动，因此应求切向加速度和法向加速度。根据式(5－27)和弧长 s 与转角 φ 的关系，得

$$a_\tau=\ddot{s}=R\ddot{\varphi} \tag{6-13}$$

由于 $\ddot{\varphi}=\alpha$，因此

$$a_\tau=R\alpha \tag{6-14}$$

即：转动刚体内任一点的切向加速度(又称转动加速度)的大小，等于刚体的角加速度与该点到轴线垂直距离的乘积，它的方向由角加速度的符号决定。当 α 是正值时，它沿圆周的切线，指向角 φ 的正向；否则相反。

法向加速度为

$$a_n=\frac{v^2}{\rho}=\frac{(R\omega)^2}{\rho} \tag{6-15}$$

式中 ρ 是曲率半径，对于圆，$\rho=R$，因此

$$a_n=R\omega^2 \tag{6-16}$$

即：转动刚体内任一点的法向加速度(又称向心加速度)的大小，等于刚体角速度的平方与该点到轴线的垂直距离的乘积，它的方向与速度垂直并指向轴线。

如果 ω 与 α 同号，角速度的绝对值增加，刚体做加速转动，这时点的切向加速度 $\boldsymbol{a}_\tau$ 与速度 $\boldsymbol{v}$ 的指向相同；如果 ω 与 α 异号，刚体做减速转动，$\boldsymbol{a}_\tau$ 与 $\boldsymbol{v}$ 的指向相反。这两种情况如图 6.6(a)、(b)所示。

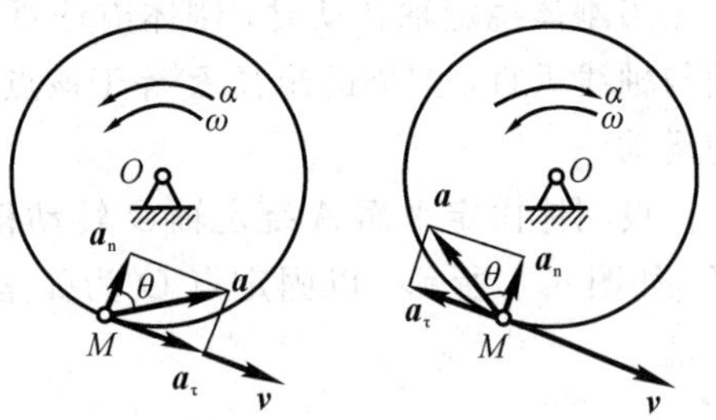

图 6.6

点 M 的加速度 $\boldsymbol{a}$ 的大小可从下式求出：

$$a=\sqrt{a_\tau^2+a_n^2}=\sqrt{R^2\alpha^2+R^2\omega^4}=R\sqrt{\alpha^2+\omega^4} \tag{6-17}$$

要确定加速度 $\boldsymbol{a}$ 的方向，只需求出 $\boldsymbol{a}$ 与半径 MO 所成的夹角 θ 即可(图 6.6)。从直角三角形的关系式得

$$\tan\theta=\frac{a_\tau}{a_n}=\frac{R\alpha}{R\omega^2}=\frac{\alpha}{\omega^2} \tag{6-18}$$

由于在每一瞬时，刚体的 ω 和 α 都只有一个确定的数值，所以从式(6-12)、式(6-17)和式(6-18)得知：

(1) 在每一瞬时，转动刚体内所有各点的速度和加速度的大小，分别与这些点到轴线的垂直距离成正比。

(2) 在每一瞬时，刚体内所有各点的加速度 $\boldsymbol{a}$ 与半径间的夹角 θ 都有相同的值。

用一垂直于轴线的平面横截刚体，得一截面。根据上述结论，可画出截面上各点的加速度，如图 6.7(a)所示。在通过轴心的直线上各点的加速度按线性分布，将加速度矢的端点连成直线，此直线通过轴心，如图 6.7(b)所示。

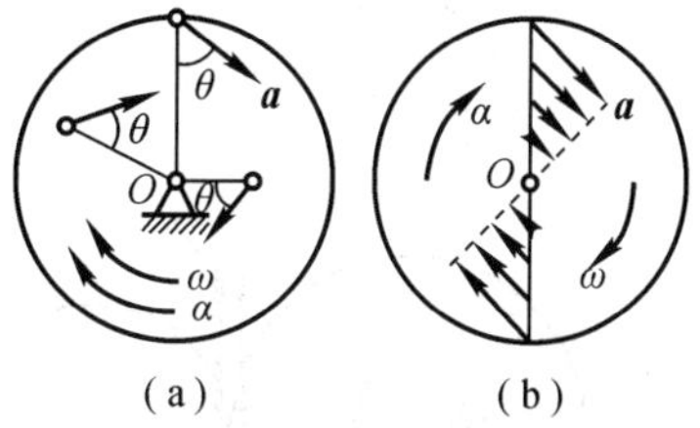

图 6.7

【例 6-3】 半径 $R=0.2$ m 的圆轮绕固定轴 O 转动，其运动方程为 $\varphi=4t-t^2$。此轮的轮缘上绕一不可伸长的绳子，并在绳端挂一重物 A，如图 6.8 所示。试求 $t=1$ s 时，轮缘上任一点 M 以及重物 A 的速度和加速度。

【解】 由圆轮的运动方程，可以求出在 $t=1$ s 时圆轮转动的角速度和角加速度，它们分别为

$$\omega=\left.\frac{\mathrm{d}\varphi}{\mathrm{d}t}\right|_{t=1}=(4-2t)\big|_{t=1}=2\ \mathrm{rad/s}$$

$$\alpha=\left.\frac{\mathrm{d}\omega}{\mathrm{d}t}\right|_{t=1}=-2\ \mathrm{rad/s^2}$$

此时，角速度和角加速度异号，说明圆轮在该瞬时做匀减速转动。由于绳子不可伸长，可知轮缘任一点 M 和重物 A 的速度相同，即

$$v_M=v_A=R\omega=0.4\ \mathrm{m/s}$$

它们的方向如图 6.8 所示。重物 A 的加速度和点 M 的切向加速度的大小相等，即

$$a_A=a_\tau=R|\alpha|=0.4\ \mathrm{m/s^2}$$

方向如图 6.8 所示。点 M 的切向加速度的大小为

$$a_n=R\omega^2=0.8\ \mathrm{m/s^2}$$

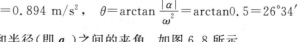

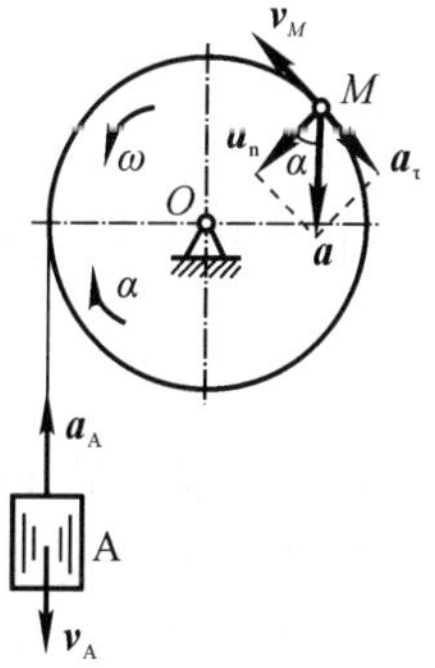

图 6.8

点 M 的全加速度的大小和方向为

$$a=\sqrt{a_\tau^2+a_n^2}=0.894\ \mathrm{m/s^2},\quad \theta=\arctan\frac{|\alpha|}{\omega^2}=\arctan 0.5=26°34'$$

这里角 θ 表示全加速度 $\boldsymbol{a}$ 和半径(即 $\boldsymbol{a}_n$)之间的夹角。如图 6.8 所示。

6.4　定轴轮系的传动比

工程中，常利用轮系传动提高或降低机械的转速，最常见的有齿轮系和带轮系。

6.4.1 齿轮传动

齿轮是机械中常用的传动部件。例如，为了要将电动机的转动传到机床的主轴，通常用变速箱降低转速，多数变速箱是由齿轮系组成的。现以一对啮合的圆柱齿轮为例。圆柱齿轮传动分为外啮合(图 6.9)和内啮合(图 6.10)两种。

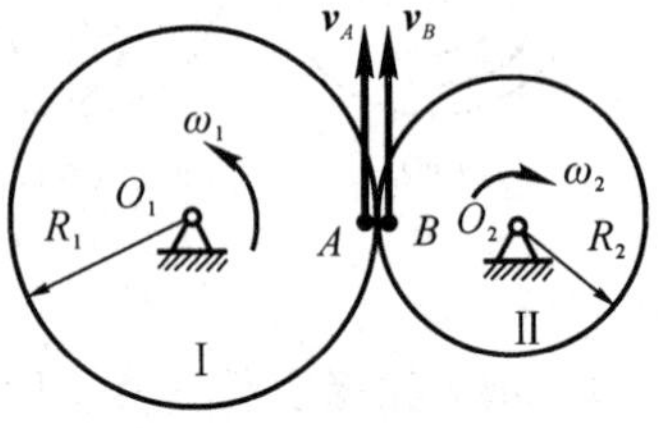

图 6.9

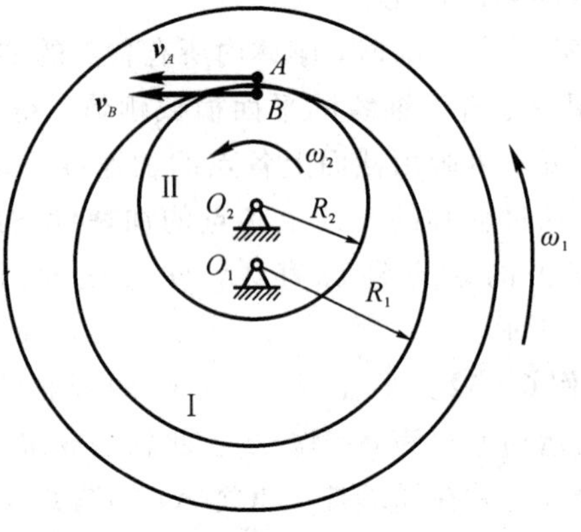

图 6.10

设两个齿轮各绕固定轴 O_1 和 O_2 转动。已知其啮合圆半径各为 R_1 和 R_2，齿数各为 z_1 和 z_2，角速度各为 ω_1 和 ω_2。令 A 和 B 分别是两个齿轮啮合圆的接触点，因两圆之间没有相对滑动，故

$$v_B = v_A$$

并且速度方向也相同。但 $v_B = R_2\omega_2$，$v_A = R_1\omega_1$，因此

$$R_2\omega_2 = R_1\omega_1$$

或

$$\frac{\omega_1}{\omega_2} = \frac{R_2}{R_1} \tag{6-19}$$

由于齿轮在啮合圆上的齿距相等，它们的齿数与半径成正比，故

$$\frac{\omega_1}{\omega_2} = \frac{R_2}{R_1} = \frac{z_2}{z_1} \tag{6-20}$$

由此可知：处于啮合中的两个定轴齿轮的角速度与两齿轮的齿数成反比(或与两轮的啮合圆半径成反比)。

设轮Ⅰ是主动轮，轮Ⅱ是从动轮。在机械工程中，常常把主动轮和从动轮的两个角速度的比值称为**传动比**，用附有角标的符号表示

$$i_{12} = \frac{\omega_1}{\omega_2}$$

把式(6-20)代入上式，得计算传动比的基本公式

$$i_{12} = \frac{\omega_1}{\omega_2} = \frac{R_2}{R_1} = \frac{z_2}{z_1} \tag{6-21}$$

式(6-21)定义的传动比是两个角速度大小的比值，与转动方向无关，因此不仅适用于圆柱齿轮传动，也适用于传动轴成任意角度的圆锥齿轮传动、摩擦轮传动等。

有些场合为了区分轮系中各轮的转向，对各轮都规定统一的转动正向，这时各轮的角速度可取代数值，从而传动比也取代数值：

$$i_{12}=\frac{\omega_1}{\omega_2}=\pm\frac{R_2}{R_1}=\pm\frac{z_2}{z_1} \tag{6-22}$$

式中正号表示主动轮与从动轮转向相同(内啮合)，如图 6.10 所示；负号表示转向相反(外啮合)，如图 6.9 所示。

6.4.2　带轮传动

在机床中，常用电动机通过胶带使变速箱的轴转动。如图 6.11 所示的带轮装置中，主动轮和从动轮的半径分别为 r_1 和 r_2，角速度分别为 ω_1 和 ω_2。如不考虑胶带的厚度，并假定胶带与带轮间无相对滑动，则应用绕定轴转动的刚体上各点速度的公式，可得到下列关系式：

$$r_1\omega_1=r_2\omega_2$$

于是带轮的传动比公式为

$$i_{12}=\frac{\omega_1}{\omega_2}=\frac{r_2}{r_1}$$

即：两轮的角速度与其半径成反比。

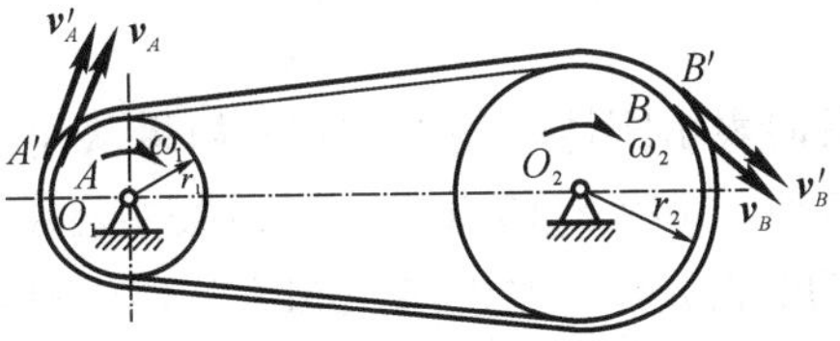

图 6.11

【例 6-4】　圆柱齿轮传动是机械工程中常用的轮系传动方式之一，可用来提高或降低转速和改变转动方向。图 6.12(a)、(b)分别表示一对外啮合和内啮合的圆柱齿轮。两齿轮外啮合时，它们的转向相反，而内啮合时转向相同。设主动轮 A 和从动轮 B 的节圆半径分别为 r_1 和 r_2，齿数分别为 z_1 和 z_2，主动轮 A 的角速度为 ω_1，角加速度为 α_1，试求从动轮 B 的角速度 ω_2 和角加速度 α_2。

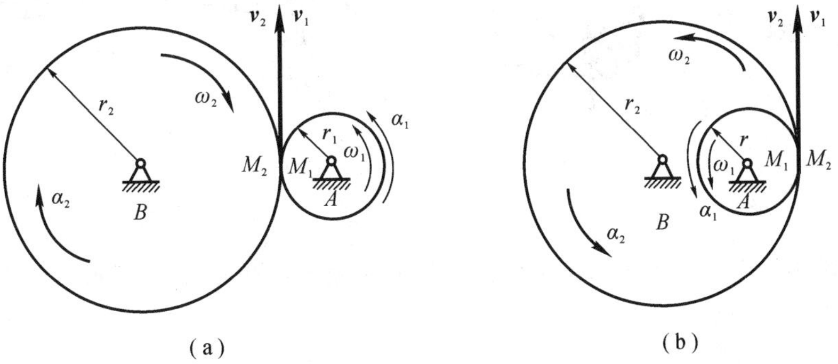

图 6.12

【解】　在齿轮传动中，齿轮互相啮合相当于两轮的节圆相切并做纯滚动，两节圆的切点 M_1 和 M_2 称为啮合点，在每一瞬时可以认为啮合点之间没有相对滑动。因此，啮合点的速度和切向加速度的大小和方向相同，即

$$v_1=v_2,\quad a_{1\tau}=a_{2\tau}$$

而 $v_1=r_1\omega_1$，$v_2=r_2\omega_2$；$a_{1\tau}=r_1\alpha_1$，$a_{2\tau}=r_2\alpha_2$。因而有

$$r_1\omega_1 = r_2\omega_2, \quad r_1\alpha_1 = r_2\alpha_2$$

从而可求得从动轮的角速度 ω_2 和从动轮的角加速度 α_2，它们分别表示为

$$\omega_2 = \frac{r_1}{r_2}\omega_1, \quad \alpha_2 = \frac{r_1}{r_2}\alpha_1$$

一对相互啮合的齿轮，它们的齿数和节圆的半径成正比，所以上面的解答也可以写成为

$$\omega_2 = \frac{r_1}{r_2}\omega_1 = \frac{z_1}{z_2}\omega_1, \quad \alpha_2 = \frac{r_1}{r_2}\alpha_1 = \frac{z_1}{z_2}\alpha_1$$

6.5 以矢量表示角速度和角加速度及以矢积表示点的速度和加速度

绕定轴转动刚体的角速度可以用矢量表示。角速度矢 $\boldsymbol{\omega}$ 的大小等于角速度的绝对值，即

$$|\boldsymbol{\omega}| = |\omega| = \left|\frac{\mathrm{d}\varphi}{\mathrm{d}t}\right| \tag{6-23}$$

角速度矢 $\boldsymbol{\omega}$ 沿轴线，它的指向表示刚体转动的方向；如果从角速度矢的末端向始端看，则看到刚体做逆时针转向的转动，如图 6.13(a)所示；或按照右手螺旋法则确定：右手的四指代表转动的方向，拇指代表角速度矢 $\boldsymbol{\omega}$ 的指向，如图 6.13(b)所示。至于角速度矢的起点，可在轴线上任意选取，也就是说，角速度矢是滑动矢。

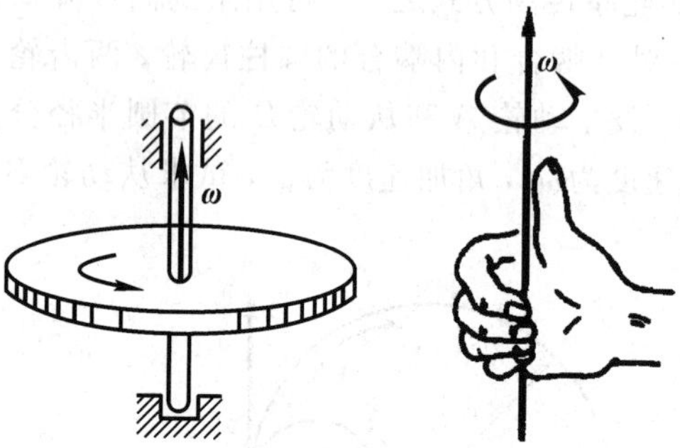

(a)　　(b)

图 6.13

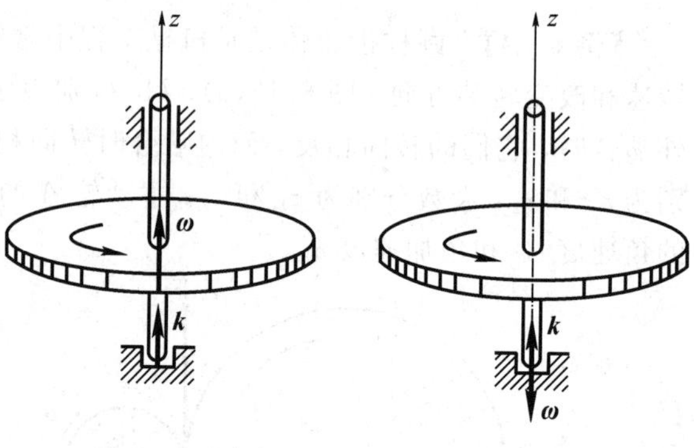

(a)　　(b)

图 6.14

如取转轴为 z 轴，它的正向用单位矢 $\boldsymbol{k}$ 的方向表示，如图 6.14 所示。于是刚体绕定轴转动的角速度矢可写成

$$\boldsymbol{\omega} = \omega\boldsymbol{k} \tag{6-24}$$

式中，ω 是角速度的代数值，它等于$\dot{\varphi}$。

同样，刚体绕定轴转动的角加速度也可用一个沿轴线的滑动矢量表示：

$$\boldsymbol{\alpha} = \alpha\boldsymbol{k} \tag{6-25}$$

式中，α 是角加速度的代数值，它等于 $\dot{\omega}$ 或 $\ddot{\varphi}$。于是

$$\boldsymbol{\alpha} = \frac{\mathrm{d}\omega}{\mathrm{d}t}\boldsymbol{k} = \frac{\mathrm{d}}{\mathrm{d}t}(\omega\boldsymbol{k}) \tag{6-26}$$

或
$$\boldsymbol{\alpha}=\frac{\mathrm{d}\boldsymbol{\omega}}{\mathrm{d}t} \tag{6-27}$$
即角加速度矢 $\boldsymbol{\alpha}$ 为角速度矢 $\boldsymbol{\omega}$ 对时间的一阶导数。

根据上述角速度和角加速度的矢量表示法，刚体内任一点的速度可以用矢积表示。

如在轴线上任选一点 O 为原点，点 M 的矢径以 $\boldsymbol{r}$ 表示，如图 6.15 所示。那么，点 M 的速度可以用角速度矢与它的矢径的矢量积表示，即
$$\boldsymbol{v}=\boldsymbol{\omega}\times\boldsymbol{r} \tag{6-28}$$

为了证明这一点，需证明矢积 $\boldsymbol{\omega}\times\boldsymbol{r}$ 确实表示点 M 的速度矢的大小和方向。

根据矢积的定义知，$\boldsymbol{\omega}\times\boldsymbol{r}$ 仍是一个矢量，它的大小是
$$|\boldsymbol{\omega}\times\boldsymbol{r}|=|\boldsymbol{\omega}|\cdot|\boldsymbol{r}|\cdot\sin\theta=|\boldsymbol{\omega}|\cdot R=|\boldsymbol{v}| \tag{6-29}$$
式中，θ 是角速度矢 $\boldsymbol{\omega}$ 与矢径 $\boldsymbol{r}$ 间的夹角。于是证明了矢积 $\boldsymbol{\omega}\times\boldsymbol{r}$ 的大小等于速度的大小。

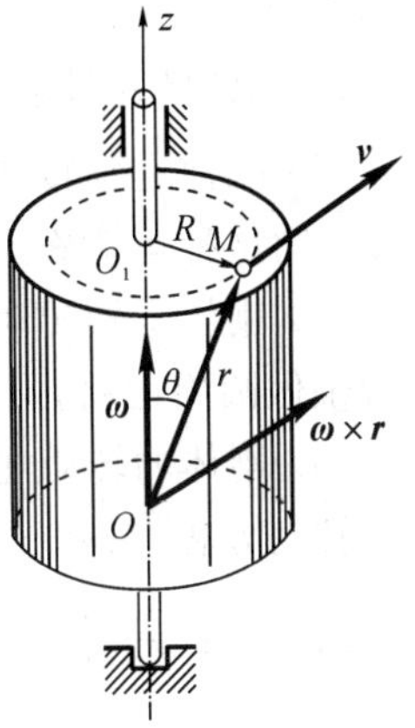

图 6.15

矢积 $\boldsymbol{\omega}\times\boldsymbol{r}$ 的方向垂直于 $\boldsymbol{\omega}$ 和 $\boldsymbol{r}$ 所组成的平面(即图 6.15 中三角形 OMO_1 平面)，从矢量 $\boldsymbol{v}$ 的末端向始端看，则见 $\boldsymbol{\omega}$ 按逆时针转向转过角 θ 与 $\boldsymbol{r}$ 重合，由图容易看出，矢积 $\boldsymbol{\omega}\times\boldsymbol{r}$ 的方向正好与点 M 的速度方向相同。

于是可得结论：**绕定轴转动的刚体上任一点的速度矢等于刚体的角速度矢与该点矢径的矢积**。

绕定轴转动的刚体上任一点的加速度矢也可用矢积表示。

因为点 M 的加速度为
$$\boldsymbol{a}=\frac{\mathrm{d}\boldsymbol{v}}{\mathrm{d}t} \tag{6-30}$$
把速度的矢积表达式(6-28)代入式(6-30)，得
$$\boldsymbol{a}=\frac{\mathrm{d}(\boldsymbol{\omega}\times\boldsymbol{r})}{\mathrm{d}t}=\frac{\mathrm{d}\boldsymbol{\omega}}{\mathrm{d}t}\times\boldsymbol{r}+\boldsymbol{\omega}\times\frac{\mathrm{d}\boldsymbol{r}}{\mathrm{d}t} \tag{6-31}$$

已知 $\frac{\mathrm{d}\boldsymbol{\omega}}{\mathrm{d}t}=\boldsymbol{\alpha}$，$\frac{\mathrm{d}\boldsymbol{r}}{\mathrm{d}t}=\boldsymbol{v}$，于是得
$$\boldsymbol{a}=\boldsymbol{\alpha}\times\boldsymbol{r}+\boldsymbol{\omega}\times\boldsymbol{v} \tag{6-32}$$
式(6-32)中右端第一项的大小为
$$|\boldsymbol{\alpha}\times\boldsymbol{r}|=|\boldsymbol{\alpha}|\cdot|\boldsymbol{r}|\sin\theta=|\boldsymbol{\alpha}|\cdot R \tag{6-33}$$
这结果恰等于点 M 的切向加速度的大小。而 $\boldsymbol{\alpha}\times\boldsymbol{r}$ 的方向垂直于 $\boldsymbol{\alpha}$ 和 $\boldsymbol{r}$ 所构成的平面，指向如图 6.16 所示，这方向恰与点 M 的切向加速度的方向一致，因此矢积 $\boldsymbol{\alpha}\times\boldsymbol{r}$ 等于切向加速度 $\boldsymbol{a}_\tau$，即
$$\boldsymbol{a}_\tau=\boldsymbol{\alpha}\times\boldsymbol{r} \tag{6-34}$$

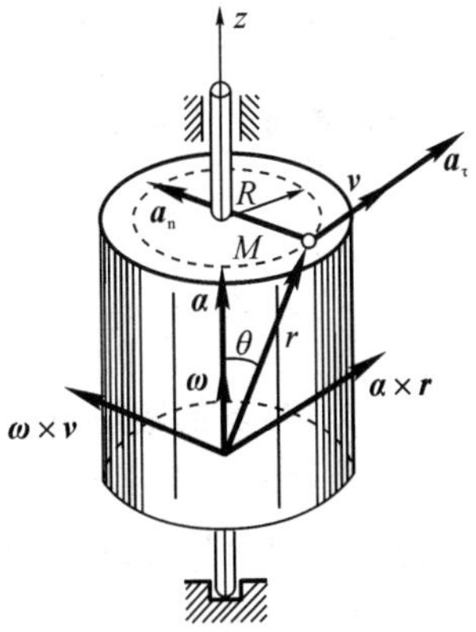

图 6.16

同理可知，式(6-32)右端的第二项等于点 M 的法向加速度，即
$$\boldsymbol{a}_n=\boldsymbol{\omega}\times\boldsymbol{v} \tag{6-35}$$
于是可得结论：**转动刚体内任一点的切向加速度等于刚体的角加速度矢与该点矢径的矢积；法向加速度等于刚体的角速度矢与该点的速度矢的矢积**。

小　　结

1. 刚体的平行移动

(1) 刚体平移的定义。刚体运动时，如果其上任一直线始终保持与原来的位置平行，即该直线的方位在刚体运动的过程中保持不变，则具有这种特征的刚体运动称为刚体的平行移动，简称平移。

(2) 刚体平移的运动特征。刚体平移时，其上各点的形状相同并彼此平行；在每一瞬时，刚体上各点的速度相等，各点的加速度也相等。因此，刚体的平移可以简化为一个点的运动来研究。

2. 刚体的定轴转动

(1) 刚体定轴转动的定义。刚体运动时，若其上(或其延展部分)有一条直线始终保持不动，则这种运动称为刚体的定轴转动。

(2) 刚体定轴转动的运动特征。刚体定轴转动时，其上各点均在垂直于转轴的平面内绕转轴做圆周运动。

(3) 刚体的转动规律。

转动方程：$\varphi=f(t)$

角速度：$\omega=\dfrac{\mathrm{d}\varphi}{\mathrm{d}t}$

角加速度：$\alpha=\dfrac{\mathrm{d}\omega}{\mathrm{d}t}=\dfrac{\mathrm{d}^2\varphi}{\mathrm{d}t^2}$

(4) 转动刚体上各点的速度和加速度。

速度：$v=R\omega$

切向加速度：$a_\tau=R\alpha$

法向加速度：$a_\mathrm{n}=R\omega^2$

全加速度：大小为 $a=\sqrt{a_\tau^2+a_\mathrm{n}^2}=R\sqrt{\alpha^2+\omega^4}$，方向为 $\tan\theta=\dfrac{a_\tau}{a_\mathrm{n}}=\dfrac{\alpha}{\omega^2}$

思 考 题

6-1　各点都做圆周运动的刚体一定是定轴转动吗？

6-2　“刚体做平移时，各点的轨迹一定是直线或平面曲线；刚体绕定轴转动时，各点的轨迹一定是圆”。这种说法对吗？

6-3　有人说：“刚体绕定轴转动时，角加速度为正，表示加速转动；角加速度为负，表示减速转动”。对吗？为什么？

6-4　刚体做定轴转动，其上某点 A 到转轴距离为 R。为求出刚体上任意点在某一瞬时的速度和加速度的大小，下述哪组条件是充分的？

(1) 已知点 A 的速度及该点的全加速度方向。

(2) 已知点 A 的切向加速度及法向加速度。

(3) 已知点 A 的切向加速度及该点的全加速度方向。

(4) 已知点 A 的法向加速度及该点的速度。

(5) 已知点 A 的法向加速度及该点全加速度的方向。

6－5　判断以下说法是否正确：

(1) 各点都做圆周运动的刚体一定是定轴转动。

(2) 刚体做平移时，各点的轨迹一定是直线或平面曲线。

(3) 刚体绕定轴转动时，各点的轨迹一定是圆。

(4) 刚体绕定轴转动时，角加速度为正，表示加速转动；角加速度为负，表示减速转动。

6－6　试画出图 6.17 中标有字母的各点的速度分析和加速度方向。

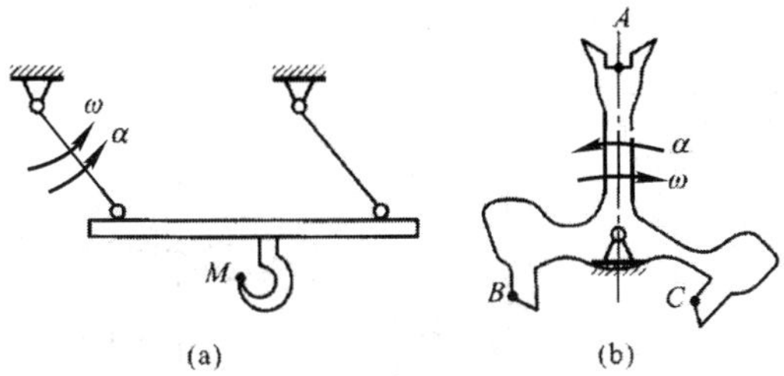

图 6.17

习　　题

6－1　摇筛机构如图所示，已知 $O_1A=O_2B=40$ cm，$O_1O_2=AB$，杆 O_1A 按 $\varphi=\frac{1}{2}\sin\frac{\pi}{4}t$ rad规律摆动。求当 $t=0$ s 和 $t=2$ s 时，筛面中点 M 的速度和加速度。

6－2　如图所示的摇杆机构，初始时摇杆的转角 $\varphi=0$，摇杆的长 $OC=a$，距离 $OB=l$。滑杆 AB 以等速 $\boldsymbol{v}$ 向上运动，试建立摇杆上点 C 的运动方程，并求此点在 $\varphi=\pi/4$ 时的加速度。

6－3　如图所示，偏心凸轮半径为 R，绕 O 轴转动，转角 $\varphi=\omega t$（ω 为常量），偏心距 $OC=e$，凸轮带动顶杆 AB 沿铅直线做往复运动，试求顶杆的运动方程和速度。

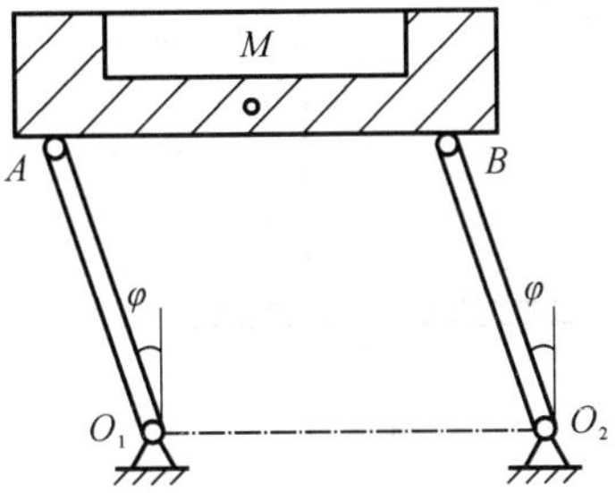

题 6－1 图

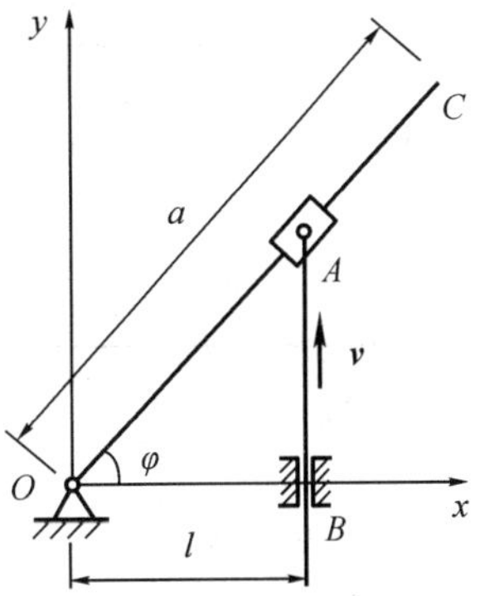

题 6－2 图

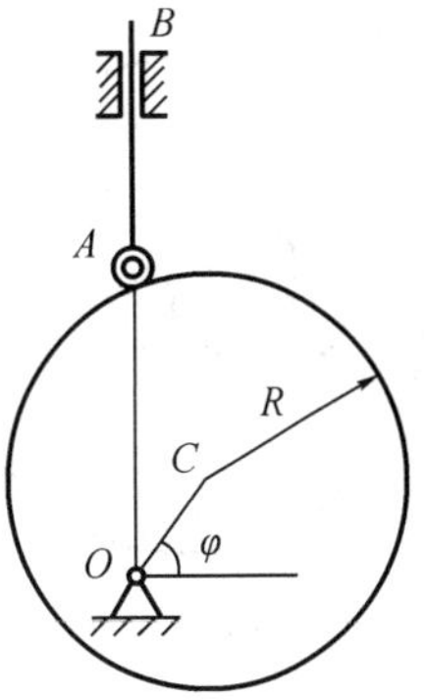

题 6－3 图

6－4　如图所示为曲柄滑杆机构，滑杆上有一圆弧形滑道，其半径 $R=0.1$ m，圆心 O_1

在导杆 BC 上。曲柄长 $OA=0.1$ m，以等角速度 $\omega=4$ rad/s 绕 O 轴转动。求导杆 BC 的运动规律及当曲柄与水平线间的夹角 $\varphi=45°$时，导杆 BC 的运动方程以及速度和加速度。

6－5　如图所示，滑块以等速 $\boldsymbol{v}_0$ 沿水平向右移动，通过滑块销钉 B 带动摇杆 OA 绕 O 轴转动。开始时，销钉在 B_0 处，且 $OB_0=b$。求摇杆 OA 的转动方程及其角速度随时间的变化规律。

6－6　汽轮机叶片轮由静止开始做等加速转动。轮上点 M 离轴心为 0.4 m，在某瞬时其全加速度的大小为 40 m/s²，方向与点 M 和轴心连线成 $\theta=30°$，如图所示。试求叶轮的转动方程，以及当 $t=6$ s 时点 M 的速度和法向加速度。

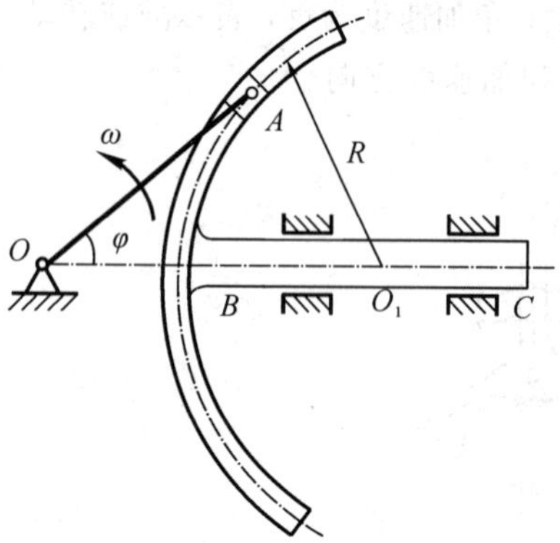

题 6－4 图

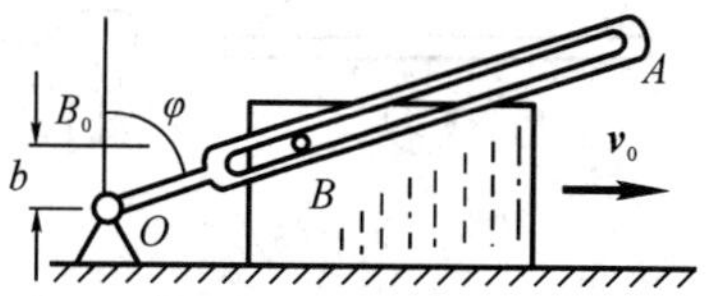

题 6－5 图

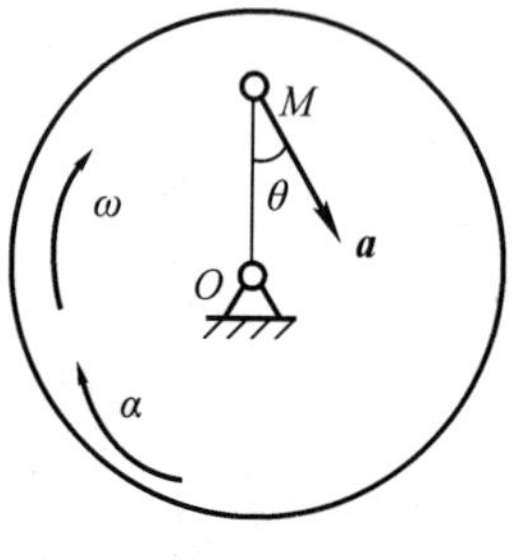

题 6－6 图

6－7　如图所示圆盘绕定轴 O 转动，某瞬时点 A 速度为 $v_A=0.8$ m/s，$OA=R=0.1$ m，同时另一点 B 的全加速度 $\boldsymbol{a}_B$ 与 OB 线成 θ 角，且 $\tan\theta=0.6$，求此时圆盘的角速度及角加速度。

6－8　边长为 $100\sqrt{2}$ mm 的正方形刚体 $ABCD$ 做定轴转动，转轴垂直于板面。点 A 的速度和加速度大小分别为 $v_A=100$ mm/s，$a_A=100\sqrt{2}$ mm/s²，方向如图所示。试确定转轴 O 的位置，并求该刚体转动的角速度和角加速度。

6－9　如图所示的半径为 r 的定滑轮做定轴转动，通过绳子带动杆 AB 绕点 A 转动。某瞬时角速度和角加速度分别为 ω 和 α，求该瞬时杆 AB 上点 C 的速度和加速度。已知 $AC=CD=DB=r$。

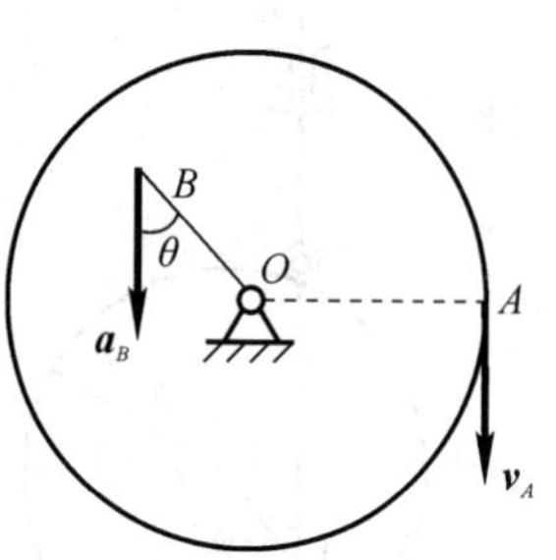

题 6－7 图

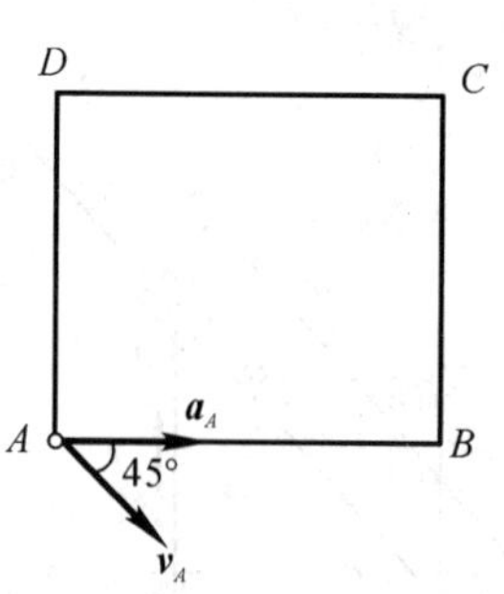

题 6－8 图

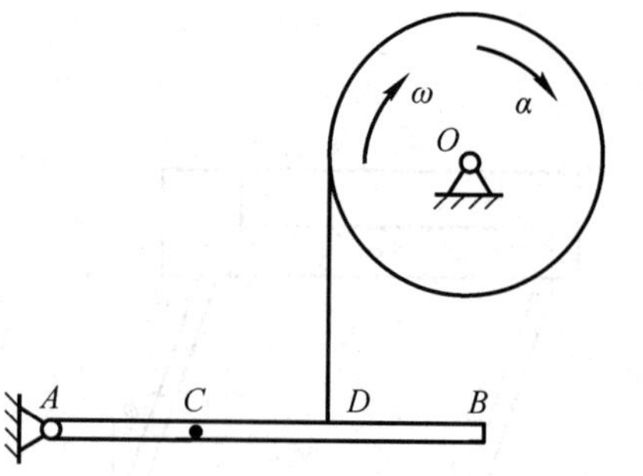

题 6－9 图

6－10　如图所示的卷扬机，鼓轮半径 $r=0.2$ m，绕过点 O 的水平轴转动。已知鼓轮的转动方程为 $\varphi=\dfrac{1}{8}t^3$ rad，其中 t 的单位为 s，求 $t=4$ s 时轮缘上一点 M 的速度和加速度。

6-11　如图所示，齿轮 A 以转速 $n=30$ r/min 旋转，带动另一齿轮 B，刚接于齿轮 B 的鼓轮 D 亦随同转动并带动物体 C 上升。半径 $r_1=0.3$ m，$r_2=0.5$ m，$r_3=0.2$ m，求物体 C 上升的速度。

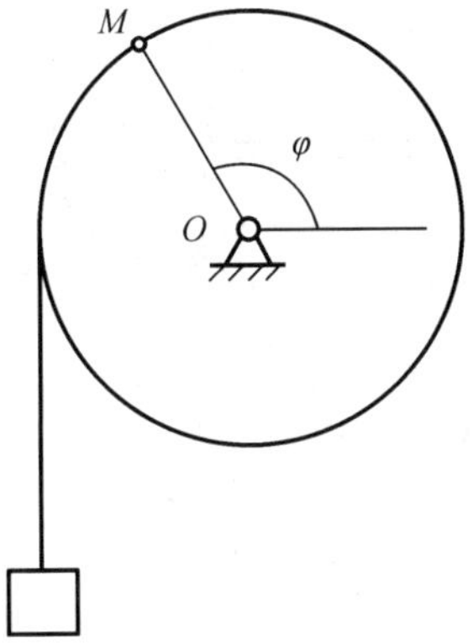

题 6-10 图

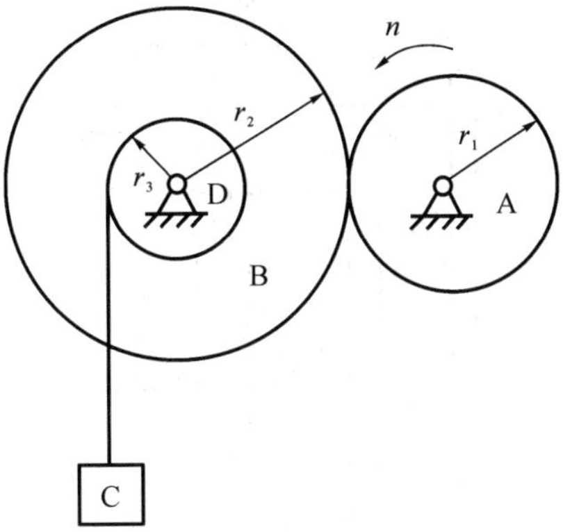

题 6-11 图

6-12　如图所示为一摩擦传动机构，主动轴Ⅰ和从动轴Ⅱ的轮盘分别用 A 和 B 表示，它们的半径分别为 $r=50$ mm 和 $R=150$ mm，两轮接触点按图示方向 $\boldsymbol{v}$ 移动。已知主动轴Ⅰ的转速为 $n=600$ r/min，接触点到转轴Ⅱ的中心的距离 d 按规律 $d=(100-5t)$mm(式中 t 以 s 为单位)而变化。求：

(1) 以距离 d 表示轴Ⅱ的角加速度；

(2) 当 $d=r$ 时，轮 B 边缘上一点的全加速度。

6-13　在如图所示仪表结构中，齿轮 1，2，3 和 4 的齿数分别为 $z_1=6$，$z_2=24$，$z_3=8$，$z_4=32$；齿轮 5 的半径为 5 cm，如齿条 B 移动 1 cm，求指针 A 所转过的角度。

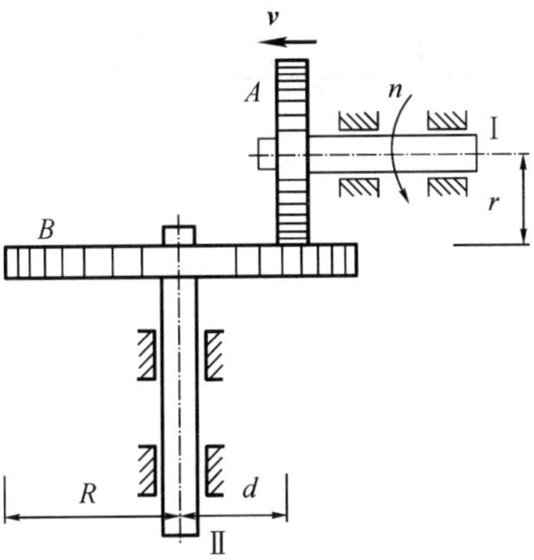

题 6-12 图

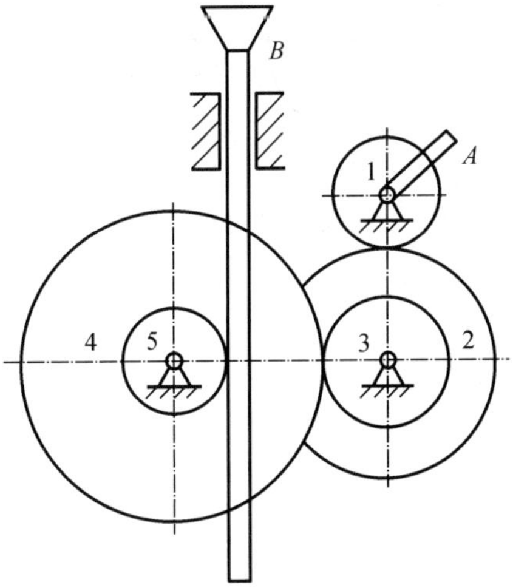

题 6-13 图

6-14　车床的传动装置如图所示。已知各齿轮的齿数分别为 $z_1=40$，$z_2=84$，$z_3=28$，$z_4=80$。带动刀具的丝杠的螺距为 $h_2=12$ mm。求车刀切削工作的螺距 h_1。

6-15　在图所示的机构中，齿轮Ⅰ紧固在杆 AC 上，$AB=O_1O_2$，齿轮Ⅰ和半径为 r_2

的齿轮Ⅱ啮合，齿轮Ⅱ可绕 O_2 轴转动且和曲柄 O_2B 没有联系。设 $O_1A=O_2B=l$，$\varphi=b\sin\omega t$，试确定 $t=\frac{\pi}{2\omega}$ s 时，齿轮Ⅱ的角速度和角加速度。

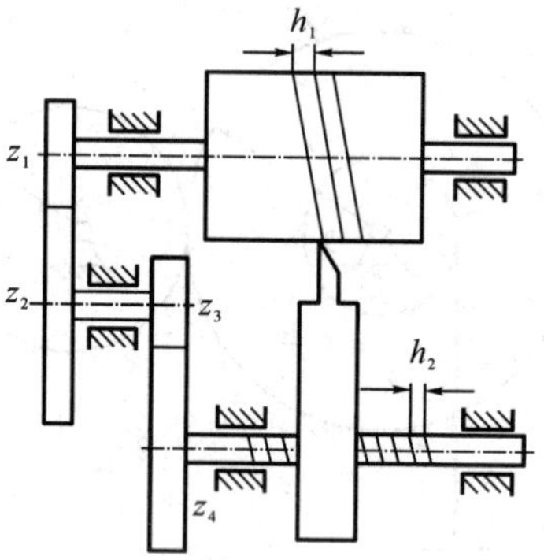

题 6-14 图

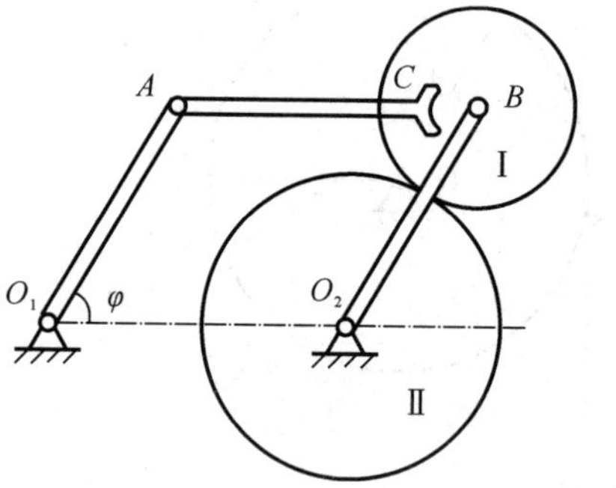

题 6-15 图

6-16　两轮Ⅰ，Ⅱ半径分别为 $r_1=100$ mm，$r_2=150$ mm，平板 AB 放置在两轮上，如图所示。已知轮Ⅰ在某瞬时的角速度 $\omega_1=2$ rad/s，角加速度 $\alpha_1=0.5$ rad/s^2，方向逆时针转向。求此时平板移动的速度和加速度以及轮Ⅱ边缘上一点 C 的速度和加速度(设两轮与板接触处均无滑动)。

6-17　如图所示的半径都是 $2r$ 的一对平行曲柄 O_1A 和 O_2B 以匀角速度 ω_0 分别绕 O_1 和 O_2 轴转动，固连于连杆 AB 的中间齿轮Ⅰ带动同样大小的定轴齿轮Ⅱ绕 O 轴转动。两齿轮的半径均为 r，试求齿轮Ⅰ和齿轮Ⅱ节圆上任一点的加速度的大小。

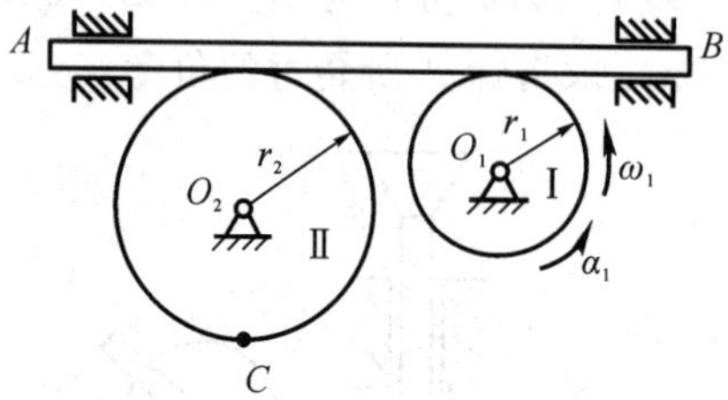

题 6-16 图

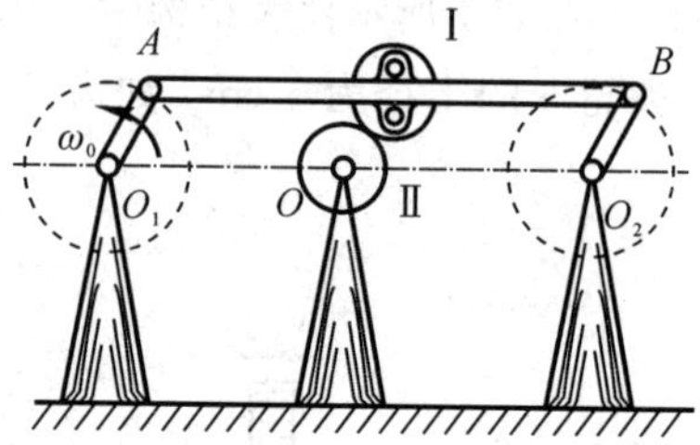

题 6-17 图

第 7 章　点的合成运动

对运动的描述是相对的，从不同的参考系观察同一物体的运动，会得到不同的结论，即物体相对于不同参考系的运动是不相同的。上一章研究了点或刚体相对于一个定参考系的运动，可称为简单运动。在实际中，常常遇到物体相对于动参考系的运动问题。例如，战斗机在空中格斗时，敌机相对于地面的飞行轨迹和相对于我方战斗机的飞行轨迹大不相同，能够击落敌机取决于对敌机相对于我方战斗机飞行轨迹的精确分析；又如，在无风的雨天，尽管雨点竖直落于地面，但是不管人朝东南西北哪个方向走，雨点总是迎面打来。可见，从不同的参考系去考察同一个点的运动，其运动规律是不相同的。这些不同的运动规律之间会有什么样的联系，这是本章要研究的主要内容，并由此引申出一种新的有效的运动分析方法——点的运动的分解与合成的方法。

研究物体相对于不同参考系的运动，分析物体相对于不同参考系的运动之间的关系，称为复杂运动或合成运动。点的合成运动主要研究点在不同参考系中运动规律的联系，分析运动中某一瞬时点的速度合成和加速度合成的规律。

7.1　点的合成运动的基本概念

在实际中，常常会遇到这样一类问题：例如人在航行中的船上走动，需要研究人相对于地球的运动，又要研究人相对于船的运动。这类问题的特点是：某物体 A 相对于物体 B 运动，物体 B 相对于物体 C 又有运动，需要确定物体 A 相对于物体 C 的运动。解决这类问题的方法有两种。一是运用第 6 章介绍的方法，直接建立物体 A 相对于物体 C 的运动方程式，然后，通过运动方程式，求出物体 A 相对于物体 C 的有关运动量。这种方法的道理比较简单，但是，应用起来有时比较麻烦。二是根据这类问题的特点，先分析研究物体 A 相对于物体 B 的运动、物体 B 相对于物体 C 的运动，然后，运用运动合成的概念，把物体 A 相对于物体 C 的运动看成是上述两种运动的合成运动。这种方法需要建立合成运动的概念，但是，它往往能够把一个比较复杂的运动看成是两个简单运动组成的合成运动，把比较复杂的运动的求解过程简单化，这是运动学中分析问题的一个重要方法。

物体的运动对于不同的参考体来说是不同的。以沿直线轨道滚动的车轮为例，如图 7.1(a)所示，其轮缘上点 M 的运动，对于地面上的观察者来说，点的轨迹是旋轮线，但是对于车上的观察者来说，点的轨迹是一个圆。再以车床工作时车刀刀尖上的一点 M 的运动为例，如图 7.1(b)所示，车刀刀尖 M 相对于地面是直线运动，但是它相对于旋转的工件来说是圆柱面螺旋运动，因此，车刀在工件的表面上切出螺旋线。显然，在上述各例中，动点 M 相对于两个参考体的速度和加速度也都不同。

通过观察可以发现，物体对一参考体的运动可以由几个运动组合而成。例如，在上述

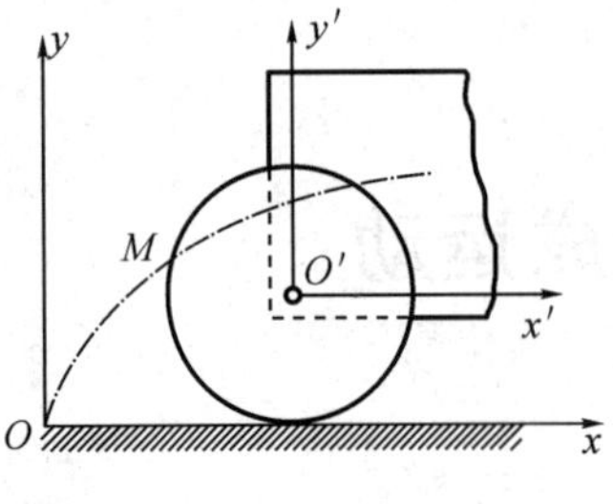

(a)

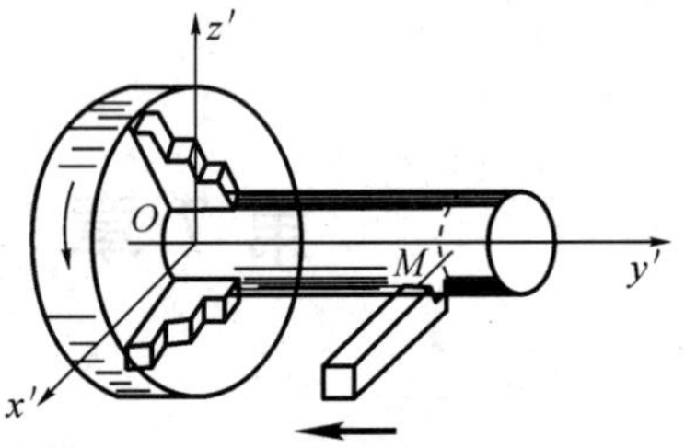

(b)

图 7.1

的例子中，车轮上的点 M 是沿旋轮线运动的，但是如果以车厢作为参考体，则点 M 对于车厢的运动是简单的圆周运动，车厢对于地面的运动是简单的平移。这样，轮缘上一点的运动就可以看成为两个简单运动的合成，即点 M 相对于车厢做圆周运动，同时车厢相对地面做平移。于是，相对于某一参考体的运动可由相对于其他参考体的几个运动组合而成，称这种运动为合成运动。

分析点的合成运动时，把要研究的点 M 称为动点。在明确了研究对象——动点后，还要建立两个参考坐标系：一个称为动参考系，以 $O'x'y'z'$ 表示，简称动系；另一个称为定参考系，以 $Oxyz$ 表示，简称定系。定系一般固结在地球表面上。例如，人在航行中的船上走动时，固结在船上的参考坐标系叫做动参考系，固结在地球表面上的参考坐标系叫做定参考系，人则是被研究的几何点，即动点。为了便于区分动点对于不同坐标系的运动，把**动点相对于定参考系的运动，称为绝对运动；动点相对于动参考系的运动，称为相对运动；动参考系相对于定参考系的运动，称为牵连运动**。

例如，人在航行中的船上走动时，以人为动点，动参考系固连在船上，则人相对于船的运动为相对运动；船相对于地面的运动为牵连运动；人相对于地面的运动为绝对运动。又如，车轮滚动时，取轮缘上的一点 M 为动点，固结于车厢的坐标系为动参考系，则车厢相对于地面的平移是牵连运动；在车厢上看到点做圆周运动，这是相对运动；在地面上看到点沿旋轮线运动，这是绝对运动。

以上分析点的合成运动的步骤，通常称为“一点二系三运动”。

必须指出，动点的绝对运动和相对运动都是点的运动，它可能是直线运动，也可能是曲线运动；而牵连运动则是动参考系的运动，属于刚体的运动，有平移、定轴转动和其他形式的运动。动参考系做何种运动取决于与之固连的刚体的运动形式。但应注意，动参考系并不完全等同于与之固连的刚体。在具体的问题中，刚体受到其特定的几何尺寸和形状的限制，而动参考系却不受此限制，它不仅包含了与之固连的刚体，而且还包含了随刚体一起运动的空间。

动点在相对运动中的轨迹、速度和加速度，称为**相对轨迹**、**相对速度**和**相对加速度**。动点在绝对运动中的轨迹、速度和加速度，称为**绝对轨迹**、**绝对速度**和**绝对加速度**。至于动点的牵连速度和牵连加速度的定义，必须特别注意。由于动参考系的运动是刚体的运动而不是一个点的运动，所以除非动参考系做平移，否则其上各点的运动都不完全相同。因为动参考系与动点直接相关的是动参考系上与动点相重合的那一点，称为牵连点或重合点，因此定义：在动参考系上与动点相重合的那一点的速度和加速度称为动点的**牵连速度**和**牵连加速度**。今后，用 $\boldsymbol{v}_r$ 和 $\boldsymbol{a}_r$ 分别表示相对速度和相对加速度，用 $\boldsymbol{v}_a$ 和 $\boldsymbol{a}_a$ 分别表示绝对速度和绝对加速度，用 $\boldsymbol{v}_e$ 和 $\boldsymbol{a}_e$ 分别表示牵连速度和牵连加速度。

研究点的合成运动时，明确区分动点和它的牵连点是很重要的。动点和牵连点是一对相伴点，在运动的同一瞬时，它们是重合在一起的。前者是与动参考系有相对运动的点，后者是动参考系上的几何点。在运动的不同瞬时，动点与动参考系上不同的点重合，而这些点在不同瞬时的运动状态往往不同。

应用点的合成运动的方法时，如何选择动点、动参考系是解决问题的关键。一般来讲，由于合成运动方法上的要求，动点与动参考系应有相对运动，因而动点与动参考系不能选在同一刚体上，同时应使动点相对于动参考系的相对运动轨迹为已知。

图 7.2 所示的卷扬机小车起吊一重物时，重物通过卷扬机而产生向上的运动；另一方面，卷扬机小车又在天车上移动，重物由初始的 A 点到达 A' 点。则重物相对于地面或墙体的运动是绝对运动，其位移为 AA'；而重物相对于卷扬机小车的运动是相对运动，其位移为 AA''；而卷扬机小车相对于地面的运动是牵连运动，其位移为 $A''A'$。又如，一个旅客在运动的车厢内行走，地面上的人看到该乘客的运动是绝对运动，坐在车厢内的人看到该乘客的运动是相对运动，而地面上的人看到车厢内不动的人的运动是牵连运动。

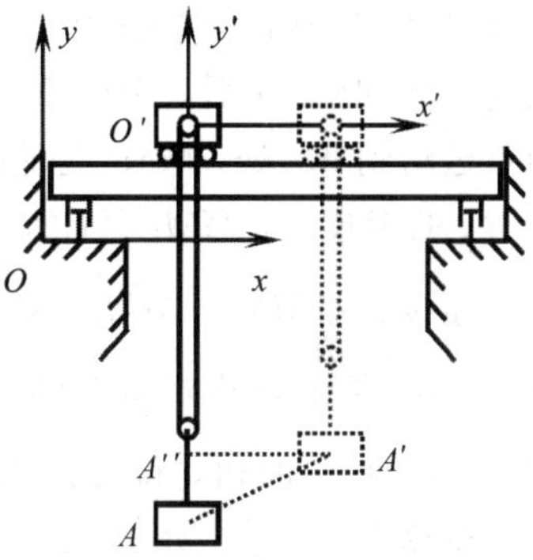

图 7.2

由以上两例可见，由于牵连运动的存在，使物体的绝对运动和相对运动发生差异。显然，如果没有牵连运动，则物体的相对运动将等同于它的绝对运动；而如果没有相对运动，则物体固连在动系上将随动系一起运动，物体的牵连运动将等同于它的绝对运动。由此可见，物体的绝对运动可以看成是相对运动和牵连运动合成的结果。

由于定参考系与动参考系是两个不同的坐标系，因此可以利用两个坐标系之间的坐标变换来建立绝对运动、相对运动和牵连运动之间的关系。以平面问题为例，设 Oxy 是定系，$O'x'y'$ 是动系，M 是动点，如图 7.3 所示。动点 M 的绝对运动方程为

$$x=x(t),\quad y=y(t) \tag{7-1}$$

动点 M 的相对运动方程为

$$x'=x'(t),\quad y'=y'(t) \tag{7-2}$$

动系 $O'x'y'$ 相对于定系 Oxy 的运动可由如下三个方程完全描述

$$x_{O'}=x_{O'}(t),\quad y_{O'}=y_{O'}(t),\quad \varphi=\varphi(t) \tag{7-3}$$

这三个方程称为牵连运动方程，其中 φ 角是从 x 轴到 x' 轴的转角，以逆时针方向为正值。

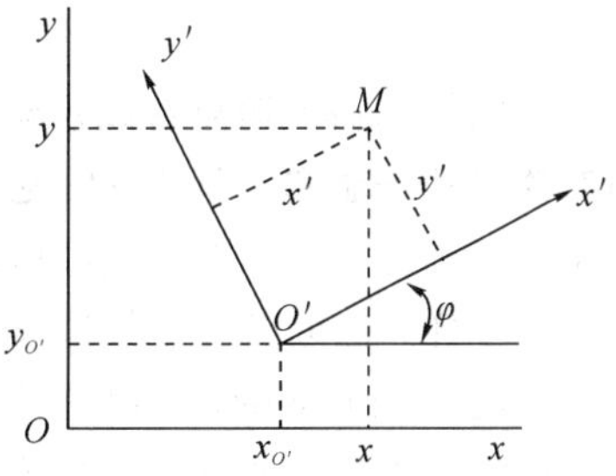

图 7.3

由图 7.3 可得动系 $O'x'y'$ 与定系 Oxy 之间的坐标变换关系为

$$\left.\begin{aligned} x&=x_{O'}+x'\cos\varphi-y'\sin\varphi \\ y&=y_{O'}+x'\sin\varphi+y'\cos\varphi \end{aligned}\right\} \tag{7-4}$$

在点的绝对运动方程中消去时间 t，即得点的绝对运

动轨迹；在点的相对运动方程中消去时间 t，即得点的相对运动轨迹。

7.2 点的速度合成定理

下面研究点的相对速度、牵连速度和绝对速度三者之间的关系。为使分析过程简单明了，仍以平面问题为例。

设动点在一个任意的刚体 K 上运动，曲线 AB 是动点在刚体 K 上的相对运动轨迹，如图 7.4 所示；刚体 K 又可以任意运动。把动参考系固结在刚体 K 上，定参考系固结在地面上。设在某瞬时 t，刚体 K 在图 7.4 左边的位置，动点位于 M 处；经过时间间隔 Δt 后，刚体 K 运动到右边的位置，动点运动到 M_1' 处，MM_1' 是它的绝对轨迹；M_1 是瞬时 t 的牵连点，MM_1 是此牵连点的轨迹。

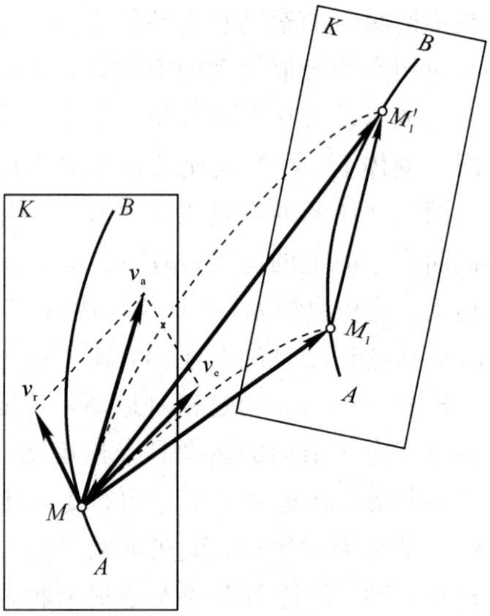

图 7.4

连接矢量 $\overrightarrow{MM_1'}$、$\overrightarrow{MM_1}$、$\overrightarrow{M_1M_1'}$。在时间间隔 Δt 中，$\overrightarrow{MM'_1}$ 是动点绝对运动的位移，$\overrightarrow{M_1M'_1}$ 是动点相对于刚体 K 的相对位移；$\overrightarrow{M_1M_1}$ 是瞬时 t 的牵连点的位移。在矢量三角形 MM_1M_1' 中，动点的绝对位移是牵连位移和相对位移的矢量和。即

$$\overrightarrow{MM_1'}=\overrightarrow{MM_1}+\overrightarrow{M_1M_1'} \tag{7-5}$$

式(7-5)两端同除以 Δt，并令 $\Delta t\to 0$ 取极限，有

$$\lim_{\Delta t\to 0}\frac{\overrightarrow{MM'}}{\Delta t}=\lim_{\Delta t\to 0}\frac{\overrightarrow{MM_1}}{\Delta t}+\lim_{\Delta t\to 0}\frac{\overrightarrow{M_1M_1'}}{\Delta t} \tag{7-6}$$

根据速度的定义，动点 M 在瞬时 t 的绝对速度为 $\boldsymbol{v}_a=\lim\limits_{\Delta t\to 0}\dfrac{\overrightarrow{MM'}}{\Delta t}$，其方向沿曲线 MM' 的切线方向；相对速度为 $\boldsymbol{v}_r=\lim\limits_{\Delta t\to 0}\dfrac{\overrightarrow{M_1M_1'}}{\Delta t}$，其方向沿曲线 M_1M_1' 的切线方向；牵连速度为曲线 AB 上在瞬时 t 与动点 M 重合的那一点的速度，即 $\boldsymbol{v}_e=\lim\limits_{\Delta t\to 0}\dfrac{\overrightarrow{MM_1}}{\Delta t}$，其方向沿曲线 MM_1 的切线方向。于是可得三种运动速度的关系如下：

$$\boldsymbol{v}_a=\boldsymbol{v}_e+\boldsymbol{v}_r \tag{7-7}$$

由此得到**点的速度合成定理：动点在某瞬时的绝对速度等于它在该瞬时的牵连速度与相对速度的矢量和**。即动点的绝对速度可以由牵连速度与相对速度所构成的平行四边形的对角线来确定。这个平行四边形称为**速度平行四边形**。这样的矢量等式与静力学中力的平衡方程一样，也可以进行矢量投影计算，从而可以列出两个标量等式，投影的方向不一定是垂直的 x 轴或 y 轴，可以是任意两个方向。对于每一个矢量都有大小、方向两个因素，速度合成定理的矢量等式中一共有六个因素，所以只要知道了其中四个因素，就可以用两个标量等式求出其余两个。

点的速度合成定理建立了动点的绝对速度、相对速度和牵连速度的关系。应该指出，在推导速度合成定理时，并未限制动参考系做什么样的运动，因此这个定理适用于牵连运动是任何运动的情况，即动参考系可做平移、转动或其他任何较复杂的运动。

下面用几个实例说明速度合成定理的应用。

【例 7-1】 如图 7.5 所示是半径为 R 的半圆形凸轮，以等速度 $\boldsymbol{v}_0$ 沿水平轨道向左运动，它推动杆 AB 沿铅垂导轨上下滑动，在图示位置时，$\varphi=60°$，求该瞬时顶杆 AB 的速度。

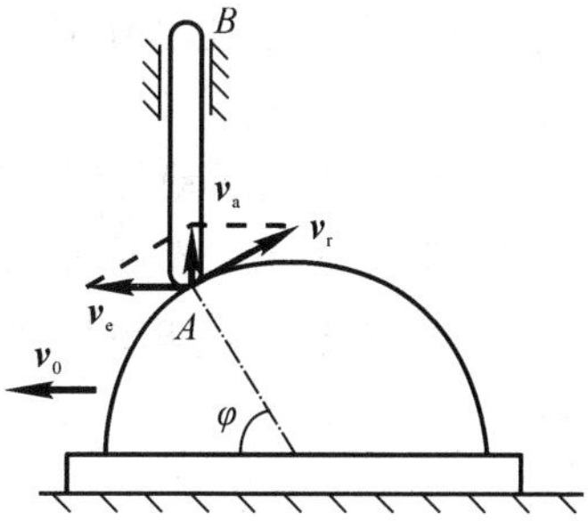

图 7.5

【解】 选择顶杆 AB 上的点 A 为动点，凸轮为动系，由

$$\boldsymbol{v}_a=\boldsymbol{v}_e+\boldsymbol{v}_r$$

画出动点 A 的速度合成图，如图 7.5 所示。其中 $\boldsymbol{v}_a$ 为绝对速度，方向铅垂向上；$\boldsymbol{v}_e$ 为牵连速度，方向水平向左；而 $\boldsymbol{v}_r$ 为相对速度，其方向为半圆形凸轮在点 A 处的切线。由于凸轮做平移，因此 $\boldsymbol{v}_e=\boldsymbol{v}_0$，由图可知

$$v_a=v_e\cot\varphi=v_0\cot\varphi=\frac{\sqrt{3}}{3}v_0$$

上式即为顶杆 AB 的速度，方向铅垂向上。

【例 7-2】 如图 7.6 所示为刨床的摆动导杆机构。已知曲柄 OM 长为 20 cm，以转速 $n=30$ r/min做逆时针转动。曲柄转动轴与导杆转轴之间的距离 $OA=30$ cm，当曲柄与 OA 相垂直且在右侧时，求导杆 AB 的角速度。

【解】 选择滑块 M 为动点，导杆 AB 为动系。由 $\boldsymbol{v}_a=\boldsymbol{v}_e+\boldsymbol{v}_r$，画出动点 M 的速度合成图，如图 7.6 所示。其中 $\boldsymbol{v}_a$ 为绝对速度，方向铅垂向上；$\boldsymbol{v}_e$ 为牵连速度，方向垂直于导杆 AB；而 $\boldsymbol{v}_r$ 为相对速度，其方向沿 AB 导杆内导槽的方向。由图可知

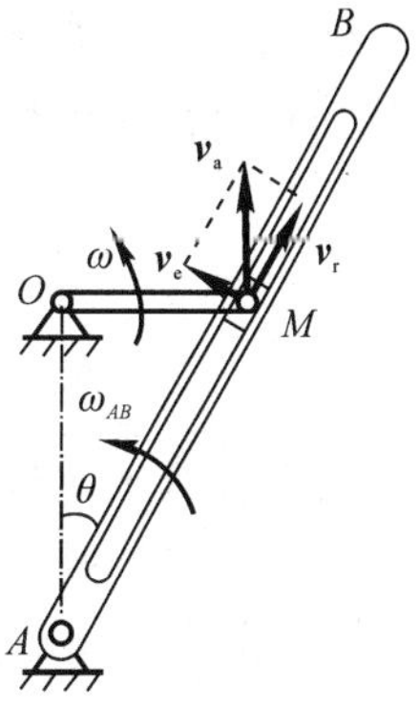

图 7.6

$$v_e=v_a\sin\theta=OM\cdot\omega\sin\theta$$

导杆 AB 的转动角速度 ω_{AB} 为

$$\begin{aligned}\omega_{AB}&=\frac{v_e}{AM}=\frac{OM\cdot\omega\sin\theta}{OM/\sin\theta}=\omega\sin^2\theta\\&=\frac{2\pi\times30}{60}\times\frac{400}{1300}\\&=\frac{4\pi}{13}=0.967\ \text{rad/s}\end{aligned}$$

【例 7-3】 如图 7.7 所示的机构中，已知杆 OA 绕 O 以匀角速度 $\omega_0=2$ rad/s 逆时针方向转动，杆 BC 通过套筒 B 套于杆 OA 上，杆 OA 转动时带动杆 BC 上下运动，已知 $OC=0.5$ m，试求图示位置 $\theta=30°$时杆 BC 的运动速度。

【解】 选套筒 B 为动点，杆 OA 为动系。由 $\boldsymbol{v}_a=\boldsymbol{v}_e+\boldsymbol{v}_r$，画出动点 B 的速度合成图，如图 7.7 所示。其中 $\boldsymbol{v}_a$ 为绝对速度，方向铅垂向上；$\boldsymbol{v}_e$ 为牵连速度，方向垂直于杆 OA；而 $\boldsymbol{v}_r$ 为相对速度，其方向沿杆 OA 的方向。由图可知

$$v_a=\frac{v_e}{\cos\theta}=\frac{OB\cdot\omega_0}{\cos\theta}=\frac{4}{3}\ \text{m/s}$$

这就是杆 BC 的运动速度的大小，方向铅垂向上。

总结以上几个实例的解题步骤如下：

(1) 选取动点、动参考系和定参考系。所选的参考系应能将动点的运动分解成为相对运动和牵连运动。因此动点和动参考系不能选在同一个物体上，一般应使相对轨迹已知。

(2) 分析三种运动与三种速度。

(3) 应用速度合成定理，画出速度矢量图。

(4) 由速度平行四边形或三角形的几何关系求出未知数。

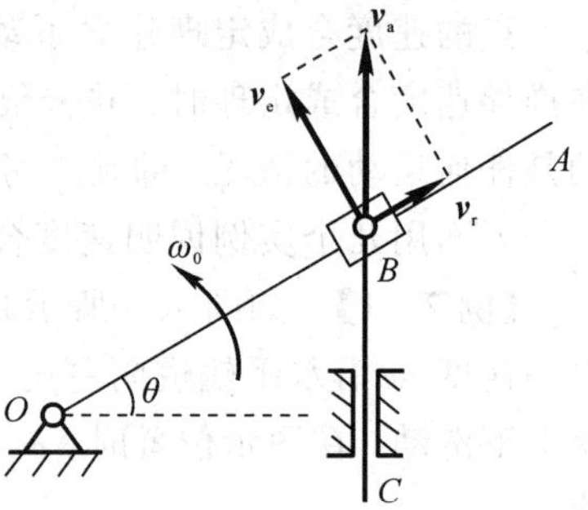

图 7.7

7.3 牵连运动为平移时点的加速度合成定理

在点的合成运动中，加速度之间的关系与牵连运动的运动形式有关。本节先分析当牵连运动为平移时点的加速度合成定理。如图 7.8 所示，坐标系 $Oxyz$ 固定在地面上，为定系。动点 M 沿着动系中的曲线做相对运动。设动系 $O'x'y'z'$ 相对于定系 $Oxyz$ 做平移，即 $O'x'y'z'$ 相对于 $Oxyz$ 运动，并且在运动过程中动系的三条轴线 $O'x'$，$O'y'$，$O'z'$ 分别平行于定系的轴线 Ox，Oy，Oz。如动点 M 相对于动系的相对坐标为 x'，y'，z'，而 $\boldsymbol{i}'$，$\boldsymbol{j}'$，$\boldsymbol{k}'$ 为动坐标轴的单位矢量，则点 M 的相对速度和相对加速度分别为

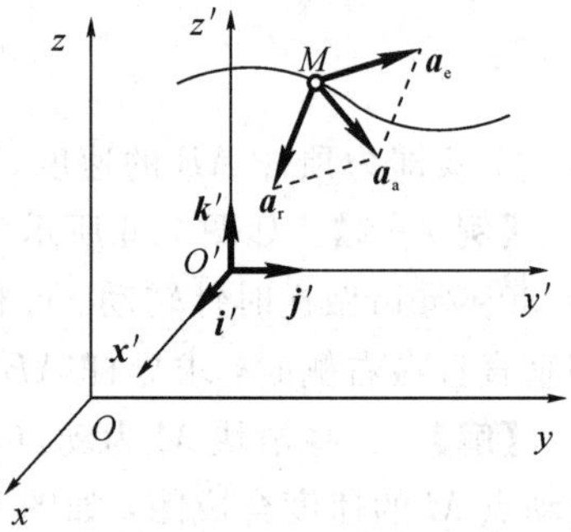

图 7.8

$$\boldsymbol{v}_r=\frac{dx'}{dt}\boldsymbol{i}'+\frac{dy'}{dt}\boldsymbol{j}'+\frac{dz'}{dt}\boldsymbol{k}' \tag{7-8}$$

$$\boldsymbol{a}_r=\frac{d^2x'}{dt^2}\boldsymbol{i}'+\frac{d^2y'}{dt^2}\boldsymbol{j}'+\frac{d^2z'}{dt^2}\boldsymbol{k}' \tag{7-9}$$

由点的速度合成定理，即

$$\boldsymbol{v}_a=\boldsymbol{v}_e+\boldsymbol{v}_r \tag{7-10}$$

式(7-10)两端同时对时间 t 求一次导数，得

$$\frac{d\boldsymbol{v}_a}{dt}=\frac{d\boldsymbol{v}_e}{dt}+\frac{d\boldsymbol{v}_r}{dt} \tag{7-11}$$

式(7-11)左端为动点 M 相对于定参考系的绝对加速度，即

$$\boldsymbol{a}_a=\frac{d\boldsymbol{v}_a}{dt} \tag{7-12}$$

由于动系做平移，动系上各点的速度或加速度在任一瞬时都是相同的，因而动系原点 O' 的速度 $\boldsymbol{v}_{O'}$ 和加速度 $\boldsymbol{a}_{O'}$ 就等于牵连速度 $\boldsymbol{v}_e$ 和牵连加速度 $\boldsymbol{a}_e$，有

$$\frac{d\boldsymbol{v}_e}{dt}=\frac{d\boldsymbol{v}_{O'}}{dt}=\boldsymbol{a}_{O'}=\boldsymbol{a}_e \tag{7-13}$$

即

$$\boldsymbol{a}_e=\frac{d\boldsymbol{v}_e}{dt} \tag{7-14}$$

将式(7－8)两端同时对时间 t 取一阶导数，注意到动系平移时 $\boldsymbol{i}'$，$\boldsymbol{j}'$，$\boldsymbol{k}'$ 的大小和方向都不改变，为恒矢量，因而有

$$\frac{\mathrm{d}\boldsymbol{v}_{\mathrm{r}}}{\mathrm{d}t}=\frac{\mathrm{d}^2x'}{\mathrm{d}t^2}\boldsymbol{i}'+\frac{\mathrm{d}^2y'}{\mathrm{d}t^2}\boldsymbol{j}'+\frac{\mathrm{d}^2z'}{\mathrm{d}t^2}\boldsymbol{k}'=\boldsymbol{a}_{\mathrm{r}} \tag{7-15}$$

将式(7－12)、式(7－14)、式(7－15)代入式(7－11)，得

$$\boldsymbol{a}_{\mathrm{a}}=\boldsymbol{a}_{\mathrm{e}}+\boldsymbol{a}_{\mathrm{r}} \tag{7-16}$$

式(7－16)表示牵连运动为平移时点的加速度合成定理：当**牵连运动为平移时，动点在某瞬时的绝对加速度等于该瞬时它的牵连加速度与相对加速度的矢量和**。它与速度合成定理具有完全相同的形式。

【例 7－4】 如图 7.9 所示为曲柄导杆机构，已知曲柄长 $OA=r$，某瞬时它和铅直线间的夹角为 φ，曲柄转动的角速度为 ω，转动的角加速度为 α，求此瞬时导杆的加速度。

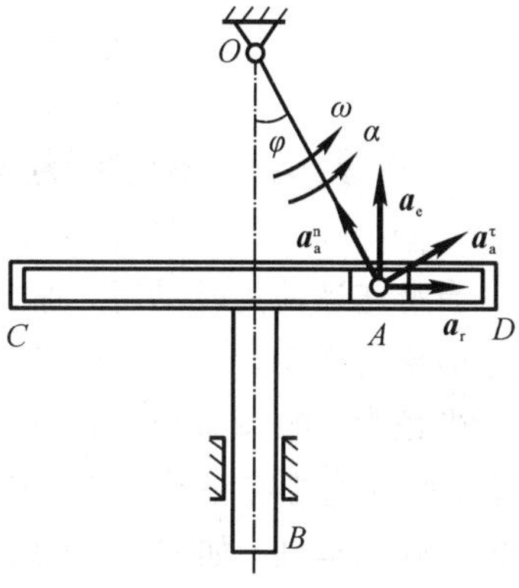

图 7.9

【解】 选择滑块 A 为动点，导杆 BCD 为动系，进行加速度分析。由于绝对运动是以 O 为圆心、OA 为半径的圆周运动，因此绝对加速度包括法向加速度 $\boldsymbol{a}_{\mathrm{a}}^{\mathrm{n}}$ 和切向加速度 $\boldsymbol{a}_{\mathrm{a}}^{\tau}$。牵连运动是导杆 BCD 相对于定系的平移，假设导杆 BCD 相对于定系的加速度为 $\boldsymbol{a}_{\mathrm{e}}$，根据平移刚体各点的加速度相同，动点 A 的牵连加速度为 $\boldsymbol{a}_{\mathrm{e}}$，方向假设向上。相对运动是滑块 A 相对于动系的运动，由于滑块 A 只能在导杆内滑动，故相对加速度沿导槽方向，不妨假设水平向右，由 $\boldsymbol{a}_{\mathrm{a}}^{\mathrm{n}}+\boldsymbol{a}_{\mathrm{a}}^{\tau}=\boldsymbol{a}_{\mathrm{e}}+\boldsymbol{a}_{\mathrm{r}}$，画出点 A 的加速度合成图，如图 7.9 所示。

只需求牵连加速度 $\boldsymbol{a}_{\mathrm{e}}$ 而无需求相对加速度 $\boldsymbol{a}_{\mathrm{r}}$，列 $\boldsymbol{a}_{\mathrm{e}}$ 方向的投影方程，有

$$a_{\mathrm{a}}^{\mathrm{n}}\cos\varphi+a_{\mathrm{a}}^{\tau}\sin\varphi=a_{\mathrm{e}}$$

式中，$a_{\mathrm{a}}^{\mathrm{n}}=r\omega^2$，$a_{\mathrm{a}}^{\tau}=r\alpha$。解得导杆的加速度为

$$a_{\mathrm{e}}=a_{\mathrm{a}}^{\mathrm{n}}\cos\varphi+a_{\mathrm{a}}^{\tau}\sin\varphi=r\omega^2\cos\varphi+r\alpha\sin\varphi$$

【例 7－5】 如图 7.10(a)所示为曲柄导杆机构。已知 $O_1A=O_2B=10$ cm，又 $O_1O_2=AB$，曲柄 O_1A 以角速度 $\omega=2$ rad/s 做匀速转动。在图示瞬时，$\varphi=60°$，求该瞬时杆 CD 的速度和加速度。

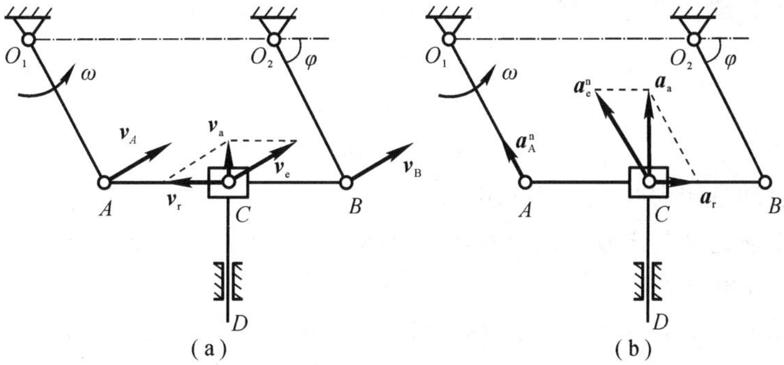

图 7.10

【解】 选滑块 C 为动点，杆 AB 为动系。由 $\boldsymbol{v}_a=\boldsymbol{v}_e+\boldsymbol{v}_r$，画出点 C 的速度合成图，如图 7.10(a)所示。动系 AB 做平移，其速度等于点 A(或点 B)的速度，即

$$v_e=v_A=O_1A\cdot\omega$$

由速度合成图，可知杆 CD 的速度为

$$v_a=v_e\cos\varphi=O_1A\cdot\omega\cos\varphi=0.1\ \mathrm{m/s}$$

由于动系 AB 做平移，由 $\boldsymbol{a}_a=\boldsymbol{a}_e^n+\boldsymbol{a}_r$，画出点 C 的加速度合成图，如图 7.10(b)所示。曲柄做匀速转动，牵连加速度只有法向加速度，即

$$a_e^n=O_1A\cdot\omega^2$$

由加速度合成图可知，杆 CD 的加速度为

$$a_a=a_e^n\sin\varphi=O_1A\cdot\omega^2\sin\varphi=0.346\ \mathrm{m/s^2}$$

7.4 牵连运动为转动时点的加速度合成定理

当牵连运动为转动时，加速度合成定理与动系为平移的情况是不相同的。以下先用简例作形象的说明。

半径为 r 的圆盘绕中心 O 以匀角速度 $\omega_e=\omega$ 逆时针转动。圆盘边缘有一动点 M，以相对速度 $v_r=\omega r$ 沿边缘做匀速圆周运动，如图 7.11 所示。取圆盘为动参考系，动点 M 的牵连速度 $v_e=\omega r$，方向如图。由点的速度合成定理知，点 M 的绝对速度为

$$v_a=v_e+v_r=2\omega r \tag{7-17}$$

$\boldsymbol{v}_a$ 与 $\boldsymbol{v}_e$ 同方向。容易看出，点 M 的绝对运动是沿圆周逆时针方向的速度为 $2\omega r$ 的匀速圆周运动。

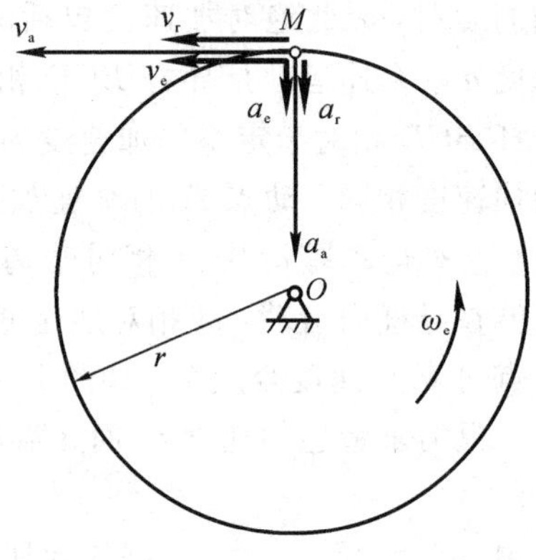

图 7.11

显然点的绝对加速度指向圆心 O，大小为

$$a_a=\frac{v_a^2}{r}=4\omega^2 r \tag{7-18}$$

点的相对运动亦为圆周运动，相对加速度指向圆心 O，大小为

$$a_r=\frac{v_r^2}{r}=\omega^2 r \tag{7-19}$$

点的牵连加速度是圆盘上与点 M 重合的点的加速度，方向也指向圆心，大小为

$$a_e=\omega^2 r \tag{7-20}$$

可见

$$\boldsymbol{a}_a\neq\boldsymbol{a}_e+\boldsymbol{a}_r \tag{7-21}$$

这表明当牵连运动是转动时，式(7-16)不成立。

下面推导牵连运动是定轴转动时点的加速度合成定理。为便于推导，先分析动参考系为定轴转动时，其单位矢量 $\boldsymbol{i}'$，$\boldsymbol{j}'$，$\boldsymbol{k}'$对时间的导数。

设动参考系 $O'x'y'z'$以角速度 ω_e 绕定轴转动，角速度矢为 $\boldsymbol{\omega}_e$。不失一般性，可把定轴取为定坐标轴的 z 轴，如图 7.12 所示。

先分析 $\boldsymbol{k}'$对时间的导数。设 $\boldsymbol{k}'$的矢端点 A 的矢径为 $\boldsymbol{r}_A$，则点 A 的速度既等于矢径 $\boldsymbol{r}_A$

对时间的一阶导数，又可用角速度矢 $\boldsymbol{\omega}_e$ 和矢径 $\boldsymbol{r}_A$ 的矢积表示，即

$$\boldsymbol{v}_A=\frac{\mathrm{d}\boldsymbol{r}_A}{\mathrm{d}t}=\boldsymbol{\omega}_e\times\boldsymbol{r}_A \tag{7-22}$$

由图 7.12，有

$$\boldsymbol{r}_A=\boldsymbol{r}_{O'}+\boldsymbol{k}' \tag{7-23}$$

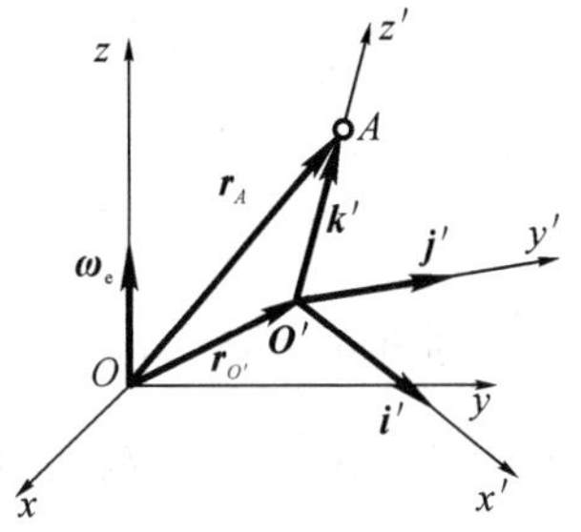

图 7.12

其中 $\boldsymbol{r}_{O'}$ 为动系原点 O' 的矢径，将式(7－23)代入式(7－22)，得

$$\frac{\mathrm{d}\boldsymbol{r}_{O'}}{\mathrm{d}t}+\frac{\mathrm{d}\boldsymbol{k}'}{\mathrm{d}t}=\boldsymbol{\omega}_e\times(\boldsymbol{r}_{O'}+\boldsymbol{k}') \tag{7-24}$$

由于动系原点 O' 的速度为

$$\boldsymbol{v}_{O'}=\frac{\mathrm{d}\boldsymbol{r}_{O'}}{\mathrm{d}t}=\boldsymbol{\omega}_e\times\boldsymbol{r}_{O'} \tag{7-25}$$

将式(7－25)代入式(7－24)，得

$$\frac{\mathrm{d}\boldsymbol{k}'}{\mathrm{d}t}=\boldsymbol{\omega}_e\times\boldsymbol{k}' \tag{7-26}$$

同理，有

$$\frac{\mathrm{d}\boldsymbol{i}'}{\mathrm{d}t}=\boldsymbol{\omega}_e\times\boldsymbol{i}',\quad \frac{\mathrm{d}\boldsymbol{j}'}{\mathrm{d}t}=\boldsymbol{\omega}_e\times\boldsymbol{j}' \tag{7-27}$$

动系无论做何种运动，点的速度合成定理及其对时间 t 的一阶导数式(7－11)都是成立的，即

$$\frac{\mathrm{d}\boldsymbol{v}_a}{\mathrm{d}t}=\frac{\mathrm{d}\boldsymbol{v}_e}{\mathrm{d}t}+\frac{\mathrm{d}\boldsymbol{v}_r}{\mathrm{d}t} \tag{7-28}$$

其中$\dfrac{\mathrm{d}\boldsymbol{v}_a}{\mathrm{d}t}$为绝对加速度 $\boldsymbol{a}_a$。然而当动参考系为转动时，上式后两项不再是牵连加速度 $\boldsymbol{a}_e$ 和相对加速度 $\boldsymbol{a}_r$ 了。

先看后一项$\dfrac{\mathrm{d}\boldsymbol{v}_r}{\mathrm{d}t}$，将式(7－8)对时间 t 取一次导数，即

$$\frac{\mathrm{d}\boldsymbol{v}_r}{\mathrm{d}t}=\frac{\mathrm{d}}{\mathrm{d}t}\left(\frac{\mathrm{d}x'}{\mathrm{d}t}\boldsymbol{i}'+\frac{\mathrm{d}y'}{\mathrm{d}t}\boldsymbol{j}'+\frac{\mathrm{d}z'}{\mathrm{d}t}\boldsymbol{k}'\right) \tag{7-29}$$

由于动系转动，单位矢量 $\boldsymbol{i}'$，$\boldsymbol{j}'$，$\boldsymbol{k}'$ 大小虽不改变，但方向有变化，故式(7－29)对时间的导数应为

$$\begin{aligned}\frac{\mathrm{d}\boldsymbol{v}_r}{\mathrm{d}t}&=\frac{\mathrm{d}}{\mathrm{d}t}\left(\frac{\mathrm{d}x'}{\mathrm{d}t}\boldsymbol{i}'+\frac{\mathrm{d}y'}{\mathrm{d}t}\boldsymbol{j}'+\frac{\mathrm{d}z'}{\mathrm{d}t}\boldsymbol{k}'\right)\\&=\frac{\mathrm{d}^2x'}{\mathrm{d}t^2}\boldsymbol{i}'+\frac{\mathrm{d}^2y'}{\mathrm{d}t^2}\boldsymbol{j}'+\frac{\mathrm{d}^2z'}{\mathrm{d}t^2}\boldsymbol{k}'+\frac{\mathrm{d}x'}{\mathrm{d}t}\frac{\mathrm{d}\boldsymbol{i}'}{\mathrm{d}t}+\frac{\mathrm{d}y'}{\mathrm{d}t}\frac{\mathrm{d}\boldsymbol{j}'}{\mathrm{d}t}+\frac{\mathrm{d}z'}{\mathrm{d}t}\frac{\mathrm{d}\boldsymbol{k}'}{\mathrm{d}t}\end{aligned} \tag{7-30}$$

上式前三项为相对加速度，是在动系内观察的 $\boldsymbol{i}'$，$\boldsymbol{j}'$，$\boldsymbol{k}'$ 大小方向都不变时相对速度对时间的一次导数，可称为局部导数。为区别于$\dfrac{\mathrm{d}\boldsymbol{v}_r}{\mathrm{d}t}$，局部导数记号为$\dfrac{\tilde{\mathrm{d}}\boldsymbol{v}_r}{\mathrm{d}t}=\dfrac{\mathrm{d}^2x'}{\mathrm{d}t^2}\boldsymbol{i}'+\dfrac{\mathrm{d}^2y'}{\mathrm{d}t^2}\boldsymbol{j}'+\dfrac{\mathrm{d}^2z'}{\mathrm{d}t^2}\boldsymbol{k}'$。再将式(7－26)、式(7－27)代入式(7－30)后三项，可得

$$\frac{\mathrm{d}\boldsymbol{v}_r}{\mathrm{d}t}=\frac{\mathrm{d}^2x'}{\mathrm{d}t^2}\boldsymbol{i}'+\frac{\mathrm{d}^2y'}{\mathrm{d}t^2}\boldsymbol{j}'+\frac{\mathrm{d}^2z'}{\mathrm{d}t^2}\boldsymbol{k}'+\frac{\mathrm{d}x'}{\mathrm{d}t}(\boldsymbol{\omega}_e\times\boldsymbol{i}')+\frac{\mathrm{d}y'}{\mathrm{d}t}(\boldsymbol{\omega}_e\times\boldsymbol{j}')+\frac{\mathrm{d}z'}{\mathrm{d}t}(\boldsymbol{\omega}_e\times\boldsymbol{k}') \tag{7-31}$$

相对速度的局部导数$\frac{\tilde{\mathrm{d}}\boldsymbol{v}_{\mathrm{r}}}{\mathrm{d}t}$就是相对加速度$\boldsymbol{a}_{\mathrm{r}}$。将式(7－31)后三项中的$\boldsymbol{\omega}_{\mathrm{e}}$提出括号之外，有

$$\frac{\mathrm{d}\boldsymbol{v}_{\mathrm{r}}}{\mathrm{d}t}=\frac{\tilde{\mathrm{d}}\boldsymbol{v}_{\mathrm{r}}}{\mathrm{d}t}+\boldsymbol{\omega}_{\mathrm{e}}\times\left(\frac{\mathrm{d}x'}{\mathrm{d}t}\boldsymbol{i}'+\frac{\mathrm{d}y'}{\mathrm{d}t}\boldsymbol{j}'+\frac{\mathrm{d}z'}{\mathrm{d}t}\boldsymbol{k}'\right)=\boldsymbol{a}_{\mathrm{r}}+\boldsymbol{\omega}_{\mathrm{e}}\times\boldsymbol{v}_{\mathrm{r}} \tag{7-32}$$

可见，动系转动时，相对速度的导数$\frac{\mathrm{d}\boldsymbol{v}_{\mathrm{r}}}{\mathrm{d}t}$不等于相对加速度$\boldsymbol{a}_{\mathrm{r}}$，而是有一个与牵连角速度$\boldsymbol{\omega}_{\mathrm{e}}$和相对速度$\boldsymbol{v}_{\mathrm{r}}$有关的附加项$\boldsymbol{\omega}_{\mathrm{e}}\times\boldsymbol{v}_{\mathrm{r}}$。

再看式(7－28)的前一项$\frac{\mathrm{d}\boldsymbol{v}_{\mathrm{e}}}{\mathrm{d}t}$。牵连速度$\boldsymbol{v}_{\mathrm{e}}$为动系上与动点相重合的点的速度。设动点$M$的矢径为$\boldsymbol{r}$，如图7.12所示。当动系绕$z$轴以角速度$\boldsymbol{\omega}_{\mathrm{e}}$转动时，牵连速度为

$$\boldsymbol{v}_{\mathrm{e}}=\boldsymbol{\omega}_{\mathrm{e}}\times\boldsymbol{r} \tag{7-33}$$

式(7－33)对时间t取一次导数，得

$$\frac{\mathrm{d}\boldsymbol{v}_{\mathrm{e}}}{\mathrm{d}t}=\frac{\mathrm{d}\boldsymbol{\omega}_{\mathrm{e}}}{\mathrm{d}t}\times\boldsymbol{r}+\boldsymbol{\omega}_{\mathrm{e}}\times\frac{\mathrm{d}\boldsymbol{r}}{\mathrm{d}t} \tag{7-34}$$

式中$\frac{\mathrm{d}\boldsymbol{\omega}_{\mathrm{e}}}{\mathrm{d}t}=\boldsymbol{\alpha}_{\mathrm{e}}$，为动系绕$z$轴转动的角加速度。动系上不断与动点$M$重合的点的矢径$\boldsymbol{r}$的一阶导数$\frac{\mathrm{d}\boldsymbol{r}}{\mathrm{d}t}$为绝对速度，即$\frac{\mathrm{d}\boldsymbol{r}}{\mathrm{d}t}=\boldsymbol{v}_{\mathrm{a}}=\boldsymbol{v}_{\mathrm{e}}+\boldsymbol{v}_{\mathrm{r}}$，将其代入式(7－34)，有

$$\frac{\mathrm{d}\boldsymbol{v}_{\mathrm{e}}}{\mathrm{d}t}=\boldsymbol{\alpha}_{\mathrm{e}}\times\boldsymbol{r}+\boldsymbol{\omega}_{\mathrm{e}}\times(\boldsymbol{v}_{\mathrm{e}}+\boldsymbol{v}_{\mathrm{r}}) \tag{7-35}$$

其中$\boldsymbol{\alpha}_{\mathrm{e}}\times\boldsymbol{r}+\boldsymbol{\omega}_{\mathrm{e}}\times\boldsymbol{v}_{\mathrm{e}}=\boldsymbol{a}_{\mathrm{e}}$，为动系转动时动系上与动点$M$重合的点的加速度，即牵连加速度。于是得

$$\frac{\mathrm{d}\boldsymbol{v}_{\mathrm{e}}}{\mathrm{d}t}=\boldsymbol{a}_{\mathrm{e}}+\boldsymbol{\omega}_{\mathrm{e}}\times\boldsymbol{v}_{\mathrm{r}} \tag{7-36}$$

可见，动系转动时，牵连速度的导数$\frac{\mathrm{d}\boldsymbol{v}_{\mathrm{e}}}{\mathrm{d}t}$不等于牵连加速度$\boldsymbol{a}_{\mathrm{e}}$，而是多出一个与式(7－32)中相同的附加项$\boldsymbol{\omega}_{\mathrm{e}}\times\boldsymbol{v}_{\mathrm{r}}$。

将式(7－32)和式(7－36)代入式(7－28)，得

$$\boldsymbol{a}_{\mathrm{a}}=\boldsymbol{a}_{\mathrm{e}}+\boldsymbol{a}_{\mathrm{r}}+2\boldsymbol{\omega}_{\mathrm{e}}\times\boldsymbol{v}_{\mathrm{r}} \tag{7-37}$$

令

$$\boldsymbol{a}_{\mathrm{C}}=2\boldsymbol{\omega}_{\mathrm{e}}\times\boldsymbol{v}_{\mathrm{r}} \tag{7-38}$$

$\boldsymbol{a}_{\mathrm{C}}$称为科氏加速度，等于动系角速度矢与点的相对速度矢的矢积的两倍。于是，有

$$\boldsymbol{a}_{\mathrm{a}}=\boldsymbol{a}_{\mathrm{e}}+\boldsymbol{a}_{\mathrm{r}}+\boldsymbol{a}_{\mathrm{C}} \tag{7-39}$$

式(7－39)表示牵连运动为转动时**点的加速度合成定理：当动系为定轴转动时，动点在某瞬时的绝对加速度等于该瞬时它的牵连加速度、相对加速度与科氏加速度的矢量和。**

可以证明，当牵连运动为任意运动时式(7－39)都成立，它是点的加速度合成定理的普遍形式。当牵连运动为平移时，可认为$\boldsymbol{\omega}_{\mathrm{e}}=\boldsymbol{0}$，因此$\boldsymbol{a}_{\mathrm{C}}=\boldsymbol{0}$，一般式(7－39)退化为特殊式(7－16)。

根据矢积运算规则，$\boldsymbol{a}_{\mathrm{C}}$的大小为

$$a_{\mathrm{C}}=2\omega_{\mathrm{e}}v_{\mathrm{r}}\sin\theta \tag{7-40}$$

其中θ为$\boldsymbol{\omega}_{\mathrm{e}}$与$\boldsymbol{v}_{\mathrm{r}}$两矢量间的最小夹角。矢$\boldsymbol{a}_{\mathrm{C}}$垂直于$\boldsymbol{\omega}_{\mathrm{e}}$和$\boldsymbol{v}_{\mathrm{r}}$，指向按右手法则确定，如图7.13所示。

当 $\boldsymbol{\omega}_e$ 和 $\boldsymbol{v}_r$ 平行时($\theta=0°$或 180°)，$a_C=0$；当 $\boldsymbol{\omega}_e$ 和 $\boldsymbol{v}_r$ 垂直时，$a_C=2\omega_e v_r$。

工程常见的平面机构中，$\boldsymbol{\omega}_e$ 是与 $\boldsymbol{v}_r$ 垂直的，此时 $a_C=2\omega_e v_r$，且 $\boldsymbol{v}_r$ 按 $\boldsymbol{\omega}_e$ 转向转动 90°就是 $\boldsymbol{a}_C$ 的方向。

图 7.11 所示的简例之中，应有科氏加速度 $a_C=2\omega_e v_r=2\omega^2 r$，方向指向点 O。$\boldsymbol{a}_e$，$\boldsymbol{a}_r$，$\boldsymbol{a}_C$ 同向，有

$$a_a=a_e+a_r+a_C\neq a_e+a_r \tag{7-41}$$

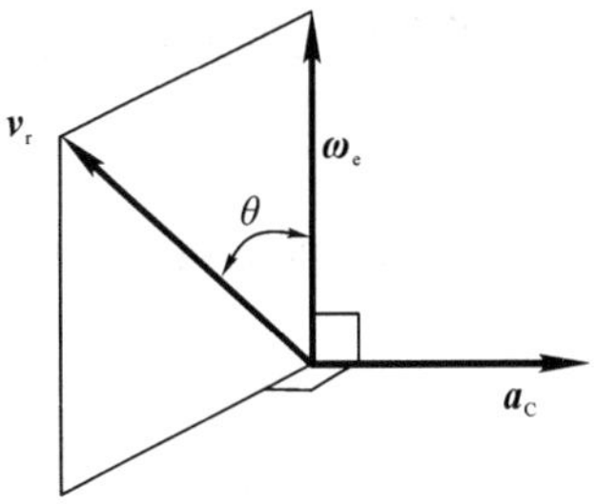

图 7.13

科氏加速度是由于动系为转动时，牵连运动与相对运动相互影响而产生的。

科氏加速度是 1832 年由科利奥里发现的，因而命名为科利奥里加速度，简称科氏加速度。科氏加速度在自然现象中是有所表现的。

地球绕地轴转动，地球上物体相对于地球运动，这都是牵连运动为转动的合成运动。地球自转角速度很小，一般情况下其自转的影响可略去不计；但是在某些情况下，却必须给予考虑。

例如，在北半球，河水向北流动时，河水的科氏加速度 $\boldsymbol{a}_C$ 向西，即指向左侧，如图 7.14 所示。由动力学可知，有向左的加速度，河水必受有右岸对水的向左的作用力。根据作用与反作用定律，河水必对右岸有反作用力。北半球的江河，其右岸都受有较明显的冲刷，这是地理学中的一项规律。

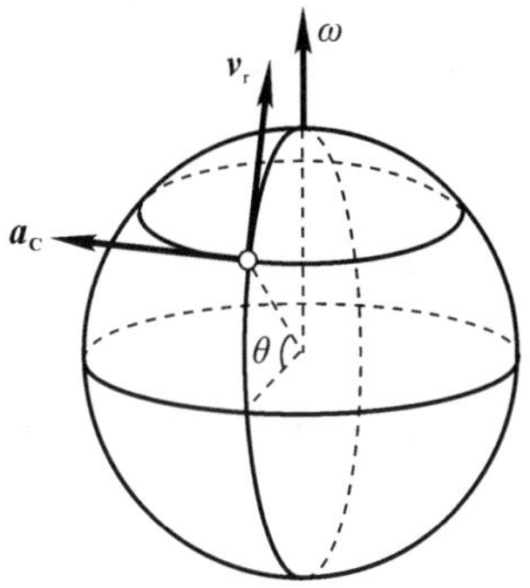

图 7.14

【例 7-6】 一牛头刨床机构如图 7.15(a)所示。已知 $O_1A=20$ cm，$O_2B=(130\sqrt{3}/3)$ cm，杆 O_1A 的角速度 $\omega_1=2$ rad/s，求图示位置时滑枕 CD 的速度和加速度。

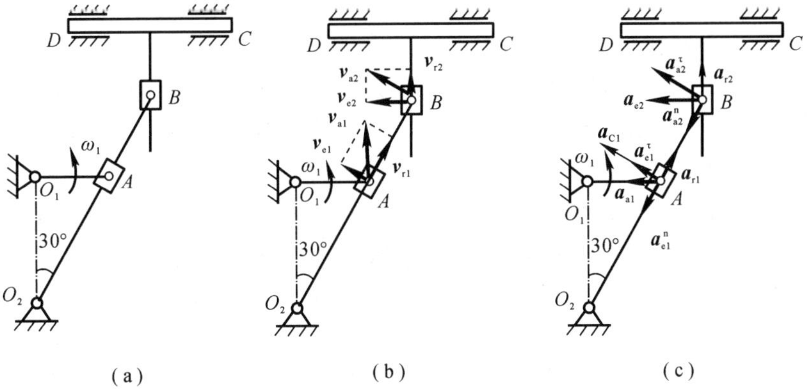

图 7.15

【解】 先研究动点 A，动系固连于 O_2B 上。由 $\boldsymbol{v}_{a1}=\boldsymbol{v}_{e1}+\boldsymbol{v}_{r1}$ 和 $\boldsymbol{a}_{a1}=\boldsymbol{a}_{e1}^n+\boldsymbol{a}_{e1}^\tau+\boldsymbol{a}_{r1}+\boldsymbol{a}_{C1}$，画出点 A 的速度和加速度合成图，如图 7.15(b)、(c)所示。设杆 O_2B 角速度为 ω，角加速度为 α，由图知点 A 的绝对速度 $v_{a1}=\omega_1\cdot O_1A=40$ cm/s，根据速度合成图可得动点 A 的相对速度和牵连速度分别为

$$v_{r1}=v_{a1}\cos30°=20\sqrt{3}\ \text{cm/s},\quad v_{e1}=v_{a1}\sin30°=20\ \text{cm/s}$$

由于牵连速度可表示为 $v_{e1}=\omega\cdot O_2A$，故杆 O_2B 的角速度 ω 为

$$\omega=\frac{v_{e1}}{O_2A}=0.5\ \text{rad/s}$$

根据点 A 的加速度合成图，向 x，y 轴投影得

$$-a_{a1}=-a_{e1}^{n}\sin30^\circ-a_{e1}^{\tau}\cos30^\circ+a_{r1}\sin30^\circ-a_{C1}\cos30^\circ$$

$$0=-a_{e1}^{n}\cos30^\circ+a_{e1}^{\tau}\sin30^\circ+a_{r1}\cos30^\circ+a_{C1}\sin30^\circ$$

式中，$a_{a1}=\omega_1^2\cdot O_1A=80\ \text{cm/s}^2$，$a_{e1}^{n}=\omega^2\cdot O_2A=10\ \text{cm/s}^2$，$a_{e1}^{\tau}=\alpha\cdot O_2A=40\alpha\ \text{cm/s}^2$，$a_{C1}=2\omega\cdot v_{r1}=20\sqrt{3}\ \text{cm/s}^2$，代入上式，解得杆 O_2B 的角加速度 α 为

$$\alpha=\frac{\sqrt{3}}{2}\ \text{rad/s}^2$$

再研究动点 B，动系固连于滑枕上。由 $\boldsymbol{v}_{a2}=\boldsymbol{v}_{e2}+\boldsymbol{v}_{r2}$ 和 $\boldsymbol{a}_{a2}^{n}+\boldsymbol{a}_{a2}^{\tau}=\boldsymbol{a}_{e2}+\boldsymbol{a}_{r2}$，画出点 B 的速度和加速度合成图，如图 7.15(b)、(c)所示。点 B 的绝对速度为

$$v_{a2}=\omega\cdot O_2B=\frac{65}{3}\sqrt{3}\ \text{cm/s}$$

故滑枕 CD 的速度为

$$v_{CD}=v_{e2}=v_{a2}\cos30^\circ=32.5\ \text{cm/s}$$

根据点 B 的加速度合成图，向 x 轴投影得

$$-a_{a2}^{\tau}\cos30^\circ-a_{a2}^{n}\sin30^\circ=-a_{e2}$$

式中，$a_{a2}^{\tau}=\alpha\cdot O_2B=65\ \text{cm/s}^2$，$a_{a2}^{n}=\omega^2\cdot O_2B=18.8\ \text{cm/s}^2$，代入上式中得

$$a_{CD}=a_{e2}=65.7\ \text{cm/s}^2$$

讨论：

(1) 本题必须应用二次速度合成定理和加速度合成定理才能求出 CD 的速度和加速度。

(2) 首先分析动点 A，这是因为动点 A 与曲柄 O_1A 是铰链连接，无相对运动关系，而与相对摇杆 O_2B 有运动关系，故动系应建立在 O_2B 上。又由于动系做定轴转动，故分析动点加速度时必须考虑科氏加速度。

(3) 然后分析动点 B，这时动点 B 与摇杆 O_2B 是铰链连接，无相对运动关系，而与相对滑枕 CD 有运动关系，故动系应固连在 CD 上。又由于动系做平移，故分析动点加速度时不必考虑科氏加速度。

【例 7-7】 如图 7.16(a)所示，直角曲杆 OBC 绕 O 轴转动，使套在其上的小环 M 沿固定直杆 OA 滑动。已知：$OB=0.1$ m，OB 与 BC 垂直，曲杆的角速度为 $\omega=0.5$ rad/s，角加速度为零，图示瞬时 $\varphi=60^\circ$。求该瞬时小环 M 的速度和加速度。

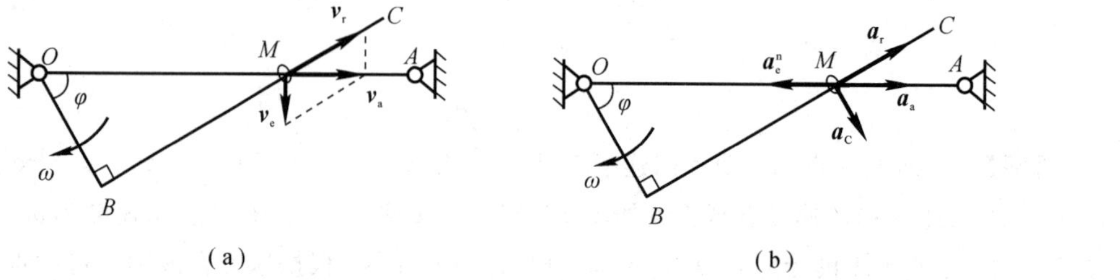

图 7.16

【解】 选择小环 M 为动点，曲杆 OBC 为动系。由 $\boldsymbol{v}_a=\boldsymbol{v}_e+\boldsymbol{v}_r$，$\boldsymbol{a}_a=\boldsymbol{a}_e^{n}+\boldsymbol{a}_r+\boldsymbol{a}_C$，画出点

M 的速度合成图和加速度合成图，如图 7.16(a)、(b)所示。

由速度合成图可知，动点 M 的绝对速度和相对速度分别表示为

$$v_a = v_e \tan\varphi = OM \cdot \omega \tan\varphi = 0.2 \times 0.5 \times \tan 60° = 0.173\ \text{m/s}$$

$$v_r = \frac{v_e}{\cos\varphi} = \frac{OM \cdot \omega}{\cos\varphi} = \frac{0.2 \times 0.5}{\cos 60°} = 0.2\ \text{m/s}$$

由加速度合成图，列 $\boldsymbol{a}_C$ 方向的投影方程，可得

$$a_a \cos\varphi = -a_e^n \cos\varphi + a_C$$

其中，$a_e^n = OM \cdot \omega^2 = 0.2 \times 0.5^2 = 0.05\ \text{m/s}^2$，$a_C = 2\omega \cdot v_r = 2 \times 0.5 \times 0.2 = 0.2\ \text{m/s}^2$，代入上式，解得小环 M 的加速度为

$$a_a = 0.35\ \text{m/s}^2$$

【例 7-8】 图 7.17(a)所示的半径为 r 的两圆相交，圆 O_1 固定，圆 O 绕其圆周上的一点 A 以匀角速度 ω 转动，求当三点 A，O，O_1 位于同一直线时，两圆交点 M 的速度和加速度。

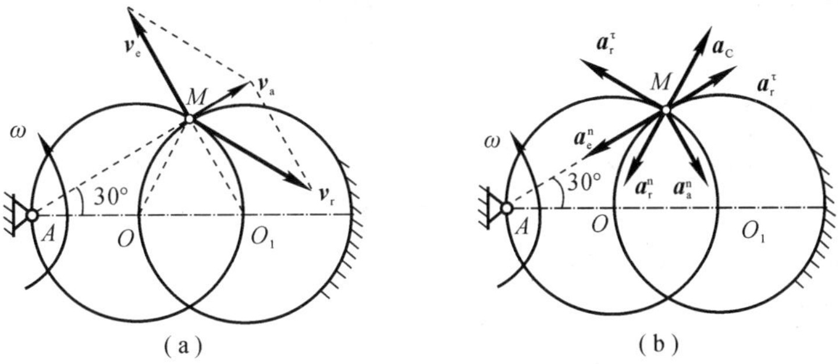

图 7.17

【解】 选择两圆交点 M 为动点，圆 O 为动系。由 $\boldsymbol{v}_a = \boldsymbol{v}_e + \boldsymbol{v}_r$，$\boldsymbol{a}_a^n + \boldsymbol{a}_a^\tau = \boldsymbol{a}_e^n + \boldsymbol{a}_r^n + \boldsymbol{a}_r^\tau + \boldsymbol{a}_C$，画出点 M 的速度合成图和加速度合成图，如图 7.17(a)、(b)所示。

由速度合成图，交点 M 的绝对速度和相对速度分别为

$$v_a = v_e \tan 30° = \sqrt{3} r \cdot \omega \tan 30° = r\omega$$

$$v_r = 2v_a = 2r\omega$$

由加速度合成图，列 $\boldsymbol{a}_C$ 方向的投影方程有

$$-a_a^n \cos 60° + a_a^\tau \cos 30° = a_C - a_r^n - a_e^n \cos 30°$$

式中，$a_a^n = v_a^2/r = r\omega^2$，$a_C = 2\omega_e \cdot v_r = 2\omega \cdot 2r\omega = 4r\omega^2$，$a_r^n = v_r^2/r = 4r\omega^2$，$a_e^n = \sqrt{3} r\omega^2$，代入上式，可得交点 M 的切向绝对加速度为

$$a_a^\tau = -\frac{2\sqrt{3}}{3} r\omega^2$$

通过以上几个实例计算，可以总结出求解点的加速度合成定理的解题步骤：

(1) 动点与动系的选取基本与速度合成定理相同，即要便于分析几种运动，能判断出绝大多数加速度的方向。

(2) 正确画出加速度矢量图是求解问题的关键。而动点的绝对运动和相对运动都可能是曲线运动，它们的加速度可以分为切向和法向两个矢量，尤其以做定轴转动的圆周运动为常见。

(3) 如果动系存在转动角速度，必须牢记加速度合成定理中科氏加速度这一项：$\boldsymbol{a}_C =$

$2\boldsymbol{\omega}_e \times \boldsymbol{v}_r$，其中必须用到相对速度，所以分析加速度之前需要对速度进行分析。

(4) 加速度分析一般只需求一个未知数，所以可以把加速度矢量等式在某一个方向投影。选取的投影方向垂直于未知的加速度，从而可以在方程中只有一个待求的未知量，不用求的未知量不出现在标量等式中，使计算简单。

(5) 加速度合成定理中项数多，不再是简单的平行四边形；列标量等式时需要注意矢量方向与正负号的关系，左边只有绝对加速度，其余的项都在右边。计算结果出现负号表示实际指向或转向与假设的相反。

小　　结

1. 点的合成运动的基本概念

正确理解研究对象(动点)、二种坐标(定参考系和动参考系)、三种运动(绝对运动、相对运动、牵连运动)及其速度和加速度等基本概念。

2. 速度合成定理

每一瞬时，动点的绝对速度等于其牵连速度与相对速度的矢量和，即

$$\boldsymbol{v}_a = \boldsymbol{v}_e + \boldsymbol{v}_r$$

这个定理对任何形式的牵连运动都适用。

3. 牵连运动为平移时的加速度合成定理

当牵连运动为平移时，动点的绝对加速度等于其牵连加速度与相对加速度的矢量和，即

$$\boldsymbol{a}_a = \boldsymbol{a}_e + \boldsymbol{a}_r$$

4. 牵连运动为转动时的加速度合成定理

当牵连运动为转动时，动点的绝对加速度等于其牵连加速度、相对加速度和科氏加速度的矢量和，即

$$\boldsymbol{a}_a = \boldsymbol{a}_e + \boldsymbol{a}_r + \boldsymbol{a}_C$$

科氏加速度是当牵连运动为转动时，牵连运动与相对运动相互影响而出现的一项附加的加速度，且有

$$\boldsymbol{a}_C = 2\boldsymbol{\omega}_e \times \boldsymbol{v}_r$$

5. 需注意的问题

(1) 刚体做复杂运动时，相对于不同参考系的运动性质是不同的。在此着重研究动点相对于不同参考系的运动，并分析动点相对于不同参考系运动之间的关系，以及某一瞬时动点的速度和加速度合成的规律。研究点的合成运动的主要问题是如何由已知动点的相对运动与牵连运动求绝对运动，或者如何将已知动点的绝对运动分解为点的相对运动与牵连运动。

(2) 牵连速度、牵连加速度指的是某瞬时动参考系上与动点重合的点的速度和加速度。在解决具体问题时，要正确选取动点、动系，分析三种运动，正确画出速度矢量图及加速度矢量图。动系是建立在刚体上的。选择动系的原则有两条：一是动点相对于动系有相对运动关系，二是相对运动简单明了。求速度通常采用几何法求解；而求加速度通常采用解析法。

思　考　题

7-1　点的速度合成定理 $\boldsymbol{v}_a=\boldsymbol{v}_e+\boldsymbol{v}_r$ 对牵连运动是平移或转动都成立，将其两端对时间求导，得 $\frac{d\boldsymbol{v}_a}{dt}=\frac{d\boldsymbol{v}_e}{dt}+\frac{d\boldsymbol{v}_r}{dt}$，从而有 $\boldsymbol{a}_a=\boldsymbol{a}_e+\boldsymbol{a}_r$。因而此式对牵连运动是平移或转动都应该成立。试指出上面的推导错在哪里？

7-2　按点的合成运动理论导出速度合成定理及加速度合成定理时，定参考系是固定不动的。如果定参考系本身也在运动(平移或转动)，对这类问题你该如何求解？

7-3　试引用点的合成运动的概念，证明在极坐标中点的加速度公式为

$$a_r=\ddot{r}-r\dot{\varphi}^2,\quad a_\varphi=\ddot{\varphi}r+2\dot{\varphi}\dot{r}$$

其中 r 和 φ 是用极坐标表示的点的运动方程，a_r 和 a_φ 是点的加速度沿径向和其垂直方向的投影。

7-4　图 7.18 中的速度平行四边形有无错误？错在哪里？

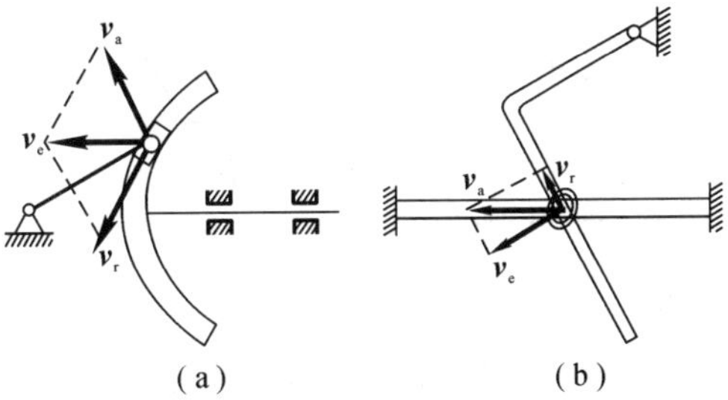

图 7.18

7-5　如下计算对吗？

$$\boldsymbol{a}_a^\tau=\frac{d\boldsymbol{v}_a}{dt},\quad a_a^n=\frac{v_a^2}{\rho_a};\quad \boldsymbol{a}_e^\tau=\frac{d\boldsymbol{v}_e}{dt},\quad a_e^n=\frac{v_e^2}{\rho_e};\quad \boldsymbol{a}_r^\tau=\frac{d\boldsymbol{v}_r}{dt},\quad a_r^n=\frac{v_r^2}{\rho_r}$$

式中 ρ_a，ρ_r 分别是绝对轨迹、相对轨迹上该处的曲率半径，ρ_e 为动参考系上与动点相重合的那一点的轨迹在重合位置的曲率半径。

7-6　图 7.19 中曲柄 OA 以匀角速度转动，两图中哪一种分析正确？

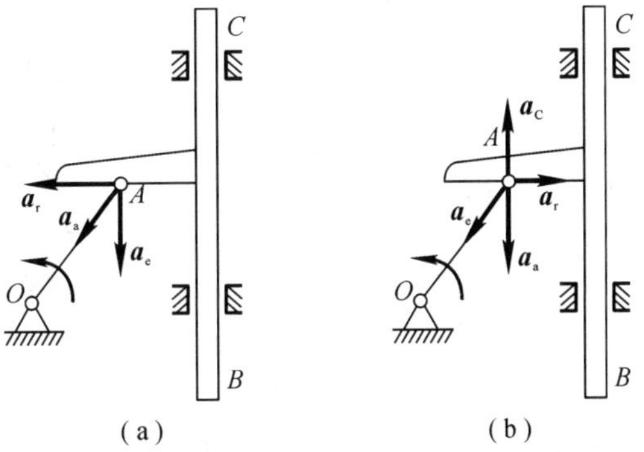

图 7.19

(a) 以 OA 上的点 A 为动点，以 BC 为动参考体；

(b) 以 BC 上的点 A 为动点，以 OA 为动参考体。

习　题

7－1　如图所示，点 M 在平面 $Ox'y'$ 中运动，运动方程为

$$x'=40(1-\cos t),\quad y'=40\sin t$$

式中 t 以 s 计，x' 和 y' 以 mm 计。平面 $Ox'y'$ 由绕垂直于该平面的 O 轴转动，转动方程为 $\varphi=t$rad，其中角 φ 为动坐标系的 x' 轴与定坐标系的 x 轴间的交角。求点 M 的相对轨迹和绝对轨迹。

7－2　在图(a)和(b)所示的两种机构中，已知 $O_1O_2=a=200$ mm，$\omega_1=3$ rad/s。求图示位置时杆 O_1A 的角速度。

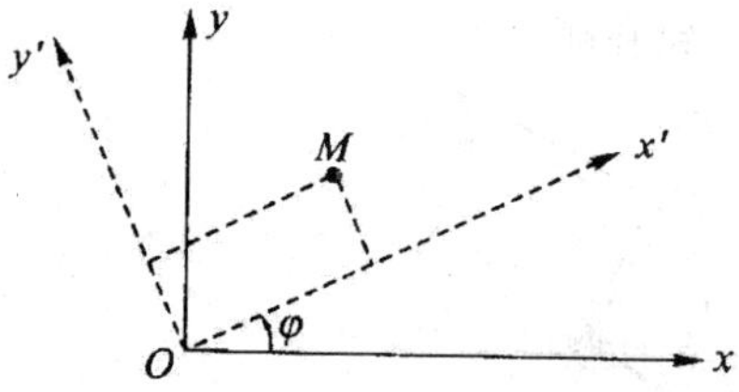

题 7－1 图

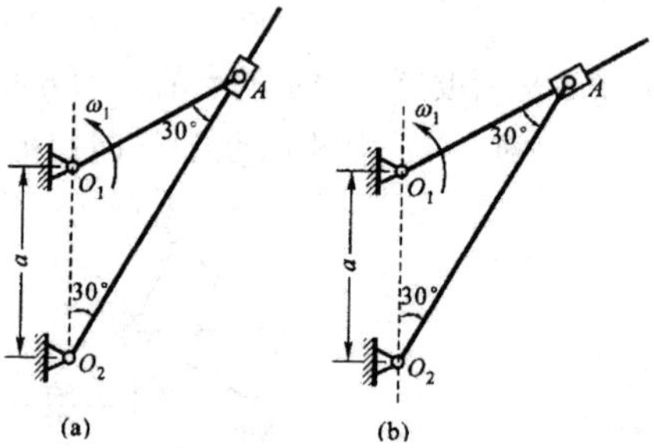

题 7－2 图

7－3　如图所示，摇杆机构的滑杆 AB 以等速 $\boldsymbol{v}$ 向上运动，初瞬时摇杆 OC 水平。摇杆长 $AC=a$，距离 $OD=l$。求当 $\varphi=\dfrac{\pi}{4}$ 时点 C 的速度的大小。

7－4　凸轮推杆机构如图所示。已知偏心圆轮的偏心距 $OC=e$，半径 $r=3e$，若凸轮以匀角速度 ω 绕轴 O 做逆时针转动，且推杆 AB 的延长线通过轴 O，求当 OC 与 CA 垂直时杆 AB 的速度。

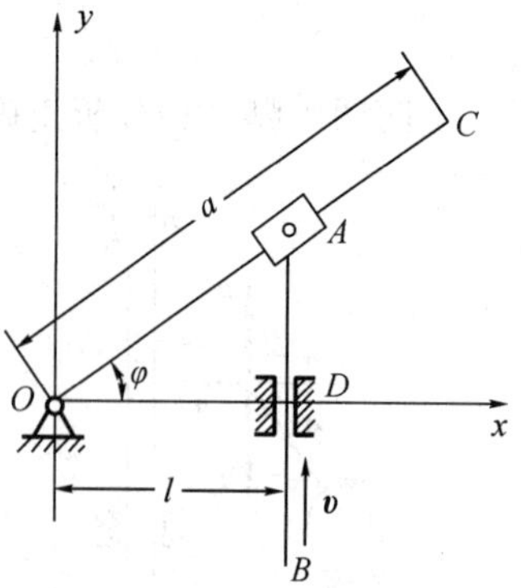

题 7－3 图

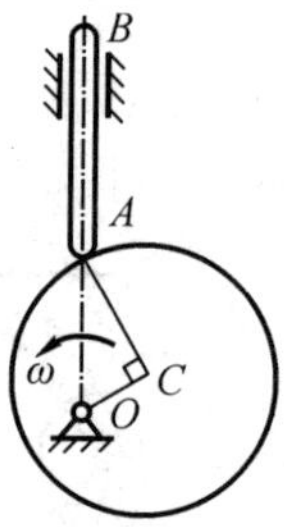

题 7－4 图

7－5　车床主轴的转速 $n=30$ r/min，工件的直径 $d=40$ mm，如图所示。如车刀横向走刀速度为 $v=10$ mm/s，求车刀对工件的相对速度。

7－6　如图所示，曲柄 OA 长 0.4 cm，以等角速度 $\omega=0.5$ rad/s 绕 O 轴逆时针转向转动，水平板 B 与滑杆 C 相连，由于曲柄的 A 端推动水平板 B，而使滑杆 C 沿铅直方向上

升。求当曲柄与水平线的夹角为 $\theta=30^\circ$ 时，滑杆 C 的速度和加速度。

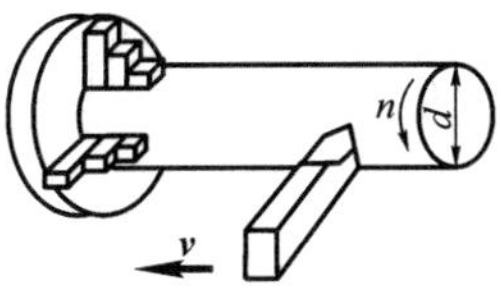

题 7－5 图

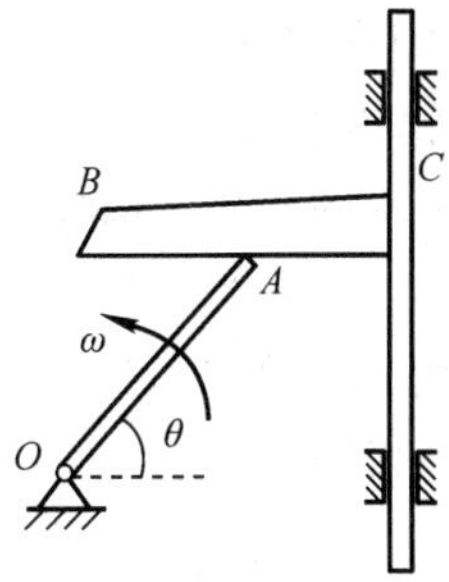

题 7－6 图

7－7　如图所示，具有圆弧形滑道的曲柄滑道机构，用来使滑道 BC 获得间隙的往复运动。已知曲柄以 $n=120$ r/min 转速匀速转动，$OA=r=100$ mm，求当 $\varphi=30^\circ$ 时滑道 BC 的速度和加速度。

7－8　如图所示的铰接四边形机构中，$O_1A=O_2B=100$ mm，$O_1O_2=AB$，且杆 O_1A 以匀角速度 $\omega=2$ rad/s 绕 O_1 轴转动。杆 AB 上有一个套筒 C，此套筒与杆 CD 相铰接，机构中的各部件都在同一铅垂面内。求当 $\varphi=60^\circ$ 时杆 CD 的速度和加速度。

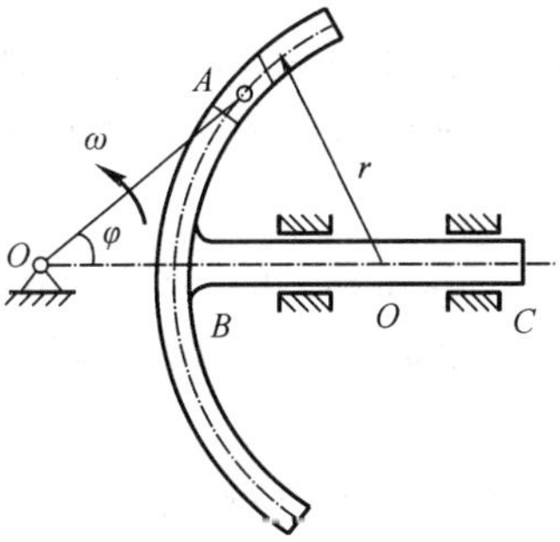

题 7－7 图

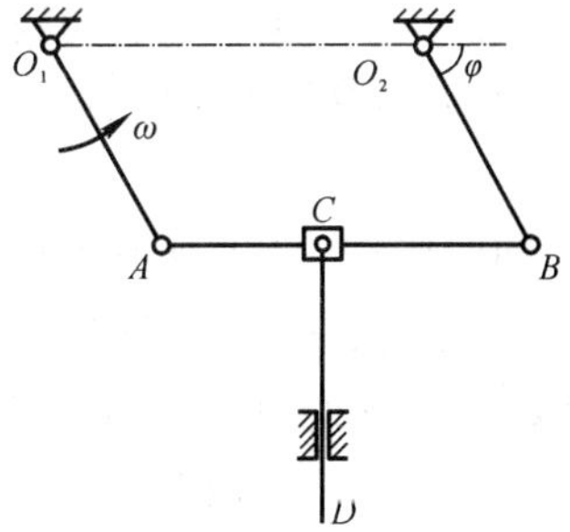

题 7－8 图

7－9　平底顶杆凸轮机构如图所示，顶杆 AB 可沿导轨上下移动，偏心圆盘绕轴 O 转动，轴 O 位于顶杆轴线上。工作时顶杆的平底始终接触凸轮表面。该凸轮半径为 R，偏心距 $OC=e$，凸轮绕轴 O 转动的角速度为 ω，OC 与水平线夹角为 φ。求当 $\varphi=0^\circ$ 时顶杆的速度。

7－10　半径为 R 的半圆形凸轮 D 以等速 $\boldsymbol{v}_0$ 沿水平线向右运动，带动从动杆 AB 沿铅直方向上升，如图所示。求 $\varphi=30^\circ$ 时杆 AB 相对于凸轮的速度和加速度。

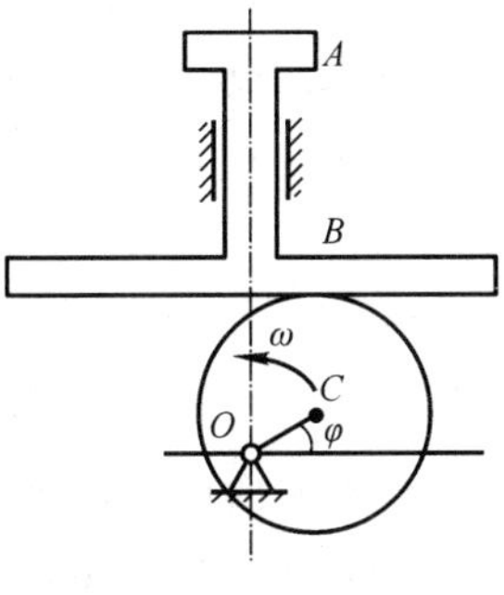

题 7－9 图

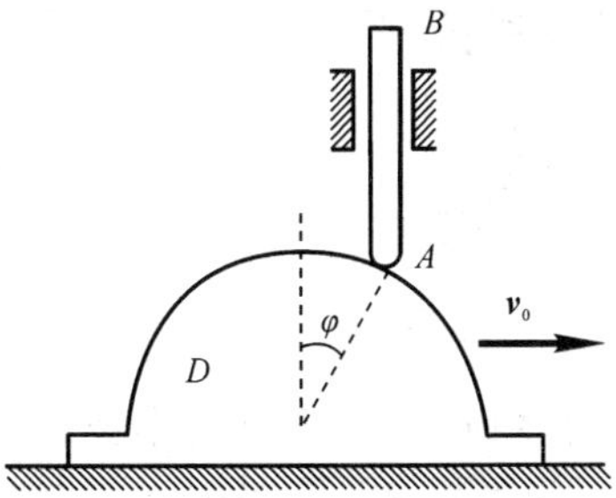

题 7－10 图

7-11　小车沿水平方向向右做加速运动，其加速度 $a=0.493\ \text{m/s}^2$。在小车上有一轮绕 O 轴转动，转动的规律为 $\varphi=t^2$（式中 t 以 s 计，φ 以 rad 计）。当 $t=1$ s 时，轮缘上点 A 的位置如图所示。如轮的半径 $r=0.2$ m，求此时点 A 的绝对加速度。

7-12　如图所示的机构，推杆 AB 以速度 $\boldsymbol{v}$ 向右运动，借套筒 B 使 OC 绕点 O 转动。已知 $\varphi=60°$，$OC=l$，试求当机构在图示位置时，

(1) 杆 OC 的角速度和杆 OC 端点 C 的速度大小；

(2) 动点 B 的科氏加速度。

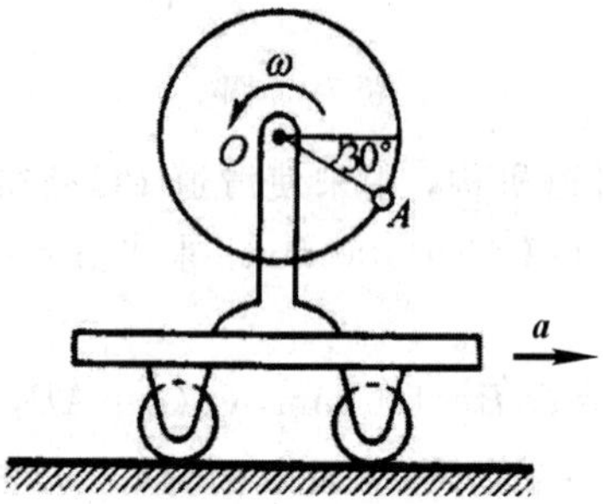

题 7-11 图

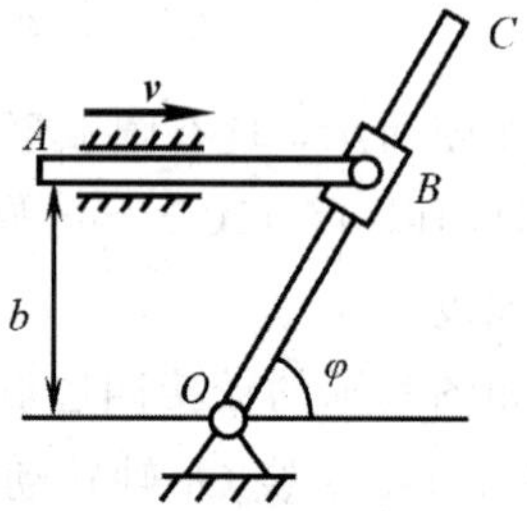

题 7-12 图

7-13　如图所示，半径为 r 的圆环内充满液体，液体按箭头方向以相对速度 v 在环内做匀速运动。如圆环以等角速度 ω 绕 O 轴转动，求在圆环内点 1 和 2 处液体的绝对加速度的大小。

7-14　如图所示，直角曲杆 OBC 绕 O 轴转动，使套在其上的小环 M 沿固定直杆 OA 滑动。已知：$OB=0.1$ m，OB 与 BC 垂直，曲杆的角速度 $\omega=0.5$ rad/s，角加速度为零，求当 $\varphi=60°$时，小环 M 的速度和加速度。

7-15　如图所示，弯成直角的曲杆 OAB 以 $\omega=$常数，绕 O 点逆时针转动。在曲柄的 AB 段装有滑筒 C，滑筒又与铅直杆 DC 铰接于 C，点 O 与 DC 位于同一铅垂线上，设曲柄的 OA 段长为 r，求当 $\varphi=30°$时，杆 DC 的速度和加速度。

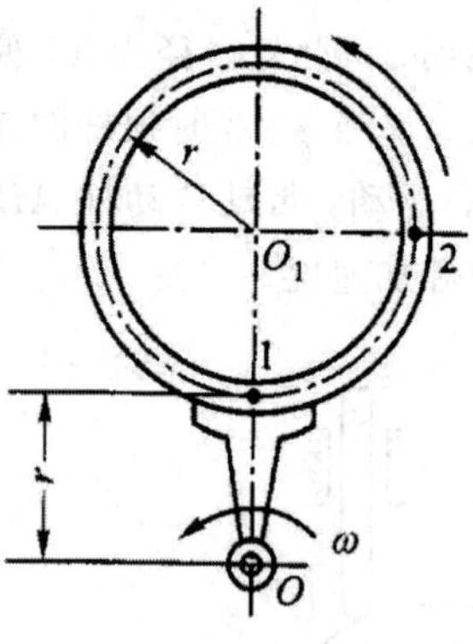

题 7-13 图

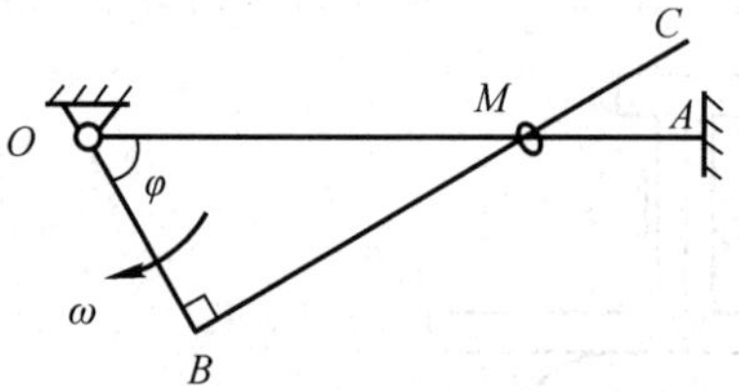

题 7-14 图

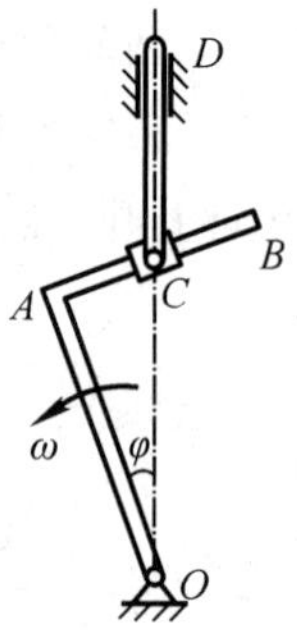

题 7-15 图

7-16　如图所示，大圆环的半径 $R=200$ mm，在其自身平面内以匀角速度 $\omega=1$ rad/s 绕轴 O 顺时针方向转动，小圆环 A 套在固定立柱 BD 及大圆环上。当$\angle AOO_1=60°$时，半径 OO_1 与立柱 BD 平行，求这瞬时小圆环 A 的绝对速度和绝对加速度。

7－17　直线 AB 以大小为 v_1 的速度沿垂直于 AB 的方向向上移动；直线 CD 以大小为 v_2 的速度沿垂直于 CD 的方向向左上方移动，如图所示。如两直线间的交角为 θ，求两直线交点 M 的速度。

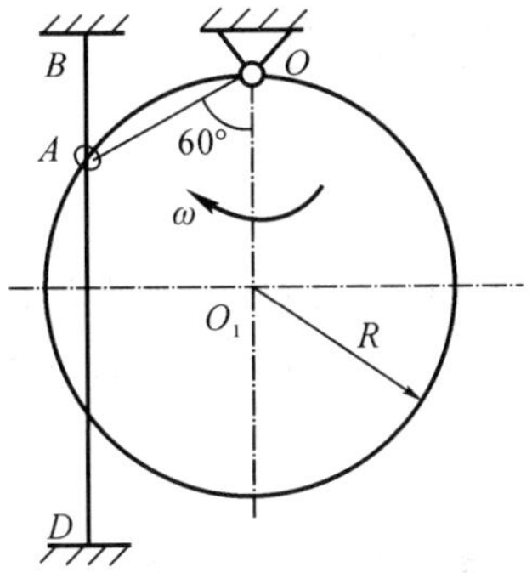

题 7－16 图

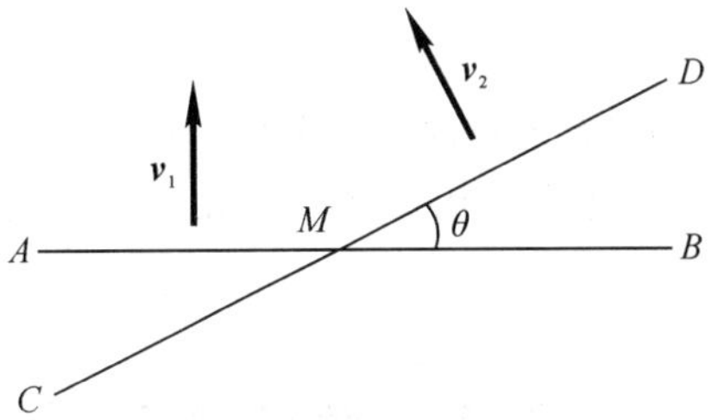

题 7－17 图

7－18　如图所示公路上行驶的两车速度都恒为 72 km/h。图示瞬时，在车 B 中的观察者看来，车 A 的速度、加速度应为多大？

7－19　如图所示偏心轮摇杆机构中，摇杆 O_1A 借助弹簧压在半径为 R 的偏心轮 C 上。偏心轮 C 绕轴 O 往复摆动，从而带动摇杆绕轴 O_1 摆动。设 $OC\perp OO_1$ 时，轮 C 的角速度为 ω，角加速度为零，$\theta=60°$。求此时摇杆 O_1A 的角速度 ω_1 和角加速度 α_1。

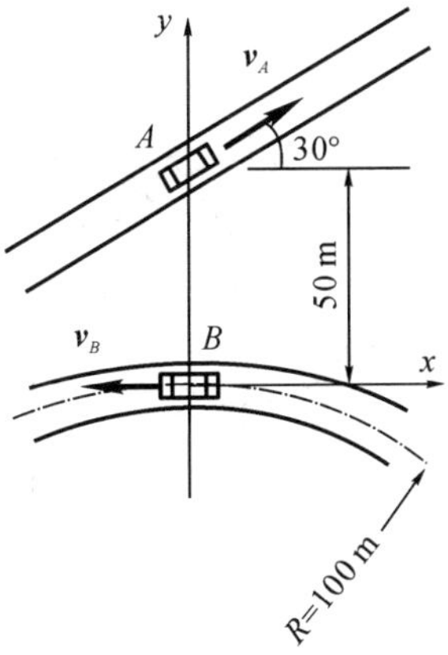

题 7－18 图

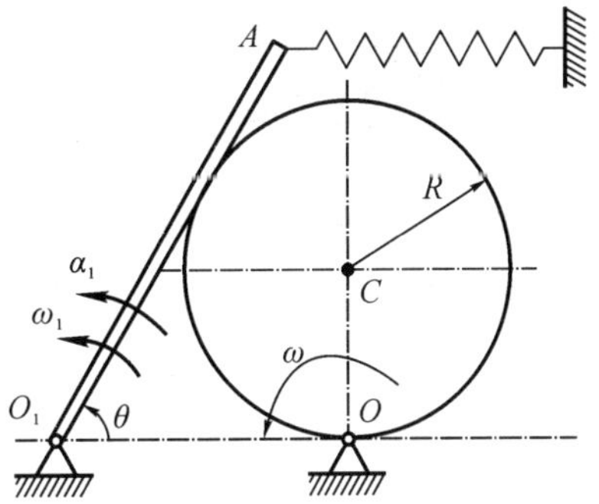

题 7－19 图

第8章 刚体的平面运动

刚体的平面运动是工程实际中较为常见的运动，是一种比平移和定轴转动更为复杂的运动形式。本章将应用运动合成和分解的概念和方法，分析平面运动刚体的角速度、角加速度以及刚体上各点的速度和加速度。

8.1 刚体平面运动的概述和运动分解

工程实际中某些机械构件的运动，例如，图8.1(a)所示的曲柄连杆机构中连杆 AB 的运动，图8.1(b)所示的行星齿轮机构中行星齿轮 B 的运动等，这些刚体的运动既不是平移也不是定轴转动，但它们的运动具有一个共同的特点，即**在运动过程中，刚体内各点至一固定平面的距离始终保持不变**，刚体的这种运动称为**平面运动**。可见，平面运动刚体内各点都在平行于某一固定平面的平面内运动。

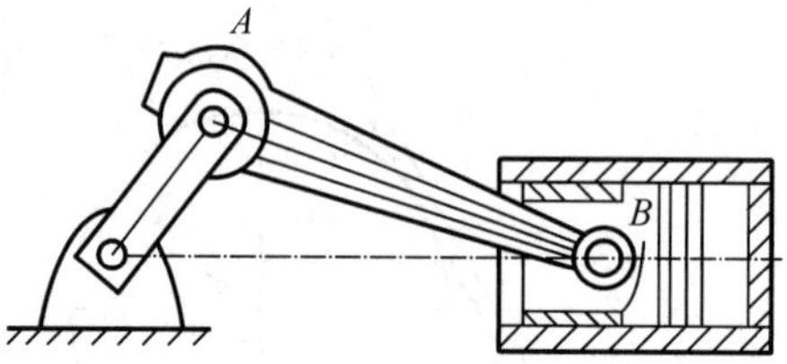

(a)

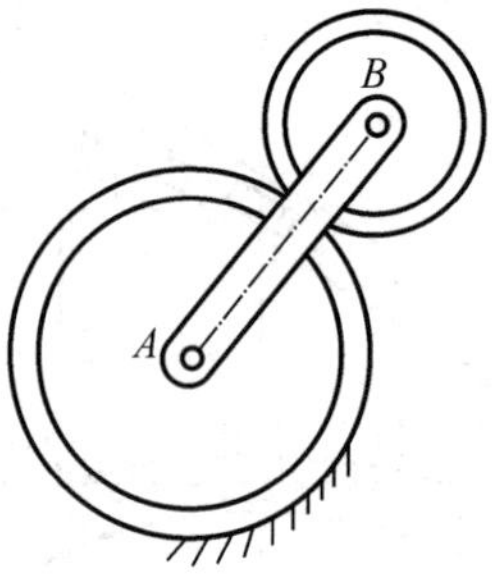

(b)

图8.1

设有一刚体 T 做平面运动，体内每一点都在平行于固定平面 P 的平面内运动，如图8.2所示。另取一个与平面 P 平行的固定平面 N，它与刚体 T 相交截出一平面图形 S。当刚体运动时，平面图形 S 将始终保持在平面 N 内，而刚体内与 S 垂直的任一条直线 $A'AA''$ 则做平移。于是，只要知道 $A'AA''$ 与 S 的交点 A 的运动，便可知道 $A'AA''$ 线上所有各点的运动。由此可见，刚体的平面运动可以简化为平面图形在固定平面内的运动来研究。以后将以平面图形 S 的运动来代表刚体的平面运动。

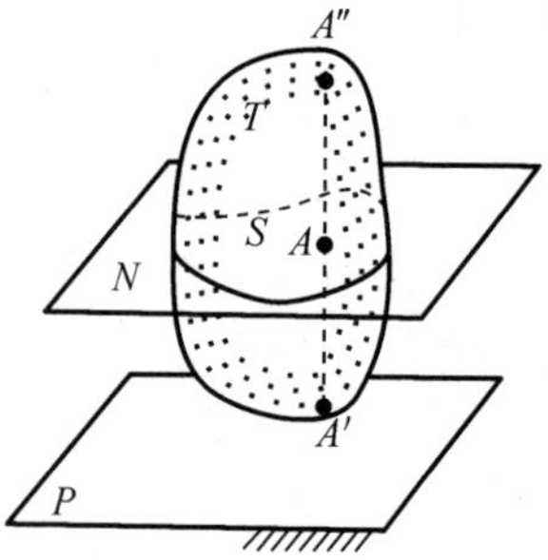

图8.2

为了描述平面图形 S 在固定平面 N 内的运动，在该平面内取定参考系 Oxy，如图 8.3 所示。在图形 S 上任取一点 O'，并任取一线段 $O'M$。由于 S 内各点相对于 $O'M$ 的位置是一定的，只要确定了 $O'M$ 的位置，S 的位置也就确定了。而 $O'M$ 的位置可用 O' 点的坐标($x_{O'}$，$y_{O'}$)及 $O'M$ 与 x 轴的夹角 φ 来确定。当 S 运动时，$x_{O'}$，$y_{O'}$ 及 φ 都随时间而改变，都是时间 t 的单值函数，可表示为

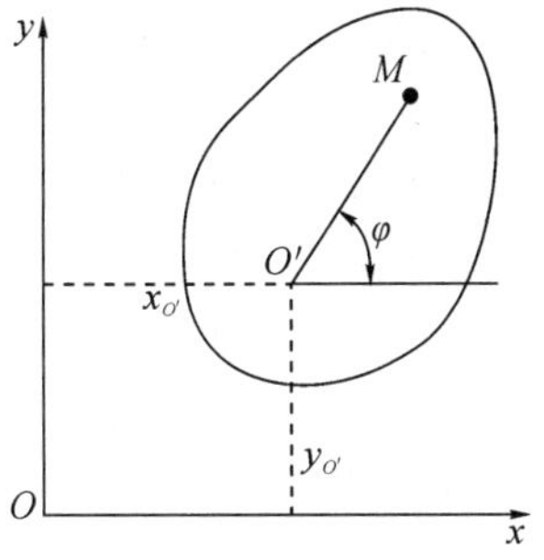

图 8.3

$$x_{O'}=f_1(t),\quad y_{O'}=f_2(t),\quad \varphi=f_3(t) \qquad (8-1)$$

式(8-1)为平面图形 S 的运动方程，也就是刚体平面运动的运动方程。若已知方程式(8-1)，则图形在任意瞬时的位置也就完全确定了。

当平面图形 S 在 Oxy 平面运动时，由式(8-1)可知，若 φ 保持不变，则线段 $O'M$ 的方向始终保持不变，图形在平面内做平移；若 $x_{O'}$ 和 $y_{O'}$ 保持不变，则刚体绕 O' 点做定轴转动。这是图形运动的两种特殊情形。而一般情况是 $x_{O'}$，$y_{O'}$ 和 φ 都随时间而变，可见平面图形在其平面内的运动可看成是平移和转动的合成运动。

点的合成运动可以分解成牵连运动和相对运动，那么平面运动如何分析呢？当然我们需要利用上一章所学的知识。

考虑一个车轮的运动，如图 8.4 所示，在车厢上固定动参考系 $O'x'y'$，其原点 O' 固结于轮心，于是车轮运动可分解为：牵连运动为随车厢的平移，相对运动为绕原点 O' 的转动。对任何平面图形的运动，都可以按照上述方法来分解，在平面图形上任取一点 O'，称为**基点**，固连动参考系 $O'x'y'$，令两轴的方向在运动中始终保持不变，$O'x'\,/\!/\,Ox$，$O'y'\,/\!/\,Oy$，即动参考系随点 O' 做平移，如图 8.5 所示。于是平面图形在其自身平面内的运动可看成随基点的平移和绕基点的转动这两部分运动的合成。实际求解问题常选取刚体内运动轨迹已知的点为基点。有时可选为基点的点不止一个，如图 8.6 中曲柄连杆机构，连杆 AB 为平面运动，点 A 和点 B 都可以被选为基点，但 A 点做圆周运动，B 点做直线运动。因此选择不同的基点，动系的运动是不同的。由此我们可以得出结论：**牵连运动的速度和加速度与基点的选择有关**。

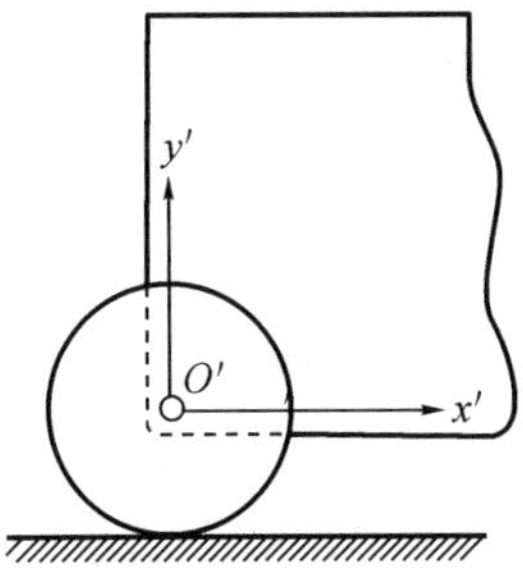

图 8.4

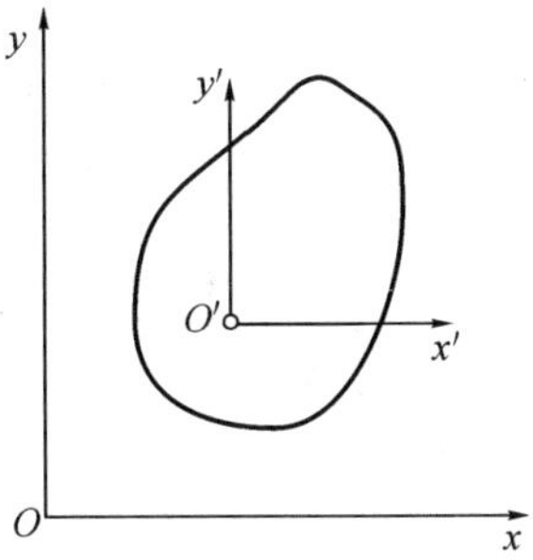

图 8.5

对于平面图形的相对转动，结论与上述不同，例如图 8.7(a)中，平面图形上有 AB 直线，当图形运动到图 8.7(b)位置时，直线 AB 绕基点 A 顺时针转过角 φ，绕基点 B 顺时针转过 φ_1，显然 φ 与 φ_1 大小相等，转向相同，即 $\varphi=\varphi_1$。由于同一时间间隔中图形绕任一点的转角相同，因此选不同的点作为基点，其角速度、角加速度也必然相同。于是得出结论：

平面图形绕基点转动的角速度和角加速度与基点的选择无关。所以平面图形的角速度和角加速度无需标明是绕哪一点转动或选哪一点为基点。

图 8.6 所示的曲柄连杆机构中，曲柄 OA 为定轴转动，滑块 B 为直线平移，而连杆 AB 则做平面运动。如以 B 为基点，即在滑块 B 上建立一个平移参考系，以 $Bx'y'$ 表示，则杆 AB 的平面运动可分解为随同基点 B 的直线平移和在动系 $Bx'y'$ 内绕基点 B 的转动。同样，还可以 A 为基点，在点 A 建立一个平移参考系 $Ax''y''$，杆 AB 的平面运动又可分解为随同基点 A 的平移和绕基点 A 的转动。

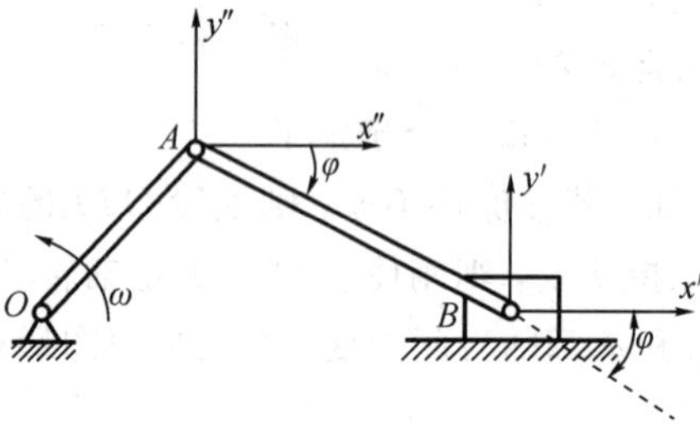

图 8.6

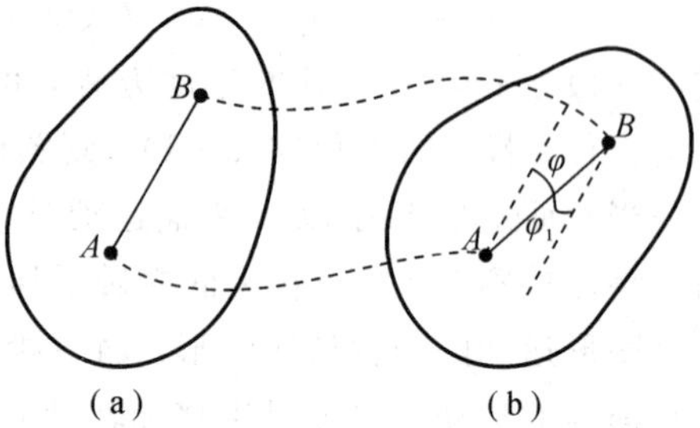

图 8.7

8.2 平面图形内各点之间的速度关系

本节将研究平面图形 S 上各点的速度以及它们之间的关系。介绍速度分析的三种方法，即基点法、速度投影法和速度瞬心法。

8.2.1 基点法

由前一节分析可知，任何平面图形的运动可分解为两个运动：① 牵连运动，即随同基点 O' 的平移；② 相对运动，即绕基点 O' 的转动。于是，平面图形内任一点 M 的运动也是两个运动的合成，因此可用速度合成定理来求它的速度，这种方法称为**基点法**。

因为牵连运动是平移，所以点 M 的牵连速度等于基点的速度 $v_{O'}$，如图 8.8 所示。又因为点 M 的相对运动是以点 O' 为圆心的圆周运动，所以点 M 的相对速度就是平面图形绕点 O' 转动时点 M 的速度，以 $v_{MO'}$ 表示，它垂直于 $O'M$ 而朝向图形的转动方向，大小为

$$v_{MO'}=O'M\cdot\omega$$

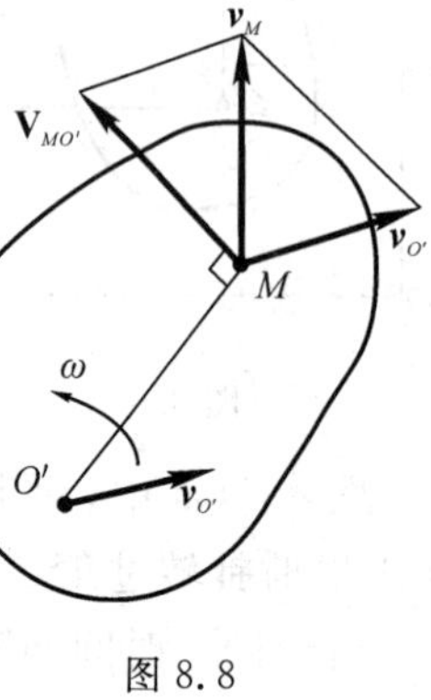

图 8.8

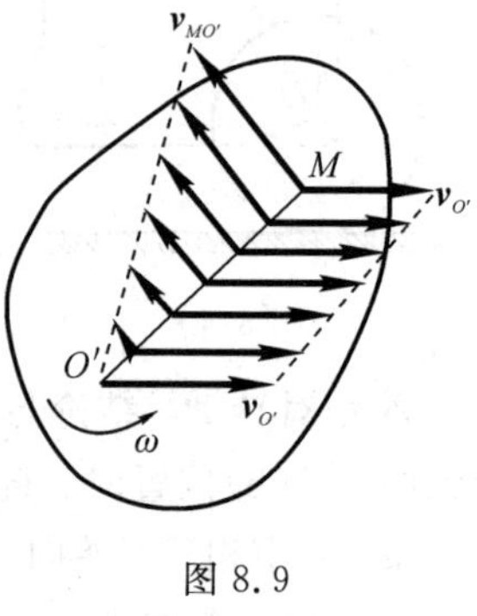

图 8.9

式中 ω 是平面图形角速度的绝对值(以下同)。以速度 $v_{O'}$ 和 $v_{MO'}$ 为边作平行四边形，于是，点 M 的绝对速度就由这个平行四边形的对角线确定，即

$$\boldsymbol{v}_M=\boldsymbol{v}_{O'}+\boldsymbol{v}_{MO'} \tag{8-2}$$

式(8-2)是平面图形内任意点 M 的速度分解式。根据此式，可作出平面图形内直线 $O'M$ 上各点速度的分布图，如图 8.9 所示。

于是得结论：**平面图形内任一点的速度等于基点的速度与该点随图形绕基点转动速度的矢量和。**

根据这个结论，平面图形内任意两点 A 和 B 的速度 $\boldsymbol{v}_A$ 和 $\boldsymbol{v}_B$ 必存在一定的关系。如果选取点 A 为基点，以 $\boldsymbol{v}_{BA}$ 表示点 B 相对点 A 的相对速度，根据上述结论，得

$$\boldsymbol{v}_B=\boldsymbol{v}_A+\boldsymbol{v}_{BA} \tag{8-3}$$

式中相对速度 $\boldsymbol{v}_{BA}$ 的大小为

$$v_{BA}=AB\cdot\omega$$

它的方向垂直于 AB，且朝向平面图形转动的一方。

在解题时，我们常用式(8-3)。与前一章的分析相同，在这里 $\boldsymbol{v}_A$，$\boldsymbol{v}_B$ 和 $\boldsymbol{v}_{BA}$ 各有大小和方向两个要素，共计六个要素，要使问题可解，一般应有四个要素是已知的。在平面图形的运动中，点的相对速度 $\boldsymbol{v}_{BA}$ 的方向是已知的，它垂直于线段 AB。于是，只需知道任何其他三个要素，便可作出速度平行四边形。

【例 8-1】 椭圆规尺如图 8.10 所示，已知滑块 A 的速度为 $\boldsymbol{v}_A$，尺 AB 与水平线的夹角为 φ，$AB=l$，求 B 端的速度和尺 AB 的角速度。

【解】 尺 AB 做平面运动，选 A 点为基点，分析 B 点的速度，即

$$\boldsymbol{v}_B=\boldsymbol{v}_A+\boldsymbol{v}_{BA}$$

在本题中 A 点的速度大小和方向，以及 B 点的方向都是已知的(因 B 端在做垂直方向的直线运动)。共有三个要素是已知的，再加上 $\boldsymbol{v}_{BA}$ 的方向垂直于 AB 这一要素，可以作出速度平行四边形，如图 8.10 所示。作图时，应注意和矢量 $\boldsymbol{v}_B$ 应位于平行四边形的对角线上。

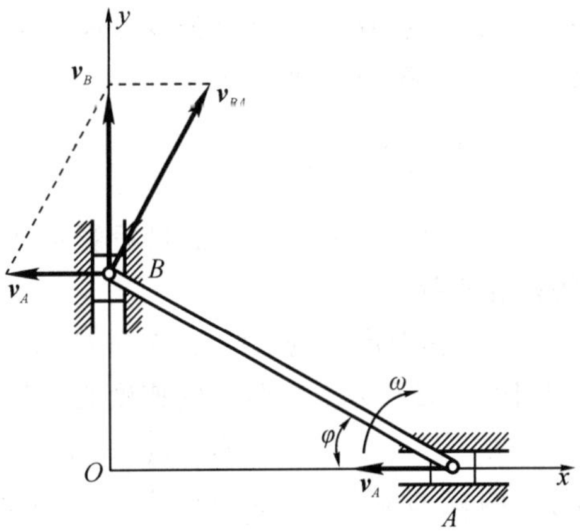

图 8.10

由图中的几何关系可得

$$v_B=v_A\cot\varphi$$

且

$$v_{BA}=\frac{v_A}{\sin\varphi}$$

而 $v_{BA}=AB\cdot\omega$，式中的 ω 为尺 AB 的角速度，可得

$$\omega=\frac{v_{BA}}{AB}=\frac{v_{BA}}{l}=\frac{v_A}{l\sin\varphi}$$

【例 8-2】 曲柄连杆机构如图 8.11(a)所示，$OA=r$，$AB=\sqrt{3}r$。如曲柄 OA 以匀角速度 ω 转动，求当 $\varphi=60°$，$0°$ 和 $90°$时点 B 的速度。

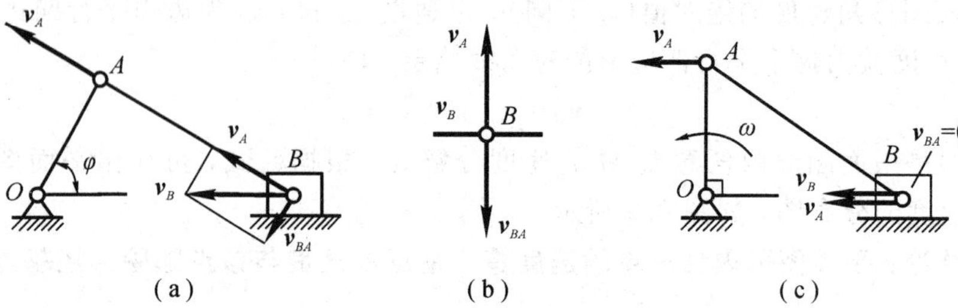

图 8.11

【解】 连杆 AB 做平面运动，以点 A 为基点，点 B 的速度为

$$\boldsymbol{v}_B=\boldsymbol{v}_A+\boldsymbol{v}_{BA}$$

其中 $v_A=\omega r$，方向与 OA 垂直；$\boldsymbol{v}_B$ 沿 OB 方向；$\boldsymbol{v}_{BA}$ 与 AB 垂直。上式中四个要素是已知的，可以作出其速度平行四边形。

当 $\varphi=60°$时，由于 $AB=\sqrt{3}OA$，OA 恰与 AB 垂直，其速度平行四边形如图 8.10(a)所示，解出

$$v_B=\frac{v_A}{\cos 30°}=\frac{2\sqrt{3}}{3}\omega r$$

当 $\varphi=0°$时，$\boldsymbol{v}_A$ 与 $\boldsymbol{v}_{BA}$ 均垂直于 AB，也垂直于 $\boldsymbol{v}_B$，按速度平行四边形合成法则，应有 $v_B=0$，如图 8.11(b)所示。

当 $\varphi=90°$时，$\boldsymbol{v}_A$ 与 $\boldsymbol{v}_B$ 方向一致，而 $\boldsymbol{v}_{BA}$ 又垂直于 AB，其速度平行四边形应为一直线段，如图 8.11(c)所示，显然有

$$v_B=v_A=\omega r$$

而 $v_{BA}=0$。此时 AB 的角速度为零，A，B 两点的速度大小与方向都相同，连杆 AB 具有平移刚体的特征。但杆 AB 只在此瞬时有 $\boldsymbol{v}_B=\boldsymbol{v}_A$，其他时刻则不然，因而称此时的连杆做瞬时平移。

8.2.2 速度投影法

根据式(8-3)容易导出**速度投影定理：同一平面图形上任意两点的速度在这两点连线上的投影相等。**

证明：在图形上任取两点 A 和 B，它们的速度分别为 $\boldsymbol{v}_A$ 和 $\boldsymbol{v}_B$，如图 8.12 所示，则两点的速度必须符合如下关系：

$$\boldsymbol{v}_B=\boldsymbol{v}_A+\boldsymbol{v}_{BA}$$

将上式两端投影到直线 AB 上，并分别用 $[\boldsymbol{v}_B]_{AB}$，$[\boldsymbol{v}_A]_{AB}$，$[\boldsymbol{v}_{BA}]_{AB}$ 表示 $\boldsymbol{v}_B$，$\boldsymbol{v}_A$，$\boldsymbol{v}_{BA}$ 在线段 AB 上的投影，由于 $\boldsymbol{v}_{BA}$ 垂直于线段 AB，因此$[\boldsymbol{v}_{BA}]_{AB}=0$。于是得到

$$[\boldsymbol{v}_B]_{AB}=[\boldsymbol{v}_A]_{AB} \qquad (8-4)$$

这就证明了上述定理。

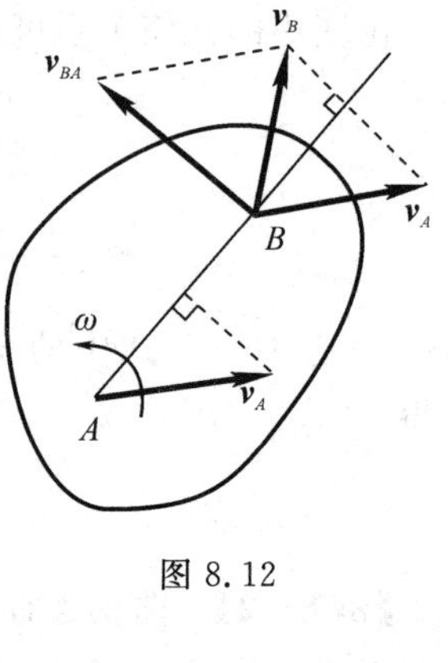

图 8.12

这个定理也可以由下面的理由来说明：因为 A 和 B 是刚体上的两点，它们之间的距离应保持不变，所以两点的速度在 AB 方向的分量必须相同。否则，线段 AB 不是伸长，就是缩短。因此，速度投影定理不仅适用于刚体做平面运动，也适合于刚体做其他任意的运动。

【例 8－3】 图 8.13 所示的平面机构中，曲柄 OA 长 100 cm，以角速度 $\omega=2$ rad/s 转动。连杆 AB 带动摇杆 CD，并拖动轮 E 沿水平面滚动。已知 $CD=3CB$，图示位置时 A，B，E 三点恰在一水平线上，且 $CD\perp ED$。求此瞬时点 E 的速度。

【解】

$$v_A=\omega\cdot OA=2\times0.1=0.2\ \text{m/s}$$

由速度投影定理，杆 AB 上点 A，B 的速度在 AB 连线上投影相等，即

$$v_B\cos30^\circ=v_A$$

解出

$$v_B=0.2309\ \text{m/s}$$

摇杆 CD 绕点 C 转动，有

$$v_D=\frac{v_B}{CB}\times CD=3v_B=0.6928\ \text{m/s}$$

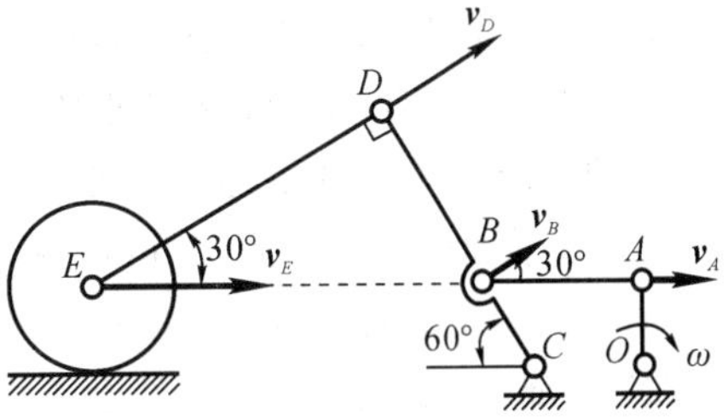

图 8.13

轮 E 沿水平面滚动，轮心 E 的速度方向为水平，由速度投影定理，D，E 两点的速度关系为

$$v_E\cos30^\circ=v_D$$

解出

$$v_E=0.8\ \text{m/s}$$

由以上例题，可得应用基点法和投影法分析速度的步骤如下：

(1) 先分析机构中各物体的运动，判定哪些物体做平移，哪些物体做转动，哪些物体做平面运动。

(2) 研究做平面运动的物体上哪一点的速度大小和方向是已知的，哪一点的速度的某一要素(一般是速度方向)是已知的。

(3) 选定基点(设为 A)，而另一点(设为 B)可应用公式 $\boldsymbol{v}_B=\boldsymbol{v}_A+\boldsymbol{v}_{BA}$，作速度平行四边形。必须注意，作图时要使 $\boldsymbol{v}_B$(绝对速度)成为平行四边形的对角线。

(4) 利用几何关系，求解速度平行四边形中的未知量。

8.2.3　速度瞬心法

在平面图形 S(图 8.14)中若存在速度为零的点，并以此点为基点，则所研究点的速度就等于研究点相对于该基点的速度。

有没有速度为零的点存在？能不能很方便地找到这个点？我们从式(8－3)出发来找平面图形上速度为零的点。现令 B 点为速度等于零的点，即

$$\boldsymbol{v}_B=\boldsymbol{v}_A+\boldsymbol{v}_{BA}=\boldsymbol{0}$$

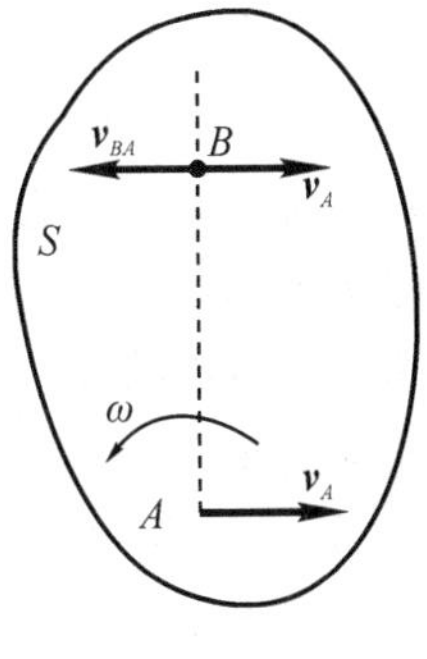

图 8.14

从上式可以看出，若 $\boldsymbol{v}_A$ 和 $\boldsymbol{v}_{BA}$ 两个矢量的和为零，则这两个矢量必须等值反向；又因为 $v_{BA}=\omega\cdot AB$，所以可以推断，速度为零的点在通过 A 点并与 $\boldsymbol{v}_A$ 垂直的连线上，其位置为 $AB=v_A/\omega$，如图 8.14 所示。

由此可见，**一般情况下，在平面图形或其延伸部分中，每一瞬时都唯一地存在着速度等于零的点**。我们称该点为平面图形在此瞬时的**速度中心**，简称**速度瞬心**。将速度瞬心记作 C，则任意一点(以点 A 为例)的速度就可以表示为

$$v_A=\omega\cdot CA$$

由于平面图形上各点的速度分布与图形绕定轴转动时各点的速度分布类似，因此平面运动可以看成是绕速度瞬心的瞬时转动。必须指出，速度瞬心是随时间而变化的，即在不同的瞬时，平面图形具有不同的速度瞬心，而刚体平面运动可看做一系列绕每一瞬时速度瞬心的转动。

利用速度瞬心求解平面图形上任一点速度的方法，称为**速度瞬心法**。应用此法的关键是如何正确确定速度瞬心的位置。按不同的已知运动条件确定速度瞬心位置的方法有以下几种：

(1) 若已知某瞬时平面运动刚体上两点 A 和 B 的速度方位，且它们互不平行，则 $\boldsymbol{v}_A$ 与 $\boldsymbol{v}_B$ 垂线的交点即为刚体的速度瞬心，如图 8.15 所示。

(2) 若平面图形上两点 A 和 B 的速度方位互相平行，且均垂直于 AB 的连线，则有：

① 当两速度指向相同，但速度大小不等时，如图 8.16(a)所示，由于 AB 延长线上各点的速度呈线性分布，故此速度瞬心必位于 AB 延长线与 $\boldsymbol{v}_A$，$\boldsymbol{v}_B$ 两速度矢量的终端连线交点 C 上。

② 当两速度指向相反时，如图 8.16(b)所示，速度瞬心必位于 A，B 两点之间，故 AB 连线与 $\boldsymbol{v}_A$，$\boldsymbol{v}_B$ 两速度矢量的终端连线的交点即为速度瞬心 C。

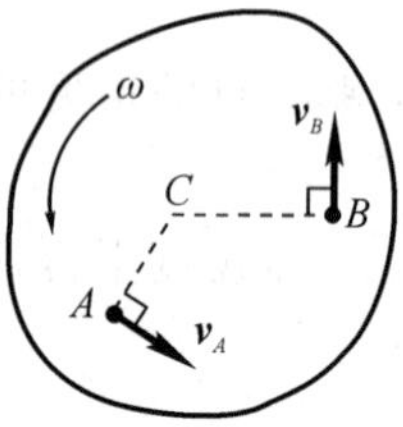

图 8.15

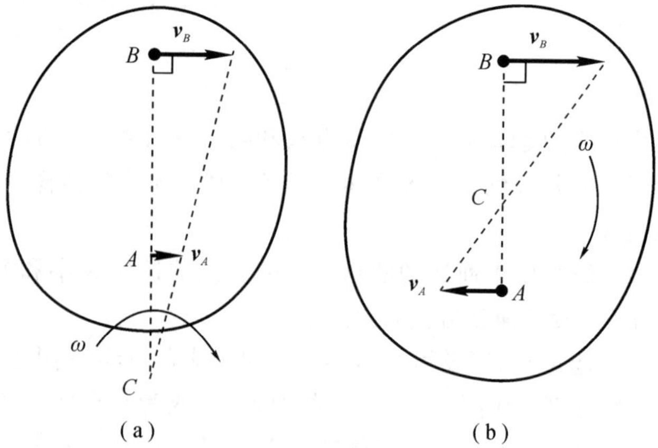

图 8.16

(3) 若平面图形上两点 A，B 速度方位平行，但两速度不垂直于 AB 的连线，如图 8.17 所示，则速度瞬心必然在无穷远处，因而图形的角速度为零，各点的速度均相等。这种情况称之为**瞬时平移**。应当注意，瞬时平移是平面运动中的一种特殊形式，虽此瞬时各点速度相等，但各点的加速度并不相等，据此可以判定在下一瞬时各点的速度也必定不再相同，这是瞬时平移与平移的根本差别。

(4) 沿某一固定平面做只滚动不滑动运动的物体(又称做纯滚动)，如图 8.18 所示，则每一瞬时图形上与固定面的接触点即为该物体的速度瞬心。

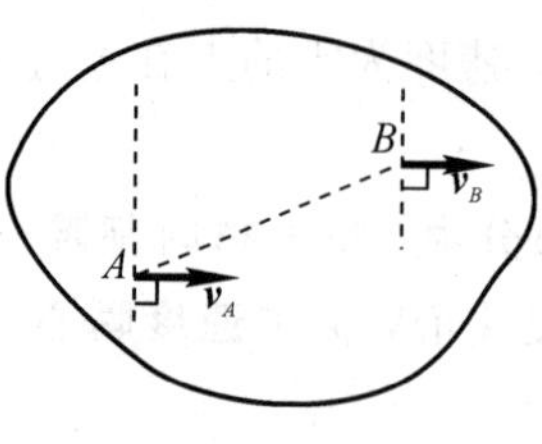

图 8.17

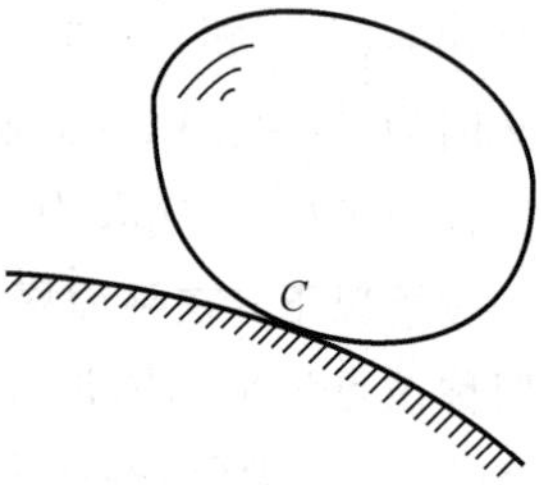

图 8.18

【例 8-4】 用速度瞬心法解例 8-1。

【解】 过 A 点和 B 点分别作 $AC \perp \boldsymbol{v}_A$ 和 $BC \perp \boldsymbol{v}_B$，$AC$ 和 BC 的交点 C 就是尺 AB 在图 8.19 所示瞬时的速度瞬心。则尺 AB 的角速度

$$\omega=\frac{v_A}{AC}=\frac{v_A}{l\sin\varphi}$$

点 B 的速度为

$$v_B=BC\cdot\omega=\frac{BC}{AC}v_A=v_A\cot\varphi$$

用瞬心法也可以求图形内任一点的速度。例如尺 AB 中点 D 的速度为

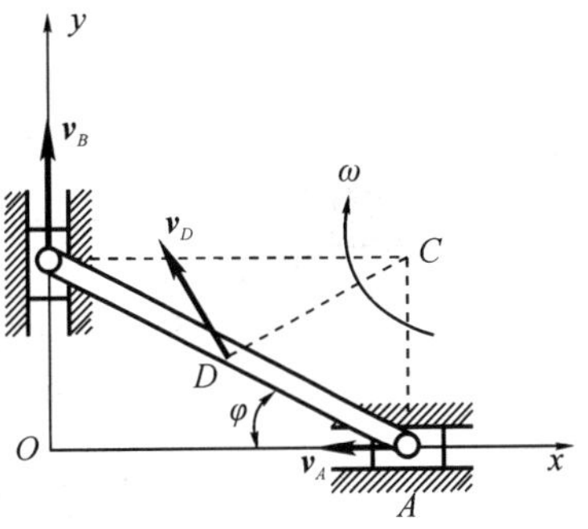

图 8.19

$$v_D=DC\cdot\omega=\frac{l}{2}\times\frac{v_A}{l\sin\varphi}=\frac{v_A}{2\sin\varphi}$$

它的方向垂直于 DC，且朝向图形转动的一方。

【例 8-5】 外啮合行星机构如图 8.20 所示。已知固定齿轮Ⅰ的半径为 R_1，动齿轮Ⅱ的半径为 R_2，曲柄 OA 的角速度为 ω_0，试求图示瞬时齿轮Ⅱ轮缘上 B，D 两点的速度。

【解】 机构中的曲柄 OA 做定轴转动，动齿轮Ⅱ做平面运动。可用瞬心法求 B 和 D 点的速度。

因为动齿轮Ⅱ的节圆沿固定齿轮Ⅰ的节圆做无滑动的滚动，故两齿轮节圆的接触点 C 就是动齿轮Ⅱ的速度瞬心。动齿轮Ⅱ和曲柄 OA 在 A 处铰接，轮Ⅱ和曲柄 OA 在铰接处 A 具有相同的速度，即

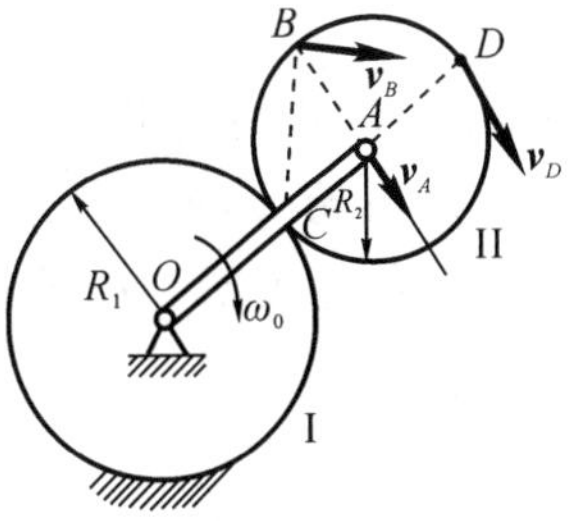

图 8.20

$$v_A=OA\cdot\omega_0=(R_1+R_2)\omega_0$$

依据速度瞬心法，轮Ⅱ的角速度 ω 等于

$$\omega=\frac{v_A}{AC}=\frac{(R_1+R_2)\omega_0}{R_2}$$

由 C 点的位置与 $\boldsymbol{v}_A$ 的方向可判定 ω 是顺时针转向。

同理可分别求出点 B 和点 D 的速度

$$v_B=BC\cdot\omega=\sqrt{2}R_2\cdot\frac{(R_1+R_2)\omega_0}{R_2}=\sqrt{2}(R_1+R_2)\omega_0$$

$$v_D=DC\cdot\omega=2R_2\cdot\frac{(R_1+R_2)\omega_0}{R_2}=2(R_1+R_2)\omega_0$$

$\boldsymbol{v}_B$ 和 $\boldsymbol{v}_D$ 的方向如图 8.20 所示。

【例 8-6】 机构如图 8.21(a)所示，滑块 A 以速度 $\boldsymbol{v}_A$ 沿水平直槽向左运动，并通过连杆 AB 带动半径为 r 的轮 B 沿半径为 R 的固定圆弧轨道做无滑动的滚动。滑块 A 离圆弧轨道中心 O 的距离为 l，试求当 OB 连线竖直，并通过圆弧轨道最低点时，连杆 AB 的角速度及轮 B 边缘上 M_1，M_2，M_3 各点的速度。

【解】 连杆 AB 和轮 B 均做平面运动。首先用速度瞬心法求连杆 AB 在图示瞬时的角速度 ω_{AB}。为此，先要找出连杆 AB 在此瞬时的速度瞬心。因轮 B 沿固定圆弧做无滑动的滚动，其与圆弧表面的接触点 C 即是轮 B 的速度瞬心。故得轮心 B 的速度 $\boldsymbol{v}_B$ 平行于 $\boldsymbol{v}_A$，且不

垂直于 AB 的连线，因而此瞬时连杆 AB 做瞬时平移，其角速度

$$\omega_0 = 0$$

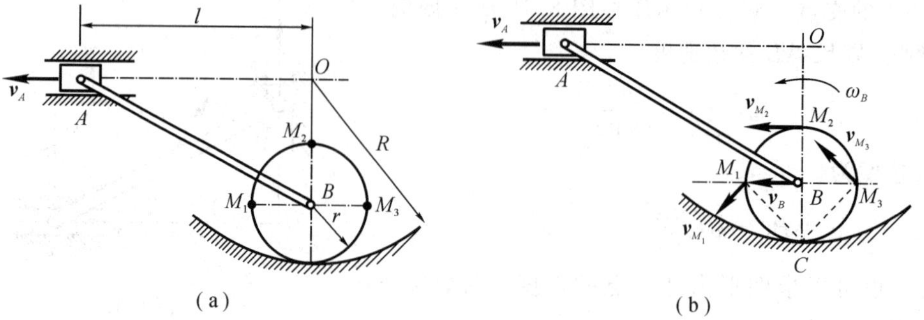

图 8.21

且连杆上各点的速度均相等，即

$$v_A = v_B$$

其次求轮 B 上 M_1，M_2，M_3 各点的速度。应用速度瞬心法，可求得轮 B 的角速度大小为

$$\omega_B = \frac{v_B}{r}$$

转向由 $\boldsymbol{v}_B$ 的指向决定。

当求得轮 B 的角速度 ω_B 后，轮上任一点的速度就可很方便地确定。因为轮 B 上各点的速度等于绕速度瞬心 C 转动的速度，由图示几何关系可知

$$v_{M_1} = CM_1 \cdot \omega_B = \sqrt{2}\, r \cdot \omega_B = \sqrt{2}\, v_A$$

$$v_{M_2} = 2v_B = 2v_A$$

$$v_{M_3} = CM_3 \cdot \omega_B = \sqrt{2}\, r \cdot \omega_B = \sqrt{2}\, v_A$$

各点的速度方向如图 8.21(b)所示。

由以上各例可以看出，用瞬心法解题，其步骤与基点法类似。前两步完全相同，只是第三步要根据已知条件，求出图形的速度瞬心的位置和平面图形转动的角速度，最后求出各点的速度。

如果需要研究由几个图形组成的平面机构，则可依次对每一图形按上述步骤进行，直到求出所需的全部未知量为止。应该注意，每一个平面图形有它自己的速度瞬心和角速度，因此，每确定出一个速度瞬心和角速度，应明确标出它是哪一个图形的速度瞬心和角速度，决不可混淆。

8.3 用基点法求平面图形内各点的加速度

现在讨论平面图形内各点的加速度。

根据第 8.1 节所述，如图 8.22 所示平面图形 S 的运动可分解为两部分：① 随同基点 A 的平移(牵连运动)；② 绕基点 A 的转动(相对运动)。于是，平面图形内任一点 B 的运动也由两个运动合成，它的加速度可以用加速度合成定理求出。因为牵连运动为平移，所以点

B 的绝对加速度等于牵连加速度与相对加速度的矢量和。

由于牵连运动为平移，点 B 的牵连加速度等于基点 A 的加速度 $\boldsymbol{a}_A$；点 B 的相对加速度$\boldsymbol{a}_{BA}$是该点随图形绕基点 A 转动的加速度，可分为切向加速度与法向加速度两部分。于是用基点法求点的加速度合成公式为

$$\boldsymbol{a}_B = \boldsymbol{a}_A + \boldsymbol{a}_{BA}^{\tau} + \boldsymbol{a}_{BA}^{n} \qquad (8-5)$$

即：**平面图形内任一点的加速度等于基点的加速度与该点随图形绕基点转动的切向加速度和法向加速度的矢量和。**

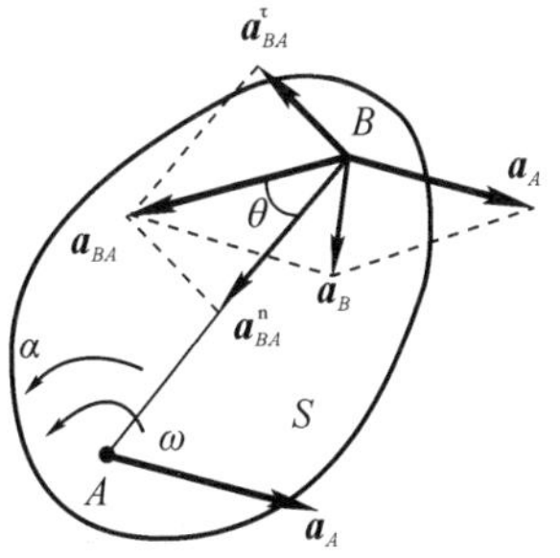

图 8.22

式(8－5)中，$\boldsymbol{a}_{BA}^{\tau}$为点 B 绕基点 A 转动的切向加速度，方向与 AB 垂直，大小为

$$a_{BA}^{\tau} = AB \cdot \alpha$$

其中，α 为平面图形的角加速度。$\boldsymbol{a}_{BA}^{n}$为点 B 绕基点 A 转动的法向加速度，指向基点 A，大小为

$$a_{BA}^{n} = AB \cdot \omega^2$$

其中，ω 为平面图形的角速度。

式(8－5)为平面内的矢量等式，通常可向两个相交的坐标轴投影，得到两个代数方程，用以求解两个未知量。

【例 8－7】 如图 8.23 所示，在椭圆规的机构中，曲柄 OD 以匀角速度 ω 绕 O 轴转动，$OD=AD=BD=l$，求当 $\varphi=60°$时，尺 AB 的角加速度和点 A 的加速度。

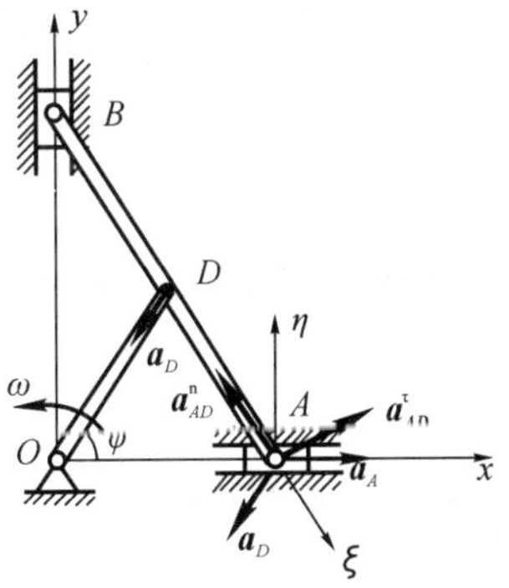

图 8.23

【解】 先分析机构各部分的运动：曲柄 OD 绕 O 轴转动，尺 AB 做平面运动。

取尺 AB 上的点 D 为基点，其加速度为

$$a_D = l\omega^3$$

它的方向沿 OD 指向点 O。

点 A 的加速度为

$$\boldsymbol{a}_A = \boldsymbol{a}_D + \boldsymbol{a}_{AD}^{\tau} + \boldsymbol{a}_{AD}^{n}$$

其中$\boldsymbol{a}_D$的大小和方向以及$\boldsymbol{a}_{AD}^{n}$的大小和方向都是已知的。因为点 A 做直线运动，可设$\boldsymbol{a}_A$的方向如图所示；$\boldsymbol{a}_{AD}^{\tau}$垂直于 AD，其方向暂设如图所示。$\boldsymbol{a}_{AD}^{n}$沿 AD 指向点 D，它的大小为

$$a_{AD}^{n} = \omega_{AB}^{2} \cdot AD$$

其中 ω_{AB} 为尺 AB 的角速度，可用基点法或瞬心法求得

$$\omega_{AB} = \omega$$

则

$$a_{AD}^{n} = \omega^2 \cdot AD = l\omega^2$$

现在求两个未知量：$\boldsymbol{a}_A$和$\boldsymbol{a}_{AD}^{\tau}$的大小。取 ξ 轴垂直于$\boldsymbol{a}_{AD}^{\tau}$，取 η 轴垂直于$\boldsymbol{a}_A$，η 和 ξ 的正方向如图 8.23 所示。将$\boldsymbol{a}_A$的矢量合成式分别在 ξ 和 η 轴上投影，得

$$a_A\cos\varphi = a_D\cos(\pi-2\varphi) - a_{AD}^{n}$$

$$0 = -a_D\sin\varphi + a_{AD}^{\tau}\cos\varphi + a_{AD}^{n}\sin\varphi$$

解得

$$a_A=\frac{a_D\cos(\pi-2\varphi)-a_{AD}^{n}}{\cos\varphi}=\frac{\omega^2 l\cos 60^\circ-\omega^2 l}{\cos 60^\circ}=-l\omega^2$$

$$a_{AD}^{\tau}=\frac{a_D\sin\varphi-a_{AD}^{n}\sin\varphi}{\cos\varphi}=\frac{(\omega^2 l-\omega^2 l)\sin\varphi}{\cos\varphi}=0$$

于是有

$$\alpha_{AB}=\frac{a_{AD}^{\tau}}{AD}=0$$

由于a_A为负值，故$\boldsymbol{a}_A$的实际方向与原假设的方向相反。

【例 8-8】 车轮沿直线滚动。已知车轮半径为R，中心O的速度为$\boldsymbol{v}_O$，加速度为$\boldsymbol{a}_O$。设车轮与地面接触无相对滑动。求车轮上速度瞬心的加速度。

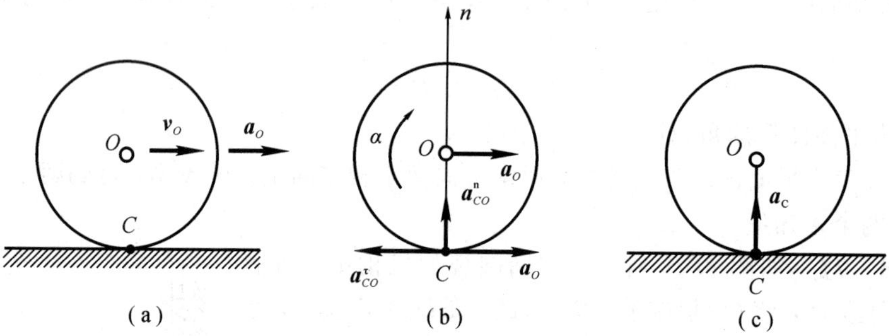

图 8.24

【解】 车轮只滚不滑时，角速度可按下式计算：

$$\omega=\frac{v_O}{R}$$

车轮的角加速度α等于角速度对时间的一阶导数。上式对任何瞬时均成立，故可对时间求导，得

$$\alpha=\frac{d\omega}{dt}=\frac{d}{dt}\left(\frac{v_O}{R}\right)$$

因为R是常值，于是有

$$\alpha=\frac{a_O}{R}$$

车轮做平面运动。取中心O为基点，按照式(8-5)求点C的加速度

$$\boldsymbol{a}_C=\boldsymbol{a}_O+\boldsymbol{a}_{CO}^{\tau}+\boldsymbol{a}_{CO}^{n}$$

式中

$$a_{CO}^{\tau}=R\alpha=a_O,\quad a_{CO}^{n}=R\omega^2=\frac{v_O^2}{R}$$

它们的方向如图 8.24(b)所示。

由于$\boldsymbol{a}_O$与$\boldsymbol{a}_{CO}^{\tau}$的大小相等，方向相反，于是有$a_C=a_{CO}^{n}$。

由此可知，速度瞬心C的加速度不等于零。当车轮在地面上只滚不滑时，速度瞬心C的加速度指向轮心O，如图 8.24(c)所示。

由以上各例可见，用基点法求平面图形上点的加速度的步骤与用基点法求点的速度的步骤相同。但由于在公式$\boldsymbol{a}_B=\boldsymbol{a}_A+\boldsymbol{a}_{BA}^{\tau}+\boldsymbol{a}_{BA}^{n}$中有八个要素，所以必须已知其中六个，问题才是可解的。

8.4　运动学综合应用举例

到目前为止，已分别论述了点的运动学、点的合成运动、刚体的平移、刚体的定轴转动和刚体的平面运动等方面的运动学知识。在工程实际中，往往需要应用这些理论结合平面运动机构进行运动分析。同平面的几个刚体按照确定的方式相互联系，各刚体之间有一定的相对运动的装置称为平面机构。平面机构能够传递、转移运动或实现某种特定的运动，因而在工程中有着广泛的应用。

对平面机构进行运动分析，首先要依据各刚体的运动特征，分辨它们各自做什么运动，是平移、定轴转动还是平面运动。其次，刚体之间是靠约束连接来传递运动，这就需要建立刚体之间连接点的运动学条件。例如，若用铰链连接，则连接点的速度、加速度分别相等。值得注意的是，经常会遇到两个刚体间的连接点有相对运动的情况。例如，用滑块和滑槽来连接两刚体时，连接点的速度、加速度是不相等的，需要用点的合成运动理论去建立连接点的运动学条件。如果被连接的刚体中有做平面运动的情形，则需要综合应用合成运动和平面运动的理论去求解。在求解时，应从具备已知条件的刚体开始，然后通过建立的运动学条件过渡到相邻的刚体，最终解出全部未知量。现举例说明如下。

【例 8-9】 在图 8.25 所示的曲柄导杆机构中，曲柄 OA 长 120 mm，在图示位置 $\angle AOB=90°$，曲柄的角速度 $\omega=4$ rad/s，角加速度 $\alpha=2$ rad/s^2，$OB=160$ mm。试求此时导杆相对套筒 B 的加速度。

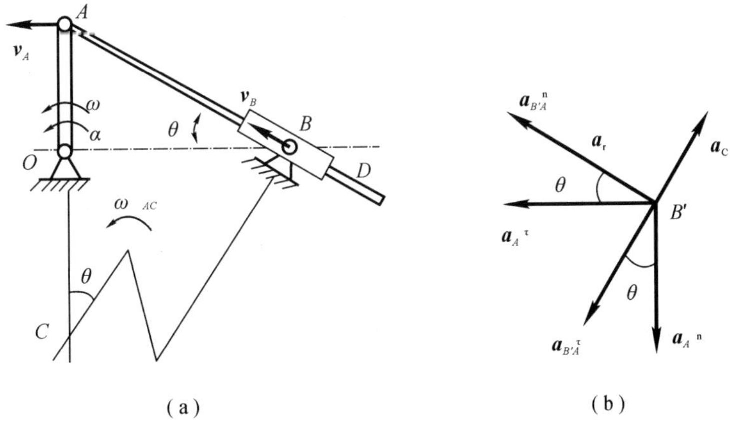

图 8.25

【解】 若以套筒销 B 为动点，将动参考系固结在 AD 杆上，这就是牵连运动为平面运动的点的合成运动问题。

(1) 速度分析。根据速度合成定理有

$$\boldsymbol{v}_a=\boldsymbol{v}_B=\boldsymbol{v}_r+\boldsymbol{v}_e$$

按题意，式中$\boldsymbol{v}_B=\boldsymbol{0}$，故有$\boldsymbol{v}_r=-\boldsymbol{v}_e$。据此可见矢量$\boldsymbol{v}_e$的方位与$\boldsymbol{v}_r$相同，而指向相反。根

据有关定义，动点 B 的牵连速度实际上是此时动参考系 AD 杆上与之相重合的点 B' 的速度。由此通过平面运动刚体 AD 上 A，B' 两点的速度方向可确定其速度瞬心 C，如图 8.25(a)所示，并用瞬心法求得

$$\omega_{AD}=\frac{v_A}{CA}=\frac{OA\cdot\omega}{OA+OB\cot\theta}=\frac{120\times4}{120+160\times\frac{160}{120}}=1.44\ \mathrm{rad/s}\quad（逆时针）$$

$$v_{B'}(=v_e)=CB\cdot\omega_{AD}=\frac{160}{120/\sqrt{120^2+160^2}}\times1.44=384\ \mathrm{mm/s}$$

所以

$$v_r=-v_e=-84\ \mathrm{mm/s}$$

负号表明$\boldsymbol{v}_r$的指向与$\boldsymbol{v}_e$相反。

(2) 加速度分析。牵连运动为平面运动的加速度合成公式为

$$\boldsymbol{a}_a=\boldsymbol{a}_e+\boldsymbol{a}_r+\boldsymbol{a}_C \tag{a}$$

式中$\boldsymbol{a}_a=\boldsymbol{a}_B=\boldsymbol{0}$；$\boldsymbol{a}_r$方向沿 AD，大小待定；$\boldsymbol{a}_C=2\boldsymbol{\omega}_{AD}\times\boldsymbol{v}_r$，大小、方向均已知。

图 8.25(b)中，有

$$\boldsymbol{a}_e=\boldsymbol{a}_{B'} \tag{b}$$

而 B'为导杆 AD 上的一点，以 A 为基点，根据基点法有

$$\boldsymbol{a}_{B'}=\boldsymbol{a}_A^{\tau}+\boldsymbol{a}_A^{n}+\boldsymbol{a}_{B'A}^{n}+\boldsymbol{a}_{B'A}^{\tau} \tag{c}$$

式中$\boldsymbol{a}_A^{\tau}$和$\boldsymbol{a}_A^{n}$大小、方向均已知；$\boldsymbol{a}_{B'A}^{n}=AB'\cdot\omega_{AD}^2$，方向沿 AB 指向 A；$\boldsymbol{a}_{B'A}^{\tau}$方向垂直于 AB，大小待定。将式(b)、(c)带入式(a)得

$$\boldsymbol{a}_A^{\tau}+\boldsymbol{a}_A^{n}+\boldsymbol{a}_{B'A}^{n}+\boldsymbol{a}_{B'A}^{\tau}+\boldsymbol{a}_r+\boldsymbol{a}_C=0$$

式中仅$\boldsymbol{a}_{B'A}^{\tau}$和$\boldsymbol{a}_r$两个矢量的大小未知。为消去未知量$\boldsymbol{a}_{B'A}^{\tau}$，将该式向 AB 方向投影，得

$$\begin{aligned}a_r&=a_A^n\sin\theta-a_A^{\tau}\cos\theta-a_{B'A}^n\\&=1920\frac{120}{\sqrt{120^2+160^2}}-240\frac{160}{\sqrt{120^2+160^2}}-\sqrt{120^2+160^2}\times1.44^2\\&=545.3\ \mathrm{mm/s^2}\end{aligned}$$

【例 8-10】 在图 8.26(a)所示平面机构中，杆 AD 在导轨中以匀速 $\boldsymbol{v}$ 平移，通过铰链 A 带动杆 AB 沿导套 O 运动，导套 O 可绕 O 轴转动。导套 O 与杆 AD 距离为 l，图示瞬时杆 AB 与杆 AD 夹角 $\varphi=60°$，求此瞬时杆 AB 的角速度及角加速度。

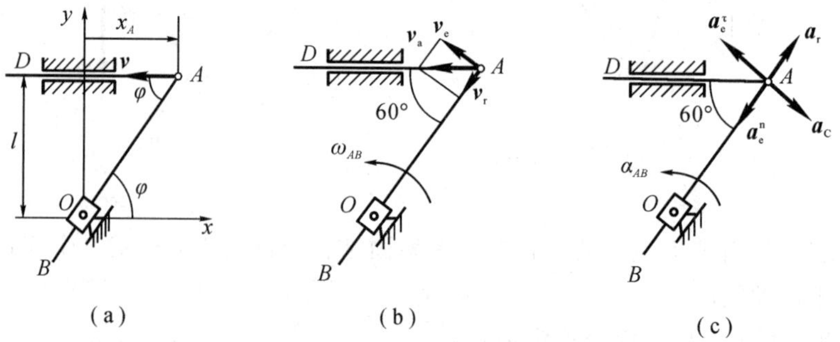

图 8.26

【解】 本题可以用两种方法求解。

方法 1：

以 A 为动点，动系固结在导套 O 上，牵连运动为绕 O 的转动。点 A 的绝对运动为以匀速 $\boldsymbol{v}$ 沿 AD 方向的直线运动，各速度矢如图 8.26(b)所示。$\boldsymbol{v}_a=\boldsymbol{v}$，由

$$\boldsymbol{v}_a=\boldsymbol{v}_e+\boldsymbol{v}_r$$

可得

$$v_e=v_a\sin60°=\frac{\sqrt{3}}{2}v$$

$$v_r=v_a\cos60°=\frac{v}{2}$$

由于杆 AB 在导套 O 中滑动，因此杆 AB 与导套 O 具有相同的角速度及角加速度。其角速度

$$\omega_{AB}=\frac{v_e}{AO}=\frac{3v}{4l}$$

由于点 A 为匀速直线运动，故绝对加速度为零。又因点 A 的相对运动为沿导套 O 的直线运动，因此 $\boldsymbol{a}_r$ 沿杆 AB 方向，故有

$$\boldsymbol{0}=\boldsymbol{a}_e^{\tau}+\boldsymbol{a}_e^{n}+\boldsymbol{a}_r+\boldsymbol{a}_C \tag{a}$$

式中，$\boldsymbol{a}_C=2\boldsymbol{\omega}_e\times\boldsymbol{v}_r$，$\boldsymbol{\omega}_e=\boldsymbol{\omega}_{AB}$，其方向如图 8.26(c)所示，大小为

$$a_C=2\omega_e\times v_r=\frac{3v^2}{4l}$$

$\boldsymbol{a}_e^{\tau}$，$\boldsymbol{a}_e^{n}$ 及 $\boldsymbol{a}_r$ 的方向如图 8.26(c)所示，将矢量方程式(a)投影，得

$$a_e^{\tau}=a_C$$

$$\alpha_{AB}=\frac{a_e^{\tau}}{AO}=\frac{3\sqrt{3}v^2}{8l^2}$$

方向逆时针。

方法 2：

以点 O 为坐标原点，建立如图 8.26(a)所示的直角坐标系。由图可知

$$x_A=l\cot\varphi$$

将其两端对时间求导，并注意到 $\dot{x}_A=-v$，得

$$\dot{\varphi}=\frac{v}{l}\sin^2\varphi \tag{b}$$

将其两端再对时间求导，得

$$\ddot{\varphi}=\frac{v\dot{\varphi}}{l}\sin2\varphi=\frac{v^2}{l^2}\sin^2\varphi\sin2\varphi \tag{c}$$

式(b)及式(c)为杆 AB 的角速度 $\dot{\varphi}$ 及角加速度 $\ddot{\varphi}$ 与角 φ 之间的关系式。当 $\varphi=60°$ 时，得

$$\omega_{AB}=\dot{\varphi}=\frac{3v}{4l}$$

$$\alpha_{AB}=\ddot{\varphi}=\frac{3\sqrt{3}v^2}{8l^2}$$

两种解法结果相同。

要点及讨论：

(1) 根据机构特点，恰当地建立定轴转动动参考系，将平面运动分解为定轴转动和平移，并按点的合成运动方法解题，这样对某些机构的运动分析就变得较为简捷。

(2) 在本题中，若欲求图示瞬时杆 AB 上与套筒 O 点相重合之 O' 点的轨迹曲率半径，则应如何求解？

(3) 在此题中，杆 AB 做平面运动，AB 上与 O 点相重合的一点的速度应沿杆 AB 方向。因此，也可应用瞬心法求解杆 AB 的角速度。然而，再用平面运动基点法求解杆 AB 的角加速度就不如前两种方法方便了。

【例 8-11】 平面机构如图 8.27(a)所示，杆 AB 的 A 端用销钉 A 与轮铰接，B 端插入绕轴 O_1 转动的套筒中，轮沿直线做纯滚动。已知轮 O 的半径为 r，轮心 O 的速度为 $\boldsymbol{v}_O$，加速度为 $\boldsymbol{a}_O$。试求当 $\varphi=45°$ 时，杆 AB 的角速度和角加速度。

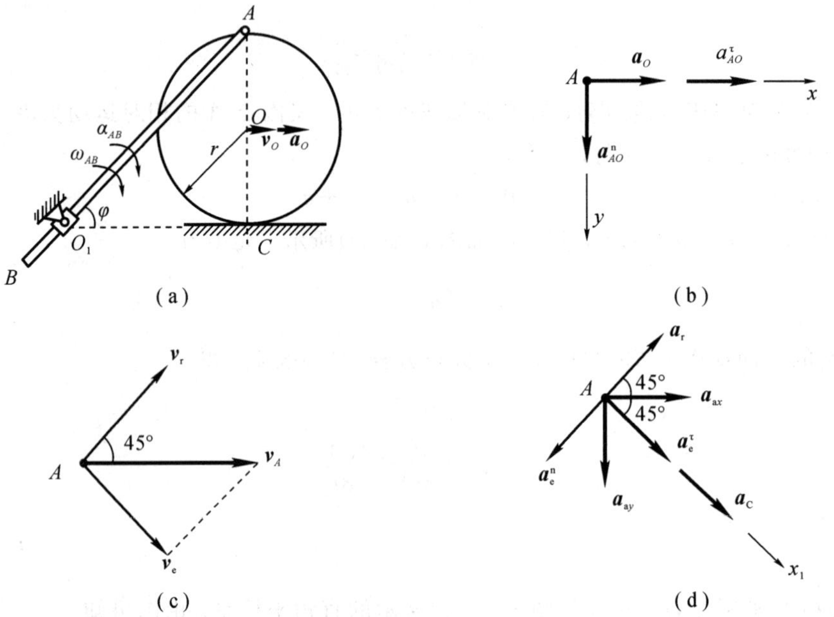

图 8.27

【解】 轮 O 做平面运动，由已知条件用平面运动的方法可求出点 A 的速度和加速度。杆 AB 与套筒 O_1 有相对滑动，可用点的合成运动方法求出杆 AB 的角速度和角加速度。

(1) 求点 A 的速度和加速度。

研究轮 O 的平面运动，此瞬时其速度瞬心为点 C，轮 O 的角速度

$$\omega=\frac{v_O}{r}$$

其转向为顺时针。点 A 的速度大小为

$$v_A=2r\cdot\omega=2v_O$$

其方向水平向右。

以点 O 为基点，研究点 A 的加速度：

$$\boldsymbol{a}_A=\boldsymbol{a}_O+\boldsymbol{a}_{AO}^{\tau}+\boldsymbol{a}_{AO}^{n} \tag{a}$$

式中 $\boldsymbol{a}_O$ 的大小和方向均已知，$a_{AO}^{n}=r\omega^2=v_O^2/r$，方向由点 A 指向点 O；$a_{AO}^{\tau}=r\alpha=\dfrac{ra_O}{r}=a_O$，

方向水平向右，只有 $\boldsymbol{a}_A$ 的大小和方向这两个未知因素，可以求解。画出点 A 的加速度矢量图，如图 8.27(b)所示，将式(a)分别向轴 x 和轴 y 投影，可得

$$a_{Ax}=a_O+a_{AO}^{\tau}=2a_O$$

$$a_{Ay}=a_{AO}^{n}=\frac{v_O^2}{r}$$

(2) 求杆 AB 的角速度和角加速度。

取点 A 为动点，动系固连在套筒 O_1 上。动点 A 的绝对运动为平面曲线运动，相对运动为沿杆 AB 做直线运动，牵连运动为套筒扩大部分上点 A 的重合点绕点 O_1 做圆周运动。

由速度合成定理和牵连运动为转动的加速度合成定理得

$$\boldsymbol{v}_a=\boldsymbol{v}_e+\boldsymbol{v}_r$$

$$\boldsymbol{a}_a=\boldsymbol{a}_A=\boldsymbol{a}_e^{\tau}+\boldsymbol{a}_e^{n}+\boldsymbol{a}_r+\boldsymbol{a}_C \tag{b}$$

式中，$v_a=v_A=2v_O$，方向水平向右；$v_e=AO_1\cdot\omega_{AB}=2\sqrt{2}r\omega_{AB}$，大小待求，方向垂直于杆 AB；v_r 方向沿杆 AB；$a_C=2\omega_{AB}\cdot v_r=\sqrt{2}v_O^2/r$，方向垂直于杆 AB。共两个未知因素，可以求解。画出点 A 的加速度矢量图，如图 8.27(d)所示，为避开 $\boldsymbol{a}_r$，将式(b)向轴 x_1 投影得

$$2a_O\cos45°+\frac{v_O^2}{r}\cos45°=2\sqrt{2}r\alpha_{AB}+\sqrt{2}v_O^2/r$$

解得

$$\alpha_{AB}=\frac{2ra_O-v_O^2}{4r^2}$$

其转向与 $\boldsymbol{a}_e^{\tau}$ 方向一致，为顺时针转向。具体计算时，若代入已知数据求出 α_{AB} 为正，则为顺时针转向；若求出 α_{AB} 为负，则为逆时针转向。

【例 8-12】 平面机构中，杆 AB 上的销钉 E 可在杆 OD 的槽内滑动，如图 8.28(a)所示。已知滑块 A 的速度为 $\boldsymbol{v}$，加速度为 $\boldsymbol{a}$，方向均水平向左。试求杆 OD 在图示铅垂位置时的角速度和角加速度。

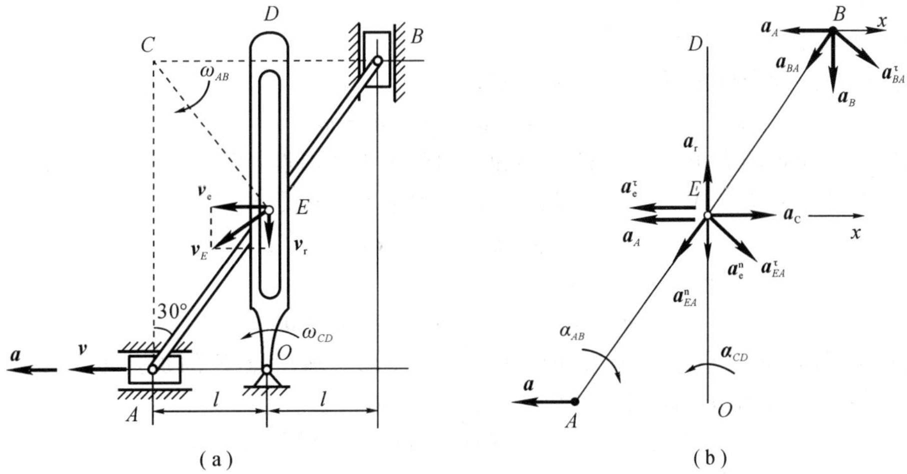

图 8.28

【解】 杆 AB 做平面运动，其上的销钉 E 在杆 OD 的槽内有相对滑动。需要综合应用平面运动和点的合成运动理论求解。

(1) 速度分析。

杆 AB 做平面运动，点 C 为速度瞬心，杆 AB 的角速度为

$$\omega_{AB}=\frac{v}{CA}=\frac{v}{2l\cot 30^\circ}=\frac{\sqrt{3}v}{6l}$$

转向为顺时针。

点 E 的速度大小为

$$v_E=CE\cdot\omega_{AB}=\frac{l}{\sin 30^\circ}\cdot\frac{\sqrt{3}v}{6l}=\frac{\sqrt{3}}{3}v$$

取销钉 E 为动点，动系固连在杆 OD 上。

由点 E 的速度合成定理得

$$\boldsymbol{v}_E=\boldsymbol{v}_\text{a}=\boldsymbol{v}_\text{e}+\boldsymbol{v}_\text{r}$$

式中只有 $\boldsymbol{v}_\text{e}$ 和 $\boldsymbol{v}_\text{r}$ 的大小这两个未知因素，可以求解。画出点 E 的速度矢量图，如图 8.28(a)所示，由图中的几何关系可得

$$v_\text{e}=v_E\cos 30^\circ=\frac{v}{2},\quad v_\text{r}=v_E\sin 30^\circ=\frac{\sqrt{3}}{6}v$$

$$\omega_{OD}=\frac{v_\text{e}}{l\cot 30^\circ}=\frac{\sqrt{3}v}{6l}$$

转向与 $\boldsymbol{v}_\text{e}$ 方向一致，为逆时针转向。

(2) 加速度分析。

以杆 AB 上的点 A 为基点，研究点 B 的加速度，由式(8-5)得

$$\boldsymbol{a}_B=\boldsymbol{a}_A+\boldsymbol{a}_{BA}^\tau+\boldsymbol{a}_{BA}^\text{n} \tag{a}$$

式中只有 $\boldsymbol{a}_B$ 和 $\boldsymbol{a}_{BA}^\tau$ 的大小两个未知因素，可以求解。画出点 B 的加速度矢量图，如图 8.28(b)所示。为避开 $\boldsymbol{a}_B$，将式(a)向水平轴 x 投影得

$$0=-a+AB\alpha_{AB}\cos 30^\circ-AB\omega_{AB}^2\sin 30^\circ$$

$$\alpha_{AB}=\frac{1}{4l\cos 30^\circ}\left(a+4l\,\frac{v^2}{4l^2}\tan^2 30^\circ\sin 30^\circ\right)=\frac{\sqrt{3}a}{6l}+\frac{\sqrt{3}v^2}{36l^2}$$

取销钉 E 为动点，动系固连在杆 CD 上。

由点的加速度合成定理，点 E 的加速度

$$\boldsymbol{a}_E=\boldsymbol{a}_\text{a}=\boldsymbol{a}_\text{e}^\tau+\boldsymbol{a}_\text{e}^\text{n}+\boldsymbol{a}_\text{r}+\boldsymbol{a}_\text{C} \tag{b}$$

式中，共有 $\boldsymbol{a}_\text{e}^\tau$ 和 $\boldsymbol{a}_\text{r}$ 的大小以及 $\boldsymbol{a}_E$ 的大小和方向四个未知因素，无法立即求解。

再以杆 AB 上的点 A 为基点，研究点 E 的加速度，由式(8-5)得

$$\boldsymbol{a}_E=\boldsymbol{a}_A+\boldsymbol{a}_{EA}^\tau+\boldsymbol{a}_{EA}^\text{n} \tag{c}$$

将式(b)带入式(c)，可得

$$\boldsymbol{a}_A+\boldsymbol{a}_{EA}^\tau+\boldsymbol{a}_{EA}^\text{n}=\boldsymbol{a}_\text{e}^\tau+\boldsymbol{a}_\text{e}^\text{n}+\boldsymbol{a}_\text{r}+\boldsymbol{a}_\text{C} \tag{d}$$

式中只有 $\boldsymbol{a}_\text{e}^\tau$ 和 $\boldsymbol{a}_\text{r}$ 的大小这两个未知因素，可以求解。画出点 E 的加速度矢量图，如图 8.28(b)所示。为避开 $\boldsymbol{a}_\text{r}$，将式(d)向水平轴 x 投影得

$$-a+AE\alpha_{AB}\cos 30^\circ-AE\omega_{AB}^2\sin 30^\circ=-OE\alpha_{OD}+2\omega_{OD}v_\text{r}$$

$$\alpha_{OD}=\frac{1}{3l}\left[2\times\frac{\sqrt{3}v}{6l}\times\frac{\sqrt{3}}{6}v+a-2l\left(\frac{\sqrt{3}a}{6l}+\frac{\sqrt{3}v^2}{36l^2}\right)\times\frac{\sqrt{3}}{2}+2l\left(\frac{\sqrt{3}v}{6l}\right)^2\times\frac{1}{2}\right]$$

$$=\frac{\sqrt{3}a}{6l}+\frac{\sqrt{3}v^2}{18l^2}$$

转向与 $\boldsymbol{a}_e^\tau$ 方向一致，为逆时针转向。

在上例中，由于销钉 E 的加速度合成定理式(b)中未知因素较多，不能直接求解，故又研究杆 AB 的平面运动，得到以点 A 为基点的销钉 E 的加速度矢量方程式(c)，两式联立得到式(d)，使其只含两个未知因素，再用投影法求出解答。这种迂回求解的方法，在较复杂的运动学综合题的求解过程中常常用到。

小　　结

1. 刚体平面运动的概述

刚体内任意一点在运动的过程中始终与某一固定平面保持不变的距离，这种运动称为刚体的平面运动。平行于固定平面截出的任一平面均可以代表刚体的运动，刚体的平面运动可以简化为平面图形在其自身平面内的运动。

2. 基点法

(1) 平面图形的运动可看成随基点的平移和绕基点的转动。平移为牵连运动，它与基点的选取有关，转动为相对于平移参考系的运动，它与基点的选择无关。平面图形的角速度和角加速度既是相对于各平移参考系的，也是相对于固定参考系的。

(2) 平面图形上任意两点 A 和 B 的速度、加速度的关系为

$$\boldsymbol{v}_B=\boldsymbol{v}_A+\boldsymbol{v}_{BA}, \quad (\boldsymbol{v}_B)_{AB}=(\boldsymbol{v}_A)_{AB}$$

$$\boldsymbol{a}_B=\boldsymbol{a}_A+\boldsymbol{a}_{BA}^{n}+\boldsymbol{a}_{BA}^{\tau}$$

3. 瞬心法

此方法仅用来求解平面图形上点的速度问题。

(1) 平面图形内某一瞬时速度为零的点称为该瞬时的速度中心，简称速度瞬心。

(2) 平面图形的运动可以看成为绕速度瞬心的瞬时转动，因此平面图形的速度瞬心一定为其上各点的速度垂线的交点。

(3) 平面图形上任一点 M 的速度大小为

$$v_M=\omega \cdot CM$$

其中 CM 为 M 点到速度瞬心 C 的距离。$\boldsymbol{v}_M$ 垂直于 M 与 C 两点的连线，指向图形转动的方向。

思　考　题

8-1　试判别图 8.29 所示机构的各部分做什么运动。

8-2　如图 8.30 所示，已知 $v_A=\omega \cdot O_1A$，方向如图；$\boldsymbol{v}_D$ 垂直于 O_2D。于是可确定速度瞬心 C 的位置，求得：

$$v_D=\frac{v_A}{AC}CD, \quad \omega_2=\frac{v_D}{O_2D}=\frac{v_A}{AC}\cdot\frac{CD}{O_2D}$$

这样做对吗？为什么？

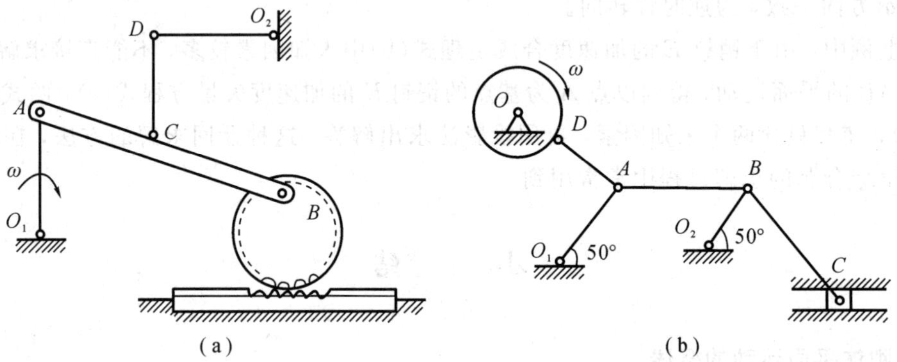

图 8.29

8-3 如图 8.31 所示，O_1A 杆的角速度为 ω_1，板 ABC 和杆 O_1A 铰接。问图中 O_1A 和 AC 上各点的速度分布规律对不对？

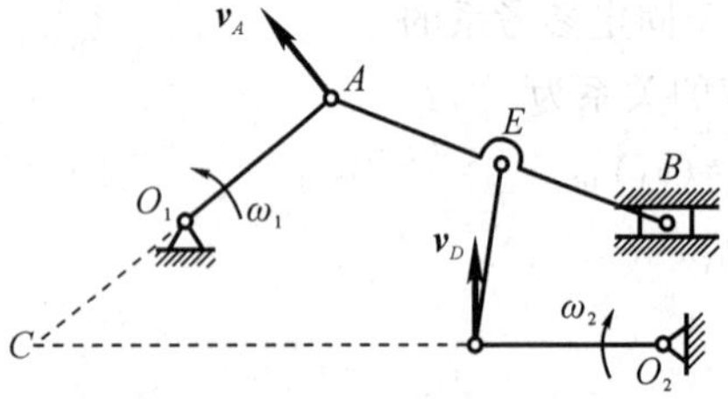

图 8.30

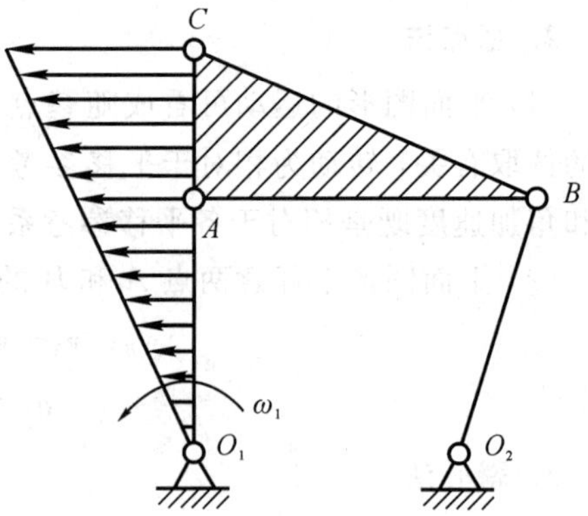

图 8.31

8-4 杆 AB 做平面运动，图示瞬时 A，B 两点速度 $\boldsymbol{v}_A$，$\boldsymbol{v}_B$ 的大小、方向均为已知，C，D 两点分别是 $\boldsymbol{v}_A$，$\boldsymbol{v}_B$ 的矢端，如图 8.32 所示，试问：

(1) 杆 AB 上各点速度矢的端点是否都在直线 CD 上？

(2) 对杆 AB 上任意一点 E，设其速度矢端为 H，那么点 H 在什么位置？

(3) 设杆 AB 为无限长，它与 CD 的延长线交于点 P。试判断下述说法是否正确：

① 点 P 的瞬时速度为零。

② 点 P 的瞬时速度必不为零，其速度矢端必在直线 AB 上。

③ 点 P 的瞬时速度必不为零，其速度矢端必在 CD 的延长线上。

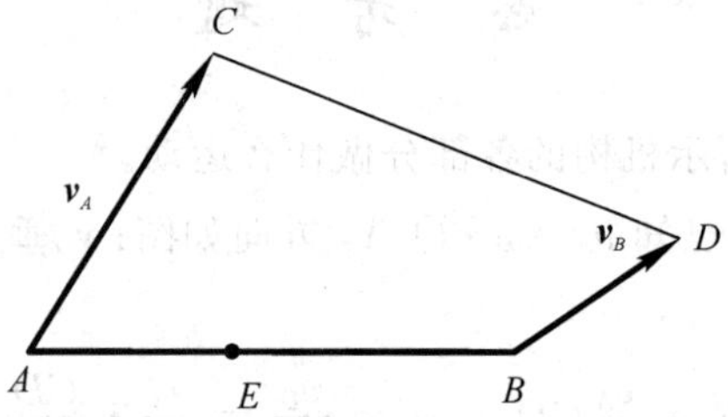

图 8.32

8－5　在图 8.33 所示瞬时，已知 O_1A 与 O_2B 平行且相等，问 ω_1 与 ω_2，a_1 与 a_2 是否相等？

8－6　如图 8.34 所示，平面图形上两点 A，B 的速度方向可能是这样的吗？为什么？

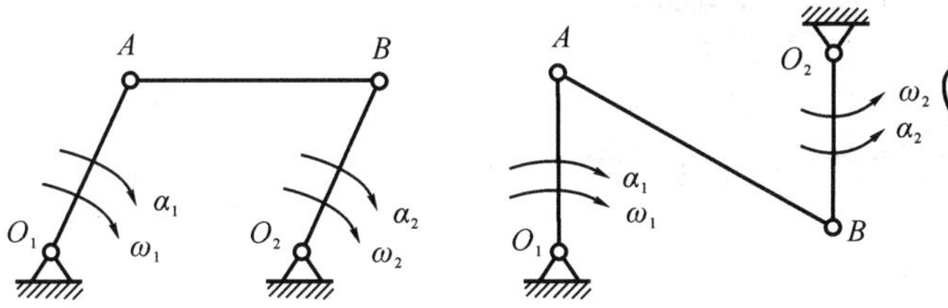

(a)　　(b)

图 8.33

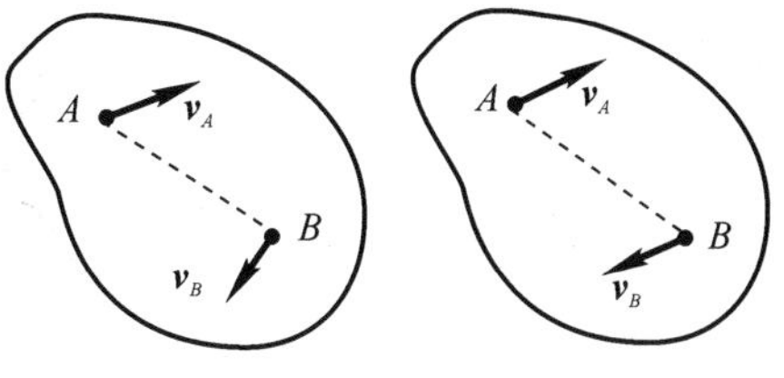

(a)　　(b)

图 8.34

8－7　图 8.35 所示，根据 A，B 两点的速度 $\boldsymbol{v}_A$，$\boldsymbol{v}_B$ 的方位可以定出做平面运动的构件的速度瞬心 C 之位置如图，对吗？

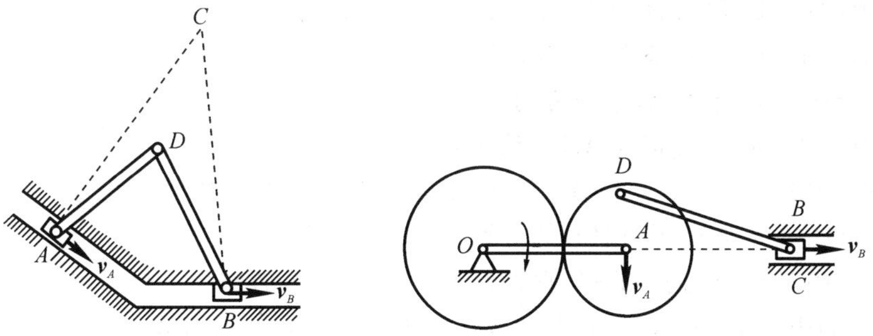

(a)　　(b)

图 8.35

8－8　图 8.36 所示两个相同的绕线盘，用同一速度 $\boldsymbol{v}$ 拉动，设两轮在水平上只滚不滑，问哪种情况滚得快？

8－9　图 8.37(a)，(b)各表示一四连杆机构。在图 8.37(a)中 $O_1A=O_2B$，$AB=O_1O_2$；在图 8.37(b)中 $O_1A\neq O_2B$。若图 8.37(a)，(b)中 O_1A 均以匀角速度 ω_0 转动，则 O_2B 也都以匀角速度转动。对吗？

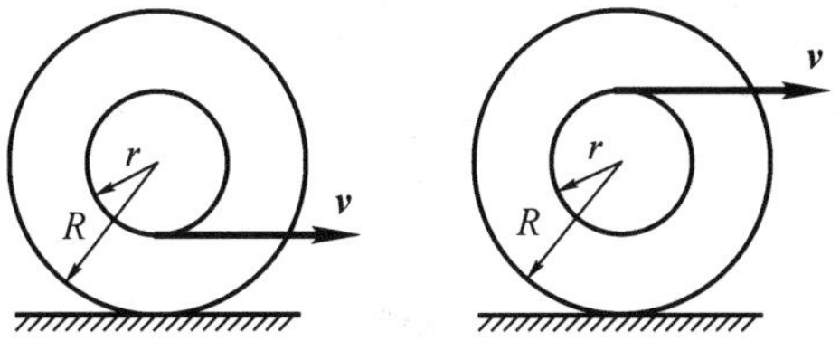

(a)　　(b)

图 8.36

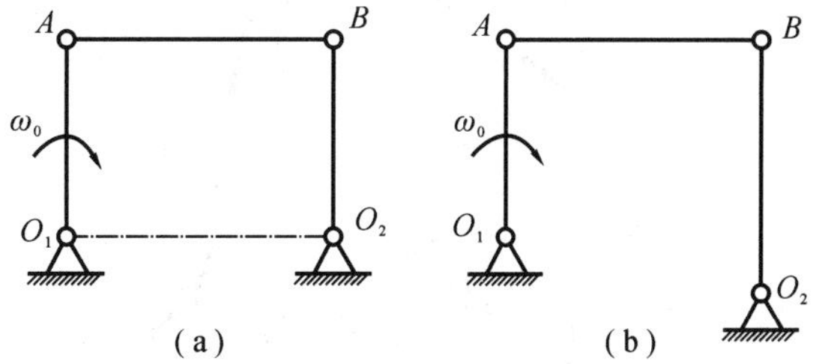

(a)　　(b)

图 8.37

8－10　如图 8.38 所示，车轮沿曲面滚动。已知轮心 O 在某一瞬时的速度 $\boldsymbol{v}_O$ 和加速度 $\boldsymbol{a}_O$。问车轮的角加速度是否等于 $a_O\cos\beta/R$？速度瞬心 C 的加速度大小和方向如何确定？

8－11　试证：当 $\omega=0$ 时，平面图形上两点的加速度在此两点连线上的投影相等。

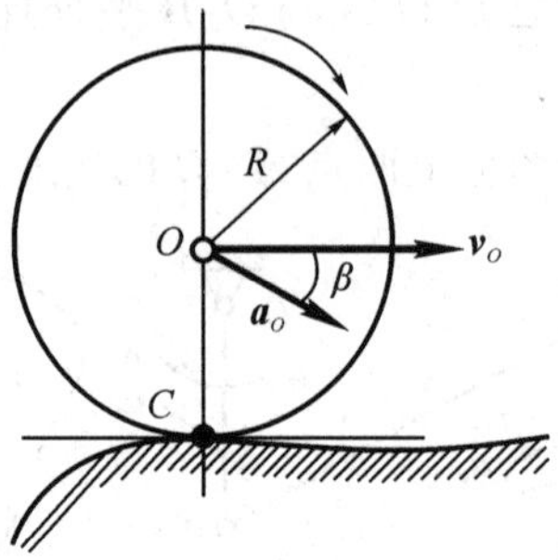

图 8.38

8-12　如图 8.39 所示各平面图形均做平面运动，问图示各种运动状态是否可能？

图 8.39(a)中，$\boldsymbol{a}_A$与$\boldsymbol{a}_B$平行，且$\boldsymbol{a}_A=-\boldsymbol{a}_B$。

图 8.39(b)中，$\boldsymbol{a}_A$与$\boldsymbol{a}_B$都与A，B连线垂直，且$\boldsymbol{a}_A$，$\boldsymbol{a}_B$反向。

图 8.39(c)中，$\boldsymbol{a}_A$沿AB连线，$\boldsymbol{a}_B$与AB连线垂直。

图 8.39(d)中，$\boldsymbol{a}_A$与$\boldsymbol{a}_B$都沿A，B连线，且$a_B>a_A$。

图 8.39(e)中，$\boldsymbol{a}_A$与$\boldsymbol{a}_B$都沿A，B连线，且$a_A>a_B$。

图 8.39(f)中，$\boldsymbol{a}_A$沿A，B连线方向。

图 8.39(g)中，$\boldsymbol{a}_A$与$\boldsymbol{a}_B$都与AC连线垂直，且$a_B>a_A$。

图 8.39(h)中，$AB\perp AC$，$\boldsymbol{a}_A$沿AB线，$\boldsymbol{a}_B$在AB线上的投影与a_A相等。

图 8.39(i)中，$\boldsymbol{a}_A$与$\boldsymbol{a}_B$平行且相等，即$\boldsymbol{a}_A=\boldsymbol{a}_B$。

图 8.39(j)中，$\boldsymbol{a}_A$与$\boldsymbol{a}_B$都与AB垂直，且$\boldsymbol{v}_A$，$\boldsymbol{v}_B$在AB连线上的投影相等。

图 8.39(k)中，$\boldsymbol{v}_A$与$\boldsymbol{v}_B$平行且相等，$\boldsymbol{a}_B$与AB垂直，$\boldsymbol{a}_A$与$\boldsymbol{v}_A$共线。

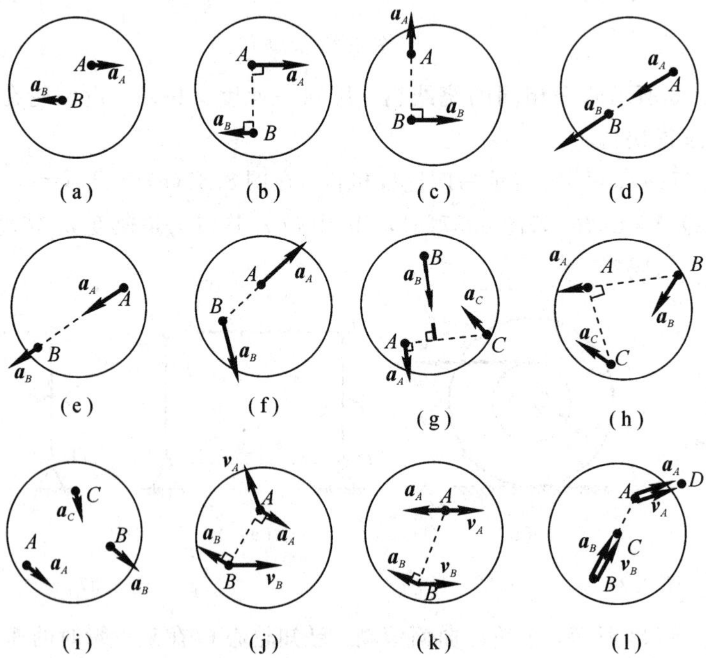

图 8.39

图 8.39(l)中，矢量$\overrightarrow{BC}$与$\overrightarrow{AD}$在 AB 线上的投影相等，$\overrightarrow{BC}$在 AB 线上，$\boldsymbol{a}_B=\boldsymbol{v}_B=\overrightarrow{BC}$，$\boldsymbol{a}_A=\boldsymbol{v}_A=\overrightarrow{AD}$。

8-13　图 8.40 所示各平面机构中，各部分尺寸及图示瞬时的位置已知。凡图上标出的角速度或速度皆为已知，且皆为常量。欲求出各图中点 C 的速度和加速度，采用什么方法最好？说出解题的步骤及所用公式。

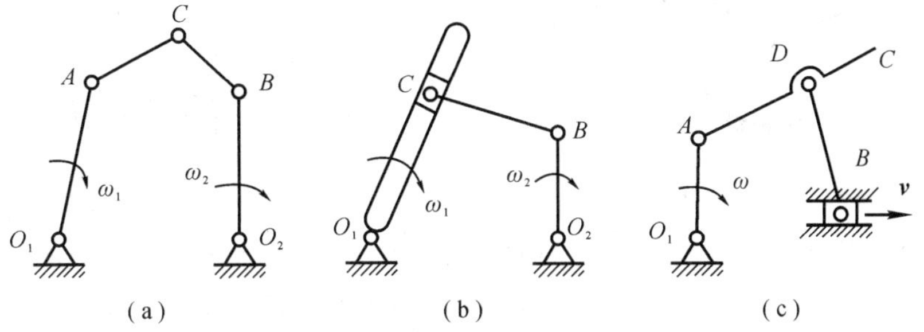

图 8.40

8-14　平面图形在其平面内运动，某瞬时其上有两点的加速度矢相同。试判断下述说法是否正确：

(1) 其上各点速度在该瞬时一定都相等。

(2) 其上各点加速度在该瞬时一定都相等。

习　　题

8-1　椭圆规尺 AB 由曲柄 OC 带动，曲柄以角速度 ω_O 绕 O 轴匀速转动，如图所示。如 $OC=BC=AC=r$，并取 C 为基点，求椭圆规尺 AB 的平面运动方程。

8-2　如图所示，圆柱 A 缠以细绳，绳的 B 端固定在天花板上。圆柱自静止落下，其轴心的速度为 $v=\frac{2}{3}\sqrt{3gh}$，其中 g 为常量，h 为圆柱轴心到初始位置的距离。如圆柱半径为 r，求圆柱的平面运动方程。

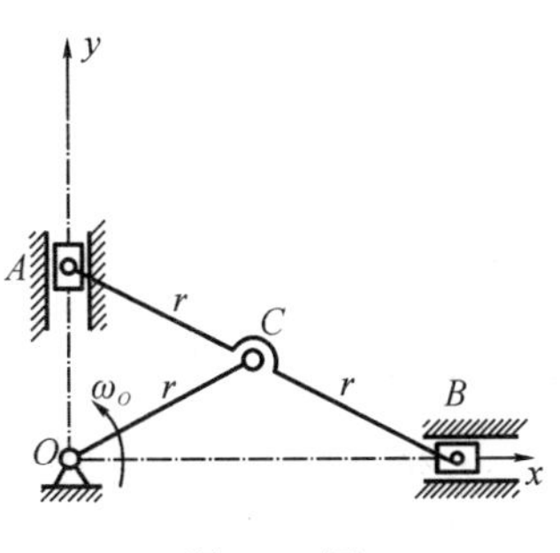

题 8-1 图

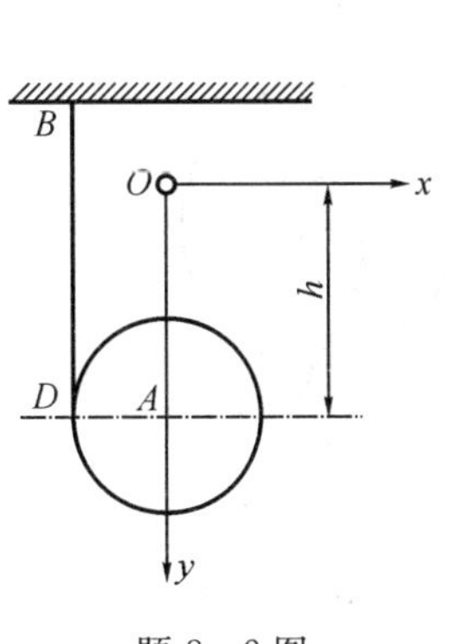

题 8-2 图

8-3　半径为 r 的齿轮由曲柄 OA 带动，沿半径为 R 的固定齿轮滚动，如图所示。如曲柄 OA 以等角加速度 α 绕 O 轴转动，当运动开始时，角速度 $\omega_O=0$，转角 $\varphi=0$。求动齿轮以中心 A 为基点的平面运动方程。

8-4　两平行齿条沿相同方向运动，速度大小不同：$v_1=6$ m/s，$v_2=2$ m/s。齿条之间夹有一半径 $r=0.5$ m 的齿轮，试求齿轮的角速度及其中心 O 的速度。

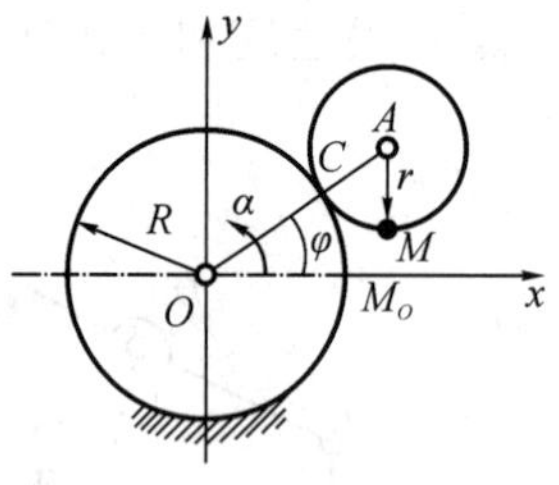

题 8-3 图

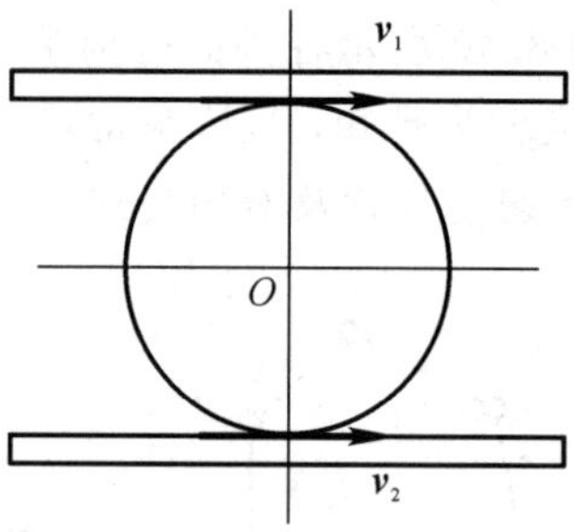

题 8-4 图

8-5　两刚体 M，N 用铰 C 连接，做平面运动。已知 $AC=BC=600$ mm，在图示位置 $v_A=200$ mm/s，$v_B=100$ mm/s，方向如图所示，试求 C 点的速度。

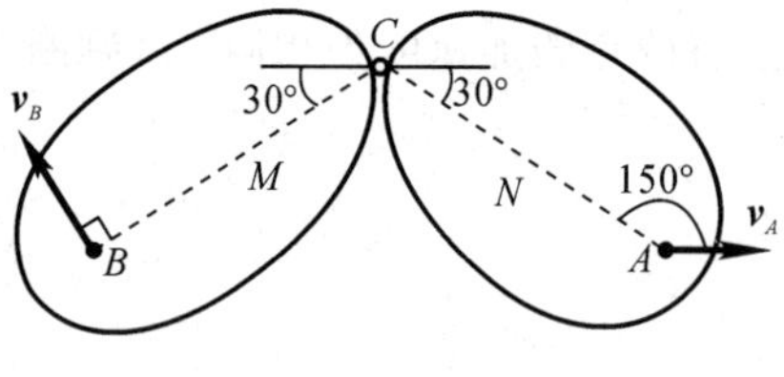

题 8-5 图

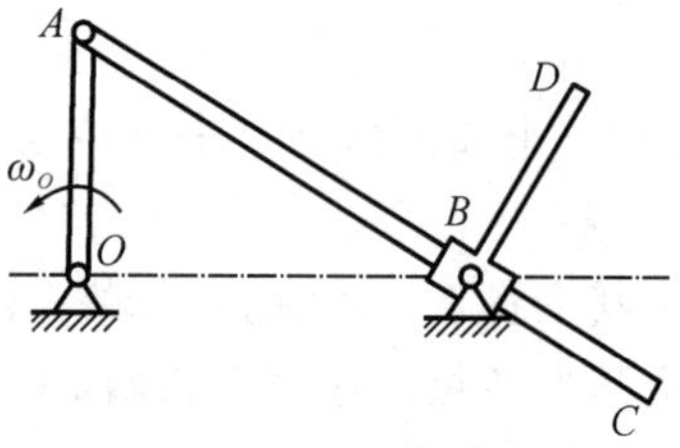

题 8-6 图

8-6　图示一曲柄机构，曲柄 OA 可绕 O 轴转动，带动杆 AC 在套管 B 内滑动，套管 B 及其刚接的 BD 杆又可绕通过 B 铰而与图所在平面垂直的轴运动。已知：$OA=BD=300$ mm，$OB=400$ mm，当 OA 转至铅直位置时，其角速度 $\omega_O=2$ rad/s，试求 D 点的速度。

8-7　图示一传动机构，当 OA 往复摇摆时可使圆轮绕 O_1 轴转动。设 $OA=150$ mm，$O_1B=100$ mm，在图示位置，$\omega_O=2$ rad/s，试求圆轮转动的角速度。

8-8　机构在图示位置时，曲柄 $O'A$ 垂直于 AB，AB 平行于 $O'O$，试求 A，D 两点速度之间的关系。已知 $CD=400$ mm，$BC=BO$。

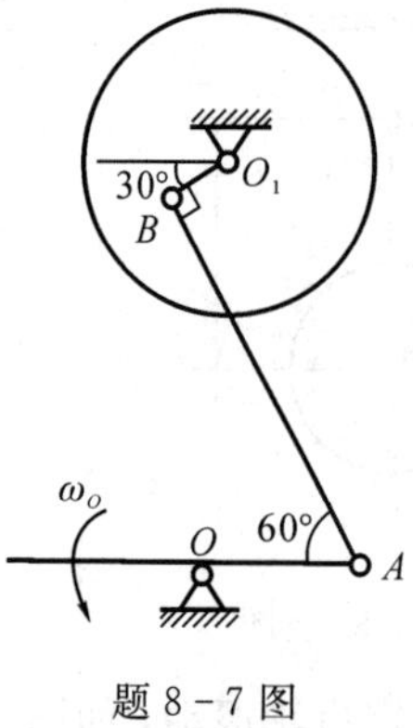

题 8-7 图

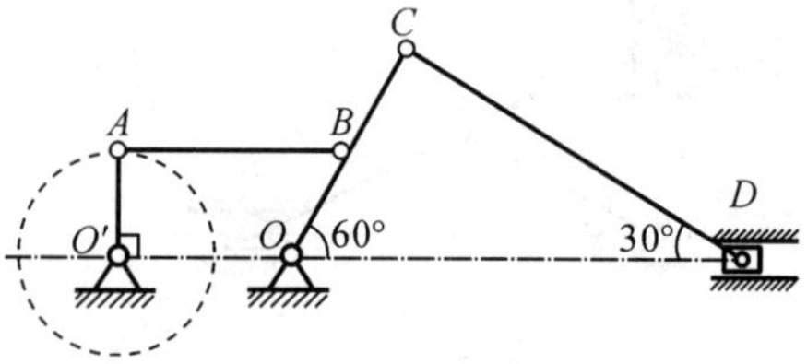

题 8-8 图

8-9　图示双曲柄连杆机构的滑块 B 和 E 用杆 BE 连接。主动曲柄 OA 和从动曲柄 OD 都绕 O 轴转动。主动曲柄 OA 以等角速度 $\omega_O=12$ rad/s 转动。已知机构的尺寸为：

$OA=0.1$ m，$OD=0.12$ m，$AB=0.26$ m，$BE=0.12$ m，$DE=0.12\sqrt{3}$ m。求当曲柄 OA 垂直于滑块的导轨方向时，从动曲柄 OD 和连杆 DE 的角速度。

8-10　图示机构中，已知：$OA=0.1$ m，$BD=0.1$ m，$DE=0.1$ m，$EF=0.1\sqrt{3}$ m；曲柄 OA 的角速度 $\omega=4$ rad/s。在图示位置时，曲柄 OA 与水平线 OB 垂直；且 B，D 和 F 在同一铅直线上，又 DE 垂直于 EF。求杆 EF 的角速度和点 F 的速度。

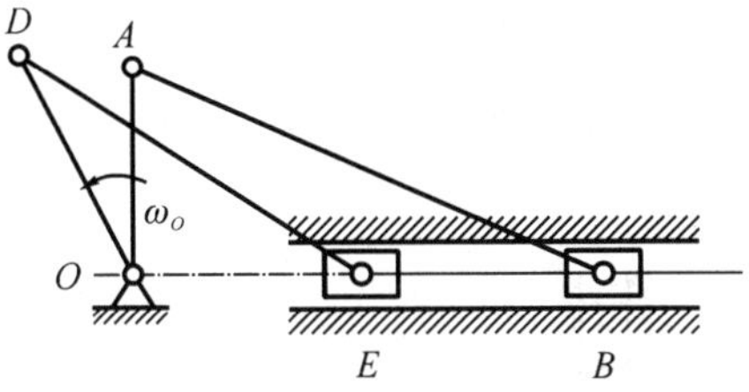

题 8-9 图

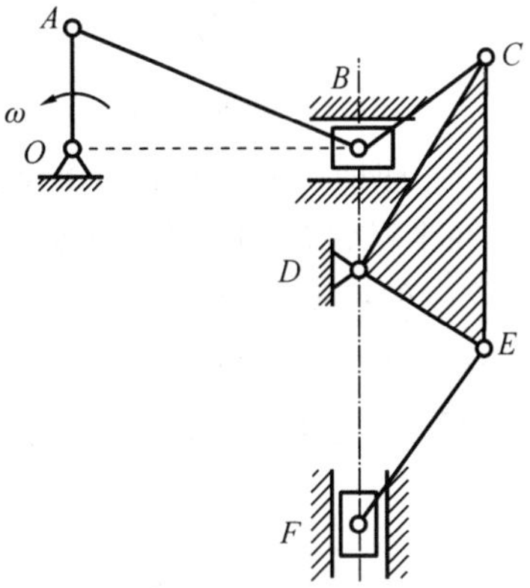

题 8-10 图

8-11　使砂轮高速转动的装置如图所示。杆 O_1O_2 绕 O_1 轴转动，转速为 n_4。O_2 处用铰链连接一半径为 r_2 的活动齿轮Ⅱ，杆 O_1O_2 转动时轮Ⅱ在半径为 r_3 的固定内齿轮上滚动，并使半径为 r_1 的轮Ⅰ绕 O_1 轴转动。轮Ⅰ上装有砂轮，随同轮Ⅰ高速转动。已知 $\frac{r_3}{r_1}=11$，$n_4=900$ r/min，求砂轮的转速。

8-12　图示蒸汽机传动机构中，已知：活塞的速度为 $\boldsymbol{v}$；$O_1A_1=a_1$，$O_2A_2=a_2$，$CB_1=b_1$，$CB_2=b_2$；齿轮半径分别为 r_1 和 r_2；且有 $a_1b_2r_2\neq a_2b_1r_1$。当杆 EC 水平，杆 B_1B_2 铅直，A_1，A_2 和 O_1，O_2 都在同一条铅直线上时，求齿轮 O_1 的角速度。

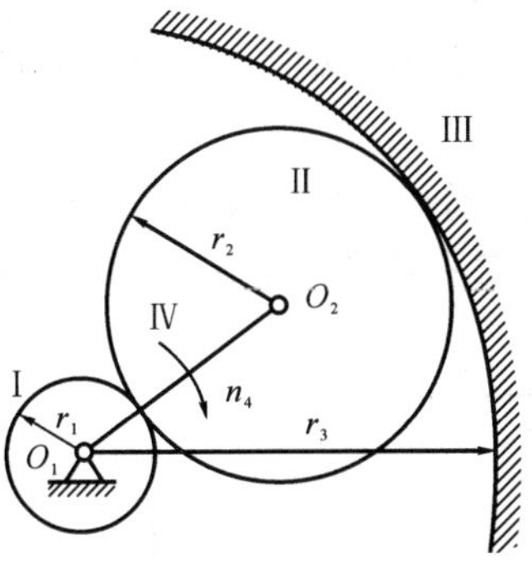

题 8-11 图

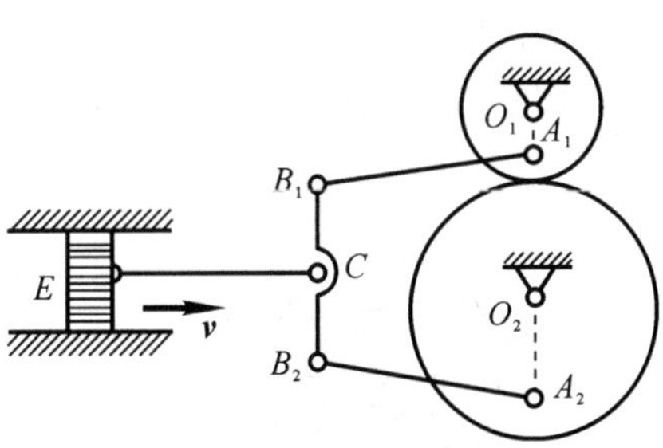

题 8-12 图

8-13　齿轮Ⅰ在齿轮Ⅱ内滚动，其半径分别为 r 和 $R=2r$。曲柄 OO_1 绕 O 轴以等角速度 ω_O 转动，并带动行星齿轮Ⅰ。求该瞬时轮Ⅰ上瞬时速度中心 C 的加速度。

8-14　半径为 R 的轮子沿水平面滚动而不滑动，如图所示。在轮上有圆柱部分，其半径为 r，将线绕于圆柱上，线的 B 端以速度 $\boldsymbol{v}$ 和加速度 $\boldsymbol{a}$ 沿水平方向运动。求轮的轴心 O 的速度和加速度。

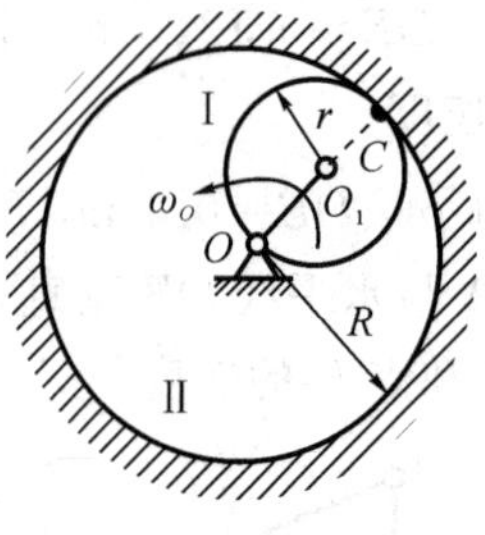

题 8-13 图

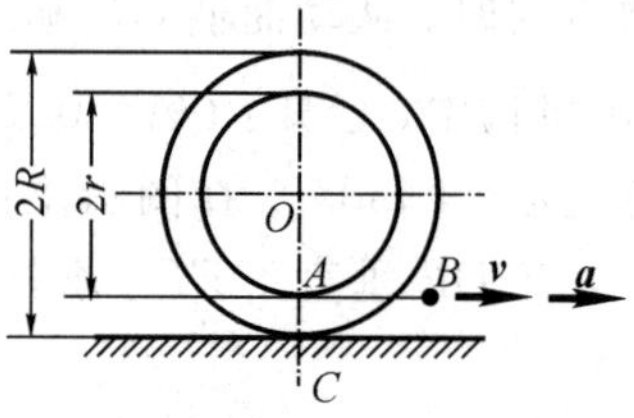

题 8-14 图

8-15　曲柄 OA 以恒定的角速度 $\omega=2$ rad/s 绕轴 O 转动，并借助连杆 AB 驱动半径为 r 的轮子在半径为 R 的圆弧槽中做无滑动的滚动。设 $OA=AB=R=2r=1$ m，求图示瞬时点 B 和点 C 的速度与加速度。

8-16　在图示机构中，曲柄 OA 长为 r，绕 O 轴以等角速度 ω_O 转动，$AB=6r$，$BC=3\sqrt{3}r$。求图示位置时，滑块 C 的速度和加速度。

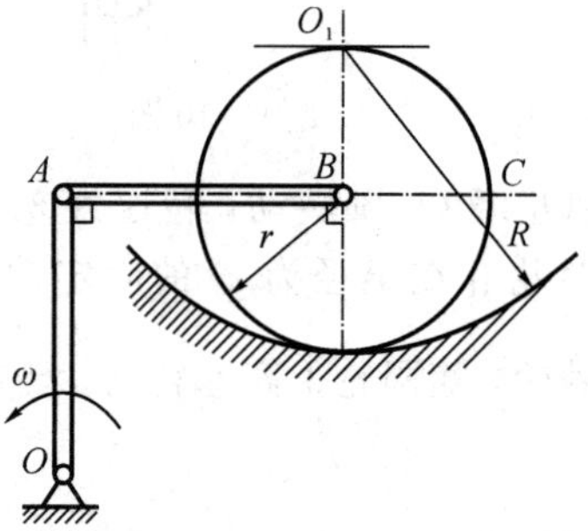

题 8-15 图

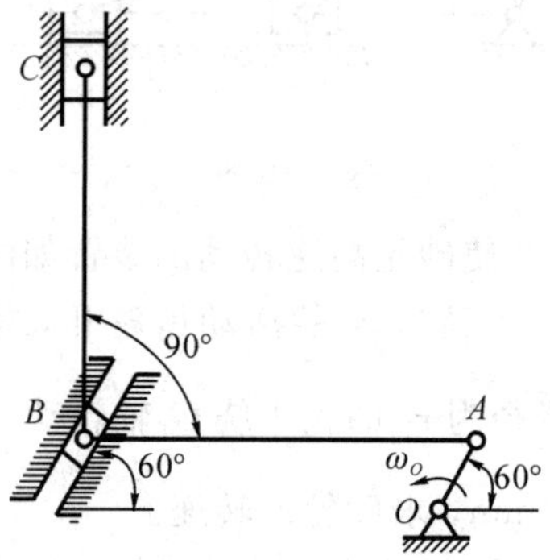

题 8-16 图

8-17　图示塔轮 1 半径 $r=0.1$ m 和 $R=0.2$ m，绕轴 O 转动的规律是 $\varphi(t)=t^2-3t$ rad，并通过不可伸长的绳子卷动动滑轮 2，滑轮 2 的半径为 $r_2=0.15$ m。设绳子与各轮之间无相对滑动，求 $t=1$ s 时，滑轮 2 的角速度和角加速度；并求该瞬时水平直径上 C，D，E 各点的速度和加速度。

8-18　图示直角刚性杆，$AC=CB=0.5$ m。设在图示瞬时，两端滑块水平与铅垂轴的加速度如图，大小分别为 $a_A=1\ \text{m/s}^2$，$a_B=3\ \text{m/s}^2$。求这时直角杆的角速度和角加速度。

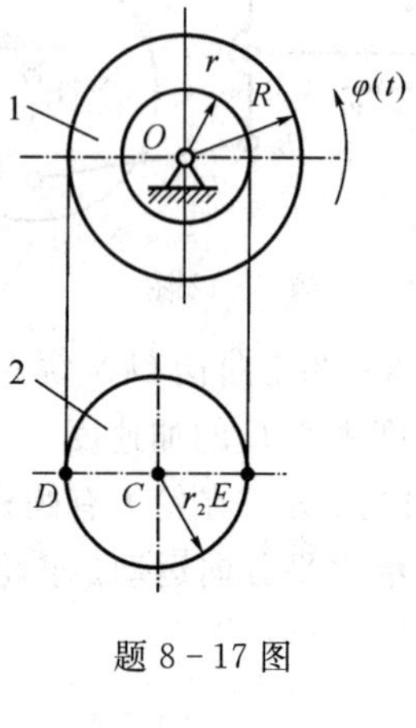

题 8-17 图

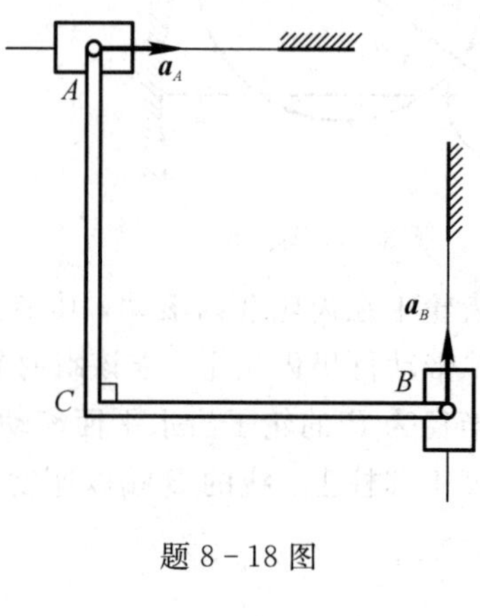

题 8-18 图

8－19　图示曲柄连杆机构带动摇杆 O_1C 绕 O_1 轴摆动。在连杆 AB 上装有两个滑块，滑块 B 在水平槽内滑动，而滑块 D 则在摇杆 O_1C 的槽内滑动。已知：曲柄长 $OA=50$ mm，绕 O 轴转动的匀角速度 $\omega=10$ rad/s。在图示位置时，曲柄与水平线间成 90°角，$\angle OAB=60°$，摇杆与水平线间呈 60°角，距离 $O_1D=70$ mm。求摇杆的角速度和角加速度。

8－20　如图所示，轮 O 在水平面上滚动而不滑动，轮心以匀速 $v_O=0.2$ m/s 运动。轮缘上固连销钉 B，此销钉在摇杆 O_1A 的槽内滑动，并带动摇杆绕 O_1 轴转动。已知轮的半径 $R=0.5$ m，在图示位置时，AO_1 是轮的切线，摇杆与水平面间的交角为 60°。求摇杆在该瞬时的角速度和角加速度。

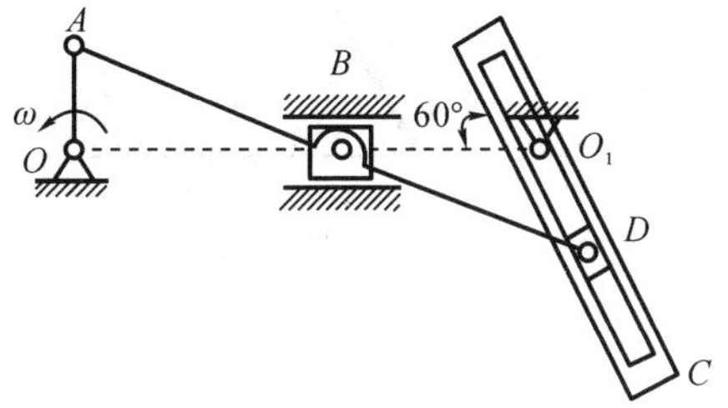

题 8－19 图

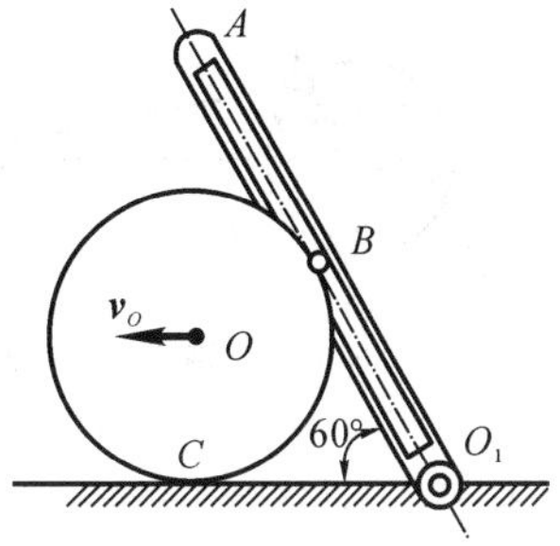

题 8－20 图

8－21　轻型杠杆式推钢机，曲柄 OA 借连杆 AB 带动摇杆 O_1B 绕 O_1 轴摆动，杆 EC 以铰链与滑块 C 相连，滑块 C 可沿杆 O_1B 滑动；摇杆摆动时带动杆 EC 推动钢材，如图所示。已知 $OA=r$，$AB=\sqrt{3}r$，$O_1B=\dfrac{2}{3}l(r=0.2\ \text{m},\ l=1\ \text{m})$，$\omega_{OA}=\dfrac{1}{2}$ rad/s，$a_{OA}=0$。在图示位置时，$BC=\dfrac{4}{3}l$。求：

(1) 滑块 C 的绝对速度和相对于摇杆 O_1B 的速度；

(2) 滑块 C 的绝对加速度和相对于摇杆 O_1B 的加速度。

8－22　图示行星齿轮传动机构中，曲柄 OA 以匀角速度 ω_O 绕 O 轴转动，使与齿轮 A 固结在一起的杆 BD 运动。杆 BE 与 BD 在点 B 铰接，并且杆 BE 在运动时始终通过固定铰支的套筒 C。如定齿轮的半径为 $2r$，动齿轮的半径为 r，且 $AB=\sqrt{5}r$。图示瞬时，曲柄 OA 在铅直位置，BDA 在水平位置，杆 BE 与水平线间呈角 $\varphi=45°$。求此时杆 BE 上与 C 相重合一点的速度和加速度。

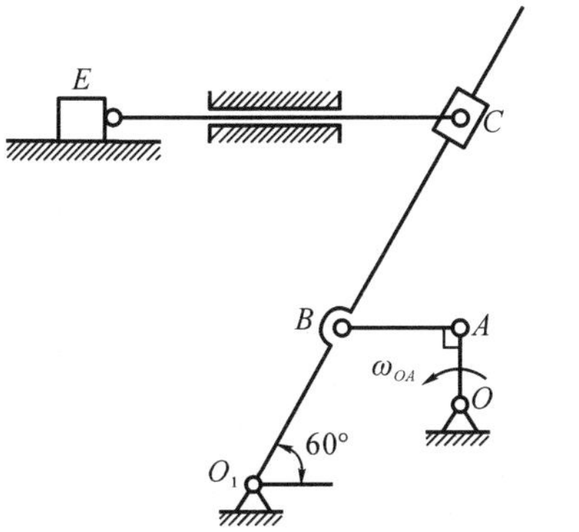

题 8－21 图

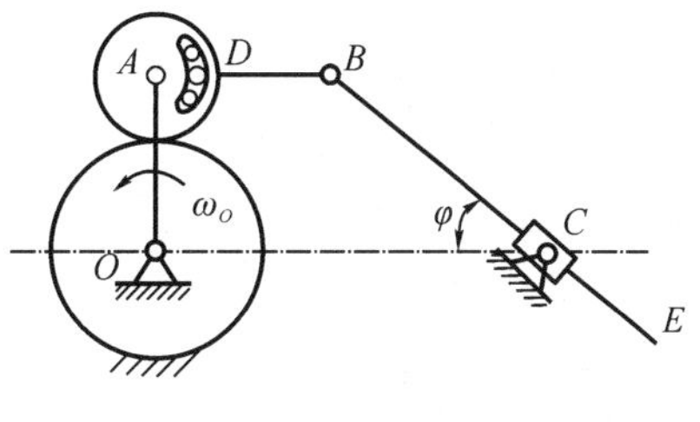

题 8－22 图

8-23　在图示摆动气缸式蒸汽机中，曲柄 $OA=0.12$ m，绕 O 轴匀速转动，其角速度为 5 rad/s。气缸绕 O_1 轴摆动，连杆 AB 端部的活塞 B 在汽缸内滑动。已知：距离 $OO_1=0.6$ m，连杆 $AB=0.6$ m。求当曲柄在 $\varphi=0°$，45°，90°三个位置时活塞的速度。

8-24　等边三角板 ABC，边长 $l=40$ mm，在其所在平面内运动。已知某瞬时 A 点的速度 $v_A=800$ mm/s，加速度 $a_A=3200$ cm/s^2，方向均沿 AC，B 点的速度 $v_B=400$ mm/s，加速度 $a_B=800$ cm/s^2。试求该瞬时 C 点的速度及加速度。

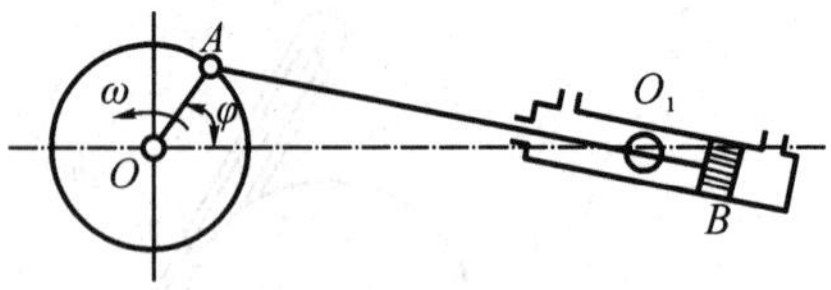

题 8-23 图

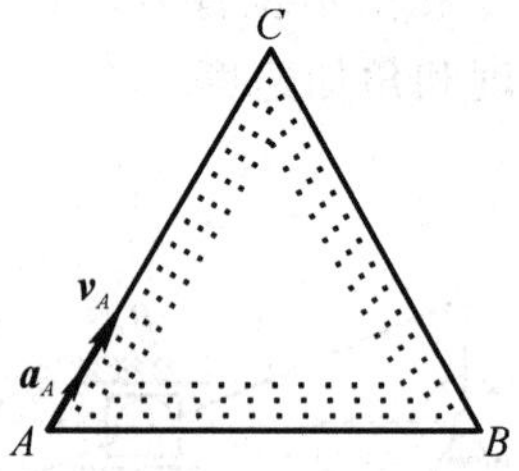

题 8-24 图

第三篇 动 力 学

动力学研究物体的机械运动与作用力之间的关系。在静力学中，只研究了作用于物体上的力系的简化和平衡问题，而没有讨论物体在不平衡力系的作用下将如何运动。在运动学中，仅从几何方面来描述物体的运动，而未涉及产生物体运动的原因——力与惯性。在动力学中，不仅要分析物体的运动，而且还要分析产生运动的物体所受的力，把运动和力二者结合起来，从而建立物体机械运动的普遍规律。

随着科学技术的发展，在工程实际问题中涉及的动力学问题越来越多。例如，在机械工程、土建、水利工程中，高速转动机械的动力学行为分析、系统的运动稳定性判断、结构的动载荷响应及抗震设计等都与动力学知识有关；在航天技术中，火箭、人造卫星的发射与运行等也都与动力学知识有关。如今，动力学的研究内容已经渗透到其他领域，形成了一些新的边缘学科，例如运动力学、生物力学、爆炸力学、电磁流体力学等。因此掌握动力学基本理论，对于解决工程实际问题具有十分重要的意义。

以牛顿定律为基础的动力学称为**牛顿力学或经典力学**。牛顿定律是以实验为根据的，它仅适用于**惯性参考系**，可以得到相当精确的结果。在以后的叙述中，无特别说明，均取固定在地球表面的坐标系为惯性参考系。

根据所研究物体的性质，在动力学中可将研究对象抽象为两种力学模型：质点和质点系。**质点是指具有一定质量而几何形状和尺寸大小可以忽略不计的物体**。例如，研究人造地球卫星的运行轨道时，卫星的形状和大小对于所研究的问题没什么影响，可将卫星抽象为一个质量集中在质心的质点。如果物体的形状和大小在所研究的问题中不可忽略，则物体应抽象为质点系。**质点系是指有限或无限个相互间有联系的质点所组成的系统**。常见质点系有固体、流体、由几个物体组成的机构以及太阳系等。**刚体是质点系的一种特殊情形，其中任意两个质点间的距离保持不变，又称为不变质点系**。

动力学可分为质点动力学和质点系动力学，前者是后者的基础。

第9章　质点动力学的基本方程

本章首先介绍作为动力学理论基础的动力学基本定律，然后根据动力学基本方程建立质点运动微分方程，以解决质点动力学的两类基本问题。

9.1　动力学的基本定律

质点动力学的基础是牛顿关于运动的三个基本定律，称为牛顿三定律，也称为动力学基本定律，它是牛顿(公元1642—1727年)在总结伽利略、开普勒等人研究成果的基础上提出来的。

第一定律(惯性定律)

不受力作用的质点，将保持静止或做匀速直线运动。不受力作用的质点(包括受平衡力系作用的质点)，不是处于静止状态，就是保持其原有的速度(包括大小和方向)不变，这种性质称为惯性。所以第一定律又称惯性定律。这个定律首先说明了任何质点都具有惯性，其次说明了任何质点的运动状态的改变，必定是受到其他物体的作用，这种机械作用就是力。

第二定律(力与加速度之间的关系定律)

牛顿第二定律可表述为：质点的动量对于时间的一次导数等于作用在质点上的力，即

$$\frac{\mathrm{d}}{\mathrm{d}t}(m\boldsymbol{v})=\boldsymbol{F} \tag{9-1}$$

式中，$m\boldsymbol{v}$ 为质点的质量与其速度的乘积，即动量；$\boldsymbol{F}$ 为质点所受的力。在经典力学中，质点的质量是守恒的，式(9-1)可写为

$$m\boldsymbol{a}=\boldsymbol{F} \tag{9-2}$$

即：**质点的质量与加速度的乘积，等于作用在质点上力的大小，加速度的方向与力的方向相同。**

式(9-2)是第二定律的数学表达，它是**质点动力学的基本方程**，建立了质点的加速度、质量与作用力之间的定量关系。当质点同时受到多个力作用时，式(9-2)中的 $\boldsymbol{F}$ 为这多个力的合力。

由第二定律可知，在相同的力的作用下，质量越大的质点加速度越小，或者说，质点的质量越大，其运动状态越不容易改变，也就是质点的惯性越大。因此，质量是物体惯性的度量。

在地球表面，任何物体都受到重力 $\boldsymbol{G}$ 的作用。在重力作用下得到的加速度称为重力加速度，用 $\boldsymbol{g}$ 表示。根据第二定律，有

$$\boldsymbol{G}=m\boldsymbol{g}\ \text{或}\ \boldsymbol{g}=\frac{\boldsymbol{G}}{m} \tag{9-3}$$

物体的质量是不变的，但在地面上各处的重力加速度的值 g 却略有不同，即物体的重力在地面上各处稍有差异。根据国际计量委员会规定的标准，重力加速度的数值为 $9.806\ 65\ \mathrm{m/s^2}$，一般取 $9.8\ \mathrm{m/s^2}$。

在国际单位制中，质量、长度和时间的单位是基本单位，分别为：千克(kg)、米(m)和秒(s)；力的单位是导出单位。由式(9-2)可导出力的单位是千克·米/秒²($\mathrm{kg\cdot m/s^2}$)，称为牛顿(N)。

$$1\ \mathrm{N}=1\ \mathrm{kg\cdot m/s^2}$$

第三定律(作用与反作用定律)

两个物体间的作用力与反作用力总是大小相等，方向相反，沿着同一直线，且同时分别作用在这两个物体上。这个定律在静力学中学过，它不仅适用于平衡的物体，也适用于任何运动的物体。

牛顿第一、第二定律阐明了作用于质点的力与质点运动状态变化的关系，第三定律阐明了两物体相互作用的关系。

9.2　质点运动微分方程

为了求出质点运动过程中的各物理量，根据不同的问题，可将质点动力学基本方程表示为不同形式的微分方程，以便应用。

1. 矢量形式的质点运动微分方程

设一质量为 m 的质点 $M(x,\ y,\ z)$ 的矢径为 $\boldsymbol{r}$，受到 n 个力 $\boldsymbol{F}_1$，$\boldsymbol{F}_2$，…，$\boldsymbol{F}_n$ 作用，如图 9.1 所示。动力学基本方程为

$$m\boldsymbol{a}=\sum \boldsymbol{F}_i \tag{9-4}$$

即

$$m\frac{\mathrm{d}^2\boldsymbol{r}}{\mathrm{d}t^2}=\sum \boldsymbol{F}_i \tag{9-5}$$

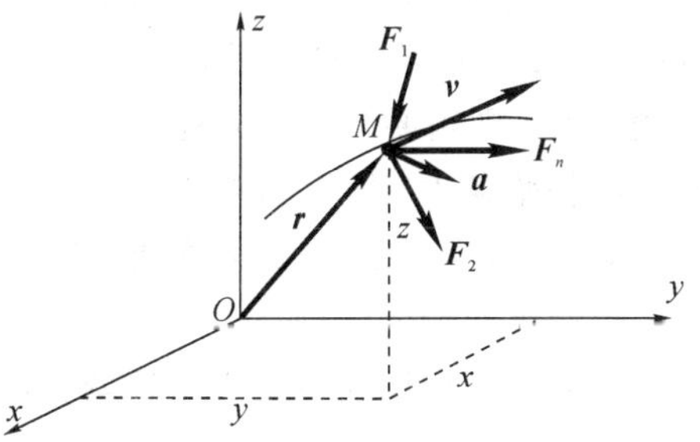

图 9.1

这就是**矢量形式的质点运动微分方程**。

2. 直角坐标形式的质点运动微分方程

在计算实际问题时，需要应用方程式(9-5)的投影形式。设矢径 $\boldsymbol{r}$ 在直角坐标轴上的投影为 x，y，z，力 $\boldsymbol{F}_i$ 在直角坐标轴上的投影为 F_{xi}，F_{yi}，F_{zi}，将式(9-5)投影在直角坐标轴上，可得

$$m\frac{\mathrm{d}^2x}{\mathrm{d}t^2}=\sum F_{xi},\quad m\frac{\mathrm{d}^2y}{\mathrm{d}t^2}=\sum F_{yi},\quad m\frac{\mathrm{d}^2z}{\mathrm{d}t^2}=\sum F_{zi} \tag{9-6}$$

这就是**直角坐标形式的质点运动微分方程**。

3. 自然坐标形式的质点运动微分方程

如果质点 M 的运动轨迹已知，由点的运动学可知，点的全加速度 $\boldsymbol{a}$ 在切线与主法线构成的密切面内，点的加速度在副法线上的投影等于零，即

$$\boldsymbol{a}=a_\tau\boldsymbol{\tau}+a_\mathrm{n}\boldsymbol{n}$$

$$\boldsymbol{a}_b = 0$$

式中，$\boldsymbol{\tau}$ 和 $\boldsymbol{n}$ 为沿轨迹切线和主法线的单位矢量，如图 9.2 所示。

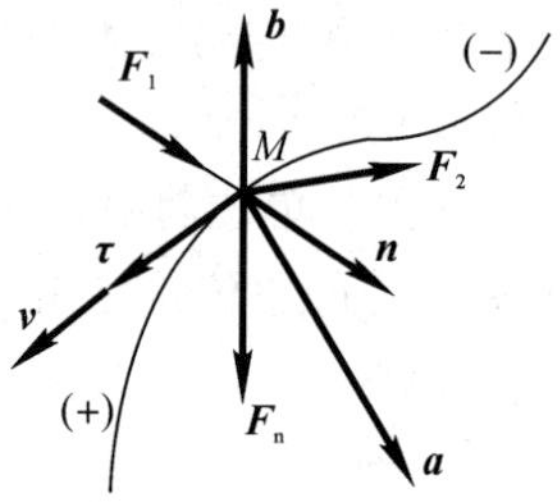

图 9.2

已知 $a_\tau = \frac{dv}{dt} = \frac{d^2 s}{dt^2}$，$a_n = \frac{v^2}{\rho}$，式中，$\rho$ 为轨迹的曲率半径。于是，质点运动微分方程在自然轴系上的投影式为

$$m\frac{d^2 s}{dt^2} = \sum F_{\tau i}, \quad m\frac{v^2}{\rho} = \sum F_{ni}, \quad m\frac{d^2 z}{dt^2} = \sum F_{bi} = 0 \tag{9-7}$$

这就是**自然坐标形式的质点运动微分方程**。式中，$F_{\tau i}$，F_{ni}，F_{bi} 分别是作用于质点的各力在切线、主法线和副法线上的投影。

9.3 质点动力学的两类基本问题

应用质点运动微分方程可以求解质点动力学的两类基本问题。

第一类基本问题：已知质点的运动，求作用于质点的力。这类问题比较简单，例如，已知质点的运动方程，通过微分运算即得加速度，代入质点运动微分方程，即可求解。这类问题求解可归结为微分问题。

第二类基本问题：已知作用于质点的力，求质点的运动。如果要求的运动是质点的加速度，那么，这类问题也是属于解代数方程的简单问题；如果要求的运动是质点的速度或运动方程，则需要解微分方程或积分，还需要确定相应的积分常数，而积分常数可由质点运动的**初始条件**，即运动开始时质点的位置和速度来确定。

必须指出，在工程实际中所遇到的动力学问题，有时并不能把这两类问题截然分开，而是这两类问题的综合。

下面举例说明质点动力学这两类问题的求解方法和解题步骤。

【例 9-1】 曲柄连杆机构如图 9.3(a)所示。曲柄 OA 以匀角速度 ω 转动，$OA = r$，$AB = l$，当 $\lambda = r/l$ 比较小时，以 O 为坐标原点，滑块 B 的运动方程可近似写为

$$x = l\left(1 - \frac{\lambda^2}{4}\right) + r\left(\cos\omega t + \frac{\lambda}{4}\cos 2\omega t\right)$$

如滑块的质量为 m，忽略摩擦及连杆 AB 的质量，试求当 $\varphi = \omega t = 0$ 和 $\frac{\pi}{2}$ 时，连杆 AB 所受的力。

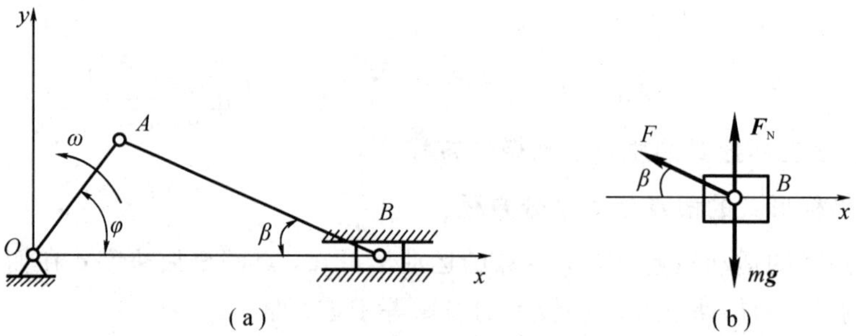

图 9.3

【解】 以滑块 B 为研究对象，当 $\varphi=\omega t$ 时，受力如图 9.3(b)所示。由于不计连杆质量，连杆应受平衡力系作用，AB 为二力杆，它对滑块 B 的力 $\boldsymbol{F}$ 沿 AB 方向。写出滑块沿 x 轴的运动微分方程：

$$ma_x=-F\cos\beta$$

由题设的运动方程，可以求得

$$a_x=\frac{\mathrm{d}^2x}{\mathrm{d}t^2}=-r\omega^2(\cos\omega t+\lambda\cos2\omega t)$$

当 $\omega t=0$ 时，$a_x=-r\omega^2(1+\lambda)$，且 $\beta=0$，得

$$F=mr\omega^2(1+\lambda)$$

AB 杆受拉力。

当 $\omega t=\dfrac{\pi}{2}$ 时，$a_x=r\omega^2\lambda$，而 $\cos\beta=\dfrac{\sqrt{l^2-r^2}}{l}$，则有

$$mr\omega^2\lambda=-\frac{F\sqrt{l^2-r^2}}{l}$$

得

$$F=-\frac{mr^2\omega^2}{\sqrt{l^2-r^2}}$$

AB 杆受压力。

上例属于动力学第一类基本问题。

【例 9-2】 质量为 m 的质点带有电荷 e，以速度 $\boldsymbol{v}_0$ 进入强度按 $E=A\cos kt$ 变化的均匀电场中，初速度方向与电场强度垂直，如图 9.4 所示。质点在电场中受力 $F=-eE$ 作用。已知常数 A，k，忽略质点的重力，试求质点的运动轨迹。

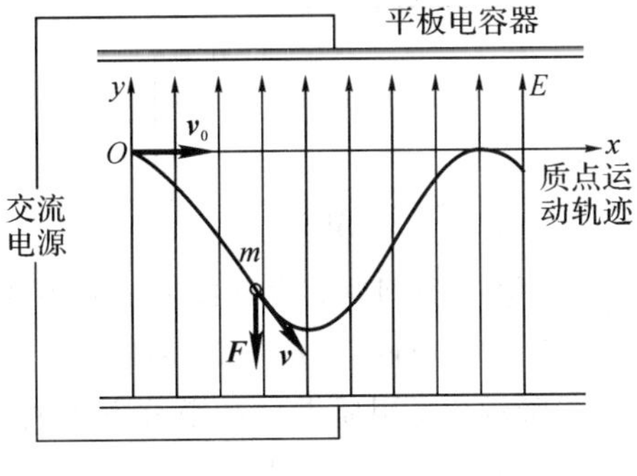

图 9.4

【解】 取质点的初始位置 O 为坐标原点，取 x，y 轴如图 9.4 所示，而 z 轴与 x，y 轴垂直。因为力和初速度在 z 轴上的投影均等于零，所以质点的轨迹必定在 Oxy 平面内。写出质点运动微分方程在 x 轴和 y 轴上的投影式

$$m\frac{\mathrm{d}^2x}{\mathrm{d}t^2}=m\frac{\mathrm{d}v_x}{\mathrm{d}t}=0,\quad m\frac{\mathrm{d}^2y}{\mathrm{d}t^2}=m\frac{\mathrm{d}v_y}{\mathrm{d}t}=-eA\cos kt \tag{a}$$

按题意，$t=0$ 时，$v_x=v_0$，$v_y=0$，以此为下限，式(a)的定积分为

$$\int_{v_0}^{v_x}\mathrm{d}v_x=0,\quad \int_{v_0}^{v_y}\mathrm{d}v_y=-\frac{eA}{m}\int_0^t\cos kt\,\mathrm{d}t$$

解得

$$v_x=\frac{\mathrm{d}x}{\mathrm{d}t}=v_0,\quad v_y=\frac{\mathrm{d}y}{\mathrm{d}t}=-\frac{eA}{mk}\sin kt$$

对以上两式分离变量，并以 $t=0$ 时 $x=y=0$ 为下限，做定积分

$$\int_0^x \mathrm{d}x=\int_0^t v_0\,\mathrm{d}t,\quad \int_0^y \mathrm{d}y=-\frac{eA}{mk}\int_0^t \sin kt\,\mathrm{d}t \tag{b}$$

得质点运动方程

$$x=v_0 t,\quad y=\frac{eA}{mk^2}(\cos kt-1) \tag{c}$$

从式(c)中消去时间 t，得轨迹方程

$$y=\frac{eA}{mk^2}\left[\cos\left(\frac{k}{v_0}x\right)-1\right]$$

轨迹为余弦曲线，如图 9.4 所示。

如果质点的初始速度为 $v_0=0$，则此质点的运动方程式(c)应该为 $x=0$，而 y 式不变，这是一个直线运动。可见，在同样的运动微分方程之下，不同的运动初始条件将产生完全不同的运动。

【例 9-3】 图 9.5 所示质量为 m 的质点 M 自 O 点抛出，其初速度 $\boldsymbol{v}_0$ 与水平线的夹角为 φ，设空气阻力 $\boldsymbol{R}$ 的大小为 mkv（k 为一常数），方向与质点 M 的速度 $\boldsymbol{v}$ 方向相反。求该质点 M 的运动方程。

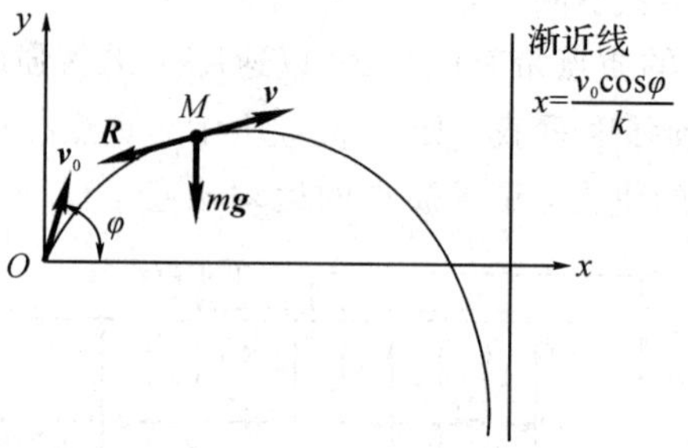

图 9.5

【解】 本题属质点动力学的第二类问题，力是速度 $\boldsymbol{v}$ 的函数，即

$$\boldsymbol{R}=-mk\boldsymbol{v}=-mkv_x\boldsymbol{i}-mkv_y\boldsymbol{j}$$

过 O 点作 Oxy 坐标，如图 9.5 所示。运用质点运动微分方程的直角坐标形式

$$m\frac{\mathrm{d}^2x}{\mathrm{d}t^2}=-mkv_x,\quad m\frac{\mathrm{d}^2y}{\mathrm{d}t^2}=-mg-mkv_y$$

即

$$\frac{\mathrm{d}v_x}{\mathrm{d}t}=-kv_x \tag{a}$$

$$\frac{\mathrm{d}v_y}{\mathrm{d}t}=-g-kv_y \tag{b}$$

初瞬时 $t=0$ 时，质点的起始位置坐标为 $x_0=0$，$y_0=0$，而初速度在 x，y 轴投影分别为

$$v_{0x}=v_0\cos\varphi,\quad v_{0y}=v_0\sin\varphi$$

积分式(a)、式(b)，得

$$\int_{v_0\cos\varphi}^{v_x}\frac{\mathrm{d}v_x}{v_x}=-\int_0^t k\mathrm{d}t,\quad v_x=(v_0\cos\varphi)\mathrm{e}^{-kt}\tag{c}$$

$$\int_{v_0\sin\varphi}^{v_y}\frac{k\,\mathrm{d}v_y}{g+kv_y}=-\int_0^t k\mathrm{d}t,\quad v_y=\left(v_0\sin\varphi+\frac{g}{k}\right)\mathrm{e}^{-kt}-\frac{g}{k}\tag{d}$$

再分离变量并积分一次，得

$$\int_0^y \mathrm{d}x=\int_0^t(v_0\cos\varphi)\mathrm{e}^{-kt}\mathrm{d}t$$

$$\int_0^y \mathrm{d}y=\int_0^t\left[\left(v_0\sin\varphi+\frac{g}{k}\right)\mathrm{e}^{-kt}-\frac{g}{k}\right]\mathrm{d}t$$

求得

$$x=\frac{v_0\cos\varphi}{k}(1-\mathrm{e}^{-kt})\tag{e}$$

$$y=\left(\frac{v_0\sin\varphi}{k}+\frac{g}{k^2}\right)(1-\mathrm{e}^{-kt})-\frac{g}{k}t\tag{f}$$

这就是所求的质点运动方程。从式(e)、式(f)中消去 t，得轨迹方程为

$$y=\left(\tan\varphi+\frac{g}{kv_0\cos\varphi}\right)x+\frac{g}{k^2}\ln\left(1-\frac{k}{v_0\cos\varphi}\right)$$

其轨迹曲线如图 9.5 所示。由式(e)、式(f)、式(c)、式(d)可见，当 $t\to\infty$时，$x\to\dfrac{v_0\cos\varphi}{k}$，$y\to\infty$，$v_x\to 0$，$v_y\to -\dfrac{g}{k}=v_y^*$，$v_y^*$ 称为极限速度，这时质点 M 以匀速 v_y^* 铅垂下降。

以上两例为质点动力学的第二类基本问题。求解过程一般需要积分，还要分析题意，合理应用运动初始条件确定积分常数，使问题得到确定的解。当质点受力复杂，特别是几个质点相互作用时，质点的运动微分方程难以通过积分求得解析解。使用计算机，选用适当的计算程序，逐步积分，可求数值近似解。

有的工程问题既需要求质点的运动规律，又需要求未知的约束力，是两类基本问题的综合，下面举例说明混合问题的求解方法。

【例 9-4】 一圆锥摆，如图 9.6 所示。质量 $m=0.1$ kg 的小球系于长 $l=0.3$ m 的绳上，绳的另一端系在固定点 O，并与铅直线呈 $\theta=60°$角。如小球在水平面内做匀速圆周运动，求小球的速度 $\boldsymbol{v}$ 与绳的张力 $\boldsymbol{F}$ 的大小。

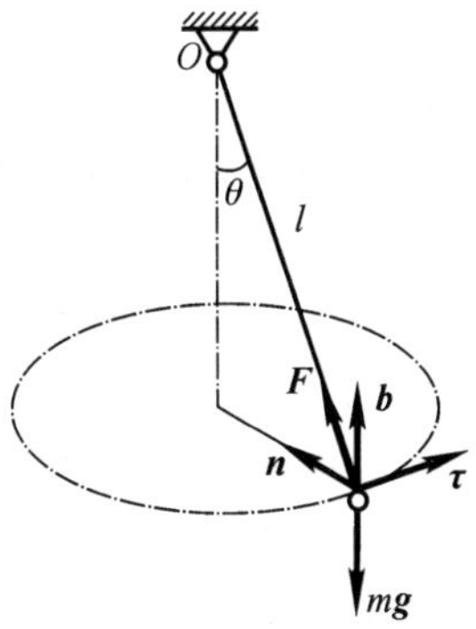

图 9.6

【解】 以小球为研究的质点，作用于质点的力有重力 $m\boldsymbol{g}$ 和绳的拉力 $\boldsymbol{F}$。选取在自然轴上投影的运动微分方程，得

$$m\frac{v^2}{\rho}=F\sin\theta,\quad 0=F\cos\theta-mg$$

因 $\rho=l\sin\theta$，于是解得

$$F=\frac{mg}{\cos\theta}=\frac{0.1\times 9.8}{1/2}=1.96\ \mathrm{N}$$

$$v=\sqrt{\frac{Fl\sin^2\theta}{m}}=\sqrt{\frac{1.96\times 0.3\times\left(\frac{\sqrt{3}}{2}\right)^2}{0.1}}=2.1\ \mathrm{m/s}$$

绳的张力与拉力 $\boldsymbol{F}$ 的大小相等。

此例表明：对某些混合问题，向自然轴系投影，可使动力学两类基本问题分开求解。

通过以上例题的分析，可将各类问题的解题步骤归纳如下：

(1) 确定研究对象。

(2) 进行受力分析。分析质点在任意瞬时的受力情况并作出质点的受力图。

(3) 进行运动分析。根据质点的运动情况，选择适当的坐标系，分析质点的轨迹、速度、加速度等运动要素。

(4) 建立质点的运动微分方程，求解未知量。

9.4 质点在非惯性参考系中的运动

如前所述，牛顿运动定律只适用于惯性参考系，那么，在非惯性参考系中(例如在加速运动的飞机中运动的质点)，物体的运动规律又应该是怎样的呢？

设质量为 m 的质点 M，在合力 $\boldsymbol{F}=\sum\boldsymbol{F}_i$ 的作用下相对于动参考系 $O'x'y'z'$ 运动，而该动参考系又相对于静参考系(惯性参考系)$Oxyz$ 运动，如图 9.7 所示，由运动学的加速度合成定理知

$$\boldsymbol{a}=\boldsymbol{a}_r+\boldsymbol{a}_e+\boldsymbol{a}_C$$

其中 $\boldsymbol{a}$ 是质点 M 的绝对加速度，$\boldsymbol{a}_r$，$\boldsymbol{a}_e$，$\boldsymbol{a}_C$ 分别为相对加速度、牵连加速度和科氏加速度。这样，牛顿第二定律可表示为

$$\boldsymbol{F}=m\boldsymbol{a}=m(\boldsymbol{a}_r+\boldsymbol{a}_e+\boldsymbol{a}_C)$$

于是，质点 M 相对于动参考系 $O'x'y'z'$ 的运动规律为

$$m\boldsymbol{a}_r=\boldsymbol{F}-m\boldsymbol{a}_e-m\boldsymbol{a}_C$$

令

$$\boldsymbol{F}_{Ie}=-m\boldsymbol{a}_e,\quad \boldsymbol{F}_{IC}=-m\boldsymbol{a}_C$$

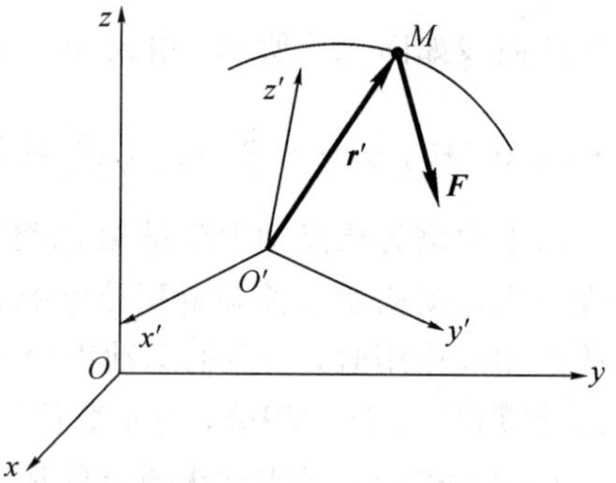

图 9.7

则

$$m\boldsymbol{a}_r=\boldsymbol{F}+\boldsymbol{F}_{Ie}+\boldsymbol{F}_{IC} \tag{9-8}$$

其中，$\boldsymbol{F}_{Ie}$ 和 $\boldsymbol{F}_{IC}$ 都具有力的量纲，分别称为**牵连惯性力**和**科里奥利惯性力**(简称**科氏惯性力**)。

式(9-8)称为**质点相对运动的动力学方程**。将式(9-8)与式(9-2)比较可见：除了质点实际所受的力 $\boldsymbol{F}$ 之外，还要假想地加上牵连惯性力 $\boldsymbol{F}_{Ie}$ 和科氏惯性力 $\boldsymbol{F}_{IC}$。作了这样的修正以后，牛顿第二定律可推广应用于非惯性参考系。式(9-8)表明，在非惯性参考系中所观察到的质点的加速度，不仅仅取决于作用在质点上的力，而且与参考系本身的运动有关。

在解决实际问题时，可根据给定的条件，分别选用直角坐标、自然坐标或极坐标形式，将式(9-8)投影到相应的轴上，再求积分。

值得注意的是，式(9-8)是指动参考系做任意运动时质点相对运动的动力学方程，当动参考系的运动有所限定时，有如下几种特殊情况：

1. 动参考系做平移时质点的相对运动

当动参考系 $O'x'y'z'$ 相对于静参考系 $Oxyz$ 做平移时，科氏加速度 $\boldsymbol{a}_C=\boldsymbol{0}$，因而科氏惯

性力 $\boldsymbol{F}_{\mathrm{IC}}=\mathbf{0}$，式(9-8)成为

$$m\boldsymbol{a}_{\mathrm{r}}=\boldsymbol{F}+\boldsymbol{F}_{\mathrm{Ie}} \tag{9-9}$$

这表示：当动参考系做平移时，除了实际作用于质点上的力之外，只需加上牵连惯性力，则质点相对运动中的动力学方程，与质点在绝对运动中的动力学方程具有相同的形式。

2. 动参考系做匀速直线平移时质点的相对运动

当动参考系做匀速直线平移时，牵连加速度 $\boldsymbol{a}_{\mathrm{e}}$ 和科氏加速度 $\boldsymbol{a}_{\mathrm{C}}$ 均等于零，所以 $\boldsymbol{F}_{\mathrm{Ie}}=\mathbf{0}$，$\boldsymbol{F}_{\mathrm{IC}}=\mathbf{0}$，于是有

$$m\boldsymbol{a}_{\mathrm{r}}=\boldsymbol{F} \tag{9-10}$$

可见，质点相对运动的动力学方程与绝对运动的动力学方程完全相同。这就是说，质点在静参考系中和在做匀速直线运动的动参考系中的运动规律是相同的。例如，在做匀速直线运动的车厢中向上抛出的物体，仍沿铅垂线下落，与在静止的车厢中的情况相同，不会因车厢的运动而偏斜。因此所有相对于惯性参考系做匀速直线运动的参考系都是惯性参考系，而当动参考系做惯性运动时，质点的相对运动不受牵连运动的影响。

因此，不难得出结论：**在一个系统内部所做的任何力学试验，都不能确定这一系统是静止的还是做匀速直线平移。这一结论称为古典力学的相对性原理，也称为伽利略、牛顿相对性原理。**

3. 质点的相对平衡与相对静止

当质点相对于动参考系做匀速直线运动时，质点的相对加速度 $\boldsymbol{a}_{\mathrm{r}}=\mathbf{0}$，于是由式(9-8)得

$$\boldsymbol{F}+\boldsymbol{F}_{\mathrm{Ie}}+\boldsymbol{F}_{\mathrm{IC}}=\mathbf{0} \tag{9-11}$$

此时，我们称**质点处于相对平衡状态**。式(9-11)表明：当质点处于相对平衡状态时，作用于质点上的力 $\boldsymbol{F}$ 与牵连惯性力 $\boldsymbol{F}_{\mathrm{Ie}}$ 及科氏惯性力 $\boldsymbol{F}_{\mathrm{IC}}$ 成平衡。

当质点相对于动参考系静止不动时，则不仅质点的相对加速度 $\boldsymbol{a}_{\mathrm{r}}$ 等于零，而且质点的相对速度 $\boldsymbol{v}_{\mathrm{r}}$ 也等于零，因此有 $\boldsymbol{F}_{\mathrm{IC}}=-m\boldsymbol{a}_{\mathrm{C}}=-2m\boldsymbol{\omega}\times\boldsymbol{v}_{\mathrm{r}}=\mathbf{0}$，式(9-9)成为

$$\boldsymbol{F}+\boldsymbol{F}_{\mathrm{Ie}}=\mathbf{0} \tag{9-12}$$

上式表明：当质点保持相对静止状态时，作用于质点上的力 $\boldsymbol{F}$ 与牵连惯性力 $\boldsymbol{F}_{\mathrm{Ie}}$ 成平衡。

【例 9-5】 水平圆盘如图 9.8 所示，以匀角速度 ω 绕 O 轴转动，盘上有一光滑直槽，离原点的距离为 h，试求槽中小球 M 的运动和槽对小球的作用力。

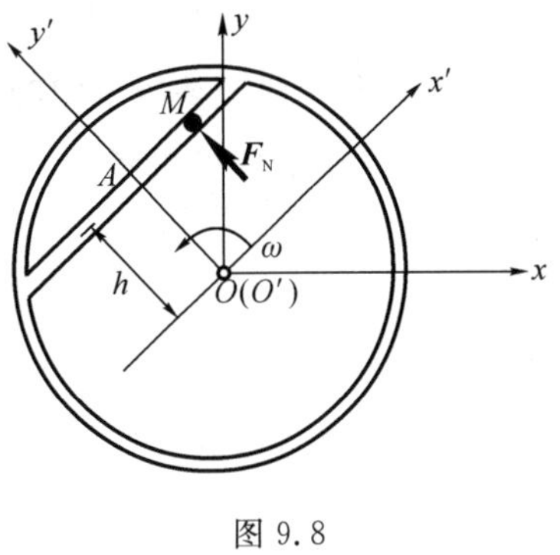

图 9.8

【解】 选静参考系 Oxy，动参考系 $O'x'y'$ 与圆盘固连，O' 与 O 点重合，而 $\boldsymbol{i}'$，$\boldsymbol{j}'$，$\boldsymbol{k}'$ 为轴 $\boldsymbol{x}'$，$\boldsymbol{y}'$，$\boldsymbol{z}'$ 的单位矢量。实际上，槽中小球 M 的运动即为小球 M 相对于动系 $O'x'y'$ 的运动。小球的牵连加速度为

$$\boldsymbol{a}_{\mathrm{e}}=-\omega^2x\boldsymbol{i}-\omega^2h\boldsymbol{j}$$

因此，牵连惯性力为

$$\boldsymbol{F}_{\mathrm{Ie}}=m\omega^2x'\boldsymbol{i}'+m\omega^2h\boldsymbol{j}'$$

科氏惯性力为

$$\boldsymbol{F}_{IC}=-2m(\omega\boldsymbol{k}')\times(\dot{x}\boldsymbol{i}')=-2m\omega\dot{x}\boldsymbol{j}'$$

设槽对小球的作用力为：$\boldsymbol{F}_N=F_N\boldsymbol{j}'$。将质点相对运动的动力学方程在动坐标 x'，y'轴方向投影，得

$$m\ddot{x}'=m\omega^2x' \tag{a}$$

$$0=m\omega^2h-2m\omega\dot{x}'+F_N \tag{b}$$

设 $t=0$ 时，$x'=x_0'$，$x'(0)=v_0'$，可得

$$x'=x_0'\cosh\omega t+\frac{v_0'}{\omega}\sinh\omega t \tag{c}$$

$$F_N=-m\omega^2h+2m\omega^2\sinh\omega t+2mv_0'\omega\cosh\omega t \tag{d}$$

从式(c)看，若 $x_0'=0$，$v_0'=0$，则 $x(t)\equiv0$，即质点 M 停留在槽的中点 A 不动，这是一种相对平衡状态。但这种平衡是不稳定的，如有干扰，就有 $x_0\neq0$，$v_0'\neq0$，于是当 $t\to\infty$时，质点 M 将无限远离这一平衡位置。

小　　结

1. 动力学的基本定律

牛顿三定律是动力学的基本定律，适用于惯性参考系。

(1) 不受力的质点保持原有的速度大小和方向不变的特性，称为惯性，以其质量度量。

(2) 作用于质点的力与其加速度成比例，力与加速度同向。

(3) 作用力与反作用力等值、反向、共线，分别作用于两个物体上。

2. 质点动力学的基本方程

质点动力学基本方程为 $m\boldsymbol{a}=\sum\boldsymbol{F}$，应用时取投影式。

3. 质点动力学的两类基本问题

(1) 已知质点的运动，求作用于质点的力。

(2) 已知作用于质点的力，求质点的运动。

求解第一类问题，一般是求导的过程；求解第二类问题，一般是积分的过程。质点的运动规律不仅取决于作用力，而且与质点的运动初始条件有关。

这两类问题的综合问题称为混合问题。

4. 质点在非惯性参考系中的运动

质点相对于非惯性参考系的动力学基本方程为

$$m\frac{d^2\boldsymbol{r}'}{dt^2}=\boldsymbol{F}+\boldsymbol{F}_{Ie}+\boldsymbol{F}_{IC}$$

其中，$\boldsymbol{F}$ 为作用于质点的力；$\boldsymbol{F}_{Ie}=-m\boldsymbol{a}_e$ 为牵连惯性力；$\boldsymbol{F}_{Ie}=-m\boldsymbol{a}_C$ 为科氏惯性力；$\frac{d^2\boldsymbol{r}'}{dt^2}$为质点相对于动参考系的加速度。应用时取投影式。

思　考　题

9-1　质点的速度越大，所受的力也就越大。这种说法是否正确，为什么？

9-2　在做匀速直线运动的火车车厢上，用细绳悬挂一小球，当火车的运动发生下列改变时，小球的位置将如何改变？

（1）火车的速度增加；

（2）火车的速度减小；

（3）火车向左转弯。

9-3　三个质量相同的质点，在某瞬时的速度分别如图 9.9 所示，若对它们作用了大小、方向相同的力 $\boldsymbol{F}$，问质点的运动情况是否相同？

9-4　如图 9.10 所示，绳拉力 $F=2$ kN，物块Ⅱ重 1 kN，物块Ⅰ重 2 kN。若滑轮质量不计，问在图 9.10(a)、(b)两种情况下，重物Ⅱ的加速度是否相同？两根绳中的张力是否相同？

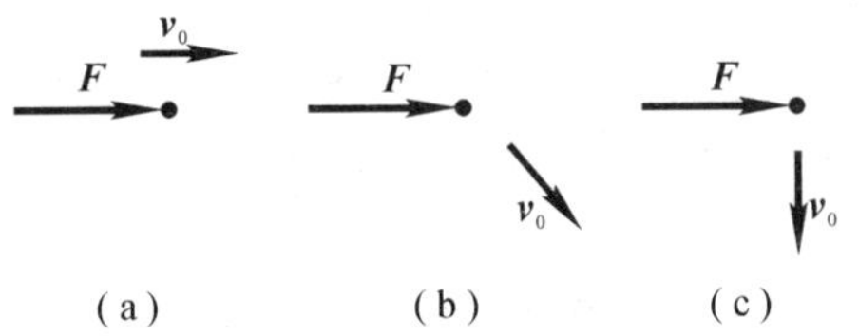

图 9.9

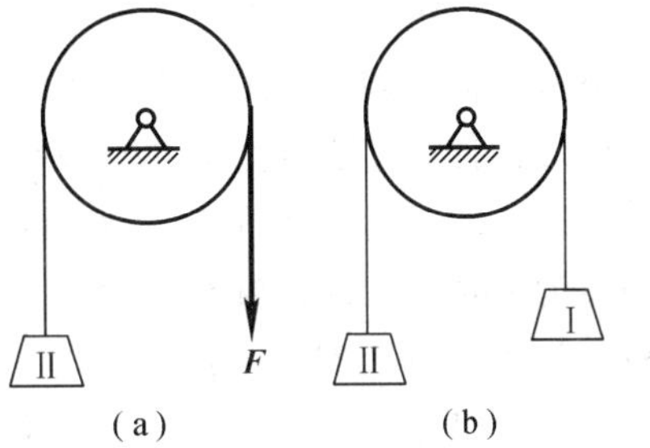

图 9.10

9-5　质点在空间运动，已知作用力。为求质点的运动方程需要几个运动初始条件？若质点在平面内运动呢？若质点沿给定的轨道运动呢？

9-6　某人用枪瞄准了空中一悬挂的靶体。如在子弹射出的同时靶体开始自由下落，不计空气阻力，问子弹能否击中靶体？

习　　题

9-1　一质量为 m 的物体放在匀速转动的水平转台上，它与转轴的距离为 r，如图所示。设物体与转台表面的静摩擦因数为 f_s，求当物体不致因转台旋转而滑出时，水平台的最大转速。

9-2　图示 A，B 两物体的质量分别为 m_1 与 m_2，二者间用一绳子连接，此绳跨过一滑轮，滑轮半径为 r。如在开始时，两物体的高度差为 h，而且 $m_1>m_2$，不计滑轮质量。求由静止释放后，两物体达到相同的高度时所需的时间。

9-3　半径为 R 的偏心轮绕轴 O 以匀角速度 ω 转动，推动导板沿铅直轨道运动，如图所示。导板顶部放有一质量为 m 的物块 A，设偏心距 $OC=e$，开始时 OC 沿水平线。求：

（1）物块对导板的最大压力；

（2）使物块不离开导板的 ω 最大值。

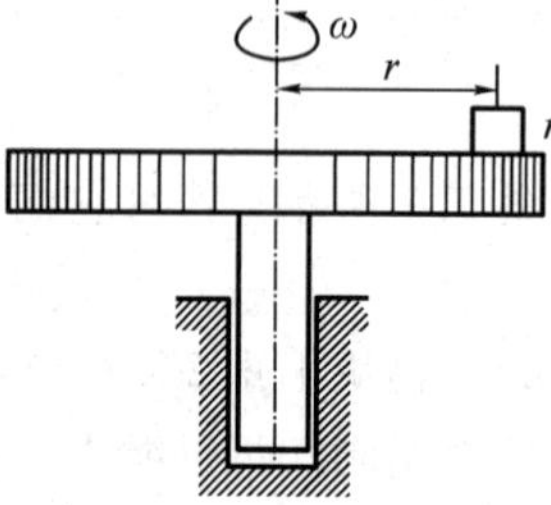

题 9-1 图

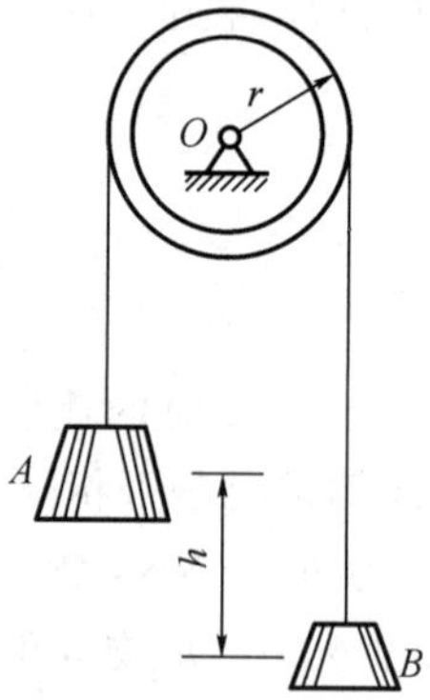

题 9-2 图

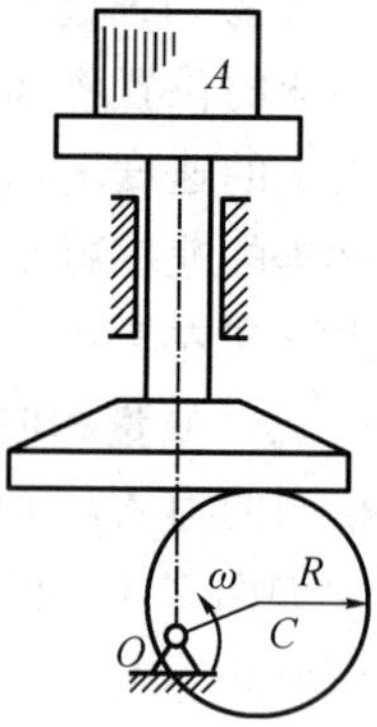

题 9-3 图

9-4 在图示离心浇注装置中，电动机带动支承轮 A，B 做同向转动，管模放在两轮上靠摩擦传动而旋转。使铁水浇入后均匀地紧贴管模的内壁而自动成型，从而可得到质量密实的管形铸件。如已知管模内径 $D=400$ mm，试求管模的最低转速 n。

9-5 图示套管 A 的质量为 m，受绳子牵引沿铅直杆向上滑动。绳子的另一端绕过离杆距离为 l 的滑车 B 而缠在鼓轮上。当鼓轮转动时，其边缘上各点的速度大小为 v_0。求绳子拉力与距离 x 之间的关系。

9-6 铅垂发射的火箭由一雷达跟踪，如图所示。当 $r=10\ 000$ m，$\theta=60°$，$\omega=0.02$ rad/s，且 $\alpha=0.003$ rad/s^2 时，火箭的质量为 5000 kg。求此时的喷射反推力 $\boldsymbol{F}$。

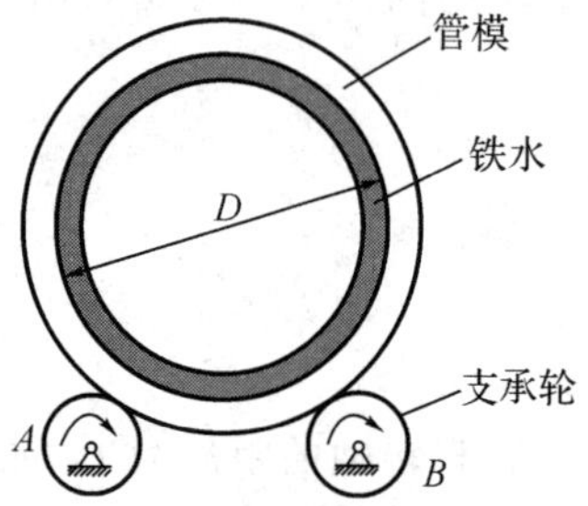

题 9-4 图

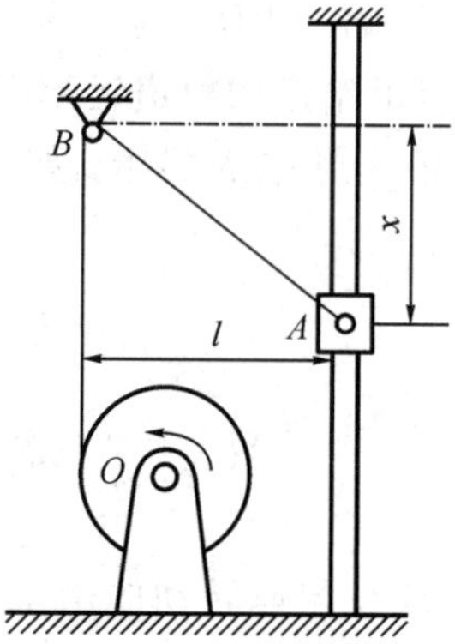

题 9-5 图

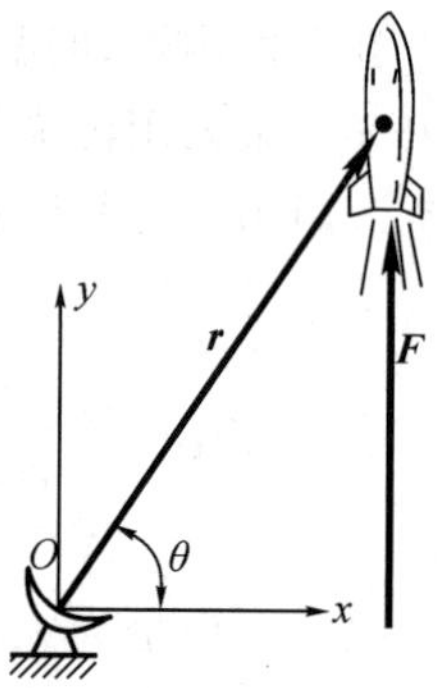

题 9-6 图

9-7 一物体质量 $m=10$ kg，在变力 $F=1000(1-t)$（F 的单位为 N）作用下运动。设物体初速度为 $v_0=0.2$ m/s，开始时，力的方向与速度方向相同。问经过多少时间后物体速度为零，此前走了多少路程？

9-8 不前进的潜水艇质量为 m，受到较小的沉力 $\boldsymbol{P}$（重力与浮力的合力）向水底下潜。在沉力不大时，水的阻力 $\boldsymbol{F}$ 可视为与下潜速度的一次方呈正比，并等于 $kA\boldsymbol{v}$。其中 k 为比例常数，A 为潜水艇的水平投影面积，$\boldsymbol{v}$ 为下潜速度。如当 $t=0$ 时，$v=0$。求下潜速度和时间 T 内潜水艇下潜的路程 S。

9-9 图示质点的质量为 m，受指向原点 O 的力 $F=kr$ 作用，力与质点到点 O 的距离呈正比。如初瞬时质点的坐标为 $x=x_0$，$y=0$，而速度的分量为 $v_x=0$，$v_y=v_0$。求质点的轨迹。

9－10　物体由高度 h 处以速度 $\boldsymbol{v}_0$ 水平抛出，如图所示。空气阻力可视为与速度的一次方呈正比，即 $\boldsymbol{F}=-km\boldsymbol{v}$，其中 m 为物体的质量，$\boldsymbol{v}$ 为物体的速度，k 为常数。求物体的运动方程和轨迹。

9－11　图示一钢球置于倾角 $\theta=30°$ 的光滑斜面上 A 点，以水平初速度 $v_0=5$ m/s 射出，求钢球运动到斜面底部点 B 所需时间 t 和距离 d。

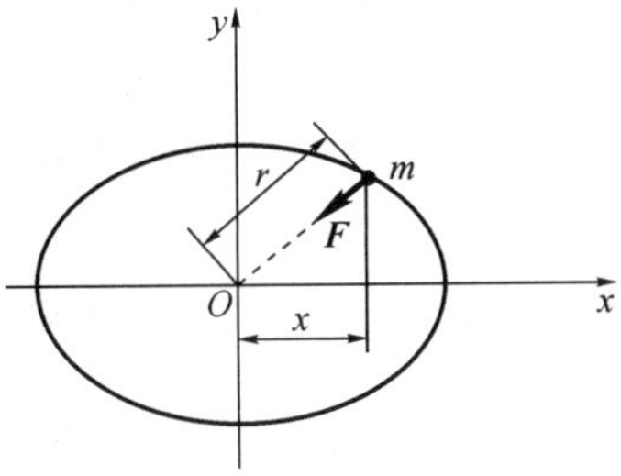

题 9－9 图

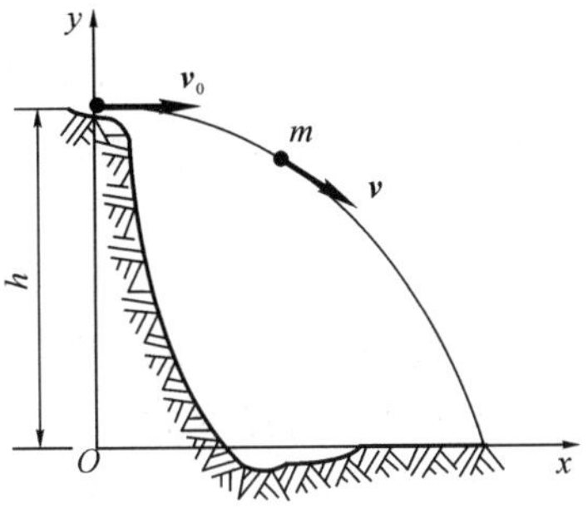

题 9－10 图

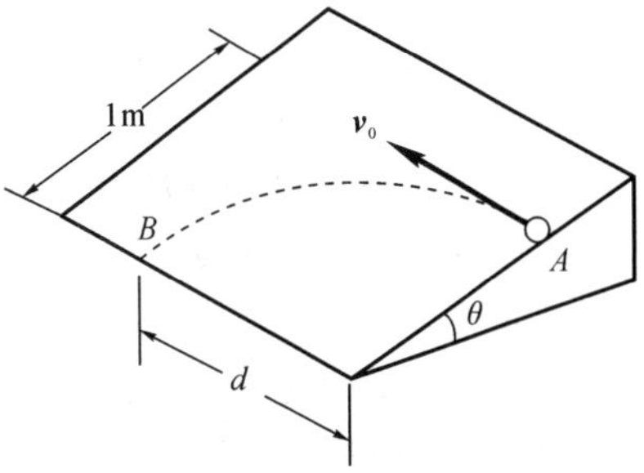

题 9－11 图

9－12　$m=2$ kg 的质点 M 在图示水平面 Oxy 内运动，质点在某瞬时 t 的位置可由方程 $r=t^2-\dfrac{t^3}{3}$ 及 $\theta=2t^2$ 确定。其中 r 以米(m)记，t 以秒(s)计，θ 以弧度(rad)计，当 $t=0$ 及 $t=1$ s 时，分别求质点 M 上所受的径向分力和横向分力。

9－13　质量为 m 的小环 M 沿半径为 R 的光滑圆环运动。圆环在自身平面(水平面)内以匀角速度 ω 绕通过 O 点的铅垂轴转动。在初瞬时，小环 M 在 M_0 处($\varphi_0=\pi/2$)，且处于相对静止状态。求小环 M 对圆环径向压力的最大值。

9－14　图示水平圆盘以匀角速度 ω 绕 O 轴转动。在圆盘上沿某直径有滑槽，一质量为 m 的质点 M 在光滑槽内运动。如质点在开始时离轴心的距离为 a，且无初速度。求质点的相对运动方程和槽的水平约束力。

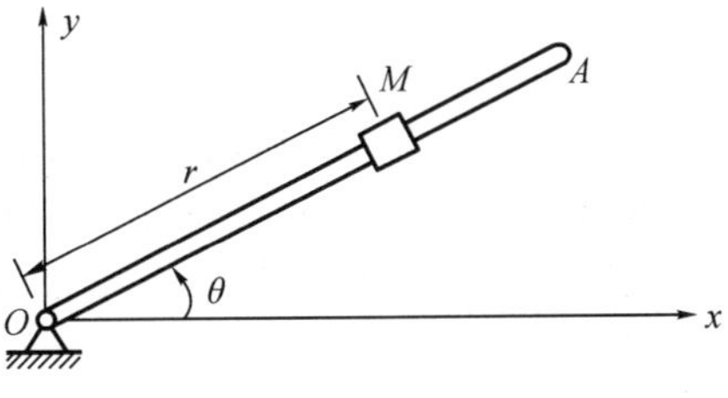

题 9－12 图

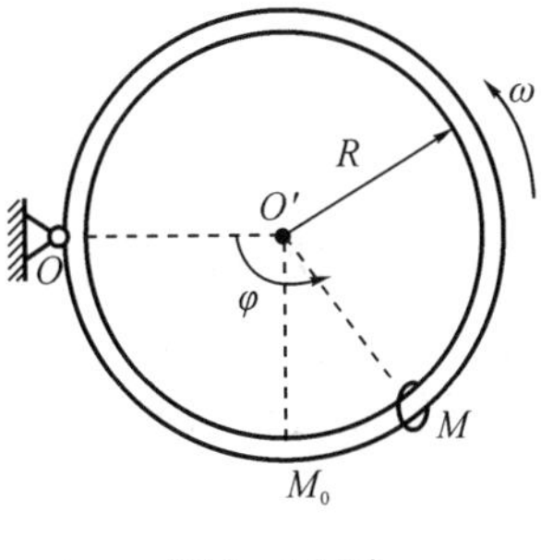

题 9－13 图

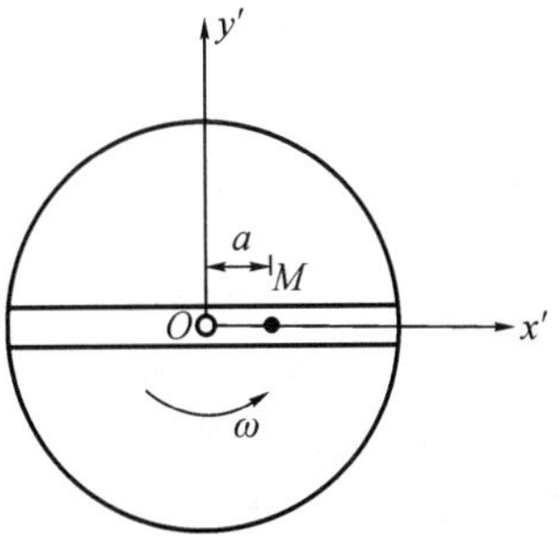

题 9－14 图

第 10 章　动 量 定 理

上一章介绍了质点动力学的基本方程，通过建立质点运动微分方程，可以求解质点动力学的两类基本问题。若已知作用于质点上的力，则只需对其运动微分方程进行积分，应用初始条件后就可得到质点的运动方程，这样也就给出了质点运动的完整描述。这是解决动力学问题的基本方法。

在许多实际问题中，我们经常要研究由有限个或无限个相互联系的质点组成的质点系。对质点系的动力学问题，原则上可对每个质点建立其运动微分方程，得到一个微分方程组，然后应用质点间的约束条件和运动初始条件，可得到质点系中每个质点的运动方程。但是，出于两方面的原因，这种方法难以在工程实际问题中推广应用。一方面，求解微分方程组在数学上存在相当的困难，即使是使用计算机，往往也只能求出这类问题的近似数值解。另一方面，实际问题往往只要求了解整个质点系的整体运动特征，而无需对每个质点的运动情况进行分析。例如对于刚体平面运动，只需知道刚体质心的运动和刚体绕质心的转动，就能确定刚体上任何点的运动。因此对于许多质点系的动力学问题，经常应用动力学普遍定理来求解。动力学普遍定理包括动量定理、动量矩定理和动能定理，它们从不同的侧面揭示了质点和质点系表现运动特征的量(动量、动量矩、动能)和表现力作用效果的量(冲量、力、力矩、功)之间的关系，可用以求解质点或质点系的动力学问题。

在应用动力学普遍定理解决实际问题时，不但运算方法简便，而且还给出了明确的物理概念，便于我们更深入地了解机械运动的规律。

10.1　动量与冲量

10.1.1　质点的动量

一个物体机械运动的强弱，不仅取决于物体的速度，而且还取决于它的质量。例如，枪发射的子弹质量很小，可是速度很大，所以能击穿钢板。又如万吨巨轮靠近码头时虽然速度很小，但由于质量很大，所以巨轮靠近码头时要特别当心，否则可能发生将码头或轮船撞毁的事故。而秋天飘落的树叶，由于质量和速度都很小，落到人脑袋上都无妨。因此把质点的质量 m 与速度 $\boldsymbol{v}$ 的乘积 $m\boldsymbol{v}$ 作为质点机械运动强弱的一种度量，称为**质点的动量**。**即质点的动量等于质点的质量与速度的乘积**。质点的动量是矢量，其方向与质点速度的方向一致。动量是一个瞬时值。

在国际单位制中，动量的单位是千克·米/秒(kg·m/s)。

将质点的动量 $m\boldsymbol{v}$ 投影到直角坐标轴上，便得到质点动量在直角坐标轴上的投影为

$$mv_x=m\frac{\mathrm{d}x}{\mathrm{d}t},\quad mv_y=m\frac{\mathrm{d}y}{\mathrm{d}t},\quad mv_z=m\frac{\mathrm{d}z}{\mathrm{d}t}$$

10.1.2　质点系的动量

质点系中所有质点动量的矢量和(即质点系动量的主矢)称为质点系的动量。设有 n 个质点组成的质点系，第 i 个质点的动量为 $m_i\boldsymbol{v}_i$，如以 $\boldsymbol{p}$ 表示质点系的动量，则

$$\boldsymbol{p}=\sum m_i\boldsymbol{v}_i \tag{10-1}$$

质点系的动量是矢量。

质点系的动量在直角坐标轴上的投影为

$$p_x=\sum m_iv_{ix},\quad p_y=\sum m_iv_{iy},\quad p_z=\sum m_iv_{iz} \tag{10-2}$$

10.1.3　力的冲量

物体在力的作用下引起的运动状态的改变，不仅与力的大小、方向有关，而且与力作用的时间有关。例如，人们沿铁轨推车厢，当推力大于阻力时，经过一段时间，可使车厢得到一定的速度；如改用机车牵引车厢，那么只需较短的时间便能达到同样的速度。可见，可以用力与其作用时间的乘积来衡量力在作用时间内的累积效应，称为力的冲量。

当作用力 $\boldsymbol{F}$ 是常矢量时，若作用时间为 t，该力在这段作用时间内的冲量用符号 $\boldsymbol{I}$ 表示，则

$$\boldsymbol{I}=\boldsymbol{F}t \tag{10-3}$$

冲量是矢量，其方向与力的方向相同。在国际单位制中，冲量的单位是牛顿·秒(N·s)。

当作用力 $\boldsymbol{F}$ 不是常矢量时，可把力 $\boldsymbol{F}$ 的作用时间分成无数微小的时间间隔 $\mathrm{d}t$，在每个微小的时间间隔 $\mathrm{d}t$ 内，可以把力 $\boldsymbol{F}$ 视为常矢量。力 $\boldsymbol{F}$ 在微小的时间间隔 $\mathrm{d}t$ 内的冲量称为元冲量，用 $\mathrm{d}\boldsymbol{I}$ 表示，即

$$\mathrm{d}\boldsymbol{I}=\boldsymbol{F}\mathrm{d}t \tag{10-4}$$

对式(10　4)积分，可得力 $\boldsymbol{F}$ 在作用时间间隔 $t_1\sim t_2$ 内累积的冲量 $\boldsymbol{I}$，即

$$\boldsymbol{I}=\int_{t_1}^{t_2}\boldsymbol{F}\mathrm{d}t \tag{10-5}$$

冲量在直角坐标轴上的投影为

$$I_x=\int_{t_1}^{t_2}F_x\mathrm{d}t,\quad I_y=\int_{t_1}^{t_2}F_y\mathrm{d}t,\quad I_z=\int_{t_1}^{t_2}F_z\mathrm{d}t \tag{10-6}$$

式中，F_x，F_y，F_z 分别为力 $\boldsymbol{F}$ 在 x，y 和 z 轴上的投影。

质点或质点系上作用多个力时，合力的冲量等于各分力冲量的矢量和。

10.2　动量定理

10.2.1　质点的动量定理

设质点的质量为 m，速度为 $\boldsymbol{v}$，作用于质点上的力为 $\boldsymbol{F}$。根据牛顿第二定律，有

$$m\frac{\mathrm{d}\boldsymbol{v}}{\mathrm{d}t}=\boldsymbol{F}$$

即

$$\frac{\mathrm{d}}{\mathrm{d}t}(m\boldsymbol{v})=\boldsymbol{F} \tag{10-7}$$

即**质点的动量对时间的导数等于作用于该质点的力**，这就是**微分形式的质点动量定理**。

式(10－7)也可以写成为

$$\mathrm{d}(m\boldsymbol{v})=\boldsymbol{F}\mathrm{d}t \tag{10-8}$$

即质点动量的增量等于作用于质点上的力的元冲量。对式(10－8)两边进行积分，积分上、下限时间取 t_1 到 t_2，相应的速度取 $\boldsymbol{v}_1$ 到 $\boldsymbol{v}_2$，得

$$\int_{v_1}^{v_2}\mathrm{d}(m\boldsymbol{v})=\int_{t_1}^{t_2}\boldsymbol{F}\mathrm{d}t$$

$$m\boldsymbol{v}_2-m\boldsymbol{v}_1=\int_{t_1}^{t_2}\boldsymbol{F}\mathrm{d}t=\boldsymbol{I} \tag{10-9}$$

即**在某一时间间隔内，质点动量的变化等于作用于质点上的力在此时间段内的冲量**。这就是**积分形式的质点动量定理**。

将式(10－9)在直角坐标轴上投影，得

$$\left.\begin{aligned}mv_{2x}-mv_{1x}&=\int_{t_1}^{t_2}F_x\mathrm{d}t=I_x\\ mv_{2y}-mv_{1y}&=\int_{t_1}^{t_2}F_y\mathrm{d}t=I_y\\ mv_{2z}-mv_{1z}&=\int_{t_1}^{t_2}F_z\mathrm{d}t=I_z\end{aligned}\right\} \tag{10-10}$$

这就是**积分形式的质点动量定理的投影式**。

10.2.2 质点系的动量定理

设有 n 个质点组成的质点系，第 i 个质点的质量为 m_i，速度为 $\boldsymbol{v}_i$。外界物体对该质点的作用力为 $\boldsymbol{F}_i^{\mathrm{e}}$，称为外力；质点系内其他质点对该质点的作用力为 $\boldsymbol{F}_i^{\mathrm{i}}$，称为内力。根据质点的动量定理，有

$$\frac{\mathrm{d}}{\mathrm{d}t}(m_i\boldsymbol{v}_i)=\boldsymbol{F}_i^{\mathrm{e}}+\boldsymbol{F}_i^{\mathrm{i}}\quad(i=1,\ 2,\ \cdots,\ n)$$

对由 n 个质点组成的质点系，则以上的方程共有 n 个。将这 n 个方程两端分别相加，得

$$\sum\frac{\mathrm{d}}{\mathrm{d}t}(m_i\boldsymbol{v}_i)=\sum\boldsymbol{F}_i^{\mathrm{e}}+\sum\boldsymbol{F}_i^{\mathrm{i}}$$

交换等式左边求和符号和微分符号的顺序，得

$$\frac{\mathrm{d}}{\mathrm{d}t}\sum(m_i\boldsymbol{v}_i)=\sum\boldsymbol{F}_i^{\mathrm{e}}+\sum\boldsymbol{F}_i^{\mathrm{i}}$$

式中，$\sum(m_i\boldsymbol{v}_i)=\boldsymbol{p}$ 为质点系的动量。考虑到内力总是成对出现，可相互抵消，故所有内力的矢量和为零，即 $\sum\boldsymbol{F}_i^{\mathrm{i}}=\boldsymbol{0}$，则有

$$\frac{\mathrm{d}}{\mathrm{d}t}\boldsymbol{p}=\sum\boldsymbol{F}_i^{\mathrm{e}} \tag{10-11}$$

式(10－11)称为**微分形式的质点系动量定理**，即**质点系的动量对时间的一阶导数等于作用于质点系所有外力的矢量和**。式(10－11)也可写为

$$d\boldsymbol{p} = \sum \boldsymbol{F}_i^e dt$$

即质点系动量的增量等于作用于质点系的外力元冲量的矢量和。将上式两边进行积分，积分上、下限时间取 t_1 到 t_2，相应的动量取 $\boldsymbol{p}_1$ 到 $\boldsymbol{p}_2$，得

$$\boldsymbol{p}_2 - \boldsymbol{p}_1 = \sum \int_{t_1}^{t_2} \boldsymbol{F}_i^e dt = \sum \boldsymbol{I}_i^e \tag{10-12}$$

式(10－12)称为**积分形式的质点系动量定理**，即**在某一时间间隔内，质点系动量的改变等于在这段时间内作用于质点系的所有外力冲量的矢量和**。将式(10－11)和式(10－12)在直角坐标轴上投影，得

$$\frac{d}{dt}p_x = \sum F_{ix}^e, \quad \frac{d}{dt}p_y = \sum F_{iy}^e, \quad \frac{d}{dt}p_z = \sum F_{iz}^e \tag{10-13}$$

$$p_{2x} - p_{1x} = \sum I_{ix}^e, \quad p_{2y} - p_{1y} = \sum I_{iy}^e, \quad p_{2z} - p_{1z} = \sum I_{iz}^e \tag{10-14}$$

这就是**质点系动量定理的投影式**。

由质点系动量定理可知，质点系的内力不改变质点系的动量。

【例 10－1】 电动机的外壳固定在水平基础上，定子质量为 m_1，转子质量为 m_2，如图 10.1 所示。设定子的质心位于转轴的中心 O_1，但由于制造误差，转子的质心 O_2 到 O_1 的距离为 e。已知转子匀速转动，角速度为 ω。设初始时 O_1O_2 位于铅垂位置，求基础的支座约束力。

【解】 以电动机外壳和转子组成的质点系为研究对象，受力分析如图 10.1 所示。图中 $m_1\boldsymbol{g}$ 和 $m_2\boldsymbol{g}$ 分别为定子和转子的重力，$\boldsymbol{F}_x$，$\boldsymbol{F}_y$ 和 M_O 为基础对系统的约束力。由于机壳不动，只有转子转动，所以系统的动量大小为

$$p = m_2\omega e$$

方向如图所示。由于初始时 O_1O_2 位于铅垂位置，有 $\varphi = \omega t$。由动量定理的投影式(10－13)，得

$$\frac{dp_x}{dt} = F_x, \quad \frac{dp_y}{dt} = F_y - m_1 g - m_2 g$$

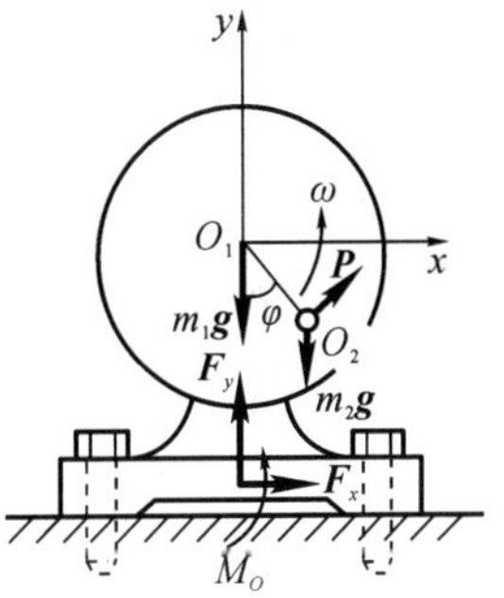

图 10.1

而

$$p_x = p\cos\varphi = m_2\omega e\cos\omega t, \quad p_y = p\sin\varphi = m_2\omega e\sin\omega t$$

代入上式，可得基础的约束力

$$F_x = -m_2\omega^2 e\sin\omega t, \quad F_y = (m_1 + m_2)g + m_2\omega^2 e\cos\omega t$$

当电动机不转，即 $\omega = 0$ 时，由上式可知 $F_x = 0$，$F_y = (m_1 + m_2)g$，称为**静约束力**。静约束力只有向上的约束力 $(m_1 + m_2)g$。电动机转动时的约束力称为动约束力。动约束力与静约束力的差值是由于系统运动而产生的，称为**附加动约束力**。此例中，由于转子偏心而引起的 x 方向的附加动约束力 $-m_2\omega^2 e\sin\omega t$ 和 y 方向的附加动约束力 $m_2\omega^2 e\cos\omega t$ 都是谐变量，将会引起电动机和基础的振动。基础动约束力的最大值和最小值分别是：

$$F_{x\max} = m_2\omega^2 e, \quad F_{x\min} = -m_2\omega^2 e$$

$$F_{y\max} = (m_1 + m_2)g + m_2\omega^2 e, \quad F_{y\min} = (m_1 + m_2)g - m_2\omega^2 e$$

关于约束力偶 M_O，可利用后面章节的相关知识求解。

【例 10－2】 图 10.2 表示水流流经变截面弯管的示意图。设流量(每秒流过的体积) q_V = 常量，流体的密度 ρ = 常量，流体在截面 aa 和 bb 处的平均流速分别是 $\boldsymbol{v}_a$ 和 $\boldsymbol{v}_b$，求流体

流动对管道壁的附加动压力。

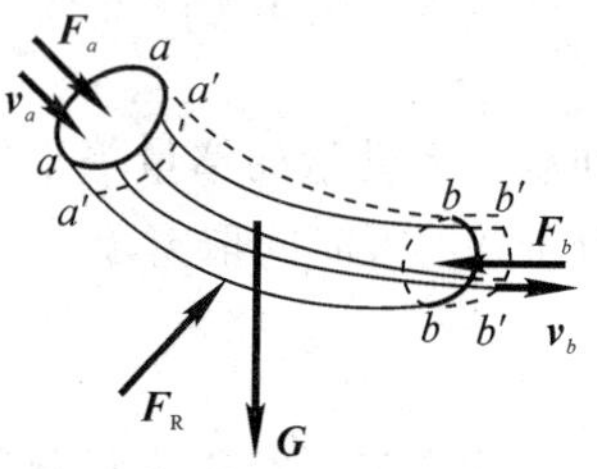

图 10.2

【解】 取两个截面 aa 和 bb 之间的管内流体作为研究对象，受力分析如图 10.2 所示。它们包括流体的重力 $\boldsymbol{G}$，管壁的约束力 $\boldsymbol{F}_R$，在两端截面 aa 和 bb 处受到相邻流体的压力 $\boldsymbol{F}_a$ 和 $\boldsymbol{F}_b$。

先求这段流体的动量在无限小的时间间隔 $\mathrm{d}t$ 内的微小改变量。假设经过一个无限小的时间间隔 $\mathrm{d}t$，原处于两个截面 aa 和 bb 之间的流体流动到两个截面 $a'a'$ 和 $b'b'$ 之间。由于是定常流动，公共容积 $a'a'bb$ 内的流体动量保持不变。因而，经过时间 $\mathrm{d}t$ 后，原处于截面 aa 和 bb 之间的流体动量的改变等于流体在 $bbb'b'$ 时的动量与它在 $aaa'a'$ 时的动量之差。这两个容积都等于 $q_V\mathrm{d}t$，其质量均为 $\mathrm{d}m=\rho q_V\mathrm{d}t$。因此，原处于两个截面 aa 和 bb 之间的流体在时间 $\mathrm{d}t$ 内的动量的微小改变量为

$$\mathrm{d}\boldsymbol{p}=\rho q_V\mathrm{d}t\cdot\boldsymbol{v}_b-\rho q_V\mathrm{d}t\cdot\boldsymbol{v}_a$$

即

$$\frac{\mathrm{d}\boldsymbol{p}}{\mathrm{d}t}=\rho q_V\boldsymbol{v}_b-\rho q_V\boldsymbol{v}_a$$

应用质点系的动量定理，有 $\dfrac{\mathrm{d}\boldsymbol{p}}{\mathrm{d}t}=\boldsymbol{F}_a+\boldsymbol{F}_b+\boldsymbol{F}_R+\boldsymbol{G}$，代入上式，可得

$$\rho q_V\boldsymbol{v}_b-\rho q_V\boldsymbol{v}_a=\boldsymbol{F}_a+\boldsymbol{F}_b+\boldsymbol{F}_R+\boldsymbol{G}$$

将管壁对于流体的约束力 $\boldsymbol{F}_R$ 分为两部分：$\boldsymbol{F}'_R$ 和 $\boldsymbol{F}''_R$。其中 $\boldsymbol{F}'_R$ 为与外力 $\boldsymbol{G}$，$\boldsymbol{F}_a$ 和 $\boldsymbol{F}_b$ 相平衡的管壁静约束力；$\boldsymbol{F}''_R$ 为由于流体的动量发生变化而产生的附加动约束力。管壁静约束力 $\boldsymbol{F}'_R$ 由下式计算

$$\boldsymbol{F}'_R+\boldsymbol{F}_a+\boldsymbol{F}_b+\boldsymbol{G}=\boldsymbol{0}$$

而附加动约束力 $\boldsymbol{F}''_R$ 由下式确定

$$\boldsymbol{F}''_R=\rho q_V\boldsymbol{v}_b-\rho q_V\boldsymbol{v}_a$$

由作用与反作用定律可知，流体对管壁的附加动压力大小等于此附加动约束力，但方向相反。即

$$\boldsymbol{F}''_N=\rho q_V\boldsymbol{v}_a-\rho q_V\boldsymbol{v}_b$$

管内流体流动时给予管壁的附加动压力，等于单位时间内流入该管的动量与流出该管的动量之差。由上述结论可知，流量以及进出口截面处速度的矢量差越大，则管壁所受的附加动压力越大。设计高速管道时，应考虑附加动压力的影响。与此同时，还要注意有静压力存在。

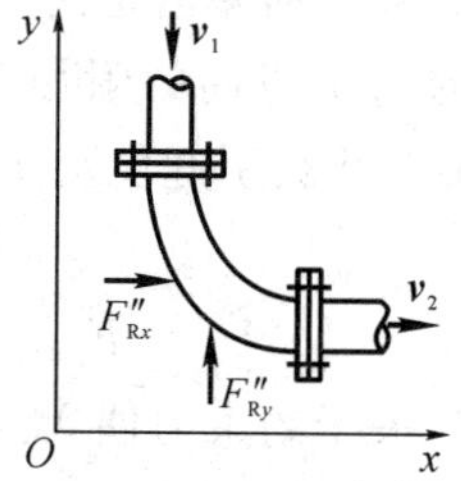

图 10.3

上面推导的公式均用矢量表示，在实际应用时应取投影形式。例如，一水平的等截面直角形弯管，如图 10.3 所示，当流体被迫改变流动方向时，对管壁施加有附加的动约束力。设进口截面的截面面积为 S_1，出口截面的截面面积为 S_2，进口平均流速为 $\boldsymbol{v}_1$，出口平均流速为 $\boldsymbol{v}_2$，流体的密度为 ρ。应用上面分析的结论，可知流体对管壁施加附加的动压力，它的大小等于管壁对流体作用的附加动约束力，即

$$F''_{Rx}=\rho q_V(v_2-0)=\rho S_2 v_2^2$$

$$F''_{Ry}=\rho q_V(0+v_1)=\rho S_1 v_1^2$$

由此可见，当流速很高或管子截面面积很大时，附加动压力很大，在管子的弯头处应该安装支座。

【例 10－3】 如图 10.4 所示均质滑轮半径分别为 r_1 和 r_2，两轮固连在一起并安装在同一转轴 O 上。两轮共重 $\boldsymbol{Q}$，重物 M_1，M_2 的重量分别为 $\boldsymbol{P}_1$，$\boldsymbol{P}_2$。已知 M_1 向下运动的加速度为 $\boldsymbol{a}_1$，求滑轮对转轴的压力。

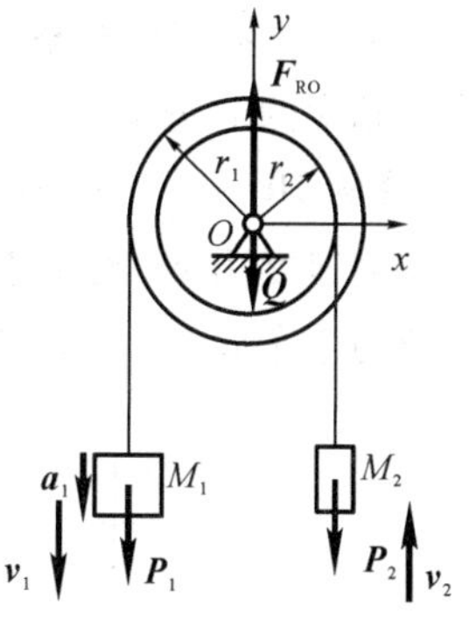

图 10.4

【解】 以整体为研究对象，受力分析如图 10.4 所示。图中表示系统分别受到重力 $\boldsymbol{P}_1$，$\boldsymbol{P}_2$，$\boldsymbol{Q}$ 以及约束力 $\boldsymbol{F}_{RO}$ 的作用。根据动量定理，可得

$$\frac{\mathrm{d}p_y}{\mathrm{d}t}=\sum F_y^e$$

而

$$p_y=\frac{P_2}{g}v_2-\frac{P_1}{g}v_1=\frac{P_2r_2-P_1r_1}{r_1g}v_1,\qquad \sum F_y^e=F_{RO}-P_1-P_2-Q$$

且 $\dfrac{\mathrm{d}v_1}{\mathrm{d}t}=a_1$，代入上式，可得

$$F_{RO}=P_1+P_2+Q+\frac{P_2r_2-P_1r_1}{r_1g}a_1$$

10.2.3　质点系的动量守恒定律

根据质点系的动量定理可知，如果作用于质点系的外力主矢 $\boldsymbol{F}_R^e=\sum\boldsymbol{F}_i^e=\boldsymbol{0}$，则根据式(10－11)有

$$\boldsymbol{P}=\boldsymbol{P}_0=\text{常矢量}$$

同理，如果作用于质点系的外力主矢在某轴上，例如在 x 轴上的投影 $F_{Rx}^e=\sum F_{ix}^e=0$，则根据式(10－13)有

$$P_x=P_{0x}=\text{常量}$$

由此可知，若作用于质点系的所有外力的矢量和等于零，则质点系的动量保持不变；若作用于质点系的所有外力在某一轴上的投影的代数和等于零，则质点系的动量在该轴上的投影保持不变。这就是**质点系动量守恒定律**。

应该注意，作用于质点系上的内力虽然不能改变整个质点系的动量，但能改变质点系内各质点的动量。如果仅受内力作用的质点系内有某个质点的速度改变了，则必然引起其他质点的速度相应地发生改变。质点系动量守恒定律的现象很多，现举几个例子说明如下：

(1) 在静水上有一只不动的小船，人和船组成一个质点系。当人从船头向船尾走去的同时，船身一定向船头方向移动。这是因为，当水的阻力很小可忽略不计时，在水平方向只有人与船相互作用的内力，没有外力，因此质点系的动量在水平方向保持不变。当人有向后的动量时，船必然获得向前的动量，以保持总动量恒等于零。

(2) 炮弹和火炮(包括炮车和炮筒)看成一个质点系，在炮弹发射前，质点系的动量等

于零。发射时弹药爆炸所产生的气体压力是内力，它不能改变整个质点系的动量。爆炸所产生的气体压力使弹丸获得一个向前的动量，根据质点系动量守恒定律，火炮沿相反方向必获得同样大小向后的动量。火炮的后退现象称为后座。

(3) 喷气推进的火箭，把火箭与燃气作为一个质点系，火箭与燃气之间的相互作用力是内力，它不能改变整个质点系的动量，发动机的燃气以高速向后喷出的同时，必使火箭获得相应的前进速度。

【例 10-4】 火炮(包括炮车和炮筒)的质量为 m，炮弹的质量为 m_1，炮弹相对于火炮的发射速度为 $\boldsymbol{v}_r$，炮筒对水平面的仰角为 α，如图 10.5 所示。设火炮放在光滑水平面上，且炮筒与炮车固连，试求火炮的后座速度和炮弹的发射速度。

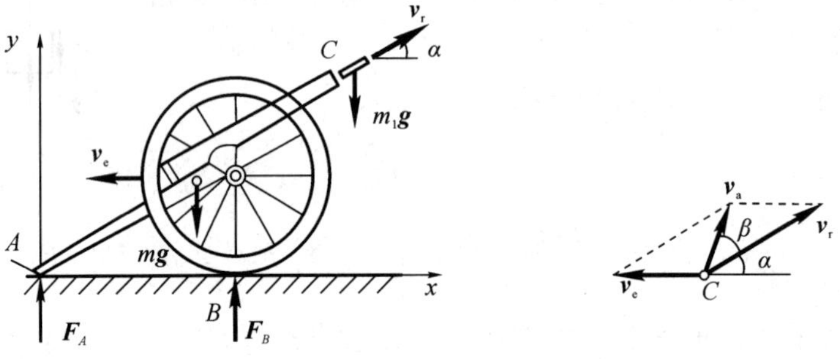

图 10.5

【解】 取火炮和炮弹组成的系统为研究对象。受力分析如图 10.5(a)所示。作用于系统的外力有重力 $m\boldsymbol{g}$ 和 $m_1\boldsymbol{g}$，水平地面给火炮的约束力为 $\boldsymbol{F}_A$ 和 $\boldsymbol{F}_B$。而火药(其质量不计)的爆炸力是内力，受力图中不必画出。

进行运动学分析，选炮弹为动点，火炮为动系，作炮弹 C 的速度合成图，如图 10.5(b)所示。其中 $\boldsymbol{v}_e$ 是火炮后座的速度，$\boldsymbol{v}_a$ 是炮弹发射的速度，与炮筒的夹角为 β，由图可知

$$\frac{v_a}{\sin\alpha}=\frac{v_e}{\sin\beta}=\frac{v_r}{\sin(180-\alpha-\beta)}$$

即

$$v_a=\frac{v_r}{\sin(\alpha+\beta)}\sin\alpha \tag{a}$$

$$v_e=\frac{v_r}{\sin(\alpha+\beta)}\sin\beta \tag{b}$$

进行动力学分析，由于系统所受外力在水平轴 x 上的投影都是零，即有 $\sum F_x^e=0$。根据质点系动量守恒定律，可知系统的动量在 x 轴上的投影守恒。考虑到初始瞬时系统处于静止，即 $p_{0x}=0$，于是有

$$p_x=m_1v_a\cos(\alpha+\beta)-mv_e=0 \tag{c}$$

联立求解方程(a)、(b)、(c)，可得

$$\sin\beta=\frac{\sin\alpha\cos\alpha}{\sqrt{\sin^2\alpha+2\dfrac{m}{m_1}\sin^2\alpha+\dfrac{m^2}{m_1^2}}}$$

$$\cos\beta=\frac{\sin^2\alpha+\dfrac{m}{m_1}}{\sqrt{\sin^2\alpha+2\dfrac{m}{m_1}\sin^2\alpha+\dfrac{m^2}{m_1^2}}}$$

$$v_e=\frac{m_1}{m+m_1}v_r\cos\alpha$$

$$v_a=v_r\sqrt{1-\frac{2(m+m_1)m_1}{(m+m_1)^2}\cos^2\alpha}$$

炮弹与水平面的仰角为 $\alpha+\beta$，可得 $\tan(\alpha+\beta)=\left(1+\dfrac{m_1}{m}\right)\tan\alpha$，表明炮弹离开炮口时速度已不同于炮筒的方向。

动量定理建立了质点或质点系的动量与作用于质点或质点系的外力之间的关系。应用动量定理的解题步骤大致如下：

(1) 选取研究对象，分析研究对象上的外力(包括主动力和约束力)。

(2) 如果外力主矢等于零或外力在某轴上的投影的代数和等于零，则应用质点系动量守恒定律求解。若初始时动量在该轴上的投影等于零，则以后任意时刻质点系的动量在该轴上的投影也等于零，通过质点系动量守恒定律可求出所要求的质点的速度。

(3) 如果外力主矢不等于零，则先计算质点系的动量在坐标轴上的投影，然后应用动量定理求未知力(一般为约束力)。计算动量的速度必须是绝对速度，并要注意动量和力在坐标轴上的投影的正负号。

10.3　质心运动定理

10.3.1　质心

设质点系由 n 个质点组成，其中第 i 个质点的质量为 m_i，其矢径为 $\boldsymbol{r}_i$，如图 10.6 所示。质点系的质量为各质点的质量之和，即 $m=\sum m_i$，则由矢径

$$\boldsymbol{r}_C=\frac{\sum m_i\boldsymbol{r}_i}{\sum m_i}=\frac{\sum m_i\boldsymbol{r}_i}{m} \tag{10-15}$$

所决定的几何点 C 叫做质点系的**质心**。将式(10-15)向直角坐标系的三个轴上投影，可得到质心位置在直角坐标系中的坐标为

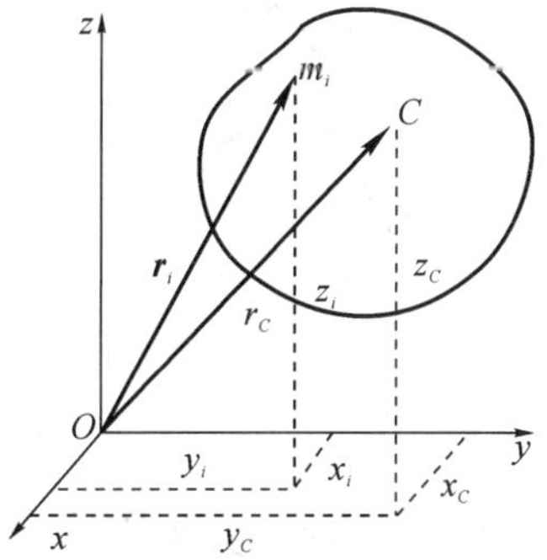

图 10.6

$$x_C=\frac{\sum m_ix_i}{\sum m_i}=\frac{\sum m_ix_i}{m},\quad y_C=\frac{\sum m_iy_i}{\sum m_i}=\frac{\sum m_iy_i}{m},\quad z_C=\frac{\sum m_iz_i}{\sum m_i}=\frac{\sum m_iz_i}{m} \tag{10-16}$$

地球附近的重力场中，质点系的质心与重心相重合。因此在重力场中，可用确定重心的方法，找到质心的位置。

需要注意的是，质心和重心是两个不同的概念。重心是各质点重力合力的作用点，在

重力场中谈重心才有意义。而质心是描述质量分布的一个几何量。质心完全取决于质点系的质量大小及其位置的分布情况，而与所受的力无关。质心与重心相比，质心具有更广泛的意义。

当质点系运动时，一般它的质心也在空间运动。将式(10－15)的两边同乘以 m 后，再对时间 t 求导，得

$$m\frac{\mathrm{d}\boldsymbol{r}_C}{\mathrm{d}t}=\sum m_i\frac{\mathrm{d}\boldsymbol{r}_i}{\mathrm{d}t}$$

由运动学知，$\boldsymbol{v}_C=\frac{\mathrm{d}\boldsymbol{r}_C}{\mathrm{d}t}$是质心的速度，$\boldsymbol{v}_i=\frac{\mathrm{d}\boldsymbol{r}_i}{\mathrm{d}t}$是第 i 个质点的速度，因此上式可变为

$$\boldsymbol{p}=\sum m_i\boldsymbol{v}_i=m\boldsymbol{v}_C \tag{10-17}$$

即质点系的动量等于质点系的质量与质心速度的乘积。

刚体是由无限多个质点组成的不变质点系，其质心是刚体内某一确定的点。对于质量均匀分布的规则刚体，质心也就是其几何中心。应用式(10－17)计算刚体的动量非常方便。例如，图 10.7(a)所示的长为 l，质量为 m 的均质细长杆 OA 绕端点 O 做定轴转动，角速度为 ω。由于质心 C 的速度 $v_C=\frac{1}{2}l\omega$，故细长杆的动量大小为 $p=mv_C=\frac{1}{2}ml\omega$，方向与 $\boldsymbol{v}_C$ 方向相同。又如图 10.7(b)所示的在水平地面上做纯滚动的均质滚轮，滚轮半径为 r，质量为 m，角速度为 ω。由于质心 C 的速度 $v_C=\omega r$，故滚轮的动量大小为 $p=mv_C=m\omega r$，方向与 $\boldsymbol{v}_C$ 方向相同。而如图 10.7(c)所示的绕轮心转动的均质轮，则不论轮子转动的角速度有多大，也不论轮子的质量多大，由于其质心不动，故其动量总是等于零。

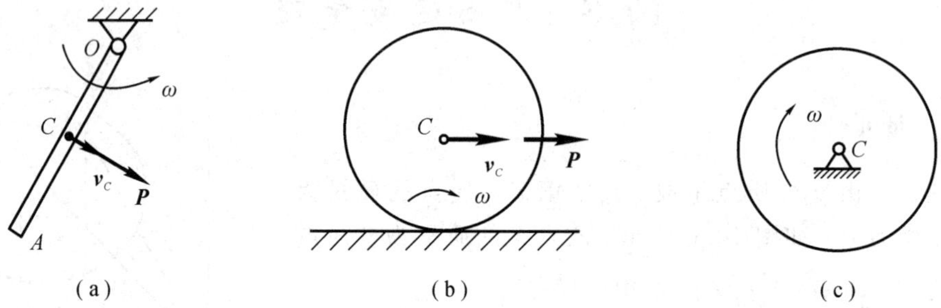

图 10.7

10.3.2 质心运动定理

根据质点系的动量定理，有

$$\frac{\mathrm{d}\boldsymbol{p}}{\mathrm{d}t}=\sum \boldsymbol{F}_i^{\mathrm{e}}$$

而质点系的动量等于质点系的总质量与质心速度的乘积，即 $\boldsymbol{p}=m\boldsymbol{v}_C$，代入上式，有

$$\frac{\mathrm{d}}{\mathrm{d}t}(m\boldsymbol{v}_C)=\sum \boldsymbol{F}_i^{\mathrm{e}}$$

若质点系的质量不变，有

$$m\frac{\mathrm{d}\boldsymbol{v}_C}{\mathrm{d}t}=\sum \boldsymbol{F}_i^{\mathrm{e}}$$

即

$$ma_C = \sum \boldsymbol{F}_i^{e} \tag{10-18}$$

式中，m 是质点系的质量，其为各质点的质量之和；$\boldsymbol{a}_C$ 是质点系的质心的加速度矢量。这就是**质心运动定理，即质点系的质量与质心加速度的乘积等于作用于质点系上所有外力的矢量和**(或称外力主矢)。质心运动定理实质上是质点系动量定理的另一种形式。质心运动定理建立了质点系质心的加速度与作用在质点系上的外力之间的关系。

形式上，质心运动定理与质点的动力学基本方程 $m\boldsymbol{a} = \sum \boldsymbol{F}_i$ 完全相似，因此，质心运动定理也可以用另一种方式来表述：质点系质心的运动可以看成一个质点的运动，设想此质点集中了整个质点系的质量，并在其上作用有质点系的所有外力。式(10－18)为矢量方程，实际应用时可写成投影形式

$$\left.\begin{aligned} ma_{Cx} &= \sum F_{ix}^{e} \\ ma_{Cy} &= \sum F_{iy}^{e} \\ ma_{Cz} &= \sum F_{iz}^{e} \end{aligned}\right\} \tag{10-19}$$

由质心运动定理可知，质点系的内力不影响质心的运动，只有外力才能改变质心的运动。这一性质可解释日常生活和工程中的许多现象。

人在水平地面上行走时，全靠地面给鞋底的摩擦力，该摩擦力是作用于人体的外力，可使其质心获得水平方向的加速度。如果人在冰面上行走，由于冰面给鞋底的摩擦力较小，因此人要在冰上加速行走比较困难。假设地面绝对光滑，人只能静止或做匀速直线运动。

当汽车启动时，作为内力的发动机中的燃气压力，并不能使汽车的质心产生加速度而使汽车前进。那么汽车依靠什么外力启动呢？原来，当发动机运转时，发动机中的气体压力推动汽缸内的活塞，经过一套传动机构转动主动轮(图 10.8 中的后轮)，迫使主动轮相对于车身转动。这时主动轮上与地面的接触点 A 有向后滑动的趋势，于是地面在该点处对车轮产生向前的摩擦力 $\boldsymbol{F}_A$，该摩擦力正是汽车启动和加速前进的外力。车轮的前轮一般是被动轮，它是被车身通过轮轴推动着向前滚动的。当汽车向前运动时，被动轮受到小量的向后摩擦力 $\boldsymbol{F}_B$，该摩擦力是汽车前进的阻力。如果地面光滑，$\boldsymbol{F}_A$ 克服不了汽车前进的阻力 $\boldsymbol{F}_B$，那么后轮将在原处转动，汽车不能前进。

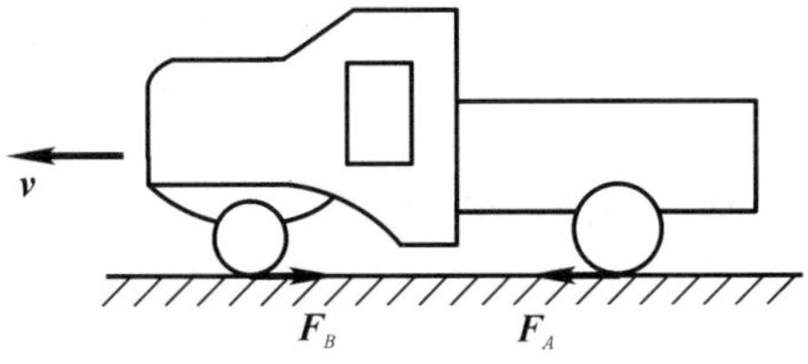

图 10.8

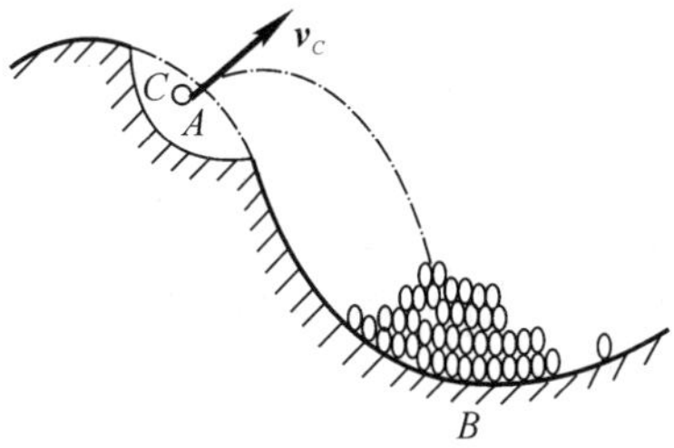

图 10.9

工程上，常用定向爆破的施工法来搬山造田和平整土地，这时也会用到质心运动定理。例如，如图 10.9 所示，要把 A 处的土石方抛掷到 B 处，可采用定向爆破技术。这时可把被炸掉的土石方 A 看做一个质点系，其质心的运动与一个抛射质点的运动一样，这个质点的

质量等于质点系的全部质量，作用在这个质点上的力是质点系中各质点重力的总和。根据质心运动定理，考虑地形、地层结构、炸药性能以及爆破技术等因素，可合理选取质心的初速度 $\boldsymbol{v}_C$ 的大小和方向，使大部分土石方抛掷到 B 处。

【例 10－5】 如图 10.10 所示滑块 A 质量为 m，可在水平光滑槽中运动，具有刚性系数为 k 的弹簧一端与滑块 A 相连接，另一端固定。杆 AB 长为 L，质量不计，A 端与滑块 A 铰接，B 端装有质量为 m_1 的小球，在铅直平面内可绕点 A 转动。设在力矩作用下，转动角速度 ω 为常数，初始时 $\varphi=0$，弹簧恰为原长，求滑块 A 的运动规律。

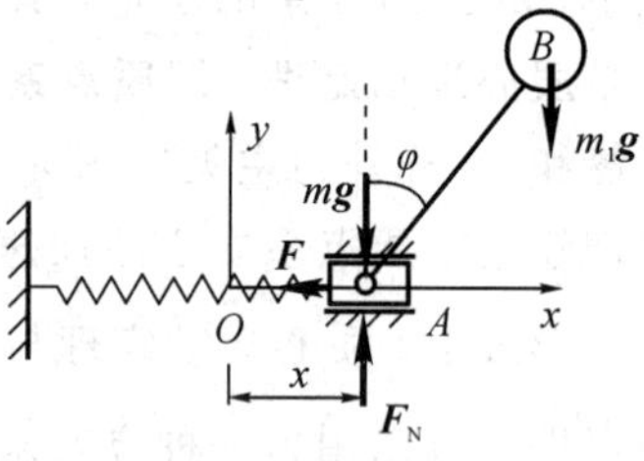

图 10.10

【解】 取整体为研究对象，受力如图 10.10 所示，建立水平向右的坐标轴 Ox，点 O 取在运动初始时滑块 A 的质心上，则质点系的质心坐标为

$$x_C=\frac{mx+m_1(x+L\sin\omega t)}{m+m_1}=x+\frac{m_1L\sin\omega t}{m+m_1}$$

根据质心运动定理，有

$$(m+m_1)\ddot{x}_C=-kx$$

则

$$\ddot{x}+\frac{kx}{m+m_1}=\frac{m_1L\omega^2}{m+m_1}\sin\omega t$$

解此微分方程，并注意到初始条件 $t=0$ 时，$x=0$，$\dot{x}=0$，$\omega t=0$，可得滑块 A 的稳态解的运动规律：

$$x=\frac{m_1L\omega^2}{k-(m+m_1)\omega^2}\sin\omega t$$

【例 10－6】 均质杆 OA 长为 $2l$，重量为 $\boldsymbol{P}$，可绕水平固定轴 O 在铅垂面内转动，如图 10.11 所示。设图示位置杆的角速度和角加速度分别为 ω 和 α，杆与水平直线的夹角为 φ。试求此时轴 O 处的约束力。

【解】 本题已知做定轴转动杆的角速度和角加速度，即已知杆质心 C 的加速度，求杆所受约束力。可以应用质心运动定理求解。

取杆为研究对象，受力分析如图 10.11 所示，包括重力 $\boldsymbol{P}$、约束力 $\boldsymbol{F}_{Ox}$ 和 $\boldsymbol{F}_{Oy}$。取坐标系如图 10.11 所示，根据质心运动定理，有

$$\frac{p}{g}a_{Cx}=\sum F_x^e$$

$$\frac{p}{g}a_{Cy}=\sum F_y^e$$

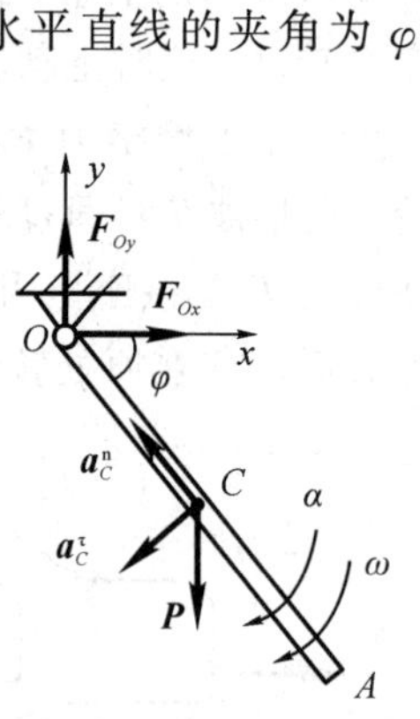

图 10.11

由于杆做定轴转动，其角速度和角加速度分别为 ω 和 α，则质心的加速度可表示为

$$a_{Cx}=-a_C^\tau\sin\varphi-a_C^n\cos\varphi=-l\alpha\sin\varphi-l\omega^2\cos\varphi$$

$$a_{Cy}=-a_C^\tau\cos\varphi+a_C^n\sin\varphi=-l\alpha\cos\varphi+l\omega^2\sin\varphi$$

代入上式，可得

$$\frac{P}{g}(-l\alpha\sin\varphi-l\omega^2\cos\varphi)=F_{Ox}$$

$$\frac{P}{g}(-l\alpha\cos\varphi+l\omega^2\sin\varphi)=F_{Oy}-P$$

解得

$$F_{Ox}=-\frac{P}{g}l(\alpha\sin\varphi+\omega^2\cos\varphi)$$

$$F_{Oy}=P+\frac{P}{g}l(-\alpha\cos\varphi+\omega^2\sin\varphi)$$

10.3.3　质心运动守恒定律

由质心运动定理可知：

(1) 如果 $\sum \boldsymbol{F}_i^e=\boldsymbol{0}$，由式(10-18)可知 $m\boldsymbol{a}_C=\boldsymbol{0}$，即 $\boldsymbol{v}_C=$常矢量。即若作用于质点系上的外力的矢量和(即外力系的主矢)为零，则质点系的质心静止或做匀速直线运动。若质点系开始时静止，则质心位置始终保持不变。

(2) 如果 $\sum F_{ix}^e=0$，由式(10-19)可知 $ma_{Cx}=0$，即 $v_{Cx}=$常量。即如果作用于质点系的外力在某轴上的投影的代数和等于零，则质心速度在该轴上的投影保持不变。若开始时速度投影等于零，则质心在该轴上的坐标保持不变。

上述结论称为**质心运动守恒定律**。

【例 10-7】 如图 10.12 所示的小船，船长为 l，质量为 m，船上有质量为 m_1 的人。设初始时小船和人静止，人站立在船的最左端。若人后来沿甲板向右行走，如不计水的阻力，求当人走到船的最右端时，船的移动距离。

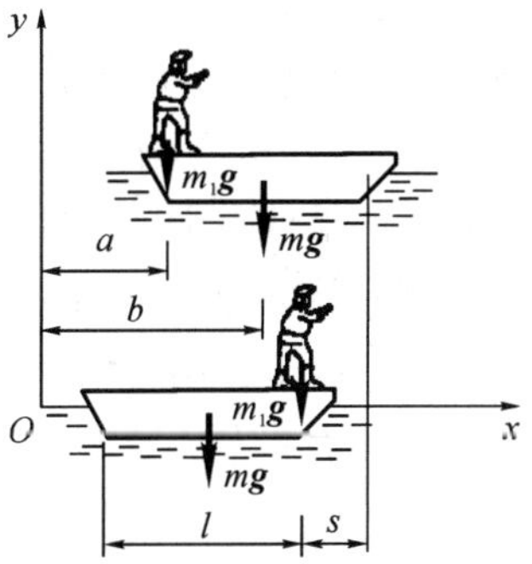

图 10.12

【解】 取人和船组成的系统为研究对象，由于不计水的阻力，故外力在水平轴上的投影等于零。由于初始时系统静止，因此质心在 x 轴上的坐标保持不变。取坐标轴如图 10.12 所示。设人在走动前，人和船的质心的 x 坐标分别为 a 和 b。则系统质心的 x 坐标为

$$x_{C1}=\frac{m_1a+mb}{m_1+m}$$

当人走到船的右端时，设船移动的距离为 s，则系统质心的 x 坐标为

$$x_{C2}=\frac{m_1(a+l-s)+m(b-s)}{m_1+m}$$

由于系统质心在 x 轴上的坐标保持不变，即 $x_{C1}=x_{C2}$，则

$$\frac{m_1a+mb}{m_1+m}=\frac{m_1(a+l-s)+m(b-s)}{m_1+m}$$

得船的移动距离

$$s=\frac{m_1l}{m_1+m}$$

【例 10-8】 如图 10.13 所示，设例 10-1 中的电动机未用螺栓固定，各处摩擦力不计，初始时电动机静止，O_1O_2 位于铅垂位置。求转子以匀角速度 ω 转动时外壳的运动。

【解】 电动机受到的作用力有外壳的重力 $m_1\boldsymbol{g}$、转子的重力 $m_2\boldsymbol{g}$ 和地面的约束力 $\boldsymbol{F}_\mathrm{N}$。

因为电动机在水平方向没有受到外力的作用，且初始时电动机静止，所以系统质心的 x 坐标保持不变。取坐标轴如图 10.13 所示，设初始时系统质心的 x 坐标为 $x_{C1}=a$。当转子转过角度 φ 时，定子应向左移动，设移动距离为 s，则此时质心的 x 坐标为

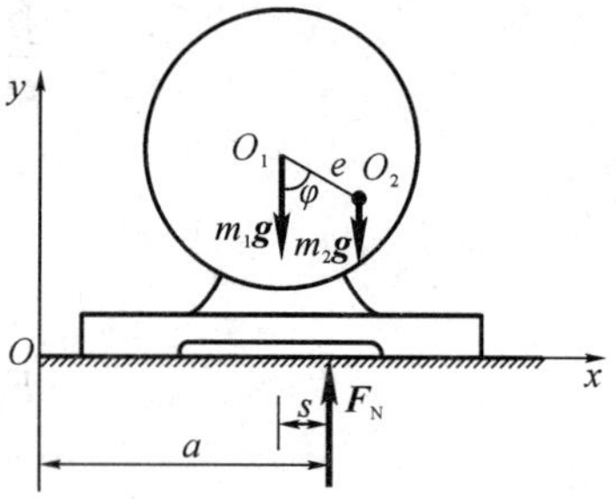

图 10.13

$$x_{C2}=\frac{m_1(a-s)+m_2(a+e\sin\varphi-s)}{m_1+m_2}$$

在水平方向系统质心守恒，有 $x_{C1}=x_{C2}$，解得

$$s=\frac{m_2}{m_1+m_2}e\sin\varphi$$

由此可见，当转子偏心的电动机未用螺栓固定时，将在水平面上做往复运动。顺便指出，支承面的法向约束力的最小值已由例 10－1 求得，为

$$F_{y\min}=(m_1+m_2)g-m_2\omega^2 e$$

当 $\omega>\sqrt{\dfrac{m_1+m_2}{m_2 e}g}$ 时，有 $F_{y\min}<0$，如果电动机未用螺栓固定，将会离地跳起来。

应用质心运动定理解题的步骤如下：

(1) 选取研究对象，分析受力(画出质点系所受全部外力，包括主动力和约束力)。

(2) 如果外力主矢等于零，或外力在某轴上的投影和为零，则应用质心运动守恒定律求解。若初始静止，则质心的坐标保持不变，分别计算两个时刻质心的坐标(用各质点的坐标表示)，令其相等，即可求出所要求的某质点的位移。

(3) 如果外力主矢不等于零，若已知质心的运动规律，则先求出质心的加速度，然后应用质心运动定理求未知力(一般为约束力)。

(4) 若已知作用于质点系的外力，欲求质心的运动规律，可根据质心运动定理得到系统的运动微分方程，解方程可得到质心的运动规律。

小　　结

1. 质点的动量定理

质点动量的增量等于作用于质点上的力的元冲量，即

$$\mathrm{d}(m\boldsymbol{v})=\boldsymbol{F}\mathrm{d}t$$

在某一时间间隔内，质点动量的变化等于作用于质点的力在此段时间内的冲量，即

$$m\boldsymbol{v}_2-m\boldsymbol{v}_1=\int_{t_1}^{t_2}\boldsymbol{F}\mathrm{d}t=\boldsymbol{I}$$

2. 质点系的动量及动量定理

质点系中所有质点动量的矢量和称为质点系的动量，即

$$\boldsymbol{p}=\sum m_i\boldsymbol{v}_i=m\boldsymbol{v}_C$$

质点系动量定理：

$$\frac{\mathrm{d}}{\mathrm{d}t}\boldsymbol{p}=\sum\boldsymbol{F}_i^{\mathrm{e}}$$

$$\boldsymbol{p}_2-\boldsymbol{p}_1=\sum\int_{t_1}^{t_2}\boldsymbol{F}_i^{\mathrm{e}}\mathrm{d}t=\sum\boldsymbol{I}_i^{\mathrm{e}}$$

3. 质点系动量守恒定律

若 $\boldsymbol{F}_{\mathrm{R}}^{\mathrm{e}}=\sum\boldsymbol{F}_i^{\mathrm{e}}=\boldsymbol{0}$，则 $\boldsymbol{P}=\boldsymbol{P}_0=$ 常矢量；若 $F_{\mathrm{R}x}^{\mathrm{e}}=\sum F_{ix}^{\mathrm{e}}=0$，则 $P_x=P_{0x}=$ 常量。

4. 质心运动定理

（1）质点系的质心矢量式：

$$\boldsymbol{r}_C=\frac{\sum m_i\boldsymbol{r}_i}{\sum m_i}=\frac{\sum m_i\boldsymbol{r}_i}{m}$$

直角坐标式：

$$x_C=\frac{\sum m_ix_i}{\sum m_i}=\frac{\sum m_ix_i}{m}$$

$$y_C=\frac{\sum m_iy_i}{\sum m_i}=\frac{\sum m_iy_i}{m}$$

$$z_C=\frac{\sum m_iz_i}{\sum m_i}=\frac{\sum m_iz_i}{m}$$

（2）质心运动定理：

$$m\boldsymbol{a}_C=\sum\boldsymbol{F}_i^{\mathrm{e}}$$

质心运动守恒定理：

若 $\sum\boldsymbol{F}_i^{\mathrm{e}}=\boldsymbol{0}$，则 $\boldsymbol{v}_C=$ 常矢量；若 $\sum F_{ix}^{\mathrm{e}}=0$，则 $v_{Cx}=$ 常量。若开始时速度投影等于零，则质心在该轴上的坐标保持不变。

思　考　题

10-1　冲量是力对时间的累积效应，时间越长，变力的冲量是否也越大？

10-2　炮弹飞出炮膛后，若不考虑空气阻力，其质心沿抛物线运动。炮弹爆炸后，质心运动规律不变。当其中一块碎片落地时，质心是否还沿原抛物线运动？为什么？

10-3　如图 10.14 所示三个相同的均质圆盘放在光滑水平面上，在圆盘上分别作用水平力 $\boldsymbol{F}$，$\boldsymbol{F}'$ 和力偶矩为 $\boldsymbol{M}$ 的力偶，使圆盘同时由静止开始运动。设 $F=F'$，$M=Fr$，试问哪个圆盘的质心 C 运动得快，为什么？

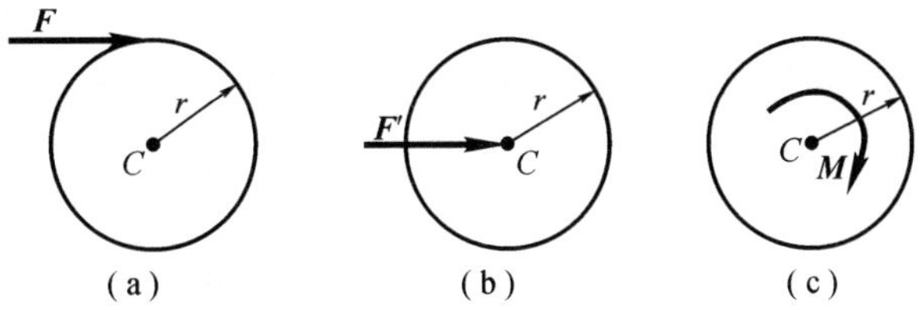

图 10.14

10-4　二物块 A 和 B，质量分别为 $m_A=m_B$，初始静止。如 A 沿斜面下滑的相对速度为 v_r，如图 10.15 所示。设 B 向左的速度为 $\boldsymbol{v}$。根据动量守恒定律，有 $m_A v_r \cos\theta = m_B v$，对吗？

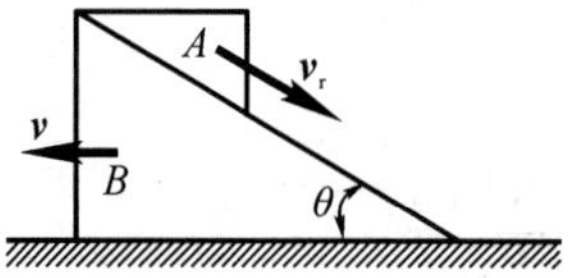

图 10.15

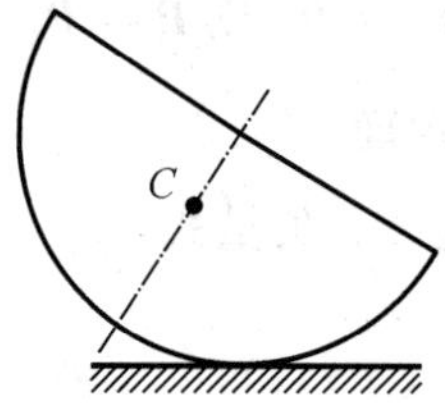

图 10.16

10-5　如图 10.16 所示半圆柱质心为 C，放在水平面上。将其在图示位置无初速释放后，在下述两种情况下，质心将怎样运动？

(1) 圆柱与水平面间无摩擦；

(2) 圆柱与水平面间有很大的摩擦系数。

习　　题

10-1　是非题(正确的在括号内打"√"，错误的打"×")：

(1) 内力虽不能改变质点系的动量，但可以改变质点系中各质点的动量。　(　　)

(2) 内力虽不影响质点系质心的运动，但质点系内质点的运动，却与内力有关。　(　　)

(3) 质点的运动速度越大，说明它所受的力也越大。　(　　)

(4) 质点系的动量守恒时，质点系内各质点的动量不一定保持不变。　(　　)

(5) 若质点系所受的外力的主矢等于零，则其质心坐标保持不变。　(　　)

(6) 若质点系所受的外力的主矢等于零，则其质心运动的速度保持不变。　(　　)

10-2　填空题：

(1) 质点的质量与其在某瞬时的速度乘积，称为质点在该瞬时的(　　)。

(2) 力与作用时间的乘积，称为力的(　　)。

(3) 质点系的质量与质心速度的乘积称为(　　)。

(4) 质点系的动量随时间的变化规律只与系统所受的(　　)有关，而与系统的(　　)无关。

(5) 质点系动量守恒的条件是(　　)，质点系在 x 轴方向动量守恒的条件是(　　)。

(6) 若质点系所受外力的矢量和等于零，则质点系的(　　)和(　　)保持不变。

10-3　选择题：

(1) 如图所示的均质圆盘质量为 m，半径为 R，初始角速度为 ω_0，不计阻力，若不再施加主动力，则轮子以后的运动状态是(　　)运动。

A. 减速　　B. 加速

C. 匀速　　D. 不能确定

(2) 如图所示的均质圆盘质量为 m，半径为 R，可绕 O 轴转动，某瞬时圆盘的角速度为 ω，则此时圆盘的动量大小是(　　)。

A. $p=0$ B. $p=m\omega R$

C. $p=2m\omega R$ D. $p=m\omega R/2$

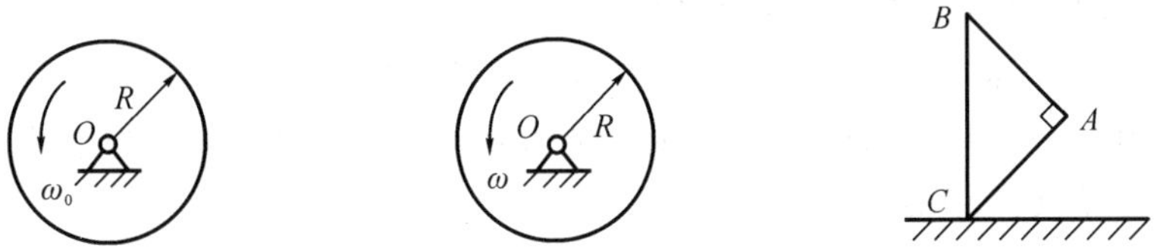

题 10-3(1)图 题 10-3(2)图 题 10-3(3)图

(3) 均质等腰直角三角板，开始时直立于光滑的水平面上，如图所示。给它一个微小扰动让其无初速度倒下，则其重心的运动轨迹是( )。

A. 椭圆 B. 水平直线 C. 铅垂直线 D. 抛物线

(4) 两个质点的质量相同，沿同一圆周运动，则受力较大的质点( )。

A. 切向加速度一定较大 B. 法向加速度一定较大

C. 全加速度一定较大 D. 不能确定其加速度是否较大

(5) 质点系的质心位置保持不变的必要与充分条件是( )。

A. 作用于质点系的所有主动力的矢量和恒为零

B. 作用于质点系的所有外力的矢量和恒为零

C. 作用于质点系的所有主动力的矢量和恒为零，且质心初速度为零

D. 作用于质点系的所有外力的矢量和恒为零，且质心初速度为零

10-4 汽车以 36 km/h 的速度在平直道上行驶。设车轮在制动后立即停止转动。问车轮对地面的动滑动摩擦因数 f 应为多大方能使汽车在制动后 6 s 停止。

10-5 计算如图所示的下列各刚体的动量。

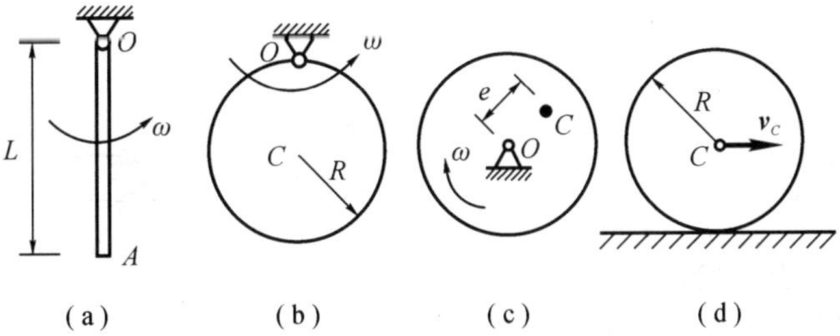

题 10-5 图

(1) 如图(a)所示，质量为 m、长为 L 的均质细长杆，绕垂直于图面的 O 轴以角速度 ω 转动。

(2) 如图(b)所示，质量为 m、半径为 R 的均质圆盘，绕过边缘上一点且垂直于图面的 O 轴以角速度 ω 转动。

(3) 如图(c)所示，非均质圆盘质量为 m，质心距转轴 $OC=e$，绕垂直于图面的 O 轴以角速度 ω 转动。

(4) 如图(d)所示，质量为 m、半径为 R 的均质圆盘，沿水平面滚动而不滑动，质心的速度为 $\boldsymbol{v}_C$。

10-6 如图所示系统中，均质杆 OA，AB 与均质轮的质量均为 m，OA 杆的长度为 l_1，

AB 杆的长度为 l_2，轮的半径为 R，轮沿水平面做纯滚动。在图示瞬时，OA 杆的角速度为 ω。求整个系统的动量。

10-7　如图所示的皮带输送机沿水平方向输送煤炭，其输送量为 72 000 kg/h，皮带的速度 $v=1.5$ m/s，求在匀速传动中，皮带作用于煤炭上的水平推力。

10-8　如图所示的重物 A，B 的重量分别为 P_1，P_2，不计滑轮和绳索的重量，A 物下降加速度为 $\boldsymbol{a}_1$，求支点 O 处的约束力。

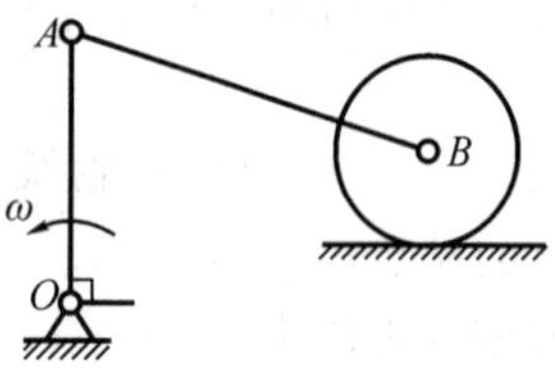

题 10-6 图

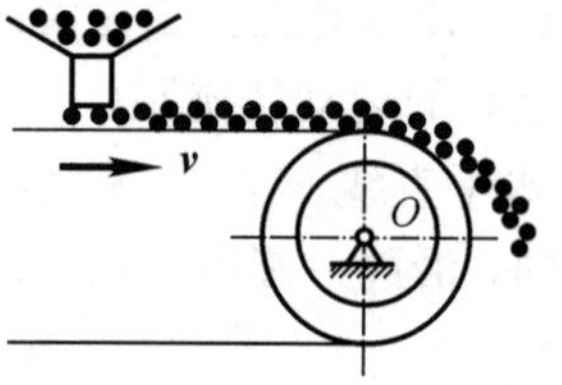

题 10-7 图

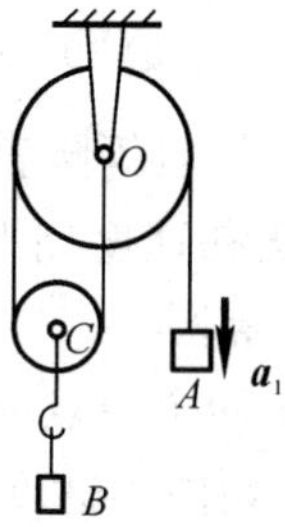

题 10-8 图

10-9　物体沿倾角为 α 的斜面下滑，它与斜面间的动滑动摩擦因数为 f，且 $\tan\alpha>f$，如物体下滑的初速度为 $\boldsymbol{v}_0$，求物体速度增加一倍时所经过的时间。

10-10　如图所示的椭圆规尺 AB 的质量为 $2m_1$，曲柄 OC 的质量为 m_1，而滑块 A 和 B 的质量均为 m_2。已知 $OC=AC=CB=l$。曲柄和尺的质心分别在其中点上，曲柄绕 O 轴转动的角速度 ω 为常量。求当曲柄水平向右时质点系的动量。

10-11　如图所示质量为 m 的滑块 A，可以在水平光滑的槽中运动，具有刚度系数为 k 的弹簧一端与滑块相连接，另一端固定。杆 AB 长为 l，质量忽略不计，A 端与滑块 A 铰接，B 端装有质量为 m_1 的小球，在铅直平面内可绕点 A 旋转。设在力偶矩为 M 的力偶作用下转动，角速度 ω 为常数，求滑块 A 的运动微分方程。

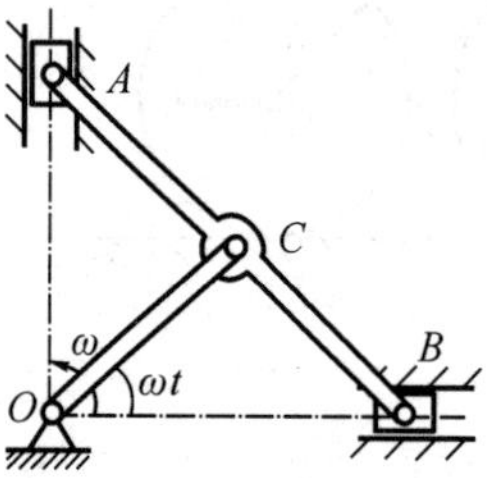

题 10-10 图

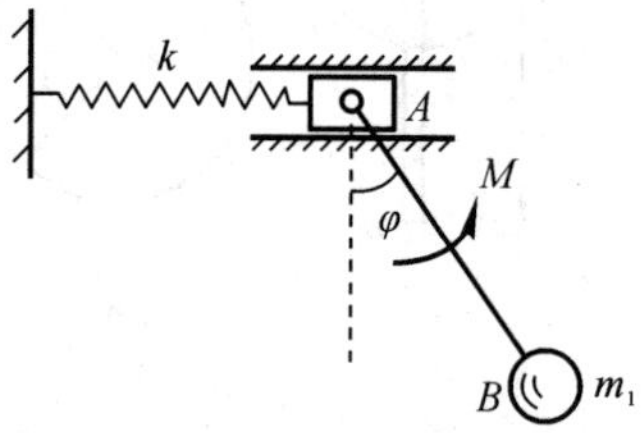

题 10-11 图

10-12　如图所示的质量为 m、半径为 $2R$ 的薄壁圆筒置于光滑的水平面上，在其光滑内壁放一质量为 m、半径为 R 的均质圆盘。初始时两者静止，且质心在同一水平线上。如将圆盘无初速释放，当圆盘最后停止在圆筒的底部时，求圆筒的位移。

10-13　在图所示曲柄滑块机构中，曲柄 OA 以匀角速度 ω 绕 O 轴转动。当开始时曲柄 OA 水平向右。已知曲柄重量为 P_1，滑块 A 重量为 P_2，滑杆重量为 P_3，曲柄的重心在 OA 的中点，且 $OA=L$，滑杆的重心在点 C，且 $BC=L/2$。试求：

(1) 机构质量中心的运动方程；

(2) 作用在点 O 的最大水平约束力。

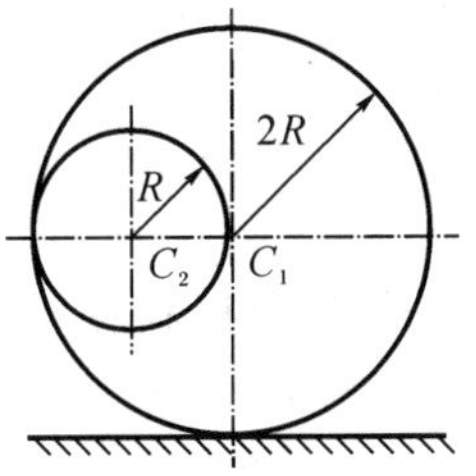

题10－12图

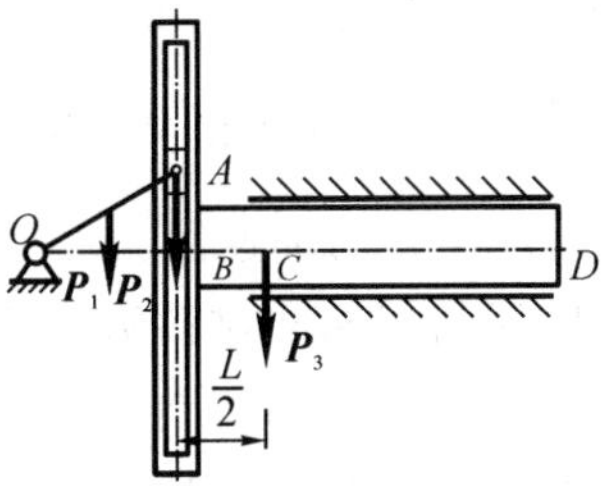

题10－13图

10－14　如图所示，长为 l 的均质杆 AB，直立在光滑的水平面上。求它从铅直位置无初速地倒下时，端点 A 相对图示坐标系的轨迹方程。

10－15　如图所示，重量为 P 的电机放在光滑的水平面地基上。长为 $2l$、重量为 G 的均质杆的一端与电机轴垂直地固结，另一端则焊上一重量为 W 的重物。设电机转动的角速度为 ω。求：

(1) 电机的水平运动方程；

(2) 如果电机外壳用螺栓固定在基础上，则作用于螺栓的最大水平力为多少？

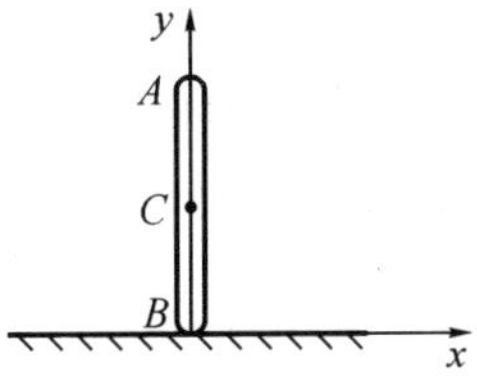

题10－14图

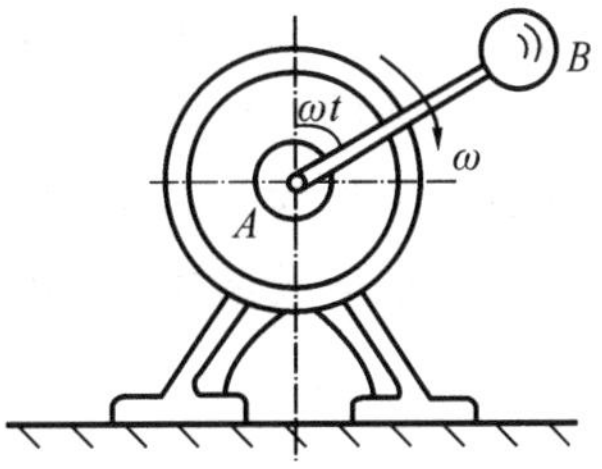

题10－15图

10－16　如图所示的物体 A 和 B 的质量分别是 m_1 和 m_2，用跨过滑轮 C 的不可伸长的绳索相连，这两个物体可沿直角三棱柱的光滑斜面滑动，而三棱柱的底面 DE 则放在光滑水平面上。设三棱柱的质量为 m，且 $m=4m_1=16m_2$，初瞬时系统处于静止。试求物体 A 降落高度 $h=10$ cm 时，三棱柱沿水平面的位移。绳索和滑轮的质量不计。

10－17　如图所示机构中，鼓轮 A 质量为 m_1，转轴 O 为其质心。重物 B 的质量为 m_2，重物 C 的质量为 m_3。斜面光滑，倾角为 θ。已知 B 物体的加速度为 a，求轴承 O 处的约束反力。

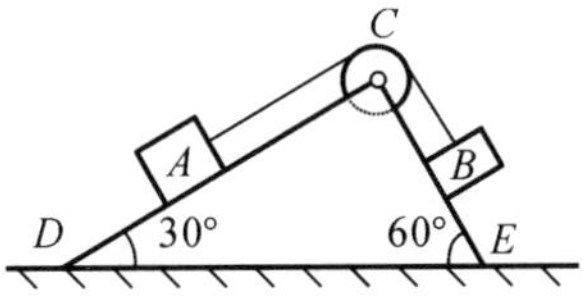

题10－16图

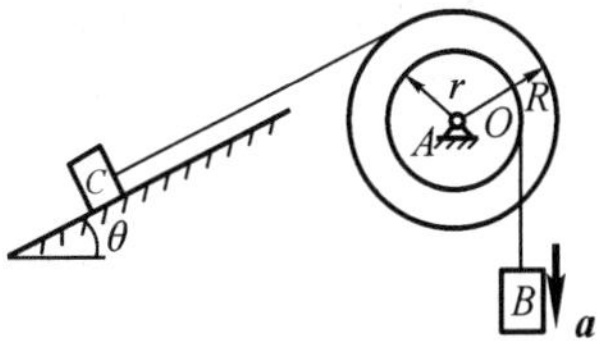

题10－17图

10－18　三个重物的质量分别为 $m_1=20$ kg，$m_2=15$ kg，$m_3=10$ kg，由一个绕过两个定滑轮 M 和 N 的绳子相连接，如图所示。当重物 m_1 下降时，重物 m_2 在四棱柱 $ABCD$ 的上面向右移动，而重物 m_3 则沿侧面 AB 上升。四棱柱体的质量 $m=100$ kg。如略去一切摩擦和滑轮、绳子的质量，求当物块 m_1 下降 1 m 时，四棱柱体相对于地面的位移。

10－19　如图所示质量为 m_1 的平台，放在水平面上，平台与水平面间的动摩擦因数为 f。质量为 m_2 的小车 D 由绞车拖动，相对于平台运动规律为 $s=\frac{1}{2}bt^2$，其中 b 为已知常数。不计绞车的质量，求平台的加速度。

10－20　如图所示用相同材料做成的均质杆 AC 和 BC 用铰链在点 C 连接。已知 $AC=25$ cm，$BC=40$ cm。处于铅直面内的各杆从 $CC_1=24$ cm 处静止释放。当 A，B，C 运动到位于同一直线上时，求杆端 A，B 各自沿光滑水平面的位移 s_A 和 s_B。

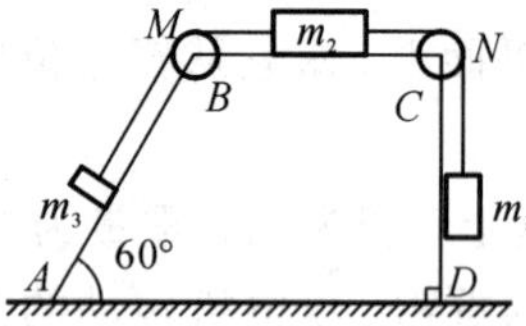

题 10－18 图

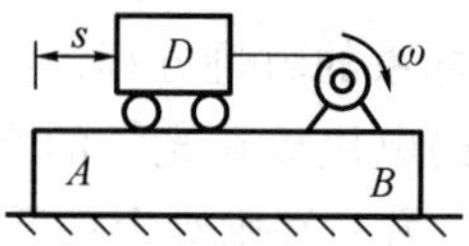

题 10－19 图

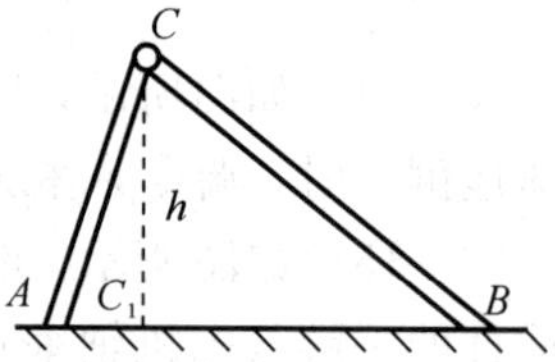

题 10－20 图

10－21　均质曲柄 OA 重 $\boldsymbol{G}_1$，长为 r，初始时曲柄在 OAB 水平方向。曲柄受力偶作用以角速度 ω 转动，转角 $\varphi=\omega t$，并带动总重 $\boldsymbol{G}_2$ 的滑槽、连杆和活塞 B 做水平往复运动，如图所示。已知机构在铅直面内，在活塞上作用着水平常力 $\boldsymbol{F}$。试求作用在曲柄轴 O 处的最大水平约束力。不计滑块的质量和各处的摩擦。

10－22　均质杆 OA 长为 $2l$，重量为 P，绕通过 O 端的水平轴在竖直面内转动，如图所示。设杆 OA 转动到与水平成 φ 角时，其角速度与角加速度分别为 ω 及 α。试求该瞬时杆 O 端的约束力。

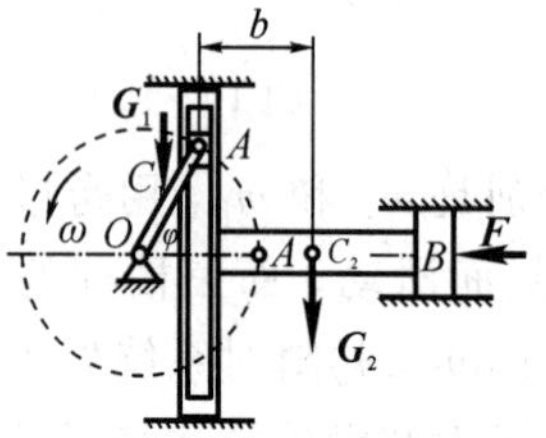

题 10－21 图

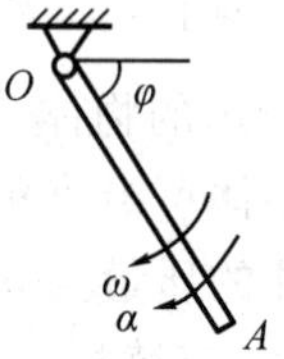

题 10－22 图

10－23　如图所示水平面上放一均质三棱柱 A，在其斜面上又放一均质三棱柱 B。两三棱柱的横截面均为直角三角形。三棱柱 A 的质量 m_A 为三棱 B 质量 m_B 的三倍，其尺寸如图示。设各处摩擦不计，初始时系统静止。求当三棱柱 B 沿三棱柱 A 滑下接触到水平面时，三棱柱 A 移动的距离。

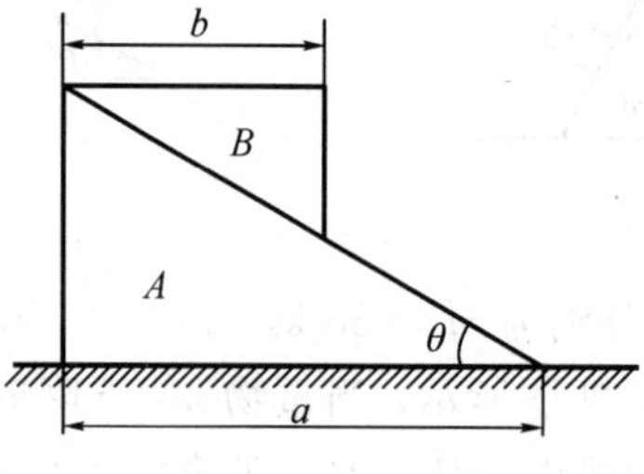

题 10－23 图

第 11 章　动量矩定理

上一章介绍了动量及动量定理。动量是物体机械运动强度的一种度量，动量定理建立了作用力与动量变化之间的关系，反映了质点系机械运动规律的一个侧面。但是用动量度量转动物体的机械运动时就会遇到困难。例如圆盘绕通过质心的固定轴转动时，无论圆盘质量多大，转动多快，因其质心固定在转轴上，它的速度始终为零，因此圆盘的动量恒等于零。为了度量质点或质点系绕某固定轴转动时的机械运动强度，需引进一个新的物理量——动量矩。

11.1　质点和质点系的动量矩

11.1.1　质点的动量矩

设质点 Q 某瞬时的动量为 $m\boldsymbol{v}$，质点相对于固定点 O 的位置用矢径 $\boldsymbol{r}$ 表示，如图 11.1 所示。**质点 Q 的动量对于定点 O 的矩，定义为质点对于点 O 的动量矩**，即

$$\boldsymbol{M}_O(m\boldsymbol{v})=\boldsymbol{r}\times m\boldsymbol{v} \tag{11-1}$$

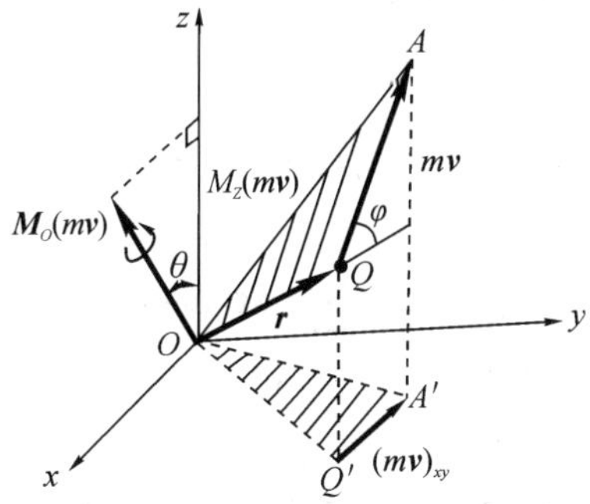

图 11.1

质点对于点 O 的动量矩 $\boldsymbol{M}_O(m\boldsymbol{v})$ 是矢量，它垂直于矢径 $\boldsymbol{r}$ 与动量矢量 $m\boldsymbol{v}$ 所形成的平面，动量矩矢量 $\boldsymbol{M}_O(m\boldsymbol{v})$ 的指向按照右手法则确定，它的大小为

$$M_O(m\boldsymbol{v})=r\cdot mv\sin\varphi=\pm 2A_{\triangle OQA}$$

式中，$A_{\triangle OQA}$ 是三角形 OQA 的面积。

质点动量 $m\boldsymbol{v}$ 在 Oxy 平面内的投影 $(m\boldsymbol{v})_{xy}$ 对于点 O 的矩，定义为质点动量对于 z 轴的矩，简称对于 z 轴的动量矩，记作 $M_z(m\boldsymbol{v})$。对轴的动量矩是代数量，其正负与力对轴之矩的正负类似，可由右手法则来确定。由图 11.1 可见

$$M_z(m\boldsymbol{v})=\pm 2A_{\triangle OQ'A'} \tag{11-2}$$

式中，$A_{\triangle OQ'A'}$是三角形$OQ'A'$的面积。

与此类似，可定义质点对于x轴和y轴的动量矩$M_x(m\boldsymbol{v})$和$M_y(m\boldsymbol{v})$。

质点对点O的动量矩与对z轴的动量矩二者的关系，可仿照静力学中力对点的矩与力对通过该点的轴的矩之间的关系建立，即**质点对点O的动量矩矢在z轴上的投影，等于对z轴的动量矩**，即

$$[\boldsymbol{M}_O(m\boldsymbol{v})]_z = M_z(m\boldsymbol{v}) \tag{11-3}$$

同理，有

$$\left.\begin{aligned}[\boldsymbol{M}_O(m\boldsymbol{v})]_x &= M_x(m\boldsymbol{v})\\ [\boldsymbol{M}_O(m\boldsymbol{v})]_y &= M_y(m\boldsymbol{v})\end{aligned}\right\} \tag{11-4}$$

由于质点的空间位置和质点的动量均随时间变化，因此动量矩必然是瞬时量，它表示质点在某瞬时的运动特征。质点的动量矩是质点绕某定点(或定轴)机械运动强弱的一种度量。在国际单位制中，动量矩的单位是千克·米^2/秒(kg·m^2/s)或牛顿·米·秒(N·m·s)。

11.1.2 质点系的动量矩

质点系对某定点O的动量矩$\boldsymbol{L}_O$等于各质点对同一定点O的动量矩的矢量和，或称为质点系动量对O点的主矩，即

$$\boldsymbol{L}_O = \sum \boldsymbol{M}_O(m_i\boldsymbol{v}_i) = \sum (\boldsymbol{r}_i \times m_i\boldsymbol{v}_i) \tag{11-5}$$

式中，$\boldsymbol{r}_i$是第i个质点自O点出发的矢径，$m_i\boldsymbol{v}_i$是该质点的动量。

质点系对某定轴z的动量矩L_z等于各质点对同一z轴动量矩的代数和，即

$$L_z = \sum M_z(m_i\boldsymbol{v}_i) \tag{11-6}$$

同理，可定义质点系对x轴和y轴的动量矩，有

$$\left.\begin{aligned}L_x &= \sum M_x(m_i\boldsymbol{v}_i)\\ L_y &= \sum M_y(m_i\boldsymbol{v}_i)\end{aligned}\right\} \tag{11-7}$$

根据式(11-5)，有

$$[\boldsymbol{L}_O]_z = \sum [\boldsymbol{M}_O(m_i\boldsymbol{v}_i)]_z$$

将式(11-3)代入上式，并注意到式(11-6)，得

$$[\boldsymbol{L}_O]_z = L_z \tag{11-8}$$

即：**质点系对某定点O的动量矩矢在通过该点的z轴上的投影等于质点系对于该轴的动量矩。**

可以根据式(11-5)和式(11-6)、式(11-7)计算质点系对O点的动量矩或对某一轴的动量矩。而对于刚体这一特殊的质点系，根据其运动特性可使计算过程简化。

1. 平移刚体对定点O的动量矩

设平移刚体的质量为m，由于刚体上每个质点的速度均相等，设其质心的速度为$\boldsymbol{v}_C$，则有$\boldsymbol{v}_i = \boldsymbol{v}_C$，根据式(11-5)，有

$$\boldsymbol{L}_O = \sum (\boldsymbol{r}_i \times m_i\boldsymbol{v}_i) = \sum (m_i\boldsymbol{r}_i) \times \boldsymbol{v}_C$$

根据式(10-15)，有

$$\sum m_i\boldsymbol{r}_i = m\boldsymbol{r}_C$$

则

$$\boldsymbol{L}_O=m\boldsymbol{r}_C\times\boldsymbol{v}_C=\boldsymbol{r}_C\times m\boldsymbol{v}_C=\boldsymbol{r}_C\times\boldsymbol{p}$$

式中，$\boldsymbol{r}_C$ 为平移刚体质心对定点 O 的矢径。可见，平移刚体对定点 O 的动量矩等于将刚体全部质量集中于质心的质点对 O 点的动量矩。同理可得平移刚体对固定轴的动量矩。即计算平移刚体的动量矩时，可将刚体视为质点(全部质量集中于质心)。

2. 定轴转动刚体对转轴的动量矩

工程中，常需计算做定轴转动的刚体对转动轴的动量矩。设刚体以匀角速度 ω 绕定轴 z 转动，如图 11.2 所示。刚体上某质点的质量为 m_i，它到 z 轴的距离为 r_i。应用质点系对 z 轴的动量矩公式(11-6)，刚体绕定轴转动时对转轴的动量矩可表示为

$$L_z=\sum M_z(m_i\boldsymbol{v}_i)=\sum m_iv_ir_i$$

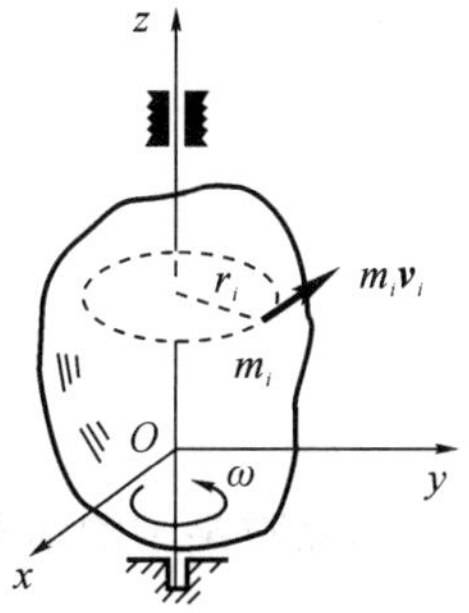

图 11.2

根据运动学，有 $v_i=\omega r_i$，代入上式，则

$$L_z=\sum m_iv_ir_i=\sum m_i\omega r_i^2=\omega\sum m_ir_i^2$$

记 $J_z=\sum m_ir_i^2$，称为刚体对 z 轴的转动惯量(关于转动惯量的详情，请参看稍后的 11.3 节)，代入上式，有

$$L_z=J_z\omega \tag{11-9}$$

可见，**绕定轴转动刚体对其转轴的动量矩等于刚体对转轴的转动惯量与转动角速度的乘积**。动量矩的转向与角速度的转向一致，即动量矩与角速度具有相同的正负号。

11.2　动量矩定理

11.2.1　质点的动量矩定理

如图 11.3 所示的质点 Q，其质量为 m，其上作用有力 $\boldsymbol{F}$，该质点的动量为 $m\boldsymbol{v}$，则质点对定点 O 的动量矩可由式(11-1)表示为

$$\boldsymbol{M}_O(m\boldsymbol{v})=\boldsymbol{r}\times m\boldsymbol{v}$$

上式两边分别对时间求一次导数，可得

$$\frac{\mathrm{d}}{\mathrm{d}t}\boldsymbol{M}_O(m\boldsymbol{v})=\frac{\mathrm{d}\boldsymbol{r}}{\mathrm{d}t}\times m\boldsymbol{v}+\boldsymbol{r}\times\frac{\mathrm{d}}{\mathrm{d}t}(m\boldsymbol{v})$$

$$=\boldsymbol{v}\times m\boldsymbol{v}+\boldsymbol{r}\times\frac{\mathrm{d}}{\mathrm{d}t}(m\boldsymbol{v})$$

$$=\boldsymbol{r}\times\frac{\mathrm{d}}{\mathrm{d}t}(m\boldsymbol{v})$$

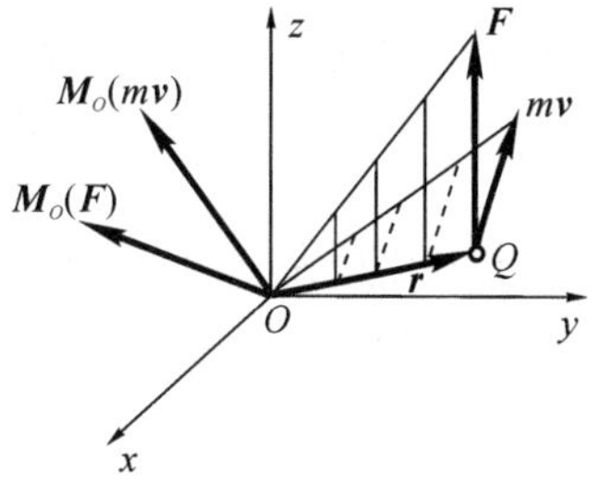

图 11.3

根据质点动量定理，有

$$\frac{\mathrm{d}}{\mathrm{d}t}(m\boldsymbol{v})=\boldsymbol{F}$$

则有

$$\frac{\mathrm{d}}{\mathrm{d}t}\boldsymbol{M}_O(m\boldsymbol{v})=\boldsymbol{r}\times\boldsymbol{F}$$

而 $\boldsymbol{r}\times\boldsymbol{F}=\boldsymbol{M}_O(\boldsymbol{F})$为力 $\boldsymbol{F}$ 对同一定点 O 的力矩，这样可得

$$\frac{\mathrm{d}}{\mathrm{d}t}\boldsymbol{M}_O(m\boldsymbol{v})=\boldsymbol{M}_O(\boldsymbol{F}) \tag{11-10}$$

式(11-10)为质点的动量矩定理，即：质点对某定点的动量矩对时间的一阶导数，等于作用于该质点的力对同一点的矩。

将式(11-10)在直角坐标轴上投影，结合式(11-3)、式(11-4)，可得

$$\left.\begin{aligned}\frac{\mathrm{d}}{\mathrm{d}t}M_x(m\boldsymbol{v})=M_x(\boldsymbol{F})\\\frac{\mathrm{d}}{\mathrm{d}t}M_y(m\boldsymbol{v})=M_y(\boldsymbol{F})\\\frac{\mathrm{d}}{\mathrm{d}t}M_z(m\boldsymbol{v})=M_z(\boldsymbol{F})\end{aligned}\right\} \tag{11-11}$$

即：**质点对某轴的动量矩对时间的一阶导数，等于作用于该质点的力对同一轴的矩。**

11.2.2 质点的动量矩守恒定律

如果作用于质点的力对于某定点 O 的矩恒等于零，则由式(11-10)可知，质点对该点的动量矩保持不变，即

$$\boldsymbol{M}_O(m\boldsymbol{v})=\text{常矢量}$$

如果作用于质点的力对于某定轴的矩恒等于零，则由式(11-11)可知，质点对该轴的动量矩保持不变。例如，若有 $M_z(\boldsymbol{F})=0$，则

$$M_z(m\boldsymbol{v})=\text{常量}$$

以上结论称为**质点的动量矩守恒定律**。

11.2.3 质点系的动量矩定理

设有 n 个质点组成的质点系，作用于每个质点的力分为内力 $\boldsymbol{F}_i^{\mathrm{i}}$ 和外力 $\boldsymbol{F}_i^{\mathrm{e}}$，根据质点的动量矩定理有

$$\frac{\mathrm{d}}{\mathrm{d}t}\boldsymbol{M}_O(m_i\boldsymbol{v}_i)=\boldsymbol{M}_O(\boldsymbol{F}_i^{\mathrm{i}})+\boldsymbol{M}_O(\boldsymbol{F}_i^{\mathrm{e}})$$

对于 n 个质点组成的质点系，共有 n 个这样的方程，将这 n 个方程相加，可得

$$\sum\frac{\mathrm{d}}{\mathrm{d}t}\boldsymbol{M}_O(m_i\boldsymbol{v}_i)=\sum\boldsymbol{M}_O(\boldsymbol{F}_i^{\mathrm{i}})+\sum\boldsymbol{M}_O(\boldsymbol{F}_i^{\mathrm{e}})$$

由于内力总是大小相等、方向相反地成对出现，故所有内力对点 O 的矩的矢量和(即内力对点 O 的主矩)恒等于零，因此上式右端的第一项

$$\sum\boldsymbol{M}_O(\boldsymbol{F}_i^{\mathrm{i}})=\boldsymbol{0}$$

上式左端为

$$\sum\frac{\mathrm{d}}{\mathrm{d}t}\boldsymbol{M}_O(m_i\boldsymbol{v}_i)=\frac{\mathrm{d}}{\mathrm{d}t}\sum\boldsymbol{M}_O(m_i\boldsymbol{v}_i)=\frac{\mathrm{d}}{\mathrm{d}t}\boldsymbol{L}_O$$

于是得

$$\frac{\mathrm{d}}{\mathrm{d}t}\boldsymbol{L}_O=\sum\boldsymbol{M}_O(\boldsymbol{F}_i^{\mathrm{e}}) \tag{11-12}$$

式(11-12)为**质点系的动量矩定理：质点系对于某定点 O 的动量矩对时间的导数，等于作**

用于质点系的所有外力对于同一点的矩的矢量和(外力对点 O 的主矩)。

式(11－12)写成投影形式为

$$\left.\begin{aligned}\frac{\mathrm{d}}{\mathrm{d}t}L_x &= \sum M_x(\boldsymbol{F}_i^{\mathrm{e}})\\ \frac{\mathrm{d}}{\mathrm{d}t}L_y &= \sum M_y(\boldsymbol{F}_i^{\mathrm{e}})\\ \frac{\mathrm{d}}{\mathrm{d}t}L_z &= \sum M_z(\boldsymbol{F}_i^{\mathrm{e}})\end{aligned}\right\} \tag{11-13}$$

即：**质点系对于某定轴的动量矩对时间的导数，等于作用于质点系上所有外力对同一轴的矩的代数和。**

需要注意的是，上述形式的动量矩定理只适用于对固定点和固定轴，而对于动点和动轴，其动量矩定理具有不同于上述表达式的形式。

11.2.4　质点系的动量矩守恒定律

由质点系的动量矩定理可知，质点系的内力不能改变质点系的动量矩，只有作用于质点系的外力才能使质点系的动量矩发生改变。

在式(11－12)中，如果 $\sum \boldsymbol{M}_O(\boldsymbol{F}_i^{\mathrm{e}})=\boldsymbol{0}$，则 $\boldsymbol{L}_O$ 为常矢量。而在式(11－13)中，如果 $\sum M_z(\boldsymbol{F}_i^{\mathrm{e}})=0$，则 L_z 为常量。

可见，**若作用于质点系上的外力对某定点之矩的矢量和(即外力系的主矩)为零，则质点系对该点的动量矩保持不变。即如果 $\sum \boldsymbol{M}_O(\boldsymbol{F}_i^{\mathrm{e}})=\boldsymbol{0}$，则 $\boldsymbol{L}_O$ 为常矢量。若作用于质点系上的外力对某固定轴之矩的代数和等于零，则质点系对该轴的动量矩保持不变。**这个结论称为质点系的动量矩守恒定律。

【例 11－1】　如图 11.4 所示提升装置中，已知滚筒的质量为 m_1，直径为 d，它对转轴的转动惯量为 J_z，作用在滚筒上的主动力偶的力偶矩为 M，被提升重物的质量为 m_2。求重物上升的加速度。

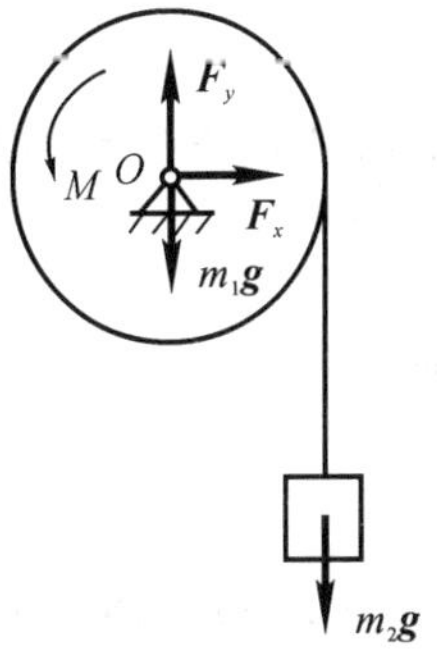

图 11.4

【解】　取滚筒和重物组成的质点系为研究对象。作用在质点系上的外力有重物的重量 $m_2\boldsymbol{g}$，滚筒的重量 $m_1\boldsymbol{g}$，轴承 O 处的约束力 $\boldsymbol{F}_x$ 和 $\boldsymbol{F}_y$，作用在滚筒上的主动力偶矩 M。设某瞬时滚筒转动的角速度为 ω，则重物上升的速度为 $v=\dfrac{d}{2}\omega$。整个系统对转轴 O 的动量矩为

$$L_O=J_z\omega+m_2v\frac{d}{2}=J_z\omega+m_2\omega\frac{d^2}{4}$$

根据质点系的动量矩定理，有

$$\frac{\mathrm{d}}{\mathrm{d}t}L_O=\frac{\mathrm{d}}{\mathrm{d}t}\left(J_z\omega+m_2\omega\frac{d^2}{4}\right)=M-m_2g\frac{d}{2}$$

$$\left(J_z+m_2\frac{d^2}{4}\right)\frac{\mathrm{d}\omega}{\mathrm{d}t}=M-m_2g\frac{d}{2}$$

而滚筒的角加速度为

$$\alpha=\frac{\mathrm{d}\omega}{\mathrm{d}t}$$

即

$$\alpha=\frac{4M-2m_2gd}{4J_z+m_2d^2}$$

重物上升的加速度等于滚筒边缘上任意一点的切向加速度，可表示为

$$a=\frac{d}{2}\alpha=\frac{2Md-m_2gd^2}{4J_z+m_2d^2}$$

【例 11-2】 均质滑轮半径分别为 r_1 和 r_2，两轮固连在一起并安装在同一转轴 O 上，两轮共重 mg，对轮心 O 的转动惯量为 J_O，如图 11.5 所示。重物 A，B 的质量分别为 m_1，m_2。求重物 A 向下运动的加速度。

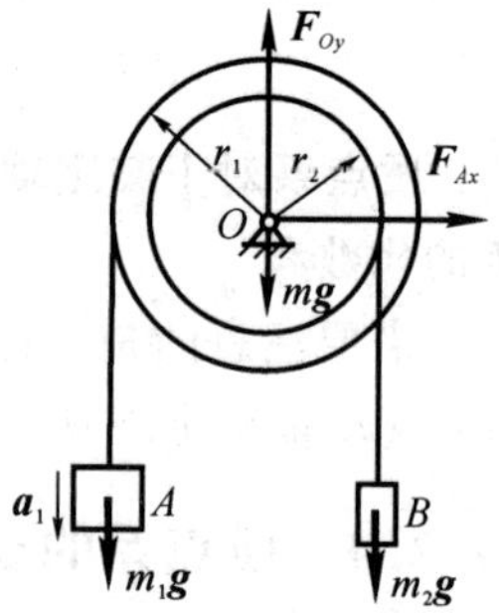

图 11.5

【解】 取整体为研究对象，其受力分析和运动分析如图 11.5 所示。应用质点系对 O 轴的动量矩定理，有

$$\frac{\mathrm{d}}{\mathrm{d}t}L_O=\sum M_O(\boldsymbol{F}_i^{\mathrm{e}})$$

而质点系对 O 点的动量矩为

$$L_O=J_O\omega+m_1v_1r_1+m_2v_2r_2$$

因为 $v_1=\omega r_1$，$v_2=\omega r_2$，所以

$$L_O=\frac{v_1}{r_1}(J_O+m_1r_1^2+m_2r_2^2)$$

质点系所有外力对 O 点的矩的代数和为

$$\sum M_O(\boldsymbol{F}^{\mathrm{e}})=m_1gr_1-m_2gr_2$$

代入动量矩定理，有

$$\frac{\mathrm{d}}{\mathrm{d}t}L_O=(J_O+m_1r_1^2+m_2r_2^2)\frac{1}{r_1}\frac{\mathrm{d}v_1}{\mathrm{d}t}=m_1gr_1-m_2gr_2$$

重物 A 向下运动的加速度为

$$a_1=\frac{\mathrm{d}v_1}{\mathrm{d}t}$$

即

$$a_1=\frac{(m_1r_1-m_2r_2)r_1g}{J_O+m_1r_1^2+m_2r_2^2}$$

【例 11-3】 如图 11.6(a)所示调速器中，长为 $2a$ 的水平杆 AB 与铅垂轴固连，并绕 z 轴以角速度 ω_0 转动。其两端用铰链与长为 l 的细杆 AC，BD 相连，杆 AC，BD 各与一重为 $\boldsymbol{W}$ 的小球固连，杆 AC，BD 位于铅垂位置，两小球之间系有细线。当机构绕铅垂轴以角速度 ω 转动时，线被拉断。此后，杆 AC，BD 各与铅垂线成 θ 角，如图 11.6(b)所示。若不计各杆及细线质量，且此时转轴不受外力矩作用，求此时系统的角速度 ω。

【解】 取整个调速器为研究对象。其所受外力有小球的重力及轴承处的约束力，这些力对转轴之矩均为零。由质点系的动量矩守恒定律可知，绳拉断前后系统对 z 轴的动量矩不变。绳拉断前系统对 z 轴的动量矩为

$$L_{z0}=2\left(\frac{W}{g}\omega_0a\right)a=2\frac{W}{g}\omega_0a^2$$

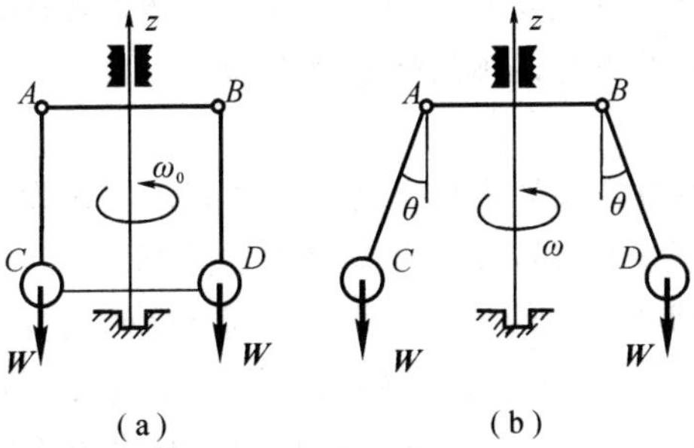

图 11.6

绳拉断后系统对 z 轴的动量矩为

$$L_z=2\,\frac{W}{g}\omega(a+l\sin\theta)^2$$

由动量矩守恒定律知 $L_{z0}=L_z$，得

$$2\,\frac{W}{g}\omega_0a^2=2\,\frac{W}{g}\omega(a+l\sin\theta)^2$$

于是解得绳拉断后系统的角速度为

$$\omega=\frac{a^2}{(a+l\sin\theta)^2}\omega_0$$

11.3　刚体绕定轴转动微分方程

设定轴转动刚体上作用有主动力 $\boldsymbol{F}_1$，$\boldsymbol{F}_2$，…，$\boldsymbol{F}_n$ 和轴承处的约束力 $\boldsymbol{F}_{N1}$和 $\boldsymbol{F}_{N2}$，如图 11.7 所示，这些力都是外力。刚体对 z 轴的转动惯量为 J_z，角速度为 ω，根据式(11－9)可知刚体绕固定轴 z 转动时刚体的动量矩为

$$L_z=J_z\omega$$

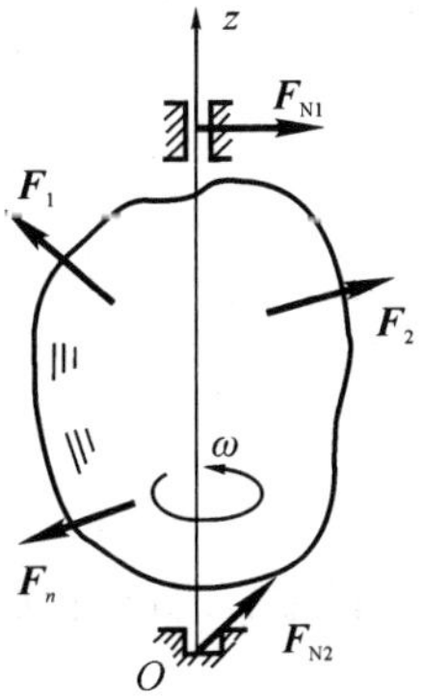

图 11.7

如果不计轴承中的摩擦，则轴承约束力对 z 轴的力矩等于零。根据质点系对 z 轴的动量矩定理，有

$$\frac{\mathrm{d}}{\mathrm{d}t}(J_z\omega)=\sum M_z(\boldsymbol{F}_i)$$

即

$$J_z\frac{\mathrm{d}\omega}{\mathrm{d}t}=\sum M_z(\boldsymbol{F}_i)\tag{11－14a}$$

考虑到

$$\alpha=\frac{\mathrm{d}\omega}{\mathrm{d}t}=\frac{\mathrm{d}^2\varphi}{\mathrm{d}t^2}$$

则式(11－14a)也可以写成为

$$J_z\alpha=\sum M_z(\boldsymbol{F}_i)\tag{11－14b}$$

$$J_z\frac{\mathrm{d}^2\varphi}{\mathrm{d}t^2}=\sum M_z(\boldsymbol{F}_i)\tag{11－14c}$$

以上各式均称为刚体绕定轴转动微分方程，即：**刚体对定轴的转动惯量与角加速度的乘积，等于作用于刚体上的外力对该轴的矩的代数和。**

由上可知：

(1) 作用于刚体的外力对转动轴的矩可使刚体的转动状态发生改变。

(2) 如果作用于刚体的外力对转动轴的矩的代数和等于零，则刚体做匀速转动；如果作用于刚体的外力对转动轴的矩的代数和为常量，则刚体做匀变速转动。

(3) 在同一外力矩的作用下，刚体对转轴的转动惯量越大，则其角加速度就越小，反之亦然。这就是说，转动惯量的大小决定了刚体的转动状态改变的难易程度。因此，转动惯量是刚体转动时的惯性的度量。

【例 11-4】 直杆 AB 和 OD，长度都是 l，质量均为 m，垂直地固接成“丁”字形杆，且 D 为 AB 的中点，如图 11.8 所示。已知此“丁”字形杆的质心为 C，且 $OC=\frac{3}{4}l$。此“丁”字形杆可绕过点 O 的固定轴转动，其对该轴的转动惯量为 $J_O=\frac{17}{12}ml^2$。开始时 OD 段静止于水平位置，求杆转过 φ 时的角速度和角加速度。

【解】 选“丁”字形杆为研究对象，进行受力分析。“丁”字形杆受到重力 $2m\boldsymbol{g}$ 作用，其作用点为“丁”字形杆的质心 C，在点 O 受到固定铰链的约束力 $\boldsymbol{F}_{Ox}$，$\boldsymbol{F}_{Oy}$ 的作用。设当杆 OD 与水平直线的夹角为 φ 时，“丁”字形杆转动的角加速度为 α，如图 11.8 所示。

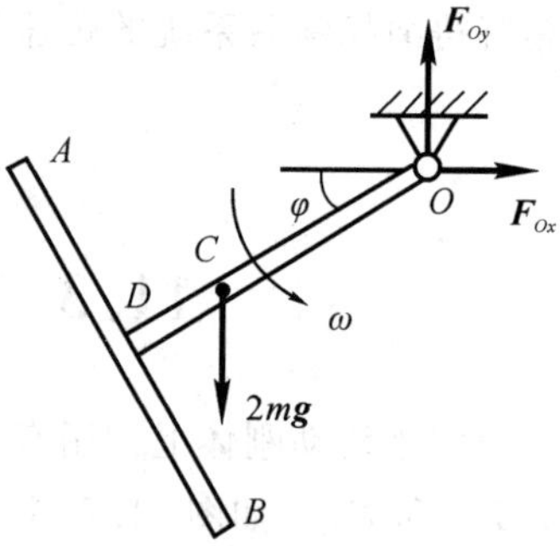

图 11.8

根据刚体绕定轴转动微分方程，有

$$J_O\alpha=\sum M_O(\boldsymbol{F}_i)$$

又有

$$\sum M_O(\boldsymbol{F}_i)=2mg\times\frac{3}{4}l\cos\varphi=\frac{3}{2}mgl\cos\varphi$$

则

$$\frac{17}{12}ml^2\alpha=\frac{3}{2}mgl\cos\varphi$$

则杆转过 φ 时的角加速度 α 为

$$\alpha=\frac{18}{17}\frac{g}{l}\cos\varphi$$

由于

$$\alpha=\ddot{\varphi}=\frac{\mathrm{d}\dot{\varphi}}{\mathrm{d}t}=\frac{\mathrm{d}\dot{\varphi}}{\mathrm{d}\varphi}\frac{\mathrm{d}\varphi}{\mathrm{d}t}=\dot{\varphi}\frac{\mathrm{d}\dot{\varphi}}{\mathrm{d}\varphi}$$

代入上式，可得

$$\dot{\varphi}\mathrm{d}\dot{\varphi}=\frac{18}{17}\frac{g}{l}\cos\varphi\mathrm{d}\varphi$$

两边积分，并利用初始条件，可得

$$\int_0^{\dot{\varphi}}\dot{\varphi}\mathrm{d}\dot{\varphi}=\int_0^{\varphi}\frac{18}{17}\frac{g}{l}\cos\varphi\mathrm{d}\varphi$$

解得

$$\dot{\varphi}=6\sqrt{\frac{g\sin\varphi}{17l}}$$

即杆转过 φ 时的角速度 ω 为

$$\omega=6\sqrt{\frac{g\sin\varphi}{17l}}$$

【例 11-5】 均质细杆 AB 用固定铰支座 B 和刚度系数为 k 的弹簧支持，如图 11.9(a)所示。平衡时杆在水平位置。若杆的质量为 m，长为 L，对轴 B 的转动惯量为 J_B，求杆微摆动时的运动微分方程。

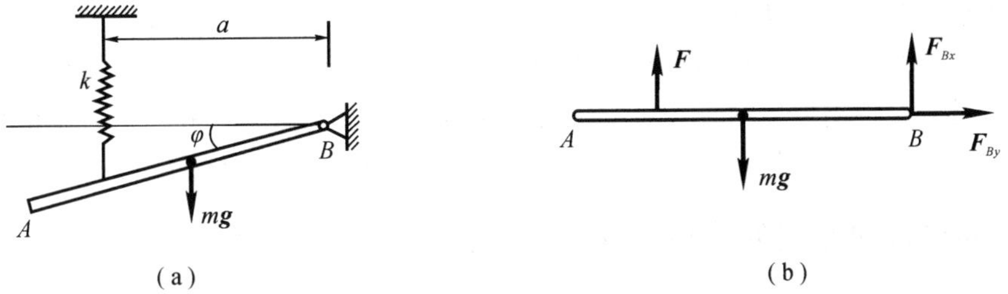

图 11.9

【解】 取杆 AB 为研究对象。AB 杆绕通过 B 点的轴做转动，设 AB 杆与水平线所夹的角为 φ(取逆时针方向为正)。在静平衡位置时，如图 11.9(b)所示，设弹簧静伸长为 λ_s，则有

$$F=F_s=k\lambda_s$$

由

$$\sum M_B(\boldsymbol{F})=0$$

可得

$$k\lambda_s\cdot a=mg\frac{L}{2} \tag{a}$$

在运动过程中，杆 AB 受到重力 $m\boldsymbol{g}$，弹性力 $\boldsymbol{F}$ 和约束力 $\boldsymbol{F}_{Bx}$，$\boldsymbol{F}_{By}$ 作用。由于杆做微摆动，因此弹性力 $\boldsymbol{F}$ 的大小可以近似表示为

$$F=k(\lambda_s+a\varphi)$$

由刚体绕定轴转动微分方程得

$$J_B\ddot{\varphi}=mg\cdot\frac{L}{2}\cos\varphi-Fa=mg\cdot\frac{L}{2}\cos\varphi-k(\lambda_s+a\varphi)a \tag{b}$$

由于杆 AB 做微摆动，$\cos\varphi\approx1$，将式(a)代入式(b)，整理后得

$$\ddot{\varphi}+\frac{ka^2}{J_B}\varphi=0$$

上式就是杆 AB 微摆动时的运动微分方程。

11.4 刚体对轴的转动惯量

11.4.1 刚体的转动惯量

刚体的转动惯量是刚体转动时惯性的度量，它等于刚体内各质点质量与质点到轴的垂

直距离平方的乘积之和，即

$$J_z = \sum m_i r_i^2 \tag{11-15}$$

对于质量连续分布的刚体，上式可写成积分形式

$$J_z = \int r^2 \mathrm{d}m \tag{11-16}$$

由定义可知，转动惯量为一恒正标量，其值取决于转轴的位置、刚体的质量及其质量相对转轴的分布情况，而与运动状态无关。在国际单位制中转动惯量的单位是千克·米^2（$\mathrm{kg\cdot m^2}$）。

刚体的转动惯量原则上可由式(11-16)计算得到。对于几何形状规则的均质刚体可以对式(11-16)直接积分，计算得到刚体的转动惯量；对于可划分为若干个几何形状规则的组合均质刚体，其转动惯量的计算可采用类似求重心的组合法来求得，这时要应用转动惯量的平行轴定理；对于形状复杂的或非均质的刚体，通常采用实验法测量转动惯量。

11.4.2 简单几何形状的均质刚体的转动惯量

1. 均质细直杆对于 z 轴的转动惯量

设杆长为 l，单位长度的质量为 ρ_l，z 轴过细直杆的端点 O 且与细直杆垂直，如图 11.10 所示。取杆上一微段 $\mathrm{d}x$，其质量为 $\mathrm{d}m=\rho_l\mathrm{d}x$，则此杆对于 z 轴的转动惯量为

$$J_z = \int_0^l (\rho_l \mathrm{d}x \cdot x^2) = \rho_l \int_0^l x^2 \mathrm{d}x = \frac{1}{3}\rho_l l^3$$

由于细直杆的质量 $m=\rho_l l$，于是

$$J_z = \frac{1}{3}ml^2 \tag{11-17}$$

如图 11.11 所示的均质细直杆对过中点 O 的 z 轴的转动惯量为

$$J_z = \int_{-\frac{l}{2}}^{\frac{l}{2}} (\rho_l \mathrm{d}x \cdot x^2) = \rho_l \int_{-\frac{l}{2}}^{\frac{l}{2}} x^2 \mathrm{d}x = \frac{1}{12}\rho_l l^3$$

由于细直杆的质量 $m=\rho_l l$，于是

$$J_z = \frac{1}{12}ml^2 \tag{11-18}$$

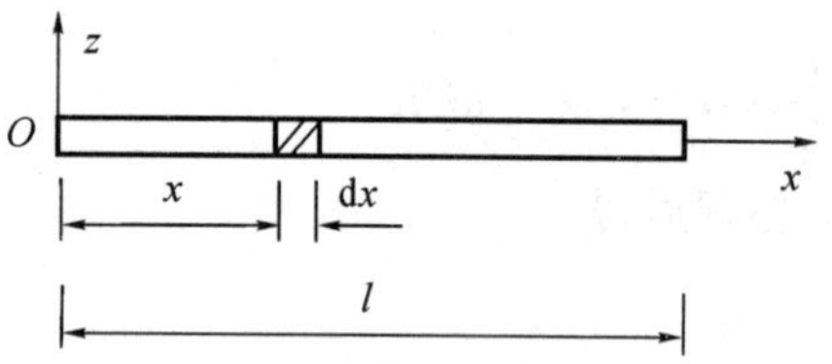

图 11.10

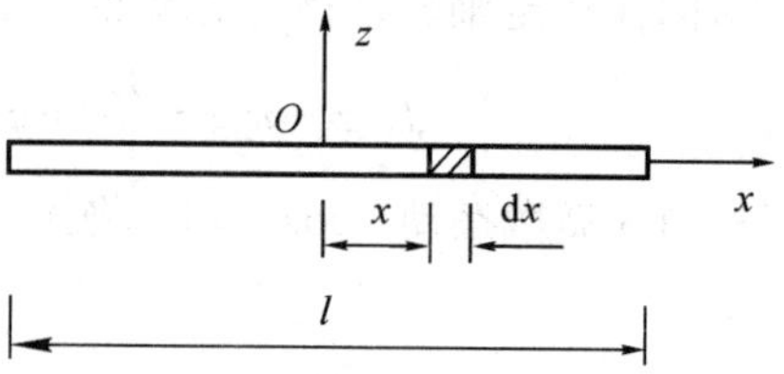

图 11.11

2. 均质薄圆环对于中心轴 z 的转动惯量

设均质薄圆环质量为 m，平均半径为 R，z 轴过薄圆环的中心 O 且与板面垂直，如图 11.12 所示。将圆环沿圆周分成许多微段，设每段质量为 m_i。由于这些微段到中心轴的距离都等于平均半径 R，因此圆环对于垂直于板面的中心轴 z 的转动惯量为

$$J_z = \sum m_i r_i^2 = R^2 \sum m_i = mR^2 \tag{11-19}$$

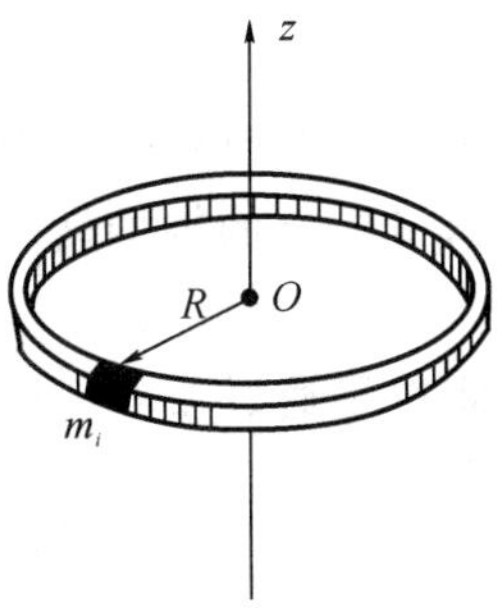

图 11.12

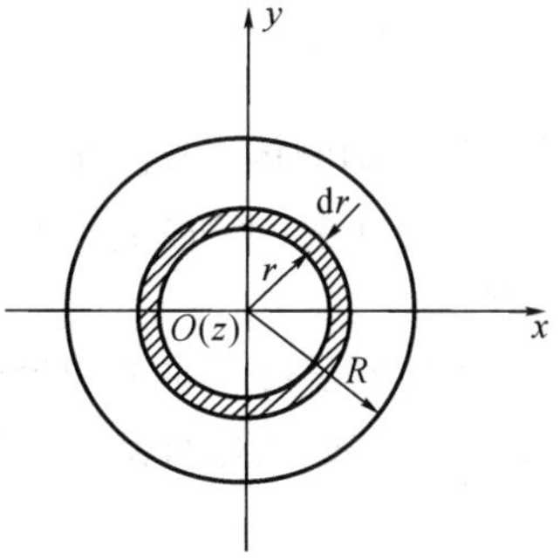

图 11.13

3. 均质圆板对于中心轴 z 的转动惯量

设圆板质量为 m，半径为 R，z 轴过圆板的中心 O 且与板面垂直，如图 11.13 所示。将圆板分为无数同心的细圆环，任一圆环的半径为 r，宽度为 $\mathrm{d}r$，则细圆环的质量为

$$\mathrm{d}m = 2\pi r \mathrm{d}r \cdot \rho_A$$

式中，$\rho_A = \dfrac{m}{\pi R^2}$是均质圆板单位面积的质量。圆板对于垂直于板面的中心轴 z 的转动惯量为

$$J_z = \int_0^R (2\pi\rho_A r \mathrm{d}r \cdot r^2) = 2\pi\rho_A \frac{R^4}{4}$$

由于 $m = \pi R^2 \rho_A$，因此

$$J_z = \frac{1}{2} m R^2 \tag{11-20}$$

11.4.3　惯性半径

对于均质物体，其转动惯量与质量的比值仅与物体的几何形状和尺寸有关，例如：

均质细直杆　$\dfrac{J_z}{m} = \dfrac{1}{3} l^2$

均质薄圆环　$\dfrac{J_z}{m} = R^2$

均质圆板　$\dfrac{J_z}{m} = \dfrac{1}{2} R^2$

由此可见，几何形状相同而材料不同(密度不同)的物体，上列比值是相同的。令

$$\rho_z = \sqrt{\frac{J_z}{m}} \tag{11-21}$$

称为刚体对 z 轴的**惯性半径(或回转半径)**。

对于几何形状相同的均质物体，不论其是由何种材料制成的，其惯性半径是一样的。

如果已知物体的惯性半径 ρ_z，则物体的转动惯量

$$J_z = m\rho_z^2 \tag{11-22}$$

即物体的转动惯量等于该物体的质量与惯性半径平方的乘积。

式(11-22)表明，如果把物体的质量全部集中于一质点，并令该质点对于 z 轴的转动惯量等于物体的转动惯量，则质点到 z 轴的垂直距离就是惯性半径。在相关的机械工程手册中，列出了简单几何形状或几何形状已标准化的零件的惯性半径，以便于工程技术人员查阅。

11.4.4 平行轴定理

对于简单几何形状的刚体，查阅相关的机械工程手册，可得到刚体对于通过质心的轴的转动惯量。在工程实际中，有时需要确定刚体对于不通过质心的轴的转动惯量，这就需要用到平行轴定理。

平行轴定理：刚体对于任一轴的转动惯量，等于刚体对于通过质心、并与该轴平行的轴的转动惯量，加上刚体的质量与两轴间距离平方的乘积，即

$$J_z = J_{zC} + md^2 \tag{11-23}$$

证明：如图 11.14 所示，设点 C 为刚体的质心，刚体对于通过质心的 z_1 轴的转动惯量为 J_{zC}，刚体对于平行于该轴的另一轴 z 的转动惯量为 J_z，两轴间距离为 d。分别以 C，O 两点为原点，作直角坐标轴系 $Cx_1y_1z_1$ 和 $Oxyz$，由图知

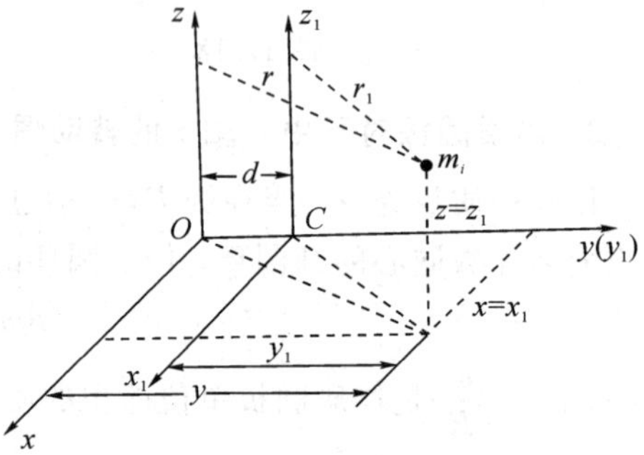

图 11.14

$$J_{zC} = \sum m_i r_1^2 = \sum m_i (x_1^2 + y_1^2)$$

$$J_z = \sum m_i r^2 = \sum m_i (x^2 + y^2)$$

而 $x=x_1$，$y=y_1+d$，则

$$\begin{aligned} J_z &= \sum m_i [x_1^2 + (y_1 + d)^2] \\ &= \sum m_i (x_1^2 + y_1^2) + 2d \sum m_i y_1 + d^2 \sum m_i \end{aligned}$$

由质心坐标公式

$$y_C = \frac{\sum m_i y_i}{\sum m_i}$$

可知当坐标原点取在质心 C 时，$y_C=0$，故有 $\sum m_i y_i = 0$。又因为 $\sum m_i = m$，于是得

$$J_z = J_{zC} + md^2$$

由平行轴定理可知，刚体对于所有相互平行的轴的转动惯量，以对通过质心的轴的转动惯量为最小。而且求得刚体对于通过质心的轴的转动惯量，则对于与质心轴平行的轴的转动惯量都可由式(11-23)算出。

【例 11-6】 钟摆简化如图 11.15 所示。已知均质细杆和均质圆盘的质量分别为 m_1 和 m_2，杆长为 l，圆盘直径为 d。求钟摆对于垂直于纸面且通过悬挂点 O 的轴的转动惯量。

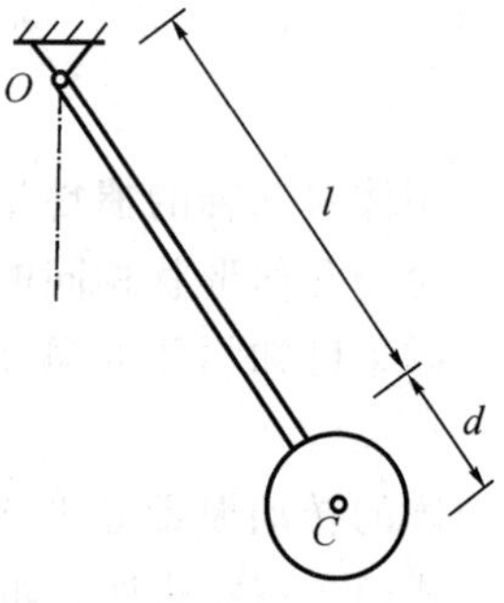

图 11.15

【解】 钟摆对于 O 轴的转动惯量

$$J_O = J_{O杆} + J_{O盘}$$

式中

$$J_{O杆} = \frac{1}{3} m_1 l^2$$

设 J_C 为圆盘对于中心 C 的转动惯量，则

$$J_{O盘}=J_C+m_2\left(l+\frac{1}{2}d\right)^2=\frac{1}{2}m_2\left(\frac{1}{2}d\right)^2+m_2\left(l+\frac{1}{2}d\right)^2=m_2\left(\frac{3}{8}d^2+l^2+ld\right)$$

所以得

$$J_O=\frac{1}{3}m_1l^2+m_2\left(\frac{3}{8}d^2+l^2+ld\right)$$

工程中，对于几何形状复杂的物体，常用实验方法测定其转动惯量。例如图 11.15 中的钟摆。又如，欲求圆轮对于中心轴的转动惯量，可用如图 11.16(a)所示的单轴扭振、如图 11.16(b)所示的三线悬挂扭振等方法测定扭振周期，然后根据周期与转动惯量之间的关系计算转动惯量。

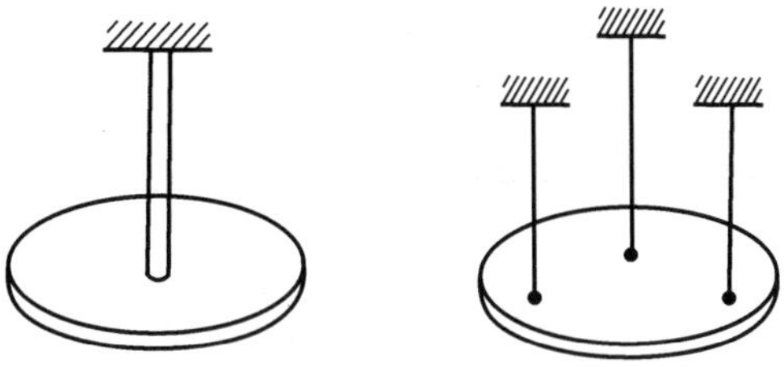

(a)　　(b)

图 11.16

对于工程中一些常见均质物体及常用型材的转动惯量和惯性半径，也可通过查阅相关的机械手册得到。

11.5 质点系相对于质心的动量矩定理

上述动量矩定理，只适用于惯性参考系中的固定点或固定轴。如果质点系(如做平面运动的刚体)的运动可分解为随质心的平移和相对于质心的转动，那么前者可用动量定理或质心运动定理描述，后者能否用动量矩定理来描述呢？

以质点系的质心 C 为原点，取一平移参考系 $Cx'y'z'$，如图 11.17 所示。在此平移参考系中，质点 m_i 的相对矢径为 $\boldsymbol{r}_i'$，相对速度为 $\boldsymbol{v}_{ir}$。根据定义，质点系对于质心 C 的动量矩为

$$\boldsymbol{L}_C=\sum\boldsymbol{r}_i'\times m_i\boldsymbol{v}_i \tag{11-24}$$

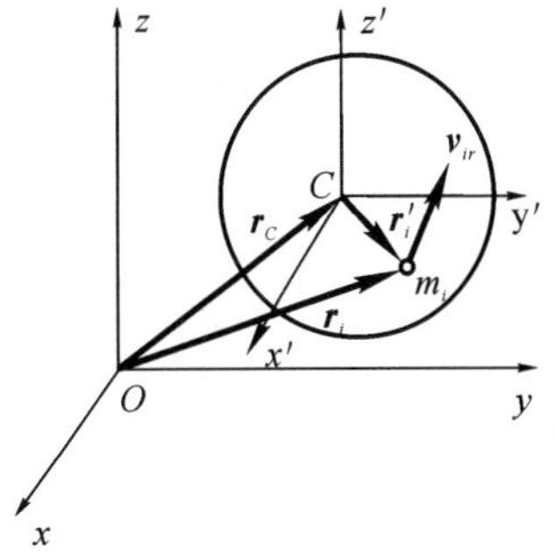

图 11.17

根据点的速度合成定理，有

$$\boldsymbol{v}_i=\boldsymbol{v}_C+\boldsymbol{v}_{ir}$$

则质点系对于质心 C 的动量矩可表示为

$$\boldsymbol{L}_C=\sum\boldsymbol{r}_i'\times m_i(\boldsymbol{v}_C+\boldsymbol{v}_{ir})=\sum\boldsymbol{r}_i'\times m_i\boldsymbol{v}_C+\sum\boldsymbol{r}_i'\times m_i\boldsymbol{v}_{ir}$$

由质心坐标公式，有

$$\sum m_i\boldsymbol{r}_i'=\sum m\boldsymbol{r}_C'$$

式中，m 是质点系的总质量，$\boldsymbol{r}_C'$ 是质心 C 在动坐标系中的矢径，而质心是动坐标系的原点，即 $\boldsymbol{r}_C'=\boldsymbol{0}$，也就是说 $\sum m_i\boldsymbol{r}_i'=\boldsymbol{0}$。故质点系对于质心 C 的动量矩为

$$\boldsymbol{L}_C = \sum \boldsymbol{r}_i' \times m_i \boldsymbol{v}_{ir} \tag{11-25}$$

由式(11-24)和式(11-25)可知，计算质点系对质心的动量矩时，用质点相对于惯性参考系的绝对速度 $\boldsymbol{v}_i$，或用质点相对于固连在质心上的平移参考系的相对速度 $\boldsymbol{v}_{ir}$，其结果都是一样的。

任一质点 m_i 相对于定点 O 的矢径为 $\boldsymbol{r}_i$，速度为 $\boldsymbol{v}_i$(此为绝对速度)，则质点系对于点 O 的动量矩为

$$\boldsymbol{L}_O = \sum \boldsymbol{r}_i \times m_i \boldsymbol{v}_i$$

由图 11.17 可知

$$\boldsymbol{r}_i = \boldsymbol{r}_C + \boldsymbol{r}_i'$$

于是

$$\boldsymbol{L}_O = \sum (\boldsymbol{r}_C + \boldsymbol{r}_i') \times m_i \boldsymbol{v}_i = \sum \boldsymbol{r}_C \times m_i \boldsymbol{v}_i + \sum \boldsymbol{r}_i' \times m_i \boldsymbol{v}_i$$

根据质点系动量的计算公式，有

$$\sum m_i \boldsymbol{v}_i = m\boldsymbol{v}_C$$

式中，$\boldsymbol{v}_C$ 为其质心 C 的速度。这样，质点系对于点 O 的动量矩可表示为

$$\boldsymbol{L}_O = \boldsymbol{r}_C \times m\boldsymbol{v}_C + \boldsymbol{L}_C \tag{11-26}$$

式(11-26)表明，质点系对任一定点 O 的动量矩，等于集中于质心的系统动量 $m\boldsymbol{v}_C$ 对于点 O 的动量矩与此系统对于质心 C 的动量矩 $\boldsymbol{L}_C$ 的矢量和。

由质点系对定点的动量矩定理

$$\frac{\mathrm{d}}{\mathrm{d}t}\boldsymbol{L}_O = \sum \boldsymbol{M}_O(\boldsymbol{F}_i^{\mathrm{e}})$$

可得

$$\frac{\mathrm{d}}{\mathrm{d}t}(\boldsymbol{r}_C \times m\boldsymbol{v}_C) + \frac{\mathrm{d}}{\mathrm{d}t}\boldsymbol{L}_C = \sum \boldsymbol{r}_i \times \boldsymbol{F}_i^{\mathrm{e}}$$

即

$$\frac{\mathrm{d}\boldsymbol{r}_C}{\mathrm{d}t} \times m\boldsymbol{v}_C + \boldsymbol{r}_C \times \frac{\mathrm{d}}{\mathrm{d}t}(m\boldsymbol{v}_C) + \frac{\mathrm{d}}{\mathrm{d}t}\boldsymbol{L}_C = \sum (\boldsymbol{r}_C + \boldsymbol{r}_i') \times \boldsymbol{F}_i^{\mathrm{e}}$$

又有

$$\frac{\mathrm{d}\boldsymbol{r}_C}{\mathrm{d}t} = \boldsymbol{v}_C, \quad \frac{\mathrm{d}\boldsymbol{v}_C}{\mathrm{d}t} = \boldsymbol{a}_C, \quad \boldsymbol{v}_C \times \boldsymbol{v}_C = \boldsymbol{0}, \quad m\boldsymbol{a}_C = \sum \boldsymbol{F}_i^{\mathrm{e}}$$

则

$$\frac{\mathrm{d}}{\mathrm{d}t}\boldsymbol{L}_C = \sum \boldsymbol{r}_i' \times \boldsymbol{F}_i^{\mathrm{e}}$$

上式右端是外力对于质心的主矩，于是得

$$\frac{\mathrm{d}}{\mathrm{d}t}\boldsymbol{L}_C = \sum \boldsymbol{M}_C(\boldsymbol{F}_i^{\mathrm{e}}) \tag{11-27}$$

质点系相对于质心的动量矩对时间的导数，等于作用于质点系的外力系对于质心的主矩。这个结论称为质点系相对于质心的动量矩定理。该定理在形式上与质点系对于固定点的动量矩定理完全相同。

将式(11-27)投影到随质心 C 平移的坐标轴 x'，y'，z'上，得到质点系相对于质心的动

量矩定理的投影形式为

$$\frac{\mathrm{d}}{\mathrm{d}t}L_{Cx'}=\sum M_{x'}(\boldsymbol{F}_i^{\mathrm{e}}),\quad \frac{\mathrm{d}}{\mathrm{d}t}L_{Cy'}=\sum M_{y'}(\boldsymbol{F}_i^{\mathrm{e}}),\quad \frac{\mathrm{d}}{\mathrm{d}t}L_{Cz'}=\sum M_{z'}(\boldsymbol{F}_i^{\mathrm{e}}) \tag{11-28}$$

由式(11－27)和式(11－28)可知：

(1) 如果 $\sum \boldsymbol{M}_C(\boldsymbol{F}_i^{\mathrm{e}})=\boldsymbol{0}$，则有 $\boldsymbol{L}_C=$常矢量。即：**若质点系的外力对于质心的主矩恒为零，则质点系相对于质心的动量矩守恒**。

(2) 如果 $\sum M_{x'}(\boldsymbol{F}_i^{\mathrm{e}})=0$，则有 $L_{Cx'}=$常量。即：**若质点系的外力在过质心的轴上的投影的代数和恒为零，则质点系对过质心的轴的动量矩守恒**。

可见，质点系相对于质心的运动只与外力有关而与内力无关。例如，当轮船或飞机转弯时，由于流体对舵的压力对质心产生力矩，使轮船或飞机相对于质心的动量矩发生变化，从而产生转弯的角速度。如果外力对质心的力矩为零，由式（11－27)可知，相对于质心的动量矩是守恒的。例如，跳水运动员在离开跳板后，设空气阻力不计，则他在空中时除重力外并没有其他外力的作用，由于重力对质心的力矩为零，故相对于质心的动量矩是守恒的。当他离开跳板时，他的四肢伸直，其转动惯量较大。当他在空中时，把身体蜷缩起来，使转动惯量变小，于是得到较大的角速度，可以翻几个跟斗。这种增大角速度的办法，常应用在花样滑冰、芭蕾舞、体操表演和杂技表演中。

对于一般运动的质点系，各质点的运动可分解为随同其质心一起的牵连运动和相对固连在质心的平移参考系的相对运动。因此，应用式(11－25)计算质点系相对于质心的动量矩更为方便。特别是对于刚体，质心运动定理确立了外力与质心运动的关系。而相对于质心的动量矩定理，又确立了外力与刚体在平移参考系内绕质心转动的关系。二者完全确定了刚体一般运动的动力学方程。下一节将分析工程中常见的刚体平面运动问题。

【例 11－7】 如图 11.18 所示，质量为 m 的有偏心的轮子在水平面上做平面运动。轮子轴心为 A，质心为 C，$AC=e$，轮子半径为 R，对轴心 A 的转动惯量为 J_A。C，A，B 在同一铅直线上。问：

(1) 轮子只滚不滑时，若 $\boldsymbol{v}_A$ 为已知，则轮子的动量和对点 B 的动量矩各为多少？

(2) 轮子又滚又滑时，若 $\boldsymbol{v}_A$，ω 均已知，则轮子的动量和对点 B 的动量矩又各为多少？

【解】 (1) 当轮子只滚不滑时，点 B 的速度应为零，轮子角速度为

$$\omega=\frac{v_A}{R}$$

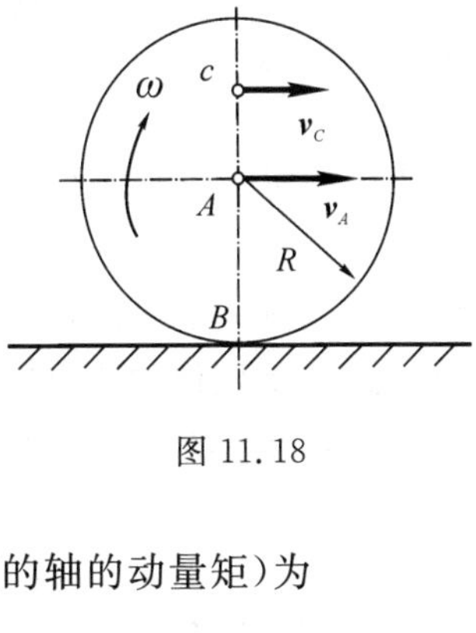

图 11.18

质心 C 的速度为

$$v_C=\omega\cdot BC=(R+e)\frac{v_A}{R}$$

故轮子的动量 $\boldsymbol{p}$ 的大小为

$$p=mv_C=m(R+e)\frac{v_A}{R}$$

动量 $\boldsymbol{p}$ 的方向与 $\boldsymbol{v}_C$ 的方向相同。

轮子对 B 点的动量矩大小(即轮子对过点 B 且与轮面垂直的轴的动量矩)为

$$L_B=J_B\,\omega$$

由于

$$J_B = J_C + m(R+e)^2, \quad J_A = J_C + me^2$$

则有

$$J_B = J_A + m(R+e)^2 - me^2$$

代入动量矩公式中，可得轮子对点 B 的动量矩大小为

$$L_B = [J_A + m(R+e)^2 - me^2]\frac{v_A}{R}$$

(2) 轮子又滚又滑时，取 A 为基点，由

$$\boldsymbol{v}_C = \boldsymbol{v}_A + \boldsymbol{v}_{CA}$$

求得质心 C 的速度大小为

$$v_C = v_A + \omega e$$

故轮子的动量 $\boldsymbol{p}$ 的大小为

$$p = mv_C = m(v_A + \omega e)$$

动量 $\boldsymbol{p}$ 的方向与 $\boldsymbol{v}_C$ 的方向相同。

根据式(11-26)，轮子对点 B 的动量矩 $\boldsymbol{L}_B$ 等于集中于质心 C 的系统动量 $\boldsymbol{p}$ 对于点 B 的动量矩与轮子对质心 C 的动量矩 $\boldsymbol{L}_C$ 的矢量和，则轮子对点 B 的动量矩 $\boldsymbol{L}_B$ 的大小为

$$\begin{aligned} L_B &= p \cdot BC + J_C\omega = m(v_A + \omega e)(R+e) + (J_A - me^2)\omega \\ &= mv_A(R+e) + (J_A + meR)\omega \end{aligned}$$

11.6 刚体的平面运动微分方程

设刚体有质量对称面 s，s 保持在某一固定面内运动，作用于刚体上的外力可简化为 s 平面内的一平面力系 $\boldsymbol{F}_1$，$\boldsymbol{F}_2$，…，$\boldsymbol{F}_n$。由运动学可知，平面运动刚体的位置，可由基点的位置及刚体绕基点的转角确定。运动学中基点可以任意选择。如果把基点选在刚体的质心，则在动力学中，可分别应用质点系的质心运动定理及质点系相对于质心的动量矩定理。这样，结合质心运动定理和相对于质心的动量矩定理，就可建立刚体的平面运动微分方程。

选 Oxy 为定参考系，刚体质心的坐标为(x_C, y_C)，刚体绕质心的转角为 φ，则刚体的位置可由 x_C，y_C 和 φ 确定，如图 11.19 所示。选 $Cx'y'$ 为固连在刚体质心 C 的平移参考系，刚体的平面运动可分解为随质心的平移与绕质心的转动两部分。

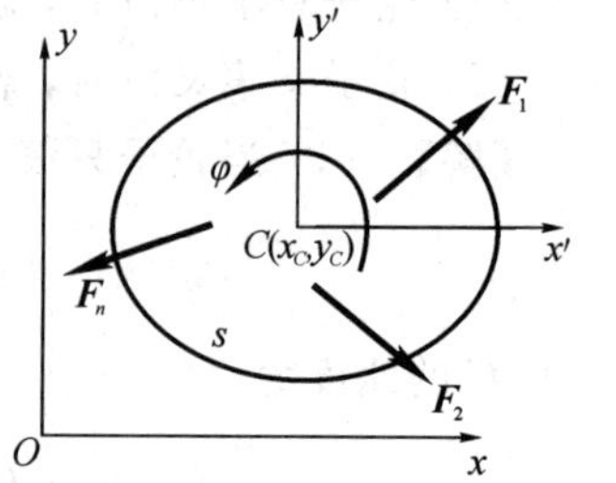

图 11.19

刚体相对于质心轴 C 的动量矩为

$$L_C = J_C\dot{\varphi}$$

式中，J_C 为刚体对通过质心 C 且与运动平面垂直的轴的转动惯量，$\dot{\varphi} = \omega$ 为刚体的角速度。

应用质点系的质心运动定理，有

$$m\boldsymbol{a}_C = \sum \boldsymbol{F}^e$$

式中，m 为刚体的质量；$\boldsymbol{a}_C$ 为质心的加速度；$\sum \boldsymbol{F}^e$ 为平面外力系 $\boldsymbol{F}_1$，$\boldsymbol{F}_2$，…，$\boldsymbol{F}_n$ 的主矩。

应用质点系相对于质心的动量矩定理，有

$$\frac{\mathrm{d}}{\mathrm{d}t}(J_C\dot{\varphi})=\frac{\mathrm{d}}{\mathrm{d}t}(J_C\omega)=J_C\alpha=\sum M_C(\boldsymbol{F}^{\mathrm{e}})$$

式中，α 为刚体的角加速度；$\sum M_C(\boldsymbol{F}^{\mathrm{e}})$为平面力系 $\boldsymbol{F}_1$，$\boldsymbol{F}_2$，…，$\boldsymbol{F}_n$ 对通过质心 C 且与运动平面垂直的轴的矩的代数和(应该注意的是，$\sum M_C(\boldsymbol{F}^{\mathrm{e}})$不是对质心 C 点的矩)。

以上两式称为**刚体的平面运动微分方程**，即

$$\left.\begin{aligned}m\boldsymbol{a}_C&=\sum\boldsymbol{F}^{\mathrm{e}}\\J_C\alpha&=\sum M_C(\boldsymbol{F}^{\mathrm{e}})\end{aligned}\right\}\tag{11-29}$$

刚体的平面运动微分方程也可写成

$$\left.\begin{aligned}m\frac{\mathrm{d}^2\boldsymbol{r}_C}{\mathrm{d}t^2}&=\sum\boldsymbol{F}^{\mathrm{e}}\\J_C\frac{\mathrm{d}^2\varphi}{\mathrm{d}t^2}&=\sum M_C(\boldsymbol{F}^{\mathrm{e}})\end{aligned}\right\}\tag{11-30}$$

应用时，对其中的矢量关系式取其投影式，有

$$\left.\begin{aligned}ma_{Cx}&=m\ddot{x}_C=\sum F_x^{\mathrm{e}}\\ma_{Cy}&=m\ddot{y}_C=\sum F_y^{\mathrm{e}}\\J_C\alpha&=J_C\ddot{\varphi}=\sum M_C(\boldsymbol{F}^{\mathrm{e}})\end{aligned}\right\}\tag{11-31}$$

应用该方程可求解刚体平面运动动力学的两类基本问题。

【例 11-8】 半径为 r、质量为 m 的均质圆轮沿水平直线做纯滚动，如图 11.20 所示。设圆轮对质心轴的惯性半径为 ρ_C，作用在圆轮上的力偶矩为 M。求轮心的加速度 $\boldsymbol{a}_C$。如果圆轮对地面的静摩擦因数为 f_s，问力偶矩 M 必须符合什么条件才能不致使圆轮滑动。

【解】 取圆轮为研究对象。作用在圆轮上的外力有重物的重力 $m\boldsymbol{g}$，地面对圆轮的约束力 $\boldsymbol{F}_{\mathrm{N}}$，滑动摩擦力 $\boldsymbol{F}$，以及作用在圆轮上的力偶矩 M，如图 11.20 所示。根据刚体平面运动微分方程可列出如下三个方程：

$$ma_{Cx}=F$$
$$ma_{Cy}=F_{\mathrm{N}}-mg$$
$$J_C\alpha=m\rho_C^2\alpha=M-Fr$$

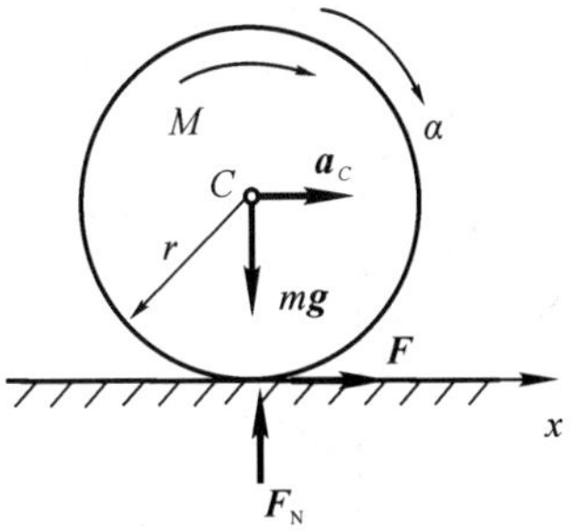

图 11.20

因为 $a_{Cx}=a_C$，$a_{Cy}=0$，根据圆轮滚而不滑的条件，有 $a_C=\alpha r$。联立求解以上三式，得

$$a_C=\frac{Mr}{m(\rho_C^2+r^2)}$$
$$F_{\mathrm{N}}=mg$$
$$F=\frac{Mr}{\rho_C^2+r^2}$$

欲使圆轮滚而不滑，必须有 $F\leqslant f_sF_{\mathrm{N}}=f_smg$。于是圆轮滚而不滑的条件为

$$M\leqslant f_smg\frac{\rho_C^2+r^2}{r}$$

【例 11-9】 均质圆柱体 A 和 B 的重量均为 P，半径均为 r，一绳缠在绕固定轴 O 转动

的圆柱体 A 上，绳的另一端绕在圆柱体 B 上，如图 11.21 所示。不计摩擦及绳子自重。求：

（1）圆柱体 B 下降时质心的加速度；

（2）若在圆柱体 A 上作用一逆时针转向的力偶矩 M，试问在什么条件下圆柱体 B 的质心将上升。

【解】 （1）分别取轮 A 和 B 为研究对象，受力如图 11.22 所示。轮 A 做定轴转动，轮 B 做平面运动。对轮 A 应用刚体绕定轴转动微分方程，有

$$J_A\alpha_A=F_Tr \tag{a}$$

对轮 B 应用平面运动微分方程，有

$$\frac{p}{g}a_B=P-F_T' \tag{b}$$

$$J_B\alpha_B=F_T'r \tag{c}$$

式中，$F_T=F_T'$，$J_A=J_B=\dfrac{Pr^2}{2g}$，并且由轮的运动学分析可知

$$a_B=a_C+a_{BC}=(\alpha_A+\alpha_B)r \tag{d}$$

联立式(a)、(b)、(c)、(d)求解，可得到圆柱体 B 下降时质心的加速度

$$a_B=\frac{4}{5}g$$

（2）若在 A 轮上作用一逆时针转力偶矩 M，取轮 A 和 B 为研究对象，受力如图 11.23 所示。同上面的分析相似，分别列两轮的动力学微分方程，对于 A 轮有

$$J_A\alpha_A=F_Tr-M \tag{e}$$

B 轮动力学方程仍为式(b)和式(c)。

式中，$F_T=F_T'$，$J_A=J_B=\dfrac{Pr^2}{2g}$，并且式(d)仍然成立。

联立式(b)、(c)、(d)、(e)求解，可得到圆柱体 B 下降时质心的加速度

$$a_B=\frac{2Pr-M}{3Pr}g$$

当 $a_B\leqslant 0$，即 $M\geqslant 2Pr$ 时，圆柱体 B 的质心将上升。

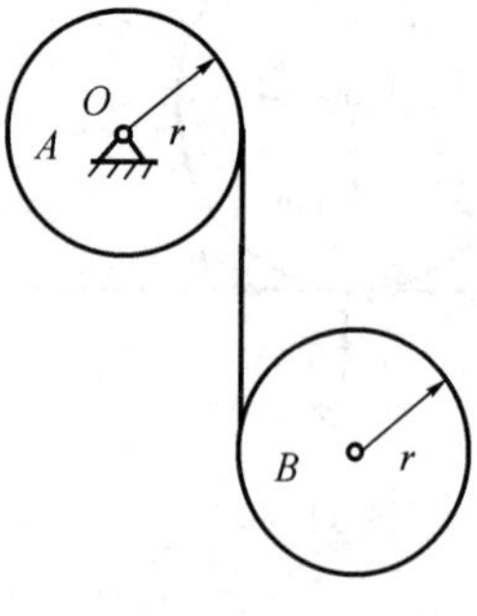

图 11.21

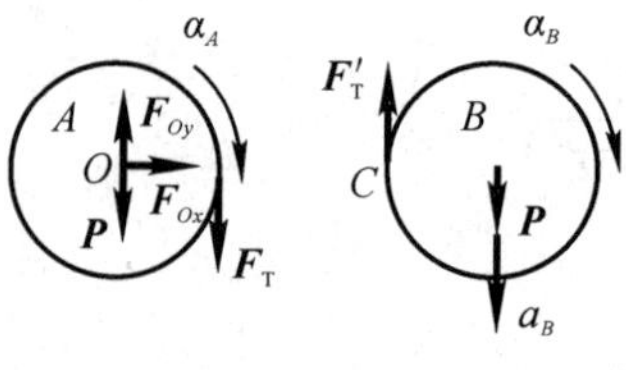

图 11.22

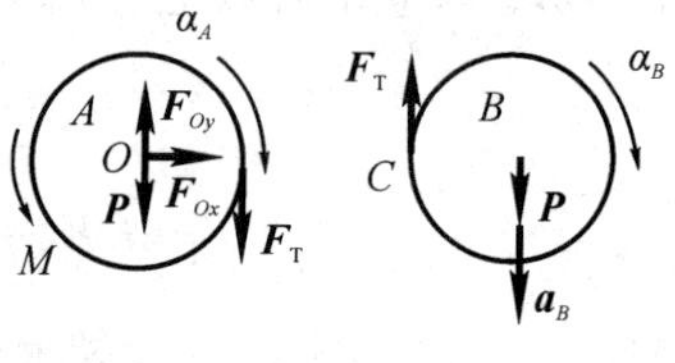

图 11.23

【例 11-10】 一均质滚子质量为 m，半径为 R，放在粗糙的水平地面上，如图 11.24(a)所示。在滚子的鼓轮上绕以绳子，其上作用有常力 $\boldsymbol{T}$，方向与水平线成 φ 角。鼓轮的半径为 r，滚子对轴 C 的惯性半径为 ρ_C，做只滚不滑的运动，试求滚子 C 的加速度 $\boldsymbol{a}_C$。

【解】 选滚子为研究对象，受力分析如图 11.24(b)所示。其上作用有重力 $m\boldsymbol{g}$ 和常力

$\boldsymbol{T}$，地面的约束力 $\boldsymbol{F}_{\mathrm{N}}$ 和摩擦力 $\boldsymbol{F}_{\mathrm{s}}$。滚子做平面运动，根据运动学，有

$$\boldsymbol{a}_C=\boldsymbol{a}_{Cx}$$

应用刚体的平面运动微分方程，可得

$$ma_{Cx}=T\cos\varphi-F_{\mathrm{s}}$$

$$J_C\alpha=m\rho_C^2\alpha=F_{\mathrm{s}}R-Tr$$

轮子只滚不滑，其角加速度和轮心的加速度的关系为

$$\alpha=\frac{a_{Cx}}{R}$$

联立求解以上方程，可得滚子 C 的加速度

$$a_C=a_{Cx}=\frac{TR(R\cos\varphi-r)}{m(R^2+\rho_C^2)}$$

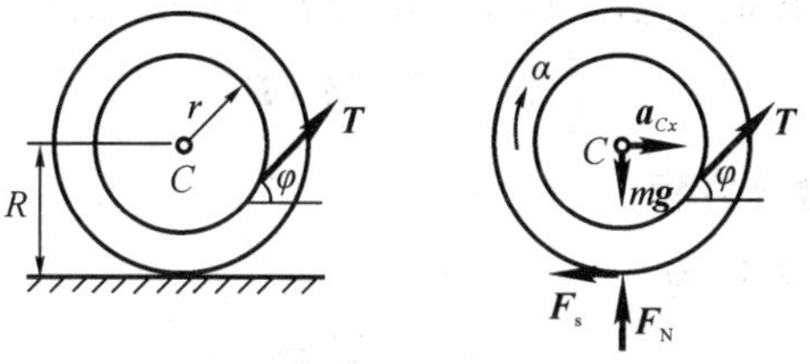

图 11.24

小　　结

1. 动量矩

质点对点 O 的动量矩定义为从点 O 到质点的矢径 $\boldsymbol{r}$ 与质点动量 $m\boldsymbol{v}$ 的矢积，即

$$\boldsymbol{M}_O(m\boldsymbol{v})=\boldsymbol{r}\times m\boldsymbol{v}$$

质点系各质点对点 O 的动量矩的矢量和，即为质点系对点 O 的动量矩，即

$$\boldsymbol{L}_O=\sum\boldsymbol{M}_O(m_i\boldsymbol{v}_i)=\sum(\boldsymbol{r}_i\times m_i\boldsymbol{v}_i)$$

质点系对某轴 z 的动量矩 L_z 等于各质点对同一 z 轴动量矩的代数和，即

$$L_z=\sum M_z(m_i\boldsymbol{v}_i)$$

若轴 z 通过点 O，则

$$[\boldsymbol{L}_O]_z=L_z$$

若 C 为质点系的质心，对任一点 O，有

$$\boldsymbol{L}_O=\boldsymbol{r}_C\times m\boldsymbol{v}_C+\boldsymbol{L}_C$$

2. 动量矩定理

对于定点 O 和定轴 z 有

$$\frac{\mathrm{d}}{\mathrm{d}t}\boldsymbol{L}_O=\sum\boldsymbol{M}_O(\boldsymbol{F}_i^{\mathrm{e}}),\quad \frac{\mathrm{d}L_z}{\mathrm{d}t}=\sum M_z(\boldsymbol{F}_i^{\mathrm{e}})$$

质点系相对于质心 C 和质心轴 Cz 的动量矩定理：

$$\frac{\mathrm{d}\boldsymbol{L}_C}{\mathrm{d}t} = \sum \boldsymbol{M}_C(\boldsymbol{F}_i^{\mathrm{e}}), \quad \frac{\mathrm{d}L_{Cz}}{\mathrm{d}t} = \sum M_{Cz}(\boldsymbol{F}_i^{\mathrm{e}})$$

3. 转动惯量

刚体的转动惯量为

$$J_z = \sum m_i r_i^2$$

若质心轴 z_C 与轴 z 平行，则

$$J_z = J_{zC} + md^2$$

4. 刚体绕 z 轴转动的动量矩

刚体绕 z 轴转动的动量矩为

$$L_z = J_z \omega$$

刚体绕定轴与绕通过质心的轴 z 转动的微分方程形式相同，即

$$J_z \alpha = \sum M_z(\boldsymbol{F}_i^{\mathrm{e}})$$

5. 刚体的平面运动微分方程

刚体的平面运动微分方程为

$$m\boldsymbol{a}_C = \sum \boldsymbol{F}^{\mathrm{e}}$$

$$J_C \alpha = \sum M_C(\boldsymbol{F}^{\mathrm{e}})$$

思 考 题

11-1 某质点对于某定点 O 的动量矩表达式为

$$\boldsymbol{L}_O = 2t^2\boldsymbol{i} + (4t^2+5)\boldsymbol{j} + (6-t)\boldsymbol{k}$$

式中，t 为时间，$\boldsymbol{i}$，$\boldsymbol{j}$，$\boldsymbol{k}$ 为 x，y，z 轴的单位矢量。求此质点上的作用力对 O 点的力矩。

11-2 计算如图所示的下列各刚体对 O 轴的动量矩。

(1) 如图 11.25(a)所示，质量为 m、长为 L 的均质细长杆，绕垂直于图面的 O 轴以角速度 ω 转动。

(2) 如图 11.25(b)所示，质量为 m、半径为 R 的均质圆盘，绕过边缘上一点且垂直于图面的 O 轴以角速度 ω 转动。

(3) 如图 11.25(c)所示，非均质圆盘质量为 m，质心距转轴 $OC=e$，绕垂直于图面的 O 轴以角速度 ω 转动。

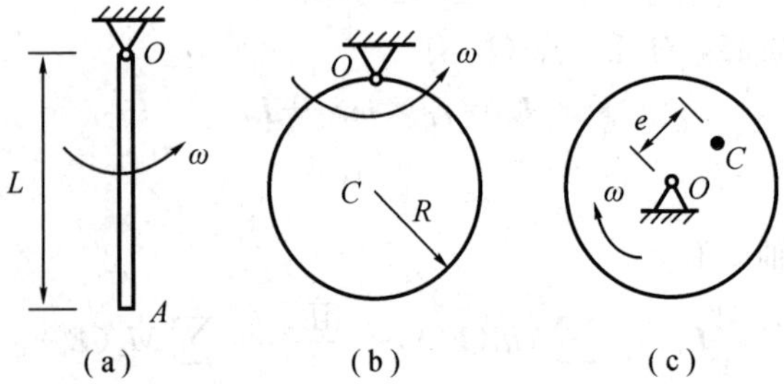

图 11.25

11－3　图 11.26 所示两轮的转动惯量相同。在图 11.26(a)中绳的一端挂一重物，重量等于 P。在图 11.26(b)中绳的一端受拉力 $\boldsymbol{F}$ 的作用，且 $F=P$。问两轮的角加速度是否相同？

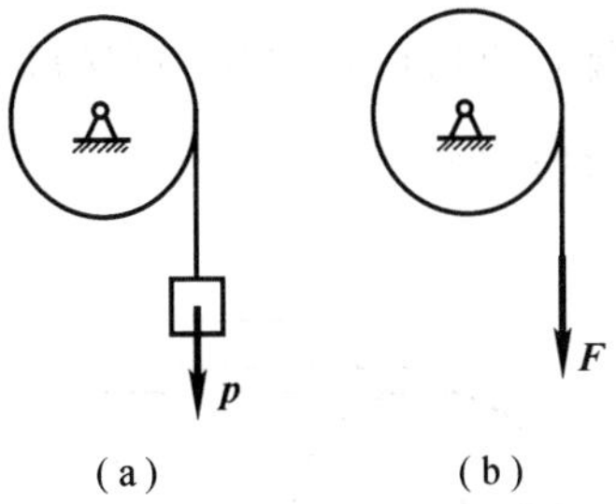

图 11.26

11－4　如图 11.27 所示，已知质量为 m、长为 l 的均质杆对 z 轴的转动惯量为 $J_z=\frac{1}{3}ml^2$，按照下列公式计算 $J_{z'}$ 正确吗？

$$J_{z'}=J_z+m\left(\frac{2}{3}l\right)^2=\frac{7}{9}ml^2$$

11－5　如图 11.28 所示，质量为 m 的均质圆盘，平放在光滑的水平面上，其受力情况如图 11－28 所示。设开始时，圆盘静止，图中 $r=R/2$。试说明各圆盘将如何运动。

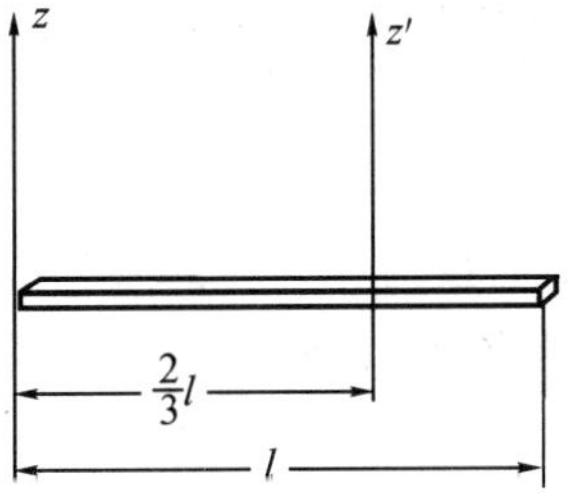

图 11.27

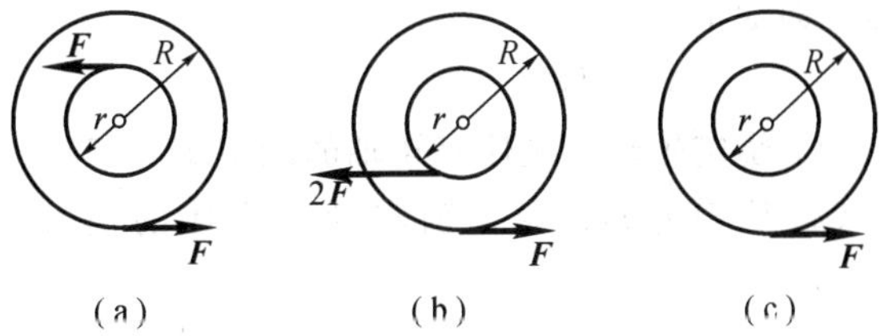

图 11.28

11－6　细绳跨过光滑的滑轮，一人沿绳的一端向上爬动。另一端系一重物，重物与人等重。开始时系统静止。问重物将如何运动？

习　　题

11－1　是非题(正确的在括号内打“√”，错误的打“×”)：

(1) 质点系对某固定点(或固定轴)的动量矩，等于质点系的动量对该点(或轴)的矩。　(　　)

(2) 质点系所受外力对某点(或轴)之矩恒为零，则质点系对该点(或轴)的动量矩不变。　(　　)

(3) 质点系动量矩的变化与外力有关，与内力无关。　(　　)

(4) 质点系对某点动量矩守恒，则对过该点的任意轴的动量矩也守恒。　(　　)

(5) 定轴转动刚体对转轴的动量矩，等于刚体对该轴的转动惯量与角加速度之积。　(　　)

(6) 在对所有平行于质心轴的转动惯量中，以对质心轴的转动惯量为最大。 (　　)

(7) 质点系对某点的动量矩定理$\frac{\mathrm{d}\boldsymbol{L}_O}{\mathrm{d}t}=\sum \boldsymbol{M}_O(\boldsymbol{F}^e)$中，点 O 可以是任意点。 (　　)

(8) 如图所示，固结在转盘上的均质杆 AB，对转轴的转动惯量为 $J_O=J_A+mr^2=\frac{1}{3}ml^2+mr^2$，式中，$m$ 为杆 AB 的质量。 (　　)

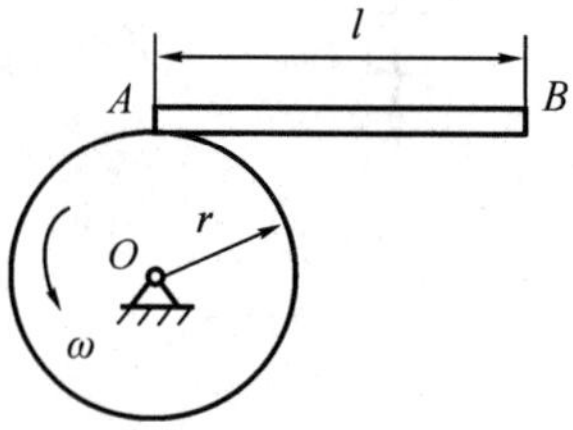

题 11-1(8)图

(9) 当选质点系速度瞬心 P 为矩心时，动量矩定理一定有$\frac{\mathrm{d}\boldsymbol{L}_P}{\mathrm{d}t}=\sum \boldsymbol{M}_P(\boldsymbol{F}^e)$的形式，而不需附加任何条件。 (　　)

(10) 若平面运动刚体所受外力对质心的主矩等于零，则刚体只能做平动；若所受外力的主矢等于零，则刚体只能做绕质心的转动。 (　　)

(11) 如果质点系所受的力对某点(或轴)之矩恒为零，则质点系对该点(或轴)的动量矩不变，即动量矩守恒。 (　　)

11-2　填空题：

(1) 绕定轴转动刚体对转轴的动量矩等于刚体对转轴的转动惯量与(　　)的乘积。

(2) 质量为 m、绕 z 轴转动的刚体的惯性半径为 ρ，则刚体对 z 轴的转动惯量为(　　)。

(3) 质点系的质量与质心速度的乘积称为(　　)。

(4) 质点系的动量对某点的矩随时间的变化规律只与系统所受的(　　)对该点的矩有关，而与系统的(　　)无关。

(5) 质点系对某点动量矩守恒的条件是(　　)，质点系的动量对 x 轴的动量矩守恒的条件是(　　)。

(6) 质点 M 的质量为 m，在 Oxy 平面内运动，如图所示。其运动方程为 $x=a\cos kt$，$y=b\sin kt$，其中 a，b，k 为常数。则质点对原点 O 的动量矩为(　　)。

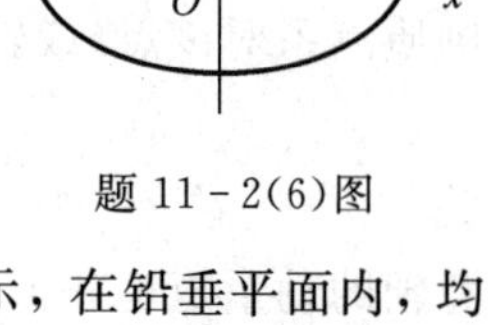

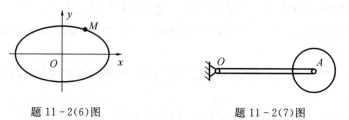

题 11-2(6)图

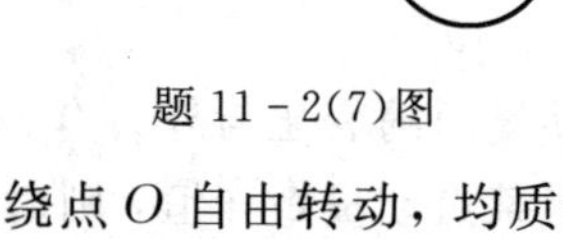

题 11-2(7)图

(7) 如图所示，在铅垂平面内，均质杆 OA 可绕点 O 自由转动，均质圆盘可绕点 A 自由转动。已知杆长为 l，质量为 m；圆盘半径为 R，质量为 M。当杆 OA 由水平位置无初速释放时，杆 OA 对点 O 的动量矩 $L_O=$(　　)，圆盘对点 O 的动量矩 $L_O=$(　　)，圆盘对点

A 的动量矩 L_A=(　　)。

(8) 均质 T 形杆，$OA=BA=AC=l$，总质量为 m，绕 O 轴转动的角速度为 ω，如图所示。则它对 O 轴的动量矩 L_O=(　　)。

(9) 半径为 R，质量为 m 的均质圆盘，在其上挖去一个半径为 $r=R/2$ 的圆孔，如图所示。则圆盘对圆心 O 的转动惯量 J_O=(　　)。

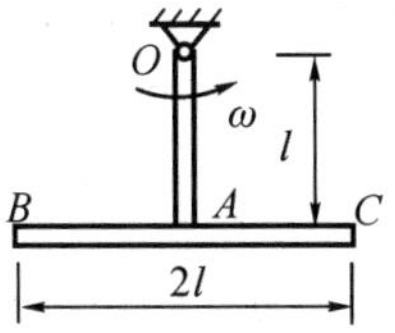

题 11-2(8)图

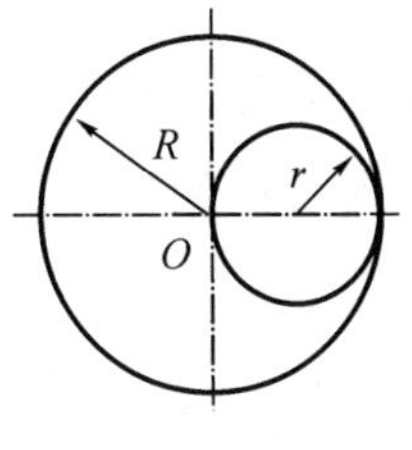

题 11-2(9)图

(10) 半径同为 R、重量同为 G 的两个均质定滑轮，一个轮上通过绳索悬一重量为 Q 的重物，另一个轮上用一等于 Q 的力拉绳索，如图所示。则图(a)轮的角加速度 α_1=(　　)，图(b)轮的角加速度 α_2=(　　)。

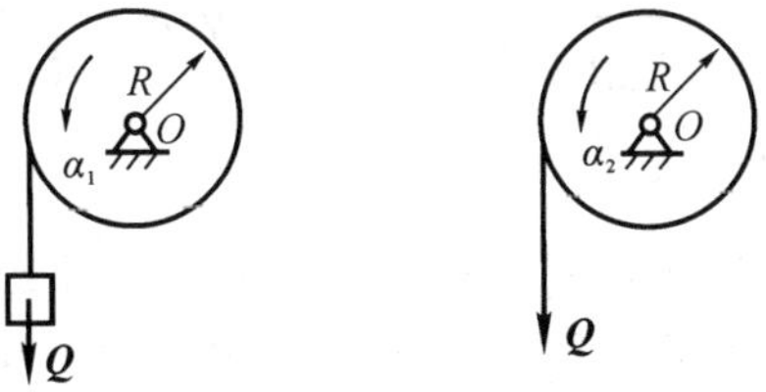

题 11-2(10)图

11-3　选择题：

(1) 均质杆 AB，质量为 m，两端用张紧的绳子系住，绕轴 O 转动，如图所示。则杆 AB 对 O 轴的动量矩为(　　)。

A. $\frac{5}{6}ml^2\omega$　　B. $\frac{13}{12}ml^2\omega$　　C. $\frac{4}{3}ml^2\omega$　　D. $\frac{1}{12}ml^2\omega$

(2) 均质圆环绕 z 轴转动，环中的 A 点处放一小球，如图所示。在微扰动下，小球离开 A 点运动。不计摩擦力，则此系统运动过程中(　　)。

A. ω 不变，系统对 z 轴的动量矩守恒

B. ω 改变，系统对 z 轴的动量矩守恒

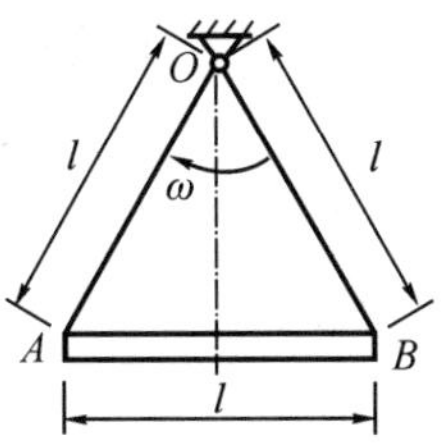

题 11-3(1)图

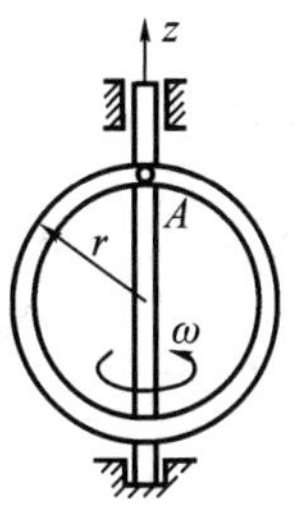

题 11-3(2)图

C. ω 不变，系统对 z 轴的动量矩不守恒

D. ω 改变，系统对 z 轴的动量矩不守恒

(3) 跨过滑轮的绳子，一端系一重物，另一端有一与重物重量相等的猴子，从静止开始以速度 $\boldsymbol{v}$ 向上爬，如图所示。若不计绳子和滑轮的质量及摩擦，则重物的速度(　　)。

A. 等于 v，方向向下　　B. 等于 v，方向向上

C. 不等于 v　　D. 重物不动

(4) 在图中，摆杆 OA 重量为 G，对 O 轴转动惯量为 J，弹簧的刚度系数为 k，杆在铅垂位置时弹簧无变形。则杆微摆动微分方程为(　　)(设 $\sin\theta=\theta$)。

A. $J\ddot{\theta}=-ka\theta-Gb\theta$　　B. $J\ddot{\theta}=ka\theta+Gb\theta$

C. $-J\ddot{\theta}=-ka\theta-Gb\theta$　　D. $-J\ddot{\theta}=ka\theta-Gb\theta$

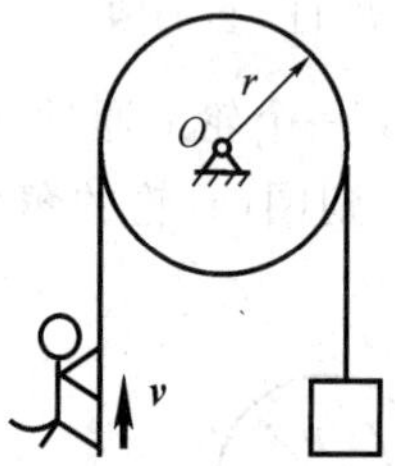

题 11-3(3)图

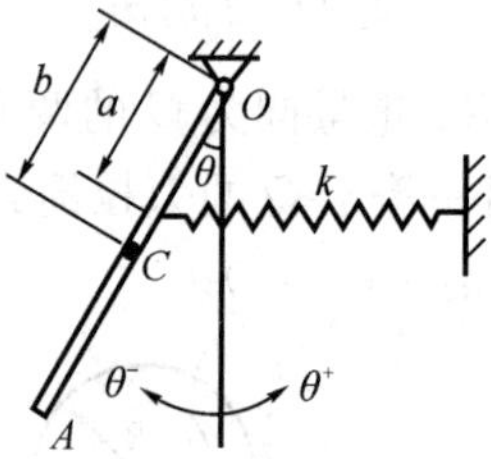

题 11-3(4)图

(5) 在图中，一半径为 R、质量为 m 的圆轮，在下列情况下沿水平面做纯滚动：① 轮上作用一顺时针的力偶矩为 M 的力偶；② 轮心作用一大小等于 M/R 的水平向右的力 $\boldsymbol{F}$。若不计滚动摩擦，两种情况下(　　)。

A. 轮心加速度相等，滑动摩擦力大小相等

B. 轮心加速度不相等，滑动摩擦力大小相等

C. 轮心加速度相等，滑动摩擦力大小不相等

D. 轮心加速度不相等，滑动摩擦力大小不相等

(6) 如图所示，组合体由均质细长杆和均质圆盘组成。均质细长杆质量为 m_1，长为 L；均质圆盘质量为 m_2，半径为 R。则刚体对 O 轴的转动惯量为(　　)。

A. $J_O=\dfrac{1}{3}m_1L^2+\dfrac{1}{2}m_2R^2+m_2(R+L)^2$　　B. $J_O=\dfrac{1}{12}m_1L^2+\dfrac{1}{2}m_2R^2+m_2(R+L)^2$

C. $J_O=\dfrac{1}{3}m_1L^2+\dfrac{1}{2}m_2R^2+m_2L^2$　　D. $J_O=\dfrac{1}{3}m_1L^2+\dfrac{1}{2}m_2R^2+m_2R^2$

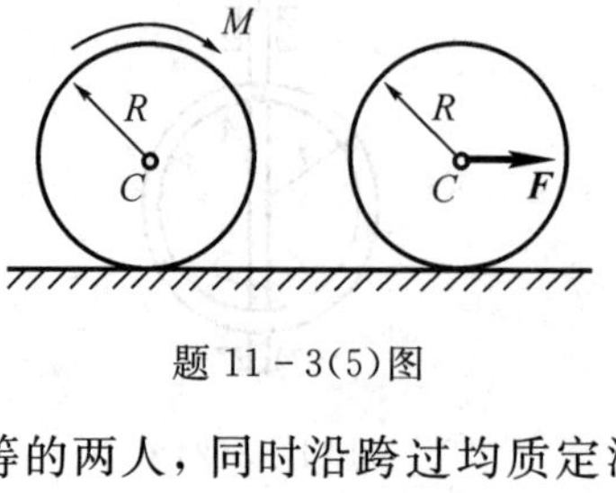

题 11-3(5)图

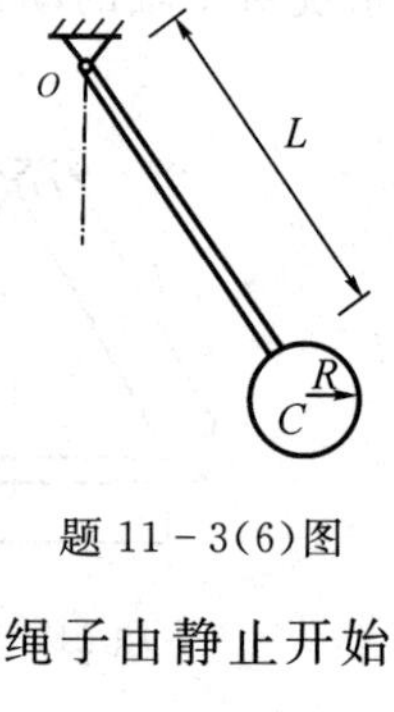

题 11-3(6)图

(7) 体重相等的两人，同时沿跨过均质定滑轮两侧的绳子由静止开始爬绳，不计绳子

的质量，绳子与人之间以及绳子与滑轮之间都无相对滑动，不计滑轮摩擦。设整个系统的动量为 $\boldsymbol{p}$，对轴 O 的动量矩为 $\boldsymbol{L}_O$，则(　　)。

A. $\boldsymbol{p}$ 守恒，$\boldsymbol{L}_O$ 守恒　　B. $\boldsymbol{p}$ 守恒，$\boldsymbol{L}_O$ 不守恒

C. $\boldsymbol{p}$ 不守恒，$\boldsymbol{L}_O$ 守恒　　D. $\boldsymbol{p}$ 不守恒，$\boldsymbol{L}_O$ 不守恒

(8) 半径同为 R、重量相同的两个均质定滑轮，一个轮上通过绳索悬一重量为 Q 的重物，另一个轮上用一等于 Q 的力拉绳索，如图所示。则两轮的角加速度(　　)

A. 相同　　B. $\alpha_A > \alpha_B$　　C. $\alpha_A < \alpha_B$　　D. 不能确定

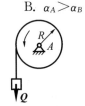

题 11-3(8)图

11-4　质量为 m 的某质点在平面 Oxy 内运动，其运动方程为 $x = a\cos\omega t$，$y = b\cos 2\omega t$，其中 a，b 和 ω 为常量。求质点对于原点 O 的动量矩。

11-5　各均质物体的质量均为 m，绕固定轴转动的角速度为 ω，转向及物体的尺寸如图所示。试求各物体对通过点 O 并与图面垂直的轴的动量矩。

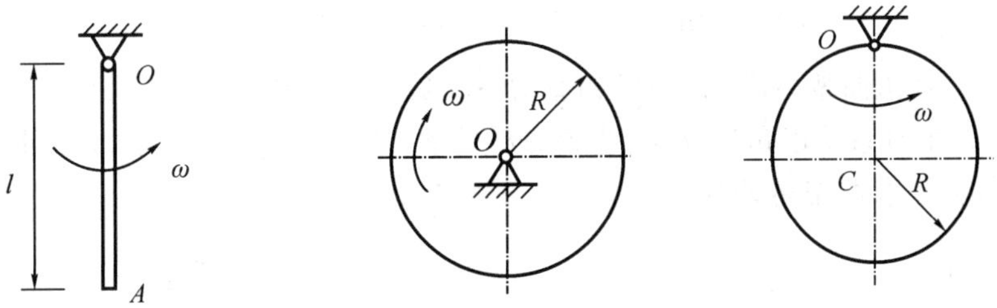

题 11-5 图

11-6　如图所示，鼓轮的质量 $m_1 = 1800$ kg，半径 $r = 0.25$ m，对转轴 O 的转动惯量 $J_O = 85.3\ \text{kg} \cdot \text{m}^2$。现在鼓轮上作用力偶矩 $M_O = 7.43\ \text{kN} \cdot \text{m}$ 来提升质量 $m_2 = 2700$ kg 的物体 A。绳索的质量和轴承的摩擦都忽略不计。试求物体 A 上升的加速度、绳索的拉力以及轴承 O 处的约束力。

11-7　半径为 R、质量为 m 的均质圆盘与长为 l、质量为 M 的均质杆铰接，如图所示。杆以角速度 ω 绕轴 O 转动，圆盘以相对角速度 ω_r 绕点 A 转动。

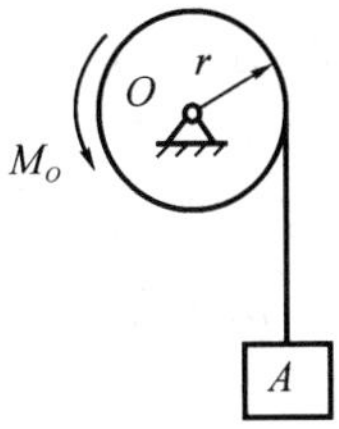

题 11-6 图

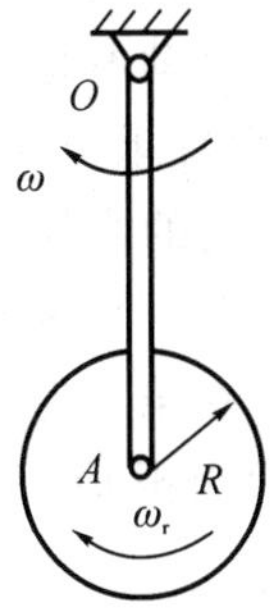

题 11-7 图

(1) 当 $\omega_r=\omega$ 时，求系统对转轴 O 的动量矩；

(2) 当 $\omega_r=-\omega$ 时，求系统对转轴 O 的动量矩。

11－8　两小球 C，D 质量均为 m，用长为 $2l$ 的均质杆连接，杆的质量为 M，杆的中点固定在轴 AB 上，CD 与轴 AB 的夹角为 θ，如图所示。轴以角速度 ω 转动，试求系统对转轴 AB 的动量矩。

11－9　小球 M 系于线 MOA 的一端，此线穿过一铅垂管道，如图所示。小球 M 绕轴沿半径 $MC=R$ 的圆周水平运动，转速为 $n=120$ r/min。今将线 OA 慢慢拉下，则小球 M 在半径 $M'C'=R/2$ 的水平圆周上运动，试求该瞬时小球的转速。

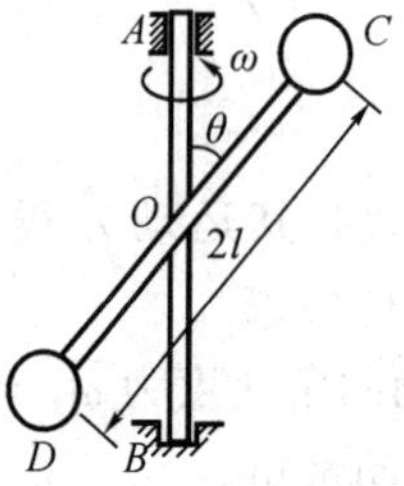

题 11－8 图

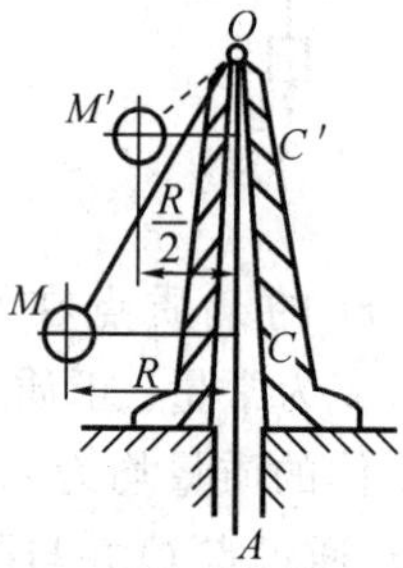

题 11－9 图

11－10　一直角曲架 ADB 能绕其铅垂边 AD 旋转，如图所示。在水平边上有一质量为 m 的物体 C，开始时系统以角速度 ω_0 绕轴 AD 转动，物体 C 距 D 点为 a，设曲架对 AD 轴的转动惯量为 J_z。求曲架转动的角速度 ω 与距离 $DC=r$ 之间的关系。

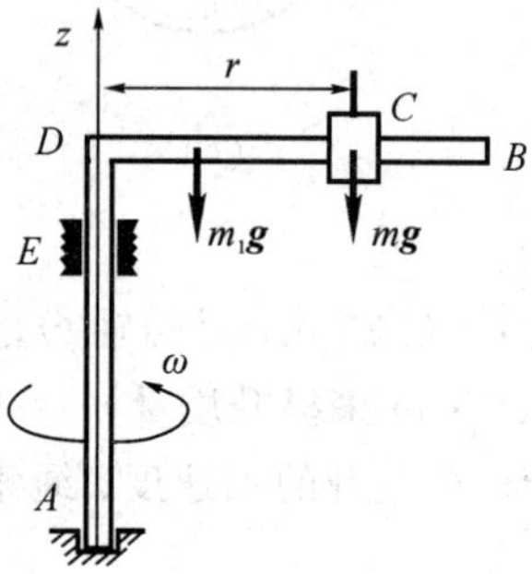

题 11－10 图

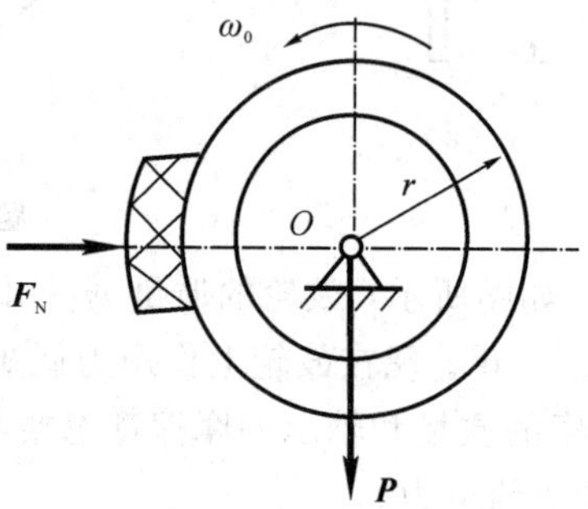

题 11－11 图

11－11　电动机制动用的闸轮重为 P(可视为均质圆环)，以角速度 ω_0 绕轴转动，如图所示。已知闸块与闸轮间的滑动摩擦因数为 f，闸轮的半径为 r，它对 O 轴的转动惯量为 $J_O=mr^2$，制动时间为 t_0，设轴承中的摩擦不计。求闸块给闸轮的正压力 $\boldsymbol{F}_N$。

11－12　如图所示，两轮的半径为 R_1，R_2。质量分别为 m_1，m_2。两轮用胶带连接，各绕两平行的固定轴转动，若在第一轮上作用主动力矩 M，在第二轮上作用阻力矩 M'。视圆轮为均质圆盘，胶带与轮间无滑动，胶带质量不计，试求第一轮的角加速度。

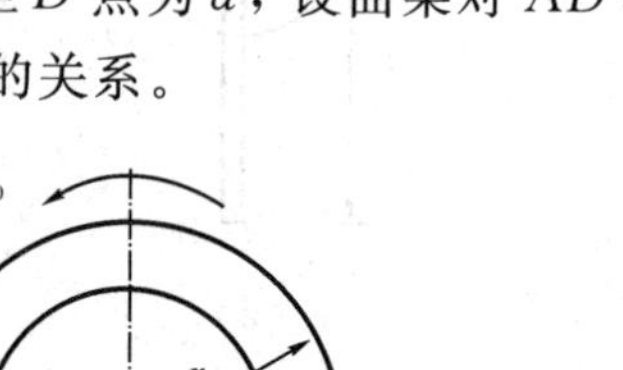

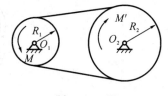

题 11－12 图

11－13　如图所示绞车，提升一重量为 P 的重物，在其主动轴上作用一不变的力矩 M。已知两轮对主动轴和从动轴的转动惯量分别为 J_1，J_2，传动比 $i=z_2/z_1$，吊索缠绕在从动轮上，从动轮半径为 R，轴承的摩擦力不计。试求重物的加速度。

11－14　如图所示，均质杆 AB 长为 l，重为 P_1，B 端固结一重为 P_2 的小球(球的半径不计)，杆 AB 在 D 点与铅垂悬挂的弹簧相连以使杆保持水平位置。已知弹簧的刚度系数为 k，给小球以微小的初位移 δ_0，然后自由释放，试求杆 AB 的运动规律。

11－15　运送矿石的卷扬机鼓轮半径为 R，重为 W，在铅直平面内绕水平轴 O 转动，如图所示。已知对 O 轴的转动惯量为 J_O，车与矿石的总重量为 W_1，作用于鼓轮上的力矩为 M，轨道的倾角为 α。不计绳重及各处摩擦。求小车上升的加速度及绳子的拉力。

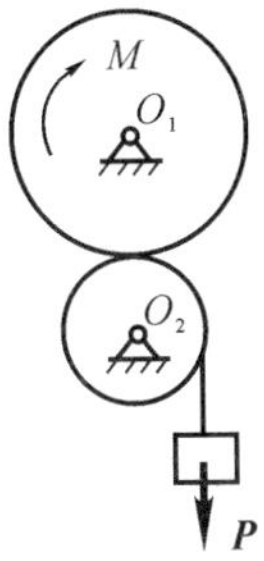

题 11－13 图

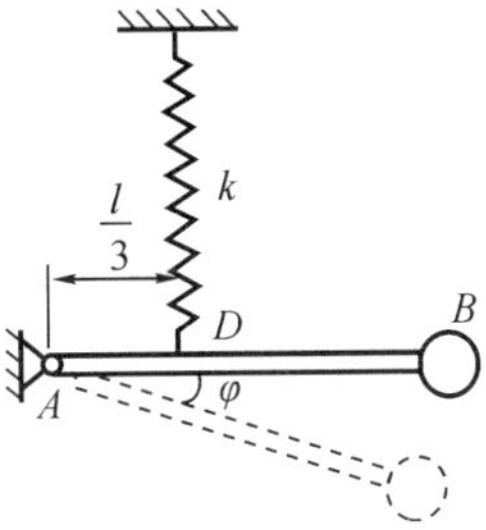

题 11－14 图

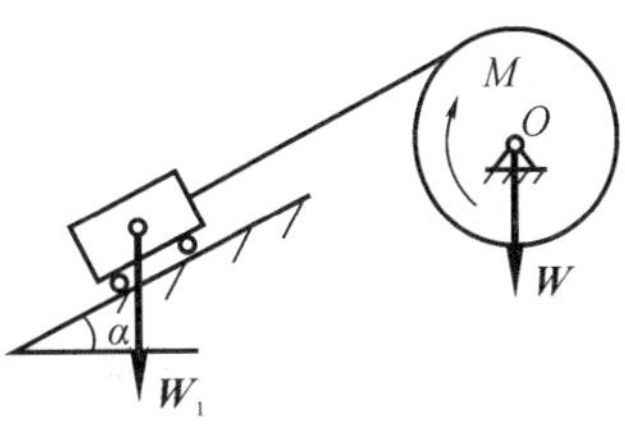

题 11－15 图

11－16　质量分别为 m_1，m_2 的两重物，分别挂在两条绳子上，绳又分别缠绕在半径为 r_1，r_2 并装在同一轴的鼓轮上，如图所示。绳子不计质量。已知鼓轮对 O 轴的转动惯量为 J_O，系统在重力作用下发生运动，求鼓轮的角加速度。

11－17　重物 A 质量为 m_1，系在绳子上，绳子跨过不计质量的固定滑轮 D，并绕在鼓轮 B 上，如图所示。由于重物下降带动了轮 C，使它沿水平轨道滚动而不滑动。设鼓轮半径为 r，轮 C 的半径为 R，两者固连在一起，总质量为 m_2，对于其水平轴 O 的惯性半径为 ρ。求重物 A 下降的加速度以及轮 C 与地面接触点处的静摩擦力。

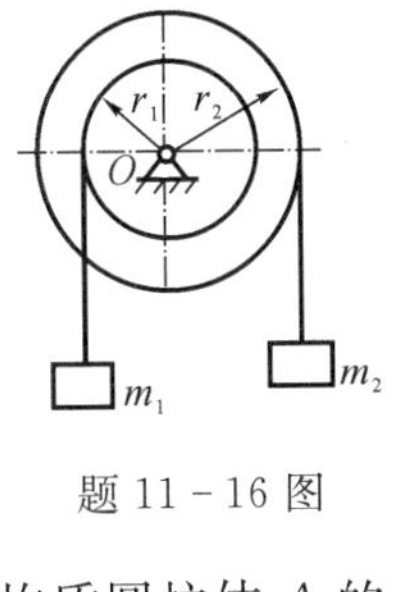

题 11－16 图

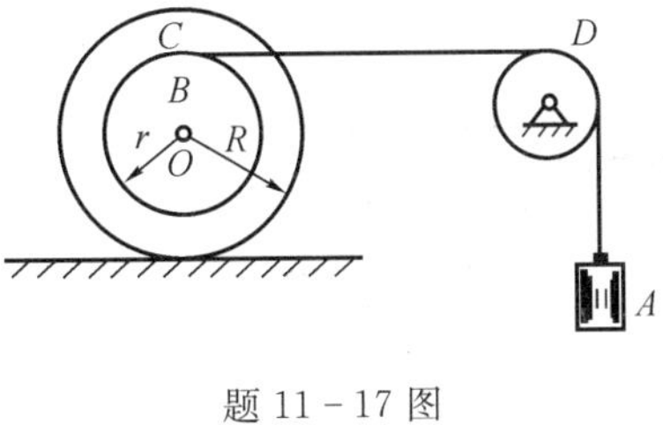

题 11－17 图

11－18　均质圆柱体 A 的质量为 m，在外圆上绕以细绳，绳的一端 B 固定不动，如图所示。当 BC 铅垂时圆柱下降，其初速度为零。求当圆柱体的轴心降落了高度 h 时轴心的速度和绳子的张力。

11－19　均质圆盘 A 和薄圆环 B 的质量均为 m，半径均为 r，两者用杆 AB 铰接，无滑动地沿斜面滚下，斜面与水平面的夹角为 θ，如图所示。如不计杆的质量，求杆 AB 的加速度和杆的内力。

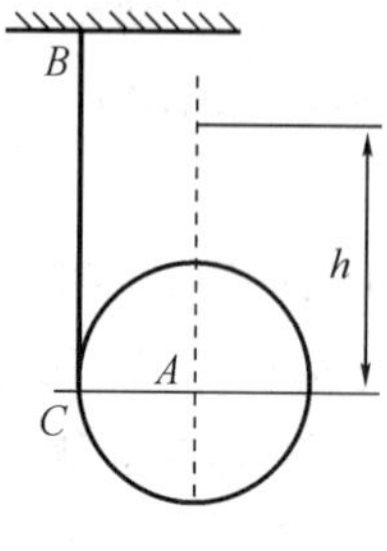

题 11-18 图

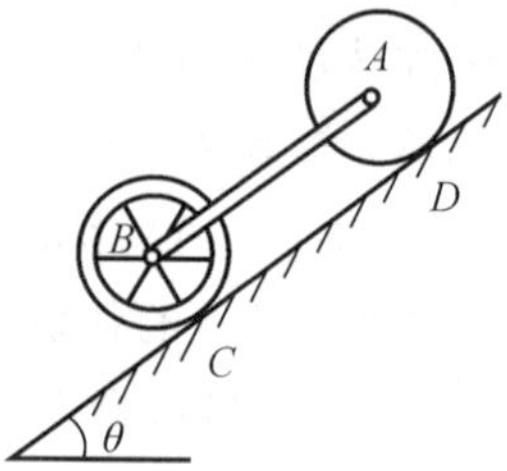

题 11-19 图

11-20　在图中，均质圆盘重量为 Q，半径为 R，放在倾角为 $\alpha=60°$ 的斜面上，一绳绕在圆盘上，其一端固定在 A 点，此绳与 A 点相连部分与斜面平行。若圆盘与斜面滑动摩擦因数为 $f=1/3$。试求质心 C 沿斜面落下的加速度。

11-21　如图所示，板的质量为 m_1，受水平力 $\boldsymbol{F}$ 作用，沿水平面运动，板与水平面间的动摩擦因数为 f。在板上放一质量为 m_2 的均质圆盘，此圆盘在板上只滚不滑动，试求板的加速度。

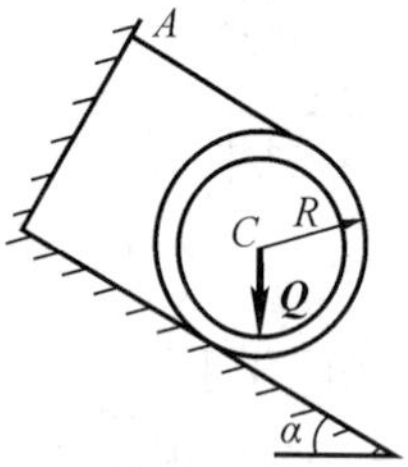

题 11-20 图

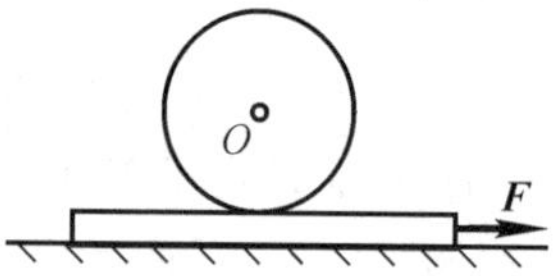

题 11-21 图

11-22　如图所示结构中，重物 A，B 的质量分别为 m_1 和 m_2，B 物体与水平面间的动摩擦因数为 f，鼓轮 O 的质量为 M，半径分别为 R 和 r，对 O 轴的惯性半径为 ρ，求 A 下降的加速度以及两端绳子的拉力。

11-23　如图所示，均质杆 AB 长为 L，重为 Q，杆上的 D 点靠在光滑支撑上，杆与铅垂线的夹角为 α，由静止将杆释放。求此时杆对支撑的压力以及杆重心 C 的加速度(设 $CD=a$)。

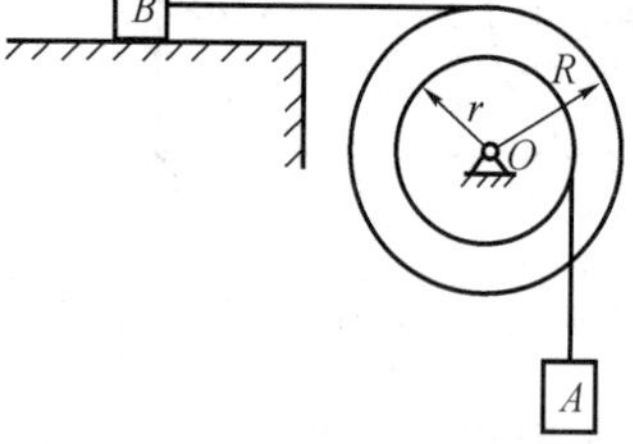

题 11-22 图

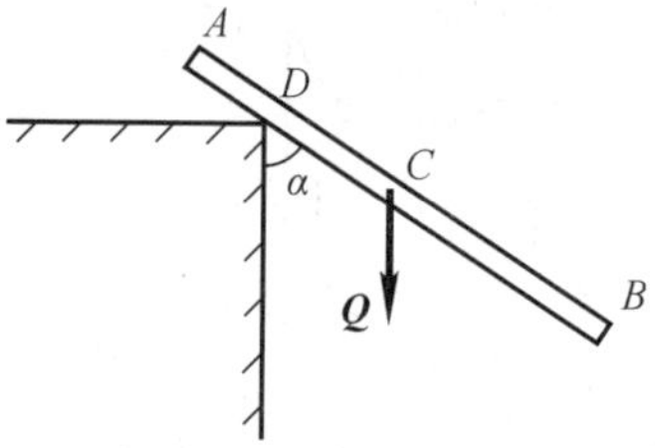

题 11-23 图

11-24　如图所示，曲柄 OA 以匀角速度 $\omega_O=4.5$ rad/s 绕 O 轴沿顺时针转向在铅垂面内转动。求当 OA 处于水平位置时，细长杆 AB 端部 B 轮所受的约束力。设杆 AB 的质量为 10 kg，长为 1 m，各处摩擦力及 OA 杆质量不计。

11-25　如图所示，设有均质杆 O_1A 和 O_2B 以及 DAB，各杆长均为 l，重均为 P，在

A，B 处以铰链连接，O_1，O_2 处于同一水平线上，且 $O_1O_2=AB=3/4l$。初始时 O_1A 与铅垂线的夹角为 30°，由静止释放，试求此瞬时铰链 O_1，O_2 处的约束力。

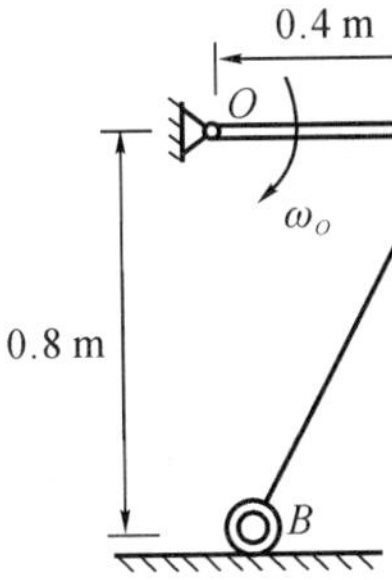

题 11－24 图

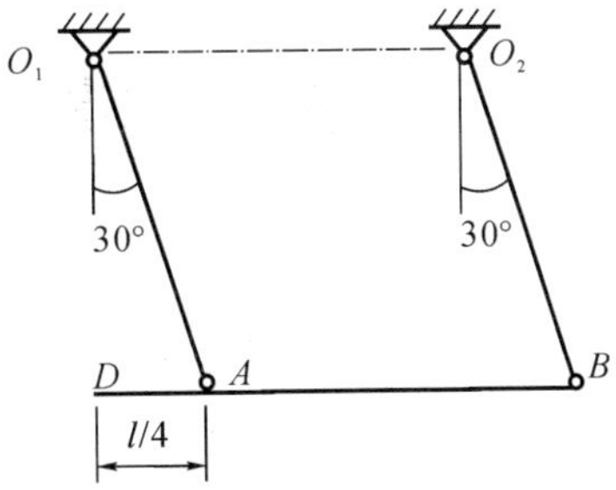

题 11－25 图

11－26　均质杆 AB 长为 L，质量为 m，杆的 A 端放在光滑水平面上，杆的 B 端系在 BD 绳索上，如图所示。当绳索铅垂而杆静止时，杆与水平面的夹角为 $\varphi=45°$。如果绳索突然断掉，求刚断的瞬时杆 A 端的约束力。

11－27　如图所示，均质杆 AB 长为 l，放在铅直平面内，杆的 A 端靠在光滑铅直墙上，B 端放在光滑的水平地板上，并与水平面成角 φ_0。此后，令杆由静止状态倒下。求：

(1) 杆在任意位置 φ 时的角加速度和角速度；

(2) 当杆脱离墙时，此杆与水平面所夹的角 φ_1。

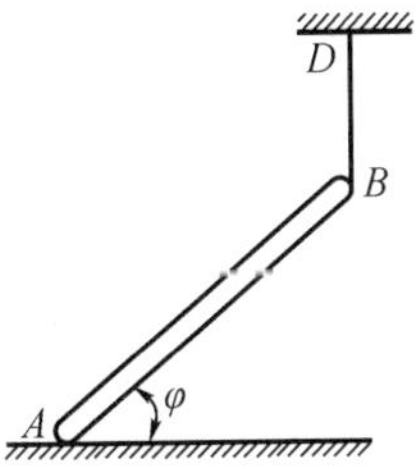

题 11－26 图

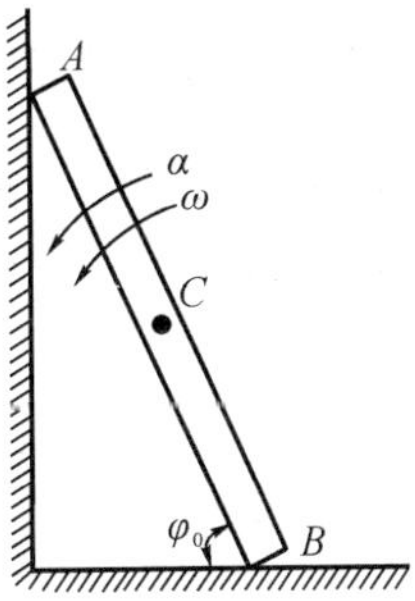

题 11－27 图

第 12 章　动 能 定 理

能量转换与功之间的关系是自然界中各种形式运动的普遍规律，在机械运动中则表现为动能定理。不同于动量和动量矩定理，动能定理是从能量的角度来分析质点和质点系的动力学问题，有时这是更为方便和有效的。同时，它还可以建立机械运动与其他形式运动之间的联系。

本章将讨论力的功、动能和势能等重要概念，推导动能定理和机械能守恒定律，并将综合运用动量定理、动量矩定理和动能定理分析复杂的动力学问题。

12.1　力　的　功

由于研究问题的角度不同，对力的作用效应可采用不同的量度，如力的冲量是力对时间的累积效应的量度，力的功则是力在一段路程中对物体累积效应的量度。

12.1.1　常力在直线运动中的功

物体 A 在大小和方向都不变的常力 $\boldsymbol{F}$ 作用下沿直线移动一段路程 s，如图 12.1 所示，力 $\boldsymbol{F}$ 在这段路程内所积累的效应用力的功来量度，以 W 表示，即

$$W=F\cos\theta\cdot s \tag{12-1}$$

式中，θ 为力 $\boldsymbol{F}$ 与直线位移方向之间的夹角。当 $\theta<\frac{\pi}{2}$时，力做正功；当 $\theta>\frac{\pi}{2}$时，力做负功；当 $\theta=\frac{\pi}{2}$时，力所做之功为零，即当力与位移垂直时，力不做功。由此可见功是代数量。当位移用矢量表示时，功也可以表示为力与位移的点积。

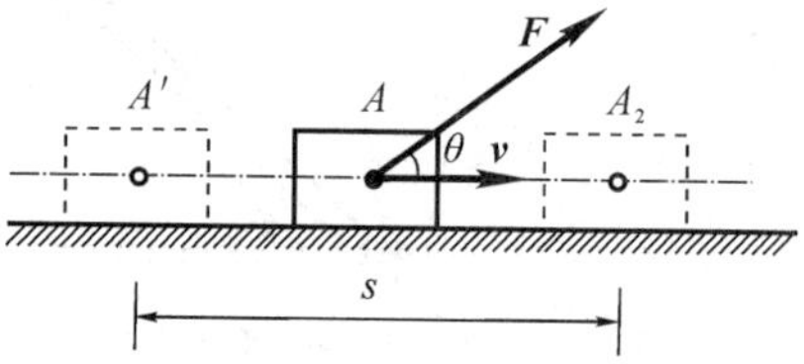

图 12.1

功的国际单位符号是焦耳(J)，1 焦耳(J)＝1 牛顿·米(N·m)，即 1 N 的力在同方向 1 m路程上做的功。

12.1.2　变力在曲线运动中的功

设质点 A 在任意变力 $\boldsymbol{F}$ 作用下沿空间某曲线运动，如图 12.2 所示。为计算变力在曲线路程$\overset{\frown}{A_1A_2}$中的功，可将曲线$\overset{\frown}{A_1A_2}$分成许多微段，微段看成为直线段；在每个微段长度 ds(称元路程)中，将变力 $\boldsymbol{F}$ 看成为常力。力 $\boldsymbol{F}$ 在元路程 ds 中的功称为元功，可表示为

$$\delta W^{①}=F\cos\theta\mathrm{d}s \tag{12-2}$$

① 用 δW 表示元功而不用 dW，是因为在一般情况下元功并不都能表示为某函数的全微分。

其中，θ 为力 $\boldsymbol{F}$ 与速度 $\boldsymbol{v}$ 间的夹角。与元路程 $\mathrm{d}s$ 对应的位移为 $\mathrm{d}\boldsymbol{r}$，其中 $|\mathrm{d}\boldsymbol{r}|=\mathrm{d}s$，故式(12-2)可写为

$$\delta W = F\cos\theta|\mathrm{d}\boldsymbol{r}| = \boldsymbol{F}\cdot\mathrm{d}\boldsymbol{r} \tag{12-3}$$

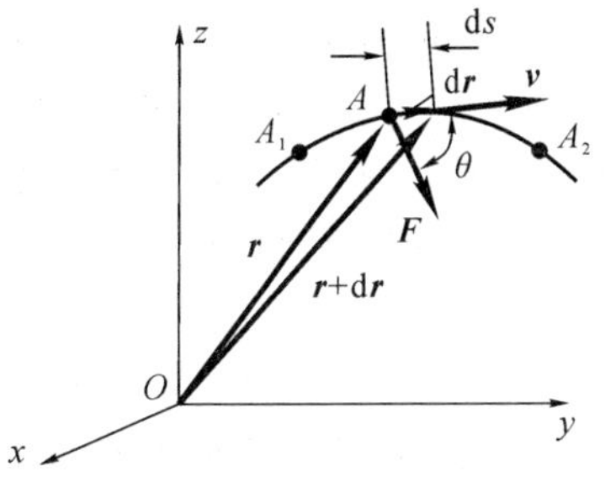

图 12.2

取固结于地面的直角坐标系为质点运动的参考系，写出 $\boldsymbol{F}$ 与 $\mathrm{d}\boldsymbol{r}$ 的解析表示式

$$\boldsymbol{F} = F_x\boldsymbol{i} + F_y\boldsymbol{j} + F_z\boldsymbol{k}$$

$$\mathrm{d}\boldsymbol{r} = \mathrm{d}x\boldsymbol{i} + \mathrm{d}y\boldsymbol{j} + \mathrm{d}z\boldsymbol{k}$$

将以上两式代入式(12-3)，可得

$$\delta W = F_x\mathrm{d}x + F_y\mathrm{d}y + F_z\mathrm{d}z \tag{12-4}$$

变力 $\boldsymbol{F}$ 在有限曲线路程 $\overset{\frown}{A_1A_2}$ 中的功可通过积分来计算

$$W_{12} = \int_{A_1}^{A_2}(F_x\mathrm{d}x + F_y\mathrm{d}y + F_z\mathrm{d}z) \tag{12-5}$$

这是个线积分，但在某些情况下可化为普通定积分。

若质点 A 上同时作用有 n 个力 $\boldsymbol{F}_1$，$\boldsymbol{F}_2$，…，$\boldsymbol{F}_n$，其合力为 $\boldsymbol{F}_R$，则通过合力投影定理很容易证明：**合力 $\boldsymbol{F}_R$ 在任一路程上的功，等于各分力在同一路程中的功的代数和**。这就是合力之功定理，可表示为

$$W_R = \sum W_{F_i} \tag{12-6}$$

12.1.3　几种常见力的功

1. 重力的功

设质点的重力为 $m\boldsymbol{g}$，沿轨道由 M_1 运动到 M_2，如图 12.3 所示。其重力在直角坐标轴上的投影分别为 $F_x=0$，$F_y=0$，$F_z=-mg$，应用式(12-5)，重力做功为

$$W_{12} = \int_{z_1}^{z_2} -mg\,\mathrm{d}z = mg(z_1 - z_2)$$

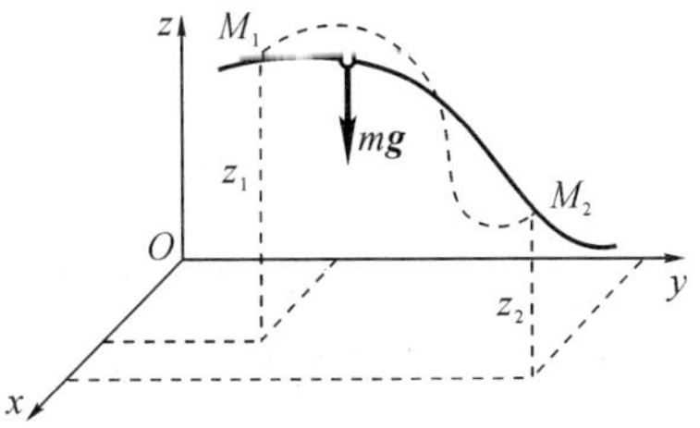

图 12.3

可见重力做功仅与质点运动开始和末了位置的高度差 (z_1-z_2) 有关，与运动轨迹的形状无关。

对于质点系，设质点 i 的质量为 m_i，运动始末的高度差为 $(z_{i1}-z_{i2})$，则全部重力做功之和为

$$\sum W_{12} = \sum m_i g(z_{i1} - z_{i2})$$

由质心坐标公式，有

$$mz_C = \sum m_i z_i$$

由此可得

$$\sum W_{12} = mg(z_{C1} - z_{C2}) \tag{12-7}$$

式中，m 为质点系全部质量之和，$(z_{C1}-z_{C2})$ 为运动始末位置其质心的高度差。质心下降，重力做正功；质心上移，重力做负功。质点系重力做功仍与质心的运动轨迹形状无关。

2. 弹性力的功

设质点 A 系于弹簧一端，弹簧的另一端固定于 O 点，如图 12.4 所示，A 沿空间某曲线由 A_1 点运动到 A_2 点，计算弹性力的功。

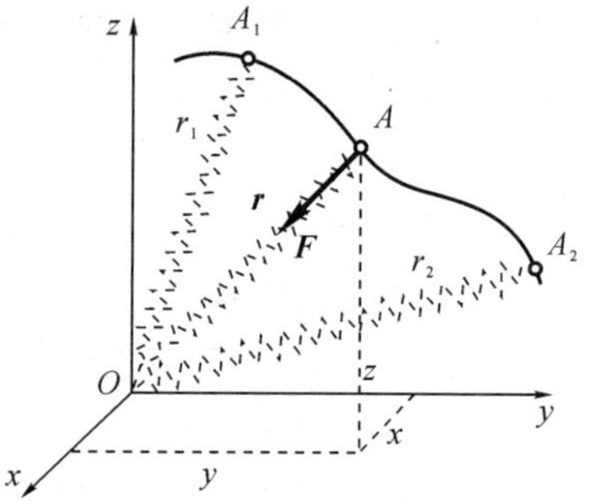

图 12.4

设弹簧未变形时原长为 l_0，质点在 A_1 位置时弹簧的变形为 δ_1，在 A_2 位置时弹簧的变形为 δ_2。质点 A 在任意位置上的矢径为 $\boldsymbol{r}$，在此位置上弹簧的变形 $\delta=r-l_0$，在其弹性极限内，弹性力的大小与弹簧变形量 δ 成正比，即

$$F=k\delta=k(r-l_0)$$

式中，比例系数 k 称为弹簧的刚度系数(或刚性系数)。在国际单位制中，k 的单位为 N/m 或 N/mm。弹性力 $\boldsymbol{F}$ 的作用线总是与矢径 $\boldsymbol{r}$ 共线，方向总是指向自然位置(即弹簧未变形时端点的位置)。当弹簧伸长时，$r>l_0$，$\boldsymbol{F}$ 与 $\boldsymbol{r}$ 指向相反；当弹簧压缩时，$r<l_0$，$\boldsymbol{F}$ 与 $\boldsymbol{r}$ 指向相同。沿矢径 $\boldsymbol{r}$ 方向的单位矢量表示为 $\boldsymbol{r}/r$。弹性力 $\boldsymbol{F}$ 可表示为

$$\boldsymbol{F}=-k(r-l_0)\left(\frac{\boldsymbol{r}}{r}\right)$$

弹性力的元功可表示为

$$\delta W=\boldsymbol{F}\cdot \mathrm{d}\boldsymbol{r}=-k(r-l_0)\left(\frac{\boldsymbol{r}\cdot \mathrm{d}\boldsymbol{r}}{r}\right)$$

由于 $\boldsymbol{r}\cdot \mathrm{d}\boldsymbol{r}=\frac{1}{2}\mathrm{d}(\boldsymbol{r}\cdot\boldsymbol{r})=\frac{1}{2}\mathrm{d}(r^2)=r\mathrm{d}r$，则

$$\delta W=-k(r-l_0)\mathrm{d}r=-\frac{k}{2}\mathrm{d}(r-l_0)^2=-\frac{k}{2}\mathrm{d}(\delta^2)$$

应用式(12-5)，质点由 A_1 运动到 A_2，弹性力所做的功为

$$W_{12}=\int_{\delta_1}^{\delta_2}\left(-\frac{k}{2}\right)\mathrm{d}(\delta^2)$$

或

$$W_{12}=\frac{k}{2}(\delta_1^2-\delta_2^2) \tag{12-8}$$

上式是计算弹性力做功的普遍公式，**即弹性力的功等于弹簧在初始位置变形量的平方与终了位置变形量的平方之差与弹簧刚度系数乘积之半**。上述推导中轨迹 $\widehat{A_1A_2}$ 可以是空间任意曲线。由此可见，弹性力的功只与弹簧在初始和末了位置的变形量 δ 有关，而与力作用点 A 所经过的路径无关。当初变形大于末变形，即 $\delta_1>\delta_2$ 时，弹性力做正功；当初变形小于末变形，即 $\delta_1<\delta_2$ 时，弹性力做负功。

3. 定轴转动刚体上作用力的功

在绕 z 轴转动的刚体 A 点上作用一力 $\boldsymbol{F}$，如图 12.5 所示。试求刚体转动时力 $\boldsymbol{F}$ 所做的功。

由刚体转动特点可知，A 点的运动轨迹为圆周，因此将力 $\boldsymbol{F}$ 沿点 A 位置的 τ，n，z 三个方向分解成相互垂直的分量。若刚体绕 z 轴转动一微小角度 $\mathrm{d}\varphi$，则 A 点有微小位移 $\mathrm{d}s=R\mathrm{d}\varphi$，其中 R 是 A 点到转动轴的距离。由于 $\boldsymbol{F}_n$，$\boldsymbol{F}_z$ 都垂直于 A 点的运动路径，故不做功。因而只有切向力 $\boldsymbol{F}_\tau$ 做功，由式(12-3)得

$$\delta W=\boldsymbol{F}\cdot \mathrm{d}\boldsymbol{r}=F_\tau \mathrm{d}s=F_\tau R\mathrm{d}\varphi$$

由静力学知识，$F_\tau R$ 是力 $\boldsymbol{F}_\tau$ 对于 z 轴的矩，也是力 $\boldsymbol{F}$ 对于 z 轴的矩 $M_z(\boldsymbol{F})$，于是

$$\delta W = M_z(\boldsymbol{F})\mathrm{d}\varphi$$

力 $\boldsymbol{F}$ 在刚体从角 φ_1 到 φ_2 转动过程中做的功为

$$W_{12} = \int_{\varphi_1}^{\varphi_2} M_z(\boldsymbol{F})\mathrm{d}\varphi \tag{12-9}$$

若 $M_z(\boldsymbol{F})$＝常量，则

$$W_{12} = M_z(\boldsymbol{F})(\varphi_2-\varphi_1) = M_z(\boldsymbol{F})\Delta\varphi \tag{12-10}$$

由式(12－10)可见，当力矩 $M_z(\boldsymbol{F})$ 与刚体的转角 φ 方向一致时(正负号一致)，力 $\boldsymbol{F}$ 做正功，反之力 $\boldsymbol{F}$ 做负功。

如果作用在刚体上的是一力偶矩为 M 的力偶，而力偶的作用面垂于转轴 z，则由于此力偶对 z 轴之矩即为力偶矩 M，因此有

$$\delta W = M\mathrm{d}\varphi$$

$$W_{12} = \int_{\varphi_1}^{\varphi_2} M\mathrm{d}\varphi \tag{12-11}$$

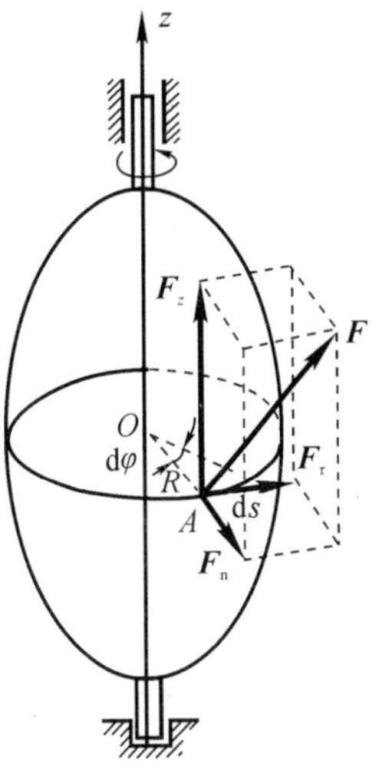

图 12.5

当 M＝常量时，有

$$W_{12} = M(\varphi_2-\varphi_1) = M\Delta\varphi \tag{12-12}$$

4. 摩擦力的功

1）动滑动摩擦力的功

设物块沿固定支承面滑动，如图 12.6(a)所示，其动滑动摩擦力为 $F_d = fF_N$，式中 f 为动摩擦因数，$\boldsymbol{F}_N$ 为法向约束力。当 $\boldsymbol{F}_d$ 不变时，物块滑行的路程为 s，摩擦力 $\boldsymbol{F}_d$ 做功为

$$W = -F_d s = -fF_N s \tag{12-13}$$

因为动滑动摩擦力 $\boldsymbol{F}_d$ 的方向总是与物块运动方向相反，所以 $\boldsymbol{F}_d$ 总是做负功。

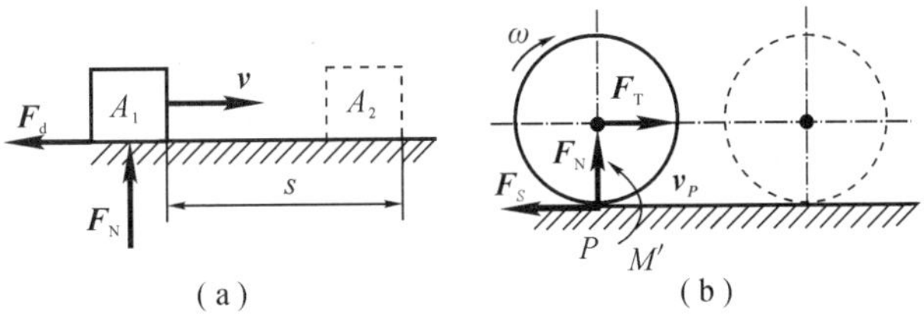

图 12.6

2）圆轮纯滚动时摩擦力和摩擦阻力偶的功

如图 12.6(b)所示，半径为 R 的圆轮在主动力 $\boldsymbol{F}_T$ 作用下沿水平地面做纯滚动，轮与支承面的接触点 P 即为车轮的速度瞬心，$v_P=0$，接触点则出现静滑动摩擦力 $\boldsymbol{F}_s$，$\boldsymbol{F}_s$ 的元功

$$\delta W = -F_s\mathrm{d}s = -F_s v_P \mathrm{d}t$$

式中 $\mathrm{d}s$ 为轮与支承面接触点之间的元路程。因 $v_P=0$，故

$$\delta W = 0$$

表明做纯滚动的圆轮上的静滑动摩擦力不做功。

地面作用在轮上的滚动摩擦阻力偶做负功。设滚动摩擦阻力偶矩为 M'，则其元功为

$$\delta W = -M'\mathrm{d}\varphi \tag{12-14}$$

但当M'很小时，滚动摩擦阻力偶的功可略去不计。

5. 作用在平面运动刚体上力系的功

平面运动刚体上力系的功，等于刚体上所受各力做功的代数和。平面运动刚体上力系的功，也等于力系向质心简化所得的力与力偶做功之和。证明如下：

平面运动刚体上受有多个力作用，取刚体的质心 C 为基点，当刚体有无限小位移时，任一力 $\boldsymbol{F}_i$ 的作用点 M_i 的位移为

$$\mathrm{d}\boldsymbol{r}_i=\mathrm{d}\boldsymbol{r}_C+\mathrm{d}\boldsymbol{r}_{iC}$$

其中，$\mathrm{d}\boldsymbol{r}_C$ 为质心的无限小位移，$\mathrm{d}\boldsymbol{r}_{iC}$为点 M_i 绕质心 C 的微小转动位移，如图 12.7 所示。力 $\boldsymbol{F}_i$ 在点 M_i 位移上所做元功为

$$\delta W_i=\boldsymbol{F}_i\cdot\mathrm{d}\boldsymbol{r}_i=\boldsymbol{F}_i\cdot\mathrm{d}\boldsymbol{r}_C+\boldsymbol{F}_i\cdot\mathrm{d}\boldsymbol{r}_{iC}$$

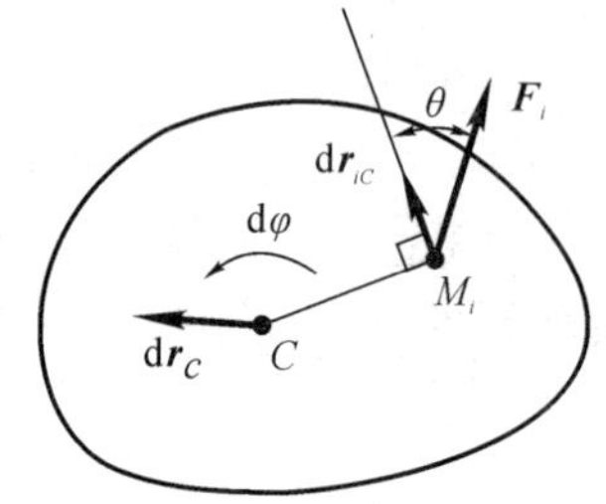

图 12.7

如刚体无限小转角为 $\mathrm{d}\varphi$，则转动位移 $\mathrm{d}\boldsymbol{r}_{iC}\perp\overline{M_iC}$，大小为$M_iC\cdot\mathrm{d}\varphi$。因此，上式后一项

$$\boldsymbol{F}_i\cdot\mathrm{d}\boldsymbol{r}_{iC}=F_i\cos\theta\cdot M_iC\cdot\mathrm{d}\varphi=M_C(\boldsymbol{F}_i)\mathrm{d}\varphi$$

其中，θ 为力 $\boldsymbol{F}_i$ 与转动位移 $\mathrm{d}\boldsymbol{r}_{iC}$间的夹角，$M_C(\boldsymbol{F}_i)$为力 $\boldsymbol{F}_i$ 对质心C 的矩。

力系全部力所做元功之和为

$$\delta W=\sum\delta W_i=\sum\boldsymbol{F}_i\cdot\mathrm{d}\boldsymbol{r}_C+\sum M_C(\boldsymbol{F}_i)\mathrm{d}\varphi=\boldsymbol{F}'_\mathrm{R}\cdot\mathrm{d}\boldsymbol{r}_C+M_C\mathrm{d}\varphi$$

其中，$\boldsymbol{F}'_\mathrm{R}$ 为力系主矢，M_C 为力系对质心的主矩。刚体质心 C 由 C_1 移到 C_2，同时刚体又由φ_1 转到 φ_2 角度时，力系做功为

$$W_{12}=\int_{C_1}^{C_2}\boldsymbol{F}'_\mathrm{R}\cdot\mathrm{d}\boldsymbol{r}_C+\int_{\varphi_1}^{\varphi_2}M_C\mathrm{d}\varphi$$

可见，平面运动刚体上力系的功等于力系向质心简化所得的力和力偶做功之和。这个结论也适用于做一般运动的刚体，基点也可以是刚体上任意一点。

【例 12-1】 质量为 $m=10$ kg 的物体，放在倾角为 $\alpha=30°$的斜面上，用刚度系数为$k=100$ N/m的弹簧系住，如图 12.8(a)所示。斜面与物体间的动摩擦因数 $f=0.2$，试求物体由弹簧原长位置 M_0 沿斜面运动到 M_1 时，作用于物体上的各力在路程 $s=0.5$ m 上的功及合力的功。

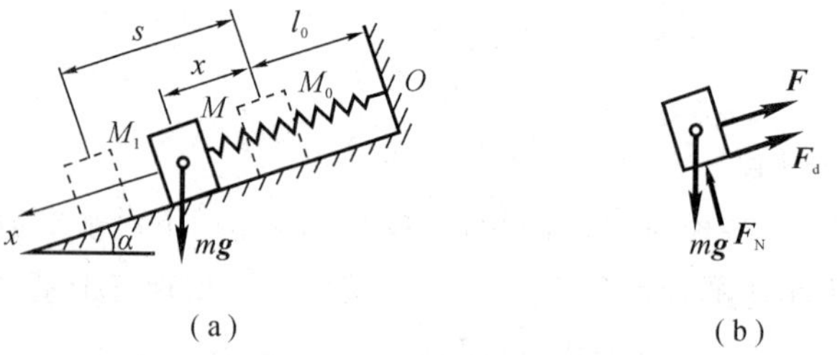

图 12.8

【解】 取物体 M 为研究对象，作用于 M 上的力有重力 $m\boldsymbol{g}$、斜面的法向约束力 $\boldsymbol{F}_\mathrm{N}$、摩擦力 $\boldsymbol{F}_\mathrm{d}$ 以及弹簧力 $\boldsymbol{F}$，如图 12.8(b)所示，各力所做的功及合力的功分别为

$$W_G=mgs\sin30°=10\times9.8\times0.5\times0.5=24.5\ \mathrm{J}$$

$$W_{F_\mathrm{N}}=0$$

$$W_{F_d}=-F_d s=-fmgs\cos 30°=-0.2\times 10\times 9.8\times 0.5\times 0.866=-8.5\ \text{J}$$

$$W_F=\frac{1}{2}k(\delta_1^2-\delta_2^2)=\frac{100}{2}(0-0.5^2)=-12.5\ \text{J}$$

$$W=\sum W_{F_i}=24.5+0-8.5-12.5=3.5\ \text{J}$$

12.2　质点和质点系的动能

12.2.1　质点的动能

设质点的质量为 m，速度为 $\boldsymbol{v}$，则质点的动能为

$$\frac{1}{2}mv^2$$

动能是标量，恒取正值。在国际单位制中，动能的单位也是焦耳(J)或牛顿·米(N·m)。可见动能与功的量纲相同。

动能和动量都是表征机械运动的量，前者与质点速度的平方成正比，是一个标量；后者与质点速度的一次方成正比，是一个矢量，它们是机械运动的两种不同的度量。

12.2.2　质点系的动能

质点系内各质点动能的算术和称为质点系的动能，即

$$T=\sum\frac{1}{2}m_i v_i^2$$

刚体是由无数质点组成的质点系。刚体做不同的运动时，各质点的速度分布不同，刚体的动能应按照刚体的运动形式来计算。

1. 平移刚体的动能

当刚体做平移时，同一瞬时刚体内各点的速度都相同，可以用质心速度 $\boldsymbol{v}_C$ 为代表，于是得平移刚体的动能为

$$T=\sum\frac{1}{2}m_i v_i^2=\frac{1}{2}v_C^2\cdot\sum m_i=\frac{1}{2}mv_C^2 \tag{12-15}$$

式中 $m=\sum m_i$ 是刚体的质量。上式表明，**平移刚体的动能等于刚体质量与质心速度平方乘积的一半**。如果设想质心是一个质点，它的质量等于刚体的质量，则平移刚体的动能等于此质点的动能。

2. 定轴转动刚体的动能

设刚体绕固定轴 z 转动，角速度为 ω，刚体上第 i 个质点的质量为 m_i，该点到转轴的垂直距离为 r_i，其速度大小为 $r_i\omega$，于是绕定轴转动刚体的动能为

$$T=\sum\frac{1}{2}m_i v_i^2=\sum\left(\frac{1}{2}m_i r_i^2\omega^2\right)=\frac{1}{2}\omega^2\cdot\sum m_i r_i^2=\frac{1}{2}J_z\omega^2 \tag{12-16}$$

式中 $\sum m_i r_i^2=J_z$，即刚体对于 z 轴的转动惯量。上式表明，**绕定轴转动刚体的动能，等于刚体对于转轴的转动惯量与角速度平方乘积的一半**。

3. 平面运动刚体的动能

取刚体质心 C 所在的平面图形，如图 12.9 所示。设图形中的点 P 是某瞬时的速度瞬心，ω 是平面图形转动的角速度，平面图形的运动可视为绕通过速度瞬心 P 并与运动平面垂直的瞬时轴的瞬时转动，于是平面运动刚体的动能为

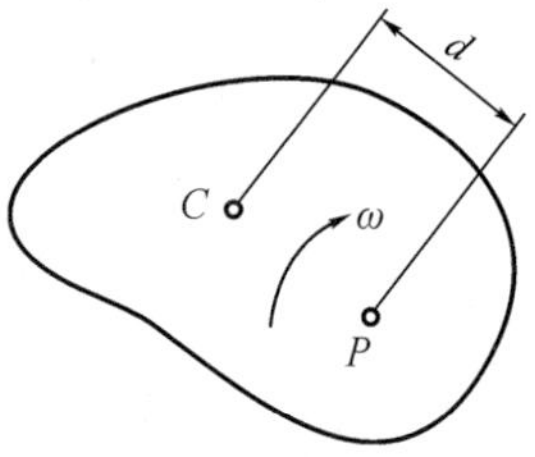

图 12.9

$$T=\frac{1}{2}J_P\omega^2$$

式中 J_P 是刚体对于瞬时轴的转动惯量。因为在不同瞬时，刚体具有不同的速度瞬心，所以上式中 J_P 不是常量。因此用上式计算动能在一般情况下是不方便的。

现在取通过刚体的质心 C 并与瞬心轴平行的轴为质心轴，设刚体对该轴(即质心)的转动惯量为 J_C，根据转动惯量的平行轴定理，有

$$J_P=J_C+md^2$$

式中，m 为刚体的质量，$d=CP$。代入计算动能的公式中，得

$$T=\frac{1}{2}(J_C+md^2)\omega^2=\frac{1}{2}J_C\omega^2+\frac{1}{2}m(d\cdot\omega)^2$$

因 $d\cdot\omega=v_C$，是质心 C 的速度，于是得

$$T=\frac{1}{2}mv_C^2+\frac{1}{2}J_C\omega^2 \tag{12-17}$$

即：做平面运动刚体的动能，等于随质心平移的动能与绕质心转动的动能之和。

其他运动形式的刚体，应按其速度分布计算该刚体的动能。

【例 12-2】 计算图 12.10 所示系统的动能，设各物体均质，质量均为 m，$O_1A=O_2B=l$，$O_1O_2=AB$，O_1A 杆的角速度为 ω。

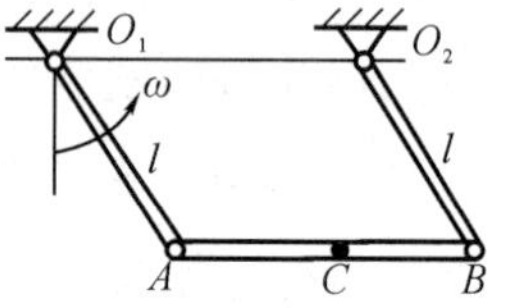

图 12.10

【解】 图示系统中，O_1A 和 O_2B 杆做定轴转动，角速度为 ω，AB 杆做平移，其质心 C 的速度等于点 A 的速度，$v_C=v_A=l\omega$，系统动能等于各物体动能之和，即

$$\begin{aligned}T&=2\times\frac{1}{2}J_O\omega^2+\frac{1}{2}mv_C^2\\&=\frac{1}{3}ml^2\omega^2+\frac{1}{2}ml^2\omega^2\\&=\frac{5}{6}ml^2\omega^2\end{aligned}$$

【例 12-3】 如图 12.11 所示，均质圆盘沿直线轨道做纯滚动。设圆盘重为 G，半径为 R，某瞬时其质心 C 的速度为 $\boldsymbol{v}_C$，求圆盘的动能。

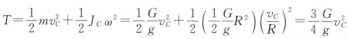

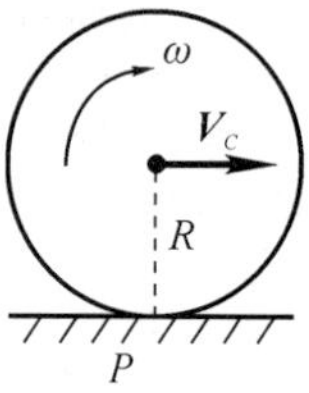

图 12.11

【解】 圆盘做平面运动，P 为速度瞬心，所以圆盘的角速度 $\omega=\frac{v_C}{R}$，由式(12-17)，圆盘的动能为

$$T=\frac{1}{2}mv_C^2+\frac{1}{2}J_C\omega^2=\frac{1}{2}\frac{G}{g}v_C^2+\frac{1}{2}\left(\frac{1}{2}\frac{G}{g}R^2\right)\left(\frac{v_C}{R}\right)^2=\frac{3}{4}\frac{G}{g}v_C^2$$

也可直接写成

$$T=\frac{1}{2}J_P\omega^2=\frac{1}{2}\left(\frac{1}{2}\frac{G}{g}R^2+\frac{G}{g}R^2\right)\omega^2=\frac{3}{4}\frac{G}{g}v_C^2$$

【例 12-4】 滑块 A 沿水平光滑面以匀速 $\boldsymbol{v}$ 向右运动，均质细直杆 AB 在 A 端与滑块铰接，并以角速度 ω 逆时针转动，如图 12.12 所示。已知杆的质量为 m，杆长为 l，$\varphi=45°$，求此时杆的动能。

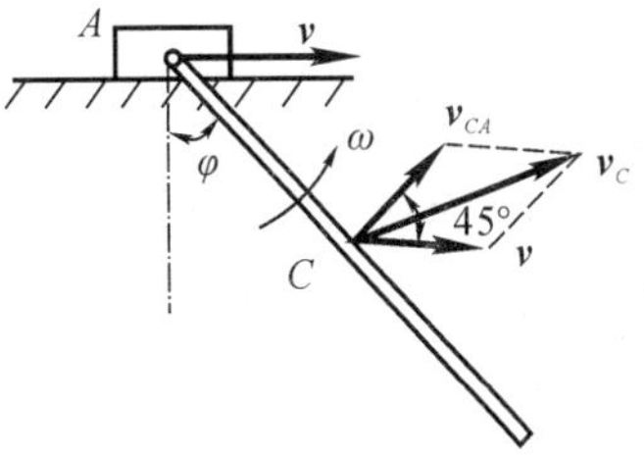

图 12.12

【解】 杆 AB 做平面运动，其转动角速度已知，现只需求出其质心 C 的速度，便可用公式(12-17)计算出杆的动能。

由刚体平面运动求速度的基点法知

$$\boldsymbol{v}_C=\boldsymbol{v}_A+\boldsymbol{v}_{CA}$$

式中 $v_{CA}=\frac{1}{2}l\omega$。由图 12.12 可得

$$v_C^2=(v_{CA}\sin45°)^2+(v+v_{CA}\cos45°)^2=v_{CA}^2+v^2+2vv_{CA}\cos45°=\frac{1}{4}l^2\omega^2+v^2+\frac{\sqrt{2}}{2}l\omega v$$

于是杆的动能为

$$T=\frac{1}{2}mv_C^2+\frac{1}{2}J_C\omega^2=\frac{1}{2}m\left(\frac{1}{4}l^2\omega^2+v^2+\frac{\sqrt{2}}{2}l\omega v\right)+\frac{1}{2}\times\frac{1}{12}ml^2\omega^2$$

$$=\frac{1}{2}m\left(\frac{1}{3}l^2\omega^2+v^2+\frac{\sqrt{2}}{2}lv\omega\right)$$

【例 12-5】 滚子 A 的质量为 m，沿倾角为 α 的斜面做纯滚动，滚子借绳子跨过滑轮 B 连接质量为 m_1 的物体，如图 12.13 所示。滚子与滑轮质量相等，半径相同，皆为均质圆盘，此瞬时物体的速度为 $\boldsymbol{v}$，绳不可伸长，质量不计，求系统的动能。

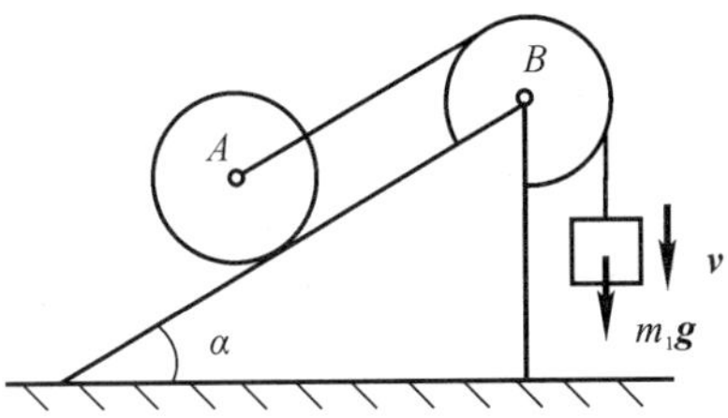

图 12.13

【解】 取系统为研究对象，其中重物做平移，滑轮做定轴转动，滚子做平面运动，系统的动能为

$$T=\frac{1}{2}m_1v^2+\frac{1}{2}J_B\omega^2+\frac{1}{2}mv_A^2+\frac{1}{2}J_A\omega^2$$

根据运动学关系，有 $v_A=v=r\omega$，$J_A=J_B=\frac{1}{2}mr^2$，代入上式，得

$$T=\frac{1}{2}m_1v^2+\frac{1}{2}\times\frac{1}{2}mr^2\times\frac{v^2}{r^2}+\frac{1}{2}mv^2+\frac{1}{2}\times\frac{1}{2}mr^2\times\frac{v^2}{r^2}$$

$$=\left(\frac{1}{2}m_1+m\right)v^2$$

12.3 动能定理

12.3.1 质点的动能定理

质点的动能定理建立了质点的动能与作用力的功之间的关系。设质量为 m 的质点，在力 $\boldsymbol{F}$ 的作用下，沿曲线由点 A_1 运动到点 A_2，其速度由 $\boldsymbol{v}_1$ 变为 $\boldsymbol{v}_2$。

取质点的运动微分方程的矢量形式

$$m\frac{\mathrm{d}\boldsymbol{v}}{\mathrm{d}t}=\boldsymbol{F}$$

在方程两边点乘 $\mathrm{d}\boldsymbol{r}$，得

$$m\frac{\mathrm{d}\boldsymbol{v}}{\mathrm{d}t}\cdot\mathrm{d}\boldsymbol{r}=\boldsymbol{F}\cdot\mathrm{d}\boldsymbol{r}$$

因 $\mathrm{d}\boldsymbol{r}=\boldsymbol{v}\mathrm{d}t$，于是上式可写成

$$m\boldsymbol{v}\cdot\mathrm{d}\boldsymbol{v}=\boldsymbol{F}\cdot\mathrm{d}\boldsymbol{r}$$

或

$$\mathrm{d}\left(\frac{1}{2}mv^2\right)=\delta W \tag{12-18}$$

式(12-18)称为质点动能定理的微分形式，即：**质点动能的增量等于作用在质点上力的元功**。

将式(12-18)积分，得

$$\int_{v_1}^{v_2}\mathrm{d}\left(\frac{1}{2}mv^2\right)=W_{12}$$

或

$$\frac{1}{2}mv_2^2-\frac{1}{2}mv_1^2=W_{12} \tag{12-19}$$

这就是质点动能定理的积分形式，即：**在质点运动的某个过程中，质点动能的改变量等于作用于质点的力做的功**。

由式(12-18)或式(12-19)可见，力做正功，质点的动能增加；力做负功，质点的动能减小。

12.3.2 质点系的动能定理

设有 n 个质点组成的质点系，其中第 i 个质点的质量为 m_i，速度为 $\boldsymbol{v}_i$，作用在该质点上的力为 $\boldsymbol{F}_i$。根据质点的动能定理的微分形式，有

$$\mathrm{d}\left(\frac{1}{2}m_iv_i^2\right)=\delta W_i$$

式中 δW_i 表示作用于这个质点的力所做的元功。

对于质点系中的每个质点都可列出一个如上的方程，将这 n 个方程相加，得

$$\sum\mathrm{d}\left(\frac{1}{2}m_iv_i^2\right)=\sum\delta W_i$$

或

$$d\left[\sum\left(\frac{1}{2}m_iv_i^2\right)\right]=\sum\delta W_i$$

式中$\sum\frac{1}{2}m_iv_i^2$是质点系的动能，以 T 表示。于是上式可以写成

$$dT=\sum\delta W_i \qquad (12-20)$$

式(12－20)为**质点系动能定理的微分形式，即：质点系动能的增量，等于作用在质点系上全部力所做的元功之和。**

设质点系从位置Ⅰ运动到位置Ⅱ，将式(12－20)积分，可得

$$T_2-T_1=\sum W_{12} \qquad (12-21)$$

式中 T_1和 T_2分别是质点系在位置Ⅰ和位置Ⅱ的动能。式(12－21)为**质点系动能定理的积分形式，即：在某一段运动过程中，质点系动能的改变量等于作用在质点系上全部力在这段过程中所做功的代数和。**

需要说明以下几点：

(1) 若将作用于质点系的力按主动力和约束力分类，则式(12－21)可改写为

$$T_2-T_1=\sum W_{12}^{(F)}+\sum W_{12}^{(N)} \qquad (12-22)$$

式中$\sum W_{12}^{(F)}$和$\sum W_{12}^{(N)}$分别表示主动力做功之和和约束力做功之和。在理想约束条件下，质点系动能的改变只与主动力做功有关，式(12－22)中只需计算主动力所做的功。

对于光滑固定面约束，其约束力垂直于力作用点的位移，约束力不做功。又如光滑铰支座、固定端等约束，显然其约束力也不做功。**约束力做功等于零的约束称为理想约束。**

光滑铰链、刚性二力杆以及不可伸长的细绳等作为系统内的约束时，其中单个的约束力不一定不做功，但一对约束力做功之和等于零，也都是理想约束。如图 12.14(a)所示的铰链，铰链处相互作用的约束力 $\boldsymbol{F}$ 和 $\boldsymbol{F}'$是等值反向的，它们在铰链中心的任何位移 $d\boldsymbol{r}$ 上做功之和都等于零。又如图 12.14(b)中，跨过光滑支持轮的细绳对系统中两个质点的拉力 $F_1=F_2$，如绳索不可伸长，则两端的位移 $d\boldsymbol{r}_1$和 $d\boldsymbol{r}_2$沿绳索的投影必相等，因而两约束力 $\boldsymbol{F}_1$和 $\boldsymbol{F}_2$做功之和等于零。至于图 12.14(c)所示的二力杆对 A，B 两点的约束力，有 $F_1=F_2$，而两端位移沿 AB 连线的投影又是相等的，显然两约束力 $\boldsymbol{F}_1$，$\boldsymbol{F}_2$ 做功之和也等于零。

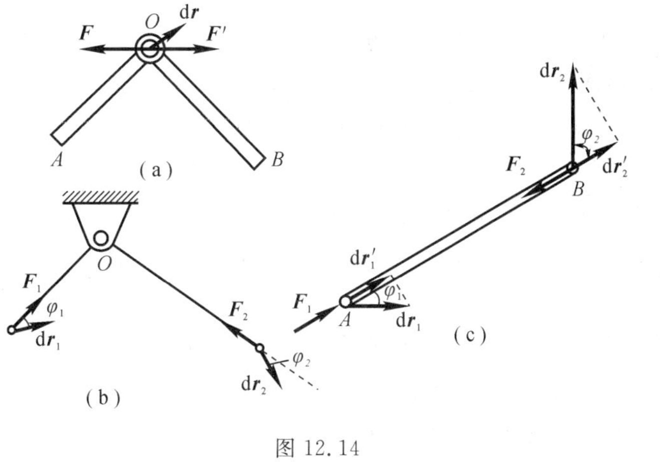

图 12.14

一般情况下，滑动摩擦力与物体的相对位移反向，摩擦力做负功，不是理想约束，应用动能定理时要计入摩擦力的功。但当轮子在固定面上只滚不滑时，接触点为速度瞬心，滑动摩擦力作用点没动，此时的滑动摩擦力也不做功。因此，不计滚动摩阻时，纯滚动的接触点也是理想约束。

工程中很多约束可视为理想约束，此时未知的约束力并不做功，这对动能定理的应用是非常方便的。

(2) 若将作用于质点系的力按外力和内力分类，则式(12-21)可改写为

$$T_2 - T_1 = \sum W_{12}^{(e)} + \sum W_{12}^{(i)} \tag{12-23}$$

式中 $\sum W_{12}^{(e)}$ 和 $\sum W_{12}^{(i)}$ 分别表示外力做功之和和内力做功之和。

在通常情况下，虽然质点系的内力是成对出现的，但它们做功之和并不总是等于零。例如，由两个相互吸引的质点 M_1 和 M_2 组成的质点系，两质点相互作用的力 $\boldsymbol{F}_{12}$ 和 $\boldsymbol{F}_{21}$ 是一对内力，如图 12.15 所示。虽然内力的矢量和等于零，但是当两质点相互趋近时，两力所做功的和为正；当两质点相互离开时，两力所做功的和为负。又如，汽车发动机的气缸内膨胀的气体对活塞和气缸的作用力都是内力，但内力功的和不等于零，内力的功使汽车的动能增加。此外，如机器中轴与轴承之间的相互作用的摩擦力对于整个机器是内力，它们做负功，总和为负。应用动能定理时都要计入这些内力所做的功。

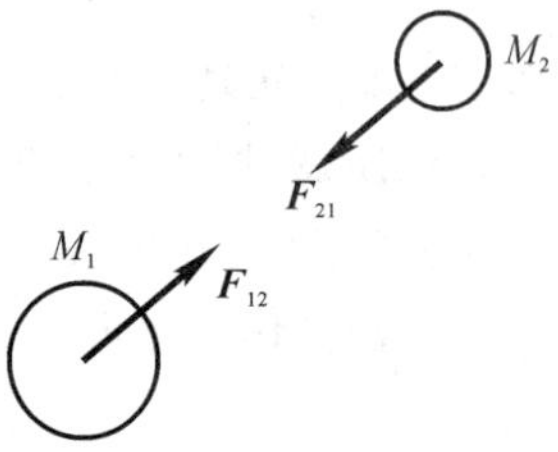

图 12.15

同时也应注意，在不少情况下，内力所做功的和等于零。例如，刚体内两质点相互作用的力是内力，两力大小相等、方向相反。因为刚体上任意两点之间的距离保持不变，沿这两点连线的位移必定相等，其中一力做正功，另一力做负功，这一对力所做功的和等于零。刚体内任一对内力所做功的和都等于零。于是得结论：**刚体所有内力做功的和恒等于零**。因此，动能定理应用于刚体时，就不必考虑刚体内力的功。不可伸长的柔绳、钢索等所有内力做功的和也等于零。

从以上分析可见，在应用质点系的动能定理时，要根据具体情况仔细分析所有的作用力，以确定它是否做功。应注意：理想约束的约束力不做功，而质点系的内力做功之和并不一定等于零。

应用动能定理不但可以求解作用于物体的主动力或物体所行的距离，而且可以求解物体运动的速度 $\boldsymbol{v}$(或角速度 ω)和加速度 $\boldsymbol{a}$(或角加速度 α)。

【例 12-6】 质量为 $m=1$ kg 的套筒 M 可沿固定光滑导杆运动。套筒上系一弹簧，如图 12.16 所示。设弹簧原长为 $r=0.2$ m，弹簧的刚度系数为 $k=200$ N/m。当套筒在 A 点时，其速度为 $v_A=1.5$ m/s。求套筒滑到 B 点时的速度 $\boldsymbol{v}_B$。

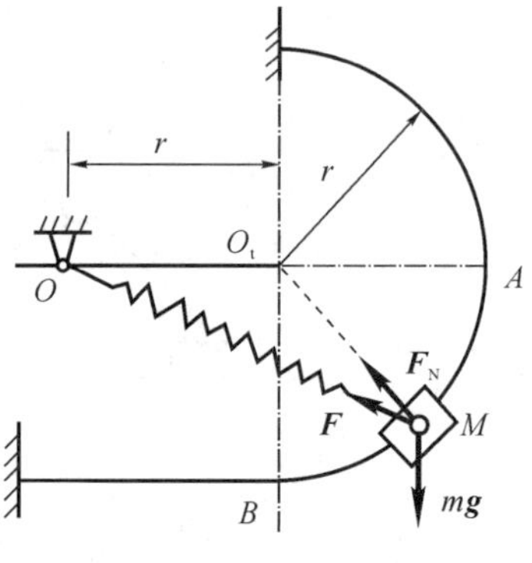

图 12.16

【解】 取套筒 M 为研究对象。套筒在重力 $m\boldsymbol{g}$、弹性力 $\boldsymbol{F}$ 和约束力 $\boldsymbol{F}_N$ 作用下运动。约束力 $\boldsymbol{F}_N$ 与运动方向垂直，故约束力 $\boldsymbol{F}_N$ 不做功。只有重力和弹性力做功。

用动能定理

$$\frac{1}{2}mv_B^2-\frac{1}{2}mv_A^2=W_{12} \tag{a}$$

$$W_{12}=mgr+\frac{1}{2}k[r^2-(\sqrt{2}r-r)^2]=mgr+kr^2(\sqrt{2}-1) \tag{b}$$

将式(b)代入式(a)，并将已知量代入后得

$$v_B=3.577\ \text{m/s}$$

【例 12-7】 杆 AB 长为 l，重为 mg，在水平位置处由静止释放，如图 12.17(a)所示，试求杆 AB 到达铅垂位置时点 A 的速度、加速度。

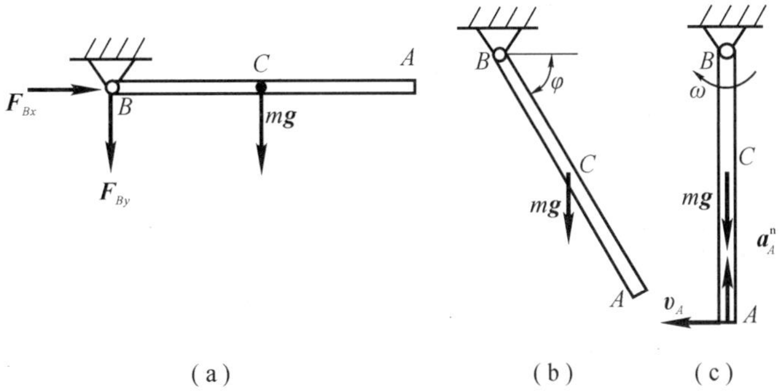

图 12.17

【解】 分析杆的受力，有重力 mg 和约束力 $\boldsymbol{F}_{Bx}$，$\boldsymbol{F}_{By}$，做功的力为杆的重力。杆 AB 可做定轴转动。由积分形式的动能定理

$$T_2-T_1=\sum W_{12} \tag{a}$$

$$T_2=\frac{1}{2}J_B\omega^2,\quad T_1=0,\quad \sum W_{12}=mg\cdot\frac{l}{2} \tag{b}$$

将式(b)代入式(a)，得

$$\frac{1}{2}J_B\omega^2=mg\,\frac{l}{2}$$

则

$$\omega=\sqrt{\frac{mgl}{J_B}}=\sqrt{\frac{mgl}{\frac{1}{3}ml^2}}=\sqrt{\frac{3g}{l}}$$

所以

$$v_A=\omega l=\sqrt{3gl}$$

求杆的角加速度，可用两种方法：

(1) 在一般位置处列出动能定理表达式，通过求导得角加速度 α。在一般位置处，有

$$\sum W_{12}=\frac{l}{2}mg\sin\varphi$$

代入动能定理表达式，得

$$\frac{1}{2}J_B\omega^2=mg\cdot\frac{l}{2}\sin\varphi$$

等号两边同时对时间求导，有

$$J_B\omega\alpha=\frac{1}{2}mgl\cos\varphi\cdot\omega$$

可得

$$\alpha=\frac{mgl\cos\varphi}{2J_B}$$

当 $\varphi=90°$时，$\alpha=0$，故 $a_A^{\tau}=0$，$a_A^{n}=l\omega^2=3g$。

(2) 用刚体绕定轴转动微分方程求角加速度 α。

$$J_B\alpha=\sum M_B(\boldsymbol{F})$$

在图 12.17(c)所示位置，有

$$J_B\alpha=0$$

则

$$\alpha=0$$

注意：

(1) 用动能定理求加速度时，必须写出一般位置处的动能定理表达式，再对等式进行求导运算，不可对某瞬时表达式求导。

(2) 通过比较可知，对于单个绕定轴转动刚体，用刚体绕定轴转动微分方程求角加速度很方便。此题的最简解法为：① 用动能定理求解角速度 ω；② 用刚体绕定轴转动微分方程求角加速度 α。

【例 12-8】 卷扬机如图 12.18 所示。鼓轮在常力偶 M 的作用下将圆柱沿斜坡上拉。已知鼓轮的半径为 R_1，质量为 m_1，质量分布在轮缘上；圆柱的半径为 R_2，质量为 m_2，质量均匀分布。设斜坡的倾角为 θ，圆柱只滚不滑。系统从静止开始运动，求圆柱中心 C 经过路程 s 时的速度。

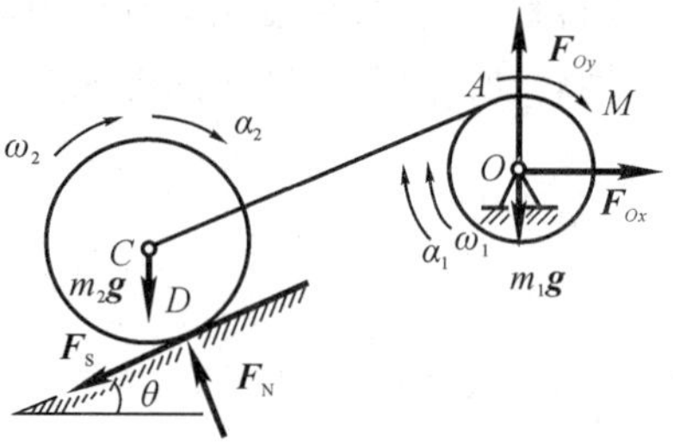

图 12.18

【解】 圆柱和鼓轮一起组成质点系。作用于该质点系的外力有：重力 $m_1\boldsymbol{g}$ 和 $m_2\boldsymbol{g}$，外力偶 M，水平轴约束力 $\boldsymbol{F}_{Ox}$ 和 $\boldsymbol{F}_{Oy}$，斜面对圆柱的作用力 $\boldsymbol{F}_N$ 和静摩擦力 $\boldsymbol{F}_s$。

应用动能定理进行求解。

先计算力的功。因为点 O 没有位移，所以力 $\boldsymbol{F}_{Ox}$，$\boldsymbol{F}_{Oy}$ 和 $m_1\boldsymbol{g}$ 所做的功等于零；由于圆柱沿斜面只滚不滑，边缘上任一点与地面只作瞬时接触，因此作用于瞬心 D 的法向约束力 $\boldsymbol{F}_N$ 和静摩擦力 $\boldsymbol{F}_s$ 不做功，此系统只受理想约束，且内力做功为零。主动力所做的功计算如下：

$$\sum W_{12}=M\varphi-m_2g\sin\theta\cdot s$$

质点系的动能计算如下：

$$T_1=0,\quad T_2=\frac{1}{2}J_1\omega_1^2+\frac{1}{2}m_2v_C^2+\frac{1}{2}J_C\omega_2^2$$

式中 J_1，J_C 分别为鼓轮对于中心轴 O 和圆柱对于过质心 C 的轴的转动惯量，且有

$$J_1=m_1R_1^2,\quad J_C=\frac{1}{2}m_2R_2^2$$

ω_1 和 ω_2 分别为鼓轮和圆柱的角速度，即

$$\omega_1=\frac{v_C}{R_1},\quad \omega_2=\frac{v_C}{R_2}$$

于是

$$T_2=\frac{v_C^2}{4}(2m_1+3m_2)$$

由质点系的动能定理，并将动能和功的计算结果代入，得

$$\frac{v_C^2}{4}(2m_1+3m_2)-0=M\varphi-m_2g\sin\theta\cdot s$$

将 $\varphi=\dfrac{s}{R_1}$ 代入，解得

$$v_C=2\sqrt{\frac{(M-m_2gR_1\sin\theta)s}{R_1(2m_1+3m_2)}}$$

【例 12-9】 图 12.19 所示均质圆盘 A 和滑块 B 质量均为 m，圆盘半径为 r，杆 BA 质量不计，平行于斜面，斜面倾角为 θ。已知斜面与滑块间的滑动摩擦因数为 f，圆盘在斜面上做无滑动的滚动，系统在斜面上无初速运动，求滑块的加速度。

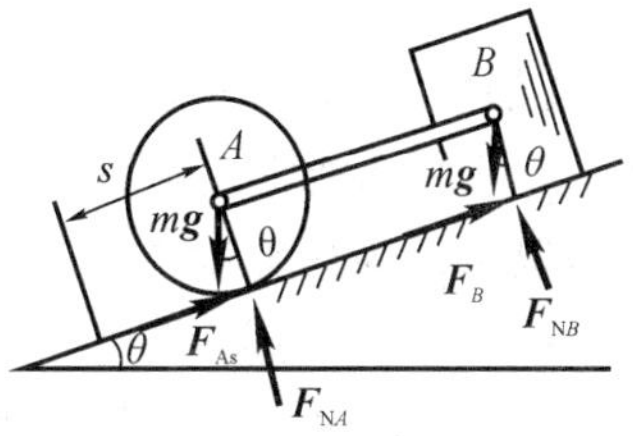

图 12.19

【解】 这是已知力求加速度的问题，应在一般位置上建立动能定理的方程，通过求导得到加速度。

选质点系为研究对象。受力图如图 12.19 所示，因为 A，B 两光滑铰链为理想约束，故约束力做功之和为零。由于圆盘在固定斜面上无滑动地滚动(纯滚动)，故静摩擦力 $\boldsymbol{F}_{As}$、法向约束力 $\boldsymbol{F}_{NA}$ 和 $\boldsymbol{F}_{NB}$ 均不做功。

假设圆盘中心沿斜面下移距离为 s(s 为变量)，则重力和动摩擦力 $\boldsymbol{F}_B$ 做的功为

$$\sum W=2mgs\sin\theta-F_B\cdot s=2mgs\sin\theta-fmgs\cos\theta=mgs(2\sin\theta-f\cos\theta)$$

初始时系统的动能 $T_0=0$，设下降 s 距离时，圆盘中心速度为 $\boldsymbol{v}_A$，滑块速度为 $\boldsymbol{v}$，圆盘转动角速度为 ω，由运动学知 $\omega=v_A/r$，$v_A=v$，圆盘做平面运动，滑块做平移。系统的动能为

$$T=\frac{1}{2}mv^2+\frac{1}{2}mv_A^2+\frac{1}{2}J_A\omega^2=2\times\frac{1}{2}mv^2+\frac{1}{2}\times\left(\frac{1}{2}mr^2\right)\omega^2=\frac{5}{4}mv^2$$

由动能定理的积分形式

$$T-T_0=\sum W$$

$$\frac{5}{4}mv^2=mgs(2\sin\theta-f\cos\theta)$$

将上式两边对时间求一次导数，注意到 $v=\dot{s}$，$a=\dot{v}$，得

$$\frac{5}{2}mva=mgv(2\sin\theta-f\cos\theta)$$

于是解得

$$a=\left(\frac{4}{5}\sin\theta+\frac{2}{5}f\cos\theta\right)g$$

注意：系统下滑距离 s 是变量，代表一般位置，故建立的方程可求导。

【例 12-10】 图 12.20(a)所示曲柄连杆机构，其中曲柄 $OA=AB=l$，在曲柄上作用一不变力偶矩 M。曲柄和连杆看成是均质的，重量均为 mg。开始时，曲柄静止在水平向右位置，设滑块质量不计，滑块与滑道间的动滑动摩擦力设为常值 $\boldsymbol{F}$，求曲柄转过一周时的角速度。

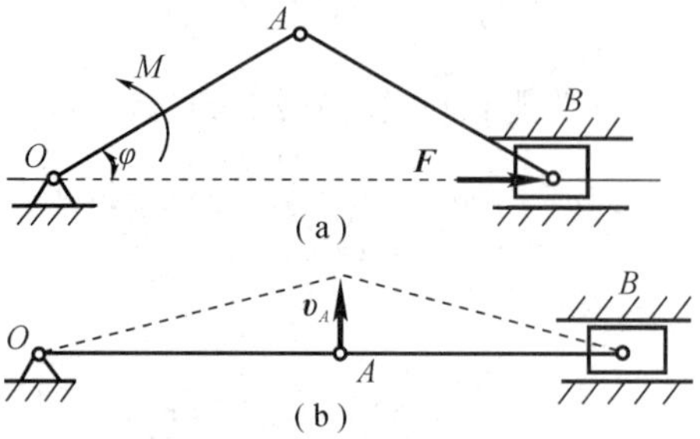

图 12.20

【解】 此系统由做定轴转动的杆 OA 和做平面运动的杆 AB 及滑块组成。待求量为运动量，可用动能定理求解。

取系统为研究对象，分析做功的力：作用于杆 OA 上的力偶 M 做正功，重力在整周运动中做功之和为零，B 块上的动滑动摩擦力 $\boldsymbol{F}$ 做负功。分析运动：杆 OA 绕 O 定轴转动，杆 AB 做平面运动，滑块 B 在槽中往复运动。初始时刻系统静止，OA 转一圈后，和初始位置重合，此时，点 B 为杆 AB 的速度瞬心。

由积分形式的动能定理，知

$$T_2-T_1=\sum W_{12}$$

式中

$$T_1=0,\quad T_2=\frac{1}{2}J_O\omega^2+\frac{1}{2}J_B\omega_{AB}^2$$

因

$$v_A=\omega l=\omega_{AB}l$$

故

$$\omega_{AB}=\omega$$

又

$$J_O=J_B=\frac{1}{3}ml^2$$

$$\sum W_{12}=M\cdot 2\pi-F\cdot 4l$$

将以上各量代入动能定理中，得

$$\frac{1}{6}ml^2\omega^2+\frac{1}{6}ml^2\omega^2=2\pi M-4Fl$$

故

$$\omega=\sqrt{\frac{(2\pi M-4Fl)}{\frac{1}{3}ml^2}}=\sqrt{\frac{6(\pi M-2Fl)}{ml^2}}$$

注意：

(1) 本题是用动能定理求解的最典型问题，解这类问题时，应将两个状态下系统所处的位置和图形画出来，以便于分析运动量。

(2) 此题中，摩擦阻力做负功，从 B 的最右位置到达最左位置，做功为 $-2Fl$，从最左位置回到最右位置，做功仍为 $-2Fl$。即使 B 从一般位置开始运动，在曲柄 OA 的一整转中，摩擦力做功仍为 $-4Fl$。

【例 12-11】 在绞车的鼓轮上作用一个常力偶，其矩为 M，鼓轮半径为 r，重量为 P，如图 12.21 所示。绕在鼓轮上的钢绳的一端系一重量为 Q 的重物 A，沿着与水平倾角为 α 的斜面上升。试求绞车的鼓轮转过 φ 角时重物上升的速度与加速度。重物与斜面间的滑动摩擦因数为 f，钢绳重量不计，鼓轮可视为均质圆柱体，系统初始静止。

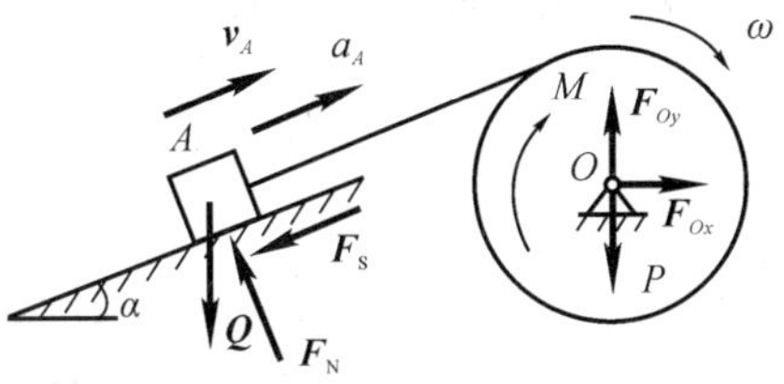

图 12.21

【解】 选择重物 A 和鼓轮组成的系统为研究对象，分析受力和运动，如图 12.21 所示。系统受到常力偶 M、重力 $\boldsymbol{P}$ 和 $\boldsymbol{Q}$、固定铰链 O 处的约束力 $\boldsymbol{F}_{Ox}$ 和 $\boldsymbol{F}_{Oy}$、斜面的约束力 $\boldsymbol{F}_{\mathrm{N}}$ 和 $\boldsymbol{F}_{\mathrm{s}}$ 的作用。系统在这些力的作用下使鼓轮转动，设鼓轮转过 φ 角时其角速度为 ω，角加速度为 α，重物 A 上升的速度为 $\boldsymbol{v}_A$，加速度为 $\boldsymbol{a}_A$。

应用质点系的动能定理有

$$T_2 - T_1 = \sum W_i \tag{a}$$

由于系统初始静止，故有

$$T_1 = 0 \tag{b}$$

绞车的鼓轮转过 φ 角时，系统的动能为

$$T_2 = \frac{1}{2}J_O\omega^2 + \frac{1}{2}\frac{Q}{g}v_A^2 = \frac{1}{2}\cdot\frac{1}{2}\frac{P}{g}r^2\cdot\omega^2 + \frac{1}{2}\frac{Q}{g}v_A^2 = \left(\frac{1}{4}\frac{P}{g} + \frac{1}{2}\frac{Q}{g}\right)v_A^2 \tag{c}$$

绞车的鼓轮转过 φ 角时，系统所受全部力做的功为

$$\sum W_i = M\varphi - Q\sin\alpha\cdot r\varphi - fQ\cos\alpha\cdot r\varphi = (M - Qr\sin\alpha - fQr\cos\alpha)\varphi \tag{d}$$

将式(b)、(c)、(d)代入式(a)，有

$$\left(\frac{1}{4}\frac{P}{g} + \frac{1}{2}\frac{Q}{g}\right)v_A^2 = (M - Qr\sin\alpha - fQr\cos\alpha)\varphi \tag{e}$$

即可求得重物上升的速度 v_A 为

$$v_A = 2\sqrt{\frac{[M - Qr(\sin\alpha + f\cos\alpha)]g\varphi}{P + 2Q}}$$

式(e)两边对时间求导数，可得

$$2\left(\frac{1}{4}\frac{P}{g} + \frac{1}{2}\frac{Q}{g}\right)v_A a_A = (M - Qr\sin\alpha - fQr\cos\alpha)\cdot\frac{v_A}{r}$$

即可求出重物上升的加速度 a_A 为

$$a_A=\frac{2(M-Qr\sin\alpha-fQr\cos\alpha)g}{(P+2Q)r}$$

综合以上各例，应用动能定理解题的步骤如下：

(1) 选取某质点系(或质点)作为研究对象；

(2) 选定应用动能定理的一段过程；

(3) 分析质点系的运动，计算在选定过程中起点和终点的动能；

(4) 分析作用于质点系的力，计算各力在选定过程中所做的功，并求它们的代数和；

(5) 应用动能定理建立方程，求解未知量。

12.4 功率、功率方程与机械效率

12.4.1 功率

在工程实际中，对一个机械系统上的作用力，不仅要计算其做的功，而且更有意义的是要知道力做功的快慢程度。力在单位时间内所做的功称为该力的功率，以 P 表示。

功率的数学表达式为

$$P=\frac{\delta W}{\mathrm{d}t}$$

因为 $\delta W=\boldsymbol{F}\cdot \mathrm{d}\boldsymbol{r}$，所以功率可写成

$$P=\boldsymbol{F}\cdot\frac{\mathrm{d}\boldsymbol{r}}{\mathrm{d}t}=\boldsymbol{F}\cdot\boldsymbol{v}=F_\tau v \tag{12-24}$$

式中 v 是力 $\boldsymbol{F}$ 作用点的速度。由此可见，**功率等于切向力与力作用点速度的乘积**。例如，用机床加工零件时，若切削力越大，切削速度越高，则要求机床的功率越大。而每台机床、每部机器能够输出的最大功率是一定的，因此用机床加工时，如果切削力越大，就必须选择较小的切削速度，使二者的乘积不超过机床能够输出的最大功率。又如汽车上坡时，由于需要较大的驱动力，这时驾驶员一般选用低速挡，以求在发动机功率一定的条件下，产生较大的驱动力。

作用在转动刚体上的力的功率为

$$P=\frac{\delta W}{\mathrm{d}t}=M_z\frac{\mathrm{d}\varphi}{\mathrm{d}t}=M_z\omega \tag{12-25}$$

式中 M_z 是力对转轴 z 的矩，ω 是角速度。由此可知，**作用于转动刚体上的力的功率等于该力对转轴的矩与角速度的乘积**。

在国际单位制中，每秒钟力所做的功等于 1 J 时，其功率定义为 1 W(瓦特)，1 W=1 J/s=1 N·m/s。

12.4.2 功率方程

取质点系动能定理的微分形式，两端除以 $\mathrm{d}t$，得

$$\frac{\mathrm{d}T}{\mathrm{d}t}=\sum\frac{\delta W_i}{\mathrm{d}t}=\sum P_i \tag{12-26}$$

上式称为功率方程，即：**质点系动能对时间的一阶导数，等于作用于质点系的所有力的功**

率的代数和。

功率方程常用来研究机器在工作时能量的变化和转化的问题。例如车床工作时，电场对电机转子作用的力做正功，使转子转动，电场力的功率称为**输入功率**。由于皮带传动、齿轮传动和轴承与轴之间都有摩擦，摩擦力做负功，使一部分机械能转化为热能；传动系统中的零件也会相互碰撞，也要损失一部分功率。这些功率都取负值，称为**无用功率**或**损耗功率**。车床切削工件时，切削阻力对夹持在车床主轴上的工件做负功，这是车床加工零件必须付出的功率，称为**有用功率**或**输出功率**。

每部机器的功率都可分为上述三部分。在一般情形下，式(12-26)可写成

$$\frac{\mathrm{d}T}{\mathrm{d}t}=P_{输入}-P_{有用}-P_{无用} \tag{12-27}$$

或

$$P_{输入}=P_{有用}+P_{无用}+\frac{\mathrm{d}T}{\mathrm{d}t} \tag{12-28}$$

即系统的输入功率等于有用功率、无用功率和系统动能的变化率的和。

12.4.3 机械效率

任何一部机器在工作时都需要从外界输入功率，同时由于一些机械能转化为热能、声能等，都将消耗一部分功率。在工程中，把有效功率(包括克服有用阻力的功率和使系统动能改变的功率)与输入功率的比值称为机器的机械效率，用 η 表示，即

$$\eta=\frac{有效功率}{输入功率} \tag{12-29}$$

其中有效功率 $=P_{有用}+\frac{\mathrm{d}T}{\mathrm{d}t}$。由上式可知，机械效率 η 表明机器对输入功率的有效利用程度，它是评定机器质量好坏的指标之一。显然，一般情况下，$\eta<1$。

12.5 势力场、势能与机械能守恒定律

12.5.1 势力场

若一质点在某空间内任一位置都受到一个大小和方向完全由所在位置确定的力的作用，则具有这样特性的空间称为**力场**。例如物体在地球表面的任何位置都要受到一个确定的重力的作用，我们称地球表面的空间为重力场。又如星球在太阳周围的任何位置都要受到太阳的引力的作用，引力的大小和方向取决于此星球相对于太阳的位置，我们称太阳周围的空间为太阳引力场，等等。

当质点在某一力场中运动时，若力场对质点所做的功仅与质点的始末位置有关，而与质点运动的路径无关，则这样的力场称为**势力场**。势力场给质点的力称为**有势力**或**保守力**。重力、弹性力做的功都有这个特点，因此它们都是保守力。可以证明万有引力也是保守力。于是重力场、弹性力场和万有引力场等都是势力场。

12.5.2 势能

下面介绍一个与势力场有密切关系的重要物理概念——势能。物体从高处落到低处，

重力做功，使得物体的动能增加，物体下落的高度不同，则重力所做的功也不同。

质点在势力场内从某一位置 A 移到任意选定的基点 A_0 的过程中，有势力所做的功称为质点的势力场中 A 点的**势能**，可表示为

$$V=\int_A^{A_0}\boldsymbol{F}\cdot \mathrm{d}\boldsymbol{r}=-\int_{A_0}^{A}(F_x\mathrm{d}x+F_y\mathrm{d}y+F_z\mathrm{d}z) \tag{12-30}$$

显然，质点在 A_0 位置时的势能 $V_0=0$。A_0 是计算势能的零点，即零势能点。

势能是度量有势力做功能力的物理量，它的单位与功及动能相同。势能的大小是相对于零势能点而言的。零势能点可以任意选取，对于不同的零势能点，在势力场中同一位置的势能可以有不同的数值。下面计算质点在几种常见势力场中的势能。

1. 在重力场中的势能

取零点 A_0 在 Oxy 水平面内，z 轴铅直向上，则重力的势能为

$$V=\int_z^0 -P\mathrm{d}z=Pz \tag{12-31}$$

2. 在弹性力场中的势能

设弹簧的一端固定，另一端与物体连接，弹簧的刚度系数为 k。取任一位置为零势能点，则质点的势能按下式计算

$$V=\frac{k}{2}(\delta^2-\delta_0^2)$$

式中，δ 和 δ_0 分别为弹簧在末时刻和零势能点时的变形量。

如果取弹簧无变形时端点的位置为零点 A_0，则有 $\delta_0=0$，于是弹性力的势能为

$$V=\frac{k}{2}\delta^2 \tag{12-32}$$

3. 在万有引力场中的势能

设质量为 m 的质点受到质量为 M 的物体的万有引力 $\boldsymbol{F}$ 的作用，若将零点 A_0 取在无穷远处，仿照弹簧力做功的公式推导，则万有引力的势能为

$$V=-\gamma Mm\int_r^{\infty}\frac{\mathrm{d}r}{r^2}=-\frac{\gamma Mm}{r} \tag{12-33}$$

其中，γ 为引力常数，r 是质点到引力中心的距离。

以上讨论的是一个质点受到一个有势力作用时，势能的定义及其计算公式。如果质点系有多个质点，受到多个有势力的作用，则各有势力可有各自的零势能点。质点系的零势能位置是各质点都处于其零势能点的一组位置。质点系在从某位置到其零势能位置的运动过程中，各有势力做功的代数和称为质点系在该位置的势能。

例如质点系在重力场中，取各质点的 z 坐标为 z_{10}，z_{20}，…，z_{n0} 时为零势能位置，则质点系各质点 z 坐标为 z_1，z_2，…，z_n 时的势能为

$$V=\sum m_i g(z_i-z_{i0})$$

与质点系的重力做功式(12-7)类似，质点系的重力势能可写为

$$V=mg(z_C-z_{C0})$$

式中，m 为质点系的总质量，z_C 为质心的坐标，z_{C0} 为零势能位置质心的坐标。

由于有势力的功与运动路径无关，因此质点系在势力场中运动时，有势力的功可以通

过势能计算。设某个有势力的作用点在质点系的运动过程中，从位置 1 运动到位置 2，该力所做的功为 W_{12}，两个位置的势能分别为 V_1，V_2，则由位置 1 经位置 2 到达零势能位置时，有势力的功为

$$W_{10}=W_{12}+W_{20}$$

注意到 $W_{10}=V_1$，$W_{20}=V_2$，可得

$$W_{12}=V_1-V_2 \tag{12-34}$$

在一般情况下，质点或质点系的势能只是质点或质点系位置坐标的单值连续函数，这个函数称为**势能函数**，可表示为

$$V=V(x,\ y,\ z)$$

在势力场中势能相等的各点所组成的曲面称为等势面，可表示为

$$V=V(x,\ y,\ z)=C$$

每给出常量 C 的一定值，即得到一个等势面。$C=0$ 时的等势面称为**零势面**，在这个面上的势能都等于零。

由势能的定义知，当质点沿任一等势面运动时，由于各点的势能都相等，因此有势力在等势面上移动任意一小位移上所做的元功也等于零，由元功的表达式可知，这只有在力与位移方向垂直时才可能，由于小位移沿等势面的切线，因此有势力垂直于等势面。同时可以证明有势力指向势能减小的方向。设质点在有势力的作用下沿力的方向移动，则力做正功，由式(12-34)可知，$V_1>V_2$，可见，有势力指向势能减小的方向。例如重力场的等势面是一个水平面，因为重力沿铅垂的方向，恒与等势面垂直，而且指向势能减小的一边。

有势力所做的元功等于势能增量的负值。设有势力的作用点从点 $M(x,\ y,\ z)$ 移到点 $M'(x+\mathrm{d}x,\ y+\mathrm{d}y,\ z+\mathrm{d}z)$，这两点的势能分别为 $V(x,\ y,\ z)$ 和 $V(x+\mathrm{d}x,\ y+\mathrm{d}y,\ z+\mathrm{d}z)$，由式(12-34)，有势力的元功可用势能的差计算，即

$$\delta W=V(x,\ y,\ z)-V(x+\mathrm{d}x,\ y+\mathrm{d}y,\ z+\mathrm{d}z)=-\mathrm{d}V$$

设有势力 $\boldsymbol{F}$ 在直角坐标系上的投影为 F_x，F_y，F_z，则力的元功的解析表达式为

$$\delta W=F_x\mathrm{d}x+F_y\mathrm{d}y+F_z\mathrm{d}z$$

因为势能函数仅是坐标的函数，所以其全微分可写为

$$\mathrm{d}V=\frac{\partial V}{\partial x}\mathrm{d}x+\frac{\partial V}{\partial y}\mathrm{d}y+\frac{\partial V}{\partial z}\mathrm{d}z$$

则

$$F_x\mathrm{d}x+F_y\mathrm{d}y+F_z\mathrm{d}z=-\frac{\partial V}{\partial x}\mathrm{d}x-\frac{\partial V}{\partial y}\mathrm{d}y-\frac{\partial V}{\partial z}\mathrm{d}z$$

比较等式的两边，得

$$F_x=-\frac{\partial V}{\partial x},\quad F_y=-\frac{\partial V}{\partial y},\quad F_z=-\frac{\partial V}{\partial z} \tag{12-35}$$

上式表明，有势力在各轴上的投影等于势能对于相应坐标的偏导数的负值。

12.5.3　机械能守恒定律

质点系在某瞬时的动能与势能的代数和称为机械能。设质点系在运动过程的初始和终了瞬时的动能分别为 T_1 和 T_2，所受力在这个过程中所做的功为 W_{12}，根据动能定理有

$$T_2-T_1=W_{12}$$

若质点系在势力场中运动，只有有势力做功，而有势力的功可用势能来计算。在任意两位置 1 和 2 的动能分别为 T_1 和 T_2，势能分别为 V_1 和 V_2，则有

$$T_2 - T_1 = W_{12} = V_1 - V_2$$

移项后得

$$T_1 + V_1 = T_2 + V_2 \tag{12-36}$$

这一结论称为**机械能守恒定律的数学表达式**，可表述为：**质点系在势力场中运动时，动能与势能之和，即机械能保持不变**。因为势力场具有机械能守恒的特性，所以，势力场又称为保守力场，而有势力又称为保守力。

机械能守恒定律是普遍的能量守恒定律的一个特殊情况。它表明质点系在势力场中运动时，动能与势能可以相互转换，动能的减少(或增加)，必然伴随着势能的增加(或减少)，而且减少和增加的量相等，总的机械能保持不变，这样的系统称为**保守系统**。

从广义的能量观点来看，无论什么系统，总能量是不变的，在质点系的运动过程中，机械能的增加或减少，只说明了在这个过程中机械能与其他形式的能量(如热能、电能等)有了相互的转化而已。

【例 12-12】 均质圆柱 A 的重量为 $m_A g$，半径为 R，放在足够粗糙的水平面上，其轴心 O 处连接一刚度系数为 k 的水平拉伸弹簧，弹簧的另一端固定在墙上。圆柱上绕有质量不计的细绳，绳子绕过一重量为 $m_B g$、半径为 r 的均质滑轮 B，其另一端悬挂一重量为 $m_C g$ 的物块 C，使圆柱在地面上做纯滚动。若滑轮轴承的摩擦略去不计，整个系统从静止开始运动，起始时弹簧无变形，绳与滑轮间无相对滑动。试以物块的起始位置为 x 轴的原点，如图 12.22 所示，建立物块的加速度 a 与位移 x 间的关系式。

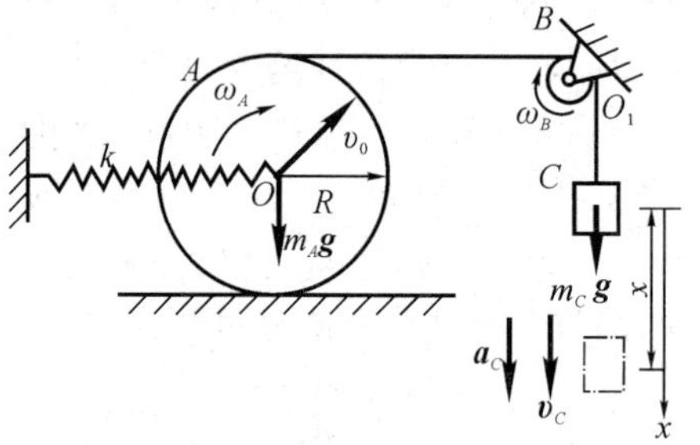

图 12.22

【解】 系统的待求量为运动量，可用动能定理求解。因该系统为保守系统，亦可用机械能守恒定律求解。

取系统为研究对象，分析做功的力。系统中做功的力为 C 块的重力和弹簧的弹性力 $\boldsymbol{F}$。分析运动，C 块做直线运动，轮 B 绕轴 O_1 做定轴转动，轮 A 做平面运动，各物体的速度或角速度如图 12.22 所示。

求解有以下两种方法：

(1) 用动能定理求解。

因为

$$T_2 - T_1 = \sum W_{12}$$

式中

$$T_1=0,\quad T_2=\frac{1}{2}m_C v_C^2+\frac{1}{2}J_B\omega_B^2+\frac{1}{2}m_A v_O^2+\frac{1}{2}J_O\omega_A^2$$

统一变量

$$\omega_B=\frac{v_C}{r},\quad v_C=v_A=2v_O,\quad v_O=\frac{v_C}{2},\quad \omega_A=\frac{v_O}{R}=\frac{v_C}{2R}$$

所以

$$T_2=\left(\frac{1}{2}m_C+\frac{1}{2}\cdot\frac{1}{2}m_B r^2\ \frac{1}{r^2}+\frac{1}{2}m_A\cdot\frac{1}{4}+\frac{1}{2}\cdot\frac{m_A}{2}R^2\ \frac{1}{4R^2}\right)v_C^2$$
$$=\frac{1}{2}\left(m_C+\frac{m_B}{2}+\frac{3}{8}m_A\right)v_C^2$$

所有力的功

$$\sum W_{12}=m_C g x+\frac{k}{2}(0-\delta^2)$$

其中类比于 v_A 和 v_0 的关系

$$\delta=\frac{x}{2}$$

所以

$$\sum W_{12}=m_C g x-\frac{k}{2}\cdot\frac{x^2}{4}=m_C g x-\frac{1}{8}kx^2$$

代入动能定理后，得

$$\frac{1}{2}\left(m_C+\frac{m_B}{2}+\frac{3}{8}m_A\right)v_C^2=m_C g x-\frac{1}{8}kx^2 \tag{a}$$

式(a)两边对时间 t 求导，得

$$\left(m_C+\frac{m_B}{2}+\frac{3}{8}m_A\right)v_C a_C=\left(m_C g-\frac{1}{4}kx\right)v_C$$

因此

$$a_C=\frac{8\left(m_C g-\frac{1}{4}kx\right)}{8m_C+4m_B+3m_A}$$

(2) 用机械能守恒定律求解。本系统机械能守恒，即 $T+V=$常数。取平衡位置处为重力零势能点，弹簧原长处为弹性力零势能点。

初始位置时，有

$$V_0=0,\quad T_0=0,\quad V_0+T_0=0$$

任一位置时，有

$$V=-m_C g x+\frac{k}{2}\delta^2=-m_C g x+\frac{1}{8}kx^2$$

$$T=\frac{1}{2}m_C v_C^2+\frac{1}{2}J_B\omega_B^2+\frac{1}{2}m_A v_O^2+\frac{1}{2}J_O\omega_A^2=\frac{1}{2}\left(m_C+\frac{m_B}{2}+\frac{3}{8}m_A\right)v_C^2$$

因为

$$T+V=T_0+V_0$$

所以

$$\frac{1}{2}\left(m_C+\frac{m_B}{2}+\frac{3}{8}m_A\right)v_C^2-m_C g x+\frac{1}{8}kx^2=0$$

$$\frac{1}{2}\left(m_C+\frac{m_B}{2}+\frac{3}{8}m_A\right)v_C^2=m_Cgx-\frac{1}{8}kx^2 \tag{b}$$

式(b)与式(a)完全相同。

注意：当系统中做功的力全为保守力时，系统机械能守恒，此时可用机械能守恒定律解题。但一定要指明零势能点，否则讲势能无意义。

可用机械能守恒定律求解的题目一定可用动能定理求解。

12.6 动力学普遍定理的特点及综合应用

质点和质点系的动力学普遍定理包括动量定理、动量矩定量和动能定理。这些定理可分为两类：动量定理和动量矩定理属于一类，动能定理属于另一类。前者是矢量形式，后者是标量形式；两者都用于研究机械运动，而后者还可用于研究机械运动与其他运动形式有能量转化的问题。

动力学普遍定理的综合应用具体有如下三个含义：

(1) 根据各个定理的特点，弄清楚什么样的问题宜用什么定理求解；

(2) 对某些质点系动力学问题常常需要应用几个定理联合求解；

(3) 对同一问题可用不同的定理求解。

12.6.1 动力学普遍定理的特点

动力学普遍定理的特点如表 12-1 所示。

表 12-1 动力学普遍定理的特点

动量定理、质心运动定理、动量矩定理	动 能 定 理
(1) 只反映机械运动范围内的运动变化情况； (2) 包含时间因素，涉及时间的动力学问题可考虑用动量定理求解； (3) 为矢量形式，能反映运动的方向性。除了能求有关物理量的大小外，还能求出它们的方向； (4) 只与外力有关，而与内力无关； (5) 质心运动、动量或动量矩守恒的条件是外力系的主矢量或主矩为零	(1) 反映机械运动形式和其他运动形式之间运动转化的情况； (2) 包含路程因素，涉及路程的动力学问题可考虑用动能定理求解； (3) 为标量形式，反映不出运动的方向，只能用来求出有关物理量的大小； (4) 不仅与外力有关，有时也与内力有关； (5) 机械能守恒的条件是：质点系在势力场中运动

12.6.2 动力学普遍定理的综合应用

【例 12-13】 一重为 $\boldsymbol{P}$、半径为 R 的均质圆盘可绕通过圆盘边缘上一点且垂直于盘面的固定水平轴 O 转动，如图 12.23 所示。开始时直径 OA 处在水平位置，然后无初速地释放，圆盘绕轴 O 转下，求圆盘转过角 φ 时的角速度和角加速度，以及此时轴承 O 的约束力。轴承中的摩擦忽略不计。

【解】 本题在已知作用于圆盘的主动力 $\boldsymbol{P}$ 的条件下既要求圆盘的运动，又要求圆盘所受到的轴承约束力。求约束力是属于动力学第一类基本问题，求运动是属于动力学第二类基本问题。所以本题是属于动力学的综合问题。下面只简单地介绍用普遍定理求解这类问题的一种思路和方法。

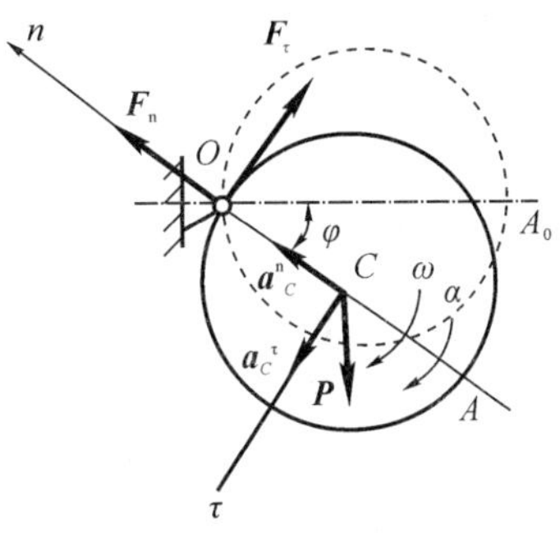

图 12.23

(1) 先求圆盘转过 φ 角时的角速度和角加速度。这是已知力求运动的问题。可应用质点系的动能定理。

以圆盘为研究对象。作用于圆盘上的力有重力 $\boldsymbol{P}$ 和轴承 O 的约束力。因为是理想约束，所以只有重力 $\boldsymbol{P}$ 做功，当圆盘的直径 OA 由水平位置转过 φ 角时，重力做功为

$$W_{12}=Ph=PR\sin\varphi$$

圆盘做定轴转动，初角速度为零，故圆盘的初动能为 $T_1=0$。当转过 φ 角时，设其角速度为 ω，则此位置时圆盘的动能为

$$T_2=\frac{1}{2}J_O\omega^2$$

由转动惯量的平行轴定理，可得

$$J_O=\frac{1}{2}\frac{P}{g}R^2+\frac{P}{g}R^2=\frac{3}{2}\frac{P}{g}R^2$$

故

$$T_2=\frac{1}{2}\left(\frac{3}{2}\frac{P}{g}R^2\right)\omega^2=\frac{3}{4}\frac{P}{g}R^2\omega^2$$

根据质点系的动能定理，有

$$\frac{3}{4}\frac{P}{g}R^2\omega^2-0=PR\sin\varphi \tag{a}$$

由此解得

$$\omega=\frac{2}{3}\sqrt{\frac{3g}{R}\sin\varphi}$$

把式(a)中的 ω 和 φ 看做变量，然后对时间求导，并注意到 $\omega=\frac{\mathrm{d}\varphi}{\mathrm{d}t}$，$\alpha=\frac{\mathrm{d}\omega}{\mathrm{d}t}$，得

$$\frac{3}{4}\frac{P}{g}R^2 2\omega\alpha=PR\omega\cos\varphi$$

所以

$$\alpha=\frac{2g}{3R}\cos\varphi$$

(2) 求轴承 O 的约束力，这是已知运动求力的问题。根据已知条件，可选用质心运动定理求解。

由于质心做圆周运动，其加速度有切向速度 $\boldsymbol{a}_C^\tau$ 和法向速度 $\boldsymbol{a}_C^n$ 两个分量，如图 12.23 所示，且

$$\left.\begin{aligned}a_C^\tau&=R\alpha=\frac{2}{3}g\cos\varphi\\a_C^n&=R\omega^2=\frac{4}{3}g\sin\varphi\end{aligned}\right\} \tag{b}$$

于是将轴承 O 的约束力也分解为 $\boldsymbol{F}_\tau$ 和 $\boldsymbol{F}_\text{n}$ 两个分量，并列出自然轴形式的质心运动微分方程，有

$$\left.\begin{aligned}\frac{P}{g}a_C^\tau &= \sum F_\tau^{(e)} = P\cos\varphi - F_\tau\\ \frac{P}{g}a_C^\text{n} &= \sum F_\text{n}^{(e)} = -P\sin\varphi + F_\text{n}\end{aligned}\right\} \tag{c}$$

将式(b)代入式(c)，解得

$$F_\tau = P\cos\varphi - \frac{2}{3}P\cos\varphi = \frac{1}{3}P\cos\varphi$$

$$F_\text{n} = P\sin\varphi + \frac{4}{3}P\sin\varphi = \frac{7}{3}P\sin\varphi$$

【例 12－14】 如图 12.24(a)所示，均质细杆长为 l，质量为 m，静止直立于光滑水平面上。当杆受微小干扰而倒下时，求杆刚刚达到地面时的角速度和地面约束力。

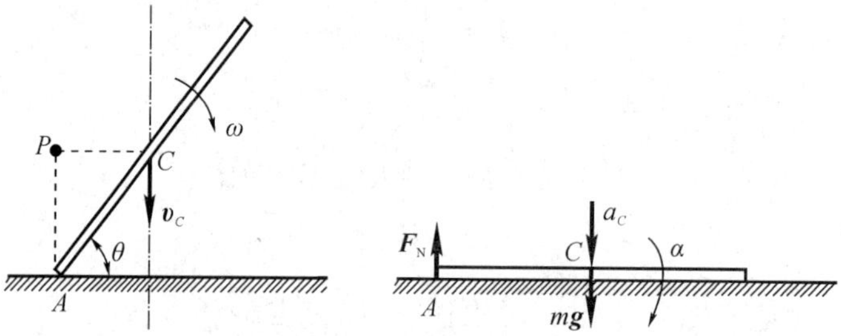

图 12.24

【解】 由于地面光滑，直杆沿水平方向不受力，倒下过程中质心将铅直下落。设杆端点 A 左滑于任一角度 θ，如图 12.24(a)所示，P 为杆的瞬心。由运动学知，杆的角速度

$$\omega = \frac{v_C}{CP} = \frac{2v_C}{l\cos\theta}$$

此时杆的动能为

$$T = \frac{1}{2}mv_C^2 + \frac{1}{2}J_C\omega^2 = \frac{1}{2}m\left(1+\frac{1}{3\cos^2\theta}\right)v_C^2$$

初始动能为零，此过程中只有重力做功，由动能定理

$$\frac{1}{2}m\left(1+\frac{1}{3\cos^2\theta}\right)v_C^2 = mg\,\frac{l}{2}(1-\sin\theta)$$

当 $\theta=0$ 时解出

$$v_C = \frac{1}{2}\sqrt{3gl},\quad \omega = \sqrt{\frac{3g}{l}}$$

杆刚达到地面时受力及速度如图 12.24(b)所示，由刚体平面运动微分方程，得

$$mg - F_\text{N} = ma_C \tag{a}$$

$$F_\text{N}\,\frac{l}{2} = J_C\alpha = \frac{ml^2}{12}\alpha \tag{b}$$

点 A 的加速度 $\boldsymbol{a}_A$ 为水平，由质心运动守恒，$\boldsymbol{a}_C$ 应为铅垂，由运动学知

$$\boldsymbol{a}_C = \boldsymbol{a}_A + \boldsymbol{a}_{CA}^\text{n} + \boldsymbol{a}_{CA}^\tau$$

沿铅垂方向投影，得

$$a_C=a_{CA}^{\tau}=\alpha\frac{l}{2} \tag{c}$$

联立式(a)、(b)及(c)，解出

$$F_N=\frac{mg}{4}$$

由此例可见，求解动力学问题，常要按运动学知识分析速度、加速度之间的关系；有时还要先判明是否属于动量或动量矩守恒情况。如果是守恒的，则要利用守恒条件给出的结果，才能进一步求解。

【例 12-15】 如图 12.25(a)所示，重为 P_1、长为 l 的均质细杆 AB，用光滑铰链连接于重为 P_2 且可在水平光滑平面移动的平车上。当杆处于铅垂位置时，系统处于静止状态。若杆因受扰动而无初速地倒下，试求杆与水平位置成 θ 角时，杆的角速度。

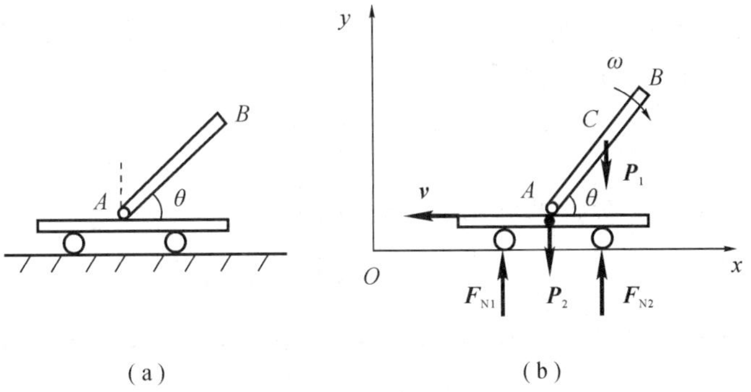

图 12.25

【解】 作用于系统的外力有重力 $\boldsymbol{P}_1$，$\boldsymbol{P}_2$，水平面的约束力 $\boldsymbol{F}_{N1}$，$\boldsymbol{F}_{N2}$，如图 12.25(b)所示。由于 $\sum F_{ix}^{(e)}=0$，因此系统在 x 方向动量守恒。

开始时系统静止，$p_{0x}=0$。若设当杆与水平线成 θ 角时，杆的角速度为 ω，车的速度为 v，水平向左，则

$$p_x=\frac{P_1}{g}\times\frac{l}{2}\omega\sin\theta-\frac{P_1}{g}v-\frac{P_2}{g}v$$

根据动量守恒定律 $p_x=p_{x0}$，得

$$P_1\times\frac{l}{2}\omega\sin\theta-(P_1+P_2)v=0 \tag{a}$$

上式中含有 v，ω 两个未知量，故还需再找一个方程才能求解，为此考虑应用动能定理。初瞬时系统的动能 $T_1=0$，杆倾角为 θ 时，系统的动能为

$$\begin{aligned}T_2&=\frac{1}{2}\frac{P_2}{g}v^2+\frac{1}{2}\frac{P_1}{g}\left[\left(\frac{l}{2}\omega\sin\theta-v\right)^2+\left(\frac{l}{2}\omega\cos\theta\right)^2\right]+\frac{1}{2}\left(\frac{1}{12}\frac{P_1}{g}l^2\right)\omega^2\\&=\frac{P_1+P_2}{2g}v^2+\frac{P_1}{6g}l^2\omega^2-\frac{P_1}{2g}l\omega v\sin\theta\end{aligned}$$

杆在倒至倾角为 θ 时，重力所做的功为

$$\sum W_{12}=P_1\times\frac{l}{2}(1-\sin\theta)$$

根据动能定理

$$T_2 - T_1 = \sum W_{12}$$

得

$$\frac{P_1+P_2}{2g}v^2+\frac{P_1}{6g}l^2\omega^2-\frac{P_1}{2g}l\omega v\sin\theta=P_1\ \frac{l}{2}(1-\sin\theta) \tag{b}$$

联立(a)，(b)两式，求得杆与水平位置成 θ 角时的角速度为

$$\omega=2\sqrt{\frac{3(1-\sin\theta)(P_1+P_2)g}{[4(P_1+P_2)-3P_1\sin^2\theta]l}}\qquad(\text{顺时针方向})$$

讨论：

(1) 由于动量定理、质心运动定理以及相应的守恒定律均是由牛顿定律推导而出的，故定理中的运动量如质心的坐标、速度和加速度等，必须分别是相对于惯性参考系的坐标、绝对速度和绝对加速度。

(2) 在求杆的动能时，应按杆做平面运动时的动能表达式将其写成“杆随质心 C 做平移的动能与绕质心 C 做转动的动能之和”，即

$$T_{AB}=\frac{1}{2}\frac{P_1}{g}v_C^2+\frac{1}{2}\left(\frac{1}{12}\frac{P_1}{g}l^2\right)\omega^2$$

而不能将杆的动能错写成“绕轴 A 转动的动能”，即

$$T_{AB}=\frac{1}{2}J_A\omega^2=\frac{1}{2}\left(\frac{1}{3}\frac{P_1}{g}l^2\right)\omega^2$$

也不能错写成“杆随车上 A 点做平移的动能与绕 A 点转动的动能之和”，即

$$T_{AB}=\frac{1}{2}\frac{P_1}{g}v^2+\frac{1}{2}\left(\frac{1}{3}\frac{P_1}{g}l^2\right)\omega^2$$

【例 12-16】 均质圆轮 A 和 B 重量均为 P，半径均为 r。物块 D 的重量也为 P。A，B，D 用轻绳相联系，如图 12.26(a)所示。轮 A 在倾角 $\theta=30°$ 的斜面上做纯滚动。轮 B 上作用有力偶矩为 M 的力偶，且 $\frac{3}{2}Pr>M>\frac{Pr}{2}$。不计圆轮 B 轴承处的摩擦。试求物块 D 的加速度 $\boldsymbol{a}_D$，轮 A，B 之间的绳子拉力 $\boldsymbol{F}_T$ 和 B 处轴承的约束力 $\boldsymbol{F}_B$。

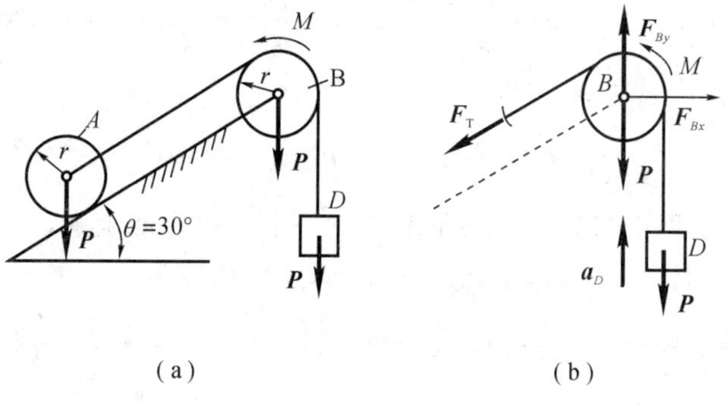

图 12.26

【解】 (1) 求物块 D 的加速度 $\boldsymbol{a}_D$。

先用质点系的动能定理求物块 D 的加速度，这是已知主动力求运动的问题。

取整体为研究对象。作用于此质点系上的力有两轮和 D 块的重力，B 轮上力偶矩为 M

的力偶，斜面和轴承 B 的约束力。由于绳子的伸长和轴承 B 的摩擦忽略不计，轮 A 在斜面上做纯滚动，因此此质点系所受的约束为理想约束，在运动过程中只有力偶和 A 轮及物块 D 的重力做功。为了应用积分形式的动能定理，假设轮 A 的中心由静止开始沿斜面向下移动一段距离 s。轮 B 逆时针转过角 φ，且 $\varphi=s/r$，物块 D 也上升 s。则各力所做功的和为

$$\sum W_{12}=-Ps+M\varphi+P\sin\theta\cdot s$$

系统由静止开始运动，所以其初动能为

$$T_1=0$$

设轮 A 的中心在下移距离 s 时的速度为 v_A，角速度为 ω_A，此时轮 B 的角速度为 ω_B，物块 D 的速度为 v_D，则此时质点系的动能为

$$T_2=\frac{1}{2}\frac{P}{g}v_D^2+\frac{1}{2}\left(\frac{1}{2}\frac{P}{g}r^2\right)\omega_B^2+\frac{1}{2}\frac{P}{g}v_A^2+\frac{1}{2}\left(\frac{1}{2}\frac{P}{g}r^2\right)\omega_A^2$$

因为 $s=r\varphi$，$v_D=\omega_B r=\omega_A r$，$v_A=v_D$，故

$$T_2=\frac{3}{2}\frac{P}{g}v_D^2$$

根据质点系的动能定理，有

$$\frac{3}{2}\frac{P}{g}v_D^2-0=\left(\frac{M}{r}-\frac{P}{2}\right)s \tag{a}$$

将上式对时间求一次导数，得

$$\frac{3}{2}\frac{P}{g}\cdot 2v_D a_D=\left(\frac{M}{r}-\frac{P}{2}\right)v_D$$

得

$$a_D=\frac{\dfrac{M}{r}-\dfrac{P}{2}}{3P}g \tag{b}$$

可见，当 $M>\dfrac{P\cdot r}{2}$ 时，物块 D 的加速度才能向下；否则，将向上。

(2) 求轮 A，B 之间的绳子拉力 $\boldsymbol{F}_T$。

求绳子和轴承的约束力，这是已知运动求力的问题。可取轮 B 与物块 D 为研究对象，其受力图如图 12.26(b)所示，轮 B 具有角加速度 $\alpha_B=a_D/r$，方向为逆时针，以 α_B 的方向为正方向，应用动量矩定理，对 B 点取矩，有

$$\frac{1}{2}\frac{P}{g}r^2\cdot\alpha_B+\frac{P}{g}a_D\cdot r=M-(P-F_T)r \tag{c}$$

因为 $\alpha_B=a_D/r$，故有

$$\frac{3}{2}\frac{P}{g}a_D=\frac{M}{r}-P+F_T \tag{d}$$

将式(b)代入式(d)后，得

$$F_T=\frac{1}{2}\left(\frac{3}{2}P-\frac{M}{r}\right) \tag{e}$$

可见，当 $M<\dfrac{3}{2}Pr$ 时，$F_T>0$，即绳索受拉力；而当 $M\geqslant\dfrac{3}{2}Pr$ 时，因绳索不能承受压缩力(对应于大于号)或绳索松软(对应于等号)，故系统将进行 $F_T=0$ 的另一种形式的运动。

(3) 求轴承 B 处的约束力。

对图 12.26(b)所示系统应用质心运动定理，有

$$0=F_{Bx}-F_{\mathrm{T}}\cos\theta$$

$$\frac{P}{g}a_D=F_{By}-2P-F_{\mathrm{T}}\sin\theta$$

于是，得

$$F_{Bx}=F_{\mathrm{T}}\cos\theta=\frac{1}{2}\left(\frac{3}{2}P-\frac{M}{r}\right)\cos\theta$$

$$\begin{aligned}F_{By}&=\frac{P}{g}a_D+2P+F_{\mathrm{T}}\sin\theta\\&=\frac{M}{r}\left(\frac{1}{3}-\frac{1}{2}\sin\theta\right)+P\left(\frac{11}{6}+\frac{3}{4}\sin\theta\right)\\&=\frac{1}{12}\left(\frac{53P}{2}+\frac{M}{r}\right)\end{aligned}$$

请读者思考：为求轮 A，B 之间的绳索拉力 $\boldsymbol{F}_{\mathrm{T}}$，还可以采用什么方法？

【例 12－17】 重 $P=150$ N 的均质轮与重 $W=60$ N、长 $l=24$ cm 的均质杆 AB 在 B 处铰接。由图 12.27(a)所示位置($\varphi=30°$)无初速释放，试求系统通过最低位置时 B' 点的速度及在初瞬时支座 A 的约束力。

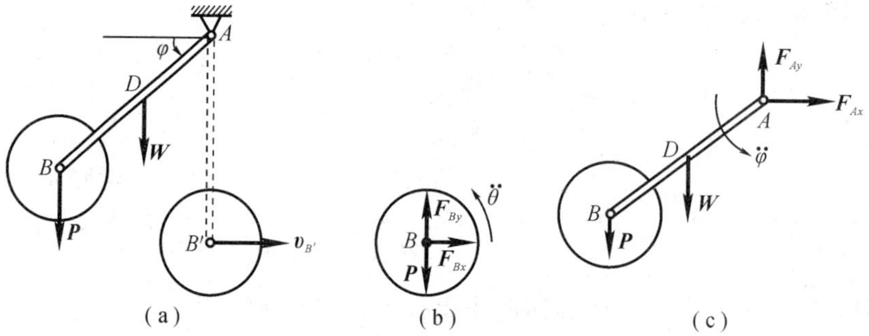

图 12.27

【解】 AB 杆做定轴转动，选 φ 为转动的坐标，并设均质轮相对 B 点的转动坐标为 θ。本题单用动能定理无法求解，还需有其他定理作补充。

先取 B 轮研究，如图 12.27(b)所示，由对其质心 B 的动量矩定理得

$$J_B\ddot{\theta}=0$$

即

$$\ddot{\theta}=0,\quad \dot{\theta}=\text{const}$$

又由初始条件，$\dot{\theta}_0=0$，得 $\theta_0=\text{const}$，故 B 轮做平移。由此，对系统运用动能定理，有

$$T_2-T_1=\sum W_{12}$$

$$\frac{1}{2}J_A\dot{\varphi}^2+\frac{1}{2}\frac{P}{g}v_{B'}^2-0=W\frac{l}{2}(1-\sin\varphi)+Pl(1-\sin\varphi)$$

其中，$J_A=\dfrac{1}{3}\dfrac{W}{g}l^2$，$\dot{\varphi}=\dfrac{v_{B'}}{l}$，整理后得

$$v_{B'}=\sqrt{\frac{3(W+2P)l(1-\sin\varphi)}{W+2P}g}=1.578\ \text{m/s}$$

要求初瞬时支座 A 处的约束力，首先需求出该瞬时的加速度。因 B 轮做平移，系统对 A 点运用动量矩定理，有

$$\frac{\mathrm{d}L_A}{\mathrm{d}t}=\sum M_A(\boldsymbol{F}_i^{(e)})$$

$$\frac{\mathrm{d}}{\mathrm{d}t}\left[J_A\dot{\varphi}+\frac{P}{g}v_{B'}l\right]=W\frac{l}{2}\cos\varphi+Pl\cos\varphi$$

其中 $v_B=\dot{\varphi}$，代入得

$$\ddot{\varphi}=\frac{3(W+2P)}{2(W+3P)}\frac{g}{l}\cos\varphi=37.443\ \text{rad/s}^2$$

求支座 A 处的约束力，对系统运用质心运动定理

$$\sum m_i\boldsymbol{a}_{Ci}=\boldsymbol{F}_{\mathrm{R}}$$

有

$$\frac{W}{g}\boldsymbol{a}_D+\frac{P}{g}\boldsymbol{a}_B=\boldsymbol{P}+\boldsymbol{W}+\boldsymbol{F}_{Ax}+\boldsymbol{F}_{Ay}$$

分别向 x，y 轴投影，得

$$\frac{W}{g}\frac{l}{2}\ddot{\varphi}\sin\varphi+\frac{P}{g}l\ddot{\varphi}\sin\varphi=F_{Ax}$$

$$\frac{W}{g}\cdot\frac{l}{2}\cos\varphi+\frac{P}{g}l\ddot{\varphi}\cos\varphi=W+P+F_{Ay}$$

得

$$F_{Ax}=\left(\frac{W}{2}+P\right)\frac{l\ddot{\varphi}}{g}\sin\varphi=82.53\ \text{N}$$

$$F_{Ay}=W+P-\left(\frac{W}{2}+P\right)\frac{l\ddot{\varphi}}{g}\cos\varphi=67.06\ \text{N}$$

小　　结

1. 力的功

(1) 常力在直线运动中的功：

$$W_{12}=F\cos\theta\cdot s$$

(2) 变力在曲线运动中的功：

$$W_{12}=\int_{A_1}^{A_2}\boldsymbol{F}\cdot\mathrm{d}\boldsymbol{r}=\int_{A_1}^{A_2}(F_x\mathrm{d}x+F_y\mathrm{d}y+F_z\mathrm{d}z)$$

(3) 常见力的功：

重力的功：

$$W_{12}=mg(z_1-z_2)$$

弹性力的功：

$$W_{12}=\frac{k}{2}(\delta_1^2-\delta_2^2)$$

定轴转动刚体上力的功：

$$W_{12} = \int_{\varphi_1}^{\varphi_2} M_z(\boldsymbol{F})\mathrm{d}\varphi$$

常力偶的功：

$$W_{12} = M(\varphi_2 - \varphi_1)$$

平面运动刚体上力系的功：

$$W_{12} = \int_{C_1}^{C_2} \boldsymbol{F}_{\mathrm{R}}' \cdot \mathrm{d}\boldsymbol{r}_C + \int_{\varphi_1}^{\varphi_2} M_C \mathrm{d}\varphi$$

2. 动能

(1) 质点的动能：

$$T = \frac{1}{2}mv^2$$

(2) 质点系的动能：

$$T = \sum \frac{1}{2}m_i v_i^2$$

(3) 平移刚体的动能：

$$T = \frac{1}{2}mv_C^2$$

(4) 绕定轴转动刚体的动能

$$T = \frac{1}{2}J_z\omega^2$$

(5) 平面运动刚体的动能：

$$T = \frac{1}{2}mv_C^2 + \frac{1}{2}J_C\omega^2$$

3. 动能定理

微分形式：

$$\mathrm{d}T = \sum \delta W$$

积分形式：

$$T_2 - T_1 = \sum W_{12}$$

理想约束条件下，只计算主动力的功；对于刚体只计算外力做功。

4. 功率、功率方程和机械效率

功率是力在单位时间内所做的功，即

$$P = \frac{\delta W}{\mathrm{d}t} = \boldsymbol{F} \cdot \boldsymbol{v} = F_\tau v, \quad P = M_z\omega \quad (\text{力矩的功率})$$

功率方程：

$$\frac{\mathrm{d}T}{\mathrm{d}t} = P_{\text{输入}} - P_{\text{有用}} - P_{\text{无用}}$$

机械效率：

$$\eta = \frac{\text{有效功率}}{\text{输入功率}}$$

有效功率：

$$有效功率=P_{有用}+\frac{\mathrm{d}T}{\mathrm{d}t}=P_{输入}-P_{无用}$$

5. 势能、机械能守恒定律

(1) 有势力的功只与物体运动的起点和终点的位置有关，而与物体内各点轨迹的形状无关。

(2) 物体在势力场中某位置的势能等于有势力从该位置到一任选的零势能位置所做的功。

(3) 重力场中的势能：

$$V=mg(z-z_0)$$

(4) 弹性力场中的势能：

$$V=\frac{k}{2}(\delta^2-\delta_0^2)$$

(5) 若以自然位置为零势能点，则

$$V=\frac{k}{2}\delta^2$$

(6) 万有引力场中的势能，若以无限远处为零势能点，则

$$V=-\gamma\frac{Mm}{r}$$

(7) 有势力的功可通过势能的差来计算，即

$$W_{12}=V_1-V_2$$

(8) 机械能为质点系在某瞬时的动能与势能的代数和，即

$$机械能=动能+势能=T+V$$

(9) 机械能守恒定律：

$$T+V=常值$$

思　考　题

12-1　摩擦力在什么情况下做功？能否说摩擦力总是做负功，为什么？试举例说明之。

12-2　三个质量相同的质点，同时由点 A 以大小相同的初速 $\boldsymbol{v}_0$ 抛出，但其方向各不相同，如图 12.28 所示。如不计空气阻力，这三个质点落到水平面 $H—H$ 时，三者的速度大小是否相等？三者重力的功是否相等？三者重力的冲量是否相等？

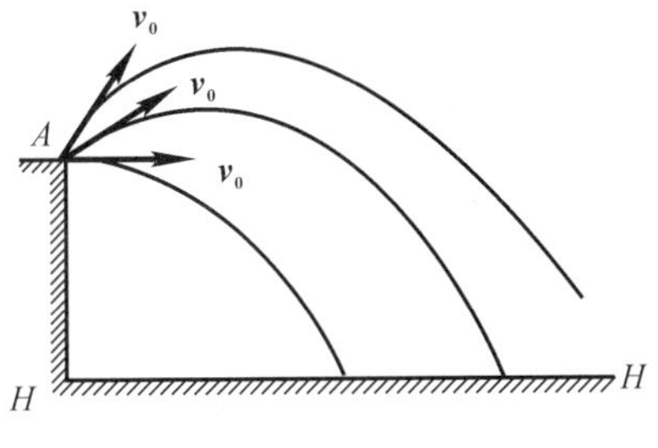

图 12.28

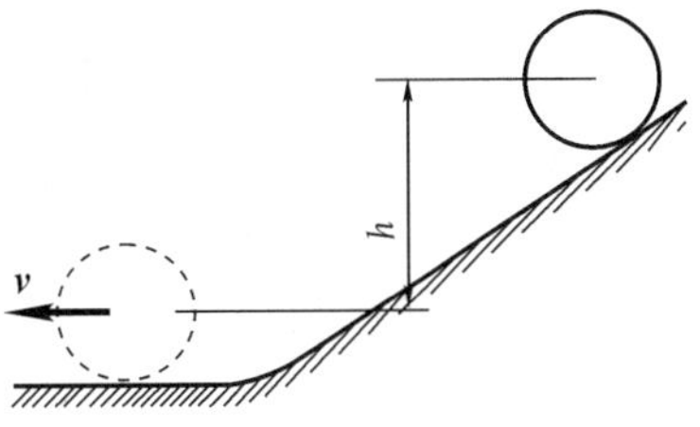

图 12.29

12-3　均质圆轮无初速度地沿斜面纯滚动，轮心降落同样高度而达水平面，如图12.29所示。忽略滚动摩阻和空气阻力，问到达水平面时，轮心的速度 $\boldsymbol{v}$ 与圆轮半径大小是否有关？当轮半径趋于零时，与质点滑下结果是否一致？轮半径趋于零，还能只滚不滑吗？

12-4　如图12.30所示，圆轮在力偶矩为 M 的常力偶作用下，沿直线轨道做无滑动的滚动，和地面接触处滑动摩擦因数为 f。圆轮重为 mg，半径为 R，试问圆轮转过一圈，外力做功之和等于多少？

12-5　已知斜面倾角为 θ，物体质量为 m，物体与斜面之间的静摩擦因数为 f_s，动摩擦因数为 f。当物体的质心 C 运动距离为 s 时，在图12.31(a)、(b)、(c)所示各种情况中，求物体所受滑动摩擦力所做的功 W。

(1) C 沿斜面下滑；

(2) 轮沿斜面做纯滚动；

(3) 轮上绕有不可伸长的细绳，且绳的直线段平行于斜面。

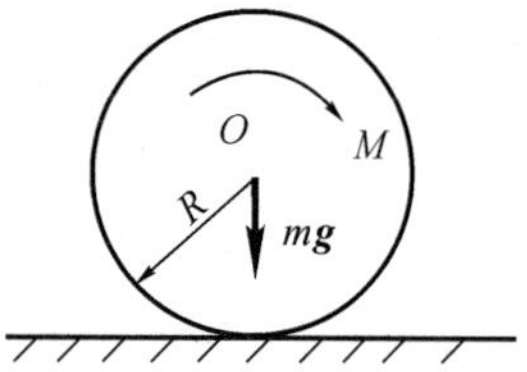

图12.30

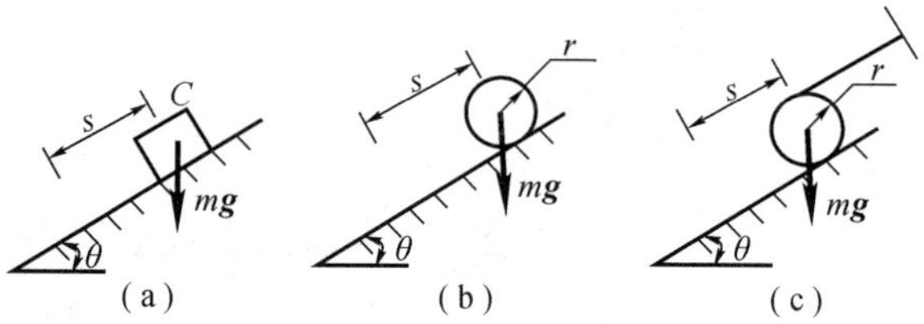

图12.31

12-6　设作用于质点系的外力主矢量和主矩都等于零，试问：

(1) 系统的动能有无变化？

(2) 系统的质心速度有无变化？

12-7　甲乙两人重量相同，沿绕过无重滑轮的细绳，由静止起同时向上爬升，如图12.32所示。如甲比乙更努力上爬，问：

(1) 谁先到达上端？

(2) 谁的动能大？

(3) 谁做的功多？

(4) 如何对甲、乙两人分别应用动能定理？

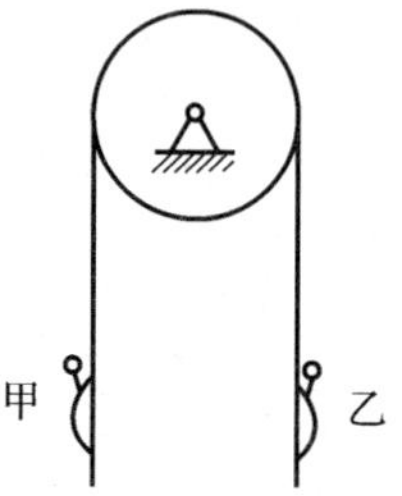

图12.32

12-8　两个均质圆盘，质量相同，半径不同，静止平放于光滑水平面上。如在此二圆盘上同时作用有相同的力偶，下述情况下比较二圆盘的动量、动量矩和动能的大小。

(1) 经过同样的时间间隔；

(2) 转过同样的角度。

12-9　如图12.33所示，一均质圆柱体可绕 z 轴转动，其表面刻有光滑螺旋槽，一质量为 m 的小球沿槽无初速滑下，不计轴承摩擦，试问：

(1) 系统的动量是否守恒？

(2) 系统对 z 轴的动量矩是否守恒？

(3) 系统的机械能是否守恒？

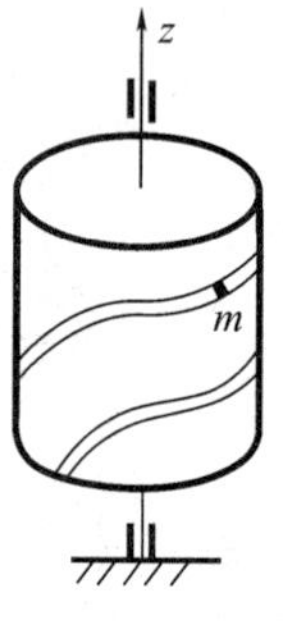

图12.33

习 题

12-1 图示弹簧原长 $l=100$ mm，刚度系数 $k=4.9$ N/m，一端固定在点 O，此点在半径为 $R=100$ mm 的圆周上，如弹簧的另一端由点 B 拉至点 A 和由点 A 拉至点 D，$AC\perp BC$，OA 和 BD 为直径。分别计算弹簧力所做的功。

12-2 自动弹射器如图放置，弹簧在未受力时的长度为 200 mm，恰好等于筒长。欲使弹簧改变 10 mm，需力 2 N。如弹簧被压缩到 100 mm，然后让质量为 30 g 的小球自弹射器中射出。求小球离开弹射器筒口时的速度。

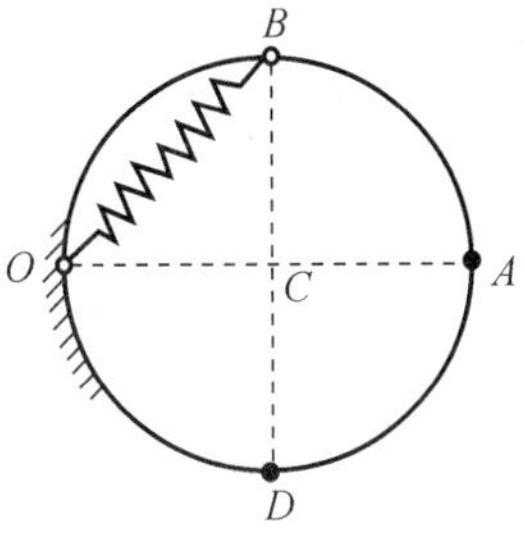

题 12-1 图

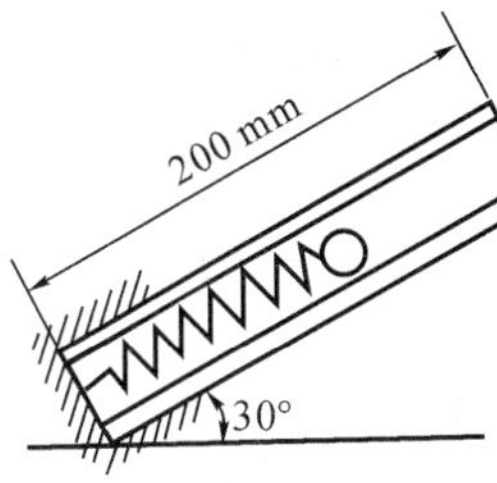

题 12-2 图

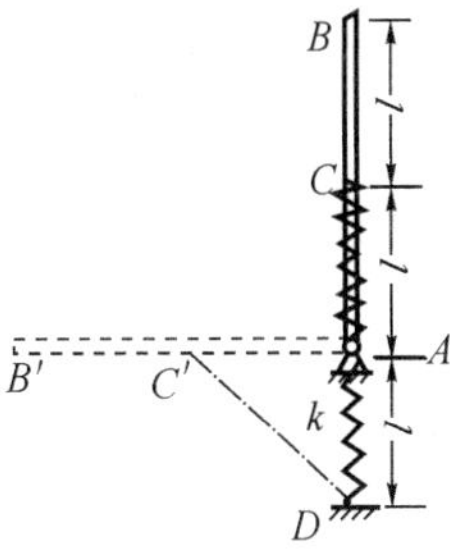

题 12-3 图

12-3 均质杆 ACB 长为 $2l$，重为 W，在其质心 C 处连接刚度系数为 k 的弹簧。弹簧的另一端固定在地面的点 D 上，弹簧原长为 l。杆在铅垂位置受到微小扰动后，倒落至水平位置。试求：杆倒落至水平位置时的角速度。

12-4 长为 l、质量为 m 的均质杆 OA 以球铰链 O 固定，并以等角速度 ω 绕铅直线转动，如图所示。如杆与铅直线的夹角为 θ，求杆的动能。

12-5 图示机构在铅直面内，均质杆 AB 重为 100 N，长为 20 cm，其杆端分别沿两槽运动。A 端与一刚度系数为 $k=20$ N/cm 的弹簧相连，杆与水平线的夹角为 θ，当 $\theta=0°$时弹簧为原长，滑块不计质量。

(1) 杆在 $\theta=0°$处无初速地释放，求弹簧最大的伸长；

(2) 如果将杆拉至 $\theta=60°$处无初速地释放，求杆在 $\theta=30°$处的角速度。

12-6 在图示滑轮组中悬挂两个重物，其中 M_1 的质量为 m_1，M_2 的质量为 m_2。定滑轮 O_1 的半径为 r_1，质量为 m_3；动滑轮 O_2 的半径为 r_2，质量为 m_4。两轮都视为均质圆盘。如绳重和摩擦略去不计，并设 $m_2>2m_1-m_4$。求重物 M_2 由静止下降距离 h 时的速度。

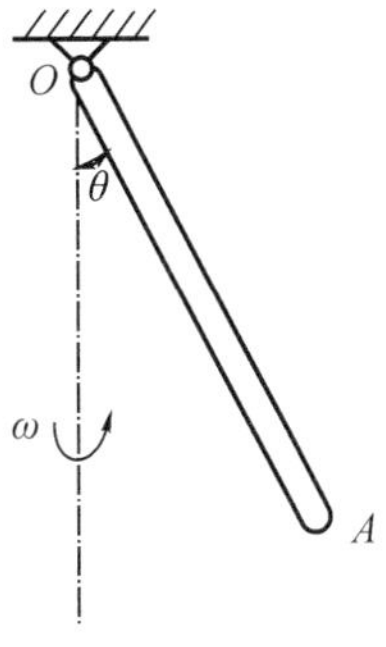

题 12-4 图

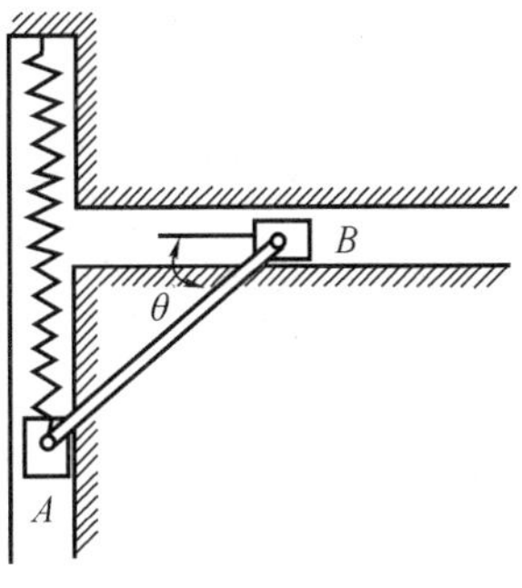

题 12-5 图

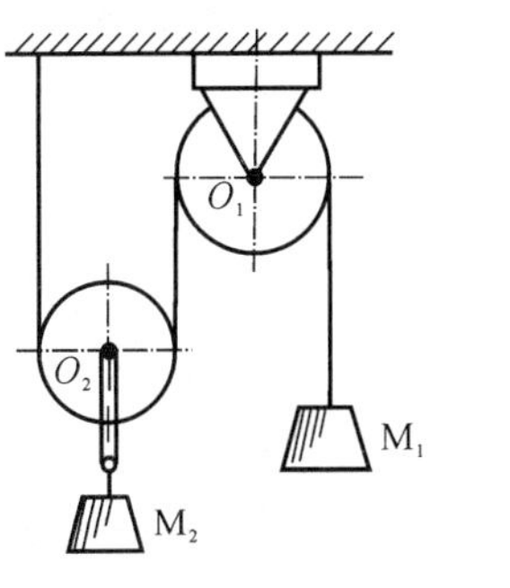

题 12-6 图

12-7 两均质杆 AC 和 BC 的质量均为 m，长均为 l，在点 C 由铰链相连接，放在光滑的水平面上，如图所示。由于 A 和 B 端的滑动，杆系在其铅直面内落下。点 C 的初始高度为 h，开始时杆系静止，求铰链 C 与地面相碰时的速度。

12-8 均质连杆 AB 质量为 4 kg，长 $l=600$ mm。均质圆盘质量为 6 kg，半径 $r=100$ mm。弹簧刚度系数为 $k=2$ N/mm，不计套筒 A 及弹簧的质量。如连杆在图示位置被无初速释放后，A 端沿光滑杆滑下，圆盘做纯滚动。求：

(1) 当 AB 到达水平位置而接触弹簧时，圆盘与连杆的角速度；

(2) 弹簧的最大压缩量 δ。

12-9 图示正弦机构，位于铅垂面内，其中均质曲柄 OA 长为 l，质量为 m_1，受力偶矩为常数 M 的力偶作用而绕 O 点转动，并以滑块带动框架沿水平方向运动。框架质量为 m_2，滑块 A 的质量不计，框架与滑道间的动滑动摩擦力设为常值 $\boldsymbol{F}$，不计其他各处的摩擦。当曲柄与水平线夹角为 φ_0 时，系统由静止开始运动，求曲柄转过一周时的角速度。

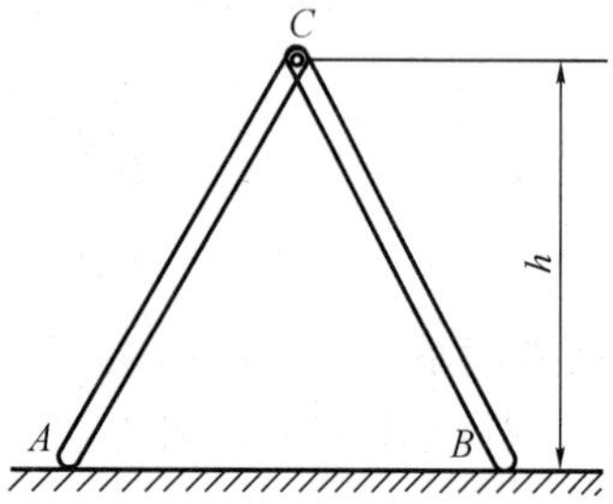

题 12-7 图

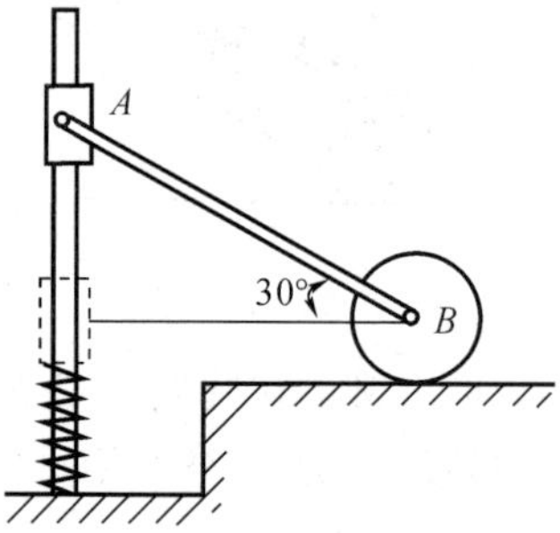

题 12-8 图

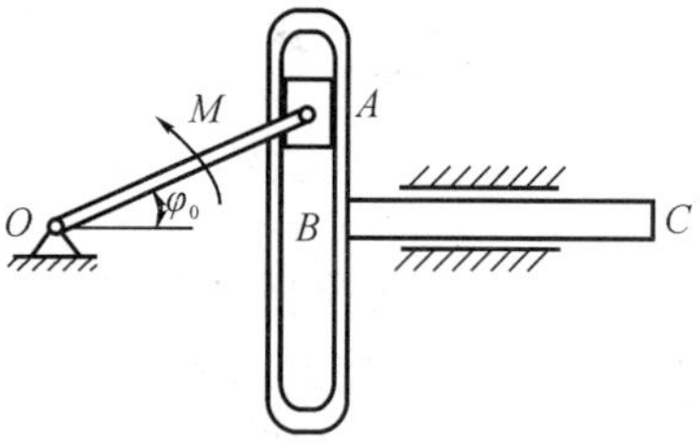

题 12-9 图

12-10 力偶矩 M 为常量，作用在绞车的鼓轮上，使轮转动，如图所示。轮的半径为 r，质量为 m_1。缠绕在鼓轮上的绳子系一质量为 m_2 的重物，使其沿倾角为 θ 的斜面上升。重物与斜面间的滑动摩擦因数为 f，绳子质量不计，鼓轮可视为均质圆柱。在开始时，此系统处于静止。求鼓轮转过 φ 角时的角速度和角加速度。

12-11 周转齿轮传动机构放在水平面内，如图所示。已知动齿轮半径为 r，质量为 m_1，可看成为均质圆盘；曲柄 OA，质量为 m_2，可看成为均质杆；定齿轮半径为 R。在曲柄上作用一不变的力偶，其矩为 M，使此机构由静止开始运动。求曲柄转过 φ 角后的角速度和角加速度。

12-12 图示机构中，直杆 AB 质量为 m，楔块 C 质量为 m_C，倾角为 θ。当 AB 杆铅垂下降时，推动楔块水平运动，不计各处摩擦，求楔块 C 与 AB 杆的加速度。

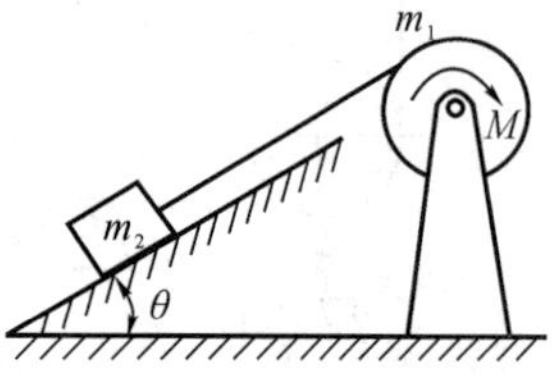

题 12-10 图

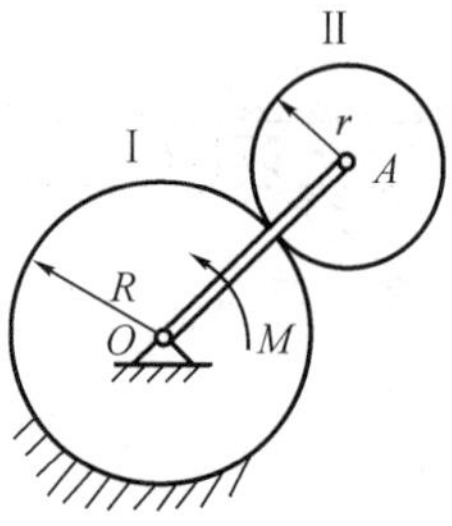

题 12-11 图

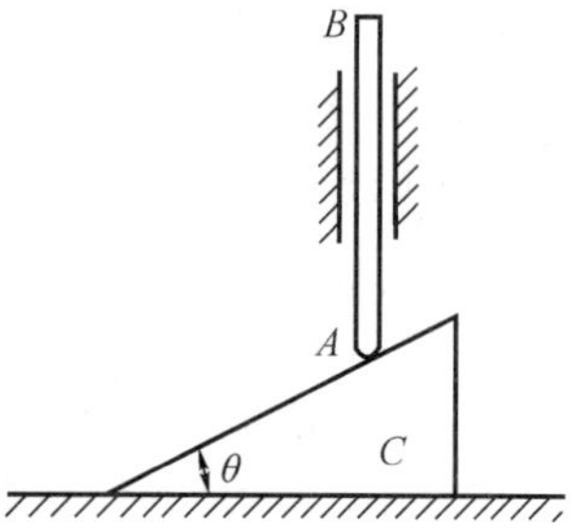

题 12-12 图

12－13　椭圆规位于水平面内，由曲柄 OC 带动规尺 AB 运动，如图所示。曲柄和椭圆规尺都是均质杆，质量分别为 m_1 和 $2m_1$，$OC=AC=l$，滑块 A 和 B 的质量均为 m_2。如作用在曲柄上的力偶矩为 M，且 M 为常数。设 $\varphi=0°$ 时系统静止，忽略摩擦，求曲柄的角速度和角加速度(以转角 φ 的函数表示)。

12－14　图示重为 P、半径为 r 的均质圆柱形滚子，由静止沿与水平面成 β 角的斜面做纯滚动，铰接于滚子轴心 O 的重量为 Q 的光滑杆 OA 随之一起运动，求滚子轴心 O 的加速度。

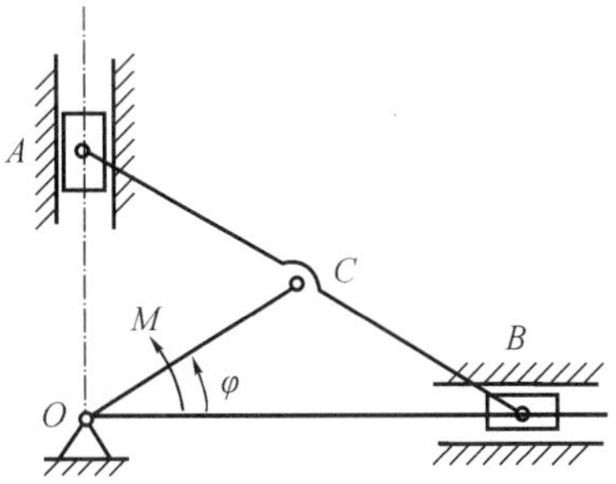

题 12－13 图

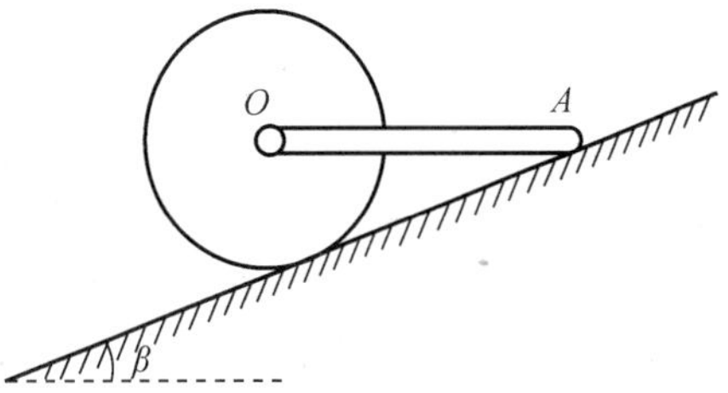

题 12－14 图

12－15　图示铅直平面内的均质细杆 AC 和 BC 重量都为 W，长度都为 l，由光滑铰链 C 相连接，AC 杆 A 端用光滑铰链固定，BC 杆 B 端置于光滑水平面上。今在两杆中点连接一根刚度系数为 k 的弹簧，当 $\theta=60°$ 时弹簧为原长，若系统从该位置无初速释放，求 $\theta=30°$ 时，两杆的角速度。

12－16　图示均质杆 AB，BC 的质量都为 m，长度都为 l，均质圆盘的中心为 C，其质量也为 m，半径为 r。它们在铅垂面内以光滑圆柱铰链相互连接，圆盘可沿水平地面做纯滚动。当 $\theta=60°$ 时，系统无初速释放，求 AB 杆在 $\theta=0°$ 时的角速度。

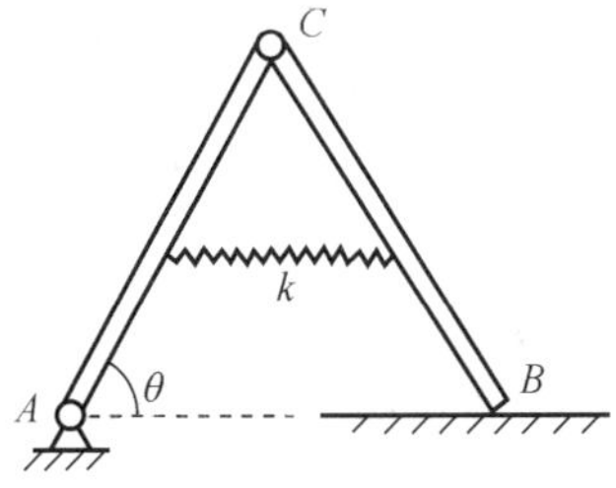

题 12－15 图

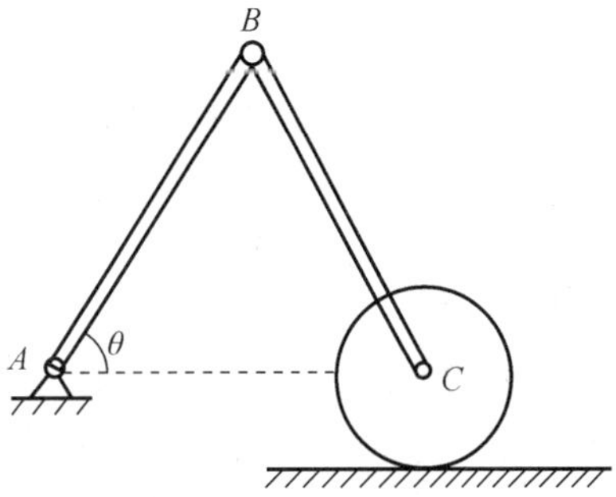

题 12－16 图

12－17　如图所示，放置于倾角为 β 的固定斜面上的质量为 m、半径为 r 的均质圆盘，其中心 A 系有一根一端固定并与斜面平行的弹簧，同时与一根绕在质量为 m、半径为 r 的鼓轮 B 上的张紧绳子相连。今在鼓轮上作用一常力偶矩 M，使系统由静止开始运动，且斜面足够粗糙，圆盘沿斜面做纯滚动。已知鼓轮对轮心 B 的惯性半径为 $r/2$，弹簧的刚度系数为 k，且初始时弹簧为原长。若不计弹簧、绳子的质量及轴承 B 处的摩擦，求鼓轮转过 $\pi/2$ 时，圆盘的角速度和角加速度的大小。

12－18　图示铁链长为 l，放在光滑桌面上，由桌边垂下一段的长度为 h，设铁链由静止开始下滑，求铁链全部离开桌面时的速度。

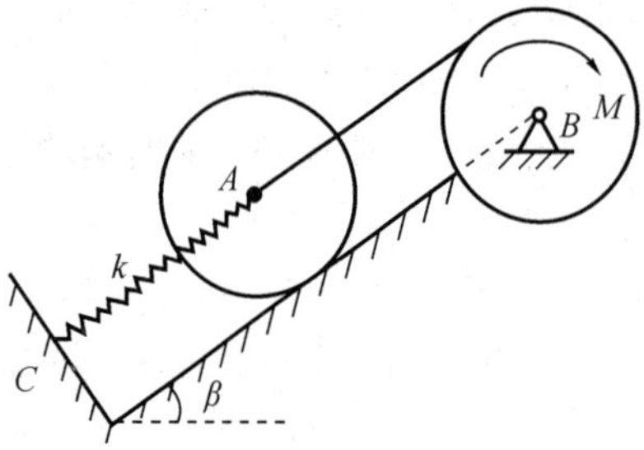

题 12-17 图

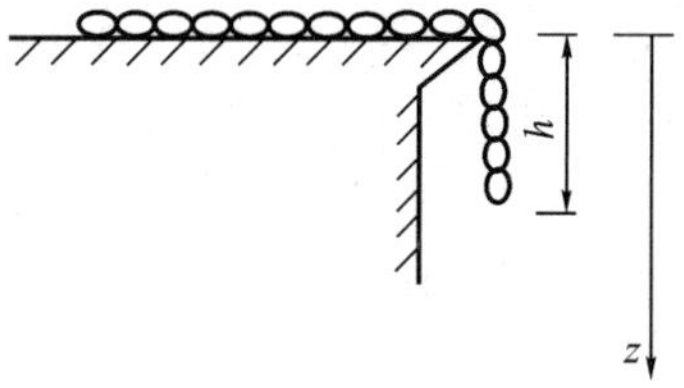

题 12-18 图

12-19　均质细杆 AB 长为 l，质量为 m_1，上端 B 靠在光滑的墙上，下端 A 以铰链与均质圆柱的中心相连。圆柱质量为 m_2，半径为 R，放在粗糙水平面上，自图示位置由静止开始滚动而不滑动，杆与水平线的交角 $\theta=45°$。求点 A 在初瞬时的加速度。

12-20　图示车床切削直径 $D=48$ mm 的工件，主切削力 $F=7.84$ kN。若主轴转速 $n=240$ r/min，电动机转速为 1420 r/min，主传动系统的总效率 $\eta=0.75$。求车床主轴、电动机主轴分别受的力矩和电动机的功率。

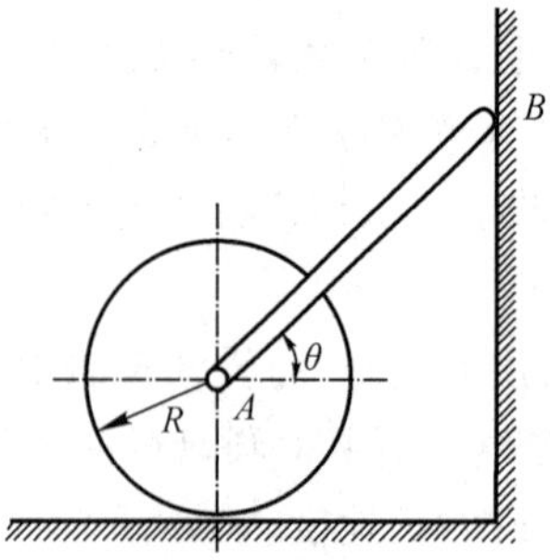

题 12-19 图

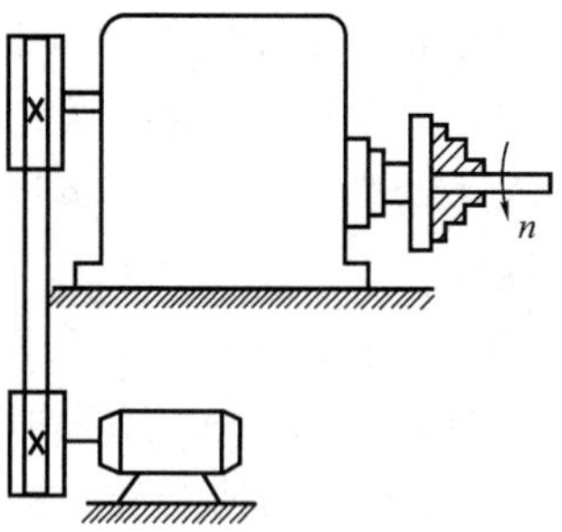

题 12-20 图

12-21　均质杆 OA 可绕水平轴 O 转动，另一端铰接一圆盘，圆盘可绕铰 A 在铅垂平面内自由旋转，如图所示。已知杆 OA 长为 l，质量为 m_1；均质圆盘的半径为 R，质量为 m_2。摩擦不计，初始时杆 OA 水平，且杆和圆盘静止。试求杆 OA 与水平线成 θ 角时，杆的角速度和角加速度。

12-22　如图所示，半径为 r_1、质量为 m_1 的圆轮Ⅰ沿水平面做纯滚动，在此轮上绕一不可伸长的绳子，绳的一端绕过滑轮Ⅱ后悬挂一质量为 m_3 的物体 M，定滑轮Ⅱ的半径为 r_2，质量为 m_2，圆轮Ⅰ和滑轮Ⅱ可视为均质圆盘。系统开始处于静止。求重物下降 h 高度时圆轮Ⅰ质心的速度，并求绳的拉力。

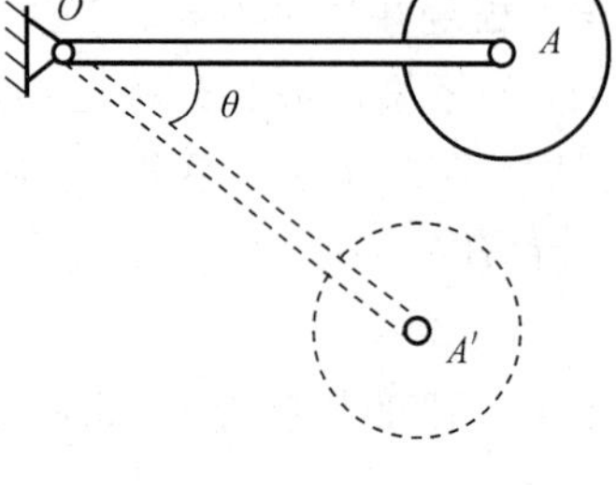

题 12-21 图

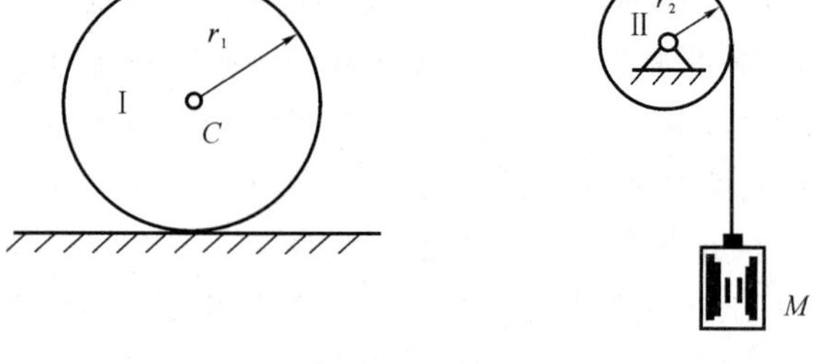

题 12-22 图

综合问题习题

综-1　A 物体质量为 m_1，沿楔状物 D 的斜面下降，同时借绕过滑车 C 的绳使质量为 m_2 的物体 B 上升，如图所示。斜面与水平面成 θ 角，滑轮和绳的质量及一切摩擦均略去不计。求楔状物 D 作用于地板凸出部分 E 的水平压力。

综-2　如图所示，一物体的质量为 m_1，可绕水平轴 O 转动，其重心 C 到 O 的距离为 a，物体对通过其重心 C 的水平轴的惯性半径等于 ρ。起初物体离开平衡位置的偏角为 φ_0，然后无初速地释放。试求转动轴的反作用力的两个分力 $\boldsymbol{F}_1$ 和 $\boldsymbol{F}_2$。其中 $\boldsymbol{F}_1$ 的方向沿 OC 线，而 $\boldsymbol{F}_2$ 则与它垂直(用 OC 与铅直线的夹角 φ 表示 $\boldsymbol{F}_1$ 和 $\boldsymbol{F}_2$ 的值)。

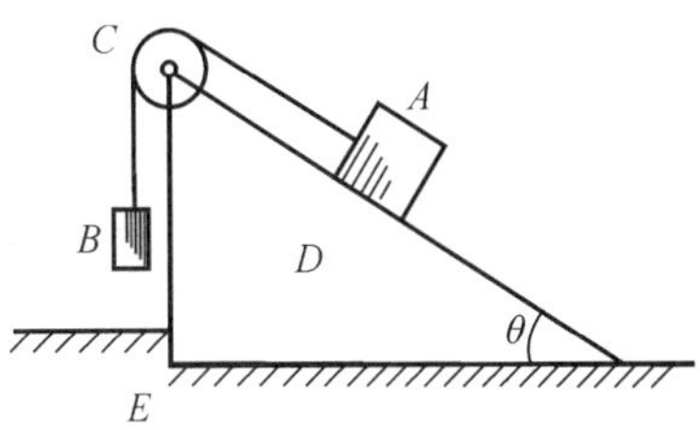

题综-1 图

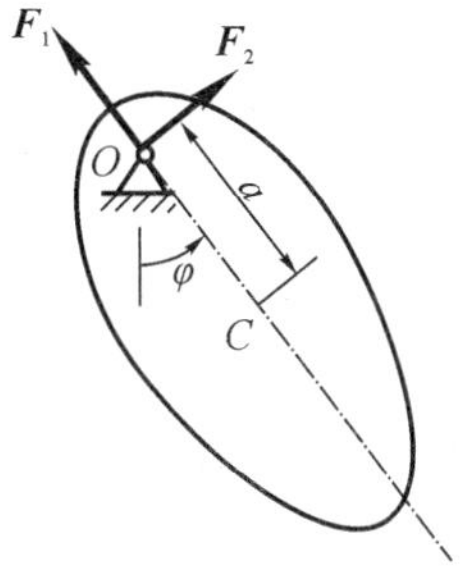

题综-2 图

综-3　在图示机构中，沿斜面纯滚动的圆柱体 O' 和鼓轮 O 为均质物体，质量均为 m，半径均为 R。绳子不能伸缩，其质量略去不计。粗糙斜面的倾角为 θ，不计滚动摩擦。如在鼓轮上作用一常力偶 M。求：

(1) 鼓轮的角加速度；

(2) 轴承 O 的水平约束力。

综-4　图示圆环以角速度 ω 绕铅直轴 AC 自由转动。此圆环半径为 R，对轴的转动惯量为 J。在圆环中的点 A 放一质量为 m 的小球。设由于微小的干扰小球离开点 A。圆环中的摩擦忽略不计，试求当小球到达点 B 和点 C 时，圆环的角速度和小球的速度。

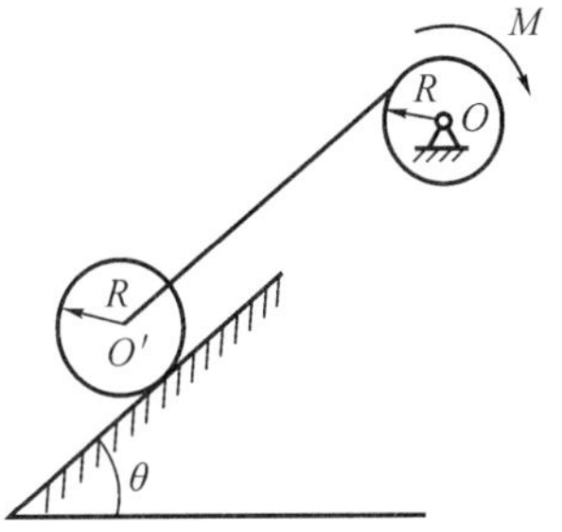

题综-3 图

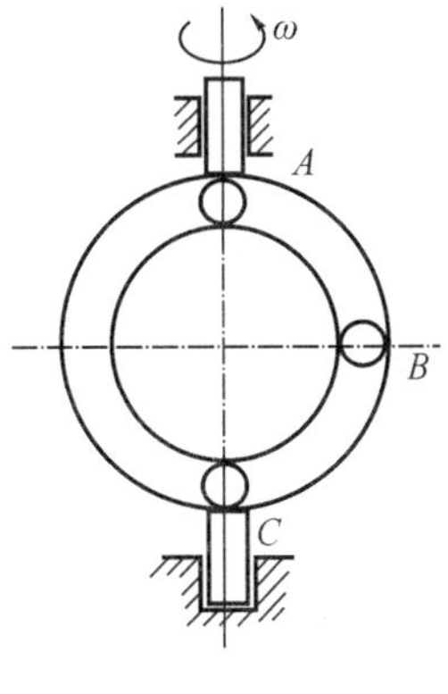

题综-4 图

综-5 图示弹簧两端各系以重物 A 和 B，放在光滑的水平面上，其中重物 A 的质量为 m_1，重物 B 的质量为 m_2，弹簧的原长为 l_0，弹簧的刚度系数为 k。若将弹簧拉长到 l 然后无初速地释放，问当弹簧回到原长时，重物 A 和 B 的速度各为多少？

综-6 图示三棱柱 A 沿三棱柱 B 的光滑斜面滑动，A 和 B 的质量各为 m_1 与 m_2，三棱柱的斜面与水平面成 θ 角。如开始时物系静止，忽略摩擦，求运动时三棱柱 B 的加速度。

题综-5 图

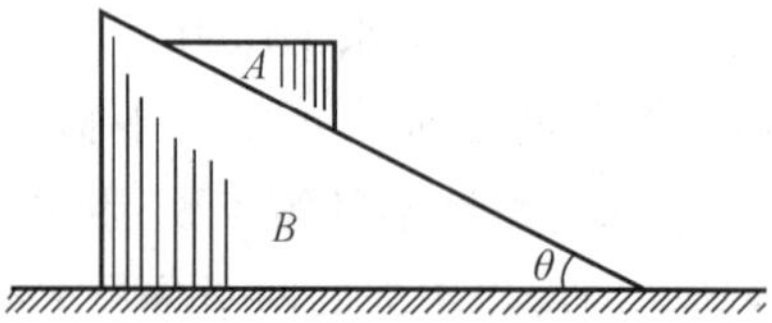

题综-6 图

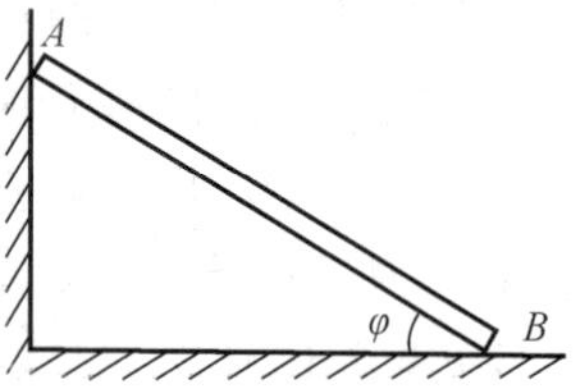

题综-7 图

综-7 如图所示，均质细杆 AB 长为 l，质量为 m，由直立位置开始滑动，上端 A 沿墙壁向下滑，下端 B 沿地板向右滑，不计摩擦。求细杆在任一位置 φ 时的角速度 ω、角加速度 α 和 A，B 处的约束力。

综-8 图示重物 A 的质量为 m，当其下降时，借无重且不可伸长的绳使滚子 C 沿水平轨道滚动而不滑动。绳子跨过定滑轮 D 并绕在滑轮 B 上。滑轮 B 与滚子 C 固结为一体。已知滑轮 B 的半径为 R，滚子 C 的半径为 r，二者总质量为 m'，其对与图面垂直的轴 O 的惯性半径为 ρ。试求重物 A 的加速度。

综-9 图示机构中，物块 A，B 的质量均为 m，两均质圆轮 C，D 的质量均为 $2m$，半径均为 R。轮 C 铰接于无重悬臂梁 CK 上，D 为动滑轮，梁的长度为 $3R$，绳与轮间无滑动，系统由静止开始运动。求：

(1) A 物块上升的加速度；

(2) HE 段绳的拉力；

(3) 固定端 K 处的约束力。

综-10 图示三棱柱体 ABC 的质量为 m_1，放在光滑的水平面上，可以无摩擦地滑动。质量为 m_2 的均质圆柱体 O 由静止沿斜面 AB 向下纯滚动，如斜面的倾角为 θ。求三棱柱体的加速度。

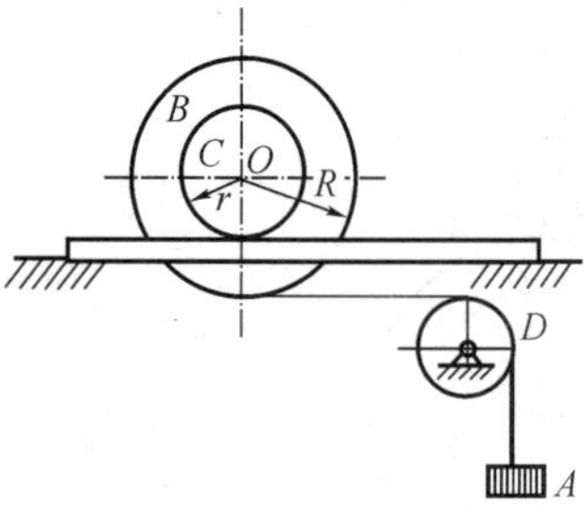

题综-8 图

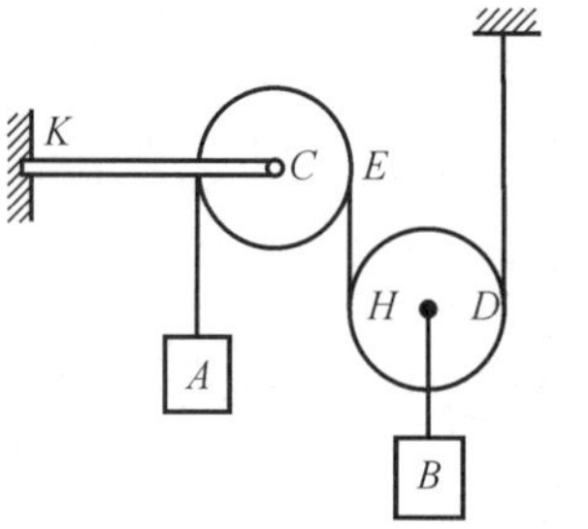

题综-9 图

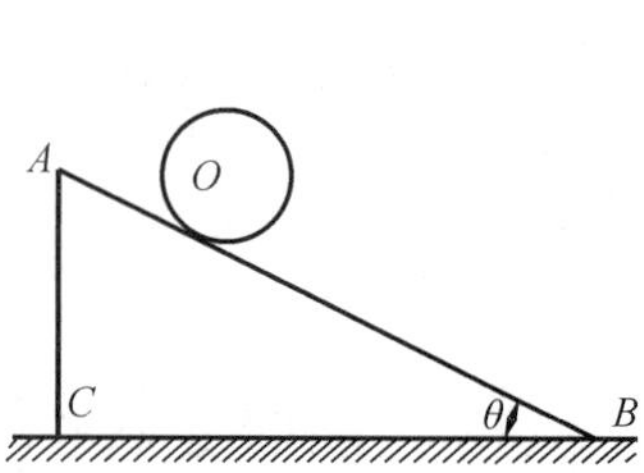

题综-10 图

第 13 章　达朗贝尔原理

前面介绍了动力学普遍定理，它提供了解决动力学问题的有效方法，本章将要介绍在 18 世纪为求解机器动力学问题而提出的达朗贝尔原理。这个原理提供了研究动力学的一种新的普遍的方法，即用静力学中研究平衡问题的方法来解决动力学中的非平衡问题，因此又将这种方法叫做动静法。它在工程技术中有着广泛的应用，特别适用于求动约束力以及研究机械构件的动载荷等问题。

本章将引入惯性力的概念，推导达朗贝尔原理，并用平衡方程的形式求解动力学问题。

13.1　惯性力与达朗贝尔原理

在达朗贝尔原理中，惯性力是一个重要的概念，因此，首先介绍惯性力的概念及其计算方法。

13.1.1　惯性力

在水平直线光滑轨道上推质量为 m 的小车，如图 13.1(a)所示，设手作用于小车上的水平力为 $\boldsymbol{F}$，如图 13.1(b)所示，小车将获得水平加速度 $\boldsymbol{a}$，由动力学第二定律，有 $\boldsymbol{F}=m\boldsymbol{a}$。同时，由于小车具有保持其运动状态不变的惯性，因此小车将给予手一个反作用力 $\boldsymbol{F}'$。根据作用与反作用力的特点，有

$$\boldsymbol{F}'=-\boldsymbol{F}=-m\boldsymbol{a}$$

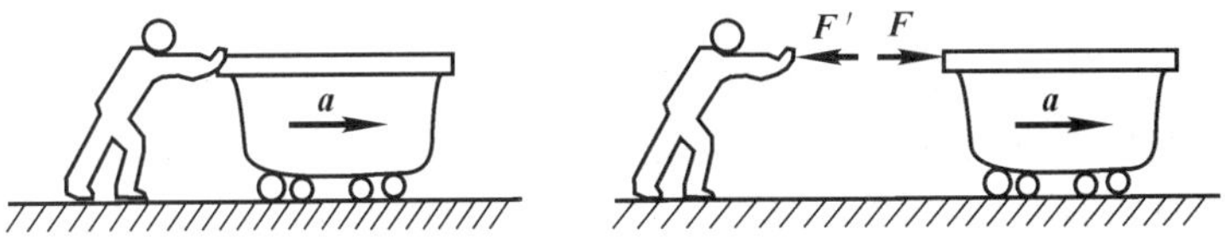

(a)　　(b)

图 13.1

系在绳子一端质量为 m 的小球，在光滑水平面内做匀速圆周运动，如图 13.2(a)所示，小球速度的大小为 v，圆周的半径为 R，小球所受绳子的拉力为 $\boldsymbol{F}$，即小球的向心力，如图 13.2(b)所示。它使小球产生加速度，即向心加速度 $\boldsymbol{a}_n$，其大小为 $a_n=\dfrac{v^2}{R}$，因此有 $\boldsymbol{F}=m\boldsymbol{a}_n$。由于小球的惯性，小球将给予绳子一个反作用力 $\boldsymbol{F}''$，即小球的离心力，它等于

$$\boldsymbol{F}''=-\boldsymbol{F}=-m\boldsymbol{a}_n$$

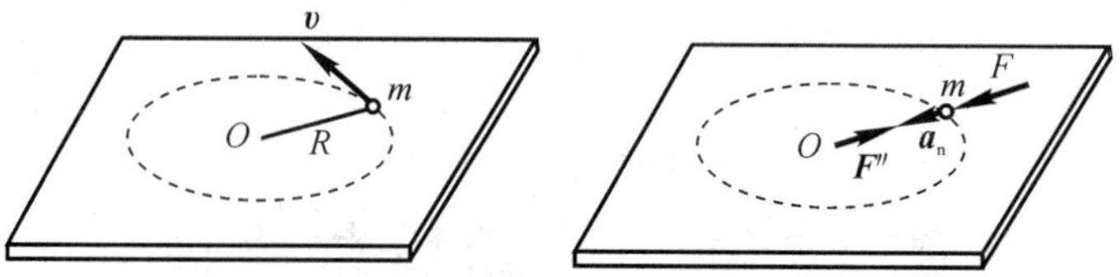

(a)　　　　　　(b)

图 13.2

由以上两例可见，质点受力改变运动状态时，由于质点的惯性，质点将给予施力物体一个反作用力，这个反作用力称为质点的惯性力，用 $\boldsymbol{F}_{\mathrm{I}}$表示。**质点惯性力的大小等于质点的质量与加速度的乘积，方向与质点加速度方向相反**，即有

$$\boldsymbol{F}_{\mathrm{I}}=-m\boldsymbol{a}_{\mathrm{n}} \tag{13-1}$$

值得指出的是，质点的惯性力是质点对改变其运动状态的一种反抗，它并不作用于质点上，而是作用在使质点改变运动状态的施力物体上。在以上两例中，惯性力分别作用在手和绳子上。式(13-1)可向固定直角坐标系或自然轴系投影。

惯性力在直角坐标轴上的投影为

$$\left.\begin{aligned}F_{\mathrm{I}x}&=-ma_x=-m\frac{\mathrm{d}^2x}{\mathrm{d}t^2}\\F_{\mathrm{I}y}&=-ma_y=-m\frac{\mathrm{d}^2y}{\mathrm{d}t^2}\\F_{\mathrm{I}z}&=-ma_z=-m\frac{\mathrm{d}^2z}{\mathrm{d}t^2}\end{aligned}\right\} \tag{13-2}$$

惯性力在自然坐标轴上的投影为

$$\left.\begin{aligned}F_{\mathrm{I}}^{\tau}&=-ma_{\tau}=-m\frac{\mathrm{d}v}{\mathrm{d}t}\\F_{\mathrm{I}}^{\mathrm{n}}&=-ma_{\mathrm{n}}=-m\frac{v^2}{\rho}\\F_{\mathrm{I}}^{\mathrm{b}}&=-ma_{\mathrm{b}}=0\end{aligned}\right\} \tag{13-3}$$

这就是说，质点惯性力也可分解为沿轨迹的切线和法线的两个分力：**切向惯性力 $\boldsymbol{F}_{\mathrm{I}}^{\tau}$ 和法向惯性力 $\boldsymbol{F}_{\mathrm{I}}^{\mathrm{n}}$**，它们的方向分别与切向加速度 $\boldsymbol{a}_{\tau}$和法向加速度 $\boldsymbol{a}_{\mathrm{n}}$相反。法向惯性力 $\boldsymbol{F}_{\mathrm{I}}^{\mathrm{n}}$ 的方向总是背离轨迹的曲率中心，故又称离心惯性力(简称离心力)。

13.1.2　质点的达朗贝尔原理

设一质量为 m 的非自由质点在主动力 $\boldsymbol{F}$ 和约束力 $\boldsymbol{F}_{\mathrm{N}}$的作用下运动。其加速度为 $\boldsymbol{a}$，如图 13.3 所示。根据质点动力学第二定律，有

$$m\boldsymbol{a}=\boldsymbol{F}+\boldsymbol{F}_{\mathrm{N}}$$

若将上式等号左端 $m\boldsymbol{a}$ 移到等号右端，可写为

$$\boldsymbol{F}+\boldsymbol{F}_{\mathrm{N}}+(-m\boldsymbol{a})=\boldsymbol{0} \tag{13-4}$$

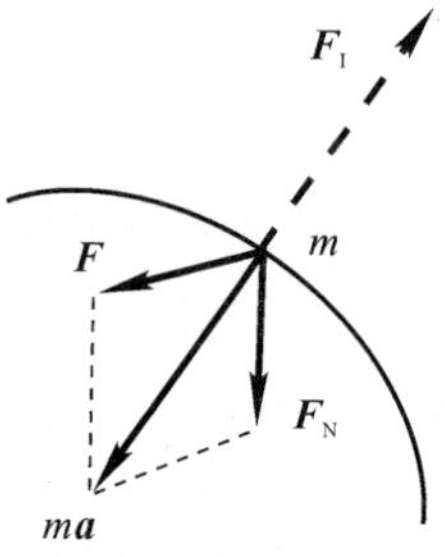

图 13.3

$-m\boldsymbol{a}$ 即为质点的惯性力，用 $\boldsymbol{F}_{\mathrm{I}}$表示。于是式(13-4)可表示为

$$\boldsymbol{F}+\boldsymbol{F}_{\mathrm{N}}+\boldsymbol{F}_{\mathrm{I}}=\boldsymbol{0} \tag{13-5}$$

式(13-5)在形式上是一个平衡方程，可以看出 $\boldsymbol{F}$，$\boldsymbol{F}_{\mathrm{N}}$，$\boldsymbol{F}_{\mathrm{I}}$构成一个平衡力系。它表明：**在**

质点运动的任一瞬时，质点上除了作用有真实的主动力和约束力外，再假想地加上质点的惯性力，则这些力在形式上组成一平衡力系。这就是质点的达朗贝尔原理。

应该注意：

(1) 惯性力只是虚加在质点上的力，而不是真正作用在该质点的力。

(2) 因为质点并没有真正受到惯性力的作用，故达朗贝尔原理的"平衡力系"实际上是不存在的，只是在质点上虚加上惯性力后，可借用静力学的理论和方法求解动力学的非平衡问题。

动力学方程写成平衡方程的形式，方程在形式上的这种变换，给解决某些动力学问题带来许多方便，这正是达朗贝尔原理的优势所在。

【例 13-1】 一圆锥摆，如图 13.4 所示。质量 $m=0.1$ kg 的小球系于长 $l=0.3$ m 的绳上，绳的另一端系在固定点 O，并与铅直线成 $\theta=60°$角。如小球在水平面内做匀速圆周运动，用达朗贝尔原理求小球的速度 $\boldsymbol{v}$ 与绳子的张力 $\boldsymbol{F}_T$的大小。

【解】 视小球为质点，其受重力(主动力)$m\boldsymbol{g}$ 与绳拉力(约束力)$\boldsymbol{F}_T$作用。质点做匀速圆周运动，只有法向加速度，故虚加上法向惯性力 $\boldsymbol{F}_I^n$，如图 13.4 所示，小球法向惯性力的大小为

$$F_I^n=ma_n=m\frac{v^2}{l\sin\theta}$$

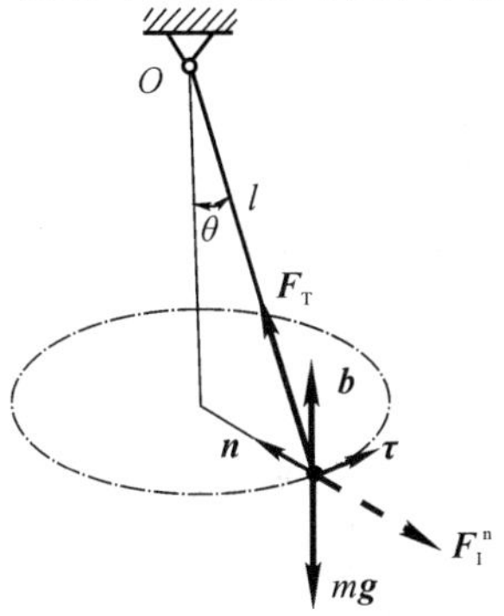

图 13.4

根据质点的达朗贝尔原理，这三力在形式上组成平衡力系，即

$$m\boldsymbol{g}+\boldsymbol{F}_T+\boldsymbol{F}_I^n=\boldsymbol{0}$$

取上式在图示自然轴上的投影式，有

$$\sum F_b=0,\quad F_T\cos\theta-mg=0$$

$$\sum F_n=0,\quad F_T\sin\theta-F_I^n=0$$

解得

$$F_T=\frac{mg}{\cos\theta}=1.96\ \text{N},\quad v=\sqrt{\frac{F_T l\sin^2\theta}{m}}=2.1\ \text{m/s}$$

从上述例题可见，用达朗贝尔原理(动静法)解题的程序大致分为四步：

(1) 取研究对象；

(2) 受力分析，画受力图；

(3) 运动分析，加惯性力；

(4) 列平衡方程并求解。

13.1.3 质点系的达朗贝尔原理

现将质点的达朗贝尔原理直接推广到质点系。

设质点系由 n 个质点组成，其中质量为 m_i的质点在主动力 $\boldsymbol{F}_i$和约束力 $\boldsymbol{F}_{Ni}$的作用下运动。其加速度为 $\boldsymbol{a}_i$，如果对该质点假想地加上它的惯性力 $\boldsymbol{F}_{Ii}=-m_i\boldsymbol{a}_i$，则根据质点的达朗贝尔原理，有

$$\boldsymbol{F}_i+\boldsymbol{F}_{Ni}+\boldsymbol{F}_{Ii}=\boldsymbol{0}\quad (i=1,2,\cdots,n) \tag{13-6}$$

上式表明，质点系中每一个质点所受的真实主动力、约束力与虚加的惯性力在形式上构成

了一个平衡的汇交力系。对整个质点系来说，共有 n 个这样的平衡力系，它们综合在一起仍构成一个平衡力系(但是一般很难联立求解)。因此，**在质点系运动的任一瞬时，作用于质点系的主动力系、约束力系和虚加的质点系的惯性力系构成一形式上的平衡力系。这就是质点系的达朗贝尔原理。**

由静力学可知，空间任意力系平衡的充分必要条件是力系的主矢 $\boldsymbol{F}_R$ 和对于任一点的主矩 $\boldsymbol{M}_O$ 同时为零，即

$$\sum \boldsymbol{F}_i + \sum \boldsymbol{F}_{Ni} + \sum \boldsymbol{F}_{Ii} = \boldsymbol{0} \tag{13-7}$$

$$\sum \boldsymbol{M}_O(\boldsymbol{F}_i) + \sum \boldsymbol{M}_O(\boldsymbol{F}_{Ni}) + \sum \boldsymbol{M}_O(\boldsymbol{F}_{Ii}) = \boldsymbol{0} \tag{13-8}$$

如果将作用于质点系上的所有真实力按内力和外力分类，并注意到内力都是成对存在的，并且彼此等值反向，则有 $\sum \boldsymbol{F}_i^{(i)} = \boldsymbol{0}$ 和 $\sum \boldsymbol{M}_O(\boldsymbol{F}_i^{(i)}) = \boldsymbol{0}$，于是以上两式可简写为

$$\sum \boldsymbol{F}_i^{(e)} + \sum \boldsymbol{F}_{Ii} = \boldsymbol{0} \tag{13-9}$$

$$\sum \boldsymbol{M}_O(\boldsymbol{F}_i^{(e)}) + \sum \boldsymbol{M}_O(\boldsymbol{F}_{Ii}) = \boldsymbol{0} \tag{13-10}$$

由此，质点系的达朗贝尔原理又可叙述为：在质点系运动的任一瞬时，作用于质点系的外力系与虚加的质点系的惯性力系在形式上构成一平衡力系。上式中 $\sum \boldsymbol{F}_{Ii}$ 和 $\sum \boldsymbol{M}_O(\boldsymbol{F}_{Ii})$ 分别为惯性力系的主矢和主矩。在应用质点系的达朗贝尔原理求解动力学问题时，一般采用投影形式的平衡方程，如果选取直角坐标系，当力系是平面任意力系时，可得三个平衡方程；当力系是空间任意力系时，可得六个平衡方程。

【例 13-2】 两个质量均为 m 的小球由长为 $2l$ 的细杆连接，其中 C 点焊接在铅垂轴 AB 的中点，并以等角速度 ω 绕轴 AB 转动，如图 13.5(a)所示。已知 $AB=h$，细杆与转轴的夹角为 θ，不计杆件的质量。试求系统运动到图示位置时，轴承 A 和 B 的约束力。

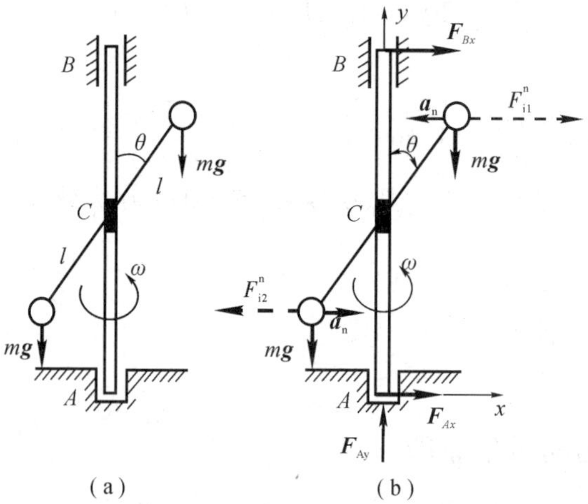

图 13.5

【解】 取两个小球、细杆和转轴为研究对象，将两个小球视为质点，它们绕轴 AB 做匀速圆周运动。其法向加速度指向转轴。由于不计杆件质量，所研究对象的受力如图 13.5(b)所示。其中两个小球的法向惯性力的大小为

$$F_{I1}^n = F_{I2}^n = ml\omega^2 \sin\theta$$

作用于研究对象上的力构成平面力系。应用质点系的达朗贝尔原理，有

$$\sum F_x = 0,\quad F_{Ax} + F_{Bx} + F_{I1}^{n} - F_{I2}^{n} = 0$$

$$\sum F_y = 0,\quad F_{Ay} - 2mg = 0$$

$$\sum M_A(\boldsymbol{F}) = 0,\quad -F_{Bx}h + mgl\sin\theta - mgl\sin\theta + \left(\frac{h}{2} - l\cos\theta\right)F_{I2}^{n} - \left(\frac{h}{2} + l\cos\theta\right)F_{I1}^{n} = 0$$

由上式解出轴承 A 和 B 的约束力

$$F_{Ay} = 2mg$$

$$F_{Ax} = -F_{Bx} = \frac{ml^2\omega^2\sin 2\theta}{h}$$

从本例题可以看出，轴承的部分约束力是由于物体运动引起的。这种由于物体运动而引起的约束力，称为**附加动约束力**；而作用于物体上的主动力引起的轴承约束力，称为**静约束力**。在实际工程中，高速转动机械中轴承的附加动约束力会引起机械的振动，有时会引起机械的非正常运转，因此如何有效地抑制和消除转动机械中的附加动约束力，往往是人们普遍关心的问题。

【例 13-3】 均质细杆 AB，长 $l=2.4$ m，质量 $m=20$ kg，A 端铰接在铅垂轴 DE 上，B 端用水平绳索 BC 拉住，以匀角速度 $\omega=15$ rad/s 转动，如图 13.6(a)所示。设 $\beta=60°$，试求绳 BC 的拉力和铰 A 的约束力。

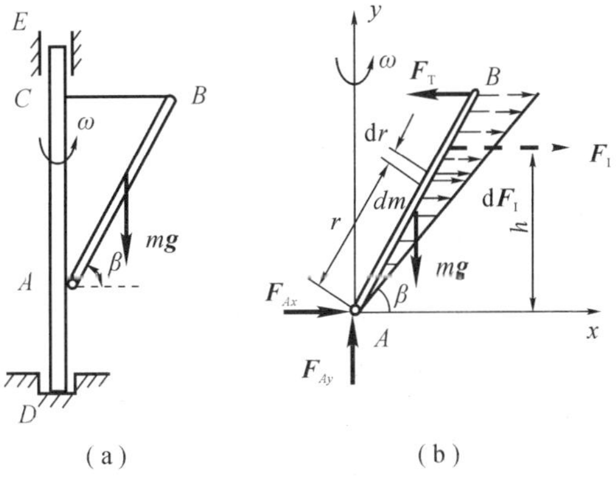

图 13.6

【解】 (1) 确定研究对象。以 AB 杆为研究对象。

(2) 受力分析。AB 杆受重力 $m\boldsymbol{g}$，铰 A 的约束力 $\boldsymbol{F}_{Ax}$，$\boldsymbol{F}_{Ay}$ 和绳子的拉力 $\boldsymbol{F}_{T}$。当 AB 杆转到纸平面时，受力如图 13.6(b)所示。

(3) 运动分析。AB 杆以匀角速度 ω 绕 y 轴转动，其上各点均做圆周运动。其切向加速度为零，法向加速度 $a_n = x\omega^2$（x 为 AB 杆上任一点到转轴的距离）。

(4) 加惯性力。当 AB 杆以匀角速度 ω 绕 y 轴转动时，其惯性力分布于杆上每一部分，组成平行力系，虚加在 AB 杆上，如图 13.6(b)所示。

为求 AB 杆的惯性力的合力大小及其作用线的位置，在杆上离 A 端的距离为 r 处取长为 $\mathrm{d}r$ 的微段，该微段的质量为

$$\mathrm{d}m = \frac{m\mathrm{d}r}{l}$$

该微段的惯性力为

$$dF_I = dm \cdot r\cos\beta \cdot \omega^2 = \frac{m}{l}\omega^2\cos\beta \cdot r dr$$

AB 杆的惯性力的合力的大小为

$$F_I = \int dF_I = \int_0^l \frac{m}{l}\omega^2\cos\beta \cdot r dr = \frac{1}{2}ml\omega^2\cos\beta$$

$$= \frac{1}{2} \times 20 \times 2.4 \times 15^2 \times \cos60^\circ = 2700\ \text{N}$$

惯性力 $\boldsymbol{F}_I$作用线的位置，可用合力矩定理来确定。设 $\boldsymbol{F}_I$与 A 点的垂直距离为 h，则

$$F_I \cdot h = \int dF_I \cdot r\sin\beta = \int_0^l \frac{m}{l}\omega^2\cos\beta \cdot r dr \cdot r\sin\beta$$

$$= \frac{m}{l}\omega^2\sin\beta\cos\beta\int_0^l r^2 dr = \frac{m}{3}l^2\omega^2\sin\beta\cos\beta$$

所以

$$h = \frac{\frac{m}{3}l^2\omega^2\sin\beta\cos\beta}{\frac{m}{2}l\omega^2\cos\beta} = \frac{2}{3}l\sin\beta = \frac{2}{3} \times 2.4 \cdot \sin60^\circ = 1.386\ \text{m}$$

（5）列方程、求解。由质点系的达朗贝尔原理，力 $m\boldsymbol{g}$，$\boldsymbol{F}_{Ax}$，$\boldsymbol{F}_{Ay}$，$\boldsymbol{F}_T$和 $\boldsymbol{F}_I$构成平面任意力系，可建立三个平衡方程

$$\sum F_x = 0,\quad F_{Ax} - F_T + F_I = 0$$

$$\sum F_y = 0,\quad F_{Ay} - mg = 0$$

$$\sum M_A(\boldsymbol{F}) = 0,\quad F_T l\sin\beta - F_I h - mg\ \frac{1}{2}\cos\beta = 0$$

解得

$$F_{Ax} = -843\ \text{N},\quad F_{Ay} = 196\ \text{N},\quad F_T = 1857\ \text{N} = 1.857\ \text{kN}$$

【例 13-4】 飞轮质量为 m，半径为 R，以匀角速度 ω 绕定轴转动，设轮辐质量不计，质量均布在较薄的轮缘上，不考虑重力的影响，求轮缘横截面的张力。

【解】 由于对称，取四分之一轮缘为研究对象，如图 13.7 所示，取微小弧段，每段加惯性力 $d\boldsymbol{F}_I$，大小为

$$dF_I = dm \cdot a_n = \frac{m}{2\pi R}R\,d\theta \cdot R\omega^2$$

方向沿半径离开轴心。整个轮缘上都分布着这样的惯性力。

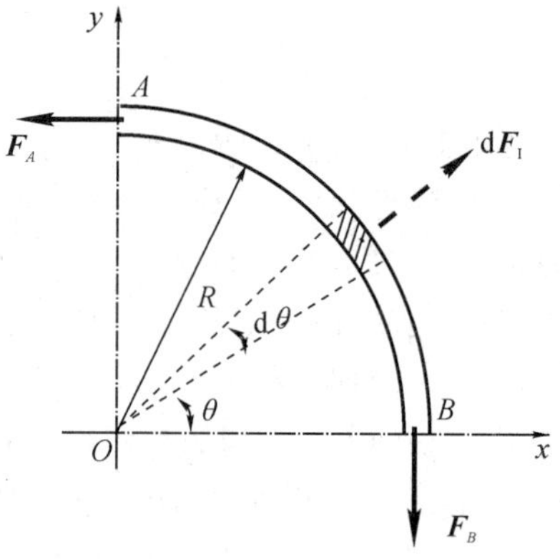

图 13.7

由动静法，这四分之一轮缘上分布的惯性力与截面上张力 $\boldsymbol{F}_A$和 $\boldsymbol{F}_B$组成平衡力系。列平衡方程：

$$\sum F_x = 0,\quad \int_0^{\frac{\pi}{2}} dF_I\cos\theta - F_A = 0$$

$$\sum F_y = 0,\quad \int_0^{\frac{\pi}{2}} dF_I\sin\theta - F_B = 0$$

解得

$$F_A=\int_0^{\frac{\pi}{2}}\frac{m}{2\pi}R\omega^2\cos\theta\mathrm{d}\theta=\frac{mR\omega^2}{2\pi},\quad F_B=\int_0^{\frac{\pi}{2}}\frac{m}{2\pi}R\omega^2\sin\theta\mathrm{d}\theta=\frac{mR\omega^2}{2\pi}$$

由于对称，任一横截面张力相同。

13.2　刚体惯性力系的简化

应用达朗贝尔原理求解刚体动力学问题时，需要对刚体内每个质点加上各自的惯性力，这些惯性力组成一惯性力系。若惯性力系直接参与运算，显然极不方便。如果采用静力学中力系简化的方法先将刚体的惯性力系加以简化，求出惯性力系对简化中心的主矢和主矩，对于解题就方便得多。下面分别对刚体做平移、绕定轴转动和做平面运动时的惯性力系进行简化。

13.2.1　刚体做平移时惯性力系的简化

当刚体做平移时，每一瞬时刚体内各质点的加速度均相同，都等于刚体质心的加速度 $\boldsymbol{a}_C$，即 $\boldsymbol{a}_i=\boldsymbol{a}_C$。

将平移刚体内各质点都加上惯性力，任一质点的惯性为 $\boldsymbol{F}_{\mathrm{I}i}=-m_i\boldsymbol{a}_i=-m_i\boldsymbol{a}_C$。各质点惯性力的方向相同，组成一个同向的空间平行力系，选刚体质心 C 为简化中心，这个惯性力系简化为通过 C 点的主矢

$$\boldsymbol{F}_{\mathrm{IR}}=\sum\boldsymbol{F}_{\mathrm{I}i}=\sum(-m_i\boldsymbol{a}_i)=-\boldsymbol{a}_C\sum m_i$$

设刚体质量为 $m=\sum m_i$，则

$$\boldsymbol{F}_{\mathrm{IR}}=-m\boldsymbol{a}_C$$

如图 13.8 所示，惯性力系对于质心 C 的主矩为

$$M_{\mathrm{IC}}=\sum\boldsymbol{r}_i\times\sum\boldsymbol{F}_{\mathrm{I}i}=\sum\boldsymbol{r}_i\times(-m_i\boldsymbol{a}_i)$$

$$=-\left(\sum m_i\boldsymbol{r}_i\right)\times\boldsymbol{a}_C=-m\boldsymbol{r}_C\times\boldsymbol{a}_C$$

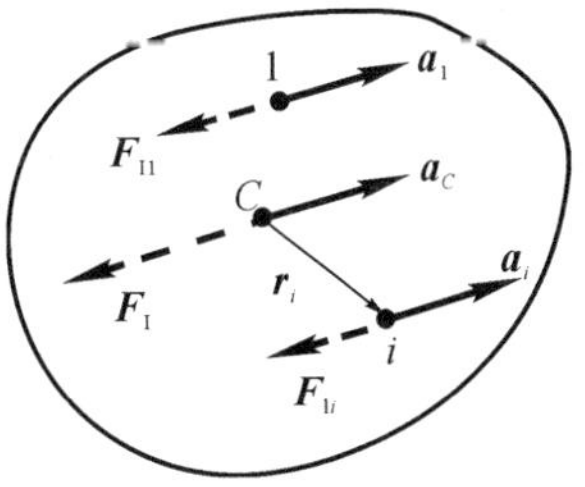

图 13.8

式中，$\boldsymbol{r}_C$为质心 C 到简化中心的矢径，且因质心 C 与简化中心重合，则 $\boldsymbol{r}_C=\boldsymbol{0}$，有

$$\boldsymbol{M}_{\mathrm{IC}}=\boldsymbol{0}\qquad(13-11)$$

于是可得结论：**平移刚体的惯性力系可以简化为通过质心的一个合力，其大小等于刚体的质量与质心加速度的乘积，合力的方向与质心加速度方向相反。**

13.2.2　刚体绕定轴转动(转轴垂直于质量对称平面)时惯性力系的简化

这里仅限于研究刚体具有垂直于转轴 z 的质量对称平面 S 的情况，S 与转轴相交于点 O。在刚体上任取平行于 z 轴的直线 A_iA_i'，如图 13.9(a)所示。显然，当刚体绕 z 轴转动时，直线 A_iA_i' 上各质点的加速度相同，其各质点的惯性力可以合成为一个作用在该直线与平面 S 的交点 m_i上的力 $\boldsymbol{F}_{\mathrm{I}i}$，有

$$\boldsymbol{F}_{\mathrm{I}i}=-m_i\boldsymbol{a}_i$$

其中，m_i为直线A_iA_i'上所有质点的质量之和，$\boldsymbol{a}_i$为点m_i的加速度。

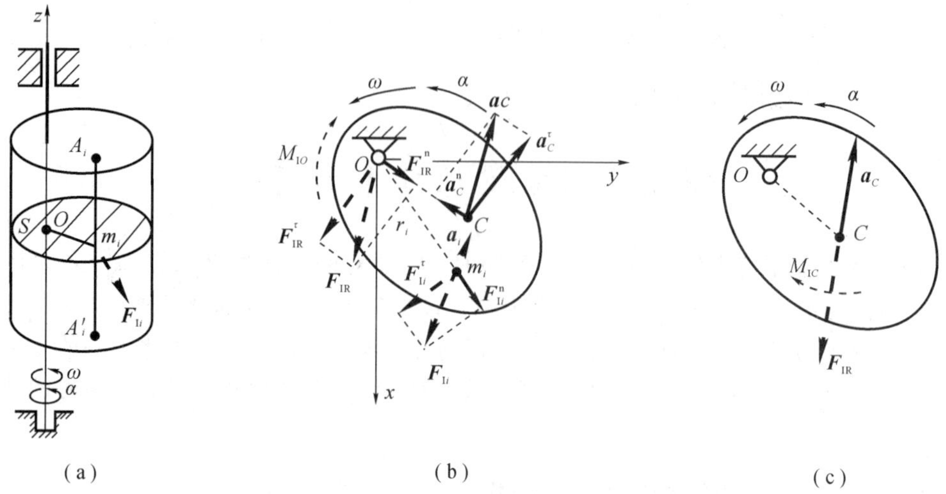

图 13.9

这样可将刚体上各质点惯性力组成的原空间惯性力系简化为在对称平面S内的平面任意力系，如图 13.9(b)所示。选转轴z与对称平面S的交点O(即转动中心)为简化中心，将平面S内的平面任意力系向该平面与转轴交点O简化，得惯性力系主矢$\boldsymbol{F}_{IR}$为

$$\boldsymbol{F}_{IR} = \sum \boldsymbol{F}_{Ii} = \sum(-m_i\boldsymbol{a}_i) = -m\boldsymbol{a}_C \tag{13-12}$$

其中，m为刚体的质量，$\boldsymbol{a}_C$为其质心的加速度。由于$\boldsymbol{a}_C=\boldsymbol{a}_C^\tau+\boldsymbol{a}_C^n$，于是

$$\boldsymbol{F}_{IR}=-m\boldsymbol{a}_C=-m(\boldsymbol{a}_C^\tau+\boldsymbol{a}_C^n)=-(m\boldsymbol{a}_C^\tau+m\boldsymbol{a}_C^n)=-(\boldsymbol{F}_I^\tau+\boldsymbol{F}_I^n)$$

由运动学知：一般描述刚体转动时，刚体内各点的加速度可分解为切向加速度和法向加速度，故任一质点的惯性力也分解为切向惯性力$\boldsymbol{F}_{Ii}^\tau$和法向惯性力$\boldsymbol{F}_{Ii}^n$，如图 13.9(b)所示，其中各质点法向惯性力均通过轴心O，对轴心O之矩均为零，注意到切向惯性力大小为$F_{Ii}^\tau=m_ia_i^\tau=m_i\alpha r_i$，故惯性力系向$O$点简化的主矩$\boldsymbol{M}_{IO}$为

$$\begin{aligned} M_{IO} &= \sum M_O(\boldsymbol{F}_{Ii}) = \sum M_O(\boldsymbol{F}_{Ii}^\tau) + \sum M_O(\boldsymbol{F}_{Ii}^n) \\ &= \sum M_O(\boldsymbol{F}_{Ii}^\tau) = -\sum m_ia_i^\tau r_i = -\alpha\sum m_ir_i^2 \end{aligned}$$

即

$$M_{IO}=-J_z\alpha \tag{13-13}$$

式中J_z为刚体对转轴z的转动惯量，负号表示惯性力偶$\boldsymbol{M}_{IO}$的转向与角加速度α的转向相反。

于是可得结论：**当刚体有质量对称平面且绕垂直于对称面的定轴转动时，惯性力系简化为在对称面内的一个力和一个力偶。这个力的大小等于刚体质量与质心加速度的乘积，其方向与质心加速度方向相反，作用线通过转轴；这个力偶的矩的大小等于刚体对转轴的转动惯量与角加速度的乘积，其转向与角加速度转向相反。**

在对称平面内的惯性力系也可以向对称平面内任一点简化，例如向质心C简化，如图 13.9(c)所示。与静力学平面力系简化一样，主矢与简化中心无关，因此惯性力系向质心简化所得的力通过质心C，其大小方向不变，仍为

$$\boldsymbol{F}_{IR} = -\sum m_i\boldsymbol{a}_i = -m\boldsymbol{a}_C$$

惯性力系向质心 C 简化所得的力偶之矩 $\boldsymbol{M}_{IC}$ 也就等于向转轴 O 简化所得的力 $\boldsymbol{F}_{IR}$ 和力偶 $\boldsymbol{M}_{IO}$ 对质心 C 之矩的代数和。以 α 方向为正，由图 13.9(c)可见

$$M_{IC}=F_{IR}^{\tau}\cdot OC-J_z\alpha=ma_C^{\tau}\cdot OC-J_z\alpha$$
$$=m\alpha\cdot OC^2-J_z\alpha=(m\cdot OC^2-J_z)\alpha$$

由转动惯量的平行轴定理，有 $J_z=J_C+m\cdot OC^2$，于是得

$$M_{IC}=-J_C\alpha$$

其中 J_C 为刚体对通过质心 C 且与转轴 z 平行的轴的转动惯量，负号表示 $\boldsymbol{M}_{IC}$ 的转向与 α 相反。可见，惯性力系简化的主矩与简化中心有关。

以下讨论几种特殊情况：

(1) 刚体做匀角速转动且转轴不通过质心 C，如图 13.10(a)所示，这时因角加速度 $\alpha=0$，故 $M_{IO}=-J_z\alpha=0$，因而惯性力系合成结果为一作用于 O 点的惯性力 $\boldsymbol{F}_I^n$，大小等于 $me\omega^2$，方向由 O 指向 C。

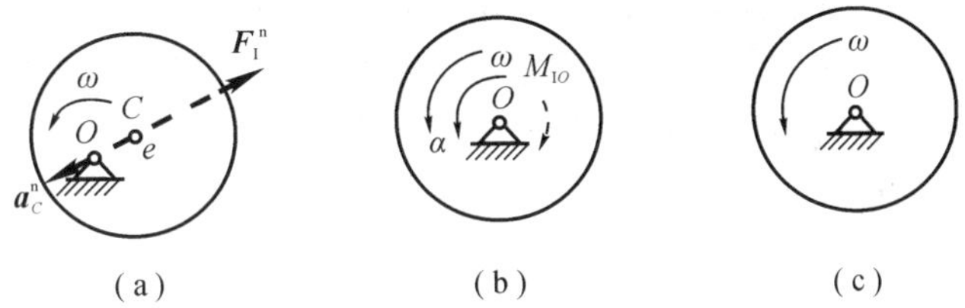

图 13.10

(2) 转轴通过质心 C 且 $\alpha\neq0$，如图 13.10(b)所示，由于 $a_C=0$，故简化结果只是一个惯性力偶 $\boldsymbol{M}_{IO}$，其矩的大小等于 $J_C\alpha$，转向与角加速度相反，J_C 为刚体对于通过质心并垂直于对称面的转轴的转动惯量。

(3) 刚体做匀速转动且转轴通过质心 C，如图 13.10(c)所示，此时 $a_C=0$，$\alpha=0$，则惯性力系的主矢与主矩同时为零。

必须指出，例 13－3 中，杆 AB 虽然也做定轴转动，但转轴 z 不垂直于杆的质量对称面，所以上面的分析不适用于例 13－3 中的 AB 杆。但由力系简化的理论可知，一个力系只要有合力，此合力一定等于力系的主矢。所以 AB 杆的惯性力系的合力 $\boldsymbol{F}_I=-m\boldsymbol{a}_C$，但合力的作用线不过杆 AB 的质心。

13.2.3　刚体做平面运动(平行于质量对称面)时惯性力系的简化

工程中，做平面运动的刚体常常有质量对称平面，且平行于此平面而运动，在这里仅讨论这种情况。与定轴转动的处理方法一样，可将这种刚体的惯性力系简化为在质量对称面内的平面力系。又由于平面运动可分解为随质心 C(此处选取质心 C 为基点)的平移和绕质心 C 的转动两部分，因此惯性力系也可分解为相应的两部分：刚体随质心 C 平移的惯性力系和刚体绕质心 C 转动的惯性力系。随质心平移部分的惯性力系可简化为一力，即惯性力系的主矢为

$$\boldsymbol{F}_{IR}=-m\boldsymbol{a}_C \tag{13-14}$$

绕通过质心的轴转动部分的惯性力系又可简化为一力偶，其矩即为惯性力系对质心的主矩，即

$$M_{IC} = -J_C \alpha \tag{13-15}$$

式中：J_C是刚体对于通过质心 C 并垂直于质量对称平面的轴的转动惯量；α 是刚体转动的角加速度，负号表示惯性力系的主矩的转向与角加速度的转向相反。

于是可得结论：**有质量对称平面且平行于此平面运动的刚体，惯性力系向其质心简化的结果为在对称平面内的一个力和一个力偶。这个力通过质心，其大小等于刚体质量与质心加速度的乘积，方向与质心加速度方向相反；这个力偶的矩的大小等于刚体对质心 C 轴的转动惯量与角加速度的乘积，其转向与角加速度的转向相反**，如图 13.11 所示。

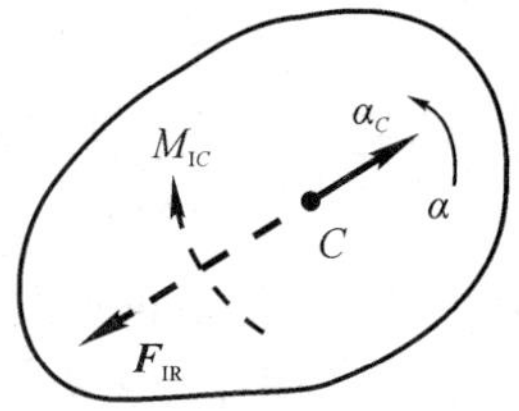

图 13.11

对于平面运动刚体，根据式(13-14)和式(13-15)应用动静法时，若取质心 C 为矩心，则得到的平衡方程实际上就是前面讲过的刚体平面运动微分方程。

由上面的讨论可见，在应用动静法求解刚体动力学问题时，必须首先分析刚体的运动，按刚体不同的运动形式，在刚体上正确地虚加惯性力和惯性力偶，然后建立所有主动力、约束力和惯性力系的平衡方程。动静法的优点在于列形式上的平衡方程时力矩方程的矩心可以任意选取，不一定必须取质心 C。

【例 13-5】 重 $W=200$ N 的均质杆 AB，与两根等长细杆 AD 和 BE 铰接，D，E 为铰链支座，且 $AB=DE$，如图 13.12(a)所示。不计细杆 AD 和 BE 的质量，试求当绳 AG 被剪断的瞬时杆 AB 的加速度以及此时杆 AD 和 BE 的内力。

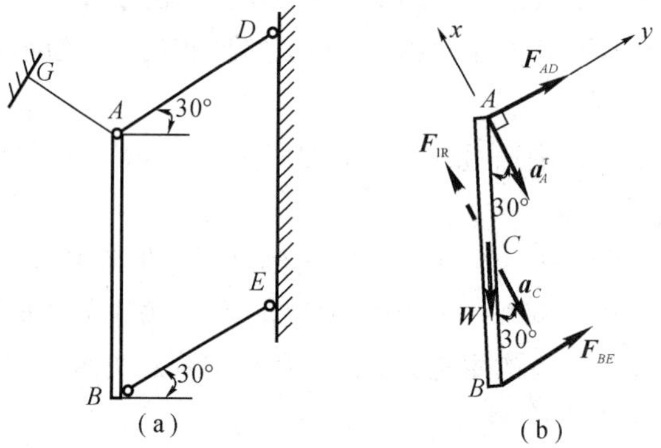

图 13.12

【解】 (1) 取均质杆 AB 为研究对象，其重量为 $W=200$ N。

(2) 分析受力。杆 AB 所受的真实力有主动力 $\boldsymbol{W}$，杆 AD，BE 的约束力 $\boldsymbol{F}_{AD}$，$\boldsymbol{F}_{BE}$。因不计细杆 AD，BE 的质量，所以 $\boldsymbol{F}_{AD}$，$\boldsymbol{F}_{BE}$ 均沿各自杆件的中心线。

(3) 分析运动并虚加惯性力。根据题意，$ABED$ 为一平行四边形，当绳 AG 被剪断后，杆 AB 做平移。故有 $\boldsymbol{a}_C=\boldsymbol{a}_A=\boldsymbol{a}_A^\tau+\boldsymbol{a}_A^n$，其中 $a_A^n=AD\cdot\omega_{AD}^2$；当绳 AG 被剪断的瞬时，系统中所有构件的速度量都等于零，细杆 AD 的角速度 ω_{AD} 也等于零，所以 $\boldsymbol{a}_C=\boldsymbol{a}_A^\tau$，由此确定了杆 AB 中质心 C 的加速度 $\boldsymbol{a}_C$ 的方向。

由平移刚体惯性力系的简化结果知，杆 AB 的惯性力 $\boldsymbol{F}_{IR}$的大小为

$$F_{IR}=\frac{W}{g}a_C$$

其方向与 $\boldsymbol{a}_C$ 的方向相反，作用线过其质心 C，如图 13.12(b)所示。

(4) 根据达朗贝尔原理，列出形式上的平衡方程并求解。

作用在杆 AB 上的真实力与虚加的惯性力组成一平面任意力系，可列三个独立的平衡方程，解出三个未知量 $\boldsymbol{F}_{AD}$，$\boldsymbol{F}_{BE}$ 和 $\boldsymbol{F}_{\mathrm{IR}}$。

建立图 13.12(b)所示投影轴 x，y，由达朗贝尔原理，有

$$\sum F_x = 0, \quad F_{\mathrm{IR}} - W\cos30^\circ = 0 \tag{a}$$

$$\sum M_B(\boldsymbol{F}) = 0, \quad F_{\mathrm{IR}}\cos60^\circ \cdot \frac{AB}{2} - F_{AD}\cos30^\circ \cdot AB = 0 \tag{b}$$

$$\sum F_y = 0, \quad F_{AD} + F_{BE} - W\cos60^\circ = 0 \tag{c}$$

将 $F_{\mathrm{IR}} = \dfrac{W}{g}a_C$ 代入式(a)，解得

$$a_C = g\cos30^\circ = 8.49\ \mathrm{m/s^2}$$

由式(b)解出

$$F_{AD} = \frac{1}{2\sqrt{3}}F_{\mathrm{IR}} = \frac{W}{2\sqrt{3}\,g}a_C = \frac{200}{2\sqrt{3}\times9.8}\times8.49 = 50\ \mathrm{N}$$

代入式(c)，得

$$F_{BE} = W\cos60^\circ - F_{AD} = 50\ \mathrm{N}$$

说明：

(1) 两根细杆 AD 及 BE 均受拉。

(2) 平移刚体惯性力系的合力 $\boldsymbol{F}_{\mathrm{IR}}$ 的作用线应通过该刚体的质心 C，方向与点 C 加速度 $\boldsymbol{a}_C$ 的方向相反。

(3) 图 13.12(b)中 x，y 两轴都是投影轴。选择图示方向建立投影轴的目的，是为了尽可能地减少投影方程中未知量的数目，使后面的计算得到简化。

【例 13-6】 如图 13.13(a)所示，嵌入墙内的悬臂梁的端点 B 装有重为 Q、半径为 R 的均质鼓轮。有主动力矩 M 作用于鼓轮，以提升重为 P 的重物 C。设 $AB=l$，梁和绳的重量都略去不计，求固定端 A 处的约束力。

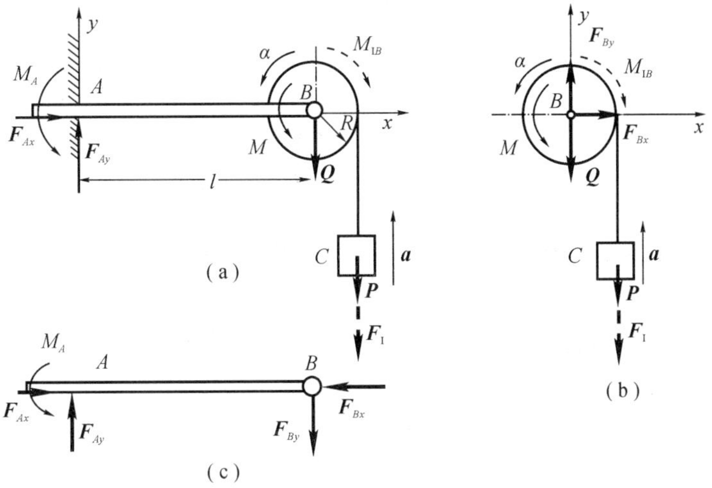

图 13.13

【解】 取整体为研究对象，其上作用有重力 $\boldsymbol{P}$，$\boldsymbol{Q}$，主动力矩 M，固定端的约束力 $\boldsymbol{F}_{Ax}$，$\boldsymbol{F}_{Ay}$ 及约束力偶 M_A。重物做平移，设加速度为 $\boldsymbol{a}$，方向向上，故在质心加向下的惯性力，其大小 $F_I=\dfrac{P}{g}a$；鼓轮做定轴转动，角加速度为 α，转向为逆时针，因鼓轮质心不动，故惯性力系的主矢为零，只需加一惯性力偶，力偶矩大小为 $M_{IB}=J_B\,\alpha=\dfrac{Q}{2g}R^2\alpha$，转向为顺时针；梁不动，惯性力为零。

根据达朗贝尔原理，作用在整体上的重力、主动力矩和支座约束力及虚加的惯性力和惯性力偶矩组成平衡的平面任意力系。可列出平衡方程：

$$\sum F_x=0,\quad F_{Ax}=0$$

$$\sum F_y=0,\quad F_{Ay}-Q-P-F_I=0$$

$$\sum M_A(\boldsymbol{F})=0,\quad M_A-Ql-(P+F_I)(l+R)+M-M_{IB}=0$$

由此可得

$$F_{Ax}=0$$

$$F_{Ay}=Q+P+F_I=Q+P+\frac{Q}{g}a$$

$$M_A=Ql+\left(P+\frac{P}{g}a\right)(l+R)-M+\frac{Q}{g}R^2\alpha$$

为求 F_{Ay}，M_A 之值，必先计算重物的加速度 a，故再选取鼓轮和重物作为研究对象。其受力如图 13.13(b) 所示。由方程 $\sum M_B(\boldsymbol{F})=0$，得

$$M-M_{IB}-PR-F_IR=0 \tag{a}$$

因为 $a=R\alpha$，于是式(a)可变为

$$M-\frac{QR}{2g}a-PR-\frac{P}{g}aR=0$$

由此得到重物的加速度

$$a=\frac{2g(M-PR)}{(Q+2P)R} \tag{b}$$

将式(b)代入 F_{Ay}，M_A 的表达式中，则得

$$F_{Ay}=P+Q+\frac{2P(M-PR)}{R(Q+2P)}$$

$$M_A=(P+Q)l+\frac{2Pl(M-PR)}{R(Q+2P)}$$

这个问题还可以先取鼓轮和重物为研究对象，其受力如图 13.13(b)所示。列平衡方程如下：

$$\left.\begin{aligned}&\sum F_x=0,\quad F_{Bx}=0\\&\sum F_y=0,\quad F_{By}-Q-P-F_I=0\\&\sum M_B(\boldsymbol{F})=0,\quad M_A-M_{IB}-(P+F_I)R=0\end{aligned}\right\} \tag{c}$$

再取梁 AB 为研究对象，受力图见图 13.13(c)。其平衡方程式为

$$\left.\begin{aligned}\sum F_x = 0, \quad F_{Ax} - F'_{Bx} = 0\\ \sum F_y = 0, \quad F_{Ay} - F'_{By} = 0\\ \sum M_A(\boldsymbol{F}) = 0, \quad M_A - F'_{By}l = 0\end{aligned}\right\} \tag{d}$$

联立解方程组(c)，(d)，并考虑到 $F'_{Bx}=F_{Bx}$，$F'_{By}=F_{By}$，$a=R\alpha$，所得结果与前面相同。

以上是用动静法解题的两种方案，由读者比较哪一方案更为简便。由此可知，在解题前，预先观察分析，选择适当的研究对象，颇为重要。

由例题可见，应用动静法求解动力学问题的步骤与求解静力学平衡问题相似，只是在分析研究对象受力时，应虚加上惯性力；对于刚体，则应按其运动形式的不同，加上惯性力系简化结果的主矢和主矩。惯性力系的主矢应加在简化中心。注意受力图上相应的惯性力方向和惯性力偶转向分别与 $\boldsymbol{a}_C$ 和 α 的方向相反，在列投影或力矩方程后进行求解计算时，只需代入其大小，而不能再加负号了。

【例 13-7】 滚子半径为 R，质量为 m，质心在其对称中心 C 点，如图 13.14(a)所示，在滚子的鼓轮上缠绕细绳，已知水平力 $\boldsymbol{F}$ 沿着细绳作用，使滚子在粗糙水平面上做无滑动的滚动。鼓轮的半径为 r，滚子对质心轴的惯性半径为 ρ。试求滚子质心的加速度 $\boldsymbol{a}_C$ 和滚子所受的摩擦力 $\boldsymbol{F}_s$。

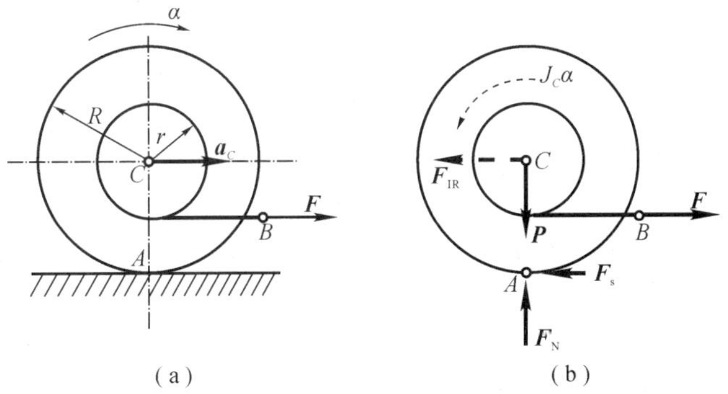

图 13.14

【解】 以滚子为研究对象，作用于滚子上的外力有重力 $\boldsymbol{P}(P=mg)$，水平拉力 $\boldsymbol{F}$，地面的法向约束力 $\boldsymbol{F}_N$和滑动摩擦力 $\boldsymbol{F}_s$，如图 13.14(b)所示。

为了应用动静法求解，需要在滚子上虚加其惯性力系。设滚子的质心加速度为 $\boldsymbol{a}_C$，角加速度为 α，方向如图 13.14(a)所示。由无滑动的滚动的运动学条件，有

$$a_C = R\alpha \tag{a}$$

于是，滚子的惯性力的大小为 $F_{IR}=ma_C$，方向与质心加速度 $\boldsymbol{a}_C$ 的方向相反，加在 C 点；惯性力偶的矩为 $M_{IC}=J_C\alpha$，转向与角加速度 α 的转向相反。

对于图 13.14(b)所示的平面力系，列出平衡方程：

$$\sum M_A(\boldsymbol{F}) = 0, \quad F_{IR}\cdot R + M_{IC} - F(R-r) = 0$$

$$ma_C\cdot R + J_C\alpha - F(R-r) = 0$$

将式(a)和 $J_C=m\rho^2$ 代入上式，解得

$$\alpha = \frac{F(R-r)}{m(R^2+\rho^2)}$$

则质心加速度为

$$a_C = R\alpha = \frac{FR(R-r)}{m(R^2+\rho^2)} \tag{b}$$

由

$$\sum F_x = 0, \quad F - F_s - ma_C = 0$$

将式(b)的 a_C 值代入上式，求出摩擦力的值为

$$F_s = F - ma_C = F\frac{Rr+\rho^2}{R^2+\rho^2} \tag{c}$$

讨论：为了保证滚子与地面间不发生滑动，必须有足够大的摩擦。设静摩擦因数为 f_s，则无滑动的条件为

$$F_s \leqslant f_s F_N$$

列出第三个平衡方程 $\sum F_y = 0$，即可求得 $F_N = mg$。连同式(c)的 F_s 值代入以上条件，可得

$$F\frac{Rr+\rho^2}{R^2+\rho^2} \leqslant f_s mg$$

即

$$f_s \geqslant \frac{F}{mg}\left(\frac{Rr+\rho^2}{R^2+\rho^2}\right) \tag{d}$$

$$F \leqslant f_s mg\left(\frac{R^2+\rho^2}{Rr+\rho^2}\right) \tag{e}$$

这就是说，为了不发生滑动，在 F 一定时，f_s 必须足够大；在 f_s 一定时，F 不能过大。如果上述条件式(d)或式(e)不满足，则滚子与地面间将发生滑动。这时，摩擦力大小为 fF_N（f 是动摩擦因数），而质心加速度的值 a_C 和角加速度 α 应作为两个独立的未知量来求解。

【例 13-8】 重为 W_1 的均质圆柱滚子，由静止沿与水平面成 θ 角的斜面做无滑动的滚动，带动重为 W_2 的均质杆 OA 运动，杆 OA 与斜面的夹角也等于 θ，如图 13.15(a)所示。不计 A 端的摩擦，试求：

(1) 滚子质心 O 的加速度；

(2) 杆 OA 的 A 端对斜面的压力。

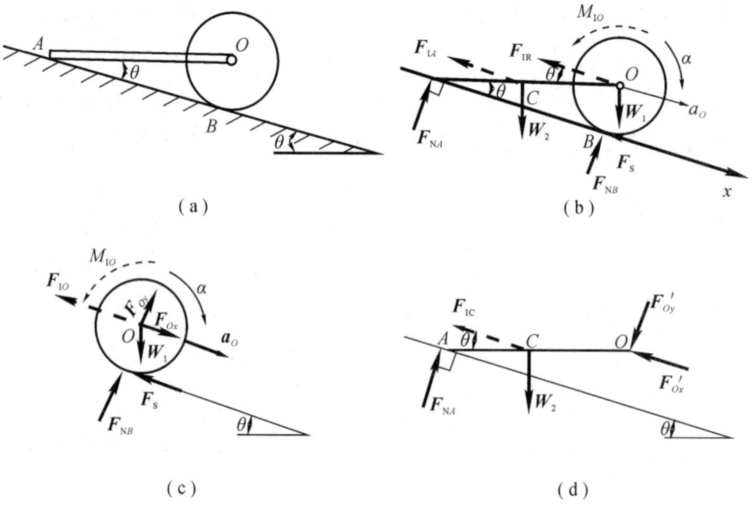

图 13.15

【解】 (1) 取整体为研究对象。

分析受力，作用于整体的真实力有自身的重力 $\boldsymbol{W}_1$ 和 $\boldsymbol{W}_2$，斜面对滚子的约束力 $\boldsymbol{F}_{NB}$，$\boldsymbol{F}_s$ 及对杆的约束力 $\boldsymbol{F}_{NA}$，如图 13.15(b)所示。

分析运动并虚加惯性力，滚子做平面运动，杆 OA 做平移。设滚子的半径为 r，其质心 O 的加速度为 $\boldsymbol{a}_O$，则其角加速度为 $\alpha=\dfrac{a_O}{r}$；杆 OA 平移的加速度也为 $\boldsymbol{a}_O$。

滚子的惯性力系向其质心 O 简化，主矢的大小为 $F_{IO}=\dfrac{W_1}{g}a_O$，主矩的大小为 $M_{IO}=J_O\alpha=\dfrac{W_1r^2}{2g}\alpha$；杆 OA 的惯性力系向其质心 C 简化，合力大小为 $F_{IC}=\dfrac{W_2}{g}a_O$。方向或转向如图 13.15(b)所示。

沿斜面设投影轴 x，列平衡方程：

$$\sum F_x=0,\quad (W_1+W_2)\sin\theta-F_{IO}-F_{IC}-F_s=0$$

即

$$(W_1+W_2)\sin\theta-\frac{W_1}{g}a_O-\frac{W_2}{g}a_O-F_s=0 \tag{a}$$

(2) 取滚子为研究对象。

分析受力，滚子受有的真实力及虚加的惯性力如图 13.15(c)所示。

由达朗贝尔原理，列平衡方程：

$$\sum M_O(\boldsymbol{F})=0,\quad M_{IO}-F_s\cdot r=0$$

即

$$\frac{W_1r^2}{2g}\alpha-F_s\cdot r=0 \tag{b}$$

联立式(a)和式(b)，求得滚子质心 O 的加速度为

$$a_O=\frac{2(W_1+W_2)\sin\theta}{3W_1+2W_2}g$$

(3) 最后求杆 OA 的 A 端对斜面的压力。

杆 OA 的真实受力有自身重力 $\boldsymbol{W}_2$，斜面的约束力 $\boldsymbol{F}_{NA}$ 及滚子对杆端 O 的约束力 $\boldsymbol{F}'_{Ox}$，$\boldsymbol{F}'_{Oy}$；虚加的惯性力系的合力为 $F_{IC}=\dfrac{W_2}{g}a_O$，如图 13.15(d)所示。

列平衡方程：

$$\sum M_O(\boldsymbol{F})=0,\quad W_2\cdot\frac{AO}{2}-F_{IC}\sin\theta\cdot\frac{AO}{2}-F_{NA}\cos\theta\cdot AO=0$$

将 $a_O=\dfrac{2(W_1+W_2)\sin\theta}{3W_1+2W_2}g$ 代入上式，解得

$$F_{NA}=\frac{W_2}{\cos\theta}\left(\frac{1}{2}-\frac{W_1+W_2}{3W_1+2W_2}\sin^2\theta\right)$$

根据作用与反作用定律，杆端 A 对斜面的压力大小为 $F'_{NA}=F_{NA}$。

注意：与求解静力学中的平衡问题一样，用动静法求解物体系统的动力学问题时，也存在如何确定研究对象的问题。如本题取整体为研究对象，则未知量共有四个(即 $\boldsymbol{F}_{NA}$，$\boldsymbol{F}_{NB}$，$\boldsymbol{F}_s$ 及 $\boldsymbol{a}_O$)，而独立的平衡方程却只有三个，为使问题可解，故又选取了滚子进行分析研究，从而解出了 a_O。

【例 13－9】 均质细杆重为 W，长为 l，在水平位置用铰链支座和铅垂绳 BD 连接，如图 13.16(a)所示。如绳 BD 突然断去，求杆到达与水平位置成角 φ 时 A 处的约束力。

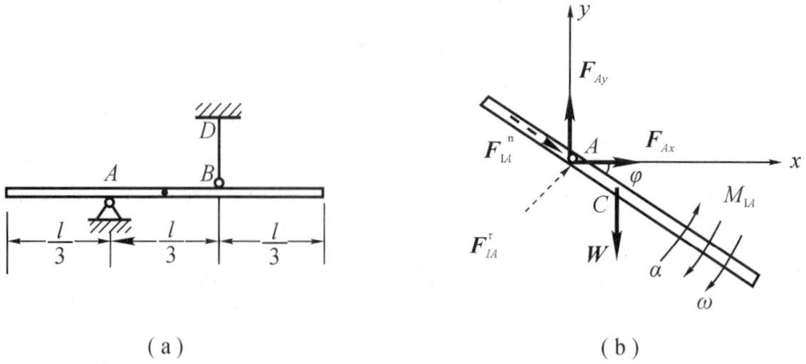

图 13.16

【解】 以细杆为研究对象，作用于杆上的力有：重力 $\boldsymbol{W}$、支座 A 的铅垂约束力 $\boldsymbol{F}_{Ay}$ 和水平约束力 $\boldsymbol{F}_{Ax}$，如图 13.16(b)所示。

在绳 BD 突然断去的瞬时，杆开始绕 A 轴转动。当杆到达与水平位置成角 φ 时，它的角速度 ω 可应用动能定理求得，即

$$\frac{1}{2}J_A\omega^2-0=W\frac{l}{6}\sin\varphi \tag{a}$$

而杆对通过 A 点而垂直于图示平面的轴的转动惯量为

$$J_A=\frac{1}{12}ml^2+m\left(\frac{l}{6}\right)^2=\frac{1}{9}\frac{W}{g}l^2 \tag{b}$$

将式(b)代入式(a)得

$$\frac{Wl^2}{18g}\omega^2=W\frac{l}{6}\sin\varphi$$

故

$$\omega=\sqrt{\frac{3g\sin\varphi}{l}} \tag{c}$$

如以 α 表示杆到达与水平位置成角 φ 时的角加速度，则质心 C 的切向加速度 $a_C^\tau=\frac{l}{6}\alpha$，而法向加速度 $a_C^n=\frac{l}{6}\omega^2=\frac{g\sin\varphi}{2}$。

杆的惯性力系向 A 点简化的主矢为

$$\boldsymbol{F}_{IA}=\boldsymbol{F}_{IA}^n+\boldsymbol{F}_{IA}^\tau$$

式中，法向惯性力 $\boldsymbol{F}_{IA}^n$ 的大小 $F_{IA}^n=\frac{W}{g}a_C^n=\frac{W}{2}\sin\varphi$，方向与 $\boldsymbol{a}_C^n$ 相反；切向惯性力 $\boldsymbol{F}_{IA}^\tau$ 的大小为 $F_{IA}^\tau=\frac{W}{g}a_C^\tau=\frac{Wl}{6g}\alpha$，方向与 $\boldsymbol{a}_C^\tau$ 相反。

杆的惯性力系对 A 点的主矩为 $M_{IA}=-J_A\alpha$，转向与 α 相反。

假想地加上杆的惯性力系的主矢和主矩，如图 13.15(b)所示，即可应用动静法列出平衡方程：

$$\sum M_A(\boldsymbol{F})=0,\qquad -W\frac{l}{6}\cos\varphi+J_A\alpha=0$$

将式(b)代入上式得

$$\alpha=\frac{3g\cos\varphi}{2l} \tag{d}$$

由

$$\sum F_x=0,\quad F_{Ax}+F_{IA}^{n}\cos\varphi+F_{IA}^{\tau}\sin\varphi=0 \tag{e}$$

$$\sum F_y=0,\quad F_{Ay}-F_{IA}^{n}\sin\varphi+F_{IA}^{\tau}\cos\varphi-W=0 \tag{f}$$

将 F_{IA}^{n} 和 F_{IA}^{τ} 的值代入式(e)、式(f)并注意式(d)，解得

$$F_{Ax}=-\frac{3}{4}W\sin\varphi\cos\varphi$$

$$F_{Ay}=W+\frac{W}{4}(2-3\cos^2\varphi)$$

说明：本例题使用动能定理与达朗贝尔原理相结合较简捷地解决了 A 处约束力的问题。动能定理与达朗贝尔原理的综合应用也适用于例 13－8，求滚子质心 O 的加速度时可以取整体为研究对象而应用动能定理：写出系统在任一瞬时的动能和从开始到任一位置重力的功，求导后，即得 $\boldsymbol{a}_O$；然后再取 OA 杆为研究对象，应用达朗贝尔原理即可求得 A 端约束力。需要指出的是，应用动能定理时，不能计入惯性力和惯性力偶的功。

13.3 绕定轴转动刚体的轴承动约束力

工程中，做定轴转动的刚体，常常使轴承承受附加动约束力。如刚体转速颇高，附加动约束力可达到十分巨大的数值，以致损坏机器零件或引起强烈的振动。因此，研究出现附加动约束力的原因和避免附加动约束力的条件，具有实际意义。下面通过例题来说明。

【例 13－10】 转子的质量 $m=20$ kg，水平的转轴 AB 垂直于转子的对称面，转子的质心偏离转轴，偏心距 $e=0.1$ mm，如图 13.17 所示。若转子做匀速转动，转速 $n=12\ 000$ r/min，试求轴承 A，B 的动约束力。

【解】 应用动静法求解。以整个转子为研究对象。它受到的外力有重力 $\boldsymbol{P}$，轴承约束力 $\boldsymbol{F}_{NA}$，$\boldsymbol{F}_{NB}$。由于转轴垂直于转子的质量对称面，且为匀速转动，故转动的角加速度为零，则惯性力系选其质心 C 简化，只有惯性力，没有惯性力偶。当质心位于最下端时，轴承处的约束力最大。向转子的转动质心 C 虚加离心惯性力 $\boldsymbol{F}_I$，其大小为

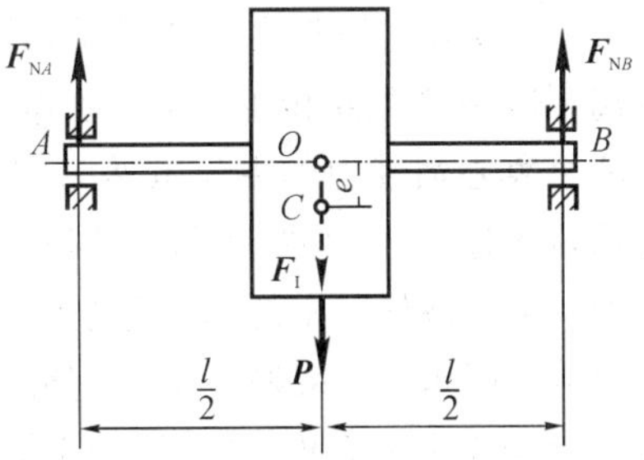

图 13.17

$$F_I=ma_C^n=me\omega^2$$

则力 $\boldsymbol{P}$，$\boldsymbol{F}_{NA}$，$\boldsymbol{F}_{NB}$ 和 $\boldsymbol{F}_I$ 形式上组成一平衡力系。为了讨论方便，将约束力分成两部分来计算。

(1) 静约束力。本题中静载荷为重力 $\boldsymbol{P}$，两轴承的静约束力为

$$F'_{NA}=F'_{NB}=\frac{P}{2}=\frac{20\times 9.8067}{2}=98.07\ \text{N}$$

静约束力 F'_{NA}，F'_{NB} 方向始终铅直向上。

(2) 附加动约束力。惯性力 $\boldsymbol{F}_{\mathrm{I}}$所引起的轴承的附加动约束力分别记作 $\boldsymbol{F}''_{\mathrm{N}A}$，$\boldsymbol{F}''_{\mathrm{N}B}$，显然有

$$F''_{\mathrm{N}A}=F''_{\mathrm{N}B}=\frac{1}{2}F_{\mathrm{I}}=\frac{1}{2}me\omega^2$$

$$=\frac{1}{2}\times 20\times\frac{0.1}{1000}\times\left(12\ 000\times\frac{\pi}{30}\right)^2=1579\ \mathrm{N}$$

与静约束力不同，附加动约束力 $\boldsymbol{F}''_{\mathrm{N}A}$和 $\boldsymbol{F}''_{\mathrm{N}B}$的方向随着惯性力 $\boldsymbol{F}_{\mathrm{I}}$ 的方向而变化，即随着转子转动。

把静约束力与附加动约束力合成，就得到动约束力。在一般的瞬时，$\boldsymbol{F}'_{\mathrm{N}A}$与 $\boldsymbol{F}''_{\mathrm{N}A}$($\boldsymbol{F}'_{\mathrm{N}B}$与 $\boldsymbol{F}''_{\mathrm{N}B}$)不一定共线，两者应采用矢量法合成。当附加动约束力转动到与静约束力同向或反向的瞬时，动约束力取最大值或最小值，即

$$F_{\mathrm{N}A_{\max}}=F_{\mathrm{N}B_{\max}}=1579+98=1677\ \mathrm{N}$$

$$F_{\mathrm{N}A_{\min}}=F_{\mathrm{N}B_{\min}}=1579-98=1481\ \mathrm{N}$$

从以上分析可知，在高速转动时，由于离心惯性力与角速度的平方成正比，即使转子的偏心距很小，也会引起相当巨大的轴承附加动约束力。如在上例中，附加动约束力高达静约束力的 16 倍左右。附加动约束力将使轴承加速磨损发热，激起机器和基础的振动，造成许多不良后果，严重时甚至招致破坏。所以对于高速转动的转子，如何消除附加动约束力是个重要问题。为消除附加动约束力，首先应消除转动刚体的偏心现象。无偏心(即转轴过质心)的刚体转动时，因 $a_C=0$，所以惯性力系主矢 $\boldsymbol{F}_{\mathrm{I}}=\boldsymbol{0}$。设刚体的转轴通过质心，且仅受重力作用，则刚体可以在任意位置静止不动，这种情形称为静平衡。在设计高速转动的零部件时，应使其重心在转轴上。但是，即使如此，由于材料的不均匀性以及制造、装配等方面的误差，转动的零部件在实际工作时仍不可避免地会有一些偏心。这时可用试验法寻找重心所在转动半径的方位，然后在偏心一侧除去一些材料(减少重量)或在相对一侧添加一些材料(增加重量)，使得偏心距降低到允许范围之内。

那么，静平衡的刚体在转动时是否不再引起附加动约束力了呢？还不一定，例如，如图 13.18(a)所示，设想由两个质量相同的质点组成的刚体，两质点在通过转轴的同一平面内，且离开转轴的距离相等。这一刚体的重心 C 确在转轴上。然而这刚体做匀速转动时，虚加的两个离心惯性力的主矢虽然为零，主矩却不为零。这两个离心惯性力组成一个力偶，该力偶位于通过转轴的平面内，同样可引起附加动约束力。图 13.18(b)的情况与图 13.18(a)相似，曲轴是静平衡的，其重心 C 在转轴上，但两个曲拐的离心惯性力合成为一力偶。如图 13.18(c)所示，一根静平衡的刚杆，但与其转轴不垂直，则在每一质点上的虚加的离心惯性力也合成为一力偶。参照图 13.18(c)的情形，可以想到即使是静平衡的圆盘(如机器中的飞轮、齿轮)，如果圆盘平面不是精确地垂直于转轴，则其离心惯性力系也将合成为一力偶。图 13.18(d)所示为一轴向尺寸较大的长转子，设其中有两个横截面有偏心重量：在 C_1 点的重量 P_1和在 C_2点的重量 P_2，且 $P_1r_1=P_2r_2$，C_1和 C_2在过转轴的同一纵向平面内。显然，转子的重心仍在转轴上，但这两个偏心重量的离心惯性力 $\boldsymbol{F}_{\mathrm{I1}}$和 $\boldsymbol{F}_{\mathrm{I2}}$却组成一力偶。对于长转子，这个力偶的臂较长，因而力偶矩也较大。由此可见，为了消除附加动约束力，除了要求静平衡，即要求刚体的惯性力系的主矢等于零以外，还应要求惯性力系在通过转轴的平面内的惯性力偶矩也等于零。如果达到这个要求，则当刚体做转动时，其惯性力系自

相平衡，不出现轴承附加动约束力，这种现象称为动平衡。对于高速转动的刚体，首先要保证静平衡，其次还要在专门的试验机上进行动平衡试验，根据试验数据，在刚体的适当位置加质量或去掉质量，使其达到动平衡。有关静平衡和动平衡的试验方法和进一步的内容，将在机械原理课程中叙述。

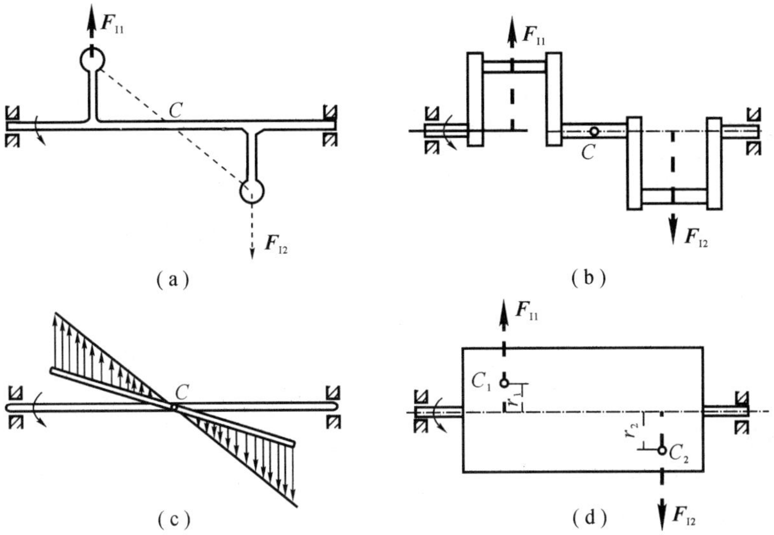

图 13.18

小　　结

1. 惯性力的概念

质点的惯性力定义为质点的质量 m 与加速度 $\boldsymbol{a}$ 的乘积，并冠以负号，即

$$\boldsymbol{F}_{\mathrm{I}}=-m\boldsymbol{a}$$

2. 达朗贝尔原理

(1) 质点的达朗贝尔原理：质点上的主动力 $\boldsymbol{F}$ 和约束力 $\boldsymbol{F}_{\mathrm{N}}$ 与假想加在质点的惯性力 $\boldsymbol{F}_{\mathrm{I}}$，在形式上组成平衡力系，即

$$\boldsymbol{F}+\boldsymbol{F}_{\mathrm{N}}+\boldsymbol{F}_{\mathrm{I}}=\boldsymbol{0}$$

(2) 质点系的达朗贝尔原理：在质点系的每一个质点上都假想加上该质点的惯性力，则作用于质点系的外力和惯性力，在形式上组成一个平衡力系，可表示为

$$\sum \boldsymbol{F}_i^{(\mathrm{e})}+\sum \boldsymbol{F}_{\mathrm{I}i}=\boldsymbol{0}$$

$$\sum \boldsymbol{M}_O(\boldsymbol{F}_i^{(\mathrm{e})})+\sum \boldsymbol{M}_O(\boldsymbol{F}_{\mathrm{I}i})=\boldsymbol{0}$$

3. 刚体惯性力系的简化结果

(1) 刚体做平移时，惯性力系可以简化为过质心的合力，即

$$\boldsymbol{F}_{\mathrm{I}}=-m\boldsymbol{a}_C$$

(2) 刚体绕定轴转动时，若刚体有质量对称平面，且此平面与转轴 z 垂直，则惯性力系

向质量对称平面和转轴的交点 O 简化，得到该平面的一个力和一个力偶，即

$$\boldsymbol{F}_{\mathrm{I}}=-m\boldsymbol{a}_C$$

$$M_{\mathrm{IO}}=-J_z\alpha$$

(3) 刚体做平面运动时，若刚体有质量对称平面且此平面做同一平面运动，则惯性力系向质心简化，可得一个力和一个力偶，即

$$\boldsymbol{F}_{\mathrm{I}}=-m\boldsymbol{a}_C$$

$$M_{\mathrm{IC}}=-J_C\alpha$$

4. 绕定轴转动刚体的轴承动约束力

刚体绕定轴转动时，消除动约束力的条件除了使转轴通过质心外，同时也可采用一定的措施使惯性力系的主矩也为零。

思 考 题

13-1　设质点在空中运动时，只受到重力作用，问在下列三种情况下，质点惯性力的大小和方向是否相同？

(1) 质点做自由落体运动；

(2) 质点被垂直上抛；

(3) 质点沿抛物线运动。

13-2　一列火车在启动过程中，哪一节车厢的挂钩受力最大，为什么？

13-3　应用动静法解题时，是否凡是运动着的质点都应加惯性力？凡是惯性力不为零的质点都具有速度？

13-4　如图 13.19 所示，滑轮的转动惯量为 J_O，重物质量为 m，拉力为 $\boldsymbol{F}$，绳与轮间不打滑。试问在下述两种情况下，轮两边绳的拉力是否相同？

(1) 重物以等速度 $\boldsymbol{v}$ 上升和下降；

(2) 重物以加速度 $\boldsymbol{a}$ 上升和下降。

13-5　图 13.20 所示的平面机构中，$AC /\!/ BD$，且 $AC=BD=d$，均质杆 AB 的质量为 m，长为 l。AB 杆惯性力系简化结果是什么？

13-6　均质杆绕其端点在平面内转动，将杆的惯性力系向此端点简化或向杆中心简化，其结果有什么不同？二者间又有什么联系？此惯性力系能否简化为一合力？

13-7　如图 13.21 所示，质量为 m 的小环 M 以匀速 $\boldsymbol{v}$ 沿杆 OA 滑动，同时杆 OA 绕轴 O 做定轴转动。图示瞬时转动的角速度为 ω，角加速度为 α，设 $OM=r$。试分析该瞬时小环 M 的惯性力，写出惯性力各分量的大小并在图上标出其方向。

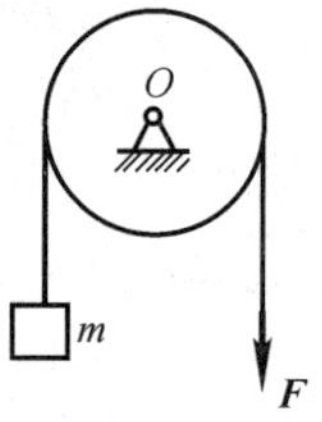

图 13.19

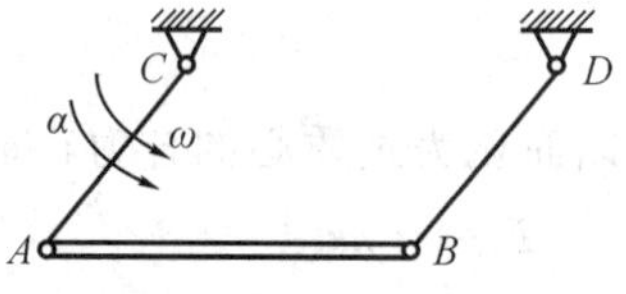

图 13.20

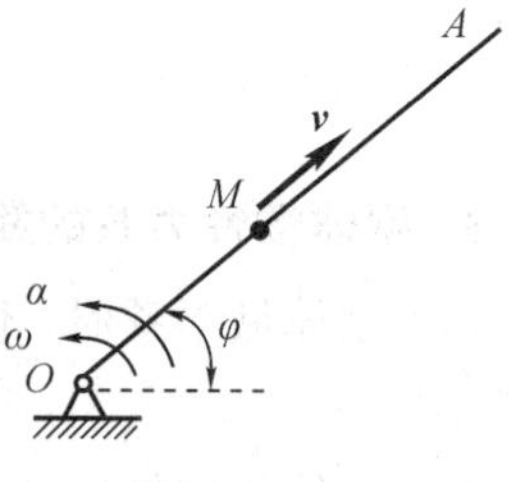

图 13.21

13－8　平移刚体的惯性力系向其质心简化得一合力(此时主矩等于零)，若将惯性力系向任一点简化，是否也总有主矩等于零?

13－9　只要惯性力系的主矢等于零，则定轴转动的刚体就不会在轴承处引起附加动约束力，这种判断是否正确?

13－10　如图 13.22 所示，不计质量的轴上用不计质量的细杆固连着几个质量均等于 m 的小球，当轴以匀角速度 ω 转动时，图示各情况中哪些满足动平衡?哪些只满足静平衡?

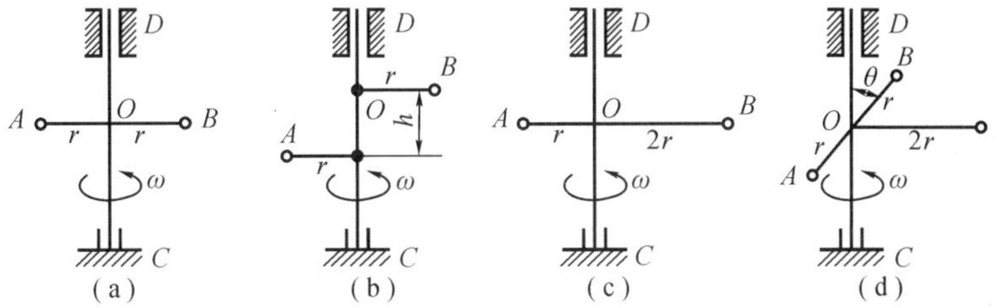

图 13.22

习　　题

13－1　图示汽车总质量为 m，以加速度 $\boldsymbol{a}$ 做水平直线运动。汽车质心 G 离地面的高度为 h，汽车的前后轴到通过质心垂线的距离分别等于 c 和 b。求：

(1) 汽车前后轮的正压力；

(2) 汽车应如何行驶方能使前后轮的压力相等。

13－2　一等截面均质杆 OA，长为 l，质量为 m，在水平面内以匀角速度 ω 绕铅直轴 O 转动，如图所示。试求在距转动轴 h 处断面上的轴向力，并分析在哪个截面上的轴向力最大?

13－3　两细长的均质直杆互成直角地固结在一起，其顶点 O 与铅直轴以铰链相连，此轴以等角速度 ω 转动，如图所示。求长为 a 的杆离铅直线的偏角 φ 与 ω 间的关系。

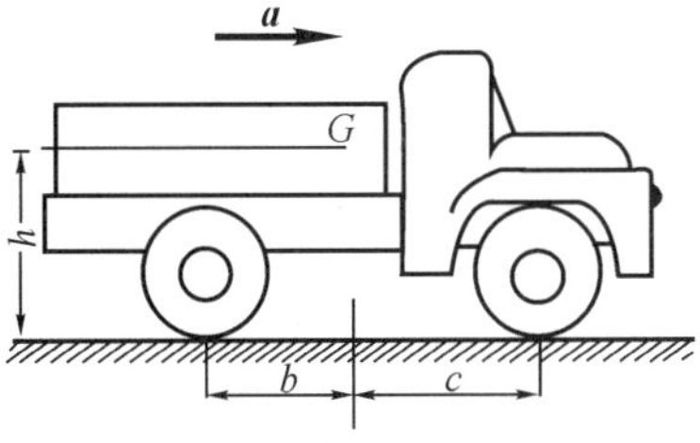

题 13－1 图

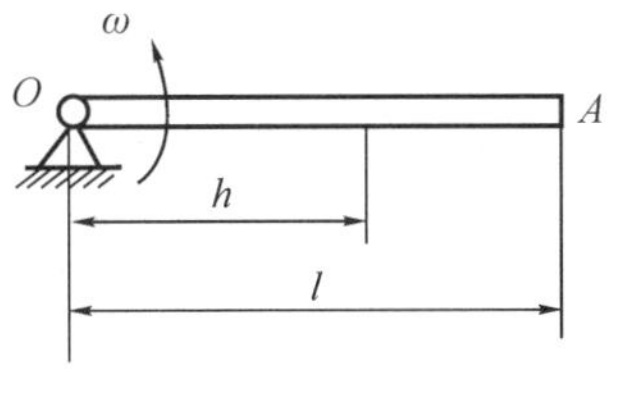

题 13－2 图

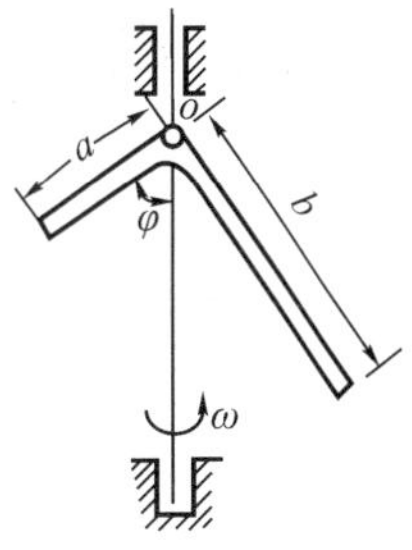

题 13－3 图

13－4　由长 $r=0.6$ m 的两平行曲柄 OA 和 O_1B 连接的连杆 AB 上，焊接一水平均质梁 DE。已知该梁的质量 $m=30$ kg，长度 $l=1.2$ m，在夹角 $\theta=30°$的瞬时，曲柄的角速度 $\omega=6$ rad/s，角加速度 $\alpha=10$ rad/s^2，转向如图所示。试求该瞬时梁上 D 处的约束力。

13－5　两物体 M_1 与 M_2 的质量各为 m_1 与 m_2，用一可略去自重又不可伸长的绳子相连接，并跨过一动滑轮 B，AB，DC 杆铰接如图所示。略去各杆及滑轮 B 的质量，已知 $AC=l_1$，$AB=l_2$，$\angle ACD=\theta$，试求 CD 杆所受的力。

13－6　均质细长杆长为 $2l$，质量为 m，支承如图所示。现将绳子突然割断，求杆开始运动时的角加速度及铰 A 的约束力。

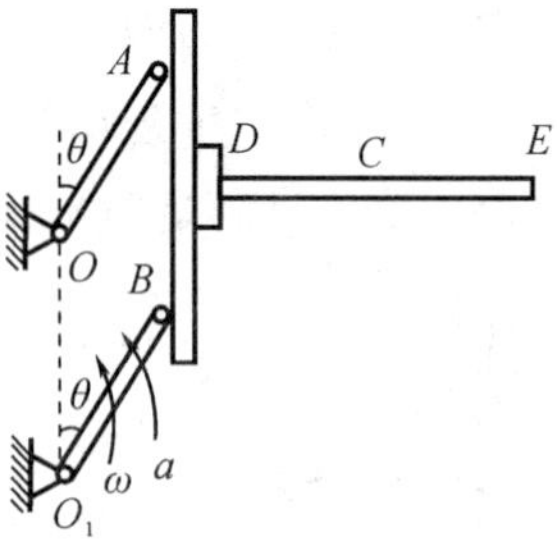

题 13－4 图

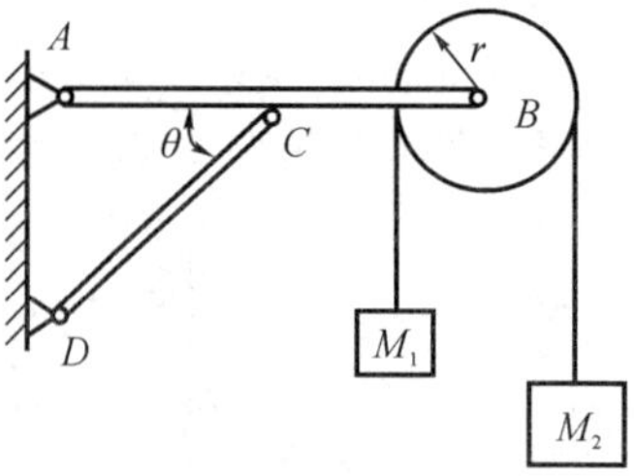

题 13－5 图

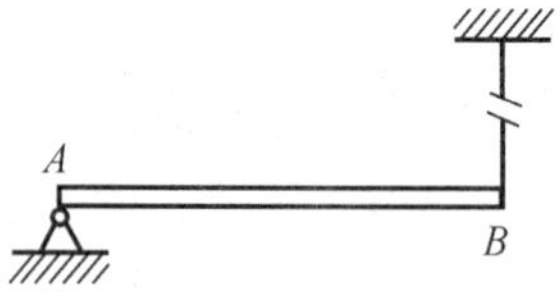

题 13－6 图

13－7　图示长方形的均质平板，质量为 27 kg，由两个销 A 和 B 悬挂。如果突然撤去销 B，求在撤去销 B 的瞬时平板的角加速度和销 A 的约束力。

13－8　如图所示，轮轴对轴 O 的转动惯量为 J_O，在轮轴上系有两个物体，质量各为 m_1 和 m_2。若此轮轴依顺时针转向转动，试求转轴的角加速度 α，并求轴承 O 的附加动约束力。

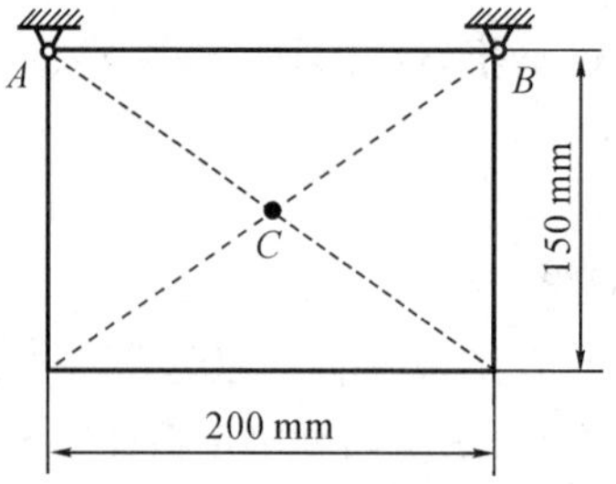

题 13－7 图

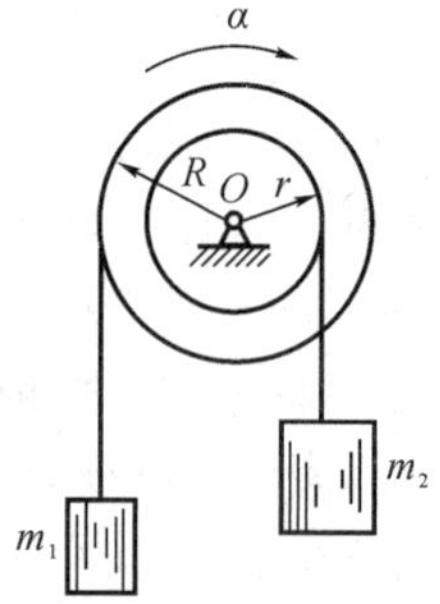

题 13－8 图

13－9　图示曲柄 OA 质量为 m_1，长为 r，以等角速度 ω 绕水平的 O 轴反时针方向转动。曲柄的 A 端推动水平板 B，使质量为 m_2 的滑杆 C 沿铅直方向运动。忽略摩擦，求当曲柄与水平方向夹角为 30°时的力偶矩 M 及轴承 O 的约束力。

13－10　质量为 m、长为 $2r$ 的均质杆 AB 的一端 A 焊接于质量为 m、半径为 r 的均质圆盘边缘上，圆盘可绕光滑水平轴 O 转动，若在图示瞬间圆盘的角速度为 ω，求该瞬时圆盘的角加速度及 AB 杆在焊接处的约束力。

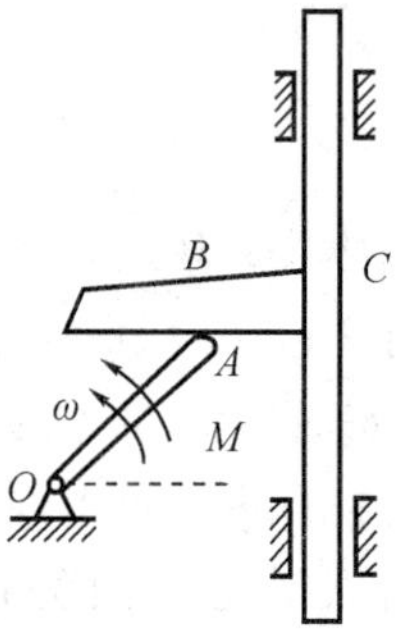

题 13－9 图

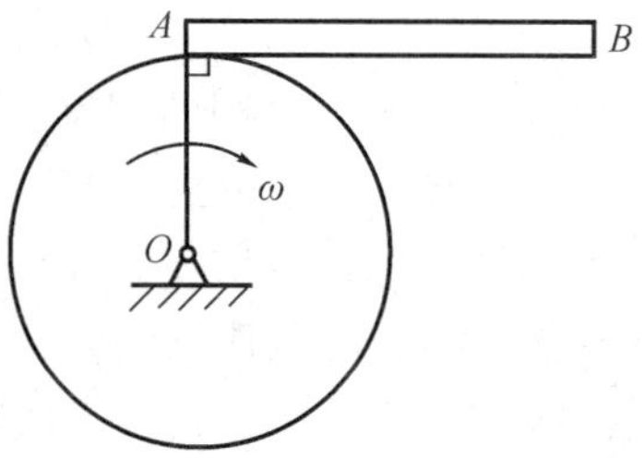

题 13－10 图

13-11　半径为 r、质量为 m 的均质圆盘在一半径为 R 的固定凸轮上做纯滚动，其角速度、角加速度分别为 ω，α，转向如图所示，求圆盘的惯性力系分别向其质心 C 和速度瞬心 P 简化的结果。

13-12　圆柱形滚子质量为 20 kg，其上绕有细绳，绳沿水平方向拉出，跨过无重滑轮 B 系有质量为 10 kg 的重物 A，如图所示。如滚子在水平面只滚不滑，求滚子中心 C 的加速度。

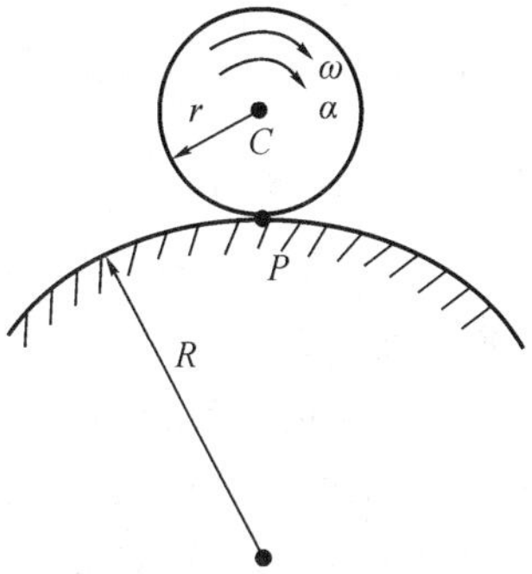

题 13-11 图

题 13-12 图

13-13　质量 $m=50$ kg、长 $l=2.5$ m 的均质细杆 AB，一端 A 放在光滑的水平面上，另一端 B 由长 $b=1$ m 的细绳系在固定点 D，点 D 距离地面高 $h=2$ m，且 ABD 在同一铅垂面内，如图所示。当细绳处于水平时，杆由静止开始落下。试求此瞬时杆 AB 的角加速度、绳子的拉力和地面的约束力。

13-14　均质杆 AB 长为 l，质量为 m，用两根等长的柔绳悬挂，如图所示。求 OA 绳突然被剪断，杆开始运动的瞬时，OB 绳的张力和杆 AB 的角加速度。

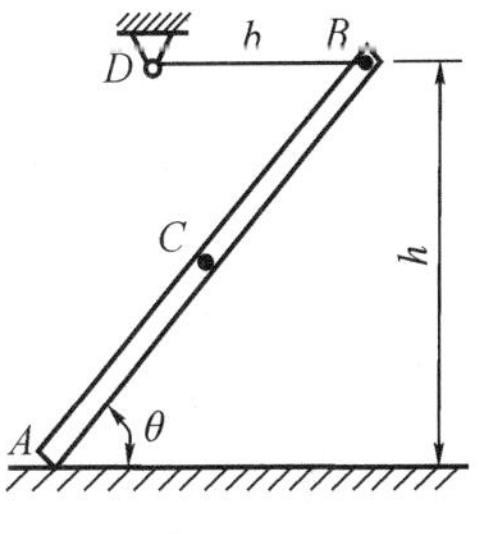

题 13-13 图

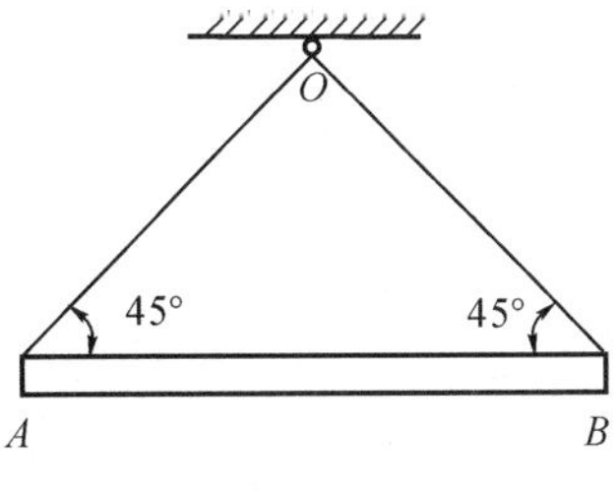

题 13-14 图

13-15　一半径为 R 的均质圆盘，重为 P，在一已知力偶矩 M 的作用下在图示刚架上做纯滚动。如不计刚架自重，求圆盘滚动至刚架中点的一瞬间，A 与 B 两支座的约束力。

13-16　滚轮 C 和鼓轮 D 用一根不可伸长的柔绳缠绕连接，而轮均可视为均质圆盘，其质量均为 m，半径为 R。滚轮 C 沿倾角为 θ 的斜面做纯滚动，绳子的伸出段与斜面平行。假设绳子和铅直杆 AB 的质量以及铰链 A 处的摩擦均忽略不计，AB 杆长为 l，若在鼓轮 D 上作用一常力偶，其矩为 M，试求：

(1) 滚轮中心 O 的加速度和绳子的拉力；

(2) AB 杆固定端 B 处的约束力。

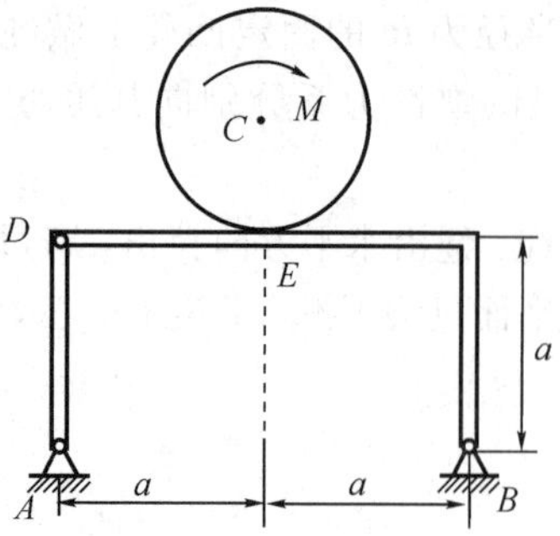

题 13-15 图

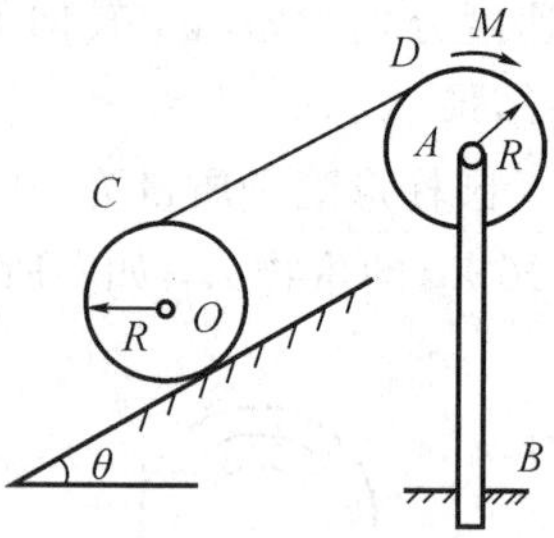

题 13-16 图

13-17　重量为 P、半径为 R 的均质圆盘可绕垂直于盘面的水平轴 O 转动，O 轴正好通过圆盘的边缘，如图所示。圆盘从半径 CO 处于铅直的位置 1(图中虚线所示)无初速地转下，求当圆盘转到 CO 成为水平的位置 2(图中实线所示)时 O 轴的动约束力。

13-18　长为 L、质量为 m 的均质杆 AB 和 BD 用铰链连接，并用固定铰支座 A 支持，如图所示。设系统只能在铅垂平面内运动。试求系统在图示位置无初速释放的瞬时，两杆的角加速度和 A 处的约束力。

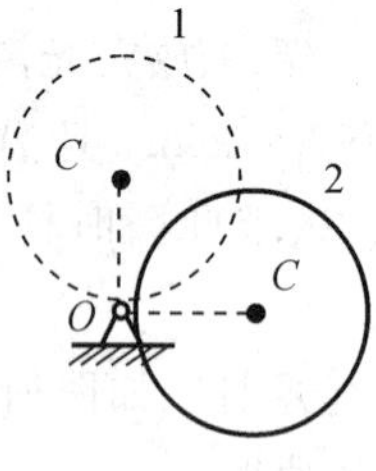

题 13-17 图

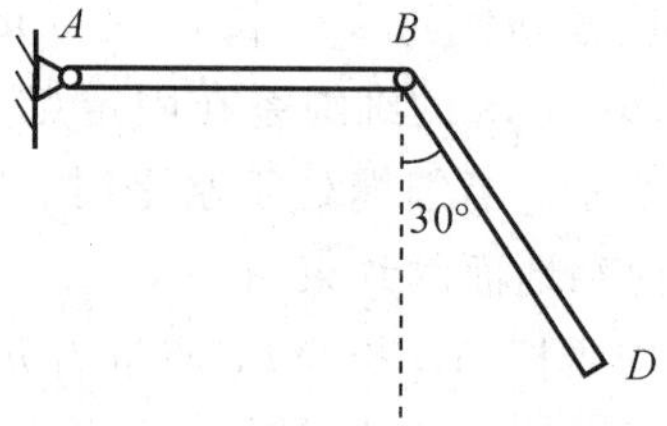

题 13-18 图

第 14 章　虚位移原理

第 1 篇中介绍的静力学又称为几何静力学，主要建立了刚体在力系作用下平衡的充要条件，对于任意非自由质点系，是必要条件。本章介绍的虚位移原理，又称为分析静力学，从位移与功的角度研究力系的平衡问题，给出任意质点系平衡的充要条件，是静力学的普遍原理。

虚位移原理与达朗贝尔原理相结合组成了动力学普遍方程，用于解决复杂系统的动力学问题。以此为基础，形成和发展了分析力学。

14.1　约束和约束方程

分析力学主要是研究受约束质点系的运动，限制质点自由运动的条件就是**约束**。约束的形式多种多样，可以从几种不同的角度进行分类。为了使定义普遍化，本节对约束的概念进一步叙述为对质点或质点系的位置和速度所加的限制条件，这些限制条件用数学方程来表示，称其为约束方程。

14.1.1　位置约束和速度约束

对各质点的空间位置所加的限制称为**位置约束**(或**几何约束**)。约束方程为

$$f_i(r_1, r_2, \cdots, r_n, t)=0 \tag{14-1}$$

独立的约束方程可以有好几个，这里 $i=1, 2, \cdots, k$，而 $k<3n$。

例如，图 14.1 中的单摆，摆锤 M 可简化为一质点，受到水平转轴 O 和摆杆 OM 的约束，被限制在铅直面 Oxy 内绕 O 轴摆动，设摆杆长为 l，约束方程为

$$x^2+y^2=l^2$$

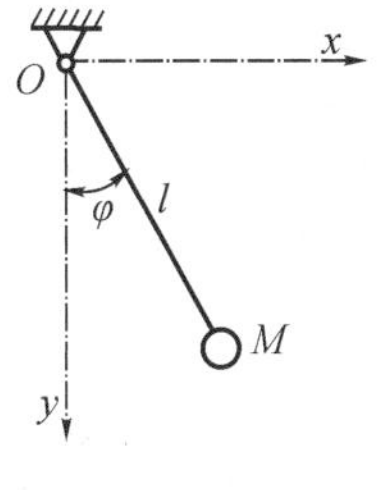

图 14.1

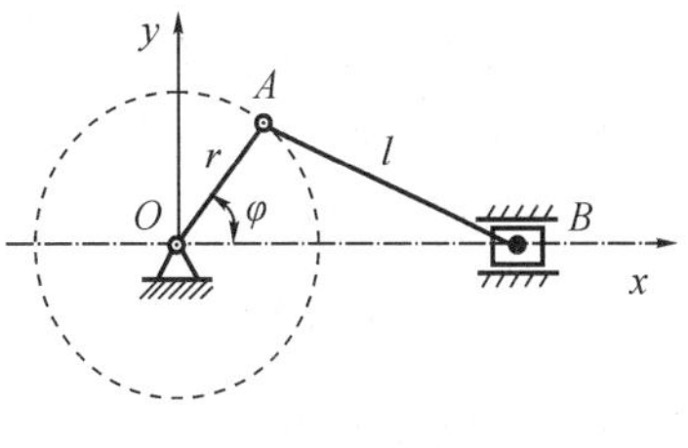

图 14.2

图 14.2 中的曲柄连杆机构，可以简化为 A，B 两个质点受到曲柄 OA、连杆 AB 和滑道 B 的约束。质点 A 被限制在图示平面绕 O 点做圆周运动，质点 B 被限制在滑道上做直线运动，A，B 两点的距离始终是连杆的长度。设曲柄、连杆的长度分别为 r，l，它们的约束方程为

$$x_A^2+y_A^2=r^2$$

$$y_B=0$$

$$(x_A-x_B)^2+(y_A-y_B)^2=l^2$$

对质点的位置及其速度所加的限制称为**速度约束**(或**运动约束**、**微分约束**)。约束方程为

$$f_i(r_1, r_2, \cdots, r_n; \dot{r}_1, \dot{r}_2, \cdots, \dot{r}_n, t)=0 \qquad (14-2)$$

例如，图 14.3 所示的车轮沿直线轨道做无滑动的滚动，车轮除了受到其轮心始终与地面保持距离为 r 的几何约束 $y_O=r$ 之外，还受到纯滚动的约束限制，即每一瞬时有

$$v_O-r\omega=0$$

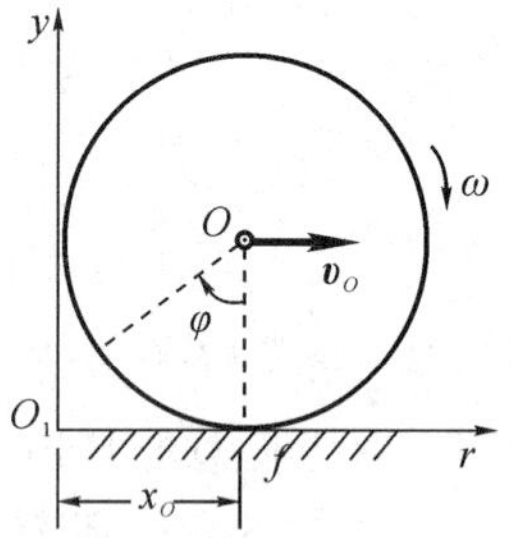

图 14.3

上述约束就是运动约束。又可写成

$$\frac{\mathrm{d}x_O}{\mathrm{d}t}-r\frac{\mathrm{d}\varphi}{\mathrm{d}t}=0$$

14.1.2 定常约束和非定常约束

若约束方程中不显含时间变量 t，则这种约束称为**定常约束**(或**稳定约束**)。上述例子中单摆、曲柄连杆和车轮中的约束均为定常约束。反之，称为**非定常约束**(或**非稳定约束**)。

设 q_1，q_2，q_3 为任意取定的曲线坐标，则几何约束方程为

$$f(q_1, q_2, q_3, t)=0 \qquad (14-3)$$

上式的约束方程中显含 t，表示该约束是非定常的。对于确定的时刻 t，它表示三维空间的一个曲面。约束方程(14-3)表示质点受这样的限制：在时刻 t，它必须在曲面

$$f(q_1, q_2, q_3, t)=0$$

上，而在时刻 $t+\Delta t$，它又必须在曲面

$$f(q_1, q_2, q_3, t+\Delta t)=0$$

上。而对于定常约束情况，其约束方程为

$$f(q_1, q_2, q_3)=0$$

表示质点的运动被约束在空间一个固定的曲面上。

例如，图 14.4 为一长度可变的单摆，摆锤 M 可简化为质点，约束它的是软线，此线的起始长度为 l_0，可穿过固定在 O 点上的小圆环，以不变的速度 $\boldsymbol{v}_0$ 向左下方拉拽，使摆锤 M 在铅直平面 Oxy 内做变摆长的摆动。在图示坐标系中，约束方程为

$$x^2+y^2=(l_0-v_0t)^2$$

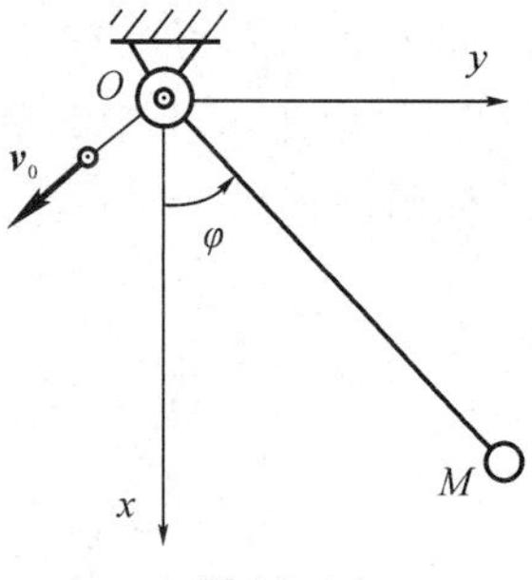

图 14.4

其约束方程中显含时间变量 t，该约束为非定常约束。

14.1.3 双向约束和单向约束

约束在两个方向都起限制运动作用，称为**双向约束**，对应的约束方程以等号形式出现，例如

$$f_j(r_1, r_2, \cdots, r_n, t)=0$$

若约束只在一个方向起作用，另一个方向能松弛或消失，则称为**单向约束**，其约束方

程以不等式表示。例如，若小球 M 与一端为固定点 O、长度为 l 的柔性绳子连接，小球不仅能在球面上运动，而且可以在球面内运动，小球的约束方程为：矢径大小 $r \leqslant l$，这时柔性绳子的约束就为单向约束。若将绳子改为刚性杆，则为双向约束。

14.1.4　完整约束和非完整约束

如果约束方程中不包含坐标对时间的导数，或者说，约束只限制质点的位置，而不限制质点的速度，这种约束称为**完整约束**。对于约束方程中虽然包含坐标对时间的导数，但是可以通过积分转换为有限形式(不含坐标对时间的导数)的，也称为完整约束。例如，上述车轮沿直线轨道做纯滚动，其约束方程可以积分为

$$s = r\varphi$$

式中，s 为轮心移动的距离，φ 为车轮的转角。所以轮的约束仍是完整约束。不符合上述条件的约束称为**非完整约束**，非完整约束方程总是具有微分方程的形式。

系统可以出现上述多种形式的约束情况。本章只讨论完整的、定常的双向约束。假设某质点系由 n 个质点、s 个约束组成，这种约束方程的一般形式为

$$f_j(x_1, y_1, z_1, \cdots, x_n, y_n, z_n) = 0 \quad (j = 1, 2, \cdots, s)$$

式中，n 为质点系的质点数，s 为约束的方程数。

14.2　虚位移、虚功和理想约束

14.2.1　虚位移

在静止平衡问题中，质点系中各质点都不动。设想在约束允许的条件下，给某质点一个任意的极其微小的位移。例如在图 14.5 中，可设想质点 M 在固定曲面上沿某个方向有一极小的位移 $\delta \boldsymbol{r}$。在图 14.6 中，可设想曲柄在平衡位置上转过任一极小角 $\delta\varphi$，这时点 A 沿圆弧切线方向有相应的位移 $\delta \boldsymbol{r}_A$，点 B 沿导轨方向有相应的位移 $\delta \boldsymbol{r}_B$。上述两例中的位移 $\delta \boldsymbol{r}$，$\delta\varphi$，$\delta \boldsymbol{r}_A$，$\delta \boldsymbol{r}_B$ 都是约束允许的、可能实现的某种假想的极小位移。**在某瞬时，质点系在约束允许的条件下，可能实现的任何无限小的位移称为虚位移**。虚位移可以是线位移，也可以是角位移。虚位移用变分符号 δ 表示，“变分”包含无限小“变更”的意思。

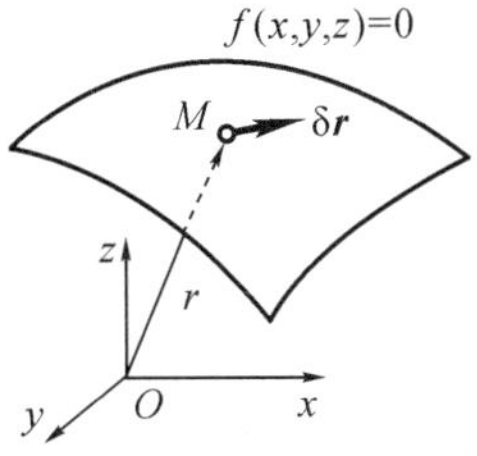

图 14.5

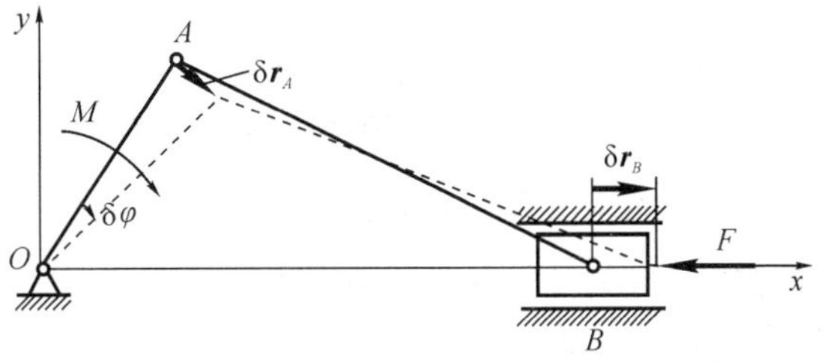

图 14.6

必须注意，虚位移与实位移是不同的概念。实位移是质点系在一定时间内真正实现的位移，它除了与约束条件有关外，还与时间、主动力以及运动的初始条件有关；而虚位移仅与约束条件有关。因为虚位移是约束所允许的、可能实现的无限小的位移，所以在定常约

束的条件下，实位移只是所有虚位移中的一个，而虚位移视约束情况，可以有多个，甚至无穷多个。对于非定常约束，某个瞬时的虚位移是将时间固定后，约束所允许的虚位移，而实位移是不能固定时间的，所以这时实位移不一定是虚位移中的一个。对于无限小的实位移，我们一般用微分符号表示，例如 $\mathrm{d}\boldsymbol{r}$，$\mathrm{d}x$，$\mathrm{d}\varphi$ 等。

14.2.2 虚功

质点和质点系所受的力在虚位移中做的功称为虚功。如图 14.6 中，按图示的虚位移，力 $\boldsymbol{F}$ 的虚功为 $\boldsymbol{F}\cdot\delta\boldsymbol{r}_B$，是负功；力偶 M 的虚功为 $M\delta\varphi$，是正功。力 $\boldsymbol{F}$ 在虚位移 $\delta\boldsymbol{r}$ 上做的虚功一般以 $\delta W=\boldsymbol{F}\cdot\delta\boldsymbol{r}$ 表示，虽然本书中的虚功与实位移中的元功采用同一符号 δW，但它们之间是有本质区别的。因为虚位移只是假想的，不是真实发生的，因而虚功也是假想的。图 14.6 中的机构处于静止平衡状态，显然任何力都没有做实功，但力可以做虚功。

很多情况下，约束力与约束所允许的虚位移相互垂直，约束力的虚功等于零。**如果在质点系的任何虚位移中，所有约束力所做虚功之和等于零，称这种约束为理想约束**。若以 $\boldsymbol{F}_{\mathrm{N}i}$ 表示作用在某质点 i 上的约束力，$\delta\boldsymbol{r}_i$ 表示质点的虚位移，$\delta W_{\mathrm{N}i}$ 表示该约束力在虚位移中所做的功，则理想约束的虚功可表示为

$$\boldsymbol{F}_i\cdot\delta\boldsymbol{r}_{\mathrm{i}}+\boldsymbol{F}_{\mathrm{N}i}\cdot\delta\boldsymbol{r}_{\mathrm{i}}=0$$

$$\delta W_{\mathrm{N}}=\sum\delta W_{\mathrm{N}i}=\sum\boldsymbol{F}_{\mathrm{N}i}\cdot\delta\boldsymbol{r}=0$$

14.2.3 理想约束举例

设质点系中任一质点 M_i 的约束力为 $\boldsymbol{F}_{\mathrm{N}i}$，虚位移为 $\delta\boldsymbol{r}_i$，理想约束的条件可以表示为

$$\sum\boldsymbol{F}_{\mathrm{N}i}\cdot\delta\boldsymbol{r}_i=0$$

理想约束是现实生活中约束的抽象化模型，它代表了大多数约束的特性，下面介绍几种常见的理想约束。

1. 光滑接触面

光滑接触面的约束力 $\boldsymbol{F}_{\mathrm{N}}$ 总是沿着接触面的法线方向，如图 14.7 所示，质点 M 的虚位移 $\delta\boldsymbol{r}$ 则总是在接触点的切平面内。二者相互垂直，所以，$\boldsymbol{F}_{\mathrm{N}}\cdot\delta\boldsymbol{r}=0$。

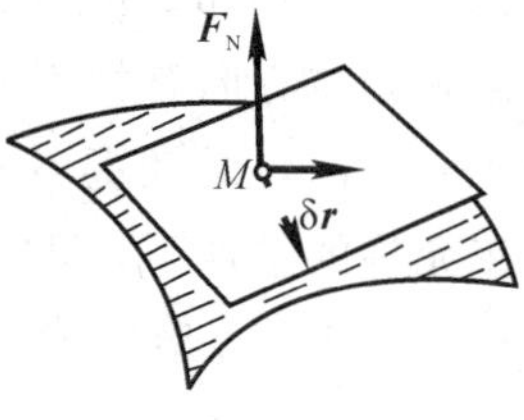

图 14.7

2. 固定点约束

用固定铰链支座约束刚体时，约束力的作用点是不动的，没有任何虚位移，因此，在刚体的任何虚位移中，固定铰链约束力的虚功之和恒为零。

3. 刚体在固定面做纯滚动的情况

设刚性圆轮在固定面上滚动而无滑动。固定面在接触点 C 作用于轮的约束力有法向约束力 $\boldsymbol{F}_{\mathrm{N}}$ 和摩擦力 $\boldsymbol{F}$，如图 14.8 所示。由运动学知，在图示瞬时，接触点 C 是圆轮的速度瞬心，即此时点 C 无速度，圆轮相当于绕点 C 的转动。如果给予圆轮一虚位移 $\delta\varphi$，接触点 C 的虚位移 $\delta\boldsymbol{r}_C=\boldsymbol{0}$，则$(\boldsymbol{F}_{\mathrm{N}}+\boldsymbol{F})\cdot\delta\boldsymbol{r}_C=0$。

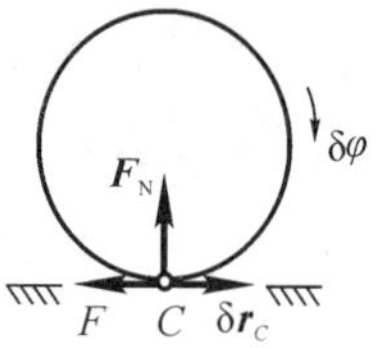

图 14.8

4. 连接两刚体的光滑铰链

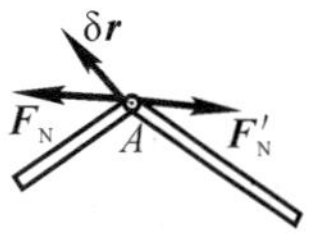

图 14.9

设两刚体在 A 点由光滑铰链连接，如图 14.9 所示，铰链 A 作用于两刚体的约束力 $\boldsymbol{F}_N$ 和 $\boldsymbol{F}'_N$一定是大小相等，方向相反，即 $\boldsymbol{F}'_N=-\boldsymbol{F}_N$。在 A 点的任何虚位移 $\delta\boldsymbol{r}$ 中，此二力的虚功之和

$$\delta W=\boldsymbol{F}_N\cdot\delta\boldsymbol{r}+\boldsymbol{F}'_N\cdot\delta\boldsymbol{r}=(\boldsymbol{F}_N+\boldsymbol{F}'_N)\cdot\delta\boldsymbol{r}=0$$

5. 刚性二力杆

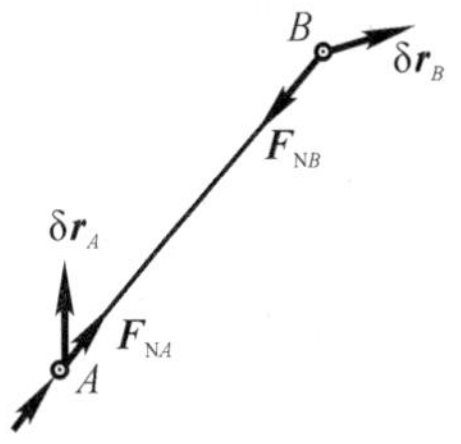

图 14.10

如图 14.10 所示的二力杆对 A，B 质点的约束力分别为 $\boldsymbol{F}_{NA}$，$\boldsymbol{F}_{NB}$。若给予 A，B 质点的虚位移为 $\delta\boldsymbol{r}_A$，$\delta\boldsymbol{r}_B$。刚性杆长度不变，则 $\delta\boldsymbol{r}_A$，$\delta\boldsymbol{r}_B$ 在A，B 连线上的投影应该相等。如果用 $\boldsymbol{e}$ 表示AB 连线上的单位矢量，则有

$$\delta\boldsymbol{r}_A\cdot\boldsymbol{e}=\delta\boldsymbol{r}_B\cdot\boldsymbol{e} \tag{a}$$

由二力杆的特性可知

$$\boldsymbol{F}_{NA}=-\boldsymbol{F}_{NB}$$

其中 $\boldsymbol{F}_{NA}=F_{NA}\boldsymbol{e}$，$\boldsymbol{F}_{NB}=-F_{NB}\boldsymbol{e}$，$F_{NA}=F_{NB}$，于是 $\boldsymbol{F}_{NA}$，$\boldsymbol{F}_{NB}$在各自虚位移中的虚功之和为

$$\begin{aligned}\sum\delta W&=\boldsymbol{F}_{NA}\cdot\delta\boldsymbol{r}_A+\boldsymbol{F}_{NB}\cdot\delta\boldsymbol{r}_B=F_{NA}\boldsymbol{e}\cdot\delta\boldsymbol{r}_A-F_{NB}\boldsymbol{e}\cdot\delta\boldsymbol{r}_B\\&=F_{NA}(\delta\boldsymbol{r}_A\cdot\boldsymbol{e}-\delta\boldsymbol{r}_B\cdot\boldsymbol{e})\end{aligned}$$

将式(a)代入上式，得

$$\sum\delta W=0$$

6. 不可伸长的柔性绳索

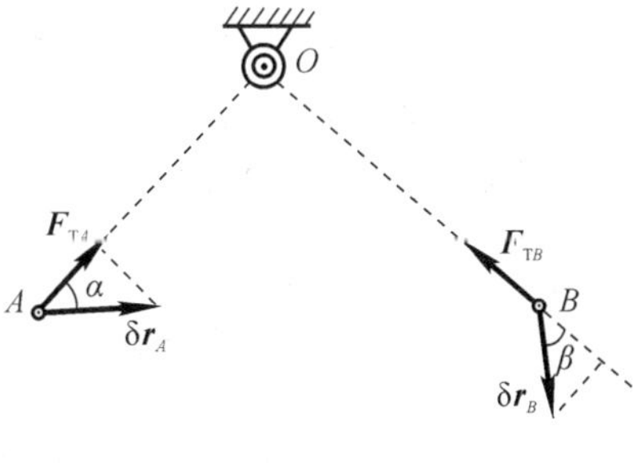

图 14.11

如图 14.11 所示，A，B 两质点由穿过光滑固定圆环O 的软线AB 连接，如软线不可伸长，软线对质点 A，B 的拉力为 $\boldsymbol{F}_{TA}$，$\boldsymbol{F}_{TB}$，若给予质点 A，B 的虚位移为 $\delta\boldsymbol{r}_A$，$\delta\boldsymbol{r}_B$。由于软线长度不变，则 $\delta\boldsymbol{r}_A$，$\delta\boldsymbol{r}_B$ 沿软线方向上的分量应相等，即

$$\delta r_A\cos\alpha=\delta r_B\cos\beta \tag{b}$$

若不考虑软线的质量，穿过光滑的固定圆环 O，则拉力 $\boldsymbol{F}_{TA}$，$\boldsymbol{F}_{TB}$的大小应相等，即

$$F_{TA}=F_{TB} \tag{c}$$

于是，$\boldsymbol{F}_{TA}$、$\boldsymbol{F}_{TB}$在各自虚位移中的虚功之和，

$$\delta W=\boldsymbol{F}_{TA}\cdot\delta\boldsymbol{r}_A+\boldsymbol{F}_{TB}\cdot\delta\boldsymbol{r}_B=T_A\delta r_A\cos\alpha-T_B\delta r_B\cos\beta$$

将式(b)、式(c)代入上式，得 $\delta W=0$。

14.3　虚位移原理

设有一质点系处于静止平衡状态。取质点系中任一质点 m_i，如图 14.12 所示，作用在该质点上的主动力的合力为 $\boldsymbol{F}_i$，约束力的合力为 $\boldsymbol{F}_{Ni}$。因为质点系处于平衡状态，所以这个质点也处于平衡状态，因此有

$$\boldsymbol{F}_i+\boldsymbol{F}_{\mathrm{N}i}=\mathbf{0}$$

若给质点系以某种虚位移，其中质点 m_i 的虚位移为 $\delta\boldsymbol{r}_i$，则作用在质点 m_i 上的力 $\boldsymbol{F}_i$ 和 $\boldsymbol{F}_{\mathrm{N}i}$ 的虚功的和为

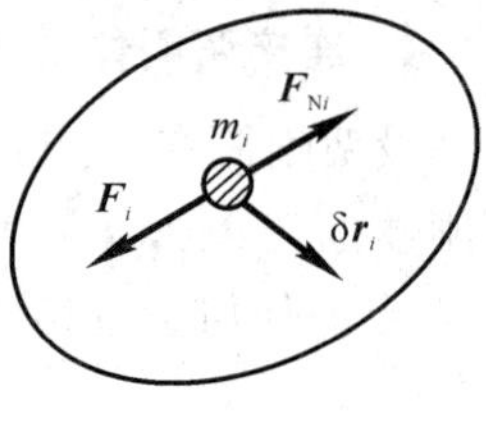

图 14.12

$$\boldsymbol{F}_i\cdot\delta\boldsymbol{r}_i+\boldsymbol{F}_{\mathrm{N}i}\cdot\delta\boldsymbol{r}_i=0$$

对于质点系内所有质点，都可以得到与上式同样的等式。将这些等式相加，得

$$\sum\boldsymbol{F}_i\cdot\delta\boldsymbol{r}_i+\sum\boldsymbol{F}_{\mathrm{N}i}\cdot\delta\boldsymbol{r}_i=0$$

如果质点系具有理想约束，则约束力在虚位移中所做的虚功为零，即 $\sum\boldsymbol{F}_{\mathrm{N}i}\cdot\delta\boldsymbol{r}_i=0$，代入上式得

$$\sum\boldsymbol{F}_{\mathrm{i}}\cdot\delta\boldsymbol{r}_i=0 \tag{14-4}$$

综上所述，对于具有理想约束的质点系，其平衡条件是：作用于质点系的主动力在任何虚位移中所做的虚功的和为零。

式(14-4)也可写成解析表达式，即

$$\sum(F_{xi}\delta x_i+F_{yi}\delta y_i+F_{zi}\delta z_i)=0 \tag{14-5}$$

式中 F_{xi}，F_{yi}，F_{zi} 为作用于质点 m_i 的主动力 $\boldsymbol{F}_i$ 在直角坐标轴上的投影，δx_{i}，δy_{i}，δz_{i} 为虚位移 $\delta\boldsymbol{r}_i$ 在直角坐标轴上的投影。

以上证明了虚位移原理的必要性，即若质点系平衡则式(14-4)必定成立。应该指出，式(14-4)也是质点系平衡的充分条件。

充分性的证明：如果式 $\sum\boldsymbol{F}_i\cdot\delta\boldsymbol{r}_i=0$ 成立，需要证明质点系是处于静止状态的。为简便计，采用反证法。

设质点系由 n 个质点组成。作用于此质点系上的主动力在给定位置的任意虚位移中所做的虚功之和等于零，即式 $\sum\boldsymbol{F}_i\cdot\delta\boldsymbol{r}_i=0$ 成立，假设质点系不平衡，必有某些质点，至少有一个质点 M_i 不平衡，则

$$\boldsymbol{F}_i+\boldsymbol{F}_{\mathrm{N}i}\neq\mathbf{0}$$

经过 $\mathrm{d}t$ 时间，由静止开始运动，其位移 $\mathrm{d}\boldsymbol{r}_i$ 应该沿着该质点所受的合力方向。合力在实位移中的元功为

$$\boldsymbol{F}_i\cdot\delta\boldsymbol{r}_i+\boldsymbol{F}_{\mathrm{N}i}\cdot\delta\boldsymbol{r}_i>0$$

则该质点系发生运动的质点上的力的元功均大于零，而保持静止的质点上的元功等于零。将这 n 个方程相加，得

$$\sum\boldsymbol{F}_i\cdot\mathrm{d}\boldsymbol{r}_i+\sum\boldsymbol{F}_{\mathrm{N}i}\cdot\mathrm{d}\boldsymbol{r}_i>0$$

注意到质点系具有定常约束，实位移 $\mathrm{d}\boldsymbol{r}_i$ 是虚位移 $\delta\boldsymbol{r}_i$ 中的一个。同理若上述位移为虚位移，上式仍成立，即

$$\sum\boldsymbol{F}_i\cdot\delta\boldsymbol{r}_i+\sum\boldsymbol{F}_{\mathrm{N}i}\cdot\delta\boldsymbol{r}_i>0$$

该系统的约束是理想的，将式 $\sum\boldsymbol{F}_{\mathrm{N}i}\cdot\delta\boldsymbol{r}_i=0$ 代入上式，得

$$\sum\boldsymbol{F}_i\cdot\delta\boldsymbol{r}_i>0$$

这与式(14-4)相矛盾。这表明，满足式(14-4)的条件下，质点系必定保持平衡。

因此可以得出结论：**对于具有理想约束的质点系，其平衡的充分必要条件是：作用于质点系的所有主动力在任何虚位移中所做虚功的和等于零**。上述结论称为**虚位移原理**，又称为**虚功原理**，式(14-4)、式(14-5)又称为虚功方程。

【例 14-1】 如图 14.13 所示，在螺旋压榨机的手柄 AB 上作用一水平面内的力偶($\boldsymbol{F}$，$\boldsymbol{F}'$)，其力偶矩 $M=2Fl$，螺杆的螺距为 h。求机构平衡时加在被压榨物体上的力。

【解】 研究以手柄、螺杆和压板组成的平衡系统。若忽略螺杆与螺母之间的摩擦，则约束是理想约束。

作用于平衡系统上的主动力有：作用于手柄上的力偶($\boldsymbol{F}$，$\boldsymbol{F}'$)，被压物体对压板的阻力 $\boldsymbol{F}_{\mathrm{N}}$。

给系统以虚位移，将手柄按螺纹方向转过极小角 $\delta\varphi$，于是螺杆和压板得到向下的虚位移 δs。

计算所有主动力在虚位移中所做的虚功之和，列出虚功方程

$$\sum \delta W_F = -F_{\mathrm{N}} \cdot \delta s + 2Fl \cdot \delta\varphi = 0$$

由机构的传动关系知：对于单头螺纹，手柄 AB 转一周，螺杆上升或下降一个螺距 h，故有

$$\frac{\delta\varphi}{2\pi}=\frac{\delta s}{h} \quad 即 \quad \delta s=\frac{h}{2\pi}\delta\varphi$$

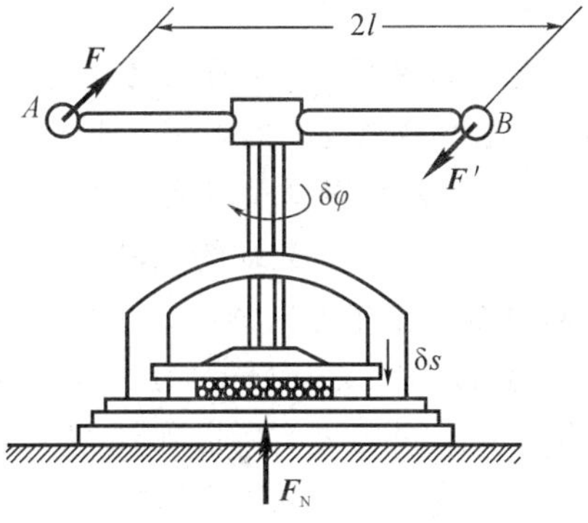

图 14.13

将上述虚位移 δs 与 $\delta\varphi$ 的关系式代入虚功方程中，得

$$\sum \delta W_F = \left(2Fl - \frac{F_{\mathrm{N}}h}{2\pi}\right)\delta\varphi = 0$$

因 $\delta\varphi$ 是任意的，故有

$$2Fl-\frac{F_{\mathrm{N}}h}{2\pi}=0$$

解得

$$F_{\mathrm{N}}=\frac{4\pi l}{h}F$$

作用于被压榨物体上的力与此力等值反向。

【例 14-2】 如图 14.14 所示结构中，各杆自重不计，在 G 点作用一铅直向上的力 $\boldsymbol{F}$，$AC=CE=CD=CB=DG=GE=l$。求支座 B 的水平约束力。

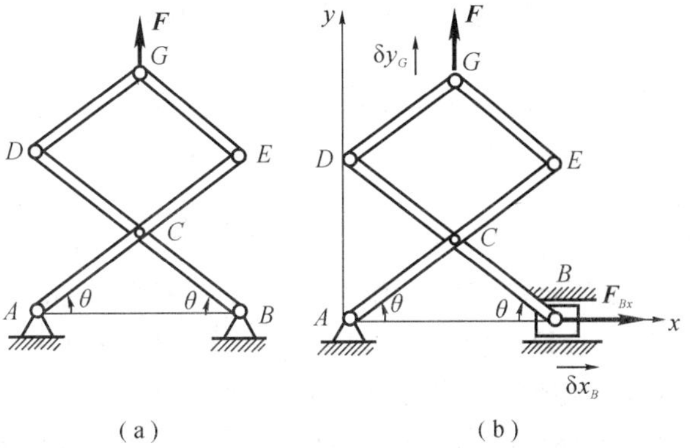

图 14.14

【解】 此题涉及的是一个结构，无论如何假想产生虚位移，结构都不允许。为求 B 处水平约束力，需把 B 处水平约束解除，以力 $\boldsymbol{F}_{Bx}$ 代替，把此力当做主动力，则结构变成图14.14(b)所示的机构，此时就可以假想产生虚位移，用虚位移原理求解。

用解析法。建立图示直角坐标系，假设点 B、点 G 水平坐标轴和垂直坐标轴的虚位移分别为 δx_B，δy_G，可列虚功方程

$$\sum \delta W_F = 0, \quad F_{Bx} \cdot \delta x_B + F \cdot \delta y_G = 0$$

写出点 B 的坐标 x_B 与点 G 的坐标 y_G

$$x_B = 2l\cos\theta, \quad y_G = 3l\sin\theta$$

其变分为

$$\delta x_B = -2l\sin\theta\delta\theta, \quad \delta y_G = 3l\cos\theta\delta\theta$$

将 δx_B，δy_G 代入虚功方程，得

$$F_{Bx}(-2l\sin\theta\delta\theta) + F \cdot 3l\cos\theta\delta\theta = 0$$

解得

$$F_{Bx} = \frac{3}{2}F\cot\theta$$

此题如果在 C，G 两点之间连接一自重不计、刚度系数为 k 的弹簧，如图 14.15(a)所示。在图示位置弹簧已有伸长量 δ_0，其他条件不变，仍求支座 B 的水平约束力。则仍需解除 B 的水平方向约束，去掉弹簧，均代之以力，如图 14.15(b)所示。在图示位置，弹簧的伸长量为 δ_0，所以弹性力为 $F_C = F_G = k\delta_0$（弹簧力大小取决于结构平衡位置，与虚位移无关）。用解析法，列虚功方程

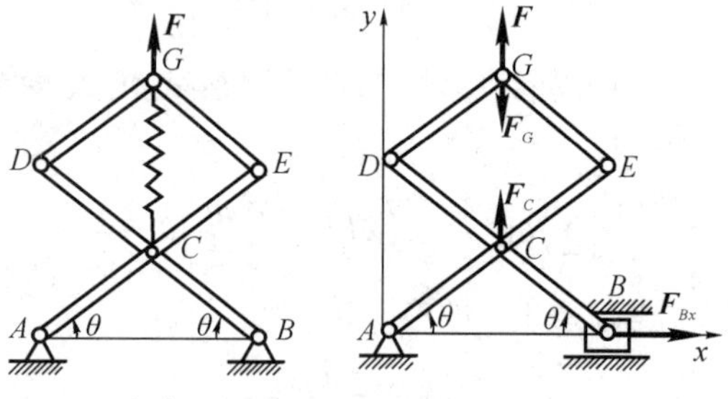

(a) (b)

图 14.15

$$\sum \delta W_F = 0, \quad F_{Bx} \cdot \delta x_B + F_C \cdot \delta y_C - F_G \cdot \delta y_G + F \cdot \delta y_G = 0$$

而

$$x_B = 2l\cos\theta, \quad y_C = l\sin\theta, \quad y_G = 3l\sin\theta$$

其变分为

$$\delta x_B = -2l\sin\theta\delta\theta, \quad \delta y_C = l\cos\theta\delta\theta, \quad \delta y_G = 3l\cos\theta\delta\theta$$

代入虚功方程，得

$$F_{Bx}(-2l\sin\theta\delta\theta) + k\delta_0 \cdot l\cos\theta\delta\theta - k\delta_0 \cdot 3l\cos\theta\delta\theta + F \cdot 3l\cos\theta\delta\theta = 0$$

解得

$$F_{Bx} = \frac{3}{2}F\cot\theta - k\delta_0\cot\theta$$

【例 14-3】 图 14.16 所示椭圆规机构中，连杆 AB 长为 l，滑块 A，B 与杆重均不计，忽略各处摩擦，机构在图示位置平衡。求主动力 $\boldsymbol{F}_A$ 与 $\boldsymbol{F}_B$ 之间的关系。

【解】 研究整个机构，系统的约束为理想约束。对此题，可用下述几种方法求解。

(1) 设给滑块 A 图示的虚位移 $\delta \boldsymbol{r}_A$，在约束允许的条件下，滑块 B 的虚位移 $\delta \boldsymbol{r}_B$ 如图所示，由虚位移原理

$$\sum \boldsymbol{F}_i \cdot \delta \boldsymbol{r}_i = 0$$

有

$$\boldsymbol{F}_A \cdot \delta \boldsymbol{r}_A - \boldsymbol{F}_B \cdot \delta \boldsymbol{r}_B = 0 \tag{a}$$

为求得 $\boldsymbol{F}_A$ 与 $\boldsymbol{F}_B$ 的关系，应找出虚位移 $\delta \boldsymbol{r}_A$ 与 $\delta \boldsymbol{r}_B$ 的关系。由于杆 AB 为刚性杆，A，B 两点的虚位移在 AB 连线上的投影应该相等，由图有

$$\delta r_B \cos\varphi = \delta r_A \sin\varphi$$

即

$$\delta r_A = \delta r_B \cot\varphi \tag{b}$$

将式(b)代入式(a)，得

$$F_A \cot\varphi - F_B = 0$$

因 δr_B 是任意的，解得

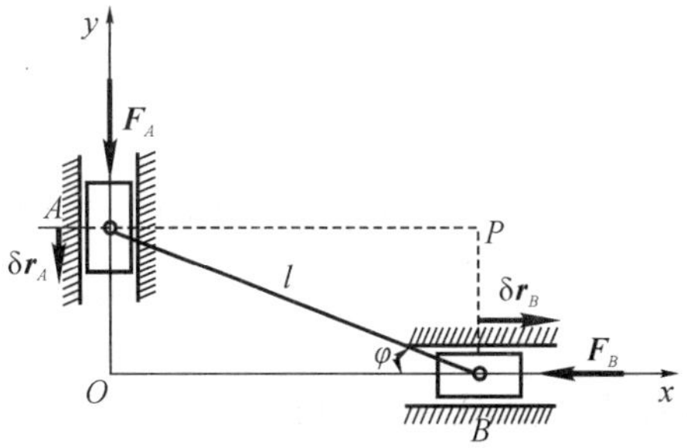

图 14.16

$$F_A = F_B \tan\varphi$$

(2) 用解析法。建立图示坐标系，由

$$\sum (F_{xi}\delta x_i + F_{yi}\delta y_i + F_{zi}\delta z_i) = 0$$

有

$$-F_B \delta x_B - F_A \delta y_A = 0 \tag{c}$$

写出 A，B 点的坐标，为

$$x_B = l\cos\varphi, \quad y_A = l\sin\varphi$$

求变分(类似求微分)，有

$$\delta x_B = -l\sin\varphi\delta\varphi, \quad \delta y_A = l\cos\varphi\delta\varphi$$

将 δx_B 与 δy_A 代入式(c)，解得

$$F_A = F_B \tan\varphi$$

(3) 为求虚位移间的关系，也可以用所谓的“虚速度法”。可以假想虚位移 $\delta \boldsymbol{r}_A$，$\delta \boldsymbol{r}_B$ 是在某个极短的时间 $\mathrm{d}t$ 内发生的，这时对应点 A 和点 B 的速度 $\boldsymbol{v}_A = \dfrac{\delta \boldsymbol{r}_A}{\mathrm{d}t}$ 和 $\boldsymbol{v}_B = \dfrac{\delta \boldsymbol{r}_B}{\mathrm{d}t}$ 称为虚速度。可见，点 A 和点 B 的虚位移之比等于虚速度之比。考虑式(a)，得

$$F_B v_B - F_A v_A = 0 \tag{d}$$

杆 AB 做平面运动，由速度投影定理

$$v_B \cos\varphi = v_A \sin\varphi$$

得

$$v_B = v_A \tan\varphi \tag{e}$$

将式(e)代入式(d)得

$$F_A = F_B \tan\varphi$$

【例 14-4】 图 14.17 所示机构，不计各构件自重与各处摩擦，求机构在图示位置平衡时，主动力偶矩 M 与主动力 $\boldsymbol{F}$ 之间的关系。

【解】 系统的约束为理想约束，假想杆 OA 在图示位置逆时针转过一微小角度 $\delta\theta$，则点 C 将会有水平虚位移 $\delta \boldsymbol{r}_C$，由虚功方程 $\sum \delta W_F = 0$，得

$$M\delta\theta - F\delta r_C = 0 \tag{a}$$

确定 $\delta\theta$ 与 δr 的关系，以杆 OA 为动系，块 B 为动点，给杆 OA 的微小转角 $\delta\theta$ 将引起滑块 B 的牵连位移 $\delta\boldsymbol{r}_e$，从而有绝对位移 $\delta\boldsymbol{r}_a$ 与相对位移 $\delta\boldsymbol{r}_r$，其关系如图 14.17 所示。可得

$$\delta r_a = \frac{\delta r_e}{\sin\theta}$$

而

$$\delta r_e = OB \cdot \delta\theta = \frac{h}{\sin\theta}\delta\theta$$

$$\delta r_C = \delta r_a = \frac{h\delta\theta}{\sin^2\theta} \tag{b}$$

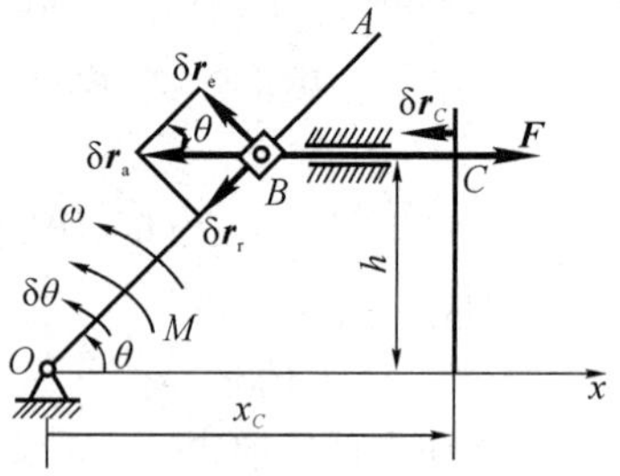

图 14.17

将式(b)代入式(a)，解得

$$M = \frac{Fh}{\sin^2\theta}$$

若用虚速度法，有 $M\omega - Fv_C = 0$，虚角速度 ω 与点 C 的虚速度 v_C 类似于图中的虚位移关系，只需把各虚位移改为虚速度即可，即

$$v_e = OB \cdot \omega = \frac{h}{\sin\theta} \cdot \omega$$

$$v_a = v_C = \frac{h\omega}{\sin^2\theta}$$

得

$$M = \frac{Fh}{\sin^2\theta}$$

也可建图示坐标系，由

$$\delta W_F = 0$$

有

$$M\delta\theta + F\delta x_C = 0$$

而

$$x_C = h\cot\theta + BC$$

其变分为

$$\delta x_C = -\frac{h\delta\theta}{\sin^2\theta}$$

解得

$$M = \frac{Fh}{\sin^2\theta}$$

【例 14-5】 求图 14.18(a)所示无重组合梁支座 A 的约束力。

【解】 解除支座 A 的约束，代之以约束力 $\boldsymbol{F}_A$，将 $\boldsymbol{F}_A$看做为主动力，如图 14.18(b)所示。假想支座 A 产生如图所示虚位移，则在约束允许的条件下，各点虚位移如图所示，列虚功方程

$$\delta W_F = 0, \quad F_A\delta s_A - F_1 \cdot \delta s_1 + M \cdot \delta\varphi + F_2 \cdot \delta s_2 = 0$$

从图中可看出

$$\delta\varphi=\frac{\delta s_A}{8},\quad \delta s_1=3\delta\varphi=\frac{3}{8}\delta s_A,\quad \delta s_M=11\delta\varphi=\frac{11}{8}\delta s_A$$

$$\delta s_2=\frac{4}{7}\delta s_M=\frac{4}{7}\cdot\frac{11}{8}\delta s_A=\frac{11}{14}\delta s_A$$

代入虚功方程得

$$F_A=\frac{3}{8}F_1-\frac{11}{14}F_2-\frac{1}{8}M$$

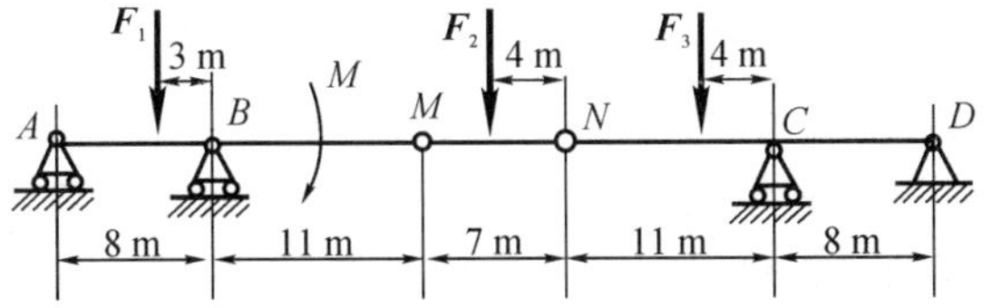

(a)

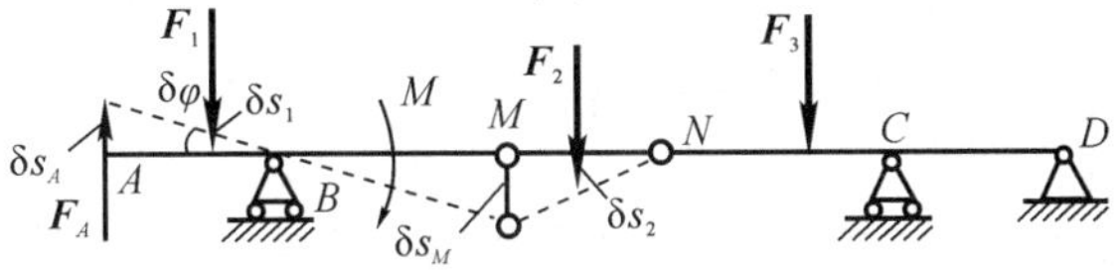

(b)

图 14.18

由以上数例可见，用虚位移原理求解机构的平衡问题，关键是找出各虚位移之间的关系，一般应用中，可采用下列三种方法建立各虚位移之间的关系。

(1) 设机构某处产生虚位移，作图给出机构各处的虚位移，直接按几何关系，确定各有关虚位移之间的关系，如例 14-1、例 14-2、例 14-3、例 14-5。

(2) 建立直角坐标系，选定一合适的自变量，写出各有关点的坐标，对各坐标进行变分运算，确定各虚位移之间的关系，如例 14-2、例 14-3、例 14-4。

(3) 按运动学方法，设某处产生虚速度，计算各有关点的虚速度。计算各虚速度时，可采用运动学中的各种方法，如点的合成运动方法、刚体平面运动的基点法、速度投影定理、瞬心法及写出运动方程再求导等，如例 14-2、例 14-3。

用虚位移原理求解结构的平衡问题时，要求某一支座约束力时，首先需解除该支座约束而代以约束力，把结构变为机构，把约束力当做主动力，这样在虚位移方程中只包含一个未知力，然后用虚位移原理求解，如例 14-4、例 14-5。若需求多个约束力，则需要一个一个地解除约束用虚位移原理求解，这样求解有时并不方便，如例 14-4、例 14-5，若要求各处约束力，则不如用平衡方程求解方便。

建立虚功方程时，常常用到虚位移的大小，可根据机构的微小运动情况画出虚位移的方向，进而确定各项虚功的正负号。如果采用坐标方程进行变分时，由于坐标及其变分均为代数量，要确定虚位移的大小，应取其绝对值。同时还应注意用解析式时力的投影的符号。

小 结

1. 虚位移、虚功和理想约束

(1) 质点系在约束允许的条件下，可能实现的任何无限小的位移称为虚位移。

(2) 作用在质点上的力在虚位移上所做的功称为虚功。

(3) 如果在质点系的任何虚位移中，约束力所做的虚功的和等于零，则这种约束称为理想约束。

2. 虚位移原理

(1) 虚位移原理：具有理想约束的质点系，其平衡条件是作用于质点系上的主动力在任何虚位移中所做的虚功的和为零，即

$$\sum \boldsymbol{F}_i \cdot \delta \boldsymbol{r}_i = 0$$

(2) 通常用虚位移原理来求解机构中主动力的平衡问题。解除约束，代之以约束力，并将此约束力当做主动力，可和其他主动力一起应用虚位移原理求解。

(3) 建立虚位移之间的关系可以有以下几种方法：

① 直接列出虚位移之间的几何关系；

② 写出坐标之间的关系，然后仿照函数求解微分方程的方法对坐标求变分，从而找出虚位移(坐标变分)之间的关系；

③ 根据运动学知识，找出在平衡位置处力作用点的速度之间的关系，而各点虚位移之比等于各点虚速度之比。

思 考 题

14-1 图 14.19 所示机构均处于静止平衡状态，图中所给各虚位移有无错误？如有错误，应如何改正？

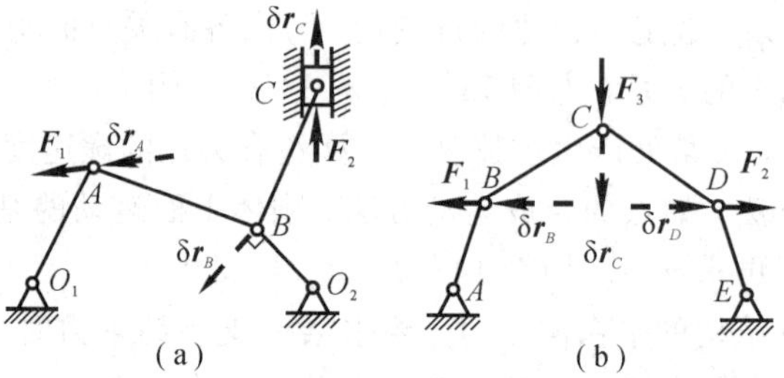

图 14.19

14-2 对图 14.20 所示各机构，你能用哪些不同的方法确定虚位移 $\delta\theta$ 与力 $\boldsymbol{F}$ 作用点 A 的虚位移的关系，并比较各种方法。

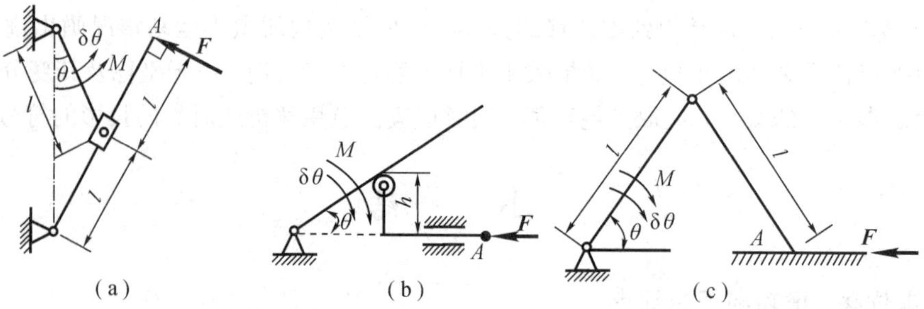

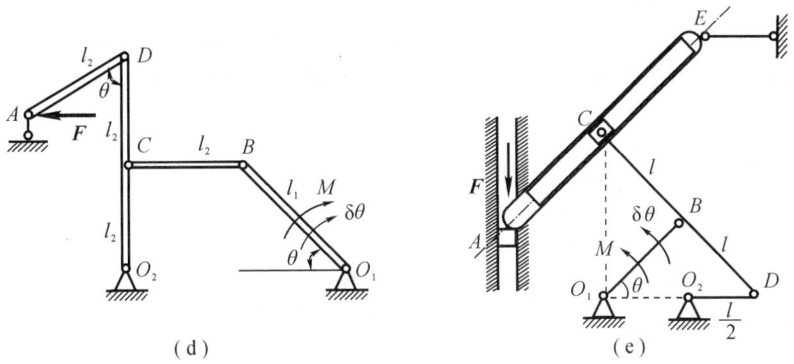

图 14.20

14－3　图 14.21 所示平面平衡系统，若对整体列平衡方程求解，是否需要考虑弹簧的内力？若改用虚位移原理求解，弹簧力为内力，是否需要考虑弹簧力的功？

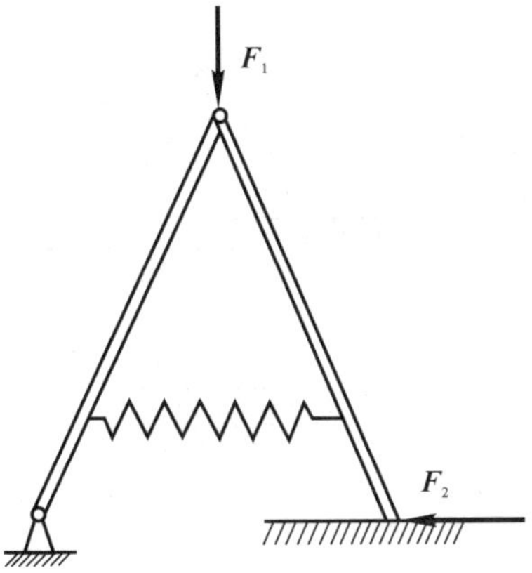

图 14.21

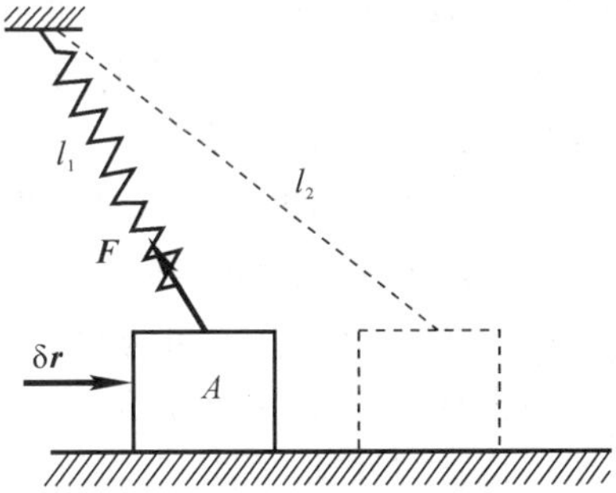

图 14.22

14－4　如图 14.22 所示，物块 A 在重力、弹簧力与摩擦力作用下平衡，设给物块 A 一水平向右的虚位移 $\delta \boldsymbol{r}$，弹性力的虚功如何计算？摩擦力在此虚位移中做正功还是做负功？

14－5　用虚位移原理可以推出作用在刚体上的平面力系的平衡方程，试推导之。

习　　题

14－1　在图示机构中，已知 $P=200$ N，$\theta=60°$，$\varphi=30°$，刚度系数 $k=10$ N/cm 的弹簧在图示位置的总压缩量 $d=4$ cm，试求使该机构在图示位置保持平衡的力 $\boldsymbol{Q}$ 的大小。

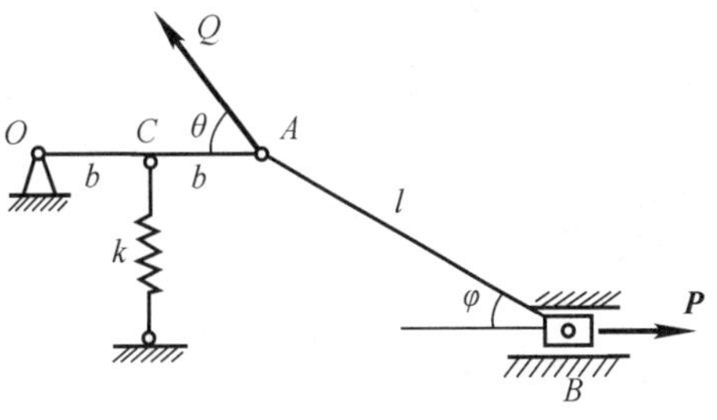

题 14－1 图

14－2　在图示机构中，当曲柄 OC 绕 O 轴摆动时，滑块 A 沿曲柄滑动，从而带动杆 AB 在铅直导槽 K 内移动。已知：$OC=a$，$OK=l$，在点 C 处垂直于曲柄作用一力 $\boldsymbol{F}_1$，而在点 B 沿

BA 作用一力 $\boldsymbol{F}_2$。求机构平衡时 $\boldsymbol{F}_1$ 和 $\boldsymbol{F}_2$ 的关系。

14－3　在图示曲柄滑道机构中，$r=h=0.4$ m，$l=1.0$ m，作用在曲柄 OB 上的驱动力矩 $M=5.0$ N·m。为了保证该机构在 $\varphi=30°$ 位置时处于平衡状态，C 点的水平作用力 $\boldsymbol{P}$ 应该多大？

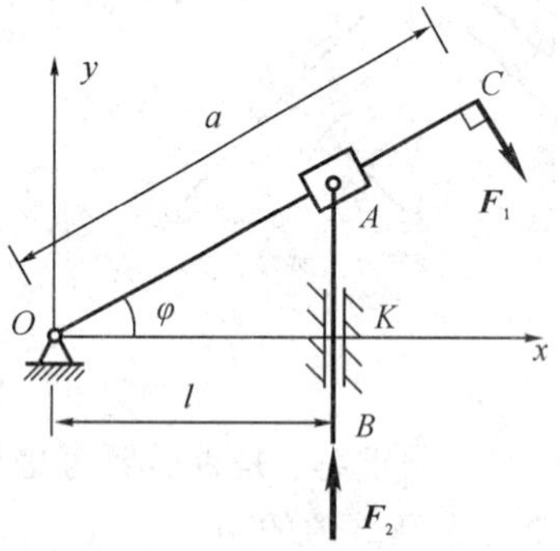

题 14－2 图

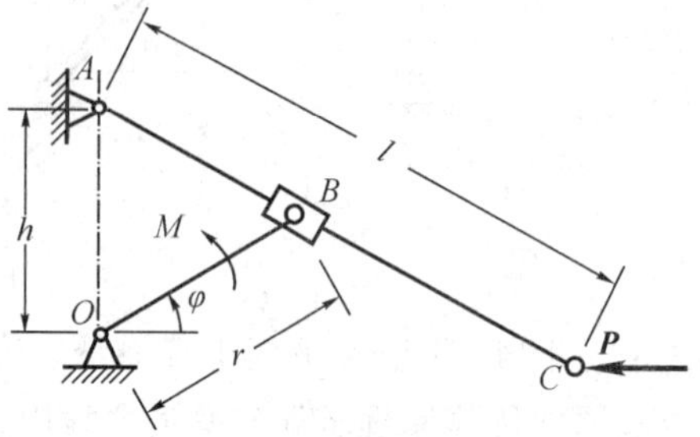

题 14－3 图

14－4　在压缩机的手轮上作用一力偶，其矩为 M。手轮轴的两端各有螺距同为 h、但方向相反的螺纹。螺纹上各套有一个螺母 A 和 B，这两个螺母分别与长为 a 的杆相铰接，四杆形成菱形框，如图所示。此菱形框的点 D 固定不动，而点 C 连接在压缩机的水平压板上。求当菱形框的顶角等于 2θ 时，压缩机对被压物体的压力。

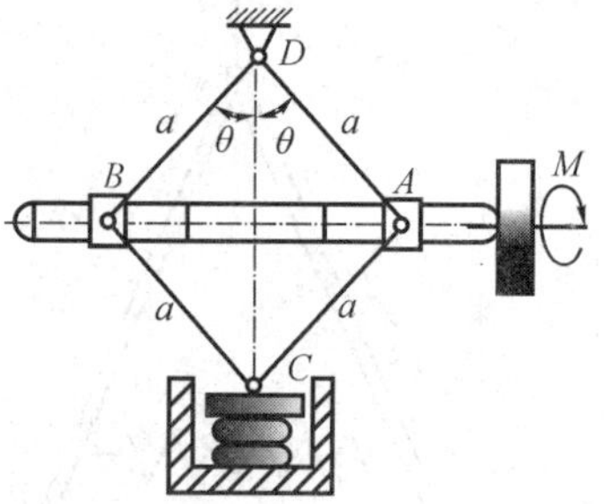

题 14－4 图

14－5　在图示机构中，曲柄 OA 上作用一力偶，其矩为 M，另在滑块 D 上作用水平力 $\boldsymbol{F}$。机构尺寸如图所示，不计各构件自重与各处摩擦。求当机构平衡时，力 $\boldsymbol{F}$ 与力偶矩 M 的关系。

14－6　图示滑套 D 套在直杆 AB 上，并带动杆 CD 在铅直滑道上滑动。已知 $\theta=0°$ 时弹簧为原长，弹簧刚度系数为 5 kN/m，不计各构件自重与各处摩擦。求在任意位置平衡时，应加多大的力偶矩 M？

14－7　如图所示两等长杆 AB 与 BC 在点 B 用铰链连接，又在杆的 D，E 两点连一弹簧。弹簧的刚度系数为 k，当距离 AC 等于 d 时，弹簧内拉力为零，不计各构件自重与各处摩擦。如在点 C 作用一水平力 $\boldsymbol{F}$，杆系处于平衡，求距离 AC 之值。

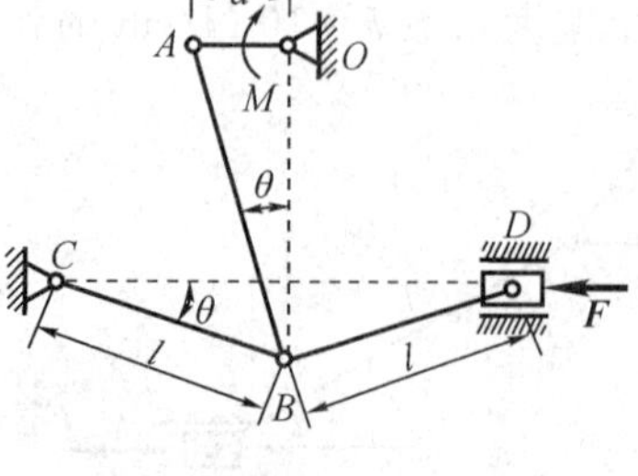

题 14－5 图

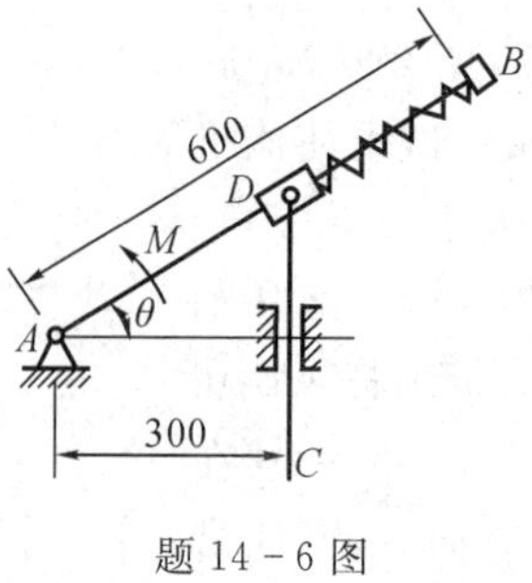

题 14－6 图

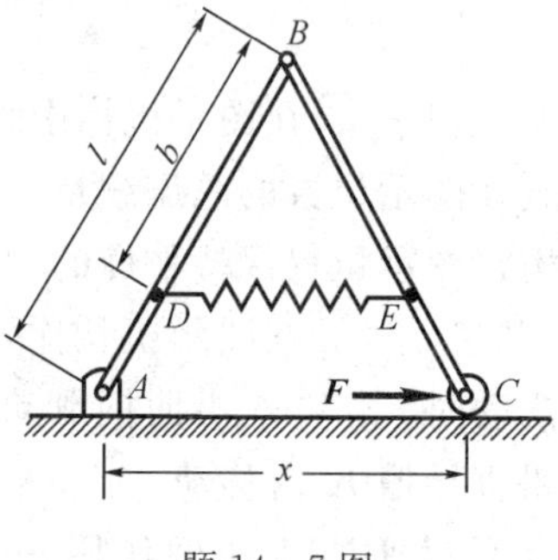

题 14－7 图

14-8　在图示系统中，弹簧 AB，BC 的刚度系数均为 k，除连接 C 点的二杆长度为 l 外，其余各杆长度均为 $2l$。各杆的自重可以忽略。未加力 $\boldsymbol{P}$ 时，弹簧不受力，$\theta=\theta_0$。试求加力 $\boldsymbol{P}$ 后的平衡位置所对应的 θ 值。

14-9　通过滑轮机构将物体 A 和 B 悬挂如图。如绳和滑轮的重量不计，试求此两物体平衡时，重量 P_A，P_B 的关系。

14-10　两均质杆 A_1B_1 与 A_2B_2 长各为 l_1，l_2，重各为 W_1，W_2。它们的一端 A_1，A_2 分别撑在光滑的铅直墙面上，另一端 B_1，B_2 在光滑水平面的同一处，如图所示。求平衡时两杆与水平面所成的夹角 φ_1，φ_2 之间的关系。

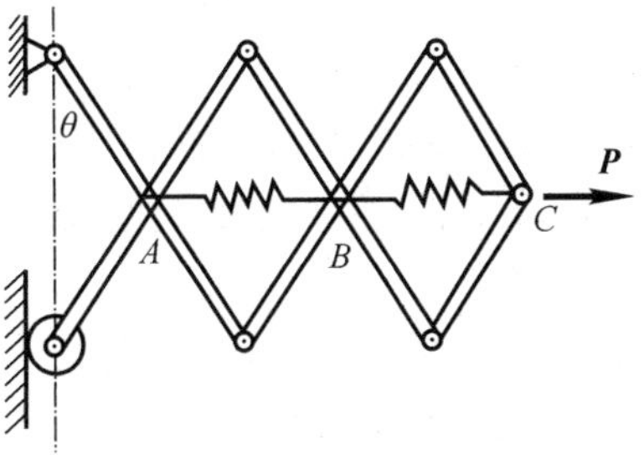

题 14-8 图

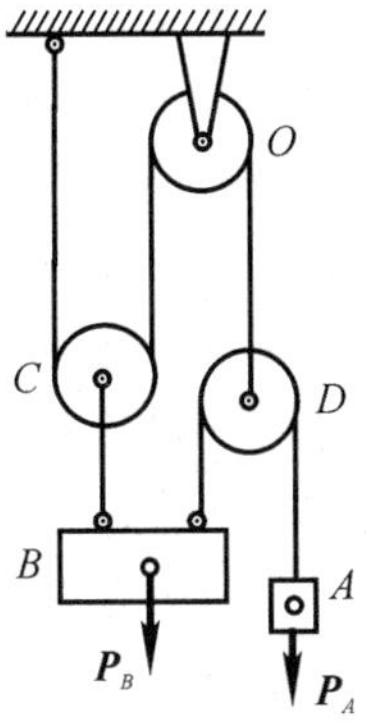

题 14-9 图

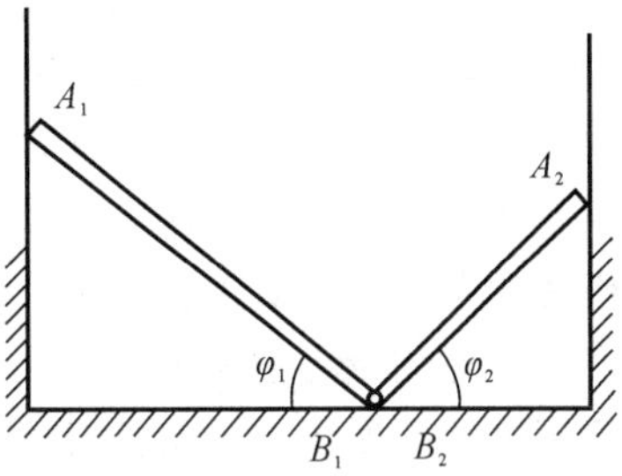

题 14-10 图

14-11　半径为 R 的滚子放在粗糙水平面上，连杆 AB 的两端分别与轮缘上的点 A 和滑块 B 铰接，如图所示。现在滚子上施加矩为 M 的力偶，在滑块上施加力 $\boldsymbol{F}$，使系统于图示位置处于平衡。设力 $\boldsymbol{F}$ 为已知，忽略滚动摩阻和各构件的重量，不计滑块和各铰链处的摩擦。求力偶矩 M 以及滚子与地面间的摩擦力 $\boldsymbol{F}_s$。

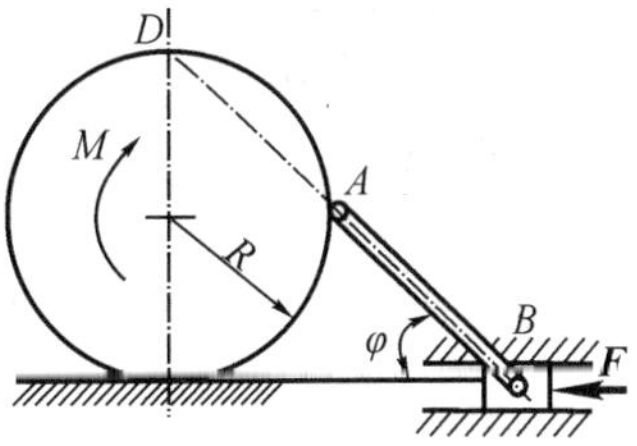

题 14-11 图

14-12　用虚位移原理求图示桁架中杆 3 的内力。

14-13　组合梁载荷分布如图所示，已知跨度 $l=8$ m，$P=4900$ N，均布力 $q=2450$ N/m，力偶矩 $M=4900$ N・m。求支座约束力。

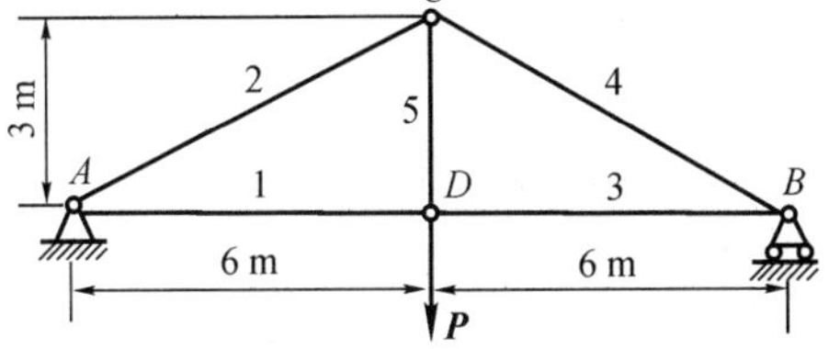

题 14-12 图

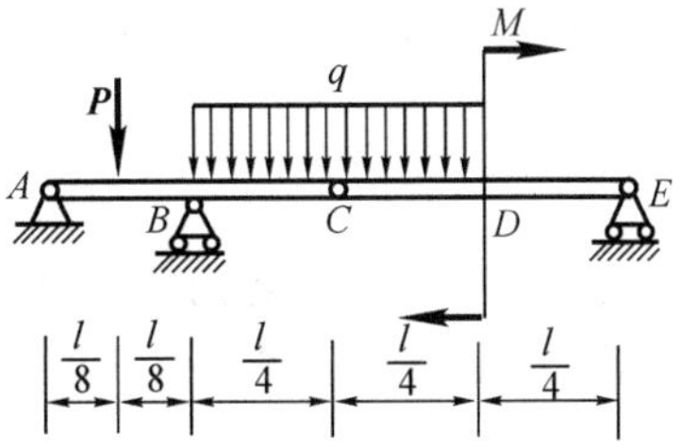

题 14-13 图

第 15 章　拉格朗日方程

物体运动与相互作用之间的关系是牛顿力学的主要研究内容。牛顿第二定律提出了质点的运动与其受力之间的矢量关系，在此基础上建立了质点系动力学的普遍定理(动量定理、动量矩定理和动能定理)，这种处理动力学问题的方法和体系称之为“矢量力学”。矢量力学方法具有数学形式简单、物理概念清晰等特点，在研究质点和简单刚体系统动力学问题方面取得了辉煌的成就，但在求解复杂的约束系统和变形体的动力学问题方面则遇到了很大困难。这是因为在矢量力学方法中需要事先对系统中各个质点的受力情况进行分析，而对于复杂的约束系统，由于约束力的性质和分布在求解前是未知的，使得求解过程变得极为复杂，也无法建立一般力学系统的动力学方程。

针对矢量力学所遇到的困难，采用分析数学的方法求解力学问题的理论在 18 世纪得到了迅速的发展，形成了“分析力学”的理论体系。分析力学采用能量与功来描述物体运动与相互作用之间的关系，分析力学的表述方法具有更大的普遍性。本章首先提出了自由度和广义坐标的概念，不仅导出了以广义坐标表示的平衡方程，而且把达朗贝尔原理和虚位移结合起来，推导出了质点系动力学普遍方程和拉格朗日方程，用来解决非自由质点系的动力学问题。

15.1　自由度和广义坐标

15.1.1　自由度

在具有完整约束的质点系中，确定其位置的独立坐标的个数称为该质点系的自由度数。

设质点系由 n 个质点组成，其位置向量分别为 $\boldsymbol{r}_1$，$\boldsymbol{r}_2$，…，$\boldsymbol{r}_n$，它们的曲线坐标(包含直角坐标系)记为

$$(x_1,\ x_2,\ x_3),\ (x_4,\ x_5,\ x_6),\ \cdots,\ (x_{3n-2},\ x_{3n-1},\ x_{3n})$$

如果质点系中各质点是完全自由的，则这 $3n$ 个坐标是独立的，它们完全确定了质点系的位置，那么我们就说质点系有 $3n$ 个自由度。如果有 k 个约束加予质点系，即存在 k 个约束方程

$$f_j(\boldsymbol{r}_1,\ \boldsymbol{r}_2,\ \cdots,\ \boldsymbol{r}_n,\ t)=0\quad (j=1,\ 2,\ \cdots,\ k) \tag{15-1}$$

或写成

$$f_j(x_1,\ x_2,\ \cdots,\ x_{3n},\ t)=0\quad (j=1,\ 2,\ \cdots,\ k)$$

则描述质点系的 $3n$ 个坐标中只有 $3n-k$ 个是独立的。在完整约束的条件下，确定质点系位置的独立参数的数目称为系统的自由度数，该质点系共有 $s=3n-k$ 个自由度。

如图 15.1 所示曲柄连杆机构，确定系统的位置共有四个坐标，即 x_A，y_A和 x_B，y_B，但各坐标需要满足三个约束方程，即

$$x_A^2+y_A^2=r^2, \quad (x_B-x_A)^2+(y_B-y_A)^2=l^2, \quad y_B=0$$

因此，该系统只有一个坐标是独立的，该质点系只有一个自由度。

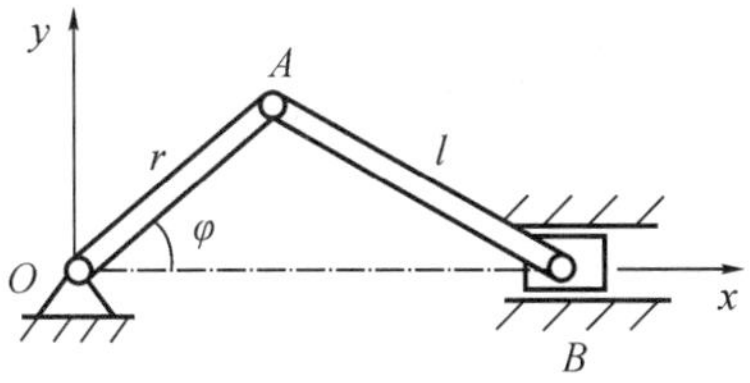

图 15.1

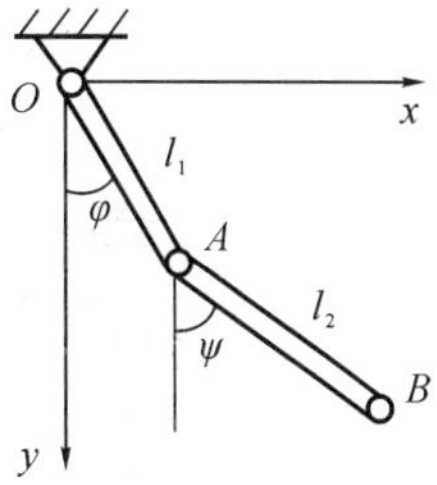

图 15.2

图 15.2 所示的双锤摆在 Oxy 平面内运动，要确定该系统的位置需要四个坐标，即 x_A，y_A和 x_B，y_B，由于两杆的长度一定，可列出两个约束方程

$$x_A^2+y_A^2=l_1^2$$

$$(x_B-x_A)^2+(y_B-y_A)^2=l_2^2$$

因此系统有两个自由度。

15.1.2　广义坐标

确定一个质点系位置的独立参数的选取并不是唯一的，例如图 15.1 所示的曲柄连杆机构，可以选四个坐标的任一个或夹角 φ 作为独立参数。**确定质点系位置的独立参数称为广义坐标**。

设 q_1，q_2，…，q_N为**系统的广义坐标**，则各质点的矢径可以写成这些广义坐标与时间 t 的函数，对于完整约束，各质点矢径可以写成如下的广义坐标的函数形式，表示为

$$\boldsymbol{r}_i=\boldsymbol{r}_i(q_1, q_2, \cdots, q_N, t) \quad (i=1, 2, \cdots, n) \tag{15-2a}$$

若为稳定的完整约束，则各质点的坐标可以写成广义坐标的函数形式：

$$x_i=x_i(q_1, q_2, \cdots, q_N)$$

$$y_i=y_i(q_1, q_2, \cdots, q_N)$$

$$z_i=z_i(q_1, q_2, \cdots, q_N)$$

式中 $i=1, 2, \cdots, n$。

由虚位移的定义，对上式进行变分计算(类似于多元函数求微分)，得

$$\delta\boldsymbol{r}_i=\sum\frac{\delta\boldsymbol{r}_i}{\delta q_k}\delta q_k \quad (i=1, 2, \cdots, n) \tag{15-2b}$$

式中 $\delta q_k(k=1, 2, \cdots, N)$为广义坐标 q_k的变分，称为**广义虚位移**。

在有的情况下，各质点的位置用直角坐标表示比较方便。如图 15.1 的曲柄连杆机构有一个自由度，如果选择 φ 作为广义坐标，则

$$x_A=r\cos\varphi, \quad y_A=r\sin\varphi$$

$$x_B=r\cos\varphi+\sqrt{l^2-r^2\sin^2\varphi}, \quad y_B=0$$

同样，图 15.2 所示的双摆系统有两个自由度，选择 φ 和 ψ 作广义坐标比较方便，得

$$x_A = l_1\cos\varphi, \quad y_A = l_1\sin\varphi$$

$$x_B = l_1\sin\varphi + l_2\sin\psi, \quad y_B = l_1\cos\varphi + l_2\cos\psi$$

再如，图 15.3 所示平面的刚性杆件系统，限制在平面上的一根杆有三个自由度，每一个铰链约束减少两个自由度，一个连杆约束减少一个自由度。因此，由两根杆组成的各系统的自由度数可以有多种情况。

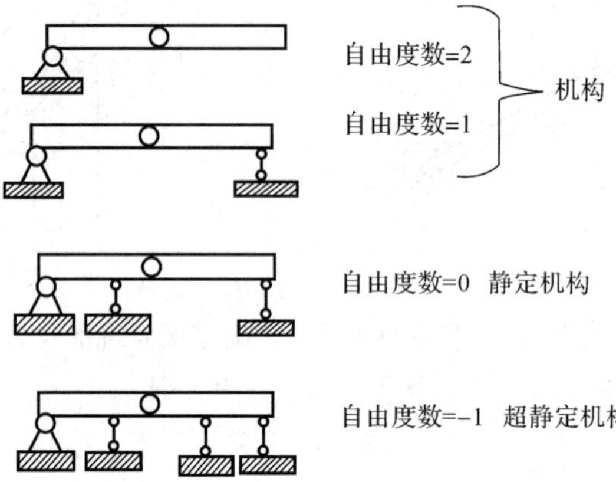

图 15.3

15.2 以广义坐标表示的质点系平衡条件

在上一章的虚位移原理的解析表达式中，是以质点的直角坐标的变分表示虚位移的。但这些虚位移不一定是独立的虚位移，所以在解题时，需要建立虚位移之间的关系，然后才能将问题解决。如果我们直接用广义坐标的变分来表示虚位移，则这种虚位移之间是相互独立的，这时虚位移原理可以表示为更简洁的形式。具有 n 个质点的质点系，其中作用于第 i 个质点上的主动力的合力 $\boldsymbol{F}_i$ 在三个坐标轴上的投影分别为(F_{xi}，F_{yi}，F_{zi})，将式(15-2b)代入虚功方程，得到

$$\begin{aligned}\delta W_F &= \sum_{i=1}^{n}\delta W_{F_i} = \sum_{i=1}^{n}\left(F_{xi}\sum_{k=1}^{N}\frac{\partial x_i}{\partial q_k}\delta q_k + F_{yi}\sum_{k=1}^{N}\frac{\partial y_i}{\partial q_k}\delta q_k + F_{zi}\sum_{k=1}^{N}\frac{\partial z_i}{\partial q_k}\delta q_k\right)\\ &= \sum_{k=1}^{N}\left[\sum_{i=1}^{n}\left(F_{xi}\frac{\partial x_i}{\partial q_k} + F_{yi}\frac{\partial y_i}{\partial q_k} + F_{zi}\frac{\partial z_i}{\partial q_k}\right)\right]\delta q_k = 0 \qquad (15-3)\end{aligned}$$

如果令

$$Q_k = \sum_{i=1}^{n}\left(F_{xi}\frac{\partial x_i}{\partial q_k} + F_{yi}\frac{\partial y_i}{\partial q_k} + F_{zi}\frac{\partial z_i}{\partial q_k}\right) \quad (k = 1, 2, \cdots, N) \qquad (15-4)$$

则式(15-3)可以写成

$$\delta W_F = \sum_{k=1}^{N} Q_k\delta q_k = 0 \qquad (15-5)$$

上式中 $Q_k\delta q_k$ 具有功的量纲，所以称 Q_k 为与广义坐标 q_k 相对应的**广义力**。广义力的量纲由它所对应的广义虚位移而定。当 q_k 是线位移时，Q_k 的量纲是力的量纲；当 q_k 是角位移时，Q_k 的量纲是力矩的量纲。

由于广义坐标都是相互独立的，因此广义虚位移 δq_k($k=1$，2，…，N)是任意的，于

是有

$$Q_k=0 \quad (k=1, 2, \cdots, N)$$

此式表明：**具有完整、双向和理想约束的质点系平衡的必要条件是所有的广义力都等于零**。这就是用广义坐标表示的质点系的平衡条件。

下面介绍求解广义力的几种方法。

1. 解析法

先计算主动力系在直角坐标轴上的投影，再将各主动力系 $\boldsymbol{F}_i$ 的作用点坐标 x_i，y_i，z_i $(i=1, 2, \cdots, n)$ 写成广义坐标 $q_j(j=1, 2, \cdots, k)$ 的函数，并求变分，然后利用式(15-4)求解。

2. 几何法

给质点系一组特殊的虚位移，即令 $\delta q_1 \neq 0$，$\delta q_2=\cdots=\delta q_N=0$，这样可以把 n 个自由度问题变为一个自由度问题，用几何法求出主动力系在这一组特殊的虚位移中的虚功之和 $\sum \delta W_{i1}$，又由 $\sum_{j=1}^{k} Q_k \delta q_j=0$ 可知 $\sum \delta W_{i1}=Q_1 \delta q_1$，因此

$$Q_1=\frac{\sum \delta W_{i1}}{\delta q_1} \tag{15-6}$$

同理可求得 Q_2，Q_3，…，Q_k。

3. 其他方法

若主动力均是有势力，则可先写出质点系的势能 V，并把它表示成广义坐标的函数，然后利用后文将要介绍的式(15-15)计算。

【例 15-1】 杆 OA 和 AB 以铰链相连，O 端悬挂于圆柱铰链上，如图 15.4 所示。杆长 $OA=a$，$AB=b$，杆重和铰链的摩擦都忽略不计。在点 A 和 B 分别作用向下的铅垂力 $\boldsymbol{F}_A$ 和 $\boldsymbol{F}_B$，又在点 B 作用一水平力 $\boldsymbol{F}$。试求平衡时 φ_1，φ_2 与 F_A，F_B，F 之间的关系。

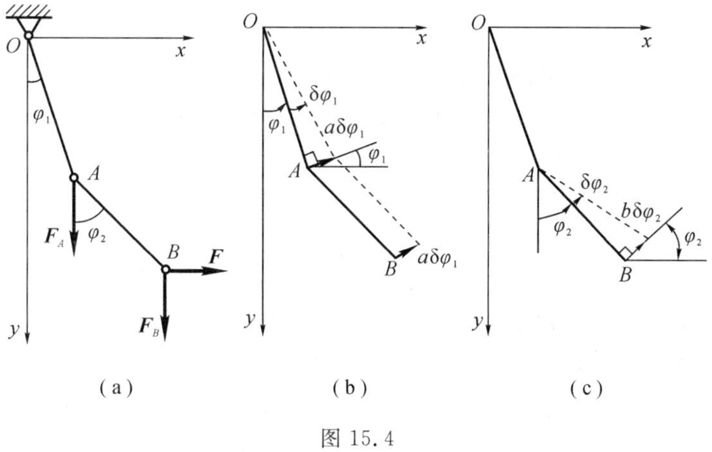

图 15.4

【解】 杆 OA 和 AB 的位置可由点 A 和 B 的四个坐标 x_A，y_A 和 x_B，y_B 完全确定，由于杆 OA 和 AB 的长度一定，可列出两个约束方程：

$$x_A^2+y_A^2=a^2, \quad (x_B-x_A)^2+(y_B-y_A)^2=b^2 \tag{15-7}$$

因此系统有两个自由度。现选择 φ_1 和 φ_2 为系统的两个广义坐标，计算其对应的广义力 Q_1 和 Q_2。

用第一种方法计算：

$$\left.\begin{aligned}Q_1=F_A\frac{\partial y_A}{\partial\varphi_1}+F_B\frac{\partial y_B}{\partial\varphi_1}+F\frac{\partial x_B}{\partial\varphi_1}\\Q_2=F_A\frac{\partial y_A}{\partial\varphi_2}+F_B\frac{\partial y_B}{\partial\varphi_2}+F\frac{\partial x_B}{\partial\varphi_2}\end{aligned}\right\}\tag{a}$$

由于

$$y_A=a\cos\varphi_1,\quad y_B=a\cos\varphi_1+b\cos\varphi_2,\quad x_B=a\sin\varphi_1+b\sin\varphi_2\tag{b}$$

故

$$\frac{\partial y_A}{\partial\varphi_1}=-a\sin\varphi_1,\quad\frac{\partial y_B}{\partial\varphi_1}=-a\sin\varphi_1,\quad\frac{\partial x_B}{\partial\varphi_1}=a\cos\varphi_1$$

$$\frac{\partial y_A}{\partial\varphi_2}=0,\quad\frac{\partial y_B}{\partial\varphi_2}=-b\sin\varphi_2,\quad\frac{\partial x_B}{\partial\varphi_2}=b\cos\varphi_2$$

代入式(a)，系统平衡时应有

$$\left.\begin{aligned}Q_1=-(F_A+F_B)a\sin\varphi_1+Fa\cos\varphi_1=0\\Q_2=-F_Bb\sin\varphi_2+Fb\cos\varphi_2=0\end{aligned}\right\}\tag{c}$$

解得

$$\tan\varphi_1=\frac{F}{F_A+F_B},\quad\tan\varphi_2=\frac{F}{F_B}\tag{d}$$

用第二种方法计算：

保持 φ_2 不变，只有 $\delta\varphi_1$ 时，如图 15.4(b)所示。由式(b)的变分可得一组虚位移

$$\delta y_A=\delta y_B=-a\sin\varphi_1\delta\varphi_1,\quad\delta x_B=a\cos\varphi_1\delta\varphi_1\tag{e}$$

则对应于 φ_1 的广义力为

$$Q_1=\frac{\sum\delta W_1}{\delta\varphi_1}=\frac{F_A\delta y_A+F_B\delta y_B+F\delta x_B}{\delta\varphi_1}$$

将式(e)代入上式，得

$$Q_1=-(F_A+F_B)a\sin\varphi_1+Fa\cos\varphi_1\tag{15-8}$$

保持 φ_1 不变，只有 $\delta\varphi_2$ 时，如图 15-4(c)所示。由式(b)的变分可得另一组虚位移

$$\delta y_A=0,\quad\delta y_B=-b\sin\varphi_2\delta\varphi_2,\quad\delta x_B=b\cos\varphi_2\delta\varphi_2$$

代入对应于 φ_2 的广义力表达式，得

$$Q_2=\frac{\sum\delta W_2}{\delta\varphi_2}=\frac{F_A\delta y_A+F_B\delta y_B+F\delta x_B}{\delta\varphi_2}=-F_Bb\sin\varphi_2+Fb\cos\varphi_2\tag{15-9}$$

两种方法所得的广义力相同。在用第二种方法给出虚位移时，也可以直接由几何关系计算。如保持 φ_2 不变，只有 $\delta\varphi_1$ 时，杆 AB 为平移，A，B 两点的虚位移相等。点 A 的虚位移大小为 $a\delta\varphi_1$，方向与 OA 垂直，如图 15.4(b)所示，沿 x，y 轴的投影为

$$\delta x_A=\delta x_B=a\delta\varphi_1\cos\varphi_1,\quad\delta y_A=\delta y_B=-a\delta\varphi_1\sin\varphi_1\tag{15-10}$$

又当 φ_1 不变，只有 $\delta\varphi_2$ 时，点 A 不动，杆 AB 绕点 A 转动 $\delta\varphi_2$，点 B 的虚位移大小为 $b\delta\varphi_2$，方向与杆 AB 垂直，如图 15-4(c)所示，沿 x，y 轴的投影为

$$\delta x_B=b\delta\varphi_2\cos\varphi_2,\quad\delta y_B=-b\delta\varphi_2\sin\varphi_2\tag{15-11}$$

与变分计算结果相同。

【例 15-2】 如图 15.5 所示，重物 A 和 B 分别连接在细绳两端，重物 A 放在粗糙的水平面上，重物 B 绕过滑轮 E 铅直悬挂。在动滑轮 H 的轴心上挂一重物 C，设重物 A 重量为 $2P$，重物 B 重量为 P，试求平衡时重物 C 的重量 P_C 以及重物 A 与水平面间的静滑动摩擦因数。

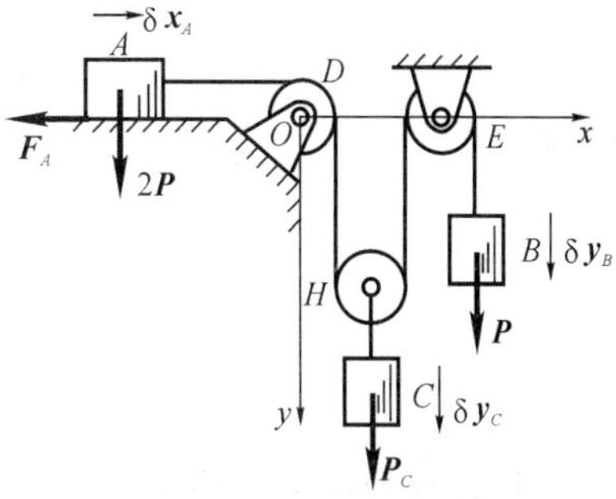

图 15.5

【解】 此系统有两个自由度。选重物 A 向右的水平坐标 x_A 和重物 B 向下的铅直坐标 y_B 为广义坐标，则对应的虚位移为 $\delta \boldsymbol{x}_A$ 和 $\delta \boldsymbol{y}_B$。除重力外，重物 A 与台面间的摩擦力 $\boldsymbol{F}_A$ 也应视为主动力。广义力可用几何法求解。

先令 $\delta x_A \neq 0$，方向水平向右，$\delta y_B = 0$，此时重物 C 的虚位移 $\delta y_C = \dfrac{1}{2}\delta x_A$，方向向下。质点系的主动力所做的虚功之和为

$$\begin{aligned}\sum \delta W_A &= -F_A \delta x_A + P_C \delta y_C \\ &= \left(-F_A + \frac{1}{2}P_C\right)\delta x_A\end{aligned}$$

对应于广义坐标 x_A 的广义力为

$$Q_A = \frac{\sum \delta W_A}{\delta x_A} = -F_A + \frac{1}{2}P_C$$

再令 $\delta x_A = 0$，$\delta y_B \neq 0$，方向向下，此时重物 C 的虚位移为 $\delta y_C = \dfrac{1}{2}\delta y_B$，方向向上。可得主动力所做的虚功之和为

$$\sum \delta W_B = -P_C \delta y_C + P\delta y_B = \left(-\frac{1}{2}P_C + P\right)\delta y_B$$

对应于广义坐标 y_B 的广义力为

$$Q_B = \frac{\sum \delta W_B}{\delta y_B} = -\frac{1}{2}P_C + P$$

由 $Q_{yB} = 0$ 求得

$$P_C = 2P$$

由 $Q_{xA} = 0$ 求得

$$F_A = \frac{1}{2}P_C = P$$

因此平衡时，要求物块与台面间的静摩擦因数

$$f_s \geqslant \frac{F_A}{2P} = 0.5$$

下面研究质点系在势力场中的情况。

如果作用于质点系的主动力 $\boldsymbol{F}_i (i=1, 2, \cdots, n)$ 均为有势力，则势能应为各质点坐标的函数，记为

$$V = V(x_1, y_1, z_1, \cdots, x_n, y_n, z_n)$$

此时虚功方程中各力的投影都可以写成用势能 V 表达的形式，即

$$F_x=-\frac{\partial V}{\partial x_i},\quad F_y=-\frac{\partial V}{\partial y_i},\quad F_z=-\frac{\partial V}{\partial z_i} \tag{15-12}$$

于是有

$$\begin{aligned}\delta W_F &= \sum(F_{xi}\delta x_i+F_{yi}\delta y_i+F_{zi}\delta z_i)\\ &=-\sum\left(\frac{\partial V}{\partial x_i}\delta x_i+\frac{\partial V}{\partial y_i}\delta y_i+\frac{\partial V}{\partial z_i}\delta z_i\right)\\ &=-\delta V\end{aligned} \tag{15-13}$$

这样，虚位移原理的表达式成为

$$\delta V=0 \tag{15-14}$$

上式说明：**在势力场中，具有理想约束的质点系的平衡条件为质点系的势能在平衡位置处一阶变分为零。**

如果用广义坐标 q_1，q_2，…，q_N 表示质点系的位置，则质点系的势能可以写成广义坐标的函数，即

$$V=V(q_1,\ q_2,\ \cdots,\ q_N)$$

根据广义力的表达式(15-4)，在势力场中可将广义力 Q_k 写成势能表达的形式

$$\begin{aligned}Q_k &=-\sum_{i=1}^{n}\left(\frac{\partial V}{\partial x_i}\frac{\partial x_i}{\partial q_k}+\frac{\partial V}{\partial y_i}\frac{\partial y_i}{\partial q_k}+\frac{\partial V}{\partial z_i}\frac{\partial z_i}{\partial q_k}\right)\\ &=-\frac{\partial V}{\partial q_k}\quad (k=1,\ 2,\ \cdots,\ N)\end{aligned} \tag{15-15}$$

这样，由广义坐标表示的平衡条件可写成如下形式

$$\frac{\partial V}{\partial q_k}=0\quad (k=1,\ 2,\ \cdots,\ N) \tag{15-16}$$

即：**在势力场中，具有理想约束的质点系的平衡条件是势能对于每个广义坐标的偏导数分别等于零。**

保守系统是机械能守恒的系统。若保守系统在某一位置处于平衡，当质点系受到微小的初始干扰偏离了平衡位置以后，质点系的运动总不超过平衡位置邻近的某一给定的微小区域，则质点系的平衡是稳定的，否则，是不稳定的。

下面通过一简单的实例来说明平衡的稳定性，例如图 15.6 所示的三个小球就具有三种不同的平衡状态。图 15.6(a)所示小球在一凹曲面的最低点上平衡，此处小球的势能为极小值，当小球受到微小干扰偏离平衡位置后，其势能增加，根据机械能守恒定律，其动能必减小。因此，只要初始干扰充分小，小球的偏离总不会超过某一给定的微小区域。由此可知，这种平衡是稳定的。对图 15.6(b)的情形，小球位于一凸曲面上的顶点平衡，小球的势能具有极大值。如小球受到微小干扰偏离平衡位置后，势能减小，根据机械能守恒定律，其动能必增加。动能增大的结果必导致小球的偏离不断增大。因此，不管起始干扰如何小，小球离开平衡位置后，再不会回到原平衡位置上，这种平衡是不稳定的。至于图 15.6(c)所示的一种特殊情形，小球位于一平面上，无论在什么位置，小球重心位置不变，势能为一常数，小球在任何位置均能平衡，称为随遇平衡，随遇平衡是不稳定平衡的一种特殊情形。

对于一个自由度的保守系统，系统具有一个广义坐标 q，系统的势能可表示为 q 的一元函数，即

$$V=V(q) \tag{15-17}$$

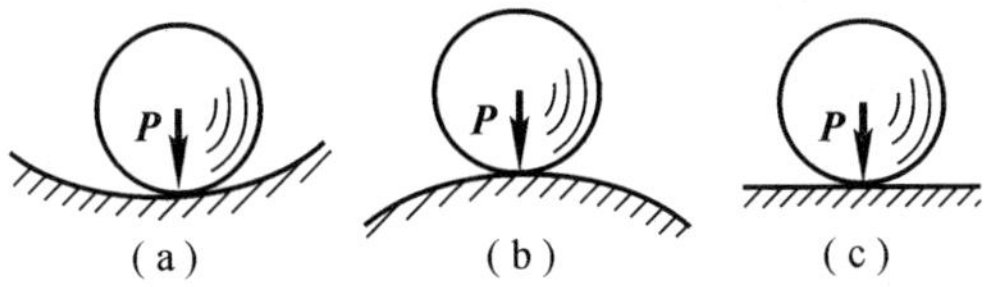

(a)　(b)　(c)

图 15.6

当系统平衡时，广义力等于零，根据式(15-16)，则在平衡位置处有

$$\frac{\mathrm{d}V}{\mathrm{d}q}=0 \tag{15-18}$$

如果系统处于稳定平衡状态，则在平衡位置处，系统的势能具有极小值，系统势能对广义坐标的二阶导数大于零，即

$$\left.\frac{\mathrm{d}^2V}{\mathrm{d}q^2}\right|_{q=q_0}>0 \tag{15-19}$$

若有

$$\left.\frac{\mathrm{d}^2V}{\mathrm{d}q^2}\right|_{q=q_0}<0 \tag{15-20}$$

则在该平衡位置势能具有极大值，平衡是不稳定的。

式(15-19)是一个自由度系统平衡的稳定性判据。对于多自由度系统平衡的稳定性判据可参阅其他书籍。

【例 15-3】 如图 15.7 所示的倒置摆，摆锤重量为 P，摆杆的长度为 l，在摆杆上的点 A 连有一刚度系数为 k 的水平弹簧，摆在铅直位置时弹簧未变形。设 $OA=a$，摆杆重量不计，试确定摆杆的平衡位置及稳定平衡时所应满足的条件。

【解】 此系统为一个自由度系统，选择摆角 φ 为广义坐标，摆的铅直位置为摆锤重力势能和弹簧弹性势能的零点。则对任一摆角 φ，系统的总势能等于摆锤的重力势能和弹簧的弹性势能之和，当 $|\varphi|\ll 1$ 时，有

$$V=-Pl(1-\cos\varphi)+\frac{1}{2}ka^2\varphi^2=-2Pl\sin^2\frac{\varphi}{2}+\frac{1}{2}ka^2\varphi^2$$

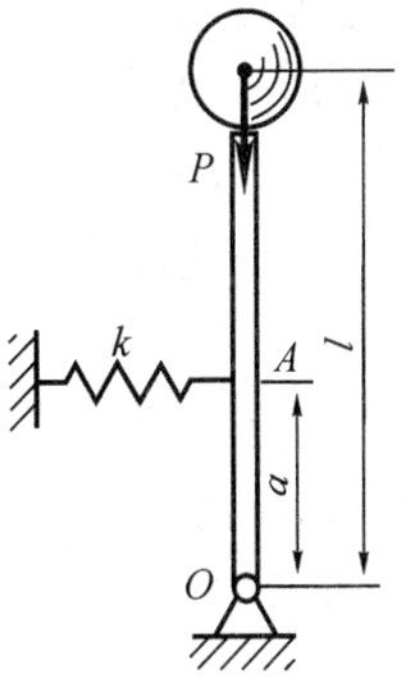

图 15.7

由于 φ 为小量，因此有 $\sin\frac{\varphi}{2}\approx\frac{\varphi}{2}$，上述势能表达式可以写成

$$V=\frac{1}{2}(ka^2-Pl)\varphi^2$$

将势能 V 对 φ 求一阶导数，有

$$\frac{\mathrm{d}V}{\mathrm{d}\varphi}=(ka^2-Pl)\varphi$$

由 $\frac{\mathrm{d}V}{\mathrm{d}\varphi}=0$，得到系统的平衡位置为 $\varphi=0$。为判别系统是否处于稳定平衡，将势能 V 对 φ 求二阶导数，得

$$\frac{\mathrm{d}^2V}{\mathrm{d}\varphi^2}=ka^2-Pl$$

对于稳定平衡，要求 $\frac{\mathrm{d}^2V}{\mathrm{d}\varphi^2}>0$，即

$$ka^2 - Pl > 0$$

或

$$a > \sqrt{\frac{Pl}{k}}$$

15.3 动力学普遍方程

考虑由 n 个质点组成的系统，设第 i 个质点的质量为 m_i，矢径为 $\boldsymbol{r}_i$，加速度为$\ddot{\boldsymbol{r}}_i$，其上作用有主动力 $\boldsymbol{F}_i$，约束力 $\boldsymbol{F}_{Ni}$。令 $\boldsymbol{F}_{Ii} = -m_i \ddot{\boldsymbol{r}}_i$ 为第 i 个质点的惯性力，则由达朗贝尔原理，作用在整个质点系上的主动力、约束力和惯性力系应组成平衡力系。若系统只受理想约束作用，则由虚位移原理

$$\sum_{i=1}^{n} (\boldsymbol{F}_i + \boldsymbol{F}_{Ni} + \boldsymbol{F}_{Ii}) \cdot \delta \boldsymbol{r}_i = \sum_{i=1}^{n} (\boldsymbol{F}_i - m_i \ddot{\boldsymbol{r}}_i) \cdot \delta \boldsymbol{r}_i = 0 \qquad (15-21a)$$

写成解析表达式

$$\sum_{i=1}^{n} [(F_{xi} - m_i \ddot{x}_i)\delta x_i + (F_{yi} - m_i \ddot{y}_i)\delta y_i + (F_{zi} - m_i \ddot{z}_i)\delta z_i] = 0 \qquad (15-21b)$$

上式表明，**在理想约束的条件下，质点系在任一瞬时所受的主动力系与虚加的惯性力系在虚位移上所做的功的和等于零**。式(15-21)称为**动力学普遍方程**。

动力学普遍方程将达朗贝尔原理与虚位移原理相结合，可以求解质点系的动力学问题，特别适合于求解非自由质点系的动力学问题。下面举例说明。

【例 15-4】 在图 15.8 所示滑轮系统中，动滑轮上悬挂着质量为 m_1 的重物，绳子绕过定滑轮后悬挂着质量为 m_2 的重物。设滑轮和绳子的重量以及轮轴摩擦都忽略不计，求质量为 m_2 的物体下降的加速度。

【解】 取整个滑轮系统为研究对象，系统具有理想约束。系统所受的主动力为重力 $m_1\boldsymbol{g}$ 和 $m_2\boldsymbol{g}$，假想加上系统的惯性力 $\boldsymbol{F}_{I1}$，$\boldsymbol{F}_{I2}$，其值为

$$F_{I1} = m_1 a_1, \quad F_{I2} = m_2 a_2$$

给系统以虚位移 δs_1 和 δs_2，由动力学普遍方程，得

$$(m_2 g - m_2 a_2)\delta s_2 - (m_1 g + m_1 a_1)\delta s_1 = 0 \qquad (a)$$

这是一个单自由度系统，所以 δs_1 和 δs_2 中只有一个是独立的。由定滑轮和动滑轮的传动关系，有

$$\delta s_1 = \frac{\delta s_2}{2}, \quad a_1 = \frac{a_2}{2} \qquad (b)$$

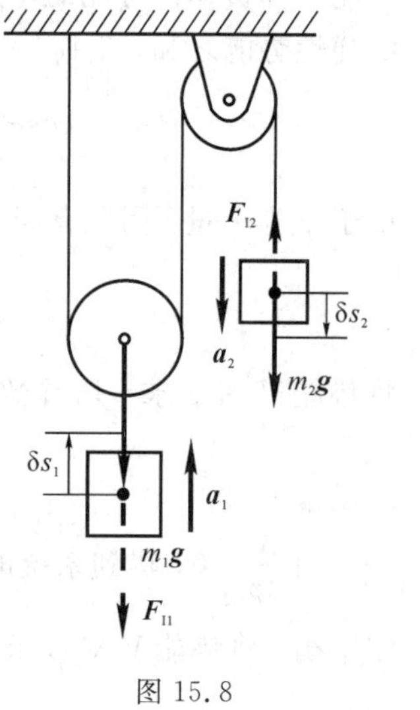

图 15.8

将式(b)代入式(a)，有

$$(m_2 g - m_2 a_2)\delta s_2 - \left(m_1 g + m_1 \frac{a_2}{2}\right)\frac{\delta s_2}{2} = 0$$

消去 δs_2，得

$$a_2 = \frac{4m_2 - 2m_1}{4m_2 + m_1} g$$

【例 15-5】 图 15.9 中，两相同均质圆轮半径皆为 R，质量皆为 m。轮 Ⅰ可绕轴 O 转动，轮 Ⅱ绕有细绳并跨于轮Ⅰ 上。当细绳直线部分为铅垂时，求轮 Ⅱ中心 C 的加速度。

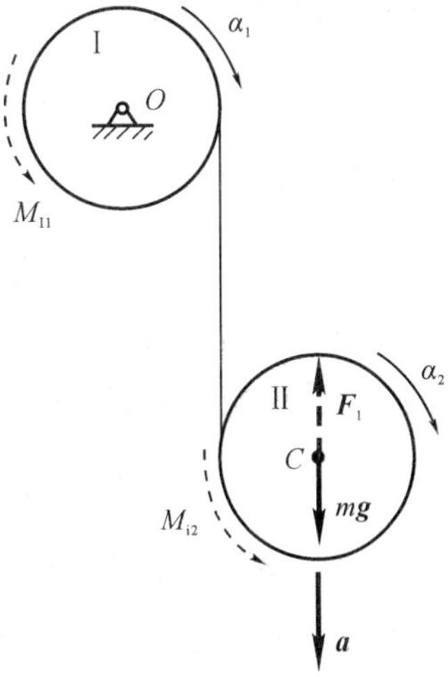

图 15.9

【解】 研究整个系统。设轮Ⅰ，Ⅱ的角加速度分别为 α_1，α_2，轮Ⅱ质心 C 的加速度为 $\boldsymbol{a}$，则系统的惯性力系可以简化成

$$F_I = ma,\quad M_{I1} = \frac{1}{2}mR^2\alpha_1,\quad M_{I2} = \frac{1}{2}mR^2\alpha_2$$

方向如图所示。此系统具有两个自由度，取轮Ⅰ、轮Ⅱ的转角 φ_1，φ_2 为广义坐标。

令 $\delta\varphi_1 = 0$，$\delta\varphi_2 \neq 0$，则点 C 下降 $\delta h = R\delta\varphi_2$。根据动力学普遍方程有

$$mg\delta h - F_I\delta h - M_{I2}\delta\varphi_2 = 0$$

或

$$g - a - \frac{1}{2}\alpha_2 R = 0$$

再令 $\delta\varphi_1 \neq 0$，$\delta\varphi_2 = 0$，则 $\delta h = R\delta\varphi_1$，代入动力学普遍方程，有

$$mg\delta h - F_I\delta h - M_{I1}\delta\varphi_1 = 0 \tag{a}$$

或

$$g - a - \frac{1}{2}\alpha_1 R = 0 \tag{b}$$

考虑到运动学关系

$$a = \alpha_1 R + \alpha_2 R \tag{c}$$

联立式(a)、(b)、(c)，解得

$$a = \frac{4}{5}g$$

由以上例题可见，用动力学普遍方程求解问题的关键是将约束方程代入虚功方程，再利用独立虚位移的任意性求解。由此可从约束方程的一般形式(15-1)出发，得到普遍性的结果，这就是著名的拉格朗日方程。

15.4 拉格朗日方程

15.4.1 第一类拉格朗日方程

将约束方程(15-1)代入动力学普遍方程(15-21a)的一种较为普遍的方法就是采用拉格朗日乘子法，将(15-21a)化成无约束方程组来求解，而代入的约束方程则采用其微分形式。引入符号

$$\frac{\partial f_k}{\partial \boldsymbol{r}_i} = \frac{\partial f_k}{\partial x_i}\boldsymbol{i} + \frac{\partial f_k}{\partial y_i}\boldsymbol{j} + \frac{\partial f_k}{\partial z_i}\boldsymbol{k} \tag{15-22}$$

对式(15-1)两边取变分

$$\sum_{i=1}^{n} \frac{\partial f_k}{\partial \boldsymbol{r}_i}\delta \boldsymbol{r}_i = 0 \quad (k = 1, 2, \cdots, s) \tag{15-23}$$

引入拉格朗日乘子 $\lambda_k(k=1, 2, \cdots, s)$，将式(15-23)两端乘以 λ_k，并对 k 求和，得

$$\sum_{k=1}^{s}\lambda_k\left(\sum_{i=1}^{n} \frac{\partial f_k}{\partial \boldsymbol{r}_i} \cdot \delta \boldsymbol{r}_i\right) = \sum_{i=1}^{n}\left(\sum_{k=1}^{s}\lambda_k \frac{\partial f_k}{\partial \boldsymbol{r}_i}\right)\cdot \delta \boldsymbol{r}_i = 0 \tag{15-24}$$

将式(15-21a)与式(15-24)相减，得

$$\sum_{i=1}^{n}\left(\boldsymbol{F}_i - m_i\ddot{\boldsymbol{r}}_i - \sum_{k=1}^{s}\lambda_k \frac{\partial f_k}{\partial \boldsymbol{r}_i}\right)\cdot \delta \boldsymbol{r}_i = 0$$

在 $3n$ 个质点坐标中，独立坐标有 $3n-s$ 个。对于 s 个不独立的坐标变分，我们可以选取适当的 λ_k，使得变分前的系数为零；而此时独立坐标变分前的系数也应等于零，从而有

$$\boldsymbol{F}_i - m_i\ddot{\boldsymbol{r}}_i - \sum_{k=1}^{s}\lambda_k \frac{\partial f_k}{\partial \boldsymbol{r}_i} = \boldsymbol{0} \quad (i = 1, 2, \cdots, n) \tag{15-25}$$

这就是带拉格朗日乘子的质点系动力学方程，又称为第一类拉格朗日方程。方程中共有 $3n+s$ 个未知量，故须与式(15-1)联立求解。

若将式(15-25)与质点系统的达朗贝尔原理相对比，不难看出含拉格朗日乘子项 $\left(-\sum_{k=1}^{s}\lambda_k \frac{\partial f_k}{\partial \boldsymbol{r}_i}\right)$ 对应于 s 个约束作用于系统内各质点上的约束力。

顺便指出，采用拉格朗日乘子法也可以求解具有非完整约束系统的动力学问题，因而具有更为普遍的应用性。

【例 15-6】 在图 15.10 所示的运动系统中，重物 M_1 的质量为 m_1，可沿光滑水平面移动；摆锤 M_2 的质量为 m_2，两个物体用无重杆连接，杆长为 l。试建立此系统的运动微分方程。

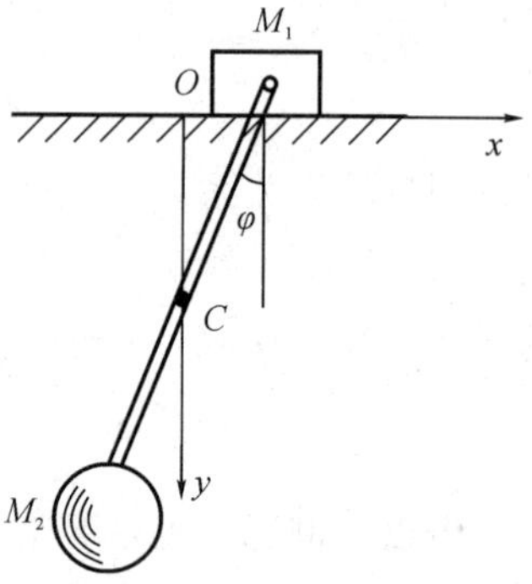

图 15.10

【解】 取系统为研究对象，建立坐标系如图 15.10 所示。设质点 M_1 的坐标为 x_1，y_1，质点 M_2 的坐标为 x_2，y_2，则系统的约束方程为

$$f_1 = y_1 = 0, \quad f_2 = (x_1 - x_2)^2 + (y_1 - y_2)^2 - l^2 = 0 \tag{a}$$

约束方程对各质点坐标的梯度项

$$\frac{\partial f_1}{\partial \boldsymbol{r}_1} = \boldsymbol{j}, \quad \frac{\partial f_1}{\partial \boldsymbol{r}_2} = \boldsymbol{0} \tag{b}$$

$$\frac{\partial f_2}{\partial \boldsymbol{r}_1} = 2(x_1 - x_2)\boldsymbol{i} + 2(y_1 - y_2)\boldsymbol{j}, \quad \frac{\partial f_2}{\partial \boldsymbol{r}_2} = -[2(x_1 - x_2)\boldsymbol{i} + 2(y_1 - y_2)\boldsymbol{j}] \tag{c}$$

作用在各质点上的主动力为

$$\boldsymbol{F}_1 = m_1 g\boldsymbol{j}, \quad \boldsymbol{F}_2 = m_2 g\boldsymbol{j} \tag{d}$$

将式(b)、(c)、(d)代入式(15-25)，得

$$\left.\begin{aligned} & m_1\ddot{x}_1 + 2\lambda_2(x_1 - x_2) = 0 \\ & m_1\ddot{y}_1 + \lambda_1 + 2\lambda_2(y_1 - y_2) - m_1 g = 0 \\ & m_2\ddot{x}_2 - 2\lambda_2(x_1 - x_2) = 0 \\ & m_2\ddot{y}_2 - 2\lambda_2(y_1 - y_2) - m_2 g = 0 \end{aligned}\right\} \tag{e}$$

将式(a)两边对时间 t 求二阶导数

$$\ddot{y}_1=0$$

$$(x_1-x_2)(\ddot{x}_1-\ddot{x}_2)+(\dot{x}_1-\dot{x}_2)^2+(y_1-y_2)(\ddot{y}_1-\ddot{y}_2)+(\dot{y}_1-\dot{y}_2)^2=0 \tag{f}$$

与式(e)联立，消去 λ_1，λ_2，得到系统的运动微分方程

$$\left.\begin{aligned}&m_1\ddot{x}_1+m_2\ddot{x}_2=0\\&\ddot{y}_1=0\\&\frac{y_1-y_2}{x_1-x_2}m_1\ddot{x}_1+m_2\ddot{y}_2-m_2g=0\\&(x_1-x_2)(\ddot{x}_1-\ddot{x}_2)+(\dot{x}_1-\dot{x}_2)^2+(y_1-y_2)(\ddot{y}_1-\ddot{y}_2)+(\dot{y}_1-\dot{y}_2)^2=0\end{aligned}\right\} \tag{g}$$

而

$$\lambda_1=m_1g+m_2g-m_1\ddot{y}_1-m_2\ddot{y}_2$$

$$\lambda_2=\frac{m_2\ddot{x}_2}{2(x_1-x_2)} \tag{h}$$

与矢量力学的动力学方程相对照，可知 $-\lambda_1$ 是光滑接触面的约束力，$2\lambda_2 l$ 是二力杆 M_1M_2 的内力。

15.4.2　第二类拉格朗日方程

设由 n 个质点组成的系统受 s 个完整约束，而且均为理想约束，系统具有 $N=3n-s$ 个自由度。设 q_1，q_2，…，q_N 为系统的一组广义坐标，设系统第 i 个质点 M_i 的矢径 $\boldsymbol{r}_i$ 可表示成广义坐标和时间 t 的函数，即

$$\boldsymbol{r}_i=\boldsymbol{r}_i(q_1, q_2, \cdots, q_N, t)\quad (i=1, 2, \cdots, n)$$

对上式两边求变分，得到

$$\delta\boldsymbol{r}_i=\sum_{k=1}^{N}\frac{\partial\boldsymbol{r}_i}{\partial q_k}\delta q_k$$

质点系的动力学普遍方程(15-21a)可以写成

$$\sum_{i=1}^{n}\boldsymbol{F}_i\cdot\delta\boldsymbol{r}_i-\sum_{i=1}^{n}m_i\ddot{\boldsymbol{r}}_i\delta\boldsymbol{r}_i=0$$

上式的第一项可以根据式(15-5)写成用广义力和广义虚位移表达的形式，即

$$\sum_{i=1}^{n}\boldsymbol{F}_i\cdot\delta\boldsymbol{r}_i=\sum_{k=1}^{N}Q_k\delta q_k$$

注意，这里所研究的不是平衡问题，故广义力 Q_k 不一定等于零。

将上式及矢径变分的公式代入动力学普遍方程，并注意交换求和次序，可得

$$\sum_{i=1}^{n}(\boldsymbol{F}_i-m_i\ddot{\boldsymbol{r}}_i)\cdot\delta\boldsymbol{r}_i=\sum_{k=1}^{N}\left(Q_k-\sum_{i=1}^{n}m_i\ddot{\boldsymbol{r}}_i\cdot\frac{\partial\boldsymbol{r}_i}{\partial q_k}\right)\delta q_k=0$$

对于完整约束系统，其广义坐标是相互独立的，故广义坐标的变分 $\delta q_k(k=1, 2, \cdots, N)$ 是任意的。为使上式成立，必须有

$$Q_k-\sum_{i=1}^{n}m_i\ddot{\boldsymbol{r}}_i\cdot\frac{\partial\boldsymbol{r}_i}{\partial q_k}=0\quad(k=1, 2, \cdots, N) \tag{15-26}$$

方程组(15－26)中的第二项与广义力 Q_k 相对应，可称为广义惯性力。

式(15－26)不便于直接应用，为此可作如下变换：

(1)
$$\frac{\partial \boldsymbol{r}_i}{\partial q_k}=\frac{\partial \dot{\boldsymbol{r}}_i}{\partial \dot{q}_k} \tag{15-27}$$

证明：在完整约束情况下，第 i 点的矢径 $\boldsymbol{r}_i=\boldsymbol{r}_i(q_1, q_2, \cdots, q_N, t)$，两边对时间求导，得

$$\dot{\boldsymbol{r}}_i=\sum_{k=1}^{N}\frac{\partial \boldsymbol{r}_i}{\partial q_k}\dot{q}_k+\frac{\partial \boldsymbol{r}_i}{\partial t} \tag{15-28}$$

注意 $\frac{\partial \boldsymbol{r}_i}{\partial q_k}$和$\frac{\partial \boldsymbol{r}_i}{\partial t}$只是广义坐标和时间的函数，而不是广义速度的函数，将上式两边对$\dot{q}_k$ 求偏导数，即得式(15－27)。

(2)
$$\frac{\mathrm{d}}{\mathrm{d}t}\left(\frac{\partial \boldsymbol{r}_i}{\partial q_k}\right)=\frac{\partial \dot{\boldsymbol{r}}_i}{\partial q_k} \tag{15-29}$$

证明：由于$\frac{\partial \boldsymbol{r}_i}{\partial q_j}$是广义坐标和时间的函数，将其对时间求导数，适当交换求导次序后得

$$\frac{\mathrm{d}}{\mathrm{d}t}\left(\frac{\partial \boldsymbol{r}_i}{\partial q_j}\right)=\sum_{k=1}^{N}\frac{\partial}{\partial q_k}\left(\frac{\partial \boldsymbol{r}_i}{\partial q_j}\right)\dot{q}_k+\frac{\partial^2 \boldsymbol{r}_i}{\partial q_j\partial t}=\sum_{k=1}^{N}\frac{\partial^2 \boldsymbol{r}_i}{\partial q_j\partial q_k}\dot{q}_k+\frac{\partial^2 \boldsymbol{r}_i}{\partial q_j\partial t} \tag{15-30}$$

将式(15－28)对某一广义坐标 q_j 求偏导数，得

$$\frac{\partial \dot{\boldsymbol{r}}_i}{\partial q_j}=\sum_{k=1}^{N}\frac{\partial}{\partial q_j}\left(\frac{\partial \boldsymbol{r}_i}{\partial q_k}\dot{q}_k+\frac{\partial \boldsymbol{r}_i}{\partial t}\right)=\sum_{k=1}^{N}\frac{\partial^2 \boldsymbol{r}_i}{\partial q_j\partial q_k}\dot{q}_k+\frac{\partial^2 \boldsymbol{r}_i}{\partial q_j\partial t} \tag{15-31}$$

若函数 $\boldsymbol{r}_i=\boldsymbol{r}_i(q_1, q_2, \cdots, q_N, t)$的一阶和二阶偏导数连续，则式(15－30)与式(15－31)右边相等，式中的 j 换为 k，即为式(15－29)。

(3) 由式(15－27)、式(15－29)，有

$$\begin{aligned}
\sum_{i=1}^{n}m_i\ddot{\boldsymbol{r}}_i\cdot\frac{\partial \boldsymbol{r}_i}{\partial q_k}&=\sum_{i=1}^{n}m_i\frac{\mathrm{d}}{\mathrm{d}t}\left(\dot{\boldsymbol{r}}_i\cdot\frac{\partial \boldsymbol{r}_i}{\partial q_k}\right)-\sum_{i=1}^{n}m_i\dot{\boldsymbol{r}}_i\frac{\mathrm{d}}{\mathrm{d}t}\left(\frac{\partial \boldsymbol{r}_i}{\partial q_k}\right)\\
&=\sum_{i=1}^{n}m_i\frac{\mathrm{d}}{\mathrm{d}t}\left(\dot{\boldsymbol{r}}_i\cdot\frac{\partial \dot{\boldsymbol{r}}_i}{\partial \dot{q}_k}\right)-\sum_{i=1}^{n}m_i\cdot\frac{\partial \dot{\boldsymbol{r}}_i}{\partial q_k}\\
&=\frac{\mathrm{d}}{\mathrm{d}t}\sum_{i=1}^{n}\left(m_i\dot{\boldsymbol{r}}_i\cdot\frac{\partial \dot{\boldsymbol{r}}_i}{\partial \dot{q}_k}\right)-\frac{\partial}{\partial q_k}\sum_{i=1}^{n}\left(\frac{1}{2}m_i\dot{\boldsymbol{r}}_i\cdot\dot{\boldsymbol{r}}_i\right)\\
&=\frac{\mathrm{d}}{\mathrm{d}t}\left[\frac{\partial}{\partial \dot{q}_k}\sum_{i=1}^{n}\left(\frac{1}{2}m_iv_i^2\right)\right]-\frac{\partial}{\partial q_k}\sum_{i=1}^{n}\left(\frac{1}{2}m_iv_i^2\right)\\
&=\frac{\mathrm{d}}{\mathrm{d}t}\left(\frac{\partial T}{\partial \dot{q}_k}\right)-\frac{\partial T}{\partial q_k}
\end{aligned} \tag{15-32}$$

其中 $v_i=\dot{\boldsymbol{r}}_i$ 为第 i 个质点的速度，$T=\sum_{i=1}^{n}\frac{1}{2}m_iv_i^2$ 为质点系的动能。

将式(15－32)代入式(15－26)，得到

$$\frac{\mathrm{d}}{\mathrm{d}t}\left(\frac{\partial T}{\partial \dot{q}_k}\right)-\frac{\partial T}{\partial q_k}-Q_k=0 \quad (k=1, 2, \cdots, N) \tag{15-33a}$$

式(15－33a)称**第二类拉格朗日方程**，简称**拉格朗日方程**，该方程组为二阶常微分方程组，其中方程式的数目等于质点系的自由度数。

如果作用在质点系上的主动力都是有势力(保守力)，则广义力 Q_k 可写成质点系势能表达的形式，即式(15－15)，于是拉格朗日方程(15－33a)可以写成

$$\frac{\mathrm{d}}{\mathrm{d}t}\left(\frac{\partial T}{\partial \dot{q}_k}\right)-\frac{\partial T}{\partial q_k}+\frac{\partial V}{\partial q_k}=0 \quad (k=1,\ 2,\ \cdots,\ N) \qquad (15-33\mathrm{b})$$

引入**拉格朗日函数**(又称为**动势**)

$$L=T-V$$

并注意势能不是广义速度 $\dot{q}_k$ 的函数，则拉格朗日方程又可以写成

$$\frac{\mathrm{d}}{\mathrm{d}t}\left(\frac{\partial T}{\partial \dot{q}_k}\right)-\frac{\partial L}{\partial q_k}=0 \quad (k=1,\ 2,\ \cdots,\ N) \qquad (15-33\mathrm{c})$$

拉格朗日方程是解决完整约束系统动力学问题的普遍方程。它形式简洁、便于计算，广泛用于求解复杂质点系的动力学问题。

【例 15－7】 图 15.11 所示的系统中，轮 A 沿水平面纯滚动，轮心以水平弹簧连于墙上，质量为 m_1 的物块 C 以细绳跨过定滑轮 B 连于点 A。A，B 两轮皆为均质圆盘，半径为 R，质量为 m_2。弹簧刚度系数为 k，质量不计。当弹簧较软，在细绳能始终保持张紧的条件下，求此系统的运动微分方程。

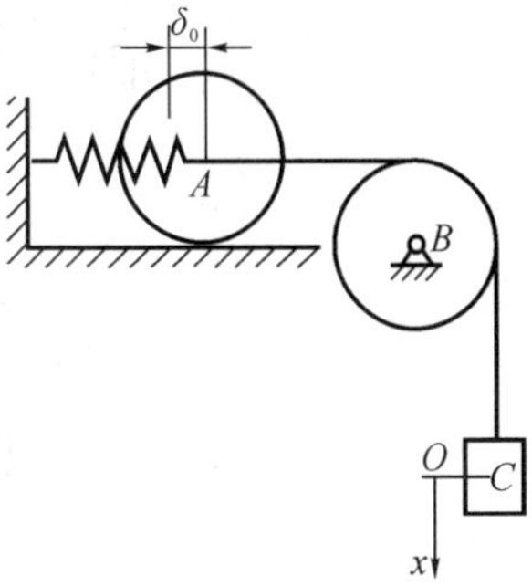

图 15.11

【解】 此系统具有一个自由度，以物块平衡位置为原点，取 x 为广义坐标，如图 15.11 所示。以平衡位置为重力零势能点，取弹簧原长处为弹性力零势能点，系统在任意位置 x 处的势能为

$$V=\frac{1}{2}k(\delta_0+x)^2-m_1gx$$

其中 δ_0 为平衡位置处弹簧的伸长量。由运动学关系式，当物块速度为 $\dot{x}$ 时，轮 B 角速度为 $\dot{x}/R$，轮 A 质心速度为 $\dot{x}$，角速度亦为 $\dot{x}/R$，此系统的动能为

$$\begin{aligned}T&=\frac{1}{2}m_1\dot{x}^2+\frac{1}{2}\cdot\frac{1}{2}m_2R^2\left(\frac{\dot{x}}{R}\right)^2+\frac{1}{2}m_2\dot{x}^2+\frac{1}{2}\cdot\frac{1}{2}m_2R^2\left(\frac{\dot{x}}{R}\right)^2\\&=\left(m_2+\frac{1}{2}m_1\right)\dot{x}^2\end{aligned}$$

系统的动势为

$$L=T-V=\left(m_2+\frac{1}{2}m_1\right)\dot{x}^2-\frac{1}{2}k(\delta_0+x)^2+m_1gx$$

代入拉格朗日方程

$$\frac{\mathrm{d}}{\mathrm{d}t}\left(\frac{\partial L}{\partial \dot{x}}\right)-\frac{\partial L}{\partial x}=0$$

得

$$(2m_2+m_1)\ddot{x}+k\delta_0+kx-m_1g=0$$

注意到 $k\delta_0=m_1g$，则系统的运动微分方程为

$$(2m_2+m_1)\ddot{x}+kx=0$$

【例 15－8】 仍以例 15－6 为例，该问题也可以用第二类拉格朗日方程来求解。选 x_1 和 φ 为广义坐标，则有

$$y_1=0,\quad x_2=x_1-l\sin\varphi,\quad y_2=l\cos\varphi \tag{a}$$

将式(a)两端对时间求导数，得

$$\dot{y}_1=0,\quad \dot{x}_2=\dot{x}_1-l\dot{\varphi}\cos\varphi,\quad \dot{y}_2=-l\dot{\varphi}\sin\varphi \tag{b}$$

系统的动能为

$$T=\frac{1}{2}m_1\dot{x}_1^2+\frac{1}{2}m_2(\dot{x}_2^2+\dot{y}_2^2)=\frac{1}{2}(m_1+m_2)\dot{x}_1^2+\frac{m_2 l}{2}(l\dot{\varphi}^2-2\dot{x}_1\dot{\varphi}\cos\varphi)$$

选 M_1 在水平面而 M_2 在最低处时的位置为系统的零势能位置，则系统的势能为

$$V=m_2 gl(1-\cos\varphi)$$

由此得

$$\frac{\partial T}{\partial x_1}=0,\quad \frac{\partial T}{\partial \dot{x}_1}=(m_1+m_2)\dot{x}_1-m_2 l\cos\varphi\cdot\dot{\varphi}$$

$$\frac{\mathrm{d}}{\mathrm{d}t}\left(\frac{\partial T}{\partial \dot{x}}\right)=(m_1+m_2)\ddot{x}_1-m_2 l\cos\varphi\cdot\ddot{\varphi}+m_2 l\sin\varphi\cdot\dot{\varphi}^2$$

$$Q_x=-\frac{\partial V}{\partial x_1}=0$$

$$\frac{\partial T}{\partial \varphi}=m_2 l\dot{\varphi}\dot{x}_1\sin\varphi,\quad \frac{\partial T}{\partial \dot{\varphi}}=m_2 l^2\dot{\varphi}-m_2 l\dot{x}_1\cos\varphi$$

$$\frac{\mathrm{d}}{\mathrm{d}t}\left(\frac{\partial T}{\partial \dot{\varphi}}\right)=m_2 l(l\ddot{\varphi}-\cos\varphi\cdot\ddot{x}_1+\dot{x}_1\sin\varphi\cdot\dot{\varphi})$$

$$Q_\varphi=-\frac{\partial V}{\partial \varphi}=-m_2 gl\sin\varphi$$

把以上结果代入拉格朗日方程中，得

$$(m_1+m_2)\ddot{x}_1-m_2 l\cos\varphi\cdot\ddot{\varphi}+m_2 l\sin\varphi\cdot\dot{\varphi}^2=0$$

$$m_2 l(l\ddot{\varphi}-\cos\varphi\cdot\ddot{x}_1+\dot{x}_1\sin\varphi\cdot\dot{\varphi})=-m_2 gl\sin\varphi$$

如果质点 M_2 摆动很小，可以近似地认为 $\sin\varphi\approx\varphi$，$\cos\varphi\approx 1$，且可以忽略含 $\dot{\varphi}^2$ 和 $\dot{x}_1\dot{\varphi}$ 的高阶小量，上式可改写为

$$(m_1+m_2)\ddot{x}_1-m_2 l\ddot{\varphi}=0 \tag{c}$$

$$l\ddot{\varphi}-\ddot{x}_1=-g\varphi \tag{d}$$

从式(c)、(d)中消去 $\ddot{x}_1$，得到

$$\ddot{\varphi}+\frac{m_1+m_2}{m_1}\frac{g}{l}\varphi=0 \tag{e}$$

这是自由振动的微分方程，其解为

$$\varphi=A\sin(\omega_n t+\theta) \tag{f}$$

固有角频率为

$$\omega_n=\sqrt{\frac{m_1+m_2}{m_1}\frac{g}{l}} \tag{g}$$

如果 $m_1\gg m_2$，则质点 M_1 的位移 x_1 将很小，质点 M_2 的摆动周期将趋于普通单摆的周期

$$\lim_{m_1\to\infty}T=2\pi\sqrt{\frac{l}{g}}$$

若将式(e)代入式(d)，得到

$$\ddot{x}_1=-\frac{m_2}{m_1}g\varphi \tag{h}$$

将式(f)代入式(h)，可见质点 M_1 沿 x 方向也做自由振动。

可以将例 15－6 的结果与本例进行对比。将式(a)和式(b)代入例 15－6 中式(g)的第 4 式，当 M_2 摆动很小时，$\sin\varphi\approx\varphi$，$\cos\varphi\approx1$，且可以忽略含 $\dot{\varphi}^2$ 和 $\varphi\ddot{\varphi}$ 的高阶小量，得到

$$\ddot{y}_1-\ddot{y}_2\approx0$$

代入例 15－6 中式(g)的第 3 式，并注意 $\ddot{y}_1=0$，得到

$$\ddot{x}_1-\frac{m_2}{m_1}\frac{x_1-x_2}{y_1-y_2}g=0 \tag{k}$$

由本例中的式(a)，得

$$\varphi\approx\tan\varphi=\frac{x_1-x_2}{y_1-y_2}$$

代入式(k)得到与式(h)同样的结果。

15.5　拉格朗日方程的初积分

拉格朗日方程的求解需要对式(15－33a)进行积分。对于保守系统，在一定条件下，可以直接给出初积分的一般形式。

15.5.1　能量积分

若系统所受到的约束均为定常约束，则式(15－2a)中不显含时间 t，从而

$$\boldsymbol{v}_i-\dot{\boldsymbol{r}}_i-\sum_{i=1}^{N}\frac{\partial\boldsymbol{r}_i}{\partial q_k}\dot{q}_k$$

$$\begin{aligned}T&=\frac{1}{2}\sum_{i=1}^{N}m_i\boldsymbol{v}_i\cdot\boldsymbol{v}_i=\frac{1}{2}\sum_{i=1}^{n}m_i\left[\sum_{k=1}^{N}\left(\frac{\partial\boldsymbol{r}_i}{\partial q_k}\right)\dot{q}_k\cdot\sum_{l=1}^{N}\left(\frac{\partial\boldsymbol{r}_i}{\partial q_l}\right)\dot{q}_l\right]\\&=\frac{1}{2}\sum_{k=1}^{N}\sum_{l=1}^{N}m_{kl}\dot{q}_k\dot{q}_l\end{aligned} \tag{15-34}$$

为关于 $\dot{q}_l$ 的二次函数，其中

$$m_{kl}=\sum_{i=1}^{n}m_i\frac{\partial\boldsymbol{r}_i}{\partial q_k}\cdot\frac{\partial\boldsymbol{r}_i}{\partial q_l}$$

是广义坐标的函数，称为**广义质量**。由式(15－34)很容易证明

$$\sum_{k=1}^{N}\frac{\partial T}{\partial\dot{q}_k}\dot{q}_k=2T \tag{15-35}$$

上式也称为关于齐次函数的欧拉定理。注意势能 V 不含 $\dot{q}_i$ 项，从而

$$\sum_{k=1}^{N}\frac{\partial L}{\partial\dot{q}_k}\dot{q}_k=\sum_{k=1}^{N}\frac{\partial T}{\partial\dot{q}_k}\dot{q}_k=2T$$

对于具有完整和稳定约束的保守系统，质点系的动能是广义速度 $\dot{q}_k$ 的函数，势能是广

义坐标 q_k 的函数，拉格朗日函数 L 只是广义速度$\dot{q}_k$ 和广义坐标 q_k 的函数，将拉格朗日函数对时间求一阶导数，得

$$\frac{\mathrm{d}L}{\mathrm{d}t}=\sum_{k=1}^{N}\left(\frac{\partial L}{\partial q_k}\frac{\mathrm{d}q_k}{\mathrm{d}t}+\frac{\partial L}{\partial \dot{q}_k}\frac{\mathrm{d}\dot{q}_k}{\mathrm{d}t}\right)$$

将方程组(15－33c)中的各式乘以相应的 $\dot{q}_k$ 后，再相加，得

$$\begin{aligned}\sum_{k=1}^{N}\left[\frac{\mathrm{d}}{\mathrm{d}t}\left(\frac{\partial L}{\partial \dot{q}_k}\right)\dot{q}_k-\frac{\partial L}{\partial q_k}\dot{q}_k\right]&=\sum_{k=1}^{N}\left[\frac{\mathrm{d}}{\mathrm{d}t}\left(\frac{\partial L}{\partial \dot{q}_k}\dot{q}_k\right)-\frac{\partial L}{\partial \dot{q}_k}\ddot{q}_k-\frac{\partial L}{\partial q_k}\dot{q}_k\right]\\&=\frac{\mathrm{d}}{\mathrm{d}t}\sum_{k=1}^{N}\left(\frac{\partial L}{\partial \dot{q}_k}\dot{q}_k\right)-\sum_{k=1}^{N}\left(\frac{\partial L}{\partial \dot{q}_k}\ddot{q}_k+\frac{\partial L}{\partial q_k}\dot{q}_k\right)\\&=2\frac{\mathrm{d}T}{\mathrm{d}t}-\frac{\mathrm{d}L}{\mathrm{d}t}=\frac{\mathrm{d}}{\mathrm{d}t}(2T-L)\\&=0\end{aligned}\tag{15-36}$$

积分上式，有

$$2T-L=T+V=\text{常数}\tag{15-37}$$

这就是保守系统的机械能守恒定律，也称为保守系统中拉格朗日方程的**能量积分**。

15.5.2 循环积分

拉格朗日函数中显含所有的广义速度，但可能不显含某些广义坐标。如果拉格朗日函数 L 中不显含某广义坐标 q_k，则称该坐标为循环坐标，此时

$$\frac{\partial L}{\partial q_k}=0$$

对应于 q_k的拉格朗日方程式为

$$\frac{\mathrm{d}}{\mathrm{d}t}\left(\frac{\partial L}{\partial \dot{q}_k}\right)=0$$

从而有

$$\frac{\partial L}{\partial \dot{q}_k}=\text{常数}\tag{15-38a}$$

上式称为拉格朗日方程的**循环积分**。

注意势能 V 不显含$\dot{q}_k$，则有

$$\frac{\partial L}{\dot{q}_k}=\frac{\partial T}{\partial \dot{q}_k}=p_k=\text{常数}\tag{15-38b}$$

其中 p_k 称为广义动量。上式表明对于循环坐标，广义动量守恒。

能量积分和循环积分都是由原来的二阶微分方程积分一次得到的，它们都是比原方程低一阶的微分方程。因此在应用拉格朗日方程解题时，首先应该分析有无能量积分和循环积分存在。若存在上述积分，则可以直接写出其积分形式，使问题简化。

【例 15－9】 图 15.12 表示一均质圆柱体，可绕其垂直中心轴自由转动。圆柱表面上刻有一倾角为 θ 的螺旋槽。今在槽中放一小球 M，自静止开始沿槽下滑，同时使圆柱体绕轴线转动。设小球质量为 m_1，圆柱体质量为 m_2，半径为 R，不计摩擦。求当小球下降的高度为 h 时，小球相对于圆柱体的速度，以及圆柱体的角速度。

【解】 小球与圆柱体组成的系统是具有两个自由度的系统，并具有稳定、完整、理想

约束。因为系统所受的主动力是重力，所以是保守系统。

取圆柱体的转角 φ 和沿螺旋槽方向的弧坐标 s 为广义坐标。取小球为动点，圆柱体为动系，利用点的速度合成公式，如图 15.12 所示，则小球的动能为

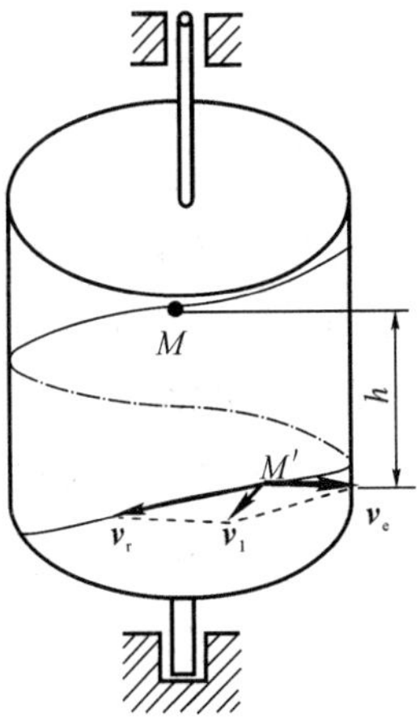

图 15.12

$$T_1=\frac{1}{2}m_1v_1^2=\frac{1}{2}m_1[v_e^2+v_r^2+2v_ev_r(\pi-\theta)]$$

$$=\frac{m_1}{2}(\dot{s}^2+R^2\dot{\varphi}^2-2R\dot{s}\dot{\varphi}\cos\theta)$$

圆柱体的动能为

$$T_2=\frac{1}{2}J\dot{\varphi}^2=\frac{1}{2}\left(\frac{m_2}{2}R^2\right)\dot{\varphi}^2=\frac{1}{4}m_2R^2\dot{\varphi}^2$$

系统的动能为

$$T=T_1+T_2=\frac{1}{4}[2m_1\dot{s}^2+(2m_1+m_2)R^2\dot{\varphi}^2-4m_1R\dot{s}\dot{\varphi}\cos\theta]$$

可见此时动能 T 是广义速度 $\dot{s}$ 和 $\dot{\varphi}$ 的二次齐次函数。

若选择小球起点为零势能点，则系统势能 V 可表示为

$$V=-m_1gs\sin\theta$$

系统的拉格朗日函数

$$L=T-V=\frac{1}{4}[2m_1\dot{s}^2+(2m_1+m_2)R^2\dot{\varphi}^2-4m_1R\dot{s}\dot{\varphi}\cos\theta]+m_1gs\sin\theta$$

由于 L 中不显含时间 t 和广义坐标 φ，系统有能量积分和循环积分，于是我们有两个一次积分式

$$\frac{\partial T}{\partial\dot{\varphi}}=C_1$$

$$T+V=C_2$$

将动能和势能表达式代入上式得

$$\frac{2m_1+m_2}{2}R^2\dot{\varphi}-m_1R\dot{s}\cos\theta=C_1 \tag{a}$$

$$\frac{1}{4}[2m_1\dot{s}^2+(2m_1+m_2)R^2\dot{\varphi}^2-4m_1R\dot{s}\dot{\varphi}\cos\theta]-m_1gs\sin\theta=C_2 \tag{b}$$

将初始条件 $t=0$ 时，$s=0$，$\dot{s}=0$，$\dot{\varphi}=0$ 代入上式，得 $C_1=C_2=0$，由此，从式(a)中解得

$$\dot{\varphi}=\frac{2m_1}{(2m_1+m_2)R}\dot{s}\cos\theta \tag{c}$$

代入式(b)，并令 $h=s\sin\theta$，得

$$\frac{2m_1\sin^2\theta+m_2}{2m_1+m_2}\dot{s}^2=2gh$$

由此得小球相对于圆柱体的速度为

$$v_r=\dot{s}=\sqrt{\frac{2m_1+m_2}{2m_1\sin^2\theta+m_2}2gh} \tag{d}$$

再由式(c)得圆柱体转动的角速度为

$$\dot{\varphi}=\frac{2m_1\cos\theta}{R}\sqrt{\frac{2gh}{(2m_1+m_2)(2m_1\sin^2\theta+m_2)}}$$

小　　结

1. 自由度和广义坐标

确定质点系位置的独立参数称为广义坐标。在完整约束条件下，广义坐标的数目等于系统的自由度数。

2. 以广义坐标表示的质点系平衡条件

(1) 对应于广义坐标 q_k 的广义力为

$$Q_k = \sum_{i=1}^{n}\left(F_{xi}\frac{\partial x_i}{\partial q_k} + F_{yi}\frac{\partial y_i}{\partial q_k} + F_{zi}\frac{\partial z_i}{\partial q_k}\right)$$

质点系平衡的条件是

$$Q_k = 0 \quad (k=1, 2, \cdots, N)$$

(2) 如果作用于质点系的力都是有势力，势能为 V，则系统的广义力可写为

$$Q_k = -\frac{\partial V}{\partial q_k} \quad (k=1, 2, \cdots, N)$$

平衡条件可以写成

$$\frac{\partial V}{\partial q_k} = 0 \quad (k=1, 2, \cdots, N)$$

3. 动力学普遍方程

动力学普遍方程是将虚位移原理与达朗贝尔原理结合起来，形成如下的方程

$$\sum_{i=1}^{n}(\boldsymbol{F}_i - m_i\ddot{\boldsymbol{r}}_i)\cdot\delta\boldsymbol{r}_i = 0$$

4. 拉格朗日方程

拉格朗日方程是将约束方程的一般形式代入动力学普遍方程，再利用独立虚位移的任意性求解所得到的普遍性结果。根据代入约束方程的不同方式，可分为第一类和第二类拉格朗日方程。

(1) 第一类拉格朗日方程采用拉格朗日乘子法，将动力学普遍方程化成无约束方程组来求解，其方程有如下形式

$$\boldsymbol{F}_i - m_i\ddot{\boldsymbol{r}}_i - \sum_{k=1}^{s}\lambda_k\frac{\partial f_k}{\partial \boldsymbol{r}_i} = \boldsymbol{0} \quad (i = 1, 2, \cdots, n)$$

方程中共有 $3n+s$ 个未知量，须与 s 个约束方程联立求解。采用拉格朗日乘子法也可以求解具有非完整约束系统的动力学问题，因而具有更为普遍的应用性。

(2) 第二类拉格朗日方程

$$\frac{\mathrm{d}}{\mathrm{d}t}\left(\frac{\partial T}{\partial \dot{q}_k}\right) - \frac{\partial T}{\partial q_k} = Q_k \quad (k=1, 2, \cdots, N)$$

第二类拉格朗日方程要求系统具有完整约束，它是一组标量形式的方程。

对于保守系统，广义力可以势能表示，记 $L=T-V$，拉格朗日方程有如下形式

$$\frac{\mathrm{d}}{\mathrm{d}t}\left(\frac{\partial L}{\partial \dot{q}_k}\right) - \frac{\partial L}{\partial q_k} = 0 \quad (k=1, 2, \cdots, N)$$

思　考　题

15－1　用拉格朗日方程建立单摆的运动微分方程时，取 φ 为广义坐标，则动能 $T=\frac{P}{2g}(l\dot{\varphi})^2$，若令 $\delta\varphi$ 转向如图 15.13 所示，则广义力 $F_Q=\frac{\delta W}{\delta\varphi}=lp\sin\varphi$，于是由拉格朗日方程得单摆的运动微分方程为 $\ddot{\varphi}-\frac{g}{l}\sin\varphi=0$。对吗？为什么？

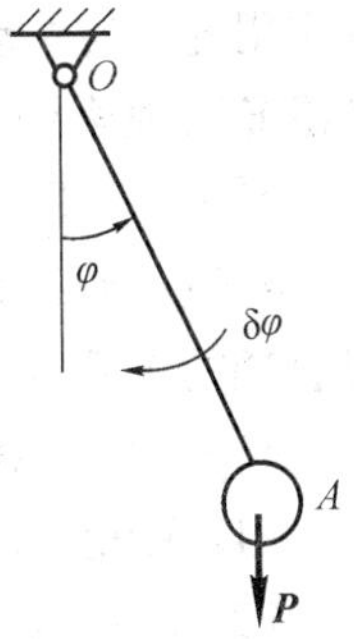

图 15.13

15－2　动力学普遍方程中应该包含内力的虚功吗？

15－3　如果研究系统中有摩擦力，如何应用动力学普遍方程和拉格朗日方程？

15－4　试用拉格朗日方程推导刚体平面运动的运动微分方程。

15－5　试分析图 15.14 所示两个平面机构的自由度数。

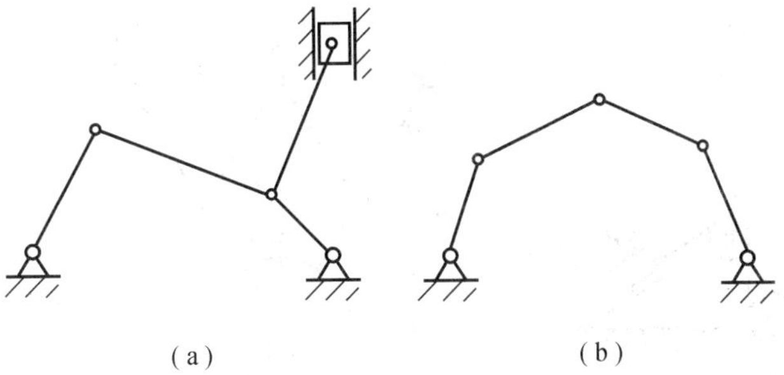

图 15.14

15－6　广义力都具有力的量纲吗？广义力与广义坐标有什么联系？

15－7　置在固定半圆柱面上的相同半径的均质半圆柱体和均质半圆柱薄壳，如图 15.15所示。试分析哪一个能稳定地保持在图示位置？

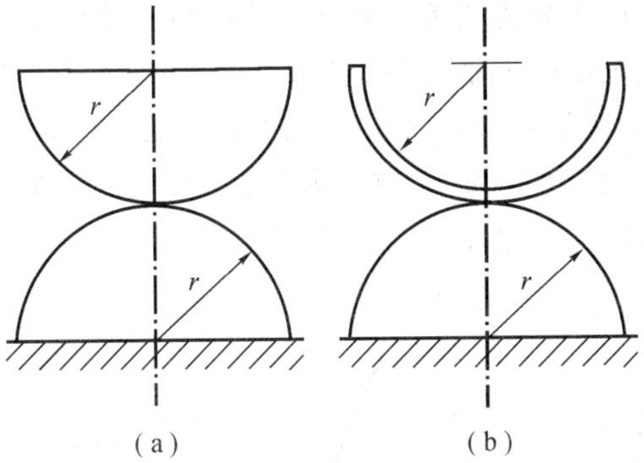

图 15.15

15－8　在推导第二类拉格朗日方程的过程中，哪一步用到了完整约束的条件？

习　　题

15－1　图示两重物 $\boldsymbol{P}_1$，$\boldsymbol{P}_2$ 系在细绳的两端，分别放在倾角为 α，β 的斜面上，细绳绕过两定滑轮，与一动滑轮相连。动滑轮的轴上挂一重物 $\boldsymbol{W}$。试求平衡时 $\boldsymbol{P}_1$，$\boldsymbol{P}_2$ 的大小。摩擦以及滑轮与绳索的质量忽略不计。

15－2　图示离心调速器以角速度 ω 绕铅直轴转动。每个球质量为 m_1，套管 O 质量为 m_2，杆重忽略不计。$OC=EC=AC=OD=ED=BD=a$。求稳定旋转时，两臂 OA 和 OB 与铅直轴的夹角 θ。

15－3　应用拉格朗日方程推导单摆的运动微分方程。分别以下列参数为广义坐标：

(1) 转角 φ；

(2) 水平坐标 x；

(3) 铅直坐标 y。

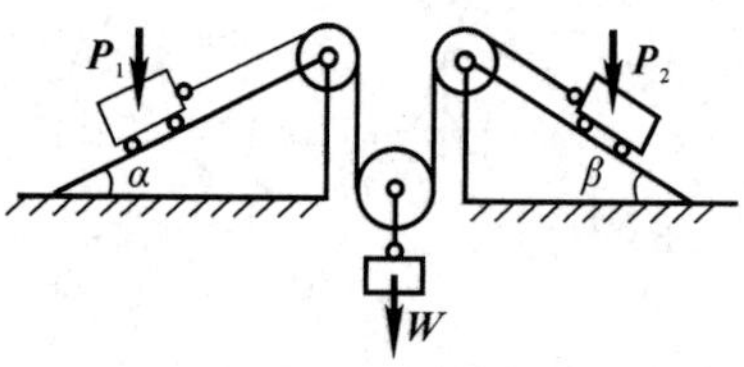

题 15－1 图

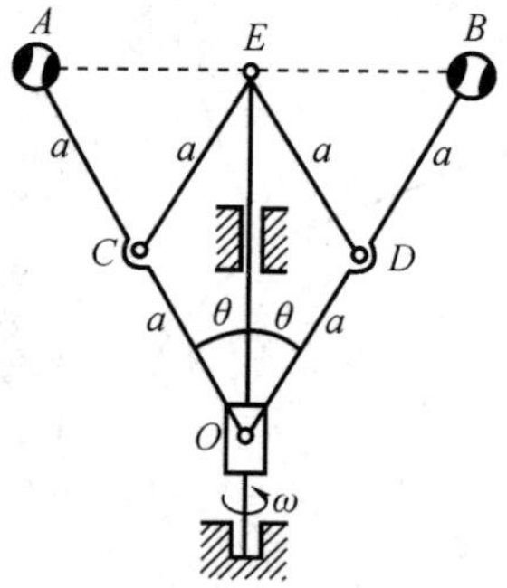

题 15－2 图

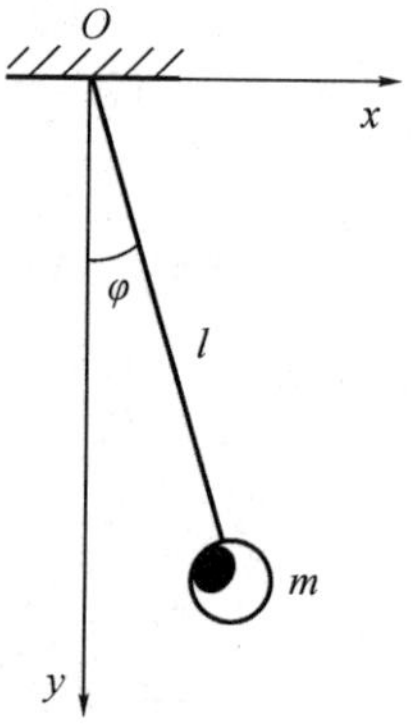

题 15－3 图

15－4　行星轮系的无重系杆 OA 上作用矩为 M 的力偶，带动半径为 r、质量为 m 的均质轮沿半径为 R 的固定内齿轮滚动，机构在水平面运动，试求曲柄的角加速度。

15－5　质量为 m 的质点 M 悬挂在一线上，线的另一端绕在半径为 r 的固定圆柱体上，构成一摆。设在平衡位置时线的下垂部分长为 l，不计线的质量，试求摆的运动微分方程。

15－6　在图示行星齿轮机构中，以 O_1 为轴的轮不动，其半径为 r。全机构在同一水平面内。设两动轮为均质圆盘，半径为 r，质量为 m。如作用在曲柄 O_1O_2 上的力偶之矩为 M，不计曲柄的质量，求曲柄的角加速度。

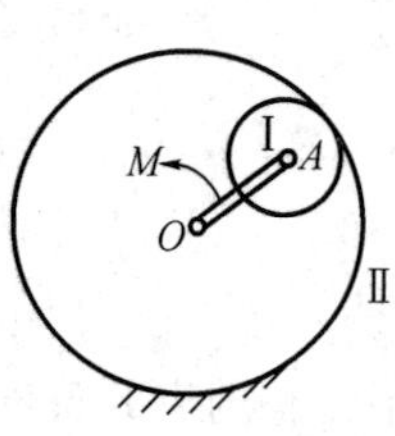

题 15－4 图

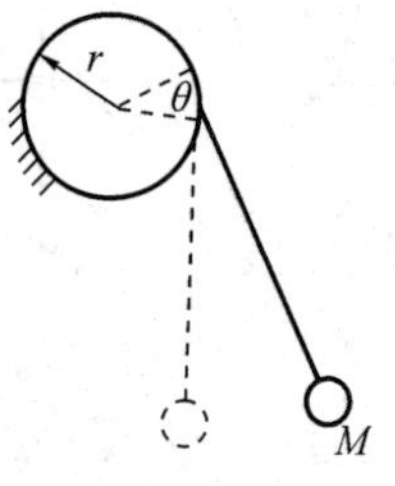

题 15－5 图

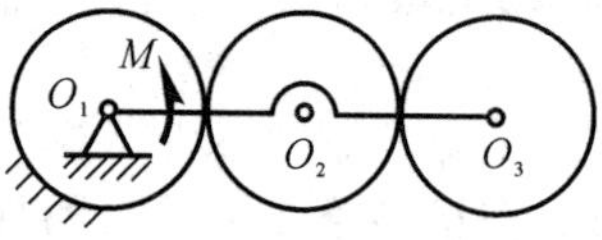

题 15－6 图

15－7　斜块 A 质量为 m_A，在常力 $\boldsymbol{F}$ 作用下水平向右并推动活塞杆 BC 向上运动；活

塞与杆 BC 的质量为 m，上端由弹簧压住，弹簧的刚度系数为 k。运动开始时，系统静止，弹簧未变形。不计摩擦，求顶杆 BC 的运动微分方程。

15-8　已知图示曲线为旋轮线，其方程为 $x=R(\theta-\sin\theta)$，$y=R(1-\cos\theta)$，一小环 M 在重力作用下沿着光滑曲线运功，求小环的运动微分方程。

15-9　均质杆 AB 长为 l，质量为 m，借助其端 A 销子沿斜面滑下，斜面倾角为 θ，不计销子质量和摩擦，求杆的运动微分方程。又设杆当 $\varphi=0°$时由静止开始运动，求开始运动时斜面受到的压力。

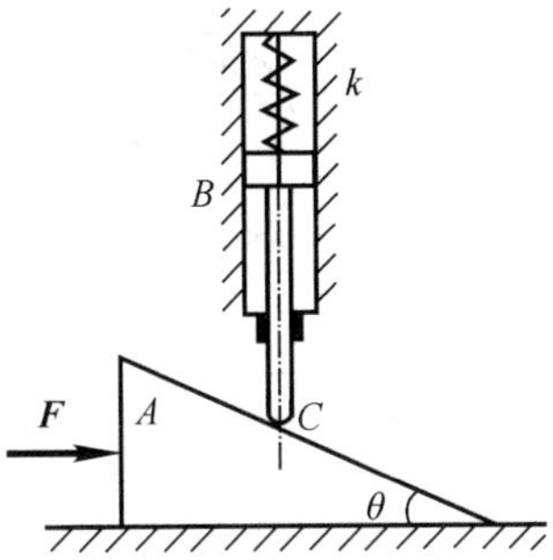

题 15-7 图

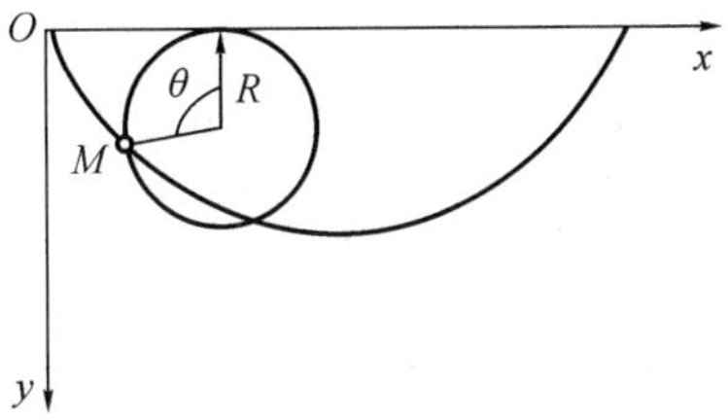

题 15-8 图

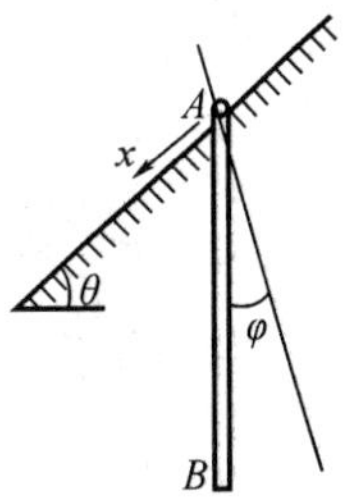

题 15-9 图

15-10　如图所示，两根长为 l、质量为 m 的均质杆，用刚度系数为 k 的弹簧在中点相连。设弹簧原长为 d，两根杆只允许在铅直面内摆动。试列出其微分方程。

15-11　图示飞轮在水平面内绕铅直轴 O 转动，轮轴上套一滑块 A，并以弹簧与轴心 O 相连。已知：飞轮的转动惯量为 J_O，滑块的质量为 m，弹簧的刚度系数为 k，弹簧原长为 l。试以飞轮的转角 θ 和弹簧的伸长 x 为广义坐标，写出系统的运动微分方程及其一次积分式。

15-12　质量为 m、半径为 $3R$ 的大圆环在粗糙的水平面做纯滚动，如图所示。另一小圆环的质量亦为 m，半径为 R，在粗糙的大圆环内壁做纯滚动。不计滚动阻碍，整个系统处于铅垂面内。初始时，O_1O_2 在水平线上，被无初速度释放。试求系统的运动微分方程。

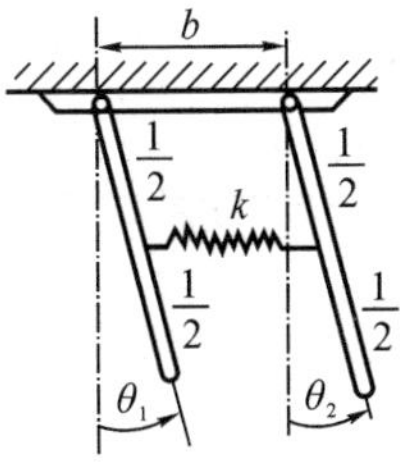

题 15-10 图

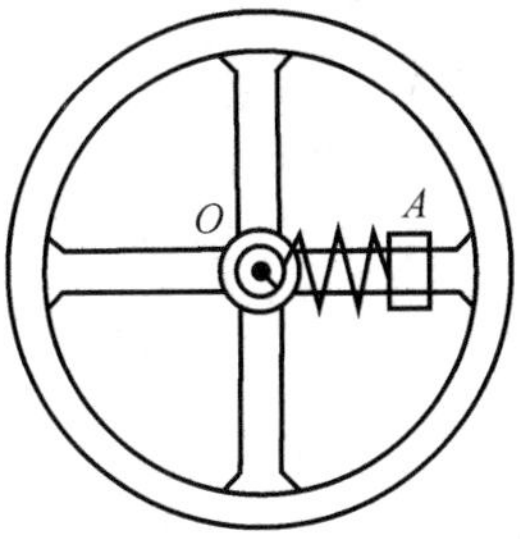

题 15-11 图

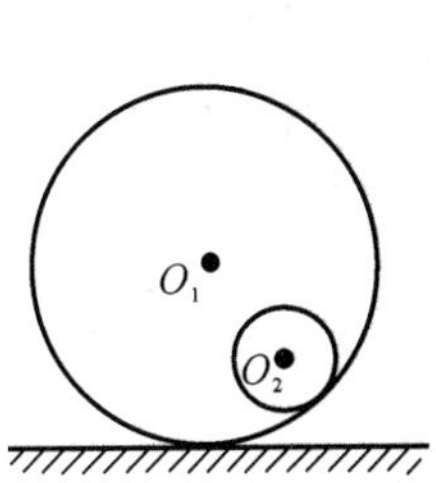

题 15-12 图

15-13　如图所示，质量为 m 的质点在一半径为 r 的圆环内运动，圆环对 AB 轴的转动惯量为 J。欲使此圆环在矩为 M 的力偶作用下以等角速度 ω 绕铅直轴 AB 转动。求力偶矩为 M 的质点 m 的运动微分方程。

15-14　图示物系由定滑轮 A、动滑轮 B 以及三个用不可伸长的绳挂起来的重物 M_1，M_2 和 M_3 所组成。各重物的质量分别为 m_1，m_2 和 m_3，且 $m_1<m_2+m_3$，滑轮的质量不计，

各重物的初速度均为零。求质量 m_1，m_2 和 m_3 应具有何种关系，重物 M_1 方能下降；并求悬挂重物 M_1 的绳子上的张力。

15－15　质量为 m_1 的均质杆 OA 长为 l，可绕水平轴 O 在铅直面内转动，其下端有一与基座相连的螺线弹簧，刚度系数为 k，当 $\theta=0°$ 时，弹簧无变形。OA 杆的 A 端装有可自由转动的均质圆盘，盘的质量为 m_2，半径为 r，在盘面上作用有矩为 M 的常力偶，设广义坐标为 φ 和 θ，如图所示。求该系统的运动微分方程。

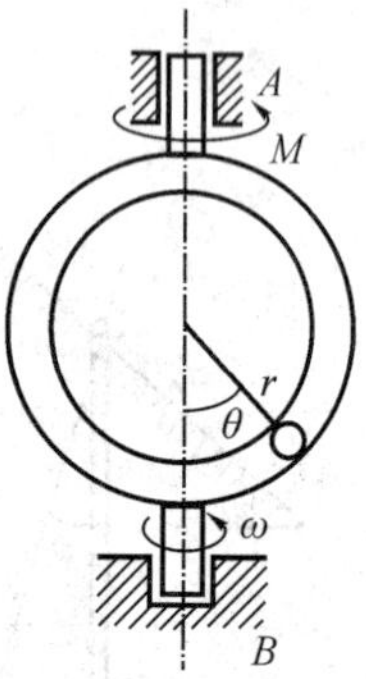

题 15－13 图

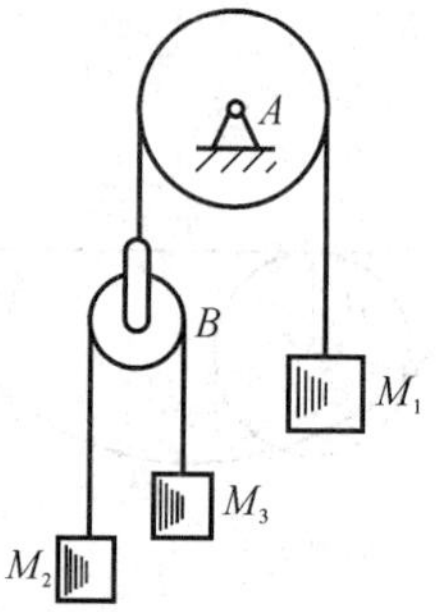

题 15－14 图

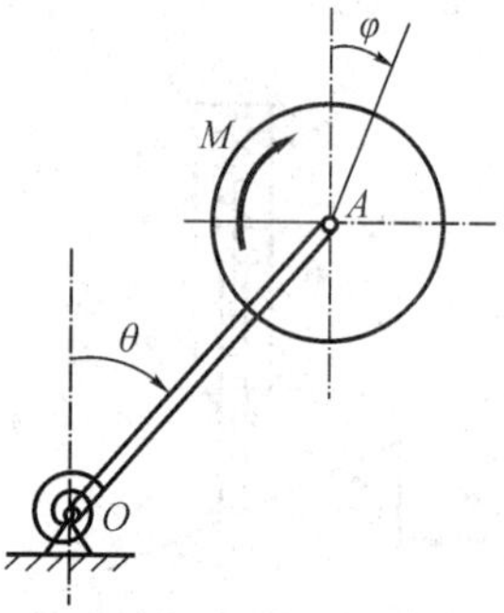

题 15－15 图

15－16　质量为 m_1 的滑块 A 在光滑水平面上，用刚度系数为 k 的水平弹簧与固定点 O 相连，它又与长度为 l 的无重直杆光滑铰接，杆端固定一个质量为 m_2 的小球 B，试求系统的运动微分方程。

15－17　两均质圆柱 A 和 B，重各为 P_1 和 P_2，半径各为 R_1 和 R_2。圆柱绕以绳索，其轴水平放置，圆柱 A 可绕定轴转动，圆柱 B 则在重力作用下自由下落。试求系统的运动微分方程。

15－18　匀质杆 AB 质量为 m，长度为 $2l$，其 A 端通过无重滚轮可沿水平导轨做直线运动，杆本身又可在铅垂面内绕 A 端转动。除杆的重力外，B 端还作用一不变水平力 $\boldsymbol{F}$。试写出 AB 的运动微分方程。

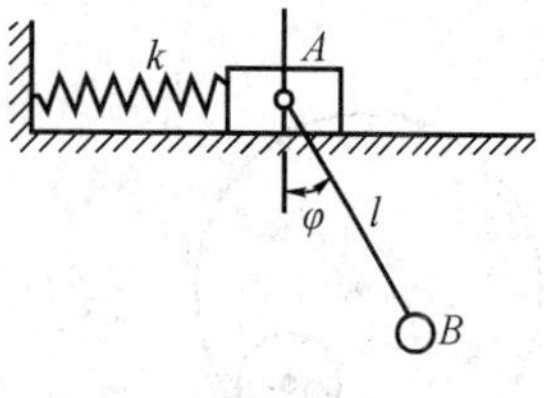

题 15－16 图

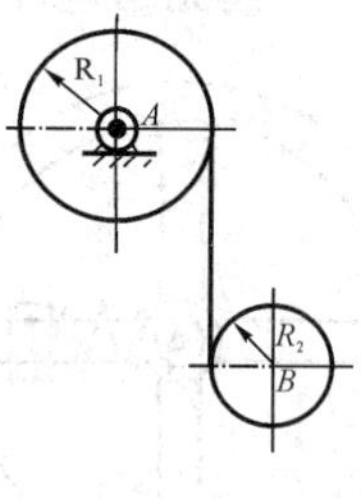

题 15－17 图

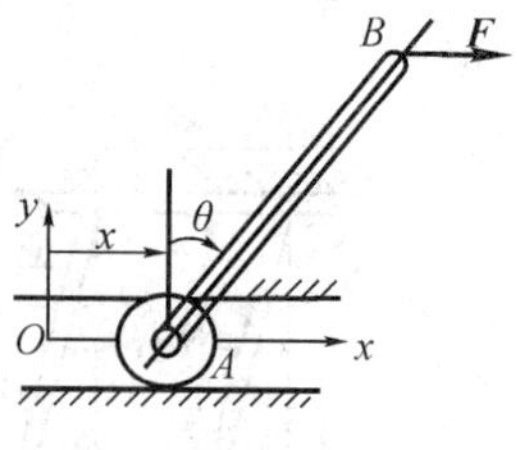

题 15－18 图

15－19　图示机构在水平面内绕铅垂轴 O 转动，三个齿轮半径 $r_1=r_3=3r_2=0.3$ m，各轮质量为 $m_1=m_3=9m_2=90$ kg，皆可视为均质圆盘。系杆 OA 上的驱动力偶矩 $M_0=180$ N·m，轮 1 上的驱动力偶矩 $M_1=150$ N·m，轮 3 上的阻力偶矩 $M_3=120$ N·m。不计系杆的质量和各处摩擦，求轮 1 和系杆的角加速度。

15－20　图示绕在圆柱体 A 上的细绳，跨过质量为 m 的均质滑轮 O，与以质量为 m_B 的重物 B 相连。圆柱体的质量为 m_A，半径为 r，对于轴心的惯性半径为 ρ。如绳与滑块之间无滑动，开始时系统静止，问惯性半径 ρ 满足什么条件时，物体 B 向上运动。

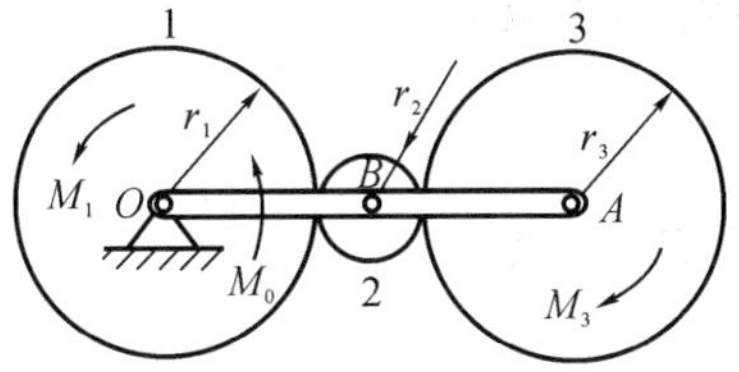

题 15-19 图

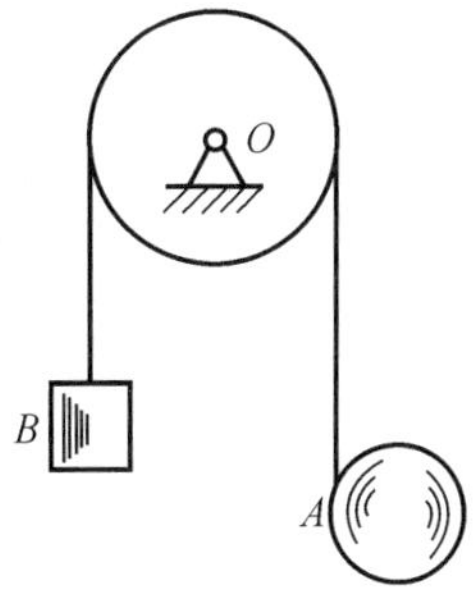

题 15-20 图

15-21　图示车架的轮子都是半径为 R 的均质圆盘，质量分别为 m_1 和 m_2，轮 2 的中心作用有与水平线成 θ 角的力 $\boldsymbol{F}$，使轮沿水平面又滚又滑。设地面与轮子间的滑动摩擦因数为 f，不计车架 O_1O_2 的质量和滚动阻力偶，试以 x，ψ 和 φ 为广义坐标，建立该系统的运动微分方程，并判断 $\boldsymbol{F}$ 满足什么条件会使两轮出现又滚又滑的情况。

15-22　图示直角三角板 A 可以沿光滑水平面滑动。三角板的光滑斜面上放置一个均质圆柱体 B，其上绕有不可伸长的绳索，绳索通过滑轮 C 悬挂一质量为 m 的物块 D，可沿三角板的铅直光滑槽运动。已知圆柱 B 的质量为 $2m$，三角板 A 的质量为 $3m$，$\theta=30°$。设开始时系统处于静止状态，滑轮 C 大小和质量略去不计。试确定系统中各物体的运动方程。

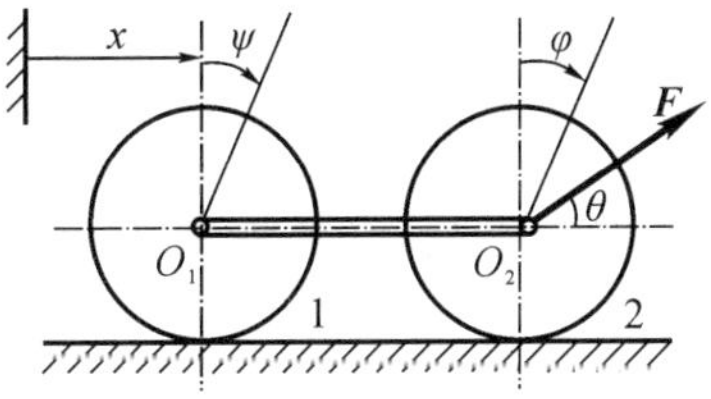

题 15-21 图

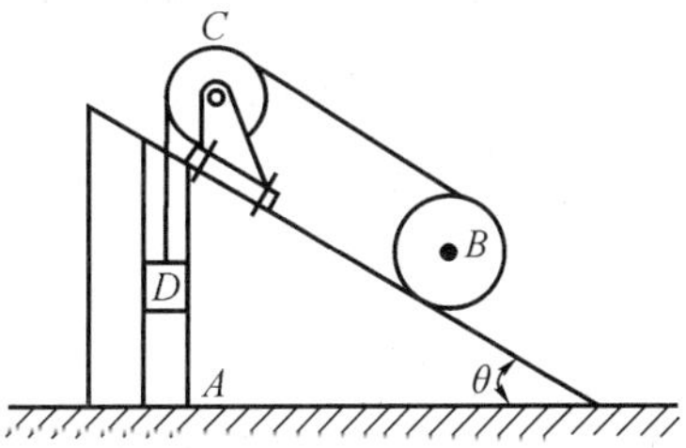

题 15-22 图

习题参考答案

第2章 平 面 力 系

2-1 $F_R=161.2\ \text{N}$，$\angle(F_R, F_1)=29°44'$

2-2 $F_R=5000\ \text{N}$，$\angle(F_R, F_1)=38°28'$

2-3 $F_{AB}=54.64\ \text{kN}$(拉)，$F_{BC}=74.64\ \text{kN}$(压)

2-4 $F_A=\dfrac{\sqrt{5}}{2}F$，$F_D=\dfrac{1}{2}F\uparrow$

2-5 $F_C=2000\ \text{N}$，$F_A=F_B=2010\ \text{N}$

2-6 $F_H=\dfrac{F}{2\sin^2\theta}$

2-7 $F_1/F_2=0.644$

2-8 $M_A(\boldsymbol{F})=Fb\sin\theta$，$M_b(\boldsymbol{F})=F(a\sin\theta-b\cos\theta)$

2-9 (a)、(b)$F_A=F_B=M/l$；(c)$F_A=F_B=M/(l\cos\theta)$

2-10 $F_A=F_B=M/(2\sqrt{2}a)$

2-11 $F_A=\dfrac{\sqrt{2}M}{l}$

2-12 $F=\dfrac{M}{a}\cot2\theta$

2-13 $F'_R=466.5\ \text{kN}$，$M_O=21.44\ \text{N}\cdot\text{m}$，$F_R=466.5\ \text{kN}$，$d=45.96\ \text{mm}$

2-14 (1) $F_{Rx}=-150\ \text{kN}$，$F_{Ry}=0$，$M_O=-900\ \text{N}\cdot\text{mm}$

(2) $F_R=150\ \text{N}$，方向水平向左；合力作用线方程：$y=-6$

2-15 $F_x=4\ \text{kN}$，$F_{y1}=28.7\ \text{kN}$，$F_{y2}=1.269\ \text{kN}$

2-16 $F_{Ax}=0$，$F_{Ay}=6\ \text{kN}$，$M_A=12\ \text{kN}\cdot\text{m}$(逆时针)

2-17 $F_O=-385\ \text{kN}$，$M_O=1626\ \text{kN}\cdot\text{m}$

2-18 (a) $F_A=-\dfrac{1}{2}\left(F+\dfrac{M}{a}\right)$，$F_B=\dfrac{1}{2}\left(3F+\dfrac{M}{a}\right)$

(b) $F_A=-\dfrac{1}{2}\left(F+\dfrac{M}{a}-\dfrac{5}{2}qa\right)$，$F_B=\dfrac{1}{2}\left(3F+\dfrac{M}{a}-\dfrac{1}{2}qa\right)$

2-19 (a) $F_A=33.23\ \text{kN}$，$F_B=96.77\ \text{kN}$，(b) $P_{\max}=52.2\ \text{kN}$

2-20 $P_2=333.3\ \text{kN}$，$x=6.75\ \text{m}$

2-21 $F_B=22.4\ \text{kN}$(杆 BC 受拉力)，$F_{Ax}=-4.66\ \text{kN}$，$F_{Ay}=-47.62\ \text{kN}$

2-22 $F_{BC}=848.5\ \text{N}$，$F_{Ax}=2400\ \text{N}$，$F_{Ay}=1200\ \text{N}$

2-23 $F_A=-48.3\ \text{kN}$，$F_B=100\ \text{kN}$，$F_D=8.33\ \text{kN}$

2-24 (a) $F_C=F_B=\dfrac{M}{a\cos\theta}$，$F_{Ax}=\dfrac{M}{a}\tan\theta$，$F_{Ay}=-\dfrac{M}{a}$，$M_A=-M$

(b) $F_C=\dfrac{qa}{2\cos\theta}$, $F_{Ax}=F_{Bx}=\dfrac{qa}{2}\tan\theta$, $F_{Ay}=F_{By}=\dfrac{qa}{2}$, $M_A=\dfrac{qa^2}{2}$

2-25 $F_D=15$ kN, $F_C=5$ kN, $F_B=40$ kN, $F_A=-15$ kN

2-26 $M=Fr\dfrac{\cos(\beta-\theta)}{\sin\beta}$

2-27 $M=70.36$ N·m

2-28 $M=Prr_1/r_2$

2-29 $F_{3x}=\dfrac{r}{r_4}P\tan\theta$, $F_{3y}=P\left(1-\dfrac{r}{r_4}\right)$, $M=\dfrac{rr_1r_3}{r_2r_4}P$

2-30 $F_{Ax}=-F_{Bx}=120$ kN, $F_{Ay}=F_{By}=300$ kN

2-31 $F_{Ax}=0$, $F_{Ay}=-\dfrac{M}{2a}$, $F_{Bx}=0$, $F_{By}=-\dfrac{M}{2a}$, $F_{Dx}=0$, $F_{Dy}=\dfrac{M}{2a}$

2-32 $F_{Ax}=F_{Ay}=-F$, $F_{Bx}=-F$, $F_{Ay}=0$, $F_{Dx}=-2F$, $F_{Ay}=-F$

2-33 $F_{Ax}=1200$ N, $F_{Ay}=150$ N, $F_{BC}=-1500$ N(压)

2-34 $AC=x=\dfrac{Fl^2}{kb^2}+a$

2-35 $F_{Ax}=-120$ kN, $F_{Ay}=-160$ kN, $F_B=160\sqrt{2}$ kN, $F_C=-80$ kN

2-36 $F_{Ax}=267$ N, $F_{Ay}=-87.5$ N, $F_{NB}=550$ N, $F_{Cx}=-209$ N, $F_{Cy}=-187.5$ N

2-37 $F_{Dx}=84$ kN

2-38 $F_D=\dfrac{5qa}{2}$

2-39 $F_{Ax}=0$, $F_{Ay}=15.1$ kN, $M_A=68.4$ kN·m;

$F_{Bx}=-22.8$ kN, $F_{By}=-17.85$ kN; $F_{Cx}=22.8$ kN, $F_{Cy}=4.55$ kN

2-40 $F_{Ax}=\dfrac{3F_1}{2}$, $F_{Ay}=\dfrac{F_1}{2}+F_2$, $M_A=-\left(\dfrac{F_1}{2}+F_2\right)a$,

$F_{BAx}=-\dfrac{3F_1}{2}$, $F_{BAy}=-\left(\dfrac{F_1}{2}+F_2\right)$, $F_{BTx}=\dfrac{3F_1}{2}$, $F_{BTy}=\dfrac{F_1}{2}$

2-41 $F_{Ax}=-qa$, $F_{Ay}=F+qa$, $M_A=(F+qa)a$; $F_{BCx}=\dfrac{1}{2}qa$, $F_{BCy}=qa$;

$F_{BAx}=-\dfrac{1}{2}qa$, $F_{BAy}=-(F+qa)$

2-42 $F_E=\sqrt{2}F$, $F_{Ax}=F-6qa$, $F_{Ay}=2F$, $M_A=5Fa+18qa^2$

2-43 $F_{BC}=-50$ kN, $F_{BD}=100$ kN, $F_{Ax}=-60$ kN, $F_{Ay}=30$ kN,

$F_{Ex}=60$ kN, $F_{Ey}=30$ kN

2-44 $F_{AC}=179.2$ kN(拉), $F_{AD}=-87.5$ kN(压)

2-45 $F_{AD}=158$ kN(拉), $F_{EF}=8.17$ kN(压)

2-46 $F_1=-5.33F$(压), $F_2=2F$(拉), $F_3=-\dfrac{5}{3}F$(拉)

2-47 $F_{CD}=-0.866F$(压)

2-48 $F_{BD}=-240$ kN(压), $F_{BE}=86.53$ kN(拉)

2-49 $F_4=21.8$ kN(拉), $F_5=16.73$ kN(拉), $F_7=-20$ kN(压),

$F_{10}=-43.6$ kN(压)

2-50 $F_1=-\frac{4}{9}F$(压)，$F_2=-\frac{2}{3}F$(压)，$F_3=0$

第3章 空间力系

3-1 简化结果为合力：$\boldsymbol{F}=5\boldsymbol{i}+10\boldsymbol{j}+5\boldsymbol{k}$；作用点：原点 O

3-2 简化结果为合力：$\boldsymbol{F}=-10\boldsymbol{k}$；作用点：(0，3.6 m，−6.3 m)

3-3 简化结果为合力偶：$\boldsymbol{M}=-Fl\boldsymbol{i}-Fl\boldsymbol{j}$

3-4 简化结果为力螺旋，合力：$\boldsymbol{F}=100\boldsymbol{i}+100\boldsymbol{j}$(N)；合力偶：$\boldsymbol{M}=10\boldsymbol{i}+10\boldsymbol{j}$(N·m)，力螺旋轴与点 O 的距离 $r=122.5$ mm

3-5 简化结果为力螺旋，合力：$\boldsymbol{F}_R=-345.4\boldsymbol{i}+249.6\boldsymbol{j}+10.56\boldsymbol{k}$(N)；合力偶：$\boldsymbol{M}=-51.78\boldsymbol{i}-36.65\boldsymbol{j}+103.6\boldsymbol{k}$(N·m)

3-6 $F_R=20$ N，沿 z 轴正向，作用线的位置由 $x_C=60$ mm 和 $y_C=32.5$ mm 来确定

3-7 $M_z=-101.4$ N·m

3-8 $M=Fa\sin\beta\sin\theta$

3-9 $\boldsymbol{M}=\frac{F}{4}(h-3r)\boldsymbol{i}+\frac{\sqrt{3}}{4}(r+h)\boldsymbol{j}-\frac{Fr}{2}\boldsymbol{k}$(N·m)

3-10 $F_A=F_B=-26.39$ kN(压力)，$F_C=33.46$ kN(拉力)

3-11 $F_{CA}=-\sqrt{2}P$(压力)，$F_{BD}=P(\cos\theta-\sin\theta)$，$F_{BE}=P(\cos\theta+\sin\theta)$，
$F_{AB}=-\sqrt{2}P\cos\theta$

3-12 $F_1=-5$ kN(压力)，$F_2=-5$ kN(压力)，$F_3=-7.07$ kN(压力)，
$F_4=5$ kN(拉力)，$F_5=5$ kN(拉力)，$F_6=-10$ kN(压力)

3-13 $a=350$ mm

3-14 (1) $M=22.5$ N·m；(2) $F_{Ax}=75$ N，$F_{Ay}=0$，$F_{Az}=50$ N；
(3) $F_x=-75$ N，$F_y=0$

3-15 $F_1=10$ kN，$F_2=5$ kN，$F_{Ax}=-5.2$ kN，$F_{Az}=6$ kN，
$F_{Bx}=-7.8$ kN，$F_{Bz}=1.5$ kN

3-16 $F_{Cx}=-666.7$ N，$F_{Cy}=-14.7$ N，$F_{Cz}=12\,640$ N；
$F_{Ax}=2667$ N，$F_{Ay}=-325.3$ kN

3-17 $F=50$ N，$\theta=143°8'$

3-18 $M_1=\frac{b}{a}M_2+\frac{c}{a}M_3$；$F_{Ay}=\frac{M_3}{a}$，$F_{Az}=\frac{M_2}{a}$；$F_{Dx}=0$，$F_{Dy}=-\frac{M_3}{a}$；$F_{Dz}=-\frac{M_2}{a}$

3-19 $F_{Ox}=150$ N，$F_{Oy}=75$ kN，$F_{Oz}=500$ kN

3-20 $F=200$ N；$F_{Bx}=F_{Bz}=0$；$F_{Ax}=86.6$ N，$F_{By}=150$ N，$F_{Az}=100$ N

3-21 $F_1=F_5=-F$(压)，$F_3=F$(拉)，$F_2=F_4=F_6=0$

3-22 $F_B=\frac{P_1+P_2}{2}$；$F_{Ax}=0$，$F_{Ay}=-\frac{P_1+P_2}{2}$，$F_{Az}=P_1+\frac{P_2}{2}$；

$F_{Cx}=F_{Cy}=0$，$F_{Cz}=\frac{P_2}{2}$

3-23 $F_1=F_D$，$F_2=-\sqrt{2}F_D$，$F_3=-\sqrt{2}F_D$，$F_4=\sqrt{6}F_D$，$F_5=-F-\sqrt{2}F_D$，$F_6=F_D$

3-24 $x_C=10.12$ m，$y_C=5.17$ m

3-25 $x_C=90$ mm，$y_C=0$

3-26 $x_C=21.72$ mm，$y_C=40.69$ mm，$z_C=-23.62$ mm

3-27 $h=\frac{r}{\sqrt{2}}$

第 4 章 摩 擦

4-1 $f_s=0.223$

4-2 $f_s=\frac{1}{2\sqrt{3}}$

4-3 $l_{min}=100$ mm

4-4 $b_{min}=\frac{f_s h}{3}$，与门重无关

4-5 $\frac{M\sin(\theta-\varphi)}{l\cos\theta\cos(\beta-\varphi)}\leqslant F\leqslant\frac{M\sin(\theta+\varphi)}{l\cos\theta\cos(\beta+\varphi)}$

4-6 $b<7.5$ mm

4-7 $M_{制动}=300$ N·m

4-8 $f_s\geqslant 0.15$

4-9 49.61 N·m$\leqslant M_C\leqslant$70.39 N·m

4-10 41.21 N$\leqslant P_E\leqslant$104.2 N

4-11 $M_{min}=0.212Pr$

4-12 $\theta\leqslant 11°26'$

4-13 $\varphi_A=16°6'$，$\varphi_B=\varphi_C=30°$

4-14 $\frac{\sin\theta-f_s\cos\theta}{\cos\theta+f_s\sin\theta}P\leqslant F\leqslant\frac{\sin\theta+f_s\cos\theta}{\cos\theta-f_s\sin\theta}P$

4-15 $M=P_2(R\sin\theta-r)$；$F_s=P_2\sin\theta$；$F_N=P_1-P_2\cos\theta$

4-16 $\theta=1°9'$

4-17 $\tan\theta=\frac{f_s a}{\sqrt{l^2-a^2}}$

第 5 章 点的运动学

5-1 $v_x=lk(\cos kt-\sin kt)$，$v_y=-lk(\cos kt+\sin kt)$；
$a_x=-lk^2(\cos kt+\sin kt)$，$a_y=-lk^2(\cos kt-\sin kt)$

5-2 (1) $s=0$；$v=R\omega$；$a_\tau=0$，$a_n=R\omega^2$

(2) $s=\frac{\sqrt{3}}{2}R$；$v=\frac{1}{2}R\omega$；$a_\tau=-\frac{\sqrt{3}}{2}R\omega^2$，$a_n=\frac{1}{4}R\omega^2$

(3) $s=R$；$v=0$；$a_\tau=-R\omega^2$，$a_n=0$

5-3 直角坐标法：$x=R\cos2\omega t$，$y=R\sin2\omega t$；$v_x=-2R\omega\sin2\omega t$，$v_y=2R\omega\cos2\omega t$；
$a_x=-4R\omega^2\cos2\omega t$，$v_y=-4R\omega^2\sin2\omega t$

自然法：$s=2R\omega t$；$v=2R\omega$；$a_\tau=0$，$a_n=4R\omega^2$

5-4 $x_M=(l+b)\sin\omega t$，$y_M=(l-b)\cos\omega t$；$\dfrac{x_M^2}{(l+b)^2}+\dfrac{y_M^2}{(l-b)^2}=1$

5-5 $\dfrac{(x-a)^2}{(b+l)^2}+\dfrac{y^2}{l^2}=1$

5-6 $x_B=r\cos\omega t+\sqrt{l^2-(r\sin\omega t+h)^2}$，$y_B=-h$

5-7 $v=-\dfrac{u}{x}\sqrt{x^2+b^2}$，$a=-\dfrac{u^2b^2}{x^3}$

5-8 $\theta=\arctan\left(\dfrac{r\sin\omega_0 t}{h-r\cos\omega_0 t}\right)$

5-9 $x=0$，$y=0.01\sqrt{64-t^2}$ m$(0\leqslant t\leqslant 8)$；$v_x=0.01$ m/s，$v_y=-\dfrac{0.01t}{\sqrt{64-t^2}}$ m/s；

$x'=0.01t$ m，$y'=0.01\sqrt{64-t^2}$ m$(0\leqslant t\leqslant 8)$；$v'_x=0.01$ m/s，$v'_y=-\dfrac{0.01t}{\sqrt{64-t^2}}$ m/s

5-10 $v=\dfrac{4}{3}lk$，$a=\dfrac{8\sqrt{3}}{9}lk^2$；$v=4lk$，$a=8\sqrt{3}lk^2$

5-11 $y=e\sin\omega t+\sqrt{R^2-e^2\cos^2\omega t}$；$v=e\omega\left[\cos\omega t+\dfrac{e\sin 2\omega t}{2\sqrt{R^2-e^2\cos^2\omega t}}\right]$

5-12 $v=ak$，$v_r=-ak\sin kt$

5-13 $v_M=v\sqrt{1+\dfrac{p}{2x}}$，$a_M=-\dfrac{v^2}{4x}\sqrt{\dfrac{2p}{x}}$

第6章　刚体的简单运动

6-1 当 $t=0$ s 时，$v_M=15.7$ cm/s；$a_M^\tau=0$，$a_M^n=6.17$ cm/s^2

当 $t=2$ s 时，$v_M=0$；$a_M^\tau=-12.3$ cm/s^2，$a_M^n=0$

6-2 $x_C=\dfrac{al}{\sqrt{l^2+v^2t^2}}$，$y_C=\dfrac{avt}{\sqrt{l^2+v^2t^2}}$；$a_C=\dfrac{av}{2l}$

6-3 $y=e\sin\omega t+\sqrt{R^2-e^2\cos^2\omega t}$；$v=e\omega\left[\cos\omega t+\dfrac{e\sin 2\omega t}{2\sqrt{R^2-e^2\cos^2\omega t}}\right]$

6-4 $x=0.2\cos 4t$ m；$v=-0.566$ m/s；$a=-2.263$ m/s^2

6-5 $\varphi=\arctan\dfrac{v_0 t}{b}$ rad；$\omega=\dfrac{bv_0}{b^2+v_0^2t^2}$ rad/s

6-6 $\varphi=25t^2$；$v=120$ m/s；$a_n=36000$ m/s^2

6-7 $\omega=8$ rad/s，$\alpha=-38.4$ rad/s^2

6-8 转轴 O 的位置位于正方形的中心；$\omega=1$ rad/s，$\alpha=1$ rad/s^2

6-9 $v_C=\dfrac{1}{2}r\omega$；$a_C^n=\dfrac{1}{4}r\omega^2$，$a_C^\tau=\dfrac{1}{2}r\alpha$

6-10 $v_M=1.2$ cm/s；$a_M^\tau=0.6$ m/s^2，$a_M^n=7.2$ m/s^2

6-11 $v_C=0.377$ m/s

6-12 $\alpha_2=\dfrac{5000\pi}{d^2}$ rad/s^2；$a=592.2$ m/s^2

6-13 $\varphi=4$ rad

6 - 14　$h_1 = 2\ \text{mm}$

6 - 15　$\omega_2 = 0$，$\alpha_2 = -\dfrac{lb\omega^2}{r_2}$

6 - 16　$v_{AB} = 0.2\ \text{m/s}$，$a_{AB} = 0.05\ \text{m/s}^2$；$v_C = 0.2\ \text{m/s}$，$a_C^{\text{n}} = 0.267\ \text{m/s}^2$

6 - 17　$a_1 = 2r\omega_0^2$，方向沿 AO_1；$a_2 = 4r\omega_0^2$，指向轮心

第 7 章　点的合成运动

7 - 1　相对轨迹为圆：$(x' - 400)^2 + y'^2 = 1600$

　　　绝对轨迹为圆：$(x + 400)^2 + y^2 = 1600$

7 - 2　(a) $\omega_2 = 1.5\ \text{rad/s}$；(b) $\omega_2 = 2\ \text{rad/s}$

7 - 3　$v_C = \dfrac{av}{2l}$

7 - 4　$v = \dfrac{2\sqrt{3}}{3}e\omega$，方向向上

7 - 5　$v_{\text{r}} = 63.6\ \text{mm/s}$，$\varphi = 80°57'$

7 - 6　$v = 0.173\ \text{m/s}$，$a = 0.05\ \text{m/s}^2$

7 - 7　$v_{BC} = 1.26\ \text{m/s}$，$a_{BC} = 27.4\ \text{m/s}^2$

7 - 8　$v_{CD} = 10\ \text{cm/s}$，$a_{CD} = 34.6\ \text{cm/s}^2$

7 - 9　$v_{AB} = e\omega$

7 - 10　$v_{\text{r}} = 1.155v$，$a_{\text{r}} = \dfrac{8\sqrt{3}}{9}\dfrac{v_0^2}{R}$

7 - 11　$a_A = 0.746\ \text{m/s}^2$

7 - 12　(1) $\omega_{CD} = \dfrac{3v}{4b}$，$v_C = \dfrac{3lv}{4b}$；(2) $a_C = \dfrac{3v^2}{4b}$

7 - 13　$a_1 = r\omega^2 - \dfrac{v^2}{r} - 2\omega v$，$a_2 = \sqrt{\left(r\omega^2 + \dfrac{v^2}{r} + 2\omega v\right)^2 + 4r^2\omega^4}$

7 - 14　$v_M = 0.173\ \text{cm/s}$，$a_M = 0.35\ \text{m/s}^2$

7 - 15　$v_{CD} = \dfrac{2}{3}r\omega$，$a_{CD} = \dfrac{10\sqrt{3}}{9}r\omega^2$

7 - 16　$v_a = 346.5\ \text{mm/s}$，$a_{CD} = 1400\ \text{mm/s}^2$

7 - 17　$v_M = \dfrac{\sqrt{v_1{}^2 + v_2{}^2 - 2v_1 v_2 \cos\theta}}{\sin\theta}$

7 - 18　$\boldsymbol{v}_{AB} = -4.732\boldsymbol{i}' + 10\boldsymbol{j}'\ \text{m/s}$，$\boldsymbol{a}_{AB} = -4\boldsymbol{i}' - 12.93\boldsymbol{j}'\ \text{m/s}^2$

7 - 19　$\omega_1 = \dfrac{\omega}{2}$，$\alpha_1 = \dfrac{\sqrt{3}}{12}\omega^2$

第 8 章　刚体的平面运动

8 - 1　$x_C = r\cos\omega_0 t$，$y_C = r\sin\omega_0 t$，$\varphi = \omega_0 t$

8 - 2　$x_A = 0$，$y_A = \dfrac{1}{3}gt^2$，$\varphi = \dfrac{g}{3r}t^2$

8-3 $x_A=(R+r)\cos\dfrac{at^2}{2}$，$y_A=(R+r)\sin\dfrac{at^2}{2}$，$\varphi_A=\dfrac{1}{2r}(R+r)at^2$

8-4 $r_\omega=4\ \text{rad/s}$，$v_O=4\ \text{m/s}$

8-5 $v_C=200\ \text{mm/s}$

8-6 $v_D=216\ \text{mm/s}$

8-7 $\omega=2.6\ \text{rad/s}$

8-8 $v_A=\dfrac{3}{8}v_D$

8-9 $\omega_{OD}=10\sqrt{3}\ \text{rad/s}$，$\omega_{DE}=\dfrac{10\sqrt{3}}{3}\ \text{rad/s}$

8-10 $v_F=0.462\ \text{m/s}$，$\omega_{EF}=1.333\ \text{rad/s}$

8-11 $n=10\ 800\ \text{r/min}$

8-12 $\omega_{O_1}=\dfrac{(b_1+b_2)r_2v}{a_1b_2r_2a_2b_1r_1}$

8-13 $a_C=2r\omega_0^2$

8-14 $v_O=\dfrac{R}{R-r}v$，$a_O=\dfrac{R}{R-r}a$

8-15 $v_B=2\ \text{m/s}$，$v_C=2.828\ \text{m/s}$；$a_B=8\ \text{m/s}^2$，$a_C=11.31\ \text{m/s}^2$

8-16 $v_C=\dfrac{3}{2}r\omega_0$，$a_C=\dfrac{\sqrt{3}}{12}r\omega_0^2$

8-17 $\omega=-1\ \text{rad/s}$，$\alpha=2\ \text{rad/s}^2$；$v_C=0.05\ \text{m/s}(\uparrow)$，$a_C=0.1\ \text{m/s}^2(\downarrow)$；$v_D=0.2\ \text{m/s}(\uparrow)$，$a_D=0.427\ \text{m/s}^2(\downarrow)$；$v_E=0.1\ \text{m/s}(\uparrow)$，$a_E=0.25\ \text{m/s}^2(\uparrow)$

8-18 $\omega=2\ \text{rad/s}$，$\alpha=2\ \text{rad/s}^2$

8-19 $\omega_{O_1C}=6.186\ \text{rad/s}$，$\alpha_{O_1C}=78.17\ \text{rad/s}^2$

8-20 $\omega_{O_1A}=0.2\ \text{rad/s}$，$\alpha_{O_1A}=0.0462\ \text{rad/s}^2$

8-21 (1) $v_C=0.4\ \text{m/s}$，$v_r=0.2\ \text{m/s}$

(2) $a_C=0.159\ \text{m/s}^2$，$a_r=0.139\ \text{m/s}^2$

8-22 $v_C=6.865r\omega_0$，$a_C=16.14r\omega_0^2$

8-23 $\varphi=0°$时，$v=0.15\ \text{m/s}$；$\varphi=45°$时，$v=0.49\ \text{m/s}$；$\varphi=90°$时，$v=0.588\ \text{m/s}$

8-24 有两个解：$a_C=28.8\ \text{m/s}^2$，$a_C=40\ \text{m/s}^2$，$v_C=1058\ \text{mm/s}$

第9章　质点动力学的基本方程

9-1 $n_{\max}=\dfrac{30}{\pi}\sqrt{\dfrac{fg}{r}}\ \text{r/min}$

9-2 $t=\sqrt{\dfrac{h(m_1+m_2)}{g(m_1-m_2)}}$

9-3 (1) $F_{N\max}=m(g+e\omega^2)$；(2) $\omega_{\max}=\sqrt{\dfrac{g}{e}}$

9-4 $n=67\ \text{r/min}$

9-5 $F=m\left(g+\dfrac{l^2v_0^2}{x^3}\right)\sqrt{1+\left(\dfrac{l}{x}\right)^2}$

9-6 $F=488.56\ \text{kN}$

9-7 时间 $t=2.02\ \text{s}$，路程 $s=7.07\ \text{m}$

9-8 $v=\frac{P}{kA}(1-e^{\frac{-kA}{m}t})$，$s=\frac{P}{kA}\left[T-\frac{m}{kA}(1-e^{-\frac{kA}{m}T})\right]$

9-9 椭圆，$\frac{x^2}{x_0^2}+\frac{k}{m}\frac{y^2}{v_0^2}=1$

9-10 $x=\frac{v_0}{k}(1-e^{-kt})$，$y=h+\frac{g}{k}t-\frac{g}{k^2}(1-e^{-kt})$；轨迹为：$y=h+\frac{g}{k^2}\ln\frac{v_0}{v_0-kx}-\frac{gx}{kv_0}$

9-11 $t=0.639\ \text{s}$，$d=3.19\ \text{m}$

9-12 当 $t=0\ \text{s}$ 时，$F_r=4\ \text{N}$，$F_\theta=0$；当 $t=1\ \text{s}$ 时，$F_r=-21.34\ \text{N}$，$F_\theta=21.3$

9-13 $F_N=P\left(3\sin\theta+3\frac{a}{g}\cos\theta-2\frac{a}{g}\right)$，$F_{N\max}=2(2+\sqrt{2})mr\omega^2$

9-14 $x'=\text{arcosh}(\omega t)$；$F_N=2m\omega^2\text{arsinh}(\omega t)$

第10章 动量定理

10-4 $f=0.17$

10-5 (a) $p=\frac{1}{2}mL\omega$；(b) $p=mR\omega$；(c) $p=me\omega$；(d) $p=\frac{1}{2}mv_c$

10-6 $p=\frac{5}{2}ml_1\omega$(方向水平向右)

10-7 $F=30\ \text{N}$

10-8 $F_O=P_1+P_2+\frac{P_2-2P_1}{2g}a_1$

10-9 $t=\frac{v_0}{g(\sin\alpha-f\cos\alpha)}$

10-10 $p=\frac{\omega l}{2}(5m_1+4m_2)$(方向与曲柄垂直且向上)

10-11 $\ddot{x}+\frac{k}{m+m_1}x=\frac{m_1l\omega^2}{m+m_1}\sin\varphi$

10-12 $s=\frac{R}{2}$

10-13 (1) $x_C=\frac{P_2L+(P_1+2P_2+2P_3)L\cos\omega t}{2(P_1+P_2+P_3)}$，$y_C=\frac{P_1+2P_2}{2(P_1+P_2+P_3)}L\sin\omega t$

(2) $F_{Ox\max}=\frac{P_1+2P_2+2P_3}{2g}L\omega^2$

10-14 $4x^2+y^2=l^2$

10-15 (1) $x_C=\frac{G+2W}{P+W+G}l\sin\omega t$；(2) $F_{Ax\max}=\frac{G+2W}{g}l\omega^2$

10-16 向右移 3.77 cm

10-17 $F_{Ox}=\left(m_3g\sin\theta+\frac{R}{r}m_3a\right)\cos\theta$，$F_{Oy}=m_1g+m_2(g-a)+\left(m_3g\sin\theta+\frac{R}{r}m_3a\right)\sin\theta$

10-18 向左移动 0.138 m

10-19 $a=\dfrac{m_2b-f(m_1+m_2)g}{m_1+m_2}$

10-20 $s_A=17$ cm，向左移动；$s_B=9$ cm，向右移动

10-21 $F_{Ox\max}=F+\dfrac{\omega^2 r}{2g}(G_1+G_2)$

10-22 $F_{Ox}=-\dfrac{Pl}{g}(\omega^2\cos\varphi+\alpha\sin\varphi)$，$F_{Oy}=P+\dfrac{Pl}{g}(\omega^2\sin\varphi-\alpha\cos\varphi)$

10-23 $\dfrac{a-b}{4}$，向左

第 11 章　动量矩定理

11-4 $L_O=2ab\omega m\cos^3\omega t$

11-5 (a) $L_O=\dfrac{1}{3}ml^2\omega$；(b) $L_O=\dfrac{1}{2}mR^2\omega$；(c) $L_O=\dfrac{3}{2}mR^2\omega$

11-6 $a=0.8\ \text{m/s}^2$，$F_T=28.62$ kN，$F_{Oy}=46.26$ kN

11-7 (1) $L_O=-\dfrac{1}{3}Ml^2\omega-mR^2\omega-ml^2\omega$；(2) $L_O=-\dfrac{1}{3}Ml^2\omega-ml^2\omega$

11-8 $L_O=\left(2m+\dfrac{1}{3}M\right)l^2\omega\sin^2\theta$

11-9 $n'=480$ r/min

11-10 $\omega=\dfrac{J_z+ma^2}{J_z+mr^2}\omega_0$

11-11 $F_N=\dfrac{Pr\omega_0}{fht_0}$

11-12 $\alpha_1=\dfrac{2(R_2M-R_1M')}{(m_1+m_2)R_1^2R_2}$

11-13 $a=\dfrac{(Mi-PR)R}{\dfrac{PR^2}{g}+J_1i^2+J_2}$

11-14 $\varphi=\dfrac{\delta_0}{l}\cos\sqrt{\dfrac{gk}{3(P_1+3P_2)}}t$

11-15 $a=\dfrac{M-W_1R\sin\alpha}{J_Og+W_1R^2}gR$，$F_T=W_1\sin\alpha+\dfrac{W_1}{g}a$

11-16 $\alpha=\dfrac{m_2r_2-m_1r_1}{m_1r_1^2+m_2r_2^2+J_O}g$

11-17 $a=\dfrac{m_1(R+r)^2}{m_1(R+r)^2+m_2(R^2+\rho^2)}g$，$F=\dfrac{(\rho^2-Rr)m_1m_2g}{m_1(R+r)^2+m_2(R^2+\rho^2)}$

11-18 $v=\dfrac{2}{3}\sqrt{3gh}$，$F_T=\dfrac{1}{3}mg$

11-19 $a=\dfrac{4}{7}g\sin\theta$，$F=-\dfrac{1}{7}mg\sin\theta$

11-20 $a_C=0.355$ g

11-21 $a=\dfrac{F-f(m_1+m_2)}{m_1+\frac{1}{3}m_2}$

11-22 $a=\dfrac{m_1 r-fm_2R}{m_1r^2+m_2R^2+M\rho^2}gr$，$F_{TA}=m_1g-m_1a$，$F_{TB}=fm_2g+\dfrac{m_2R}{r}a$

11-23 $F_{ND}=\dfrac{QL^2\sin\alpha}{12a^2+L^2}$，$a_{Cx}=g\cos\alpha$，$a_{Cy}=\dfrac{12a^2g\sin\alpha}{12a^2+L^2}$

11-24 $F_{NB}=36.33\ \text{N}$

11-25 $F_{O_1x}=F_{O_2x}=0.516P$，$F_{O_1y}=1.434P$，$F_{O_2y}=1.164P$

11-26 $F_{NA}=\dfrac{2}{5}mg$

11-27 (1) $\alpha=\dfrac{3g}{2l}\cos\varphi$，$\omega=\sqrt{\dfrac{3g}{l}(\sin\varphi_0-\sin\varphi)}$；(2) $\varphi_1=\arcsin\left(\dfrac{2}{3}\sin\varphi_0\right)$

第12章　动能定理

12-1 $W_{BA}=-20.3\ \text{J}$，$W_{AD}=20.3\ \text{J}$

12-2 $v=8.1\ \text{m/s}$

12-3 $\omega=\sqrt{\dfrac{3}{2}[W+(\sqrt{2}-1)kl]g/Wl}$

12-4 $T=\dfrac{1}{6}ml^2\omega^2\sin^2\theta$

12-5 (1) $\lambda=5\ \text{cm}$；(2) $\omega=15.5\ \text{rad/s}$

12-6 $v_2=\sqrt{\dfrac{4gh(m_2-2m_1+m_4)}{2m_2+8m_1+4m_3+3m_4}}$

12-7 $v=\sqrt{3gh}$

12-8 (1) $\omega_B=0$，$\omega_{AB}=4.95\ \text{rad/s}$；(2) $\delta_{\max}=87.1\ \text{mm}$

12-9 $\omega=\sqrt{\dfrac{12(M\pi-2fm_2gL)}{L^2(m_1+3m_2\sin^2\varphi)}}$

12-10 $\omega=\dfrac{2}{r}\sqrt{\dfrac{M-m_2gr(\sin\theta+f\cos\theta)}{m_1+2m_2}\varphi}$，$\alpha=\dfrac{2[M-m_2gr(\sin\theta+f\cos\theta)]}{r^2(2m_2+m_1)}$

12-11 $\omega=\dfrac{2}{R+r}\sqrt{\dfrac{3M\varphi}{9m_1+2m_2}}$，$a=\dfrac{6M}{(R+r)^2(9m_1+2m_2)}$

12-12 $a_{AB}=\dfrac{mg\tan^2\theta}{m_C+m\tan^2\theta}$，$a_C=\dfrac{mg\tan\theta}{m_C+m\tan^2\theta}$

12-13 $\omega=\sqrt{\dfrac{2M\varphi}{(3m_1+4m_2)L^2}}$，$a=\dfrac{M}{(3m_1+4m_2)L^2}$

12-14 $a=\dfrac{2(P+Q)\sin\beta}{3P+2Q}$

12-15 $\omega^2=\dfrac{3g[(\sqrt{3}-1)W-(2-\sqrt{3})kl]}{7Wl}$

12-16 $\theta=0°$时，$\omega_{AB}^2=\dfrac{3\sqrt{3}g}{2l}$

12-17 $\omega=\frac{1}{r}\sqrt{\frac{4M\pi-4mgr\pi\sin\beta-kr^2\pi^2}{7m}}$，$\alpha=\frac{2(2M-2mgr\sin\beta-kr^2\pi)}{7mr^2}$

12-18 $v=\sqrt{\frac{g}{l}(l^2-h^2)}$

12-19 $a_A=\frac{3m_1g}{4m_1+9m_2}$

12-20 $M_{主}=188.2\ \text{N}\cdot\text{m}$，$M_{电}=42.4\ \text{N}\cdot\text{m}$，$P_{电}=6.31\ \text{kW}$

12-21 $\omega=\sqrt{\frac{3m_1+6m_2}{m_1+m_2}\frac{g}{l}\sin\theta}$，$\alpha=\frac{3m_1+6m_2}{m_1+3m_2}\frac{g}{2l}\cos\theta$

12-22 $v=\sqrt{\frac{2(mg-2kh)h}{3m}}$，$a=\frac{g}{3}-\frac{4kh}{3m}$，$F_T=\frac{mg}{6}+\frac{4}{3}kh$

综-1 $F_x=\frac{m_1\sin\theta-m_2}{m_1+m_2}m_1g\cos\theta$

综-2 $F_1=mg\cos\varphi+\frac{2mga^2}{\rho^2+a^2}(\cos\varphi-\cos\varphi_1)$，$F_2=\frac{mg\rho^2\sin\varphi}{\rho^2+a^2}$

综-3 (1) $\alpha=\frac{M-mgR\sin\theta}{2mR^2}$；(2) $F_x=\frac{1}{8R}(6M\cos\theta+mgR\sin2\theta)$

综-4 $\omega_B=\frac{J\omega}{J+mR^2}$，$\omega_C=\omega$，$v_C=\sqrt{4gR}$，$v_B=\sqrt{\frac{2mgR-J\omega^2\left[\frac{J^2}{(J+mR^2)}-1\right]}{m}}$

综-5 $v_A=\frac{\sqrt{km_2}(L-L_0)}{\sqrt{m_1(m_1+m_2)}}$，$v_B=\frac{\sqrt{km_1}(L-L_0)}{\sqrt{m_2(m_1+m_2)}}$

综-6 $a_B=\frac{m_1g\sin2\theta}{2(m_2+m_1\sin^2\theta)}$

综-7 $\omega=\sqrt{\frac{3g}{l}(1-\sin\varphi)}$，$\alpha=\frac{3g}{2l}\cos\varphi$；$F_A=\frac{9}{4}mg\cos\varphi\left(\sin\varphi-\frac{2}{3}\right)$，

$F_B=\frac{mg}{4}\left[1+9\sin\varphi\left(\sin\varphi-\frac{2}{3}\right)\right]$

综-8 $a_A=\frac{m(R-r)^2g}{m'(\rho^2+r^2)+m(R-r)^2}$（向下）

综-9 $a_A=\frac{1}{6}g$；$F=\frac{4}{3}mg$；$F_{Kx}=0$，$F_{Ky}=4.5mg$，$M_K=13.5mgR$

综-10 $a=\frac{m_2\sin2\theta}{3m_1+m_2+2m_2\sin^2\theta}g$

第13章 达朗贝尔原理

13-1 $F_{NA}=m\frac{bg-ha}{(c+b)}$，$F_{NB}=m\frac{cg+ha}{(c+b)}$；当 $a=\frac{(b-c)}{2h}g$ 时，$F_{NA}=F_{NB}$

13-2 $F=\frac{l^2-h^2}{2l}m\omega^2$

13-3 $\omega^2=3g\frac{b^2\cos\varphi-a^2\sin\varphi}{(b^3-a^3)\sin2\varphi}$

13-4 $M_D=106.3\ \text{kN}\cdot\text{m}$，$F_{Dx}=479.9\ \text{N}$，$F_{Dy}=-177.2\ \text{N}$

13-5 $F_{CD}=\dfrac{4m_1m_2gl_2}{(m_1+m_2)l_1\sin\alpha}$

13-6 $\alpha=\dfrac{3g}{4l}$，$F_{Ax}=0$，$F_{Ay}=\dfrac{1}{4}mg$

13-7 $\alpha=47\ \text{rad/s}^2$，$F_{Ax}=-95.3\ \text{kN}$，$F_{Ay}=137.72\ \text{kN}$

13-8 $\alpha=\dfrac{m_2-m_1Rg}{J+m_1R+m_2r^2}$，$F'_{Ox}=0$，$F'_{Oy}=\dfrac{-g(m_2r-m_1R)^2}{J_O+m_1R^2+m_2r^2}$

13-9 $M=\dfrac{\sqrt{3}}{4}(m_1+2mg)gr-\dfrac{\sqrt{3}}{4}m_2r^2\omega^2$，$F_{Ox}=-\dfrac{\sqrt{3}}{4}m_1r\omega^2$，

$F_{Oy}=(m_1+m_2)g-(m_1+2m_2)\dfrac{r\omega^2}{4}$

13-10 $\alpha=\dfrac{6g}{17r}$；$F_{Ax}=\dfrac{6mg}{17}-mr\omega^2$，$F_{Ay}=\dfrac{11}{17}mg-mr\omega^2$，$M_A=\dfrac{9}{17}mgr-mr^2\omega^2$

13-11 向质心 C 简化结果 $F_{\text{I}}^{\tau}=mr\cdot\alpha(\leftarrow)$，$F_{\text{I}}^{n}=\dfrac{mr^2\omega^2}{r+R}(\uparrow)$，

$M_{\text{I}C}=\dfrac{1}{2}mr^2\cdot\alpha$(逆时针)

向瞬心 P 简化结果：F_{I}^{τ}，F_{I}^{n} 同上，$M_{\text{I}p}=\dfrac{3}{2}mr^2\alpha$

13-12 $a_C=2.8\ \text{m/s}^2$

13-13 $\alpha=3.52\ \text{rad/s}^2$，$F_B=176\ \text{N}$，$F_A=358\ \text{N}$

13-14 $\alpha=\dfrac{6g}{5L}$，$F_{\text{T}B}=\dfrac{\sqrt{2}}{5}mg$

13-15 $F_A=\dfrac{P}{2}+\dfrac{M}{3R}$；$F_{Bx}=\dfrac{2M}{3R}$，$F_{By}=\dfrac{P}{2}-\dfrac{M}{3R}$

13-16 (1) $a_O=\dfrac{2}{7mR}(2M-mgR\sin\theta)$；$F_{\text{T}}=\dfrac{1}{7R}(3M+2mgR\sin\theta)$

(2) $F_{Bx}=\dfrac{1}{7R}(3M+2mgR\sin\theta)\cos\theta$，$F_{By}=Mg+\dfrac{1}{7R}(3M+2mgR\sin\theta)\sin\theta$，

$M_B=\dfrac{l}{7r}(3M+2mgR\sin\theta)\cos\theta$

13-17 $F_{Ox}=-\dfrac{4}{3}P$，$F_{Oy}=\dfrac{P}{3}$

13-18 $\alpha_1=\dfrac{3g}{4l}$，$\alpha_2=\dfrac{63g}{16l}$；$F_{Ax}=\dfrac{3\sqrt{3}}{16}mg$，$F_{Ay}=-\dfrac{5}{32}mg$

第 14 章 虚位移原理

14-1 $Q=110.2\ \text{N}$

14-2 $F_1=\dfrac{F_2l}{a\cos^2\varphi}$

14-3 $P=20\ \text{N}$

14-4 $F=\frac{M}{a}\cot 2\theta$

14-5 $F=\frac{M}{a}\cot 2\theta$

14-6 $M=\frac{450\sin\theta(1-\cos\theta)}{\cos^3\theta}$ N·m

14-7 $AC=d+\frac{F}{k}\left(\frac{l}{b}\right)^2$

14-8 $\theta=\arcsin(\sin\theta_0+(5p/8kl))$

14-9 $P_B=5P_A$

14-10 $\tan\varphi_1 : \tan\varphi_2=W_1 : W_2$

14-11 $M=2RF$，$F_s=F$

14-12 $F_3=P$

14-13 $F_{Ax}=0$，$F_{Ay}=-2450$ N，$F_B=14\ 700$ N，$F_E=2450$ N

第15章 拉格朗日方程

15-1 $P_1=W/2\sin\alpha$，$P_2=W/2\sin\beta$

15-2 $\cos\theta=\frac{m_2}{4am_1\omega^2}g$

15-3 (1) $\ddot{\varphi}+\frac{g}{l}\sin\varphi=0$；(2) $l^2[(l^2-x^2)\ddot{x}+x\dot{x}^2]+gx(l^2-x^2)^{\frac{3}{2}}=0$；

(3) $l^2[(l^2-y^2)\ddot{y}+y\dot{y}^2]+gy(l^2-y^2)^2=0$

15-4 $\alpha_{OA}=\frac{2M}{3m(R-r)^2}$

15-5 $(l+r\theta)\ddot{\theta}+r\dot{\theta}^2+g\sin\theta=0$

15-6 $\alpha=\frac{M}{22mr^2}$

15-7 $\left(\frac{m_1}{\tan^2\theta}+m_2\right)\ddot{s}+ks=\frac{F}{\tan\theta}-m_2g$

15-8 $(1-\cos\theta)\ddot{\theta}+\frac{1}{2}\sin\theta\cdot\dot{\theta}^2-\frac{g}{2R}\sin\theta=0$

15-9 $\ddot{x}-\frac{1}{2}\ddot{\varphi}\,l\cos(\theta-\varphi)-\frac{1}{2}\dot{\varphi}^2 l\sin(\theta-\varphi)=g\sin\theta$

$-\frac{1}{2}\ddot{x}\cos(\theta-\varphi)+\frac{1}{3}l\ddot{\varphi}+\frac{1}{2}g\sin\varphi=0$

当 $t=0$ 时，$F_N=mg\frac{\cos\theta}{1+3\sin^2\theta}$

15-10 $\frac{1}{3}ml\ddot{\theta}_1+\frac{1}{2}mg\sin\theta_1+\frac{kl}{4}(\theta_1+\theta_2)=0$，$\frac{1}{3}ml\ddot{\theta}_2+\frac{1}{2}mg\sin\theta_2+\frac{kl}{4}(\theta_1+\theta_2)=0$

15-11 运动微分方程为

$\frac{d}{dt}[J_O\dot{\theta}+m(l+x)^2\theta]=0$，$m\ddot{x}-m(l+x)\dot{\theta}^2+kx=0$

方程的初积分为

$$\dot{\theta}=\frac{C_1}{J_O+m(l+x)^2},\quad \frac{1}{2}m\dot{x}^2+\frac{1}{2}kx^2-\frac{1}{2}[J_O+m(l+x)^2]\dot{\theta}^2=C_2$$

其中，C_1与C_2为积分常数。

15-12 $6\ddot{\theta}-\ddot{\varphi}(1+\cos\varphi)+\dot{\varphi}^2\sin\varphi=0,\quad 4\ddot{\varphi}-3\ddot{\theta}(1+\cos\varphi)+\frac{g}{R}\sin\varphi=0$

15-13 $\ddot{\theta}-\frac{\dot{\varphi}^2}{2}\sin2\theta+\frac{g}{r}\sin\theta=0,\quad M=mr^2\dot{\theta}\cdot\dot{\varphi}\sin2\theta$

15-14 须有 $m_1>\frac{4m_2m_3}{m_2+m_3}$，重物方能下降，此时 $F_T=\frac{8m_1m_2m_3}{m_1(m_2+m_3)+4m_2m_3}g$

15-15 $\frac{1}{2}m_2r\ddot{\varphi}=M,\quad \left(\frac{1}{3}m_1+m_2\right)l^2\ddot{\theta}+k\theta-\left(\frac{m_1}{2}+m_2\right)gl\sin\theta=0$

15-16 $(m_1+m_2)\ddot{x}+m_2l\ddot{\varphi}\sin\varphi-m_2l\dot{\varphi}\sin\varphi+k(x-l_0)=0$

$l\ddot{\varphi}+\ddot{x}\cos\varphi+g\sin\varphi=0$

15-17 $(0.5P_1+P_2)R_1^2\ddot{\theta}_1+P_2R_1R_2\ddot{\theta}_2-P_2R_1g=0,\quad 2R_1\ddot{\theta}_1+3R_2\ddot{\theta}_2-2gP_2R_2=0$

15-18 $m[\ddot{x}+k(\ddot{\theta}\cos\theta-\dot{\theta}^2\sin\theta)]=F,\quad \frac{3}{4}ml\ddot{\theta}+m\ddot{x}\cos\theta=2F\cos\theta+mg\sin\theta$

15-19 $\alpha_1=3.27\ \text{rad/s}^2$，$\alpha_0=3.04\ \text{rad/s}^2$

15-20 $\rho>r^2\frac{m_A}{m_A-m_B}$

15-21 $(m_1+m_2)\ddot{x}=F(\cos\theta+f\sin\theta)-f(m_1+m_2)g$

$R\ddot{\psi}=2fg$

$m_2R\ddot{\varphi}=2f(m_2g-F\sin\theta)$

由又滚又滑条件：$\ddot{x}>R\ddot{\psi}$，$\ddot{x}>R\ddot{\varphi}$，且右轮不可离开地面，得

$$\frac{m_2g}{\sin\theta}>F>\frac{3f(m_1+m_2)g}{\cos\theta+f\sin\theta}$$

15-22 $x_A=-\frac{\sqrt{3}}{48}gt^2$，$y_A=\frac{3}{16}gt^2$，$\varphi_B=\frac{5}{16}\left(\frac{g}{r}\right)t^2$

参 考 文 献

[1] 哈尔滨工业大学理论力学教研室. 理论力学. 上册，下册. 5版. 北京：高等教育出版社，1997.

[2] 哈尔滨工业大学理论力学教研室. 理论力学. Ⅰ册，Ⅱ册. 6版. 北京：高等教育出版社，2002.

[3] 浙江大学理论力学教研室编. 理论力学. 3版. 北京：高等教育出版社，1999.

[4] 范钦珊. 理论力学. 3版. 北京：高等教育出版社，2000.

[5] 贾书惠. 理论力学教程. 北京：清华大学出版社，2004.

[6] 谢传锋. 理论力学. 3版. 北京：高等教育出版社，1999.